沛霖在北京（2003 年 5 月 19 日）
再有七个多月满九十岁了
摄影　　解黔云

老当益壮
为国为民

祝罗沛霖院士文集出版

张劲夫

二〇〇三年二月五日

创业多艰辛

笔耕育后人

胡启立

二〇〇三年

三月

延安放歌 越洋行吟
科技翘楚 信息波前
格制為基 恒兮理真
与国同熠 隔代情沁

頌罗沛霖院士
輕越九旬
信步茶年

宋健
二〇〇三年三月

高中学生罗沛霖

延安西川河畔盐店子中央军委三局通信材料厂厂房旧址
（1938—1939年罗沛霖曾在此工作、生活）

1941年 重庆 罗沛霖杨敏如结婚照片

1948年 罗沛霖在赴美留学前与杨敏如及
长子罗昕、女罗晏合影

1952 年　罗沛霖在柏林斯大林大街上

罗沛霖与柯杰里尼可夫
（苏科学院院士，时任电子学研究所所长，
后任苏科学院院长）

1956 年 6 月 14 日罗沛霖参加制定
十二年科学规划期间
（从中央领导人接见全体参加者
照片中切出）

1964 年罗沛霖在古巴
（右一为罗，左二为古巴自动化局长莫纽斯，左一为第四机械工业部计划司吕乃竹
应切－格瓦拉邀请赴古咨询其电子工业发展）

1964 年　罗沛霖率访英小组拜谒马克思墓
左起：冯自敏，戴中溶，罗沛霖，周国铨

1979 年　罗沛霖和所率赴 IEEE
ELECTRO 年会代表团部分团员在旧金山

1983 年 4 月罗沛霖和杨敏如在鼓浪屿

1984 年 12 月 21 日，罗沛霖赴纽约向
IEEE 总部申报成立北京分部，80 名中
国专家获会员资格（IEEE Institute 报）

1988年罗沛霖和小朋友在北京市宣武区
少年科技宫

1991年暮春罗沛霖杨敏如重访香山梯云山馆
（六十年前初次聚首地）

1994年2月1日胡启立部长和罗沛霖在电子工业部专家
迎春会上(中国电子报)

1996年春节期间罗沛霖，张维
探望钱学森

1997年罗沛霖杨敏如在延安宝塔山顶

1999 年 5 月中国工程院成立五周年，六位倡议人聚会
自左至右：罗沛霖、王大珩、张光斗、侯祥麟、张维、师昌绪

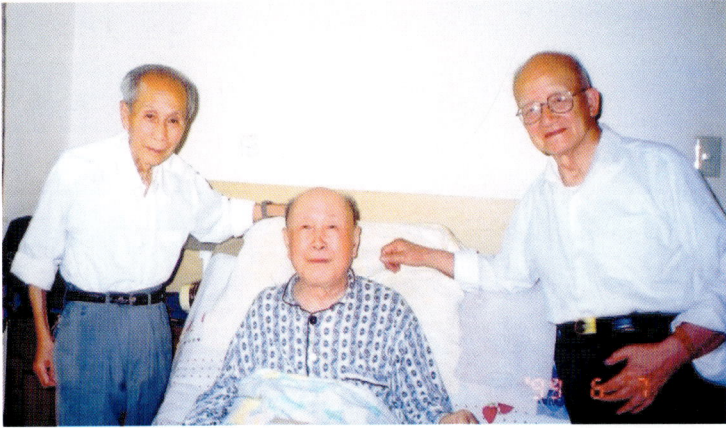

1999 年 6 月　郑世芬、钱学森、罗沛霖在钱寓所
六十五年前旧侣重聚

沛、敏和儿媳简荔、孙女罗彤告别 Worcestor 多科
理工学院院长 Dr.Parrish

罗沛霖在耶鲁大学珍本图书馆傍立谷
腾堡印刷的基督教圣经陈列柜旁

2002年9月5日郑哲敏、庄逢甘、罗沛霖等宴请华裔科学家林家翘、冯元桢、吴耀祖等
前排左起冯元桢、罗沛霖夫妇、蒋英（钱学森夫人）、林家翘夫人、李佩、冯元桢夫人、林家翘
后排起左一为钱永刚、左三郑哲敏夫妇、吴耀祖夫妇、庄逢甘夫妇

通信子,千里眼,顺风耳。

千秋业,有线先兴无线继。

於今卫星光电缆,微波散射

电离层、流星余迹。报话外,电视

自动化、计算机。语、文、图象、数字

化、多媒体。

上海始 瑞金起,延安军委建

三局。北京通信部,猎猎举军旗。

北漠河,西喀什,东方海域宽,南去

南沙西万里。军队、人民、战士、武警

遍布海陆空天地。联成一体交织

密。卫国家,保和平,安人民,鼓干

劲,争贡献。

五七年前垒店子,我来初效力。

抗日救国求进步，工农兵同声同气。扛子标行，纺织焊锡，车钳刨磨苦战争朝夕。於今日，当时同侪馀几？乏建树，增惭愧。八十晚景馀光热，往事思鲜己。

看今日英雄，人辈出，果累累，三十岁个好儿女，事业辉煌谁能比。

千日养兵千日用，千里决战千里通。吾虽已老心馀雄，共勉励，百尺竿头日日建新功。

齐戮力，长铭记。

一九九五年一月十一日参观人民解放军通信兵陈列馆，口占掌敬诠释。二月十日书。

崔沛霖 杨庆八十一岁

罗沛霖文集

罗沛霖 著

電子工業出版社

Publishing House of Electronics Industry

北京 • BEIJING

图书在版编目(CIP)数据

罗沛霖文集/罗沛霖著.—北京:电子工业出版社,2003.11
ISBN 7-5053-9402-9

Ⅰ.罗… Ⅱ.罗… Ⅲ.①罗沛霖-文集②电子工业-工业技术-文集 Ⅳ.TN-53

中国版本图书馆 CIP 数据核字(2003)第 108481 号

责任编辑:高 平   特约编辑:知 明
印   刷:北京东光印刷厂
出版发行:电子工业出版社
          北京市海淀区万寿路 173 信箱 邮编 100036
经   销:各地新华书店
开   本:787×1092 1/16 印张:38 字数:912 千字 插页:1 彩插:8
印   次:2003 年 11 月第 1 次印刷
印   数:1000 册 定价:60.00 元

序 言 一

《罗沛霖文集》一书与广大读者见面了,它较完全地反映了罗沛霖同志长期从事科技事业的史实。它的出版发行,使我从一个侧面看到了我国科学家为中华民族的复兴、社会主义事业发展而奋斗的画面。罗沛霖同志是电子科学技术领域里的著名专家,信息与电子学科专业上的带头人。他长期从事电子科技研究和管理工作,为我国电子科技的研究发展做出了突出的贡献。《罗沛霖文集》是罗沛霖同志智能与付出的结晶,是他崇高的思想境界、渊博知识与不平凡经历的融会,体现了一名老科学工作者对革命理想和事业的孜孜追求,为信息产业的发展所做出的可贵贡献。

罗沛霖早期毕业于上海交大,1938年参加革命,在延安中央军委通信材料厂任工程师。1948年党组织派遣到美国学习,获得加州理工学院博士学位。新中国成立后,历任工程师,四机部科技司副司长,电子工业部科学技术委员会副主任,第三、第四届全国人大代表,第五、六、七届全国政协委员,中国科学院院士,中国工程院院士。

在革命战争年代,他负责设计生产无线电台,在抗日前线发挥了重要作用。建国初期,他指导工厂研制生产骨干级无线电台,供给朝鲜战场使用,获得成功。他参加制定《1956—1967科学技术发展规划纲要(草案)》的工作,起草了"发展无线电电子学的任务书"和"发展电子学的紧急措施"等方面的建议材料并向中央领导汇报,得到中央领导的肯定和重视,使电子学纳入了议程。"一五"期间,承担了由民主德国引进的我国惟一巨型电子组件制造联合厂,为建立我国电子组件基础做出了贡献。"二五"期间,向国家计委提出电子工业建设中实行专业化和加强基础建设建议,起到了积极作用。20世纪70年代,组织、指导100系列小型计算机和200系列大型计算机用于远望号测量船和巨浪号导弹以及多种军事工程中,推动了我国电子计算机的发展和集成电路的应用。罗沛霖同志在电子工业部门长期负责科学技术管理工作,在科学技术发展、开辟微电子、电子计算机、卫星通信、光纤通信等新领域,在建设标准化和计量、科研管理工作方面做了许多卓有成效的工作。同时也涉及了多种专业和学科,他坚持专而不狭、博而不泛,锲而不舍地深入实践与思考,举一反三,触类旁通,在信息与电子科学专业的发展中做出了贡献。罗沛霖同志曾被国家授予中国科学院、中国工程院资深院士。

罗沛霖同志离休后,力所能及地从事了许多有益的科学研究工作,他多次参加了"新产业革命"、"信息高速公路"等专题讨论。他提出了"信息产业革命必然导向文化产业主导社会、经济的未来时代"的论述。他在信息与电子学科及专业上的贡献受到大家赞誉,中国工程院授予罗沛霖同志2000年度中国工程奖。

老骥伏枥,志在千里。《罗沛霖文集》凝聚了他一生从事电子科技的心血,也是对几十年来中国电子科学技术发展的见证。该书内容丰富，观点明确，可读性与理论性兼具，广度与深度并存，是一本对实际工作有指导意义的文献资料。当今信息产业飞速发展，新知识、新技术、新课题不断涌现，可贵的经验给人们提供继续前进的力量，提供研究解决新课题的智能。我希望《罗沛霖文集》的出版，能使更多人从中了解电子科技的发展，促进电子科技不断攀登新的高峰；为社会主义建设，实现十六大提出的全面建设小康社会的目标而努力奋斗。

原电子工业部部长
全国人大第七、八届常委会委员
全国人大外事委员会委员

2003 年 4 月 8 日

序 言 二

——我所认识的罗沛霖同志

那是一个万象更新的年代,我国社会主义第一个五年计划重点建设工程在热火朝天地进行。由原德意志民主共和国设计的华北无线电器材联合厂也已启动,我任厂长之职,罗沛霖出任第一副厂长兼总工程师。自此结识至今 50 年,他那始终如一追求真理的精神,报效祖国的情怀,孜孜以求的学风,创新不止的境界,在科学研究和生产技术领域默默耕耘,给人留下极为深刻的印象。

罗沛霖生于天津,在北京、天津读完中学,1931 年进入上海交通大学并于 1935 年夏完成大学学业。

1938 年抗日烽火连天,众多热血青年投笔从戎,奔赴抗日前线。罗沛霖途经西安,辗转奔波,来到革命圣地延安。恰遇中央军委正在物色无线电通信科技人才,从此罗沛霖便与电子信息技术结下良缘。在延安通信材料厂主持技术和生产,在极端艰苦的情况下,设计生产了可变电容器、波段开关和可变电阻器等基础组件,还研制成功 7.5 瓦无线电台,为八路军提供了难得的通信装备。

1939 年夏,罗沛霖同志被派往重庆,从事统一战线工作,进行组建青年科技人才协会活动。1945 年,毛主席在重庆谈判期间,曾亲切接见了罗沛霖同志,并给予热情的勉励。

1948 年春,根据党组织全国解放指日可待,社会主义建设需要人才的指示,罗沛霖被派往美国就读于加州理工学院电机工程系并获博士学位。

抗美援朝期间回国,进入国家电信工业局,任技术处处长并开始了参加德国设计与建设华北无线电联合器材厂事宜。

华北无线电器材联合厂是我国建设的第一个大型综合性无线电组件企业。在基础先行的方针下,联合厂的建设为全国仿制苏联海陆空三军电子装备的生产配套打下了可靠的基础。联合厂计有三个分厂生产各门类多品种的组件;有二个辅助性工厂:工具工厂和动力分厂,还有中心实验室。双班生产,职工近万人。1957 年总投资 1.5 亿元。完全是二战期间德国成熟的军用无线电电子基础组件大规模生产工艺技术。参照这一典型工艺技术,联合厂先后在国内承包复建了数以十计的组件专业企业,奠定了电子信息产业日后发展的雄厚基础。

罗沛霖仅为这项工作,曾考察过德国 20 多个工厂,经过产品筛选,按照产品工艺流程的分类,确定了联合厂、分厂、总工段三级设计与管理程序。并据此制定技术岗位的出国培训和聘请专家计划,与投产进度相适应的国产新材料试制以及国内暂时不能解决部分进口等生产准备工作。对此,罗沛霖化费了心血,为基础组件工业的建立做出了贡献。

1956 年阳春三月,党组织完成了对罗沛霖的历史审查,根据现时表现,经北京市委批准光荣地加入了中国共产党,终于实现了多年心愿。一位高级知识分子完成了由爱国的民主主义向共产主义战士的过度。我作为入党介绍人心中有无限的喜悦。之后,大型联合企业全面投产正需要他的时候,却意外的调离企业而任命为工业局的副总工程师。

以后,作为四机部和电子工业部科技司的领导人而贯彻始终。在历次全国工业远景规划中,他是电子工业方面的具体组织者和主持人之一。他坚持执行以军为主,军民结合,寓军于民的方针;坚持执行基础先行,优先安排基础的方针;执行电子产业更新换代,向半导体化的及时转变;执行全国一盘棋方针,将中央与地方工业组织全国大协作的方针。

电子工业是最早从国防工业中裂变组建独立的工业部。也是惟一未能组成集团公司而将工厂一个一个下放给地方。在发挥地方积极性的同时,而将有全局意义的企业交给地方领导,使企业失去其原有优势后,出现了国家又不得不另行重新建设的问题。

在计算机初期集成电路化小型机和中型机的试制与生产方面,应是以国际兼容技术为方向,在文革中,曾被建立自己独立系列的错误主张所干扰。计算机在国防装备的应用已在诸多领域广泛展开,已不全是科研领域而应迅速进入建立产业新的历史阶段。

在党动员全国力量发展两弹一星为主体的战略武器系统,吹响向高科技领域进军的伟大号角。电子信息产业从高可靠、高水平的元器件、部件进行密切协同。同时,从本行业实际出发,研制远中程和超远程雷达、舰艇导弹系统,新的计算机控制系统。

罗沛霖同志在这些过程中都从实际出发积极组织参与技术方案的论证、协作与协调。

从以上经历可以看出,罗沛霖同志以专家身份担任过相当长时期的技术组织领导工作。在他主持的工作中,他向来实事求是,重视科学技术的发展,坚持发展新技术。

《罗沛霖文集》的出版是件重要工作,一则,文集入选的文章反映了他长期从事的科学技术活动,是一位老科技工作者终生奋斗的科教兴国征途的忠实写照以及他所走过的从爱国主义到社会主义的道路。再则,我们从文集中不难窥见电子信息产业的发展脉络,它从无到有,从小到大蓬勃发展,一步一步的发展历程,其中,有许多令人欣喜的光辉业绩和成功经验,也包括不少使人痛惜的风雨和坎坷。因为我们的事业发展了,电子信息产业在国民经济中形成了一个支柱产业。

七十年的风风雨雨,在伟大的中华民族风起云涌、鸡鸣不已的年代,罗沛霖同志为电子信息产业奋斗大半生。在事业发展中,罗沛霖同志也得到培养与发展。

原第四机械工业部副部长　　　　李瑞

2003 年 5 月 14 日

前　言

光阴似白驹过隙。忽忽焉,再九个月,竟就满九十岁了!从早期参加革命算,也有六十五年。回顾一生,所遇者多,所为甚少。在同志们,曾共事者、上级们支持下,出这本文集,这使我无限感激。对读者,对社会也许很少裨益,于自己也不过是对以往几十年做个归纳。

搜集一下存稿,得文一百七十多篇,诗词百余。略一浏览,文稿内容每多芜杂重复,只收入九十余篇,记录思维轨迹而已。诗词本非所长,有感而作者不多,收入五十篇;敝帚自珍,不忍割爱,适遗自累。

文集共十个部分。其中第三部分"电子与信息技术的来龙去脉"是一篇较长的科普文章,以我的理解,电子与信息,是个很一般的议题。第七部分是专业、专题的学术论文。第八部分只是讲些旧事。第十部分是诗词。除这些外,其他各部分,都有些议论性的内容。这些文章主要是讲述一些个人的看法,而也只能说是当时的产物;从出书的现在看,有不少过时了,甚至有错误。遗憾的是当时不能看得更远更准些,现在也就无可再有所作为了。

还有一些议论,是针对当时社会上某些不同的看法的,如今还有一定意义。现在自己看来,又往往没有鲜明地说到点子上,也只好悔不当初了。比如说,有的是有针对性的,而仅以现实为基础而论述,却没有指明所针对的具体现象。有些道理也许可以在这里稍加议论。

我曾说到要把科普提到和研究发展同等高度,还有要极其重视实践第一线的技术。当然我对研究和发展仍是热情的积极分子,但是这确是针对忽视提高社会基础的浮燥现象,如"冲击诺贝尔"等等而提出的。

有一个时期流行一种说法:现在不是爱迪生的时代了,应该优先搞基本科学,然后才有新技术。近来也见到有人说要以具体实践与需求为起点,但还是说"这是逆向发展"。当然,如无线电通信是从麦克斯韦尔和赫兹的工作开始的,核能的发展是从裂变现象的发现引出的,量子力学对半导体发展有许多重要的贡献。但是,在这里却往往忽略了大量从实践中产生的极大量创新的以及更广泛的维持性技术的作用;没有这些,是做不出那些大规模工程的辉煌成就的。不能否认,爱迪生的许多成就何尝不应当溯源于富兰克林、伏打等人的科学发现?但那相隔得是很久了。至于晶体管的发明曾被认为是量子理论的贡献;其实应当溯源于布朗在19世纪40年代发现方铅矿的整流作用,远在量子力学出现以前,而且它又是为了代替三极电子管而发明的,也要溯源于德弗雷斯特的发明。至于半导体集成电路的辉煌成就更是决定于平面、外延、扩散、光刻等工艺的出现,这些都来自技术实践中的巧思创见,更与基本科学的新发现没有直接关系。创新不能仅靠课题,更重要的是打破墨守成规旧习,广泛鼓动创新意识。

什么是我们面对的挑战?我认为是自身的落后和基础薄弱。什么是我们的机遇?我认为是国际上已有许多先进事物,可供我们按自己的需要与可能,作优化的选择。只认定某一些具体新事物或某项外国新进展成就,可能却是束缚自己的思维。可憾的是我没有主动表达这个观点,更谈不上具体化。也许我的感觉并不符合实际情况(我但盼如此),我总觉社会上很重视"高"、"新",却很不重视如何克服薄弱环节。实际上补课、打基础真正是当务之急。"高"、"新"是很有意义的,应当抓紧,但也必须"顺理成章,水到渠成"。

有的议论曾被当时潮流所冲掉。我曾经提出如何比较科技国力水平的看法(见后面有关文章),但却逢上"第三次浪潮"的涌动,就压到抽屉底了。另还有在二十年前一次重要的座谈会上的发言,我专论了政企分离的建议,指向了地方保护主义,提出类似如今政府结构改革的框架,得到主持领导人的充分肯定。然而却遇到了执事者不那么积极,我也就退缩了,没有写出来。培养高级技工的重要性,文章中也沾上了一点,却没有展开深入论述,也很觉遗憾。当然,我也不能虚夸说自己是"沉得着气的",是够踏实。例如回顾过去,我也使用过像"信息爆炸"这样的提法。

在 1957 年写的一篇关于高校教育的文稿中,讨论到博士论文,"有的代表了重大成果,多数只是一个科学研究的典型习作"。这论点得到钱伟长同志的共鸣。另一篇是论电子工业(生产建设)应采取专业化的方针,应重视基础产品等等,是给国家计委、前第二机械工业部和二机部十局领导的建议书。由于意见分歧,这个建议没有获得正式认可,但在后来的实践中却获得接受。这两篇文稿,还有一些别的,可惜在十年动乱中丢掉了。

在刚过去的 4 月 7 日的《科学时报》上发表了清华大学傅家骥教授写的《从技术创新到规模制造的根本途径》,我认为是一篇好文章。文中用"技术整合"这个命题较完整地剖析了这个重要的环节。所讲的过程实际对于小批量生产甚至个件生产也都有参考意义。有的问题讲得少一些,那也是文题不可能覆盖的。在 20 世纪 60 年代初,我写过一篇短文,讨论当时"计划任务书"、"初步设计"、"技术设计"、"生产定型"的呆板模式,提出从"个批量"到极大批量生产的不同产品,要区别对待,可惜这篇文稿没有找到。

我的专业性学术论文,很分散,而且不多。早期在工厂,结合当时工程性工作,也做些科研,本书选了篇把,然后是博士论文。回国后也可能是去做具体科学研究,但是当时老领导王净部长提出是否进入在组建中的电信工业局。我想我是党组织指示和培养下进修的,应当服从国家的需要;而且自己考虑,既然做了多年的工程性工作,又进修了较高深的自然科学知识,也许能在产业界和学术界之间做一些沟通工作,那就比做具体科学研究更为适合。于是,我就转入了技术行政工作。当然,我总还有一点创新意识,就利用公余时间,联系当时的管理任务,做一点理论性或方向性的研究,在雷达检测理论和电子计算机算术逻辑方面有点突破。抗美援朝时,生产 E27 型电台,采用了我设计的栅极调制电路和调整方式,解决了使用束射发射管调制效果的难点;那时也不会想到要写论文。总而言之,科技成果究竟是十分分散而稀少的;至于所设想的沟通工作,实际上也并没有多少效果。这是很使我感到遗憾的。

写这些往事,也许被认为是借题发挥,牢骚埋怨,但我的本意只不过是鞭策自己,要正视自己不能够认真做到心明眼亮,也还缺少韧性,是自己的弱点而已。

这本文集就要出版了。谨就编选做一点说明,并借前言总结一点经验。更对于电子工业出版社王志刚社长的具体支持和王仲俊、高平两同志在选稿和编辑方面的宝贵帮助致以衷心的感谢。

罗沛霖

2003 年 4 月 14 日

目　录

第四部分　电子与信息事业发展评论

第五部分　关于电子计算机和微电子事业

第六部分　关于管理学,技术管理,知识工程,教育,人才

第七部分　论　文

第八部分　回忆、自述、心迹、纪念文章

第 一 部 分

科学技术发展的历史轨迹——科学与技术范畴的划分及其关系

科学技术发展的历史轨迹

——略论各科技范畴发展历程

(2001 年 10 月 10 日)

一、引论

钱学森同志的手稿带回了国内,经过整理后出版了。这是一件重大的事情。中国星弹事业的发展,不仅是我国的大事,也是具有世界意义的,此外还有他倡导系统工程思想的重要贡献等等。学森做出的重要贡献是不需我赘述的。他所以有这样的贡献,是由于他爱祖国、爱人类的选择,也是他一生治学谨严而有远见、善创新的风格所铸成的。通过《钱学森学术论文集》和这次的《手稿》,特别是后者,人们会深刻地领略他的这种风格,应当向他学习。他在青年时代,曾以班级上最好成绩著称。但从我们当年一些密切的交往中,我深感到他从不是拘泥于追求分数和荣誉的,而是博学多才、触类旁通,并充分倾注着对人类、对社会的热情的。《手稿》肯定将对社会发挥极大的影响。

《手稿》的第五部分是"工程科学",指在基本科学与技术之间起桥梁作用的科学。这是在20 世纪中昌兴起来并起巨大作用的一个科学范畴。从 20 世纪 50 年代起我们就强调了这个范畴,在 1962 年、1978 年讨论我国科学技术发展规划时又讨论了这个重要的新科学范畴。由于这个概念对于农、医等方面也是极有意义的,因此采取了技术科学这个范畴名称。从《手稿》看,学森基于他在飞行器等方面的研究实践,早在 20 世纪 40 年代就已经加以强调和倡导了。

本文就是在学森的这个范畴概念的导引下,试图探讨整个科学技术各范畴的构成和发展历程。这对于我国当前,应当是很有意义的。

整个自然科学和技术各范畴之间是怎样的关系?以下是笔者所设想的一个体系框架:

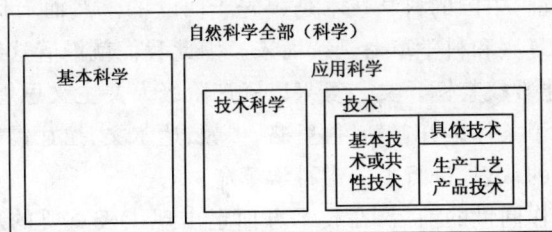

当然各个范畴的界线也不是绝对的或一清二楚的。这也只是尽量表达了 20 世纪中所达到的、并稳定下来的状态,表现的是宏观范畴间的关系,没有涉及各具体学科。本文主要只探讨各个范畴形成的历程。

二、蒙昧时代——改造客观和认识客观的活动并行启动,原科学的产生

早期蒙昧的时代,人类为了解决生存以及原始文化的需要,生产劳动已经存在了,已能制造自己的工具并使用语言,改造客观的活动就开始了。看看在旧、新石器时代那些伟大发明:

> 原始发明:火,撬棒,标枪,斫砸石器工艺,弓与箭,渔钩与网,岩画……。
>
> 稍晚:玉、石雕磨,动植物驯化,原始居室,陶器,绳,针,蚕桑,纺织,船与桨,车与轮,乐器(骨笛等),表意符号……。
>
> 更晚:金、银、青铜的获取、使用,剪刀,玻璃,商业,城市……。

这些宝贵而繁多的发明,严肃地考虑那都是从一无所有开始,可说是那个时代技术发展很优秀的了。人类不断地改造客观世界,从而获得了技术知识。

然而,不知考古学和人类学家们曾否已证明,那时人类对于自然界是怎么回事是否毫无兴趣?我想像在那个蒙昧的时代已经在对于自然界进行原始探索。认识客观事物的活动已经在进行。尽管按后代的发达的标准说,所形成的概念往往是错误的,或很不准确的。人们称之为自然哲学。但如把万物归之于水(泰勒斯)以及水火土气(亚里斯多德),还有中国的五行说,已趋向于唯物论,则可以说是原始科学或"原科学"了,尽管还是想像的和不准确的。

技术是从改造客观的需要而取得的。科学是从认识客观的要求而得到的。大体说二者的出现不分先后。然而在远古技术出现时,往往就带出来一些具体的科学发现。例如撬棒出现时,也就发现了杠杆增力的原理;船制出时,也就发现了"轻"物浮、"重"物沉的原理。这些发现并不等待阿基米德提出杠杆和比重的定量关系。历法的应用性是很明确的,但它却带动了天文和数学启动发展。远古科学发现可说或来自观察与思辨,或来自生产实践;至于科学实验,那是在文艺复兴后才受到重视的。可能是由于原科学带有很强的思辨成分,所以有自然哲学的称谓。历法、医、卜、星、相的出现也由于人类想掌握自己的命运。追求这种知识也会导向对客观的认知,虽然其中除历法和医学中部分地反映了客观真实以外,充斥了神话和迷信。若只看这些,似乎技术产生在先。

三、西欧文艺复兴以来,从科学革命到工业革命

在西欧文艺复兴以前,中国的科学技术是领先于西欧的。然而当代的无比丰富的科学技术发展却是由西欧文艺复兴和科学革命延续而来。因此我们就沿着这线条讨论。中世纪西欧生产落后,社会受到封建教权禁锢。文艺复兴以资产阶级人文主义思想破除封建教权的桎梏,正好为科学大发展创造了条件。开普勒、伽里略、牛顿、达尔文、拉瓦锡等等用新的观测与观念改写了对重要基本事物的认识,进行了一次科学革命。

在哥白尼日心说著作问世的前后,在技术方面也出现了极重要的新事物,谷腾堡在1448年发明了印刷机,把从中国传来的印刷术从纯手工艺转化为机器手工业。在短短五十年中给西欧输送传播了九百万本书籍。这个事件的重大意义在于:一是为新生事物提供了强大的传播工具或"媒体",对文艺复兴以及以后资本主义革命的一系列重大事件和整个革命运动提供了无比强大的支持。二是应当看它是机械化工业革命的先声。按马克思所阐明的,"工业革命……是从……工作机出发",而工作机的要点是人用机器操作工具而倍增了生产能力。因此,印刷机对于手工直接印刷说,正如哈格利沃思的纺纱机对于手纺轮的改革起了同样的作

用。第二个重要的是,据说可能也是基于中国传来的技术,正是采用了中国的冶铁技术和火药造成的枪炮以及指南针"造就"了西欧帝国主义和殖民帝国。

在科学革命的时代,科学与技术作为两类知识,主要是分道扬镳的,这持续到工业革命的时候。发明珍妮机的哈格利沃思,发明蒸汽机的瓦特等等都是理论知识不多的工匠、技师。这时科学实验也被社会承认了;另外一些人则从事于科学研究、实验的和理论的。当然这也不是绝对的,例如说达芬奇在艺术和工程技术以至科学方面都有成就,牛顿也是一个很好的土木工程师。此外,如医、农本应是技术学科,但是在它们的发展中却产生了并促进了生物和生理等基本科学的发展。治水、采矿、冶金、制药等对于地质、化学也发生了类似的作用。在早期的化学、生物学、地质学的研究主要是为应用需要而发展的。

四、从工业革命到电子与信息时代,技术科学的兴起

在工业革命以来的时代,18世纪起,基本科学展示了大进展。19、20世纪里,尤其在第二次大战的推动下,出现了许多重大发明。

在科学进展方面,这里在很有限的范围里,选出几个项目,按时间先后:

(1)流体力学为空气动力学准备了基础。

(2)电磁学的进展导致了电磁波和电子的发现。

(3)相对论的提出和原子裂变的发现。

(4)量子力学的提出,为半导体有关的现象做出理论阐解。

在技术发明方面,选出几项,也按时间先后:

(1)无线电通信。　　　　　　　(2)电子管、及以后的半导体晶体管、集成电路。

(3)航空器。　　　　　　　　　(4)电视技术。

(5)导弹、及人造地球卫星和航天器。(6)自动化及以后的机器人。

(7)雷达。　　　　　　　　　　(8)核能与核武器。

(9)电子计算机。

新的情况出现了。这些科学学科和技术专业之间出现重要的、密切的关联。从它们的发展历程中可以注意到一些带有共性的发展规律:

> (1)许多原始技术发明发生的时候,同时也就产生了基本科学的概念和知识。
>
> (2)仅由于为了认识客观世界,没有直接应用目的的科学研讨从来就没有间断过。

科学与技术沿两个线条并行发展,存在显著的相互促进:

> (3)为了应用目的而进行的科学探寻,也会发展为重要的基本科学学科。例如古代几何学起源于土地面积的测量,当代的则有从电信抗干扰和自动化的研究引出创立信息论和控制论,还有冉斯基在观测无线电通信时偶然发现了银河的电磁波引致发展射电天文学科的建立,导致天文学的四大发现。

增加出现了三种新型发展过程:

（4）由于基本科学的新发现而导致一种新技术的发明和发展。例如伏打发现用电堆发生电流（1830），导致利用电流的电报机等等。最重大的两个例子是：①电磁波的发现导致了无线电的广泛利用。②原子裂变的发现导致核能利用的发明和发展。

（5）由于基本科学相对地长足发展了，选择基本科学适宜的生长点和联结点，进行旨在提高技术、扩展技术，或者突破难点以至开辟新方向、新途径而进行科学研究。这就是钱学森在手稿第五部分专述的"工程科学"，即技术科学。

（6）在技术发展方面，突出了共性的技术的研究。重要的例子有关于各个类别产品有关的设计，结构、材料、工艺等等中的基本的、规律性的知识和法则。

对第（5）项，技术科学的重要性，在学森《手稿》的第五部分做了充分的阐述，这里，在以后再做一些例说。

作为又一项：

（7）新的，从大量的日常实践中出现的，技术上大大小小的创造发明依然浩如烟海，有的在技术的使用方面，有的在具体技术和产品本身。科学技术像是一棵大树，没有那数不清的枝叶和根须是不会茁壮生长的。

这里涉及的各个科学技术范畴都可以和引论的表中互相对应。

钱学森举了在航空航天技术方面具有重大意义的技术科学——Klein 的应用力学，Timoshenko 的材料力学，von Karman（其实还有钱学森自己）的气流体力学等，事实远不止此。如果再举一些，还有 19 世纪的：Rankine 写了最早的《应用力学》，研究过金属疲劳的问题，创造了（蒸汽涡轮机的）兰金循环；Poncelet 研究投影几何学，还改进了水轮机，似乎在 1820 年还写了一本机械加工工艺的书。在电机方面，如 Lamme，Steinmetz，Doherty 等关于交流电机理论的研究，Steinmetz 还发现了磁性材料中的回滞现象。这些是 20 世纪初在美国出现的。

我是从事电子与信息方面科技工作的。这几乎完全是 20 世纪以来的事情。这方面的事例是很多的。如在技术科学即应用基础科学方面可以举出以下各部分学科：

电子技术科学	电磁波传播学与波导理论　传输学　微波理论　光波导理论　线路与网络　电子电路学　信号科学　……
元件与器件科学	应用量子物理与化学　电化学　应用磁学　电介质物理　半导体物理　超导物理　等离子物理　凝聚态物理　金属学　应用光学　应用声学　高分子物理与化学　声光电热磁交互效应　应用热物理　应用力学　结构力学　流体力学　……
系统与信息学	系统学　运筹分析　信息科学　控制论　自动机学　编码学　思维与认知　逻辑学　语言学　应用心理学　知识学　生物生理电学　生物生理信息学　脑神经学　智能仿生学　可靠性工程学　环境学　混沌理论　分形学　……
应用数学	应用分析数学　积分变换　应用统计学　计算数学　应用数论　集合论　线性代数　数理逻辑　模糊数学　……

在基本或共性技术方面，在电子技术中是很多的，例如：

各种电子产品、模块、构件的计算机辅助设计。	
微电子和纳米技术:从制造极高纯度的原材料,到超净化、高精度和特种加工以及复杂的封装、测试、筛选。	
电真空设计与制造技术,材料技术。	各种成形技术,机械的和非机械的。
表面保护技术。	浸渍、灌封技术。
表面加工。	焊接、粘接。
测量,测试,计量。	压塑技术
环境模拟。	标准,专利。

18 世纪以来,从重大基本科学发现导致重大新技术的发明和发展,几乎是史无前例的。电磁波的科学发现导致了无线电电信的发明。原子裂变的科学发现、开辟了核能应用的广大领域。这都是无可争辩的事实,应当充分重视这些历史现象。但是另一方面,有过一种说法,说是爱迪生的时代过去了,或把极大量的技术进展都归之于基本科学的某些或某个成就。这是不符合客观实际的,是一种十分不利于增强科技、提高综合国力的说法。

举例说:关于半导体和集成电路的辉煌成就,就有一些不同的说法。如果具体追踪它的整个发展史,则可看到是一系列重大的发明,起了巨大的先创作用。首先是在 1874 年,德国的 F. Braun 已经发明方铅矿石晶体检波器(二极管),用于马可尼的无线电通信系统。那时还没有量子论。以后矿石接收机曾风行了若干年。到了二次大战时,为了制造微波雷达,晶体二极检波管又兴旺起来,不过这时用了元素硅或锗的单晶了。战后贝尔电话研究室的负责人 Kelly 提出:电子管的寿命不能再增长了、体积无法再减小了、功耗也不能再低了,有没有更好的办法?这样 Shockley 等人才开始研究用固体代替真空,导致半导体晶体管的发明。由此可见那发明是从三极电子管和晶体二极管得到启发,和量子力学关系不大。从晶体管走向大规模集成电路,很重要的又是平面和扩散工艺以及外延结构的发明起了作用,这里面包含了大量的科学实验工作,但并没有利用量子力学新发现。当然,不可忽视的是在寻找和评估各种有关材料时,半导体物理起了不可少的作用。在许多其他有关的具体环节上,也利用了许多基本科学的成果。

讨论的目的是为了推动我国综合国力以坚定迅速的步伐前进。依靠科技发展是极重要的因素。各个范畴的科学技术必须按客观存在的相互依存的关系给以发展,不可以在主观上先入为主,畸轻畸重。

(此文是《钱学森手稿》出版的学术讨论会上的发言稿)

从科学技术体系的形成探讨我国科学技术体制改革

(2000 年 6 月)

提要:此文是作者在中科院第四次院士大会的报告稿。文中对西欧、美国、前苏联、日本四个国家地区的科学技术发展史做了介绍和讨论,并分析国情,对我国发展做出建议。

我国的科学技术,在古代是有独特贡献的,只是近几百年停滞了。虽经过建国以来的努力,取得了不少成就,但就总体水平来说,我国的科学技术还是落后的。为赶上先进水平,我们需要不断地探寻一条适应我国现状与历史的发展道路。本文的目的,就是对这一问题做些初步的探讨。

一、当代科学技术体系形成的过程

在国际上,近代科学技术的发展,就其所具备的环节来说(不是就学科而言),已经形成了一个相当完备的体系。我们要探索一条适于我国发展的道路,应该先了解这个体系的形成过程和各国所走的不同道路。

广义的科学包含"科学"和技术,这对于自然科学和社会科学都是一样的。广义科学还可分为基本科学和应用科学,应用科学又包含应用基础科学和工程技术,工程技术再分为基本技术和现场技术,基本技术又包括产品原型和新工艺的发展,现场技术(对于工程技术的学科专业来说)又可分为与投产工程相关的投产技术和与日常保持生产作业相关的生产技术。这个构成的形式如图 1 所示。

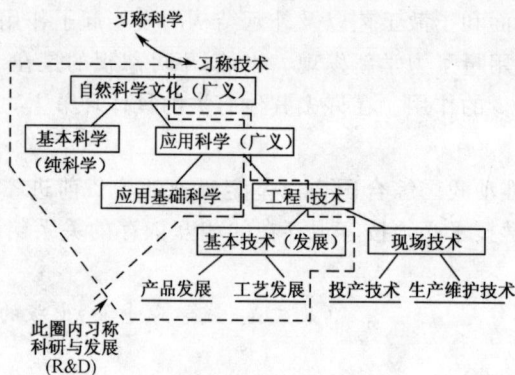

图 1　广义科学系统结构

从图 1 可见,对现代科学技术来说,只要列举小框内所标示的四个组份,就可以包括广义科学的全部。这个系统结构特别适用于理、工科;对生物、地学、农业、医学以及各种社会科学来说,也有类似构成,但可能要做些修改。

有人主张数学应与哲学、自然科学并列,我不反对这个见解。我的一个不成熟的看法是:数学是扩展开的并加深的形式逻辑学,是深度逻辑思维必不可少的工具,是一切自然科学和社会科学的发展中所不可缺少的。这涉及一个形式逻辑中的基本定律和数学中的公理问题,似乎定律、公理都是可以假设的,而实际上假设都要经过验证。大部分公理是从实践的验证中得来的,并经过实践的长期证实。例如非欧几里德几何中的黎曼型椭圆几何学,从相对论得到了验证,而罗巴切夫斯基的双曲线几何学,则尚未得到物理实验的验证,因而就未得到发展。无目的地任意假设公理是没有多大意义的。

在上述的图1中,没有反映数学这一特有的地位,而是按现时已规定的俗成概念,把数学列为自然科学的一部分。我还在基本科学下面括弧里加了一个"纯科学"这个当前已不常用甚至趋于否定的名词,这是因为确有一部分基本科学只在于为了认识世界,而不是为了改造世界(至少暂时如此)。而且基本科学这个名词也有缺陷,这是因为基本科学本身经常还要继续受到实践的检验,并在实践中得到发展,只因它可作为演绎科学的出发点,才赋予"基本"这个名词。就归纳科学来说,它是认识的一个中间站;在认识过程中,实践才是基础。

现在,再谈一谈这个体系形成的历史。从远古时期起,人们的知识是从人与客观世界之间、人与人之间实践交互作用中获得的,实践的目的,是为了改造世界,使人们能够自为地存在,那时的哲学和自然科学是很难分开的。例如,易经的太极、两仪、四象、八卦,既是一分为二的哲学观点,又是最古老的二进制数列;我国的金、木、水、火、土和希腊的土、水、火、气论,也是如此。历法、占卜的产生,虽有迷信色彩,也是为了走入自由王国,或对于生活进行预见和预防的目的。天文学的研究,是由于航海而得到巨大发展。几何学、水力学的产生,也是例子。我国的炼丹和西方的炼金术,成为化学的远祖。历史的事实已经说明,先出现的是生产(包括生活)斗争,然后加上阶级斗争,最后发展到科学实验。由此可见,应用科学先于基础科学而产生。

对于近代科学技术史,做如下探讨。请参阅图2。

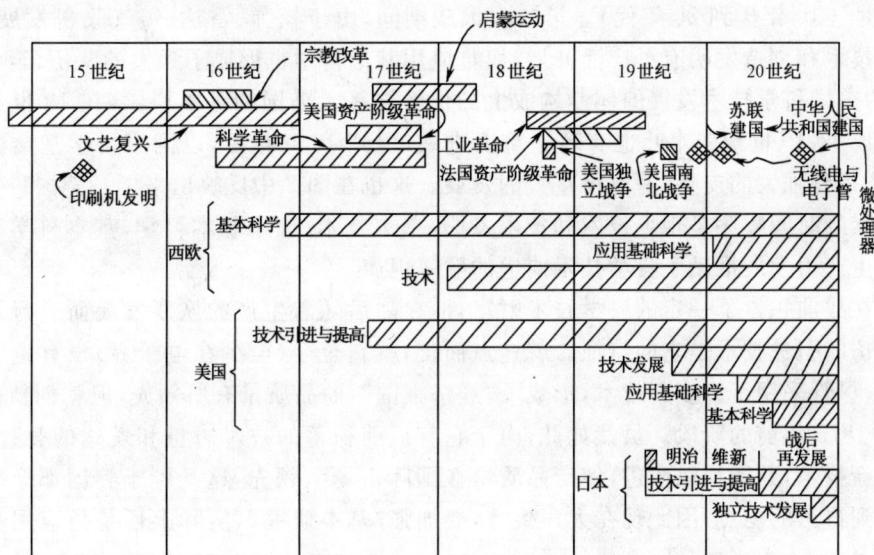

图2　各地区近代科学技术发展过程(并列历史重大事件,作为参考)

从图2可以看出,近代科学技术的摇篮在西欧。它的诞生,伴随了资本主义的兴起和封建主义的衰退。这是一个并非短暂的时期,大约可上溯到14世纪中期逐步兴起的文艺复兴,直到18世纪中的工业革命。它是沿着两条线发展的。一条线是自然科学,由于历法、占卜的需求促进了天文学的发展,加上测量土地的需要已开始了数学的研究。到17世纪中,由于航海的要求,二者迅速发展。物理学和化学的发展,比数学约晚半个世纪,它们可以说是在宫廷、教会、学院中进行的研究,虽然和经济实践不是完全隔离,但确带有浓厚的经院色彩,超前于产业革命,并对产业革命没起多大作用。另一条线是技术,它是受生产力发展的促进,而且又是产业革命的促进者和重要标志。它主要诞生于18世纪,发明家大都是工匠,如瓦特、哈格里沃斯、斯蒂芬逊等。他们是从实践之中直接产生了技术。连新大陆富尔顿和后来的爱迪生也不例外。这样,就导致了自然科学和工程技术的分化,纯科学和应用科学的分化。到了19世纪甚至后期,才有了一定的结合,如电机、无线电的发明当然是借助于电磁学的发展。至20世纪初期,才有克莱因的工程力学,是萌芽的应用基础科学,或技术科学,这是弥合分化的努力。然而"分化"的遗留作用很强,直到今日。英国感叹它的发明和生产脱节,国际上评论英国的科学是强大的,但其工艺技术是薄弱的。这方面德国较强,法国也稍好,特别在电子方面尤为显著。总之,在西欧基本科学领先,这是它的优点;而工程技术落后一些,应用基础科学对"分化"所起的弥合作用并不充分,这是它的弱点。

美国不能说是近代科学技术的摇篮,然而是后进赶先进的典型,并经历了一个完整的过程。在1875年以前,美国仅有个别的重要发明,如电报和轮船。它基本是利用西欧产业革命以来所积累的技术,并做改进,发展大生产。1875年以贝尔发明电话为标志,大发明家如爱迪生、莱特兄弟等相继登台,出现了大量的工程技术发明和大批的技术革新者。他们在美国形成经济大国的过程中,起了催化剂的作用。这些发明创造所依据的初级的基本科学知识,其中不少也是利用西欧的成果。这种情况,一直持续到1925年,以贝尔电话研究所的成立为标志,才出现了应用基础科学(或称工程科学、技术科学)。在电子界,几乎全部技术都是美国人自己搞的;而在力学方面,则借重了欧洲的移民如冯卡曼、铁摩申科等,发展电机理论的斯坦麦兹也是如此(20世纪10年代到20年代)。第二次大战期间,由于核弹、雷达、喷气飞机发展的需要,不但工程技术和创造发明有了广泛开展,而且应用基础科学也形成了强大的队伍,至今领先于欧洲,成为美国科学技术发展的体制构成上的优势之一。美国的基本科学,在19世纪末已开始有重大成果,20世纪前半叶也有若干重要进展,但到1950年后,以国家科学基金会的成立为标志,才得到强大的支持,并取得重大的发展。这也在图2中反映出来了。美国科学技术四个环节发展的时间顺序是现场技术和技术发明、基本技术、应用基本科学、基本科学。这明显地反映了生产力发展推动了科学技术前进的顺序规律。

日本在战前积累了一定的科学技术财富,但在战后随着生产的恢复发展而进行了重组和发展。模仿即引进技术是它的特征。就这点而言,就它至今(至少在电子界)没有重要的初始发明来说,尽管采用了许多新技术,形成了"经济大国",商品质量有所领先,但就创新范畴它还处于美国1875年前的阶段。虽然如此,由于它有战前积蓄的技术力量和发达的教育,它能接受外国最新技术,并能加以改进,使产品质量在国际市场上领先,这又胜于美国那个阶段。日本已认识到自己的弱点,因此现在大声疾呼,要加强"基本研究",实际上还是指应用基础科学和基本技术。

二、从电子技术的发展看美国科技发展体制的一个侧面

对于这个命题,我们应予以关切,这是因为:第一,如前所述,美国是"落后赶先进"走过了一个完整过程的国家,值得我国借鉴。第二,美国幅员、本土纬度和我国相当,它虽人均资源比我们多,但毕竟还是人口大国,必须基本上自给自足,与我们可以相比。第三,美国的电子工业已列入第三大工业,而且当前正在进行热烈的议论中,电子工业是新的产业飞跃中的重要角色。

美国电子工业的研究与发展,绝大部分是在企业进行的。首先,大小企业都有技术发展部

门，或有这方面的人才。巨型企业设有研究中心，负责应用基础科学的研究、远景新技术的发展研究、复杂产品的初始发展研究和系统工程的发展研究及其设计。其次，在政府或基金团监督指导下，委托著名大学代办、代管的研究所进行研究，如喷射推进研究所，林肯研究所等。政府直接控制的也有一些，如工商部所属的国家标准局和通讯管理局的电波传播研究所等。国防部门和航宇局也有直属机构，大体以应用体制和系统工程为主，还有靶场和实验场。大学院校中有的科研力量很强，除代办、代管的大型研究所外，还自办研究所、实验室，自选或承担科学研究和技术发展工作，但一般不进行具体的产品发展设计，更不要说生产，当然，他们为了进行试验，有时要发展设计一些仪器或试验装置。美国的小企业是一支不可忽视的技术力量，其技术人员的百分比高，技术发展和生产融合于一体之中。它们或承担多品种少数量的生产，或从事少品种大数量的部件和小型产品，各有专精独到之处。

对以上的讨论还要在基本科学方面做一点补充。这方面的工作，主要是由大学进行的，也有由大学代办、代管的研究所进行的。如劳伦斯——利弗莫尔研究所、斯坦福直线加速器研究所，不但承担基本粒子研究工作，而且投入极大部分力量去设计建造大型试验设备。由研制大型试验设备又带出了许多技术发展和应用基础科学的课题。

美国巨型企业的科学技术发展体制可能对我们有借鉴意义。它的各支力量既有垄断竞争，又有专业协作。

美国的电话电报公司 ATT 所属的贝尔电话研究所和西部电公司享有世界声誉。贝尔电话研究所是 ATT 和其子公司西电公司的研究中心，除以相当一部分力量进行系统工程的发展和设计之外，大部分力量进行应用基础科学研究和基本技术发展，并取得了基本科学的研究成果，有若干人次获得了诺贝尔奖金。它还在西电公司的各主要制造厂紧邻设有支所，这些支所即承担该厂的产品发展并在产品发展的过程中进行必要的工艺发展工作。在转产前夕，由所的发展技术人员和厂的结构工艺技术人员，结合在一起，设计生产图纸，因此往往试制和投产结合，一次成功。西电公司也有自己的研究所，承担工艺和管理研究的任务。这个体制具有明显的优点：①试制和投产结合密切，新产品投产周期极短。②分所和研究中心联系好。凡出现新的基本技术，均可以迅速用于新产品的发展研制中，从而保证了产品的先进性。③大生产中的特殊工艺有充分的发展力量承担。

国际商业机器公司 IBM 除设有研究中心承担和贝尔电话研究所的中心所所承担的类似任务外，在其各分公司设立了各自的专业发展所。所有产品由各发展所发展设计，经鉴定后转入投产。如果工厂要改变任何一部分，都要经发展所批准。国际商业机器公司的科技发展体系是完整的，在商业技术政策上是精明的。由于垄断而获得高额利润支持它的科技发展，因而具有优势。但和贝尔系统相比，缺少那种应用科学研究——基本技术发展和现场技术之间的一线贯串的连续性，这是它的缺陷。

美国无线电公司 RCA 原在各制造厂设有发展部，后来集中到一起，成立萨尔诺夫研究中心，实际上主要承担产品的发展工作，应用基础科学研究薄弱，投产周期也长。该公司有一位专家对我说："花几年功夫完成的科技发展成果，到工厂投产往往碰回来，一返工又是两三年。工厂技术人员少，投产以后很难改进。"为了克服这个困难，RCA 近年来建立了若干独立的专业技术转移试验室，也只能解决半导体、显像管关键部件和消费性产品几个专业的问题。这些是属于分公司与研究中心合办的，其效果如何，未能了解。

惠普公司 HP 的产品发展工作是分散进行的，原来没有研究中心。从 1980 年起，它建立了计算机、半导体、测量技术等研究中心，也是面对大分散所造成的困难而采取的措施。

三、关于中国的道路探讨

我只谈两个方面的问题：科学技术各个环节的比重和各支科学技术力量的使用。

1. 就我国科学技术发展应具备哪些环节而言，尽管社会制度不同，还是要依照国际经验和科学技术固有的共同规律来考虑问题，图1所表示的各个环节终究都应当具备。但就各个环节发展的顺序和比重来说，各国情况各不相同，各有侧重和得失。更重要的是我国有自己的具体情况，必须从实际出发，批判地借鉴他们的经验。

我们建国时，从旧中国接收了一支不大的但有一定水平的科学技术队伍，到今天这支队伍已经成长壮大了许多倍，形成了一支科学技术大军。在经济恢复的三年中，这支力量起了很大作用。以后学前苏联，以为是社会主义科学技术文化经济发展的惟一模式，但没有注意到俄罗斯传统的消极影响。沙俄的科学技术发展属于欧洲模式，而处于西欧前期的状态，工业化程度不高，科学主要掌握在宫廷、学院手中。它有少量杰出的人才，但和本国的经济发展没有多少密切联系。技术方面可能还要依靠西欧，自己独特的发展不多。20世纪50年代的前苏联，科学和技术是分两条线发展的，弥合分化的应用基础科学很不发达。他们对科学研究人员给予充分的重视，给予荣誉和优厚的物质待遇，但对技术人员重视不够（与此相比，美国的科学家是由发表文章和培养人才而得到荣誉，而技术人员则由企业经营获利而得到优厚的物质待遇）。有才能的人集中到基本科学部门，工业企业技术力量薄弱，只有国防工业方面是例外的。因此前苏联的基本科学是强大的，而工程技术始终比较落后。美国人评论，前苏联基本科学强大而不善利用成果于生产。我们在50年代，几乎全部继承了前苏联的模式，也有类似的缺陷。仅仅因为我们在二十八年的革命战争和群众运动中形成了重实践的传统，因而没有完全遭受同等程度的消极后果。

从"大跃进"到粉碎"四人帮"止，我们走了一条曲折前进的道路，有起有伏，然而总的说，是突出地重视出品种，出原型（所谓"礼品"、"展品"、"样品"），却忽视了基本科学，忽视了基本技术，忽视了投产技术和正规生产的技术维护，因而使应用基础科学和基本科学一起受到忽视。这对于轻视知识分子，轻视以至破坏生产秩序，起了推波助澜的作用。在生产中重性能指标、重数量，轻质量、轻经济效益也造成消极后果。这些都是互相关联的，不是孤立的。都反映我们对科学技术各环节之间的关系认识不足，处理不当。

从粉碎"四人帮"到十一届三中全会止，我们出现了搞高能、自动化、技术引进的热潮，继续重原型，轻生产，轻经济效益。当然高能、自动化都是应该搞的，但不能超过经济效益和社会技术文化所允许的程度。

自十一届三中全会以来，以上情况虽有较大改进，然而社会上重基本科学特别是重理论轻实际的气氛依然存在，投产技术和生产维护技术依然没有明显加强，应用基础科学作为一个范畴依然没有得到确认。

我们是后进赶先进的国家。应当更多地借鉴美国和战后的日本的经验，但又不能完全相同。首先我们能否先发展生产再发展技术，不能。因为我们引进技术，面对着限制和高价，远非和他们所能相比，尽管我们还要尽一切努力引进确能得到的技术。但是，我们也不能与他们背道而驰，我们要大力发展生产，必须加强投产工程和生产技术，即现场技术的环节。这方面需要的人力物力财力极大，有人估计要比科研与发展（R&D）大几倍。必须通过整顿，进一步克服许多生产厂中工艺技术人员的知识联系实际差、吸收群众经验不够、以及生产岗位上往往不接受技术指导或不按规范办事等问题。还要明确发展投产工程和生产技术是工厂天经地义的责任,把部分有才能的技术人员从发展原型产品和产品设计这两个方面转移到现场技术方面去。

综上所述,技术发展是不可缺少的,但不能只重"原型",而一定要把加强生产技术发展提到十分重要的地位。既然已经能造制出原型来,当然也必须解决一部分工艺问题,但这种工艺有相当一部分不适于生产实践,而又不是投产工程和生产维护人员所能解决的,必须有专门的发展研究人员承担。我们所以制出了原型产品而难于投产,我认为生产投产工程技术薄弱是主要的问题。

对于基本科学研究和应用基础科学研究,我们也不应当遵循美国的道路,即在技术发展起来后,再加以重视。首先因为,在当代基本科学和应用基础科学对基本技术和经济发展所起的作用不断增长。其次,从我国历史上说,已有了一支不可轻视的基本科学队伍,必须发挥这支队伍的作用。再次,应用基础科学和基本科学之间原没有一条不可逾越的鸿沟,它和基本技术发展之间也是相通的,因此我们能够用基本科学队伍和基本技术发展队伍中的一部分力量来加强这个薄弱环节,是有重大意义的。第四,应用基础科学的部分成果是不公开转让的,需要自己下功夫。

根据上述的理由,我国应当同时并举基本科学、应用基础科学、基本技术发展和现场技术这四个环节,并应当采取以下的措施:

(1)依据当前实现四个现代化和提高经济效益的要求,调整其间的比例关系,克服原来畸轻畸重的缺点,从领导的倡导一直到具体的措施,都要加强薄弱环节。

(2)产品原型及原型工艺的发展重复得很厉害,应当组织起来,联合攻关。同时,还要适当地缩短战线,腾出一定力量加强正规生产工艺、现场技术以及应用基础科学。

(3)要引导一部分基本科学研究力量转向应用基础科学即技术科学的方向。当然这决不是意味着要削弱基本科学的研究。

一些工业发达国家发展科学技术中财力分配对我们是有参考价值的。投产费用是从基本建设、技术改造、技术措施费用中支出的,有的甚至摊入成本。因我没有掌握确切的数字,这里只能比较一下基本科研、应用科研和发展费用的比例,列表如下。

	基本科研(基本科学)	应用科研(应用基本科学)	发展费用(基本技术)
美国 1956 年	8.9%	22.3%	68.8%
美国 1979 年	12.5%	22.3%	64.2%
日本	15.6%	25.9%	58.5%

由上表可见,美国在 20 年中,基本科学应用基础科学费用增加了,这符合于它的基本科研逐步增长的过程。日本基本科学和应用基础科学费用的比例反而比美国大,因为它基本技术引进很多,所以自己在技术发展上花费少。我们似乎可以参考美国的比例,但对长远科研的比例要相对小一些,发展工作的比例要大一些。

2. 建国以来,我们有了一支一定数量的科学技术力量,但由于过去对技术发展的顺序和比重研究不够,有些体制结构上不够科学,因而使这支力量调配不善,没有发挥应有的作用。

我在前面讨论借鉴外国经验时,曾推荐贝尔系统的面向经济而一脉相通的结构,然而我们必须从自己的现状出发,找出一条通向理想的道路。要实事求是,因势利导,妥善安排,使各支力量各尽其用,各项任务各得其所。为此,我建议实行并逐步过渡到这样的体制:

（1）明确基本科学和部分应用基础科学的任务，落实到现在科学院有关所和有关大学承担，由科学院负统筹协调的责任。凡现科学院和大学具备有产品发展设计和生产力量的，应组成产品和工艺发展所和企业，各自给予一定的独立性。大学中少量的教学人员在所属的发展所以及企业兼职，但机构组织要划清。

（2）各工业产业部门及运行部门，应有自己的行业技术研究中心。凡目前没有的，应当迅速建立起来。它们都应当承担和本部门业务有关的应用基础科学的研究。工业部门的研究中心，还要承担本专业的远景新技术的发展和复杂高深的新产品的初始发展，也要承担一部分较大系统工程的研究和发展、设计。运行部门的研究中心，要研究发展运行体制、运行技术。各行业技术与研究中心，还要承担本部门的技术勤务工作以及本部门各研究所和发展所的研究发展工作在技术上的统筹协调。

（3）工业和运行部门的研究所应按专业分工，主要分别负责产品发展和运行技术的发展。工业部门的专业研究所，应以复杂产品和小批量多品种的产品为主，并确实地把本专业生产上的关键工艺发展承担下来，预见到需要大量生产的产品应和生产厂联合设计，尽量避免有形式的产品移交，并在设计过程中和生产厂共同确认生产中的关键技术，给予解决。小批量多品种的产品和要经过小批量生产过渡到大批量的产品，可在本所投产，不一定移交。这样可弥补小企业承担小批量产品而技术力量不足的缺陷。生产要有独立性，并企业化。

（4）在工厂企业中，对生产技术、现场技术一定要从思想到具体组织工作上落实。有产品发展能力的工厂，可以发展较大批量生产的产品，并承担生产关键技术的发展，但也必须在保证现场技术完全落实的前提下安排。较大的企业可设发展所或发展部，但要像贝尔分所那样，和生产活动密切结合。过去工厂在成立了设计所以后，和车间分工又分家，搞厂内有形式的移交，今后不要重蹈其覆辙。

（5）中国的小企业有的技术力量充足，可按第4条进行技术工作。技术力量弱的，则可与各研究所或学校合作。为了适应中国的情况，大部分应当走专业分工、批量大而专长独到的道路。

我们实现以上的过渡体制后，就具备了一定的条件，进一步过渡到"一线贯通"的体制。

本文原发表于1984年《科学学研究》第2卷，第1期。20年来已有不少变化，部分做了补充修正。

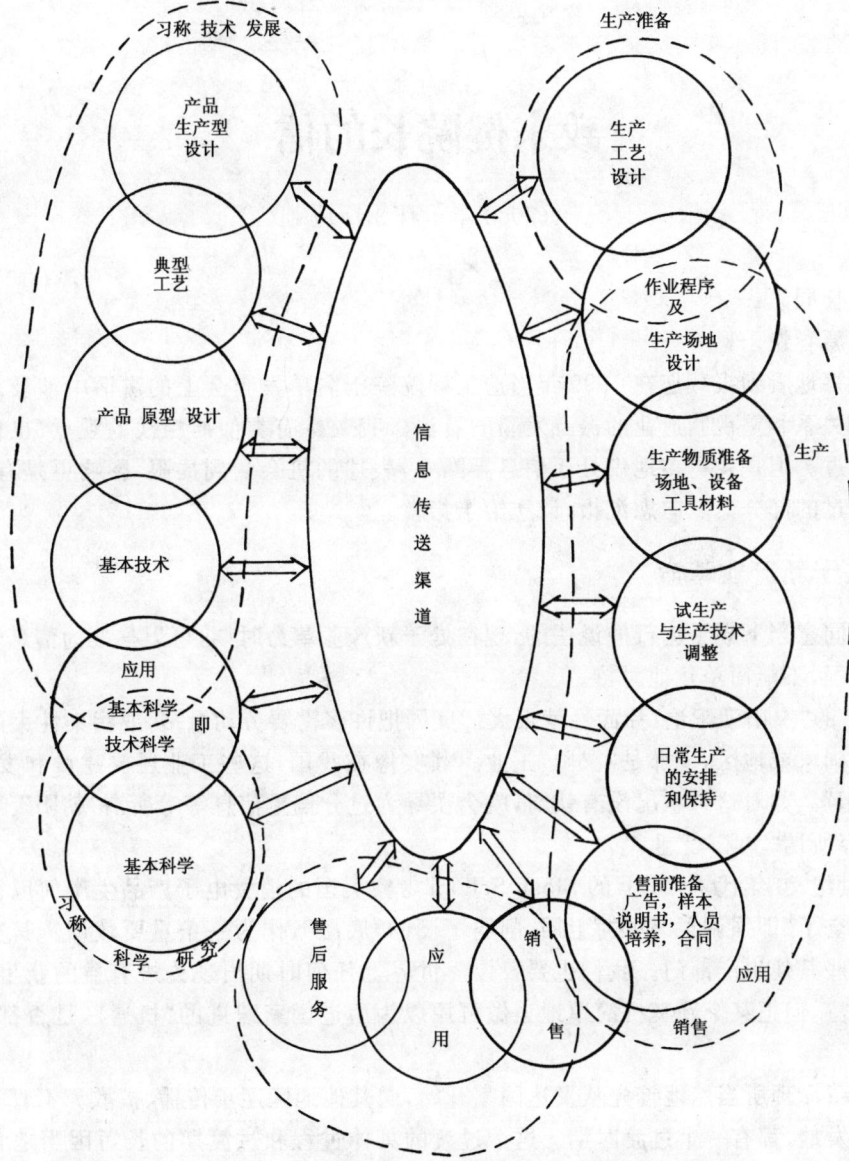

习称 技术 发展

生产准备

产品
生产型
设计

生产
工艺
设计

典型
工艺

作业程序
及
生产场地
设计

产品 原型 设计

生产物质准备
场地、设备
工具材料

基本技术

试生产
与生产技术
调整

信
息
传
送
渠
道

应用
基本科学 即
技术科学

日常生产
的安排
和保持

基本科学

售前准备
广告，样本
说明书，人员
培养，合同

习称

科学 研究

售后服务

应
用

销
售

生产

应用

销售

科学技术范畴结构关系图

（此文刊于中国科学院第十次院士大会学术报告汇编）

致宋健院长的信

（2000 年 1 月 3 日）

宋健院长同志：

您好！新春快乐！

非常高兴地看到报载您在 1999 年当选工程院院士名单发布会上的讲话中涉及的高新技术与制造业关系和重视制造业的振聋发聩的看法。我久持有类似而粗浅的观点，也曾在一定的场合表述过。但是我更多地仅处于信息界圈中，表述的机会受到局限，影响更是有限之至。现把我思考过的部分论点向您汇报，请您给予指教。

一、关于新产业革命

我还是同意当下颇为流行的说法的，现在处于新产业革命时期，可以称之为信息化产业革命。但在我国，不能简单化地对待。

Toefler 的"夕阳朝阳论"片面性就很大。美国把许多需要劳动量多，或污染性大的工业都扩散到其他国家或地区，说那是"夕阳"工业。其实像在我国，这些工业还要建设和发展，绝不能当做"夕阳"。如对这种状况没有认清，就会误导为过分偏重信息等等所谓"朝阳"工业，而偏废，以致抛弃所谓"夕阳"工业。

在 20 世纪 70 年代末，MIT 的 Sloan School 考察美国的消费电子产品生产何以被日本赶过去，把"淘空了"即强调了"软的"上层，削弱了硬的"底层"，作为一条重要教训。其实这也适用于美国某些其他生产部门。我们也要警惕。世界上任何时期出现先进有益的新事物，我们都要积极对待，但把某个新契机简单地当做可用以为后进国家蹿进的"机遇"，是否都妥当，值得商酌。

新产业革命理所当然地首先从发达国家开始，向其他地区逐步传播、扩散。不管是在起始地还是在后发地，都有一个过渡时期。这个过渡的具体过程和过渡期的长短因当地背景情况而不同。在我国，正像您指出的，讲信息化和数字化生存不能片面地讲，更不能忘记或抛弃物质生产。只有以物质生产为依靠，才能发展信息化。信息化的一个重要特征是它的高度弥散性、适应性。只要与当地条件相匹配，只要引用得当，对弱的物质生产可增强，对强的物质生产可以巩固和提高。我国应当重视信息化，用以加速工农业的现代化发展，只是要强调适度性、针对性和匹配性，取其确有益于发展者，更不可"抛弃"或偏废"物质"生产。当然避免片面性并不等于我们消极地对待新事物。

二、关于新产业革命中工农商业的发展前景

马克思、恩格斯描述工业革命时说，从人类直接操作工具进行生产，转变到以机械（例如珍妮纺机）和机械动力（蒸汽机）操作工具，从而倍增了生产力。从这里可以看出，旧的生产手段（工具）并没有消失而是更发展了，甚至手工工具作业也只是相对地萎缩了，并未消灭。工业革命也没有导致农业消失。美国农业现代化了，据说占用的劳动力只有总量的 1%～3%；然而

若把有关的机械、化工化学、生物以及相配合而不可少的教育卫生信息等等都算上,恐怕那就远不是这样一点点了。工业社会虽自有其不同于农业社会的特征,但工业并不能取代农业,而农业则因工业发展而更提高了。

信息化革命以后,出现信息化社会。信息化社会将有自己的特征结构和运行方式,但信息业并不能取代工农商业,而是起倍增工农商业的作用。虽然工农商业所占比例降低,并且在占有率上信息业会压倒工农商业,但实际工农商业的产出将因信息业发展而更为提高。在我国,尤其不能丝毫忽视原就不足的工农商业。

换而言之,大的技术革命中,新生事物往往是增添型的和倍增型的,不是取代型的,尽管新事物将在量上比旧事物增长更快,终将在比例上压倒旧事物,成为统领社会发展的因素。小范围的技术革命往往也是如此。

三、从理论上进一步审议"朝阳、夕阳"论

从理论上讲,物质(以及材料)、能、信息三者并不是可以完全适宜并列于一个层次上的。能是属于广义的"物质存在"的。物质以质量为其量的表达,其与能的对应、互换关系也是明确无误的。因此只有"物质存在"和"信息存在"两种存在物(Entities),而且二者不是相互独立的。信息表达物质存在的差别和变化,属于形式范畴。形式不能不依存于物质存在。信息即使抽提出来,还不能不依附于物质,例如文字符号、电或光信号、存储介质等等。信息的表达和运作还要依赖于物质的信息装备。这种"依存、依附、依赖"的三个依靠的关系,就决定了"信息"不能离开物质而存在。

客观世界充满了(广义)信息,可称之为"原在"信息。人能够认识客观世界,获得信息,可称之为"知在"信息,但总不免有不足处,知在信息与原在信息有的符合,有的不符合。人还能构造信息,如文学艺术作品、工程技术设计等等,其中有可实现的和不可实现的,有描绘真实的、有夸张和虚构的,可称之为"创在"信息。这后两种有一部分不依存或不可能依存于客观物质存在,但至少是原在信息的衍生物,不能脱离原在信息。

由于以上的情况,物质、能、信息并列为三种存在是不准确的。并列为三种资源或三个支柱也是需要商榷的。

由此可见怎可能发展无实体的形式?发展离开物质的信息?这进一步说明了"夕阳、朝阳"论的不合理。

四、回到我国现状,仍然要以最大力量发展工农商业

除去采用高新技术、鼓励创新和开拓适销产品商品新方向以外,更必须以极大力量加强"底层"技术、生产第一线技术、管理水平和提高劳动素质。在这个问题上,不要回避"补课"的提法。更严格普遍的职工培训是非常重要的。我长久感觉国家对这方面缺乏大声疾呼的号召,也缺少一个统筹领导的有力机构。科学技术部是否适于承担这一任务?或者应另有措施?我在20世纪80年代和90年代积极主张建立中国工程院,很大程度上是由于在这方面痛心疾首的关心和考虑。我想这和您的发言中强调制造业的论点是一致的。希望您以院长的声望,能在这方面给予有力的促进。

五、信息社会的长久远景——文化产业发展最后将统领社会、经济的发展

这里讲文化指较广义的文化,指文学、艺术、科学(含人文科学)、技术(含管理……)、教育、

编辑、出版、图书、博物、体育、游戏、旅游、医药、卫生、广播、电视……。

信息、文化、知识三个范畴之间存在着一种"覆盖"范围的关系。信息浩如烟海,覆盖的范围很广。文化往往用信息表述,但只是其中精粹的部分。知识属于文化,但比文化要浓缩得多。可以说文化比信息的覆盖范围小而浓度高,知识又比文化覆盖范围小而浓度更高。

在人类生活与社会的历史中,文化占的比例从很少到很多。在远古时,人的生活活动主要是生产食物等生活中必不可少的东西,仅以原始中的乐、舞、竞技调剂生活,文化所占生活时空几乎从零开始。随着生产发展,有较多余裕从事文化,先后出现了文化人、文化人群体、文化产业。也要考虑文化活动是最早的信息活动中的重要成分。在现代人的生活时空中,文化已经占有很大的比例。

假定人人受大学教育(这是长远的理想状态),考察一下人的一生。他的寿命按70岁算,扣除婴儿期两年,有效为68年。3岁入幼儿园,7岁入小学,13岁入中学,19岁入大学,23岁毕业,工作到60岁退休,共37年。假定每周有效6天,每天有效10小时,工作前全天在文化中生活;工作期间每周40小时工作,20小时看电视,看文艺作品,游览等,是文化中的生活;退休以后每周60有效小时中仍做12小时工作,其余是文化、娱乐和学习。再假定20%的人做的就是文化工作。这样计算下来,人类的整个生活时空中68.6%是在文化之中。

另一种计算是按社会产出金额。在旧石器时代中文化产出额可算做0%,因为一则为量极少,二则都是业余活动。经过几百万年的进化,主要是在近代史中五百年的进步,现在美国文化娱乐可达总产出的25%以上,在我国也约占15%,而且还在以加速度继续增长。

在发达国家,例如美国,信息产业的产出已占到全国总产出的一半以上。这是信息化产业革命深入的标志。如果再深入下去,例如进入21世纪的后半期,将会出现什么样的情况? 要看到,他们的文化产业产出占到信息产业总产出的将近一半,这个占有率还会更增长。到那个时候,信息产业的产出可能会占总产出的60%~70%,文化产业的产出会达到占社会总产出的35%或更高。再发展下去,这两个占有率可能会依次达到80%和50%。到那个时候,全物质性生产仍然是一切社会活动所依靠的基础,并且在质和量上都比现在有极大幅度提高,但文化产业却发展得更快,终于成为统领整个社会运行的主导因素。在他们,达到这个情况需要很长的时间;在我国和在全世界,需要远为更长的时间。然而,这个趋向是不容忽视的。

在考虑长远时期文化信息事业的重要性及其大发展的必然性时,这几个因素也是很重要的:一是文化、包含知识,在这个向知识经济深入发展的时代,其重要性是不容忽视的。二是文化密切联系于精神文明,具有提高劳动素质,提高劳动生产率的巨大作用。三是作为消费对象,物质的需求相对地会有饱和或准饱和现象,而文化的需求,相对地说,没有这个问题。例如说,在长久以后,文化创造(也包含科学技术)和文化学习将不仅是工作与谋生的需要,而且将成为每一个人的志趣。四是文化产业消耗较少的物质资源,受到限制较少。

以上所述几个论点,不尽符合实际或不尽可行,望您不吝赐教。

专此并致

敬礼

罗沛霖　敬上

2000年1月3日

(此文刊于中国工程院通讯2000年第2期)

为加速科技成果的转化进一言

（1997 年 2 月 17 日）

去年,国家科委常务副主任朱丽兰同志曾剖析科研成果难于转化为现实生产力的原因,提出了应解决从原理到工艺一直到效益各个环节的科学技术问题。我举双手拥护这一立论!

我在 20 年前就开始思考一些与此有关的问题,发表了若干篇文章,现再陈述若干观点,以期引起有关方面的重视与关心。

一、如果要求在原来科学研究、技术发展范围内解决所有环节的问题,人、财、物的需求要增加很多倍,或者要增加费用,或者要削减项目、集中力量,或者人员的专业和风格也要调整。

二、科技成果转化的下游工作如若企业承担,也需要人、财、物的增加。有的可较多利用原有条件则增加不多,否则,所需也是大量的。如因之而需要建设全新的生产线以至全新的生产条件,那更是有一定规模的基本建设,而不仅仅是科学技术问题。

三、科研成果转化为现实生产力有多种情况,例如:发展新型产品、产品改进、推出新品、材料的改变、新材料和工艺改进或新工艺……有全部的,也有局部的。存在的问题也各不同,我在《科学技术环节的选择》(见 1994 年 4 月 25 日本报本版)一文中提出 14 个环节。不是每个课题都要经过所有环节。科研成果转化为现实生产力的问题也是多种多样的,虽有所思考,但远不完整。

四、我国未经历完全的工业化过程,工业科学技术基础、职工科技素养和管理大都薄弱得很。在去年 5 月中国电子学会的大生产技术学术会议上,我提出为解决这些问题可否立一个国家任务,称之为"固本工程"即"工业技术与管理的固本工程"。这种工作现在已开展一些,如选拔技术能手等,但大部分很分散、不系统。现在,对我的呼吁已有了一些响应。我想,国家科委可否抓起来? 像抓"863"、攻关计划等那样地突出出来。我想,如果做到这些,会造福于国家、会提供巨大效益。"固本"当然包括"补课",还要采用、发展先进技术。这里做一些进一步的表述:

1. 技术先行于科学的例子很多,特别是古代:如使用撬棒,几乎可以肯定出现在阿基米德阐明杠杆定律之前;斜面也是先用起来多年后才知道如何计算它的倍率;用火远远在懂得燃烧原理之前。近代也有不少:人们常说没有量子力学就没有固体技术,事实是 1899 年 Pickard 发明了铁碳触点的检波器,20 世纪 20 年代方铅矿也广泛用于检波。量子力学对于半导体器件的当代水平也是有巨大贡献的,但作为微电子技术关键的平面技术和外延技术还是基于直观的创新,短波通信成功之后才有电离层的发现。

2. 当代某些新技术确实有些是以科学的新发现为起点的。英国的麦克斯韦和德国的赫兹发现了电磁波,德国的哈恩和奥国的迈特纳发现了裂变,所起的作用是伟大的。这是科学启动技术的例子。但是,是意大利人马可尼和俄罗斯的波波夫试成了无线电通信,是美国人制成了原子弹。因此,不能说必须本国有了基础科学的新成就,才能在技术方面取得新进展。

3. 科学对技术起巨大作用是当代广泛的现象。可以说,所有的技术工作者都必须掌握一定的基本科学知识和科学方法。这是科学普及的巨大作用,但并不直接依赖于基础科学研究的新成果。普及科学的工作要求大量的科学人才做大中小学的教育工作以及职业的教育和科普工作。应用基础科学研究(即技术科学)更是当代技术进步的重要因素之一。

4. 基础科学研究的重要性在于:(1)中国人才多,领土大,总要形成完整的科技体系,长远看也应在基础科学研究方面对世界有相应贡献。为此,现在就要多开展工作。(2)要有强大的培养科学技术人才的环境和强大的应用科学队伍,需要完整的的科学技术梯队。如无高水平基础科研队伍,就不是完整的梯队,不利于全梯队保持高水平。(3)当然有各种机缘,我国自身的基础科研曾导致技术进步,在地学和生物学等方面尤为显著。

(此文刊于《中国科学报》1997.2.17)

从发展历史探讨中国科技战略

（1996 年 5 月）

我们应当研究世界各地区科学技术发展的历史。抽象地说,应当吸取广大地区、漫长历史的经验教训。具体地说,几个世纪以来,欧洲、美国、然后是日本,依次成为现代化的经济与科学技术发达的地区。而我国则是经历了多年的停滞与纷争混乱,仅是在人民共和国建立以来,才具备奋起直追的条件。落后是不幸的,只有以加倍的努力去追赶,后来居上是可能做到的。无论是仿学还是创造,不仅是依靠我们精神上胜过别人,我们还可以尽可能多地利用他们的成果和经验。如果不利用,就是损失。

一、西欧——从蒙昧到发达

西欧是近代科学技术和工业经济发展的摇篮。完整的回顾其发展史是有典型意义的。人类从蒙昧时期就具有改造世界和认识世界的两种要求,从而积累了知识。早期改造客观存在的实践导致了许多科学的发现和技术发明,这二者几乎是无法区分的,基本是经验的,没有提高到理论化。认识世界的要求主要由观察和思辨开始,必然有臆度成分。例如对天象、气候、灾害等做出的尝试,导致自然哲学的出现,引向天文学和数学的发展。在当时,哲学与科学恰是一对连体婴儿。像在古希腊时代,旨在认识客观世界的科学与哲学属于自由人,而旨在改造客观世界的技术则属于奴隶。这种偏见沿至文艺复兴的 16 世纪,习惯地把二者分属于"自由术（Liberal Arts）"和"奴隶术（Servile Arts）",至今在英文中仍以 Liberal Arts 泛指"文"科学科。到文艺复兴时期,出现了手工艺家,技术开始被承认。17 世纪科学实验的地位开始被承认。这样,科学与技术才逐渐互相接近。一直到 18 世纪后期,产业革命的先驱者哈格利沃思和瓦特也都是具有科学常识的工匠。在蒸汽机发明半个世纪以后才出现有关的热力学理论。19 世纪 20 年代末,彭赛列写出《工匠与工人用实用力学》才可谓科学与技术相结合的一个代表性标志。几乎得到公认的整个世纪里主要是生产力与技术发展为科学研究提供条件,促进了科学进步。技术发展是基于科学常识的巧思创见的成就,经常从科学原理的进展得到改进提高,而全新的创意很难说是科学的新突破所引发的。

西欧 19 世纪是个充满了技术发明的世纪,以后这个繁荣转移到了北美。电磁学与近代物理在西欧取得了长足的进步,而在技术方面北美取得更多的成果,这是跨 19 与 20 世纪的现象。在这个时机,出现了技术科学,在美国称之为工程科学。这是有意识地为了发展技术的目的而进行的科学研究,在认识世界的基础科学和改造世界的技术之间处于桥梁的位置,也可以说它是应用基础科学。它和基本技术的区别在于它要解决原理性的问题,而基本技术则是提供共性的操作知识,其间理所当然地存在着交叉地带。事实上,许多技术发展直接运用了基本科学的知识,使技术发展到今天,具有了新的复杂内容。在许多方面要求从基本科学大量的扩充,而有意识的扩充带来了当代技术的极大进步。这一个产出的过程,首先是 19 世纪中期,在欧洲发展了应用力学和流体力学。在两世纪之间,则在美国出现了电机理论,以后工程科学成了美国的强项。

西方的科学技术发展就是经历了这样一个历程：自然科学和工程技术先是分别开端，分别成长。在中世纪的停滞之后的苏醒中随着社会经济发展逐步接近，二者汇合在一起，然后出现了技术科学这一新范畴，补足了科学与技术之间的间隙。这样完成了从蒙昧到发达的全部发展过程。

二、后进地区科学技术的追赶

美国追赶西欧，已经完成了整个过程，达到青胜于蓝的境界，具有典型意义。研究美国的科技发展历程，有益于制定我国的战略。

欧洲移民到美洲，首先是发展经济，工业发展后于农业。19世纪后期，美国总产值已超过欧洲任何国家，然而绝大部分技术都来自欧洲。19世纪前期的重大技术发明屈指可数，如橡胶硫化、电报、赛璐珞、轮船等。以1876年电话发明为标志，开始了美国发明繁荣的时代。这是经济发展推动技术发展的典型事例。为了更好地解决技术问题，在世纪之交，就出现了技术科学的研究，在电机科学方面很突出。20世纪初期电子管和飞机的发明开辟了两个当代重大专业。相应地先后开始了电子科学和流体动力学两个重要的技术科学。这几门科学的发展和发明创造大量地依靠了西欧基本科学研究的成就。就是在二战期间两大重要技术：原子弹是立足于西欧裂变现象的发现；雷达最早的原型创始于英国，多腔磁控管和反射速调管也是首先在欧洲制出的。然而这时美国的科技繁荣已开始了，不仅是通信、计算机、集成电路等，还有火箭、航天器等等，都是处于世界领先地位的新兴领域。原先是美国弱项的基本科学研究，以1950年国家科学基金会的建立为标志，开始繁荣起来。近年美国国籍的诺贝尔奖金获得者大大地增多，这表明了美国在基本科学、应用基础科学、基本技术、现场应用技术各方面都进入了先进行列。

经济发展首先依靠欧洲技术成果，当然必然做出改进与提高。然后大量地出现创造与发明。而后发展技术科学以改进提高技术。最后进入基本科学，从而达到科学技术全面发展。这就是美国晚于西欧而追赶西欧，达到全面发达状况的历史过程。

我们再考察两个不完整的和不大成功的例子。

日本是一个不完整的例子。他们追赶发达地区的历史应从明治维新算起，但在二次大战后又开始新的阶段。战争造成的损失是大的，而生产力破坏不过几分之一，人才与技术力量基本存留下来。在短短几年恢复之后，他们就开始了"当代化"的进程。他们和美国开始一样，先从经济着手，科学技术方面主要是引进和提高。战前遗留下来的国力起了重大作用，美国的扶植同等重要。他们在二三十年中就发展成为与美国抗争的经济强国，号称"经济动物"。他们取得专利技术项目很多，然而很少有带头的重大的发明。他们也会和过去美国一样，从经济前列走向科学技术的全面发展。

前苏联解体以前，也已是科学技术强国。俄罗斯在彼得一世时学习西欧，进行政治与经济的宫廷意向下改革，建立了科学院。然后是1861年转向资本主义的改革，始终没有出现西欧那样的产业革命。十月革命以后特别是斯大林五年计划以后实行计划经济，同时在国家组织下发展科学技术，难免受到历史影响，重基本科学，轻生产技术的倾向。在几十年的实践中，基本科学达到世界一流水平，若干重大项目如空间技术、核技术也极为先进，磁流体力学、超导等的进展很好，武器方面也是强大的。但是如何将科学技术转入一般工农业生产没受到充分的重视，导致一般工农业落后。因此，前苏联是追赶发达地区的科学技术不十分成功的一个典型。

三、强化生产技术实践是我国的当务之急

比较以上的范例,我国的情况应属于后进追赶发达地区的类型。然而我国又有自己的特殊情况,只能借鉴而不能照搬别国的历程。有什么可以借鉴的?

(1)按照自己的实际情况,即自己具备的条件和自己的需要。

(2)完备的科学技术包括基本科学,应用基础科学,有共性的基本技术和现场实践技术(即应用技术)四个范畴。

(3)后进赶发达,应当优先发展经济。应优先发展和推广直接产生经济效益的科学技术。应当充分利用效益为提高技术创造条件。

(4)应当充分利用一切从外国能获取的已有成果,运用自己的主观能动作用,不断地提高以至创新。

根据我个人的观察、体会和思考,我提出以下的若干论点,以供考虑我们的战略技术参考,也可说是提出一些问题供讨论。

(1)第一线,即"主战场"上的技术与管理还十分薄弱,要不遗余力地强化。现在,大中型企业很大部分处境困难,市场上假冒伪劣猖獗,科研成果转入生产往往难行,之所以如此,有上层建筑的问题要解决。然而,主战场的技术与管理是更为本质的问题,要以磅礴的气势,坚韧不拔的精神,做踏踏实实的工作,改变这个情况。

(2)在第一线,主战场要积极、活跃地采用高新技术,同时要切合实际。不仅某些专业、学科是高新技术,每个现场工作也都会有高新技术,行行出状元,要放眼望世界。要积极提高生产线上的自动化甚至智能化水平,衡量效益、效果与代价的优化,从当前实际出发,切实地照顾未来。效益主要是经济效益,要把节约与代价统合核算效果是考虑安全,质量,环境要求必不可少的,就必须采用。设计、结构、材料、工艺、设备的采用是本质的事物,无论是创造革新还是小改进,都不应放弃,都应当鼓励。

(3)促进科研与发展(R&D)的同时,要更重视在现场和接近现场的地带主动积极的创造发展和改进。以下这些技术工作都属于这个范围:(a)再投产,特别是由原型转产或扩大产品规模之前,所要进行的产品"再"设计。(b)对应于产品设计的生产工艺设计。(c)生产程序及生产现场设计。(d)生产物质准备:材料、设备与设施、工具与仪器的选用与取得。(e)技术与管理职工的培养与投产演练。(f)试生产与生产现场调整。(g)日常生产的保持和技术反馈和修正工作。(h)售前服务:广告、说明书、培训用户教材等。(i)售中服务:安装、调试、用户培训指导。(j)售后服务:解疑、排障、扩用、改进和技术反馈。在这些方面,哪里有劳动实践,哪里就会有创造、发明,都应当积极引导和鼓励表彰。

(4)有良好素质的人是根本的条件,要认真培养,扩大培养,在质与量上做最充分地准备。要加强在职培养、提高。要不断提高文化的素质。要加强职业教育和技工学校。

(5)要把"广义科普"提高到与R&D同等的高度,义务教育中充分、恰如其分地加强自然科学课程。要把大量的基本科学门类毕业生充实到教学岗位上去。要切实加强社会科普活动。

(6)切合实际地看待高新技术、新的技术革命和"传统"技术的关系。所有的技术革命在或短或长的甚至永久是增添型的,不是取代型的。机器不能代掉工具,机器动力不能代掉人力。半导体没有全代换掉电子管,集成电路还要与晶体管合作。当代显赫的技术革命是"信息"技术革命,但是信息作业代替不了物质作业。物质作业技术还要继续进步和革新,保持永久的生

命力。信息作业还要依赖于物质作业的产物来实现它的生命力。在一定意义上。高新技术是依靠传统工业技术而发生、发展、发挥。中国的传统技术还没有充分发展。绝对不可说要等传统技术发展后再发展高新技术,相反地,是因事制宜地强化采用更能够加速克服落后状态。但是同时必须强调传统技术、物质作业,必须强化"补课"。

(7)美国继承西欧遗产,大量引进西欧人才。日本依靠了引进原始技术,它和四小龙集中发展制造业、出口产业。这些都应学习,但有限度。我们还面临外国的限制与遏制。一个人口大国不能不要求一定的自给自足。自力更生,以我为主的原则必须坚持。

(8)我国已处在当代,基本科学、应用基础科学、基本技术、现场应用技术都应发展。国家对科研与发展有863,攀登项目,攻关项目等,还有重奖,以示倡导。对于主战场的薄弱环节,应当研究提出相应的有力倡导。

(此文刊于《电子工业大生产技术研讨会论文集》1996.5)

科学技术环节的选择

(1994 年 4 月 25 日)

(一)科学技术工作的环节

1. 基本科学；
2. 应用基础科学；
3. 基本技术；
4. 产品原型技术；
5. 典型工艺技术；
6. 产品生产型设计；
7. 生产工艺设计；
8. 作业程序设计及生产场地设计；
9. 生产物质准备；
10. 试生产与调整；
11. 日常生产保持技术与技术反馈；
12. 生产现场改进、创造、发明、改进建议；
13. 销售与服务技术(售前服务,售中服务,售后服务)；
14. 产品运用技术。

科学技术远不只是 R&D。

(二)西方科学技术各环节产生的沿革

在远古时代：人们同时就具有改造世界(生产与生活实践)和认识世界(观察与思考)两种要求。在脑力劳动与体力劳动有所分工时,实际上就出现了技术和科学的差别。那时期科学和哲学是分不清的,科学中主要是观察,缺乏实验,有思辨成分,也有臆度成分。技术是与生产密切结合的。在古希腊和古罗马,哲学家和科学家属于自由民,技术和生产属于奴隶的劳动。技术作为知识及物质的科学实验都属于低贱的层次,一直持续到欧洲的中世纪。

文艺复兴中,出现了手工艺家,标志了技术开始被承认。科学实验的地位也提高了、发展了,使科学与技术更接近(16 与 17 世纪之间)。科学实验的兴起,大大突破了观测思辨的范围,赋予科学以强大生命力。

产业革命中技术革命的前驱者,也大都是工匠或受正规教育不多的人。生产继续增高,技术的强大作用显著,技术在社会上的地位被肯定。许多伟大的发明家不断出现,受到推崇。

随着经济——生产进一步发展,在 19 世纪末,工程与技术的重要性日益突出,队伍日益扩大,逐渐成为科学技术队伍中规模最大的部分,并且形成了一套较完整的科学方法。科学原理更多应用于工程技术。广泛的工程技术实践丰富了工程技术的内容,增长了深度。人们认识到工程与技术成为与科学同等层次而更为大量的知识。

在跨 19 和 20 世纪期间,专为解决某些工程和技术实践中的问题,发展了应用基础科学或称技术科学。技术科学最后弥合了科学与技术之间的间隙,使原来分别生长起来的两大部类融合。在 20 世纪中,许多重要工业国家组成了与科学院并列的国家性工程与技术科学院。

(三)科学技术各环节间的关系

一种习惯于按类似以上编号的顺序,以为主要是按顺序在前面的环节支配或先于在后边的环节,姑称之为"前馈"。这不符合于马克思主义的主观能动的唯物辩证认识论的原理。在远古时期生产和生活实践是技术的来源。那时科学并没有形成,某些科学的发现往往是伴随技术发明而产生的。在近代实践中则某些基本科学的成果对技术发展起支配作用,大量指那些成熟、确立的原理。发明创造是大量的,大部分依赖于已有科学知识和直接经验与实验。科学方法也广用于一切科学与技术工作。然而,从另一方面来说,一切科学或技术的优秀工作都同样要求高度的洞察力和解析能力与创见。电子、核能、DNA、化学键等的发现在改变技术的面貌,这是一个方面。但与科学活动集中于认识"客观原已存在"的事物这一事实相比,工程技术的任务则是构造"尚未存在的客观事物"。技术实践是丰富的,大量的,也是深入的,还具有自己的高度创造性和高水平。工程技术工作需要巧思与创新以及协调学科与专业的能力。在技术实践中仍能产生科学发现和发展,或提出新的问题给科学,从而丰富科学的内容。实践还能检验科学。这可称之为"反馈"。若从认识论的原理看,"前""后"却恰是颠倒的,应当更确切地称之为"双向馈"。各环节之间还有大量的"跨跃馈",顺向的和逆向的。科学研究和技术发展间存在很复杂的依存关系。

(四)科学技术环节的选择

选择是不能依人们的意愿而转移的,应当立足于我国的特点与现状,吸取发达国家的经验,遵循事物的发展规律。19世纪中,以落后的美国赶先进的西欧,在70年代前绝大部分技术来自西欧,也没有等待自己的基本科学的研究,而在80年代形成第一号的经济强国。美国从19世纪70年代起自己的发明才大量涌现,日本现正处于类似而稍晚于美国那时的阶段而有自己的一定特点。美国从20世纪初开始了应用性研究,对生产起了巨大作用,成为美国的强项。20世纪50年代,美国经济、技术力量空前发展了,在这强大支持下开始大搞基本科学实验,基本科学很快进入领先行列。

我们和他们比较:

1. 第一线,即"主战场"上的技术还十分薄弱,这是科研成果不能迅速转化为生产力的主因之一。加强薄弱,补打基础,解决和采用先进的适宜技术,提高职工素质是当务之急。近、现代的技术革命的主流要素大都是增添性和倍增性的,很少是取代性的。应引起深思。

2. 创新要强调,但远不能限于 R&D,要更加强第一线上发明创造与改进,还有大量重复性和维护性的工作,都要高质量。

3. 普及和推广还远不如他们,应把其在科技界的地位提到至少与 R&D 同等的地位。

4. 高新技术应用首先是用于加强基本技术、落后环节和发展经济社会,应着眼增强底层基础而不应过分单纯地为了超前、为了"迎接机遇"而发展。科学技术作为生产力是用于倍增物质的生产力的,不是代替物质的生产力。从长远看,科学技术与物质生产的实力都不容忽视从基础建起。

5. 发达国家在技术上对我国限制,这与当年美国以及近代日本不同,要在尽量引进外国技术的同时更加强调自力更生。

6. 坚定地加强应用基础研究,坚持基础研究。

(此文刊于《中国科学报》1994.4.25)

科学技术发展与认识论探讨

（提纲）

（1993 年 10 月 28 日）

Ⅰ　一组基本论点

> 人通过实践与客观存在交互作用。
> 从交互作用中人产生对客观存在的认识。
> 认识来源于实践。

> 认识高于实践。
> 认识能够而且必然指导实践。
> 认识以其指导实践的活动为实践服务。

> 认识要从人与客观交互作用中检验自己的正确性。
> 认识在指导实践中检验自己的正确性。
> 从实践的验证中，修正认识中的缺陷。

> 认识、实践、再认识、再实践，经过多次循环，更多地掌握真理，更善于改造客观。这是科学技术进展中的反馈、修正过程，是认识中的"伺服（SERVO）"或自动调节过程。

Ⅱ　改造客观世界的伺服环

以工程技术工作为例。

农医有差别，可参考引伸。

① 选定任务，设计方案，来源于社会需求，决定于主观与客观的可能。

这是工程技术发展的开端。

技术发展

② 初步形成"原型"，解决任务的中心要求和基本具备实现条件，进入使其在具体细节上（需求、环境条件）具体能够实现。

工程化

③ 创造所有为生产必要的条件，进行试验的生产（实施），保证以后一定能够生产或实施。

投产工程

④ 生产或实施的经常或具体的进行，在技术上和其他条件上保证顺行。

生　　产

⑤ 销售，是推广，是生产与使用者中间的桥梁。交付使用。

销售

⑥ 产品经受相对的最后的考验。这也是对上述全部工作的检验,是终点,又是起点。

应用

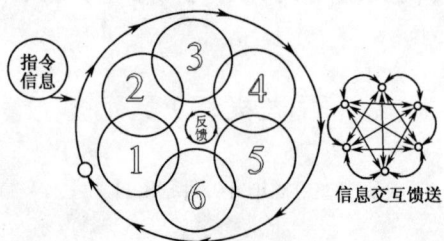

指令信息

反馈

信息交互馈送

Ⅲ 六个环节的进一步分解

技术发展与产品研制:

1.1 方案设计,含选题。

1.2 原型研制,含设计、试制、测验。

1.3 工艺发展,解决核心部分和原型需要。

工程化

2.1 生产型研制,依据具体条件,试测反映,首先是"再设计",还要再试验。

2.2 生产工艺设计,核心工艺与全部配套工艺按实际生产环境给予确定。

投入生产

3.1 作业程序设计,作业装备选定、场地布署设计。

3.2 生产人员准备:征集、遴选、培训。

物质准备:①场地建设,改造或调整部署。②获取设备、工具、仪器或设计制造,安装、调试。③原料、材料、辅料的选定、获取与验收。

生产:

4.1 日常生产的保持与指导:按部就班,经常生产,保持质量,解答疑难。保持维护设备、装备、场地处于良好状态。

4.2 排难:遇生产不能顺行,查找原因,改进工作。逢设计、工艺发生问题作必要的改进改动。通过生产实践改进提高设计和工艺以及材料等。

向前列环节反馈技术、经济、质量等信息。

销售：
5.1　售前服务：技术说明书，广告，指导使用所需的材料、资料，同使用解释产品。 5.2　售中服务：安装调试，培养使用人员。 5.3　售后服务：排除产品故障，检修使用中的产品，帮助用户扩充使用的功能。向以上各环节反馈使用中信息。

使用：
6.1　应当说使用者也是生产者。

Ⅳ　科学、技术、生产、应用。各个环节各种考虑是一球体，存在于一个统一的交互作用的空间

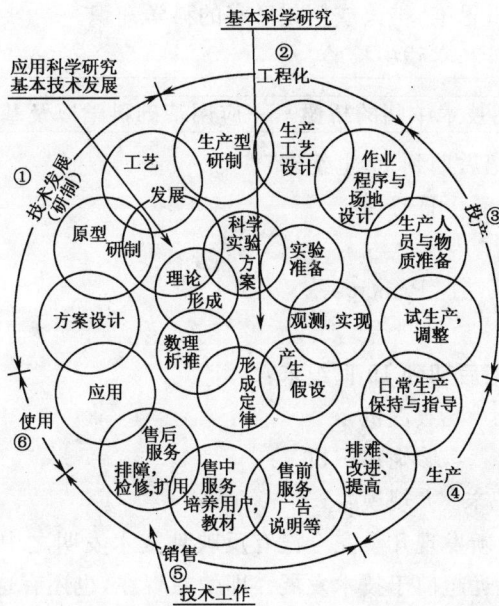

Ⅴ　认识客观世界的伺服环

命题的质疑：人在改造客观世界时，很自然的就加深认识客观世界。是否存在单纯的认识客观世界的活动？

以理、数科学研究为例。

①科学最早起源于对自然的观测，在科学进展后又加上了实验中的观测。寻求现象上的规律性——科学发现。

实验，观测

②思想劳动求得不断深化提高的认识——科学理论。

思考，析推

理论、假设，回到实验中验证和发展。

两个大环节的进一步分解。

实验、观测

1.1　科学实验与观测方案的设想和制定首先是选题,来源于实验观测先前提出的要求,或在思考、论推中出现苗头或缺陷与问题。

1.2　实验的准备:①背景知识。②人员遴选和征集。③实验与观测工具的准备。④样品和材料的制备或取得。

1.3　观测与实验:取得实验数据及资料,并从中归纳规律性。

思考、分析、推理、推导

2.1　产生有待肯定的假设。

2.2　形成定律,往往要受实验观测的验证或从已确立的理论求依据。

2.3　数理析推,依据逻辑思维,扩大或精化已有的科学知识。

2.4　形成理论,再到实验和实践中检验。

Ⅵ　基本科学和应用技术中间的桥梁——应用基础科学以及基本技术

科学革命纵跨 16 世纪后期到 17 世纪末:

哥白尼	1543	日心说
伽理略	～1590	
牛顿	1687	"Principa"
(达尔文)	1859	

产业革命纵跨 18 世纪后期到 19 世纪末:

瓦特	～1770	蒸汽机
哈格利沃思	1770	珍妮纺织机
福特	19 世纪末	大规模生产

当年自然科学的重大新发现几乎完全没有反映到技术发明之中。二者各走自己的道路,当时西欧基本科学的发展远超前于技术发展。即使在现在,也还有这些现象。

应用基础科学萌生于 19 世纪末,开始弥合这个间距。这是在基本科学与技术之间新出现的桥梁。20 世纪中期进入高潮。表现出强大的生命力。科学与技术会师。

应用力学(～1858)Rankine。

电机学(～1900)Steinmctz 等

电路学(～1920)Campbell 等

信息论(1926,Harlley)

　　　(1948,Shanron)

反馈控制理论(1927,Black)

　　　(1940,Nyquist)

空气动力学(1940,vonKarman)

应用基础科学或技术科学的源泉

1. 为提高技术应用的效果,要求原来从事基本科学者解决问题(电机、电路)(空气动力)。

2. 技术实践中出现新思想,要求用基本科学解决问题,总结提高(反馈理论)(信息论)。

3. 基本科学中出现可以应用的新苗头,要求作过渡性的研究(电子物理,光电子)。

基本技术的任务是解决某一大类的产品或工艺的要求,是更具有基本性和科学性的技术。

Ⅶ 　基本科学、应用基础科学、基本技术与应用技术之间的关系

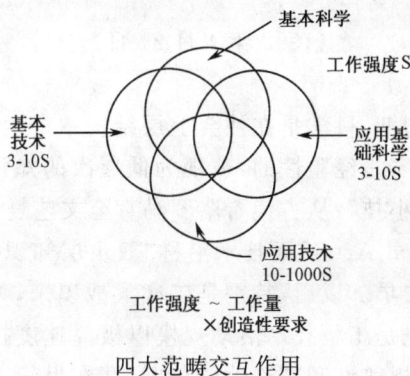

四大范畴交互作用

科学与技术〉〉〉R&D

哪里有劳动,哪里就有发明和发现。

"正馈"理论,"反馈"理论

● 从社会实践发现科学规律,早期的技术发明和科学发现是共生的。

● 早期的纯科学与哲学没有界限。由观察自然现象,通过思辨,产生科学命题,甚至与神话不分。

实践→技术＋科学原理→发明家,近代技术

观察思辨→早期纯科学→科学实验,近代科学家

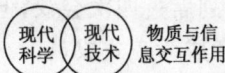

● 基本科学→应用基础科学→技术发明是当代新添现象。

● 生产运行现场产生新技术依然占据极大阵地。

● 发明家比 19 世纪更是远远壮大起来。

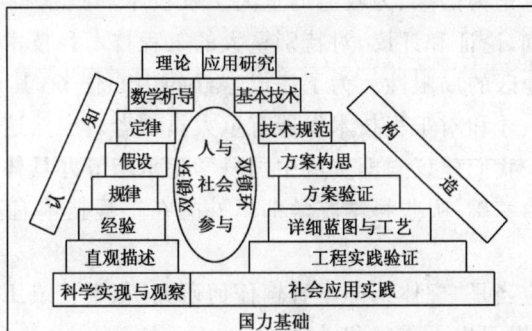

工程思维论图解

(此文是作者在云南大学报告的提纲)

早日建立中国工程与技术科学院的建议

（1992 年 4 月 21 日）

在近代科学技术发展的初期，科学是在社会上层结构中产生的，被视为高层次的知识；而当时技术大都产生于工匠，更多是经验性的，被视为低层次的知识。这也有历史遗留的影响，例如中国古代视技术为"雕虫小技"；从古代希腊罗马直至文艺复兴开始时，科学与哲学属于自由民，沿称"自由层知识（Liberal Arts）"而技术沿称"奴隶层知识（Servile Arts）"属于奴隶层。因此许多国家的科学院建立较早。以后，特别是二次大战以来，为经济的飞跃发展所促进，工程技术也日益发展、提高：首先是工程技术活动规模以极高速度扩大；其次是工程技术工作大大突破了经验的指导，扩大到规律性和理论性的范围，并在世纪交替时期，出现了工程科学或技术科学即应用研究；再次是出现了许多高层次工程技术人物，与大科学家并驾齐驱，许多重大的工程技术成就耀人耳目，并形成了强大工程科技的队伍和许多强有力的工程技术机构。这时工程技术已经成长壮大，并被充分认识到是与自然科学同等的高层次知识，并与技术科学一起，是对社会、经济、文化发展直接产生极为巨大作用，具有巨大决定意义的因素。

在这个新的认识推动下，瑞典于 1919 年率先成立了皇家工程院，与皇家科学院并列。其后各国继起直追，美国于 1964 年成立了国家工程院。英国于 20 世纪 70 年代在原有的皇家学会以外成立了自己的工程院（Royal Fellowghip of Engineering）并每年选举工程院士（Fellow）若干人。1990 年前苏联也成立了国家工程院。现在已有十七个国家成立了相应的组织，除以上三国外还有日、法、瑞士、挪威、比、丹、澳、芬、墨、加、印及阿根廷。其中，美、英、日、法、两瑞、挪、比、丹、澳等十二国还组成了（国际）工程与技术科学院联合理事会，每两年集会一次，我国的中科院技术科学部也已派学部委员列席过四次会议，但因为还不是工程与技术科学的院，而且缺少工程方面的代表性，他们不同意成为正式成员。

鉴于我国还是发展中国家，工程技术和技术科学的发展还很不够，产业技术水平还很差，从落实"科学技术是第一生产力"出发，贯彻"服从于经济"、"服务于经济"的方针，我们建议从速建立中国的工程与技术科学院，以促进经济建设与国防建设的发展。

这个院的中心任务应是为国家、为政府的重大工程技术和技术科学决策以及技术经济问题提供具有权威性的咨询、论证和评议，对特别重大的工程技术和技术科学成果做鉴定。它理所当然地超脱部门的和地区的局限性。为了完成这样的中心任务，其成员应是经过挑选的属于国家水平的工程科技人才和对工程技术发展有重大贡献者。当然这也是给当选人员以在工程科技方面的最高荣誉。我们建议立即责成中国科学院承担筹办具体工作。以技术科学部以及其他学部的部分委员为基础，吸收科学院学部以外的在工程技术有高度发言权的人员组成筹备委员会。

工程与技术科学院应当是"虚体"，即不管辖任何研究所、学校或工厂。这与现有的科学院学部是一致的，并与现有组织也无重复和矛盾。

两院独立进行学部委员的选举，设立各自的主席团和院长，各自独立决定规章制度、方针政策、工作计划，但两院应相互协调。

科学院仍保留技术科学部，现有技术科学部委员是工程与技术科学院的当然学部委员。一位专家可以同时当选为两个院的学部委员。

工科现在的状态是分散的，组织起工程与技术科学院，就有利于克服分散。设置两个院并从而组织联合活动，以及发挥跨院的学部委员的作用，能够使理科活动和工科更密切地结合起来；有益于共同克服"短期效应"对基础性研究发展的冲击；也能成为一个纽带，对理科活动与国家、社会、经济发展之间密切联系起不可少的中介作用。

我们相信，建立这个工程与技术科学院就是为国家提供在技术、经济方面决定重大方针政策，审议重大工程科技项目的设想、计划和成就等方面的一个强有力的参谋和助手。这一定会对科学技术面向经济建设，经济建设依靠科学技术，和解决好产业基础结构薄弱、技术与管理水平低、质量差、投产慢起巨大作用，也可促进科技成果迅速转化生产力，这也必然对我国国力的增强，国家经济、社会、文化、国防的现代化，人民生活的提高起巨大的作用。

本次科学院学部委员增选中，许多产业部门很有成就的专家，在科学技术方面做出重大贡献的工程技术工作者，都未能纳入，也说明了建立工程与技术科学院是极端必要的。

建立工程与技术科学院后，我们就可成为（国际）工程与技术科学院联合委员会的正式成员，从而加强国际间科技和经验交流，得到益处。现在我们尚未成为正式成员，绝不能被台湾捷足先登。这也是我们必须迅速建院的一个必须考虑的紧迫因素。

建议人：

张光斗　　王大珩　　师昌绪

张　维　　侯祥麟　　罗沛霖

（此文系由作者执笔并联系另外五位建议人做出的建议。经江泽民总书记批示，导致中国工程院于 1994 年 6 月成立）

科学技术发展与经济发展中若干经验的探讨

（1990 年 11 月 17 日）

本文的内容是从回顾不同地区和国家的发展历史过程,考察其相差异的各点和具有共性的部分,探讨其成功和失败,长处和短处。我们以落后的现状追赶发达的国家,还期望着超过他们。这种探讨,对于如何充分发挥社会主义的优越性,采取优化的方针和途径以达到早日实现我们的目的,是有重大的现实意义的。

科学技术的范畴分类——科学与技术

什么是科学? 广义地说,凡是系统性的知识都可称科学。说是系统性,就是说:第一,这种知识包含不只一个要素;第二,要素之间都是有联系的,而且彼此间的联系显著比任何元素与系统外的联系为强;第三,“联系”也包括在知识以内各元素。广义的科学包括自然科学和社会科学。然而我们经常地使用科学这个词专指自然科学,这就是狭义的说法了。

专指自然科学的“科学”这个词,其内涵也可包括科学与技术。科学与技术这个复合词中的科学就是更狭义的了。一个习惯的说法是:科学指认识客观世界的知识,技术指改造客观世界的知识。这样讲是颇不严谨的,但是可能颇能说明问题。

知识的根本来源是实践。人的知识首先是从改造客观世界的实践来的。改造客观世界的实践有生产、生存的实践,有社会活动和战争的实践、还有文化、教育、医药卫生等的实践。从这些实践中得来的知识主要应是技术,但也有科学的内容。特别是在远古的时期里,技术的发明和科学的发现往往是分不开的。

然而,还有也许只有人类才有的一种不依附于改造世界的实践,即探索宇宙奥秘的实践,也就是单纯指向认识客观世界的实践。这类实践有对自然界的观察、测度,进行科学实验和进一步的思考。从这种实践产生的知识似乎理所当然是狭义的科学。这种纯粹指向认识客观世界的科学也称为“纯”科学。

这样,科学和技术的区分似乎够清楚了。然而实际并不那么简单,仅仅是最典型的部分可以区分清楚。前边已经提到,初期的发明可能同时就是发现。在以后的发展中从技术的发明可能导致科学的发现,科学的进展也有指导技术发展的作用。而且有些认识客观世界的实践原就是与改造客观世界的实践无法分开。这也必然导致大量的知识既像科学,也像技术。

基本科学——纯科学和应用科学也存在着互相转化的关系。例如几何学来源古代量地的技术。这样的例子不胜枚举。由基本科学的研究产生应用和应用科学也极多,例如核物理的进展开辟了核能的应用。从实践中人们认识到掌握宇宙奥秘愈多,往往改造客观世界的能力愈强。因此,进行基本科学研究的积极性更加高涨。

科学技术发展到今天,已经形成了一个相对来说是完整的体系。就与工业相关联的科学与技术,这个体系如附图所表示的。这图上只表示了分类从属关系,至于各部分之间的关系,也只能表明了那些部分是邻近的或那些部分相距较远。现做一些说明。

广义自然科学分为基本科学和广义的应用科学。

基本科学包括的范围大体说是包括数学、物理、化学、天文、地学、生物学。前面已经说明,知识来源于实践,或说实践是一切科学的基本。就这个意义来说,基本科学并不是"基本"。只是因为它是指向客观存在的基本现象和指向阐明客观存在的基本规律性的,所以称之为"基本"。基本科学的各种命题经过长时期许多次的验证后才能确立起来,它的内容在不断地扩充、增补并有所更新。

广义的应用科学,包含应用基础科学和工程技术。

应用基础科学是基本科学和工程技术之间的桥梁。对应于工程专业,美国人常用"工程科学"这个名称,我们也习惯于称它为技术科学。在电子、信息的行业方面,应用基础科学是多种多样的,例如微波理论、电子电路学、应用半导体物理。有些技术是与基本科学直接衔接的,有些技术是基于常识的,那么就不需要技术科学或者暂时不需要。然而,只要能用上技术科学,都有助于技术提高。技术科学的产生有几种情况:有些是从大量的技术实践中已经积累了知识,需要系统地加以总结概括提高。有的是从实践中发现某些问题,从而求助于基本科学给以阐明。有的是在基本科学中发现新的可望在技术中应用的苗头,需要从而发展,引向可用的新技术。

工程技术包括基本技术和应用技术。基本技术指如设计、工艺的原理、设计,工艺的方法、规范、准则等不直接联系于生产。应用技术才是直接与生产相联系的。

应用技术包括原型技术和(生产)现场技术。原型技术指产品的原型制作和原型(典型)工艺的制定。这虽更接近于生产,但不一定直接用于日常生产。

(生产)现场技术是在生产和应用中直接使用的技术。它包括投产、投用技术和作业保持技术。

投产、投用技术是为实际生产做准备的技术。它包括产品生产型的设计制作技术和生产工艺流程准备技术。产品的原型一般不会十分适宜于批量生产,因此在投产过程上必须加以检查和修正,有时就必须按照生产的实际条件进行再设计。经过再设计后,应当就能够在生产现场进行试生产。试生产既是对产品生产型进行检验,也是对生产现场进行检验。生产流程准备工作指准备为生产现场所必需的一切条件,这个工作量是很大的。一方面是生产人员培训,另一方面是生产物质准备。要准备的人员有工人、技术人员、检验人员、管理人员。这些人员即使已受过基本训练,也要做生产适应性训练以熟悉具体的生产知识和生产现场。生产物质准备从生产现场设计开始,包括流程设计,工位设计,设备与设施设计,工艺装置设计等。跟着设计工作就要进行具体的准备即取得安装安置整个生产现场所需的设备、工具等。生产物质准备还要包括取得生产中所需的原材料、辅材料和工艺材料等。

作业保持技术包括生产过程维护技术和产品使用技术。总的来说是在投产以后保持连续生产所必需的。

生产过程维护技术包括生产即工艺操作技术(指导)和生产物质维护技术。生产物质维护指日常工具补给和设备维护以及解决材料供应中可能出现的技术问题。

产品使用维护技术包括产方和用方各自承担的部分。产方的部分包括①售前服务:例如编制使用维护说明书,编制广告。②售中服务,包括介绍产品,安装调试,培训使用人员等。③售后服务:包括解答用户问题,提供修理服务,或对产品做分量不大的扩大功能工作。

以上比较完全地列举了联系到工程技术的广义科学体系的构成各部分,有几个问题需要进一步叙述一下。

(1)从两头看,科学这一头讲得粗些,技术一头说得细些。这多少也是反映了各自的实际情况。事实上,技术的内容更具体、更繁杂,工作量也大得多。

（2）从大范畴说，可以并列五个范畴：即基本科学、应用基础科学、基本技术、原型技术、（生产）现场技术。按一般的习惯，有 R&D 这样通用的名词。R——科学研究，其成果相当于基本科学和应用基础科学。D——技术发展，其成果相当于基本技术和原型技术。

（3）就整个广义科学来说，是包括了这样多的内容。但就一个具体学科，具体专业来说，并不一定样样具备。其间的关系也并不一定是线性的。例如，如果从一个原型要发展到很大量的生产，往往要在原型技术与（生产）现场技术两个环节间周转几次，在周转中扩大产量。其间属过渡性的生产称为中间试验或者导引性生产（Pilot Production）。

（4）在典型的对象之间，范畴分类是分得清楚的。但是总有一些中间性的不大典型的地带，不可能划分清楚。例如，基本科学与应用基础科学之间，应用基础科学与基本技术之间，就明显地存在这个现象。碰到这种情况，其划分就必须允许一定的任意性。

（5）许多大小科学技术之间存在着一定的顺序关系。例如，有时要发展一种产品可能从技术概念开始，走向技术原型，然后依次是作业品生产型技术→人员与物质准备→作业过程保持→作业品使用技术。但这个次序不是一成不变的。在任何一个"站"都可能回到前边的任何一个"站"，绝大多数情况只是局部地反复一下，或再次反复。在任何一站都可能要求基本技术或应用基础科学帮助解决问题。

附表　产品发展生产中各类人员参与范围示意

	预研人员	发展与制造人员	销售技术人员	用户
预研阶段	△△△△△	△△	△△	△
过渡	△△△△△△	△△	△△	△
原型阶段	△△△	△△△△△	△△	△△
过渡	△△△	△△△△△△	△△△	
生产阶段	△	△△△	△△△△△	△△△

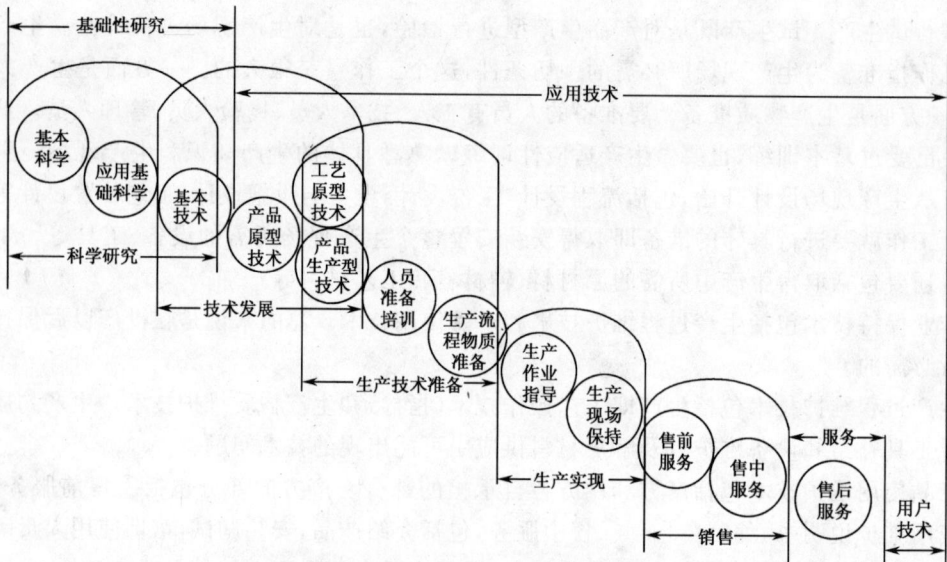

附图　科学与技术范畴分类示意图

科学研究、技术发展的成果向生产转移的方式探讨

(1990 年 11 月 17 日)

在过程中发展的对象可能是一项产品,也可能是一项工艺。举一项产品为例,可能我们要组织四支队伍进行工作,即产品的预研和发展人员,产品的生产设计人员,产品的生产维持技术人员,产品销售和售后服务人员。对于一项具体产品来说,在从预研到售后服务的过程中,每一个阶段可能是一支队伍负责。因此在各个阶段之间就同时发生从某支队伍向另外一支队伍移交技术的问题。在这种情况下,移交好不好对于如何缩短投产上市的时间具有决定性的意义。这是经常困扰我们的问题。

首先,假定这是必经之路。让我们考察一下几个不大好的典型的情况。

(1)20 世纪 50 和 60 年代我们承袭了前苏联当时的一些做法:第一步进行初步设计,制造初样,很像是技术概念的工作。经过鉴定以后再进行技术设计的工作,制造正样,很像是技术原型的工作。第三步可能有,也有时没有,称做结构工艺设计工作。最后是零批生产、即试生产工作,每一步都要鉴定。这种做法,旷日持久。鉴定转移以后往往还有问题,在移交时分歧争议多,移出方与移入方(多半是从技术原型交付生产单位)互相指责和影响团结合作。

(2)70 和 80 年代 RCA 的做法。RCA 在 60 和 70 年代以前,产品发展工作是在各生产厂中进行的。后来集中了一批技术人员到萨尔诺夫研究中心,生产厂技术人员减少。举例来说在研究中心经过几年工作发展成功一种新型显像管,拿到生产厂却往往不能顺利投产,返回到研究中心解决问题,一下就耽误两三年。

(3)70 和 80 年代中 IBM 的做法:沃森研究中心属于总公司。各分公司设发展试验所。有的生产厂说,发展所和我们没有直接关系。例如,有一种磁头在试验室已做到 80% 成品率,拿到生产线上投产,只能达到 2% 成品率。经过两年的适应性改进,才达到 20%。IBM 的大中型机设计要保持其蝉续性和兼容性,长期积累了繁琐复杂的规定。发展研究所的设计受到这个制约,只能按例办理,生产厂无权做任何变更。他们内部认为是严重缺点。事实上,他们在采用新思想以适应市场的新需要上,如对于王安当年的办公室自动化产品,对 DEC 的小型机,对个人计算机,都比别人慢了许多,只是靠财大气粗,逐步改变了形势。像工作站和容错计算机,至今 IBM 还基本是落后于别人。RISC 原发源于 IBM,他们却落后于许多其他企业。

其次,举几个较好的典型。

(1)70 和 80 年代间的美国电话电报公司是一个好的典型。它的生产制造子公司是西电公司,有十多个企业。它的研究发展机构总称贝尔电话研究所,但实际构成是几个中心所和十几个分研究所。分所都设在相应的西电工厂旁。分所负责发展产品。当发展到将可投产时,就从就近的企业召集将来负责投产的工艺和生产技术人员,合作制出图纸。这样,对一般产品都可做到一次投产成功,从设计到生产只需几周到几个月。它的特点一是双方就是邻居,合作十分便利。二是双方责任清楚,厂不设发展和设计部门。三是历史条件。在 1925 年以前贝尔电话研究所原是西电公司的工程部,好的传统坚持了下来。此外,他们工作中还有一个优点:因为分所属于总所,在研究中心出现的新技术、新思想和新概念很快地就能在分所和工厂实

施。西电公司也有研究所,但其任务是解决生产和管理的方法问题。工厂也做发展工作,是发展专用工艺和专用设备。人们爱说贝尔电话研究所有多少重大发明,有多少诺贝尔奖金获得者。然而以上这个体制性做法,是保证美国电话电报公司不断采用新技术,保持技术领先地位的最得力之处。贝尔电话研究所把长远研究工作,生产产品设计工作和电话系统工程工作作为同等重要的三项主要任务。

(2)某些工厂,包括属于大型企业的,配备强大的技术力量,能够自己发展产品,发展工作密切结合生产,当别的单位如研究所移交产品原型技术时,它也能迅速形成生产型设计和准备。据说许多日本工厂就是这样的。

(3)预研、发展、生产集合在一起或不分工——"硅谷"小企业。它们的灵活优越的适应能力是公认的。

(4)"孵化器"提供技术指导和某些公用物质条件和试验场所,准备投产的单位来"孵化器"发展产品。这对于小企业是有利的方法。Georgia Tech 的 ATDC 就是一个例子。

(5)在某公司已获得技术的人员,脱离出来把技术带给另一单位或自己发展生产。这在美国极普遍。这种情况经常导致新技术和新思想迅速投入生产发挥作用。在另一方面当然是对流动者原在的单位是损失,并且往往得不到经济补偿,同时也偶然发生法律诉讼。然而这对美国的科学技术与生产起了一些积极作用。这值得我们认真考虑。

第三方面,从以上的案例做比较,可以看到,要使科学技术成果能迅速地发挥作用,取得经济效益,科研工作、技术发展工作必需和生产工作密切结合以至融合一体。像"硅谷"和"孵化器",就是融合的例子。加速"移交"的最有效的办法是消除"移交"。BELL 电话研究所就是又一个例子。

另一种类似的提法是 Xerox 公司在总结经验后提出来在产品从预研发展一直到生产、销售的每一个阶段中,都应当有各个方面参与。只是在不同的阶段中,各个方面参与的程度不同。

	公司预研人员	发展与制造	销售工程	用户（顾主）
预研阶段	△△△△△	△△	△△	△
过渡	△△△△△	△△	△△	△
原型阶段	△△△	△△△△△	△△	△△
过渡阶段	△△△	△△△△△	△△△	
生产阶段	△	△△△△△	△△△△△	

以上这些好的例子都说明避免了形式完整的集中型或有形的移交,就能大大缩短从科研发展的成果转入生产、使用的过程,能减少在过渡中的反复。再概括一下:典型的、好的移交方式有:

(1)融合型:适用于科技先导型企业、生产型科研发展单位和某些小型企业。

(2)并行交叉过渡性:贝尔系统和孵化器型方式。看来既适用于巨大企业,也适用于创业型小企业。其重要条件是有强大的科学技术做后盾。

(3)全并行合作型。代表的例子是 Xerox 的提示。可能适用于大、中型企业。

(4)流动型转移:由人员携带技术按转移的流向:ⓐ由科研发展单位流向生产经营单位。ⓑ由大企业流出,可能到创业型小企业,也可能流向另一个大、中型企业。转移从哪里启动?有的是流出单位和流入单位协同安排的;有的是流入单位要求安排的;有的是个人提出要求的;有的是上级提出要求的;新厂建设吸收技术人员,例如,中关村一带科研所和大学开辟生产经营的公司,或部分人员脱离原单位。流动最好是有领导有组织有计划进行,但也不应以组织计划为理由消极阻碍。也不能认为科研发展人员因转移而改任生产经营就是糟糕现象,相反应是一个常规。

(5)企业兼并,有时也出现技术转移。企业可以从兼并向被兼并企业转移,也可以向相反的方向转移。

(6)有形地转移也不能排除。例如,为某产品专门生产某一部件,是常见的;一个企业按另一企业规定的设计工艺生产机身的一部分,为总装企业生产某种模块。这是局部承包,不是一般的技术转让,但事实包含有技术转让的内容。

从以上看,技术转移或移交的形式有许多种,有的好、有的差,各适用于不同的情况。但更重要的是必需因事制宜,具体案例,具体分析。情况可分成若干典型,但典型与典型之间还会有种种的中间状态。典型对我们理解和分析问题,澄清概念是必需的观念,但不能沾滞于典型。

在以上的叙述中涉及了过程的各阶段和工作的性质。这里要做一点补充说明。还是举例来说,对于某些大型工程或复杂产品,划分一些阶段是必要的。例如,要先形成概念或解决关键问题。只有取得一定的进展之后才能进入原型阶段。在原型已实现时,也许因为需求量不大甚至只需要一件或一套,那么不一定再另外制造,而只是把原型样品做一定的改进完善化后就变成了产品。对大型设施,往往还要先做一个缩尺的或局部的模型,然后才进入原型阶段。如果需要有一定的数量,那就有必要进入中间试验或先导生产或试生产。先导生产也可能不能依照原型,而需要进行生产型设计,经过中间生产,发现问题,也有可能对生产性设计做修改,甚至要进行应用基础科学或基本技术的研究工作才能再次投产。有时必须中间生产完全成功了,才能进入批生产。有时批生产时还要再一次做生产型的设计。当再一次大幅度扩大产量时,往往还要重复类似中间试验的过程。这里要补充说明的是①对于大型的或复杂的或生产量大的产品,划分一定的阶段,每个阶段成果经过一定的确认以后再进入下一阶段,有时是必要的。②再重复一下,在进入一个新阶段时,人员、设施,要避免大换班。至少要有原班骨干参加才好。

以上是以产品为例,做了一些的叙述。对于工艺性的成果,没有专门叙述,但也应当比照处理。一项具体工艺也许还需要专门的设备。设备的发展应当和产品一样处理。

总的原则是实事求是,从实际出发,力求考虑各种相矛盾因素,因地制宜,尽可能地优化处理。不要从抽象的原理原则出发,要按客观情况,因事制宜。

关于加强对第一线工程技术界的重视的意见

（1986 年 6 月 2 日）

在全国政协六届四次会议上,一些工程师和少数科、教人员(共 83 人),由茅以升、钱三强、徐驰等同志领衔,向党和国家领导提出了一个关于加强工程技术工作的意见书。现在依据于初稿做一些修改,供科协三大代表参考。因初稿是我执笔的,与后来上报的有一些差别,现又经我做了修改,未经讨论,因此,应当说明其中的论点带有很大的个人因素。

在科学技术及建设工作中,第一线的工程工作是非常重要的。它不但直接产生经济和社会效益,并且是为远景的科学和高技术发展创造良好条件——技术的和经济的所不可缺少的。

我国一向在科学技术发展和建设中是重视实际效果的。我们建国以来,进行大量的工程工作,成就很大。但是即使是这样,对于生产和社会实践第一线的工程技术工作仍然是远远不够的。

依据于我国经济发展还很差的现状和社会基础结构十分薄弱的事实,生产和社会实践第一线的工程技术应当受到更大的重视,而这个情况几乎没有被反映出来。我国在中央实行改革的决策和对外开放、对内搞活的方针指导下,几年来经济有了很大的发展。但是如不大力改变这一情况,新产品的投产,工程质量的提高和保证,引进技术的消化、吸收、开放、创新,高新技术的研究发展,将受到严重的限制,以至会出现某种程度的停滞,致使损害经济效益的增长,至少也会严重束缚我国社会与经济中仍然存在的巨大潜力,使我们的四个现代化的高速度受到重大的损害。这是一个关系到国家兴盛的重大问题。

一、问题的论证

"科学是生产力"。"发展经济要一靠政策,二靠科学"。这里提的"科学"是广义的。但是一般来说科学指纯科学或和它接近的部分,技术则是指可以实用的部分。广义的科学包含这两个方面,更具体地说,包含"基本科学(基本研究成果)","应用基本科学(应用研究的成果)",由基本科学引起的"创造思维和技术发展成果"(产品原型、典型的和关键的工艺技巧),"投用技术"以及日常使用中的运转"维修保养技术"。这五项中以次序排列,越到后面,对于国家的经济和社会状态的关系越直接。最后二者合属于生产工程(或现场技术),它们是最直接产生经济效益和社会效益的科学技术,是科学技术的真正第一线。

就我国而言是一个落后赶先进的国家。首先,我们既是后进,就要花大力气去赶,这是一个不利条件。要正视这个事实,以加倍的努力去干。其次,发达国家已经有了先进成果和发展经济、社会、科学技术的经验。尽管我们还面对着一定程度的封锁和限制,我们还是能够拿来许多有用的东西。事实上能够成功封锁的只是若干"点"而不是"面"。特别是某些基本原理和基本经验,国际化的程度很大,不需要一切从头做起,可以节省很多力气,应该说这是在历史历程的不利条件下的一个有利条件。这就是说,在科学技术的五个环节中,对前几个可以少花点力气,而把力量重点使用在后部环节,即第一线。

就工作量的要求来说,有这样的估计,在前四个环节中,每个环节是上一个环节的五至十

· 40 ·

倍。这就是说，在第一线投产或投用工程所需人力物力是基本科学研究的一百倍到一千倍。日常运转维持保养的技术力量，也不会是少的。

就工作质量来说，一个好的工程师或工程组织者所需要的才华和素养也不比一个科学家差，而要求的知识面和创造能力则有过之。古代李冰的才能，欧美的哈格利沃思、瓦特、爱迪生、法拉第、马可尼，或田纳西工程的组织者们和祖冲之，爱因斯坦走的是不同的道路，但很难说他们各自的才能之间有多大的差别，谁也代替不了谁。航天工程的组织者、设计者、建设者的才能和成就也不会低于一个最高级的数学家或物理学家。不仅是那些带头的人，在各个层次上也都是如此的。

这样说，对科学工作者和工程技术人员的质量要求是同等的，而对后者要求的数量大得多，并且作为后进赶先进的国家，要求更多依靠后者产生经济效益或社会效益。因此党和国家领导对于后者应该列入国家事务的特别重要的议程中，给予比现在远为更大的关注。

这样说并不是说我国应当忽略基本科学的工作。这是因为我国科学文化发展的具体历史，我们拥有一批优秀的科学家，应当发挥他们的作用。在各级的学校中，为了解决师资问题，必须大量培养文、理科人才。这只是说要更加重视生产和社会实践第一线的工作。就实际发展工作而说，从放射性的发现到出现世界第一颗原子弹用了四十七年的时间，而在我们懂得了原子弹的原理之后，我们只做了几年的工程技术工作，就也造出来了，后来，氢弹也做出来了。再如从量子学说的提出到出现世界第一个半导体晶体管，也经历了同样的四十多年的时间，而我们从学到原理到造出第一个晶体管也没有用多长的时间。在这两个例子里，我们是使用了大量的优秀的工程技术力量。然而，在我们把它们推向成批或大量生产时，我们还需要远为更大量的优秀科学技术力量和领导精力。

反过来看我们的工程现场、技术现场和产业基层的情况，由于缺乏合乎质与量的工程人员和技术人员，工程质量、产品质量、操作技巧、质量水平都相当差，工作效率也低。尽管两三年来抓质量、抓效益和引进技术对于生产工程起了相当大的促进作用，取得了良好效果，究竟还是有限度的。其实未由此挖掘出来的潜力还大得很。除此以外，何以许多新产品试制出来后不能投产，投产后不能保证质量和经济效益，第一线技术工作薄弱是一个主要的原因。

科学技术发展固然是经济发展、社会发展的促进因素，但是经济的发展也是发展科学技术不可少的前提。因此要发展好科学技术就应当优先抓那些能直接产生经济效益和社会效益的。当然经济效益不仅指短期的。近来过分强调短、平、快，严重地损伤了发展中、远、近任务的比例关系。自从研究所停发减发事业经费以来，这种现象尤为严重。这样做所得的效益是不能持久的，应当给予改善和纠正。

这样强调第一线的技术工作，是否符合于客观规律？这可从一些发达国家的发展过程中做验证。

我们选美、日、苏三个国家对比。美国当年以后进的国家赶先进的西欧。它首先是从发展经济出发，基本是移植西欧技术并加以改进。19世纪后期，它已成为经济大国。1876年贝尔发明电话后，出现了风起云涌的大发明家、大育种家等，至今兴盛不衰，当时美国因之成为技术经济大国。应用研究也是20世纪初开始，而在美国以1925年贝尔电话研究所成立为标志，才兴盛起来的。由于生产实践迫切要求发展技术，加上二次大战的刺激，应用研究迅速发展，迄今成为美国科学技术立足于世界的王牌。美国开展基本研究是从1950年成立国家科学基金会才开始的。由于它的经济和基本技术的基础雄厚，基本科学也迅速地进入了世界前列。日本战后复苏，首先利用它的低酬劳动力，引进国外技术，发展经济。它在吸收、消化、改进、创新方面具有强大的优势,但较比突出的独立发明创造还少。就这一点来说,它只比美国 1876 年前的情况略胜一筹,但也已经成为当代经济大国。现在它提出要加强基本研究,其实还是以基本技术的创新为主,平行开展一些应用研究和基本研究工作。他们自己有人说是对这个问题认识晚了,我们认为其实不晚。从他们的经济能力和技术基础所提供的需要和可能来说,若再早些在基本工作上下大功夫,也是不大现实的。俄罗斯以及前苏联后进赶先进,重点放在基本科学、国防和空间技术以及如核聚变、磁流体力学等远景项目。这样就忽略了、削弱了他们的基本技术和现场技术的发展。尽管他们的基本科学和空间技术等是第一流的,一般产业技术却是落后的,国民经济增长速度和它社会主义制度的标志很不相称。所以如此,他们在科学、技术、经济三方面的发展中畸轻畸重,没有理顺关系,应该说是主要的失策之一。

从以上的论证和与几个国家的经验教训相比对,可以看出,我们提出的问题是国家应当十分慎重考虑的带根本性的问题。

当然我们不应当忽视,特别是在生物、生理、地学、化学等方面,有一部分虽列入基本研究,实际上是有近期的实用意义的。在数、理、天文、信息科学方面,也有许多应用研究是有其实用意义的。

我国的现状如前所述那样,还有历史因素起作用:在古代(一直到 17 和 18 世纪)人们看不起体力劳动,影响所及,也看不起技巧。直到今天学术界重理轻工、重论轻践也未必不是这种影响。这个和近代产业不相适应的意识在中国、前苏联最甚。在欧洲则以英国较甚。它妨碍了知识和技巧,分析和创造思维的交织。而这种交织正是近代工业的特点。我国长期处于半殖民地状态,产业(特别是近代的)极不发达,也是我国重理轻工的一个缘由。

二、关于调动第一线工程技术界的积极性的建议

首先,我们认为应当创造一个全党重视第一线技术,全国重视第一线技术的气氛和局面。在党和国家的领导人的言论里、在党和国家领导机关发布的文件里、在一切新闻和刊物书籍中,凡涉及科学、经济、技术问题时都要既多又重地阐述第一线工程技术的特别突出的重要性;不仅是原则地,而且要按不同的层次、不同的侧面和不同的行业给予具体化。在涉及党、国家、新闻书刊中表彰先进集体和先进个人时应突出地加重属于第一线工程技术界的分量。科学技术中的先进人物都是在集体中成长,从集体中吸取营养并依靠集体而取得成就的,在表彰中必须注意表彰这一局限性,即只能是在同等水平同等成就中选择少数。这样就当注意照顾到多数人对表彰的反应,不使由于表彰少数而损害许多人的感情和积极性。典型和代表人物应依靠同行群众和社会去选拔,组织上应当在引导群众在妥善地选拔的基础上做出评议和措施,而不是去代替他们。在科学界容易过分突出个人,在技术界容易过分突出集体,应当致力改变这种情况。尖子应当表扬,但不能过分,也不可过频。调动群众的积极性首先要着眼于"中坚和骨干"。这样,在层次之间也能学、有帮、有奔头。

第二,是加强国家对于第一线技术工作的领导。20 世纪 50 年代我们有一个国家技术委员会,后来和科学规划委员会合并了,成为现在的科委。不但如此,而且目前的国家科学技术委员会几乎只管科学研究和技术发展,不管产业技术和操作技巧。后者大体归口于经委、农委和卫生部以及各专业部。工业方面基本是集中在经委,但是由于行业繁复,经委还要用大部分精力领导日常经济事务和管理工作,这就削弱了对实用技术、产业技术的统筹全面领导。建议恢复国家技术委员会,专司领导第一线技术,并在党和国家高级领导人中指定专门负责关注的人员。

第三，是理顺科研、技术、教学人员中的各种工资、级别、待遇的关系。由于我们宣传、报导、工资待遇的畸轻畸重，已经出现大学毕业生中较优秀的部分集中趋向做研究生、写论文、争取出国、留校任教和进入科研单位。他们并且不愿意到企业、事业（如工厂、医院、中学）中工作。要解决好这个问题，首先是工资方面：在发达的资本主义国家中，同等资历和水平的人在非盈利单位（学校、某些研究机构）的工资比在盈利单位低，科学家教授比工程师工资低。这是资本主义制度形成的现象。他们的科学家、教授出文章、桃李满天下，易于出名，而工程师的成果往往要保密，难于出名。为得到补偿，对他们物质待遇方面则高些。他们是这样使优秀知识分子的流向取得平衡的。我们不能像他们那样做，但如过去学习前苏联以及欧洲，使名誉光荣与优越的物质条件俱归于科学家和学者，是极其不利于产业和事业基层的发展，不利于实现四个现代化的目标的。我们应当把所有的同等水平（或级别）的各行各业的人员的工资统一到一个层次制度中去。在现行的"一条龙"的临时办法中没有体现科、技、教、医同等对待，应当在进一步的工资改革中解决。当然要区分领固定工资的科、技、教人员和领有奖金的技术人员，可以采取在一个统一的基本工资和工龄津贴的基础上，给前者以"固定工资津贴"，使有同等水平和同等贡献的人员的工资不致出现悬殊现象。提供社会效益的人员和提供经济效益的人员之间要保持均衡这是有利于巩固社会主义按劳取酬的制度，有利于调动各方面人员的积极性的。关于级别问题，我们建议在采取职务工资制和聘任制的同时，重新考虑一下职衔的问题，是否可以并行。按现有的聘任制具体要求，高级人员必须少于低级人员。这种高级人员少，低级人员多的构成是适于行政管理工作的。在科、技、教界的实际则恰巧相反。例如，一个大学毕业生，如果任技术员职务工作四年后晋升为工程师，再工作八年后晋升为高级工程师，就要再做将近三十年才退休。如果规模不过分扩大，则必然在初、中、高级人员中形成 10%、20%、70% 的比例关系。如果不按这个比例，就必然会压制年轻人员的晋级和发挥作用。曾经统计少数美国大学部分教师的构成，即教授、副教授、助理教授以及讲师教员间的比例，恰恰是大体符合这个比例的。如果按照每年扩大百分之七八计算，也是大体 20%，30%，50% 左右。采取职衔的方法是有利于解决这个问题的，关键在于我们必须把对于比例关系的基本概念"颠倒过来"，并且要破除那种认为职衔高了一定要不做具体工作，一定要配助手或一定要当领导任高级职务和带头人的思想。当然有特殊贡献和担负领导职务的是很少数，要在工资和津贴中给这少数人以特定的优遇。待遇方面主要指的是物质待遇方面。即使工资、级别的关系理顺了，还有一个生活水平的问题。我们认为知识分子和干部的劳动是高复杂性、高品位的劳动，生活水平应稍高于城市居民的总平均水平，高级知识分子和干部收入水平应大体等同劳动致富的城市居民的水平，有特殊功绩和贡献的另议。这个问题也应在进一步的工资改革中解决。

第四，知识分子最关心自己能够对国家做出贡献的问题。尽管现在中青年知识分子月收入不如出租汽车司机、老的很高级的知识分子收入比在集体企业工作的子女多不了多少，还有像北京的肉食蔬菜在三年内价格增长到两三倍，远超过副食津贴数，但绝大多数的人都是勤勤恳恳工作的。有相当一部分单位工作不饱满，也有一些单位任务超载。在这方面，应当促进人员的流动。当然这方面涉及许多具体问题和思想问题以及社会风气问题。我们应当集思广益，上上下下多做工作，解决好这个难题，在老年科学技术人员中实行退休另聘制度，对于人员年青化是有利的。对于老年人退休后要根据还有多少余热——有的不能再工作或不愿再工作，有的尚可进行个别具体工作，有的尚可做一些实在的非空谈的参谋工作，有的可做学术技术带头工作，甚至还能胜任行政工作，应具体区别对待。要规定重聘、改聘期限，并根据所承担的工作职务确定工资待遇。鉴于我国现行的是低薪制，退休金应从宽考虑。我们也赞成男女工作人员的退休年龄划一的倡议。应该看到我国科技人员忙闲不均，是使用、管理、组织以及意识形态造成的问题 。即使他们都能发挥作用，也还是远远不能满足迅速实现四个现代化的要求。退休人员大多有丰富的经验，在他们精力所能胜任的范围内，应当发挥他们的作用，不仅是他们自己的良好愿望，也是国家的需要。美国对副教授以上实行终身制（TENURE），对有特别贡献的科、技、教人员则选为荣誉留任（EMERITI），可供参考。

第五，是对学历的考虑。实践是检验真理的惟一标准，而人的才能学识是可以通过他的实践活动来衡量的。现在过度重学历轻表现，弄得文凭也成为检验的标准，这在我国目前是一个问题。一是应注意中坚骨干人员（如工程师、医师、教师、有文化和精良技术的工人、技师），培养、使用都要采取积极态度。二是既已决定推行九年义务教育制，则从第十年起计算的年历相同的，根据以后所受教育的不同应有区别，但不宜过分悬殊，过一段时间后就应以表现为考核的主项。同等工作能力，同等贡献的应同等地使用和待遇，要考虑学历在实践中的反映又不要拘泥于形式的学历。三是对于高级学位如何看待。这对于大学教师和科学研究以及技术发展人员有较大意义，对于大量的处于第一线的工程技术人员意义不很大。后者同年数的工作经历的作用不弱于一般高级进修经历的并不鲜见。因此不宜于把高级学历给予过分优遇，以免造成不适当的流向。四是现在"朝论文看"、"朝理论看"、"朝公式看"这样的追求高级学位已经形成一定风气，应当杀一杀。理工科高级学位的研究论文应以实验工作及解决实际和创造性问题为主。对于工程师，目前不宜于过多要求高级学位，应把工作经历与高级学历大体同等对待。五是如何对待出国留学生学位问题。出国留学学到知识、学到能力和国内学习并无差别。然而他们还有开阔眼界、接触各种学派的收获。应肯定这一点差别，但也不能过度估计。还有各国各校情况差别很大。只就年限而说，意大利的博士只不过是大学生，美国的博士的高级学历总平均约四年，相当于中国硕士略高，各校博士水平的差别很大。德、法的博士学程也没有我国这样长。因此当前对于外国学历，应具体比照国内学历办理，比经历同等"实际"学程的国内高级学历不能过分优待，才符合按劳（质与量）取酬的原则。同等学历和经历的人们在工作能力上可有很大差别，应在经过工作一段后根据其能力使用和待遇。

三、建立国家工程院与增强全国科学技术协会的工程技术分量的建议

1981 年中央书记处经深入细致地调查研究后，明确中国科学院的学部委员是科学技术方面的最高荣誉称号并应对全国性科学技术问题为国家做咨询。实际各学部通过学科组和分学科组联系各专业和学科的专家，也是可以起这后一作用的。现在存在的问题是工程技术工作类别多量大面广，各学部容纳的工程技术人员仅占四分之一，并限于学术水平较高的那一部分。那些工程和第一线技术实践方面经验丰富、对技术经济有发言权而在学术、理论上表现不突出的入选者极少。不少发达国家已经认识到这是个问题。他们认为近一百年来科学与工程技术之间的区分趋于比较明显，因此在 1980 年已有 14 个国家（美、英、瑞、典、澳等）建立了国家工程院。例如，美国建设于 1964 年，至 1978 年已有院员 758 人，相当于国家科学院院员的三分之二，当时并预定到 1985 年发展到两院各 1500 名院员。两院和国家医学院共组织了四个议会（ASSEMBLIES）和 800 个调查研究委员会和研究组，对国家重大科技问题提供调查、研究、咨询、审议、论证。两院之间有许多院员是交叉的，还增强了科学与工程技术之间的联系。瑞典国家工程院的成员三分之一是应用研究人员，三分之一是富有成就的工程师，三分之一是建有重大功勋的工程组织者。我们认为我国也应有这样的组织，可以根据国内情况参照外国经验和办法组建。它的任务应当是为国家的重大工程问题和技术经济问题提出咨询、审

议和论证。因此它应包括我国工程和经济上最有发言权的人员,因此同时必然也就是工程技术与技术经济方面应享有最高荣誉的人员,并能起联系全国广大工程技术人员为国家做出贡献的作用。美国建院时是委托科学院在工程技术上有高度贡献的十个院员联合社会上有声誉的工程技术界名人,共 23 人为第一批(建院)院员。我们也可以仿照办理。

中国科学技术协会下属一百多个学会,大多数是工程技术与应用研究方面的。然而,在第二届全国代表大会上选出的 16 位主席和副主席中,除有 3 位是工科的、1 位医学、2 位农学家和 3 位科学技术组织工作者外,7 位都是理科学者。这也反映了我国科学技术界中纯科学发言权强而工程技术界发言权弱。中国科学技术协会是全国科学技术界的群众组织,为了理顺科学技术界内各方面之间的关系,应当在第三届代表大会上对主席团及全国委员会增加工程技术方面的名额。

(此文是作者在全国政协六届四次会议上由茅以升、钱三强等人具名,由作者执笔,提给主席团的报告,由作者稍做修改写成)

中国在开放市场中有技术经济的潜在竞争力

(1986 年 4 月 3 日)

从我们经济发展和社会发展的"六五"计划完成的情况看,改革的方针和对外开放、对内搞活的政策正沿着日益健康的道路前进。经济持续、高倍率的增长,说明了什么? 改革的方针是完全正确的。尽管改革是一个发展社会经济的长期任务,但在短短的五年中已显示了强大的威力,发挥出社会主义经济发展所固有的高速度。我们相信在"七五"计划期间,改革将进一步健康发展,《报告》中所提出的经济任务可以完全实现。

对外开放,对内搞活是改革的两个核心内容。无论在国内和国际上,我们都面临着开放的市场竞争。我国是一个发展中国家,对国内的某些产业,在某一阶段不能不以保护和优惠的方法给予支持。但是在开放的市场上,这些产业就真是缺乏竞争的能力吗? 不是的,它们具有很大的技术经济的竞争潜力。但从现状和表象上看,又为什么有许多相反的情况呢?

从电子工业看,美国进行某项工程时,用了几千万美元。我国在晚些时候却用几乎同数的人民币完成了。我们现在出口了一些技术复杂的产品,如医用直线加速器等,用八角到二元人民币的成本就可换到一个美元,已经有几种出口了。我们不否认我们技术水平还不高,但是它们是国际上需要的中、高档产品,它们的质量是能满足顾主的要求的。这是为什么?

我们为彩色电视机配套的彩色显像管和集成电路的质量已经好转,在价格上已可与进口配套品相比。录音机的机芯在初步国产化后,成本比进口品降低了近一半,并且已开始出口。这难道只是因为引进了一些较先进的技术而达到的吗? 不! 这确实提供了必要的条件,然而并不是主要的。这又是为什么?

另一方面,我们为计算机等产品配套的数字集成电路的成本却很高,甚至高出开放市场价格许多倍,计算机及其外部设备的成本也是高得惊人。这又是为什么呢?

对这些问题的唯一回答是我国在技术经济上存在着很大的潜在竞争力,而我们还没有把它发掘出来,再进一步问一下为什么我们拥有这样的潜在的竞争力,那就可以对问题看得更清楚和更深入。一个简化的答案就是因为我们在同等的发展中国家里是掌握了一定高、新技术的国家。

在发展中国家中我们平均生活水平是属于偏低范围的,和资本主义的发达国家相比,更是低了十几、二十几倍。生活水平低是个缺点,但是从此有可能导致生产的低成本,我们又掌握一定的高新技术,这就使我们能够化劣势为优势。尽管从管理差、效率低、浪费大还可挖出很大潜力,但除此以外,也还有很大的潜力,现时就可挖出。

一切生产的成本都是由活劳动的价值和物化劳动的价值构成的,因此我们的低酬劳动必然能导致低成本。但这个低成本能否转化为现实的低成本,还要解决另外的约束条件,这首先就是必须达到经济的生产规模。例如生产汽车构件要达到年产几十万成百万的规模。像我们那样生产,分散到每厂几千几万,成本不可能是低的。例如数字型大规模集成电路有的要年产几千万个,有的要生产几百万个。我们没有达到每年以百万计的规模,成本不能降下来。

只就这两个问题来说,我们要考虑些什么情况呢?

活劳动要由国内提供,物化劳动也要尽可能多地由国内提供。如果不是这样,用外国的材料,其直接成本会是很高的,大量地使用外国制的设备、仪器甚至工模具,那么折旧费也会是很高的,增加了间接成本。因此我们在引进技术的同时,必须力争由国内供应这些,否则就是由我们的低酬劳动创造的财富去支付外国的高工资。如果不是绝对必需时,这样做就等于忍受某种的剥削。

另一个问题可以先用集成电路为例。彩色电视所用的集成电路已经在一个厂里成千上万地生产了,达到了生产规模。它的价格已经能和进口集成电路抗衡。假如说这个厂不是极大量地采用了进口设备,我们的价格就可以低于进口品,甚至低得很多。然而,数字集成电路只能几十万上百万地生产,达不到经济规模,成本就高得很。再以高度复杂的电子产品为例,这种产品国际上生产批量也只是几台几十台,我们也已达到这样的经济生产规模,因此就开始显示出低酬劳动的优越性。

大规模数字电路的生产又怎样能达到经济规模呢? 成本越高,越不敢多生产,成本愈是难降低,这是恶性循环。国内的市场需求量是不足以打破这个恶性循环的。开辟国际市场是能够的,但是只要懂得这规律,有胆有识,有决心有魄力去打破这个恶性循环,深度的国产化是发挥低酬劳动的潜力。日本在 20 世纪 50 和 60 年代就是这样高速发展起来的。然而到今天它这一优势已经不那么明显了。我们一定要抓住这个时机,不让它溜过去。

概括一下我的看法:

1)开辟国际市场:要“好”(质量)、“中”(不追求高档而瞄准市场上大量需要的中、低档产品)、“廉”(低成本)。

2)措施重点:“扩大生产规模,深度国产化”。原材料扩大产量后可降低成本。专用设备优先使用国产品,促其提高质量,积累经验,不断提高。许多小厂生产规模小,要打破小而全,实行横向联合中的竖向按工序分工。

一定要扭转那种对国外产品认为什么都好而对国内产品初期生产中存在的问题不能容忍,甚至吹毛求疵,乃至于对某些优于国外之处视而不见的这种倾向。

专用设备和原材料的生产也需要经过生产积累经验,才能提高水平和质量,降低成本。我们不去用,不去买就解决不了这个问题。这也是要把恶性循环变为善性的问题。

(此文是作者在六届四次全国政协会议上的大会发言)

揭开日本发展速度的神话

(1984 年 6 月)

当时流行说法,似乎二战把日本消灭了,一切从零开始,其高速发展很难思议。作者指出,日本战后剩余生产力仍是可观的。明治维新以来,始终坚持重视教育,政府干预强;另有资源少,国防受限制,以及传统民风误区,反而转化为有利因素。

日本在 20 世纪 50 至 70 年代经济、生产的发展确是很快,这使人感到有些神秘,这是可以理解的。为此,按照我个人的思考,提出以下的一些解释,也许还符合实际情况。

第一方面,可能我们对日本在二次大战中的损失高估了。

(1)实际上当时在日本本土始终没有发生陆战。轰炸,包括原子弹,对它的生产力的破坏总是比较分散和局部的。我想它战后剩余的生成力总在三分之二以上。当然,它在我国占有的生产力是损失了,然而它的基本制造能力还是在本土,不在我国领土。它在东北主要是掠夺资源,在台湾可能也只是损失了一些轻工生产。

第二方面,它确实是有一些有利的国情,值得借鉴:

(2)从明治维新起,包括战前、战中、战后,始终重视教育。其人民文化平均水平是颇高的。技术力量密度高,战争中损失也不会很大。

(3)政府干预强。它战后二十几年中,国家积累率竟增加到 40%。人民平均收入(工资等)也是先低后高。这都是对于它积蓄再生产能力有利的。

(4)社会上商品意识是强的,导致重视市场,重视质量和效益。

第三方面,它本身的一些缺点反成为有利因素:

武士道中的愚忠和盲目服从所带来的资本利益和超额剥削,结合了形式上学习我国的"两参一改三结合"。

(5)社会上习于强调亲缘关系,家长制意识,被用于企业管理,与科学管理相结合。

第四方面,战争带来的一些情况,有的损失反成了有利因素:

(6)中国不再是它的掠夺对象,使它陷于矿产资源极度贫乏,但也避免了劳动最密集的生产,例如炼钢用进口废钢,冶铁用进口矿砂,省掉很多资金和劳动力。

(7)战后军事费用被限制,节省下资金用于生产的投资和技术发展。

(8)战后被美国管制,一定程度上削弱了上层保守、专制体制,带进了科学管理和动机诱导(motivation)原理。

(9)由于大量进口原料,必须大量出口以偿还,导致发展国际贸易和发展轻工、消费品生产。

第五方面,除以上外,还有一些非常规、特殊的条件:

(10)战前对中国的掠夺,为它积蓄了财富。

(11)战后不仅在一段困难阶段中,而且还被美国当做均衡前苏联的力量,受到美国的扶持。

(12)在美国侵朝和侵越战争中特别受到美国扶持和利用,发了战争财。

(此文是作者在安徽省领导为作者来访组织的座谈会上的发言。1991 年 11 月追记。这次重新整理)

关于当前科学技术工作以及经济建设的若干意见

(1984 年 3 月)

Ⅰ 我衷心拥护"科学技术工作要为经济建设服务"的号召。

对于我们这个落后国家,提出"科学技术工作要为经济建设服务",恢复"十二年科学规划"的优良传统,这是非常英明而正确的重要决策。在具体讨论中我感到是否要在"经济建设必须依靠科学技术"之外,加上"依靠政策,依靠管理术,依靠教育"。经济不发达,许多前沿科学技术的滋长就没有良好适宜的土壤。在美国赶超西欧、日本科技发展中都有这个历史的经验。

我们一方面要"面向经济",另一方面要"面向现代化,面向世界,面向未来";可说既看到当前,又看到长远,是全面的。如果把两个号召的涵义结合起来,在后一个加上一句,成为"立足于当前面向现代化、面向世界、面向未来",是否更适宜稳妥? 日本官商合办的日本电话电报公司(NTT)设想 2000 年实现一个"信息化的城市"的试点,但还不能把电视广播完整地结合,而是用另外的通道转送。它包括把电话、电报、传真、数据(信息)终端、书文电视、电视简报、无人信息录存都装到人家或办公室,并和信息中心联系起来利用光纤与金属线路。我看以他们的经济与技术水平,这个规划设想可能稍保守了些,但可看到他们稳妥的倾向,足以借鉴。

Ⅱ 关于"新的技术革命",就其为一次产业的大发展一次飞跃,从世界的范围和历史的过程以及对社会生活会产生巨大影响来说,不管怎样理解,是不可避免的。但这是一个重大的质变,要积累可观的量变和大量局部质变才能实现的,这个观点是毛泽东同志《政治经济学教科书第三版笔记第 21 条》。"山中六七日,世上已千年";如果我们在山中住上那么一天,回到人间也会感到出现了惊人的巨变。但就尘世而言从哈格利沃思的珍妮纺织机出现到资本主义机械化形成大生产、社会化,经历了一百好几十年。新的产业革命也会是这样。但我们不能因此而不以积极的态度对待这个问题:

1. 在全国必然产生而且也许会有极大的不平衡。在局部、小范围可能实现信息技术的普及,需要时间可以不太长;如利用外国的部分产品,还可更快些。但不能很快就形成科学技术界的大规模潮流。

2. 我们应该密切注视国际发达国家出现的新事物和动向,结合我国的发展进程制定具体阶段走向这个过程的步骤。

3. 应当调查和精选国际上在这一场跃进中出现的新技术、前沿技术,为我国克服薄弱环节,加速经济文化发展,早日摆脱落后局面做出贡献。

Ⅲ 关于如何考虑前沿科学与科学、经济文化发展的薄弱环节和远近结合中的重大问题。从主观上说,我们希望早日采用前沿技术,但必须注意与现实进程间的衔接。这个衔接可以是前沿带动一般的过程,但如和现实距离太远,或带动面与常规的需要并不十分符合,则会造成很大浪费。前沿技术发展是起到带动作用也好,是必须立足于也好,总是以常规技术发展所实现的"广度"和"深度"为基础的。

一个国家的经济水平往往不是所有因素的加法总和,而是某些因素形成的若干乘积,外加上这些乘积的薄弱环节的作用。乘积说明每一个因素都影响总生产能力。但是尽管每个乘积都大，只要有一个环节薄弱，它就起限制作用使其他各乘积各有一部分是无效的（更确切地说是各乘积的"交集"起作用；"交集"是布尔氏数理逻辑的概念，这里不去多做解释），从而束缚生产力的发挥。

我认为抓重点应抓对全局有影响的因素，特别是抓薄弱环节，如抓农业、能源、运输、轻工粮食。抓前沿也应抓对全局有影响的和合乎加强、改进和提高薄弱环节的，并应以付出最小代价为原则，例如，用核能加速能源的建设，用微计算机加强产业管理，用光纤节约通信建设的部分费用，还有托夫勒的"计算机与锄头的结合"，用电视加速教育的普及，但也都应做经济效果的优化分析。生命科学能促进农业发展，某些新型材料可以经济的代替常规材料，也是类似的议题。

经济发展应采用适宜技术，有时新兴技术是适宜技术；有时新兴技术却不是适宜技术；有时陈老技术不是适宜技术；有时陈老技术恰是适宜技术；有时我们还需综合新老技术以形成适宜技术；有时需根据自己的具体的实际再创造适宜技术。附件中有一个适宜技术的需求条件，是综合个人从社会主义实践中积累的见解写成的，并参照了荷兰飞利浦在发展中国家的建厂经验所写的一个文件中的若干内容。

Ⅳ 如何对待科学技术工作的四个范畴，是选择重点的重要论据。按照美、日赶超先进水平的历史过程是：

1. 先是发展生产，提高经济水平，主要利用引进技术。这在美国大约一直到 19 世纪中期。在日本战后重建是先恢复后发展，然而 20 世纪 70 年代是否脱离了这个时期还需要探讨。

2. 是开发技术发展工作，其成果是重大的"发明创造"，以及工程成就。这在美国从 19 世纪后期开始，至今兴盛不衰。在日本有一点特殊，至今还没多少重大的发明创造，但它把技术发展工作力量集中在搜集、消化、改进、运用外域的技术上。它能够从改进技术，提高管理水平，从集中于消费品生产并利用较低工资的优势得到益处。它在耐用消费品和某些生产资料上已在强烈冲击美国市场。

3. 开始发展应用科学，其成果为"工程科学"或"技术科学"，利用基本科学总结生产实践和创造发明的经验，向理性认识发展，加以提高；还有从基本科学的发现，有目的地进行科学试验和推演，以发明，改进新产品和新工艺。这在美国是在 20 世纪初期开始到二次大战中受发展核能、雷达、喷气推进的推动，进入了兴盛期。在日本有一些成就，但还是一个不强的弱流。

4. 大肆搞基本科学和宇宙探索。这在美国战后才开始。凭籍从经济、技术发展中积累的财富，使它能迅速地赶超西欧。

从以上看，要成为一个经济上与军事上的强国，并不需要平等对待工程技术、技术发展、应用研究、基本研究四个范畴的工作。首先应当强调生产工程技术，强调经济建设。过去长时期追求性能、追求品种，生产工程受到很大的忽视，因而从技术发展到创造成果停留在"原型"阶段，被贬称"礼品"、"展品"、"样品"。实际这是技术发展中的必经的阶段成果。科研发展的课题和生产不对口的情况并不少，但严重的是企业同样集中追求品种，忽视投产工程和生产技术工作，以至也只是出原型。因此扭转偏向，大力发展、加强和整顿投产工程和生产技术工作，是当前刻不容缓的艰巨任务。应该说近年来强调质量和效益，间接地起了促进作用，效果已显露出来，但从全面看，任务还不明确，所做的工作还是远远不够。

由于社会制度不同，社会主义与资本主义依然存在生死矛盾，我们引进技术很受限制。因此我们也决不可以忽视产品和工艺的发展工作，因为要自立更生，就必须艰苦奋斗。

Ⅴ 如何对待技术科学和基本科学应有一个明朗的态度。这里存在着生物、地学、实验化学等学科比较难于分清基本科学和应用科学技术,另当别论。只就一般而说,基本科学和技术科学一般是易于引进的;除特殊外,没有保密的限制。基本科学一般说对生产经济见不到多少近效。因此应当分配以较少的资源。但是我们已有一支精干的虽然不大的基本科学队伍,是我们的宝贵财富,应当发挥这笔财富的作用。这当然不意味着不要大量培养基本科学人才,首先是必须满足大、中教育中优良合格的师资要求。

附带谈两个情况。

1. 西欧中世纪文化、科学掌握在经院手中,而产业革命中发明家大都是工匠和技师。因此,西欧社会传统重基本科学,成就很高,重视技术很不够,有二者脱节现象;传统遗留影响,重学者不重工程技术人员。他们也发现其缺陷,在努力克服,沙俄有教会和宫廷的影响,前苏联未能加以克服,也有类同情况,我们20世纪50年代照搬了前苏联的,带来同样缺陷也要大力改变。

2. 旧社会由于民族产业不发达,虽然有不少人从国外学到很多知识,回国后大部分是教学、治学;工程技术也多是买外国设备做使用运转工作,以及在外国企业或在外国人手下工作。因此,科学技术重理论、重学者的风气也是强的,这就加重了重理轻工的倾向。美国受封建束缚较少,重生产后来居上,终于也得到基本科学。他们是学者教授得名,工程技术人员得利,自然趋于平衡。当然近来也出现了师资降质的问题。不从正面面对缺陷,就不能彻底弥补缺陷。我们不能走资本主义以名利诱引的路,从领导上、指导思想上、人员分配上、政策照顾、舆论表扬上都要特别注意这个问题,妥善处理。

关于对待科学技术的四个范畴,我想强调一下,我党是重视理论的,但是更重视实验,并且最强调理论与实践的密切结合。

Ⅵ 我认为智力引进的重点应显著的放在产业管理方面。这因为(1)十年动乱以后,管理严重地搞混乱了,也严重的影响了经济文化各个方面的发展。(2)20世纪50年代引进前苏联的管理制度也有严重的缺陷,如果恢复了效能并不高;而且现实说很难于实现。(3)引进先进科学管理术可以在花费很少的条件下,取得很大的经济效益。并且引进管理人员不受限制,较易做到。而国外技术人员为保密限制带有很大思想顾虑特别在急需的关键技术方面尤为困难。(4)资本主义产业科学管理术是门技术,除去动机诱导理论(含行为管理学)等外,具有自然科学的性质,可以用于社会主义企业。对动机诱导理论应以社会主义的政策、教育和思想政治工作代替;尽管它对我们有参考对比的意义,也是不能忽视的。

我不是说引进工程技术人员不重要。但是确实存在着国内的有高水平的科学技术人员还没有充分发挥作用的现象,而这种现象的产生由来,首先是管理上的混乱。如果这个条件不改变,外来的技术人员同样发挥不了作用。我们的技术人员数量虽不足,也还不少,知识并不差,还可学习创造新知识;除了一些薄弱环节以外,并不那么需要外域人员;而引进去解决数量问题是颇不实际的,也不是必要的。

Ⅶ 改革科研体制,要在尽少改变组织体制下作分工的改革。基本上要承认并适应各单位力量配置的现状,使四个范畴的科学技术各得其所,各单位都发挥它的能力。这里只说观点,以后再详细加以论证。

科学院应是基本科研的主力,义不容辞。在配有工程技术人员和试制力量较多或应用性强的所,也要发挥相对应各方面的作用,发展和生产难度高、品种多、批量小的产品,和相应的工艺,部分地企业化。原来的应用研究工作要坚持和加强,部分基本科研力量可以转到或明确承担重要的应用研究。科学院应更多地注重跨部门的综合性工作,发挥多学科多专业的特点。

产业部门研究中心要承担应用研究,新技术新原理研究,远景、复杂、困难产品的初始发展工作和大系统工程的发展和设计。各研究所应承担产品发展或专门技术发展。其配有较强的试制力量的所应即承担本所发展的产品的生产,主要是多品种、复杂、需要量少的;也可做试验性即中间性生产,并对这部分实行企业化。各企业首先应承担生产工程即投产技术和日常保持生产的技术工作,化原型为产品;有余力并配备有适当能力的,可进行产品发展工作,即在本厂投产,做无接交形式的技术转让。产业部门研究所以及科学院和大专院校发展的产品如需工厂投产时,应在设计阶段会同接产厂共同出图纸,避免有形式移交。

用方研究机构应以主力承担运用体制、业务方法和系统工程的研究发展。这些也是当前被严重地忽视的方面。当然不排除他们进行生产发展方面部分生产工作。

大专院校应明确以教学为主,围绕教学要求进行调查研究,总结提高从而加强教学。确具科研发展的余力者也可承担各种研究、发展工作。要发挥多学科多专业的特点,承担跨学科、跨专业的工作。也可以搞一点生产。

外国中小企业一般具有在技术方面有特色、专业专精、技术能力强的特点,或承担品种多数量少的产品,是一支不可少的技术力量。我国中小企业多数技术力量弱,可以承担简单少品种大数量的产品,科研单位和大企业应给予支持帮助。难度高品种多数量少的生产可由大中企业工业部门研究以及科学院、大专院校承担,这是一个十分关键的问题。

Ⅷ 关于信息技术的发展,被认为是"新技术革命"的主要特征。在我国已将大规模集成电路、计算机、软件、光导纤维以及有关材料列为要突破的重点。现仅补充以下个人建议:

1. 应将大规模集成电路、磁盘光盘与输入输出设备三项列为同等重要的技术攻关与生产建设的位置。磁盘光盘发展速度、精微难度、产值需要与大规模集成电路几乎相当,对计算机以及文化需要都是重要的有决定意义的产品,而我国落后程度有过于大规模集成电路。输入输出设备品种门类规格多,对于计算机应用具有决定意义。产值超过主机数倍与软件相当,工艺也多种多样。由于我国基础工业基础工艺比发达国家落后很多,引进又较困难,这三类产品以及有关材料,专用生产设备等都需要真正花大力量去搞。

2. 软件大量(95%～97%)是应用软件,应由用方专业人员培养时增加计算机使用课程或在职进修课程,去进行设计。因此要在用方专业学科普及计算机应用课程。还要注意软件设计具有工业生产性质,要培养初级(相当于工人)、中级、高级三类人员,保持妥善比例。高级软件人员首先应熟悉应用专业的业务过程,并具有计算数学与算法应用的专长,所以大量必须以用方培养为主大都不能由计算机专业培养,并且只有少数可由软件企业承担。我们中国人是聪明智慧的,而且现在软件工程已逐步脱离硬拼杂凑的阶段比以前易于掌握,只需注意培养各专业的技术人员,就能够在软件方面迅速赶上发达国家。

3. 从信息技术的七个作业环节中,即信息采集、存储、传输、交换、显现、处理(即计算机主机功能识别、变换等)、控制中看当前最迫切需要加强的薄弱环节是最古老的又具有现代水平的通信系统的建设。电话装备量、性能、质量都很落后。到2000年只能增加装机量100%,仍达不到美国现在人均水平的1.3%,当前业务上表现技术质量落后数十年。围绕建设通信问题,除光纤外还有什么关键环节,应列入科研攻关。

4. 信息技术相当一部分新成果可以立即用于一定范围,一定产业显著地加速我国克服落后。但信息是依附于物质与能的,信息作业要物质与能为其对象,信息技术也是依附于物质生产的,信息技术将大大加强智力、物质力量的作用,但决不能代替它们。只有能源和物质生产积累到一定巨大丰富程度才能出现"新技术革命",信息技术才会发挥全部作用。我们的食品源、能源、料源、加工工艺、运输力还很落后,还有对大量待业人员如何化负担为生产力也是严峻的问题。因此对所谓"新技术革命"的当前对策应是密切注视调查研究,引起注意,并充分利用其成果,还不是过分宣传鼓动,形成科技经济界中一个大规模运动的时期。从美国看20世纪至今,服务行业始终保持占用20%~30%波动上升的情况;1905年工业产值首次平于,并开始超过农业;1960年信息行业占用人员开始超过工农业总数,这个历史情况对我国有重大的借鉴意义。

附件:何为适宜技术

Ⅰ 大前提

适宜技术应具备的条件。

1. 劳动的成果符合社会的需要和可能,适销对路,具有使用方便性、可靠性、易于维护和修理。

2. 劳动技术方法是可以获得的,或者通过自己的创新,或者从外界能够转让。

3. 根据社会的文化水平和产业素养的提高进程,为劳动者和管理者所能掌握、运行和保持。

Ⅱ 优化的原则

4. 结构、工艺,材料的选择必须考虑在生产的具体规模,能达高度优化,即经济效益。

5. 必须考虑成本,考虑性能价格比,要以最小活劳动和物化劳动求得最大效果。

Ⅲ 客观要求的制约作用

6. 必须符合国家的全局利益,按照本企业的经营方针,而这个方针是健康的。

7. 作业必须使用国内以及一定条件下由外界可获得的设施,具有在当地条件下的可靠性、可维护性、可修复性,并达到颇高开动率。

8. 符合于国家对料源、能源的要求和当地的料源条件。

9. 具有可实现的作业环境要求,对环境无不允许的污染和损害,能保证必要的安全和劳动保护的条件。

10. 符合国家法律法令的要求。

11. 符合国家以及国际的技术标准。

Ⅳ 对具体的生命力的考虑

12. 妥善的"战略选择",即动态地考虑,尽力预测到发展和变化,除当前的情况外,要从各方面考虑技术的生命力。

(此文是《世界新技术革命与我国对策》第二次讨论会的书面发言)

关于中国的特点，发展科学技术的中国式道路和科学技术水平评议的准绳

（1983 年 8 月 11 日）

中国是个社会主义的国家，同时又是个国土大、人口多、底子薄的国家。这是关于中国的特点简明精确的概括。我们要依据于这个概括，去考虑科学研究、技术发展和工程经济的发展，走出具有中国特色的社会主义的道路，不能不更具体深入地加以理解。

中国的具体特点，特别是在科学、技术和工程、经济方面，应该如何去认识，并且从而设想中国道路的特色呢，我想分述几个论点。

第一是科学技术发展必须与当前和长远的经济发展相适应，这就是说符合于社会经济的需要并且建立在社会经济所可能支持的基础上。我们不能鼠目寸光，但在考虑发展中，也必须对二者平行地考虑，绝不允许分割，才能起互相促进的作用。这是和当前强调经济效益的方针一致的。

科学技术是生产力，这是从它们的潜在意义上讲的。在形成现实的生产力的过程中，科学技术的水平、人的劳动功能、和物化的劳动提供的生产力，是一个乘法的关系，不是加减法的关系。如果科学技术和国家的政治、经济、社会事业的发展相适应，转化的效率就高，生产力的倍增率就大。如果不相适应，倍增率就小，甚至于小于一倍，或产生负倍增。这是考虑中国特点和中国特色的重要出发点。

第二是社会主义国家的特点。我们有科学社会主义的实践经验和理论指导，我们社会上已经消灭了剥削制度，共产主义因素不断增长，我们在建设高度的社会主义民主和法制，安定团结、同心协力。这是我们高速发展实现四个现代化的最根本的保证，但是我们也应当看到我们几乎是越过了资本主义走进社会主义的。封建意识形态、上层建筑，也有可以继承的东西，例如，商品经济从奴隶时代就有了，而我们至今还要大大地加以发展。封建时代的意识形态存在大量的糟粕，然而许多大政治家大思想家、文学艺术家留下宝贵的精神遗产，特别是劳动人民有朴厚勤劳的作风。然而封建主义到底代表一个落后时代，自然经济、小农经济、家庭作业体制、封建式的家族等级观念和作坊生产的影响广泛存在着，影响到我们各级的管理经营。我们必须全面深入地认识研究这个问题，加速改变。但是考虑到我们封建历史时代那样漫长，考虑到灿烂的中国封建文化还掩盖着它的缺陷，这个问题不是可以在很短的时间所能全部或大部解决的。外国资本主义的思想也在向我们渗透。他们的自由化无政府主义思想，腐朽生活方式的思潮、剥削制度的影响都是不能要的。然而他们从文艺复兴时代开始积累了丰富的文化、科学财富；产业革命以来长期工业发展、技术不断提高，积累了科学、技术、管理方法的大量知识；经济总危机以后，采取政府干预、政府经营等措施，暂时挽救了垂死的经济也有值得注意的经验。因此，批判地继承和有选择地借鉴，加上自己创造新的社会主义思路，应该是我们科学、技术、工程、经济发展的一个重要特征。

第三是我们国土大、人口多、密度高。首先我们不可能依靠外人帮助发展这样一个占世界

陆地十四分之一、人口四分之一的大国，我们必须更加严肃地对待独立自主、自力更生的基本方针。我们不能不花大力气。绝不能像日本那样从单一加工工业发家并以此为立足点，那样做当然省力得多。国土大，开发不易，不是缺点；资源基本上完备，有条件基本上做到不依赖外国，这是优点。人口多，要养活好，提高生活水平，就是达到小康水平，也是个艰巨的事业。但是劳动力丰富，可以培养出大量高水平的专家学者、能工巧匠，事实上，我们也已经有了一支并不弱的科学技术队伍，也出了少数拔尖人物，这又是优点。要开发脑力劳动和体力劳动的丰富资源。密度大，然而日本还比我们几乎高三倍，他们人均耕地更少，衣食住却也曾经几乎达到自给自足的程度，只是近年工业发展，生活水平提高了十几倍，食物构成也有变化（还低于欧美），才改变了这个情况。因此，既看到上面说的艰巨性，同时要把物力人力的资源开发好。这也是我们社会主义道路的一个特征。

第四，我们在经济水平上还远远落后于发达国家。现在人均收入少，翻上两番，从数字上讲，据说也分别只相当于美国 1943 年的水平；如果再考虑美国到 1980 年以前长期的通货膨胀，那落后的年差还要多。不过我估计要比这个好些。因为：一、我们的服务行业和信息行业是不计产值的，还有他们商业利润费用高。二、不同类别的产品在各国之间的比值很不同。由于我国农副产品占的百分比大，而在这方面我国价格比国际上低；何况占大部分的农民有大量的自留产品，很难计值。三、我们人均产值低，这是个落后的表现。但这也意味着低工资水平，只要我们做好工作，许多产品的（不是所有的）成本和价格可比他们低得多，因此同等货币价值的实物产品会比他们多得多。日本当年就是部分地利用了他们的这个优势。关键在于我们是否能发挥这个优势。这样，我们应该努力提高生产效率，主要通过提高管理水平，还有克服生产、科研、技术发展的分散、凌乱状态。这是我们走中国道路必须考虑的因素之一。人均产值虽然低，然而总产值大，却给我们以一定的回旋余地；例如说从人均产值的增长中只要分出一元钱，就能办十亿元的大事，这也是一种可以利用的有利因素。

第五，由于落后，我们是一个资金短缺，而劳动力丰富的国家。我们还是一个工业化程度很低的国家，工业人口百分比只相当于美国 19 世纪末年的水平，因此在进一步工业化的过程中还要释放出大量的劳动力。从现在看这似乎会成为一个沉重的负担，但是只要我们处理好了，还是可以较好地解决。例如说，美国人为了节省一个劳动力肯花上十万美元的投资，购买自动化设备，我们就不能如此。当然，由于我们工资低、物化劳动的价格也低，可能我们只要花一两万美元，就可获得同样的自动化水平，关键在于能否全部在国内制造。日本的技术和经济从总体来说比美国还是差一截的，但他们却拥有全世界生产用机器人的绝大百分数可以说明这个问题。论自动化技术或某些先进技术的采用，不能单看局部的个人劳动生产率，而要看这对全社会的劳动生产率是否能提高，以及是否还有安全保护、特殊工艺等的要求。在我们这样的国家，提高资金产殖率，才能提高全员劳动生产率，解决好个人劳动生产率和全员劳动生产率的对立统一的矛盾。这是一个复杂而细致的问题，是走中国道路中要深入具体研究的课题。

这里很关键的问题是必须有充分的技术力量，包括大量的熟练的技术工人，才能解决好生产装备全部自给和自力采用新技术的问题。这就又回到发挥人口多的优势的必要性上去。我们在十年动乱、多年左倾干扰中，少培养了许多技术人员，当前培养教育中问题也不少。然而就在这个情况下，技术力量还有闲置，有冗复使用，甚至互相对消力量，这种情况必须改变。至于工人的培养，从大跃进以后竟然倒退到作坊形式的师傅带徒弟，这怎样能适应四个现代化的进度要求。要高标准、严要求、大数量地培养具有严格精良的操作技能和文化科学技术知识的技工，也要更多地培养工程师、农业师、教师等等中等专业人员。

第六，虽然我国科学技术还很落后，而恰处于国际上已存在着大量的先进技术的时代。存在着巨大的差距，当然不是好事。但是凡先进技术，只要不是被封锁我们都可"拿来"使用，不必从头做起，这又是一个有利因素。我们在科学技术和管理方法上都应采取开放政策，可是还有一定的限度：不符合我国国情的我们不能去拿，而我们要拿的又往往会碰上对方的保密、限制和高价的对策。我们在和对方打技术经济战时，对于前线能推进到什么地方，要有一个确切客观的估量。然而如果我们把技术引进的眼界放宽些，并和自力更生的努力结合好，能收到很大的效益。首先，从他们的公开文献中，从样本、样品、说明书中，参观互访和各种形式的人员交流交往中，都可以得到大量的技术情报。以此为起点，加上自力更生的努力，就可以做出巨大的成绩，例如过去我们出色地做出了许多高水平的、尖端的成果，就是走的这个道路。其次，商品技术（Knowhow）也要争取引进，但大部分应当集中到那些在别人已成为家常便饭而对我们却还存在很大差距并且是切乎实际需要的项目。这样以同样的代价可以获得更大的收益。我们可以腾出手来去解决那些必须自力更生解决的问题，使之更迅速地解决。当然，引进的技术也要消化、提高。这方面，日本因为受到的限制少得多，容易做到。我们就要更多地付出自己的努力。为了这个目的，即使自己的水平不高，甚至远低于引进的水平，也都不能丝毫放松自力更生的研究和发展。这是因为引进的技术是静态的、成熟的（因之也落后于他们的技术储备），他们告其然而不告其所以然，也并不带给我们以发展中的经验教训和远景安排。如果我们的科学技术工作不是处于运动的状态，就像站在那里接接力棒，是也不可能较好地理解、消化、改进引进的技术的。

第七，多年来我们严重地忽视了生产工程、工艺研究（按具体生产批量所适用的）以及应用基础科学。所以出现这种现象：一个时期是在实用主义的思潮影响下，强调要"看得见、摸得着的"，也就是产品发展的成果，看到摸到也就完了。忽视了以后要付出远为更巨大的努力，才能投产——要解决适于这个产品的生产装备，要使设计更适应于生产，要解决适于具体生产规模的工艺，要开辟料源，要组织这些工作，要进行这些工作，还要培训工人，进行基本建设或技术改造，试车试生产，直至按具体的生产规模能拿出合格的、廉价的产品；并能对上市场的口；还有培养用户和售后服务。这是一项不容轻视的系统工程工作，即"生产工程"。为了解决这些问题，有时要部分地回到发展试制的范围，甚至有时要求助于应用基础科学。因为忽视了这些，所出的"产品"投不了产，只是个原型，因之被不公平地列入"礼品"、"展品"，也是屡见不鲜的。另一个时期则是由于对于赶超世界先进水平的理解不全面，也是为了加强民族自豪感，争世界荣誉，因之，冲淡了量大面广吃力费劲而得不到多少荣誉的基础工作，即在经济建设中必须解决的技术工作和科学研究，也多少影响了做具体技术工作人员的积极性。这些历史经验和教训，必须总结和接受。

我们有一支有水平的基本科学的队伍，这也是一种优势，要发挥作用。基本科学对于多年后经济发展还能发挥巨大的作用，不应当削弱。

第八，我国的工业化程度低，科学技术水平低而不平衡、因之社会工业素养很差，基础结构（即 Infrastructure）不发达。这些都是发展科学技术所遇到的环境问题。我这里只讲两个问题。第一是基本工业技术水平很差。就工艺技术和材料而言，我估计相当大部分落后三十年以上。例如某些机械加工、材料工艺处理主要只是解决了大路的问题，能达到高质量的很少；材料方面，外国已经广泛使用几十年的无氧铜和冷轧矽钢片以及某些合金钢在我们还是"小灶"产品。尽管有些新兴行业的产品试验成功了，到投产时，不但生产工程跟不上（见前），而且设备、基本材料和试剂也不能如量供应。许多大路产品生产了，质量上也还差，对这个问题，一方面我们要在规划、体制、指导思想上努力解决，另一方面也要充分估计这是带社会性的问题，也需要时间。科学技术发展的进度要面对现实，充分地考虑条件的配合，步伐要一致。第二是管理水平很差。20 世纪 50 年代引进了前苏联的一套，虽然它具有某些严重缺陷，不完全可取，但总算有过一个较完整的体系。现在外国已当作系统工程考虑问题，并在科学管理的基础上引入了人的、社会的因素，走前了很大的一步。我们经过十年动乱和多年左倾干扰，却倒退到福特、泰勒以前的作坊式管理。有部分企业管理较好，有的存在着管理效果好，管理效率低的问题。经济基础是社会主义的，工农业生产却很不社会化，专业化协作很少。工业素养还反映于自然经济、小农经济、家庭作业和作坊生产的思想意识相当广泛地存在着。这些也是我们发展科学技术必须面对的现实。日本人在战后迅速地并几乎全面地采纳了美国管理方式，然后吸收了我们的工人参加管理（QC）等，还利用长久遗留的家族观念，形成了一套高效能的管理体制。资产阶级管理改革的目的不同于我们，我们的体制和方法也不能照搬他们的，而必须有选择地借鉴，才能适应现代工业化的要求。基本工艺和材料以及当代管理方法的问题，在他们已是家常便饭。还有国际厂商之间存在竞争，这是利于引进的。如解决了这样的打基础的工作，可以迅速缩小差距若干年。应当把这类工作摆入重要的日程。

贫穷、落后给我们带来很大的困难，但也带给我们努力发展的压力，压力可以转化为动力。像前面提出的，在我们的许多不利因素中也有有利的一面。在差距之中存在着巨大潜力，只要我们认识了我们的特点，发扬、运用我们的有利因素，克服不利的因素，坚持不懈地努力提高我们的工作水平，是可以顺利地实现社会主义现代化的宏伟目标的。

我谈一下对于"2000 年中国电子"的展望或预测要说明什么问题。我想大家会自己掌握的。我们的联络秘书刘力同志征求了少数同志的意见，整理了一个十一点的要求来。可以作为一个参考性大纲，下面要请她给大家介绍一下。我在这里只提一下对科学技术水平应当如何理解的问题。

首先是应用的高度、深度和广度，及应用所产生的效益，经济的、社会的，及兹后发展中的效益。

第二是生产的技术水平：包括产品的性能、质量、经济性。还有生产的工艺水平，单位规模和总规模。要注意到单位规模不同，相适应的工艺和装备，甚至结构材料都有差别。任何一类产品都会有各种生产规模的品种。大规模生产的品种往往占有总产量的大部分应予重视，而从品种所占的百分比来说，小规模甚至单件生产的品种则是大量的。对于后一类产品需要付出更多的精力，才能搞好。

第三是产品原型的发展水平。要求注重于性能、经济性和工艺解决的程度。

第四是工艺研究的水平。如果原型能做出来，当然就表明为了制造原型所需的工艺已解决了，然而这并不等于就解决了生产工艺。不同的生产规模需要不同的工艺，还往往需要从根本上重新考虑。这不仅是生产工程的问题，还需要作为专题去发展，甚至求援于应用基础科学的研究和利用。

第五是产品的新原理的发现和发明。要预测其功能、性能、经济性。这里，发明家、发现家和孜孜不倦的日常工作中的工程师、教师，和善于分析综合归纳演绎，总结概括的学者、专业带头人同等重要。对于发明家和发现者比对别人要求更多地在实践上下工夫，要求他们更富有敏感，善于联想，善于从实践经验中忖度规律。发明家要求很大数量，在日常工作中有所改进，热情改进的都要鼓励，要充分估计他们的作用。

第六是科学研究的水平，这里指的是应用基础科学的研究，例如系统工程理论和基本方法,电磁波的传播与传输,微波和光波的理论与技术,电子电路和回路与网络理论和应用信息论及其应用基本技术,计算机和网络的系统结构新原理,软件的编制理论和验证,人机交互作用与人工智能,人机工程学及其应用等等。

元器件和工艺、材料的物理化学理论也属于此类,如应用固体物理,包括半导体、电介质、磁介质的物理,应用光学、电化学、光电磁热等的交互作用等等,以至核物理的应用。热学,经典力学和现代力学的理论对于结构设计也是十分有用的。

带有边缘意义的学科、专业具有更多的应用科学问题,如生物电子学、医药电子学、人体功能、智能理论、核电子学等。

第七是测试与仪表,是各行各业都要用的,不仅是测试仪表学会要考虑它的水平,每一个学会也要考虑。将来也许需要汇编起来,以后再定。在讨论编制的过程中,要互相通气。

第八是技术队伍,包括科学家、工程师和专家,也包括深入掌握技术的工人。要有质量水平和数量水平。

以上这八条也供大家参考。不管写国内外水平、比较差距还是展望未来,总都是个水平问题。我想至少这几条都可应用。

第九是生产、实验的通用与专用设备的效能与生产供应能力。

第十是产品的质量和生产效益。

第十一是生产和知识产权立足于国内的能力。

　　　　（此文是作者在中国电子学会《2000年中国电子》研究动员会上的中心发言的一部分）

技术科学在我国国民经济和国防建设中的地位

（1981 年 8 月）

一、当代科学技术各大环节的划分

当代的科学技术活动大体可以认为存在四个大环节：基础科学（即基本研究），技术科学（即应用研究），技术发展（包含我们习惯称为研制的部分）和具体的工程技术。前面三个环节的特征是明确地以发现、发明和创新为中心目的，一般又合称为"科研与发展"（国际上往往用英文缩略语 R&D 表示）。这里"科研"即包括基本研究和应用研究两个环节。

具体工程技术工作是广泛的大量的。这是用来在各个领域的实践中起技术指导作用的，或可称为现场科学技术。例如工业里的生产工程中的技术成分，农业中的种植、耕作、收割技术，医务实践中的临床诊断与治疗技术等。技术发展则是与现场技术紧密联接的环节。它已经是当代现场技术的经常的重要的来源。它包括产品的发展试制等直到产品设计的初步形成。它还包括生产技术操作技术中的共性内容的发展和形成。技术发展明确的目的是为现场实践做准备。

处于四大环节的另一端的是基础科学的研究。它的任务是发现和表述自然界基本的现象和规律。当代基础科学的新成果导致了许多重大新技术的突破。例如麦克斯韦方程组的发现和赫兹的实验验证导致了无线电通信的发展，原子裂变的发现导致了核能、核武器的发展，量子力学中能带理论对于半导体技术的不断提高做出关键性的贡献等。然而在实践中，如果仅从这些基本成果出发，往往还不能直接导向技术发展或者形成现场技术。这时就需要进一步进行大量的科学实验和理论探讨。另一方面，现场实践和技术发展中积累的大量的经验数据和素材，需要实验的验证和理论的概括，以形成更具有指导意义的理性知识，甚至还可能从而丰富基础科学内容。这些都是技术科学的任务，它是联系在基础科学和技术发展之间的纽带和桥梁。强大的技术科学的出现是当代科学技术发展史的重大事件，是当代许多新技术由而产生的直接来源。

从当代发达国家的实践看，四个环节的存在已经形成相对完整的科学技术体系，四个环节同是不可缺少的，它们是相互依存、相互渗透、相辅相成的。

二、发展科学技术的一些历史经验

综合地了解一下各发达国家的科学技术发展史，比较它们之间的异同和得失，对我国发展科学技术可能有重要的借鉴作用。

早期科学具有应用的性质。产业革命以来许多重大发明创造来自早期科学知识和生产实践的结合。以后在西欧，受到当地学术传统的影响，从而发展出先进的基础科学。这些基础科学成果为现代科学技术发展准备了重要的条件，但在它产生的当时，却与当地的生产发展衔接得并不密切。处在基础科学和技术发展之间的技术科学，发展得比较晚。

美国科学技术原来落后于西欧，是历史上后进赶先进的较完整而成功的典型。他们早期

· 59 ·

利用西欧的技术发展自己的生产。产业的高速发展,促使现场技术迅速提高,出现大量的创造发明,技术发展迅速繁盛起来。这开始于 19 世纪末到 20 世纪初,也就是贝尔、爱迪生以至莱特兄弟的时代,从此形成了美国的巨大的发明家或技术发展队伍。从 20 世纪 20 年代起,在电子学、结构力学和电子学等方面开始了一个新的方面,即技术科学或应用基础科学的发展。这就是运用基本科学去深入地探索实践中发现的经验规律,或由社会需要而发展技术时取得基本科学的指导,相互促进,或则从基本科学研究成果中得到启发,开辟新的技术领域。到第二次世界大战时,原子能、雷达和喷气技术等的发展把它推向新的高峰。在庞大的空间计划、信息行业急剧扩展、核试验大规模进行以及近年强调的能源、环境方面的紧迫要求促使其继续发展。拥有强大的技术科学队伍成为美国科学技术发展的独具特色。美国在二次大战后才大力发展基础科学。然而,由于它具备高度发展的经济和深厚的应用科学、工程技术的有利条件,也迅速地进入了先进行列。西欧在这一时期内也开始填补自己在技术科学方面的稀疏地带。值得一提的还有美国在基础科学和技术科学的发展中大量地借重了西欧的人才。

日本是当代国家中后进赶先进取得显著进展的典型。二次大战以后,日本开始了经济和科学技术上的大发展,因此他们可以充分利用西欧和美国科学技术已有的成果。它首先大量移植外国、特别是美国的现场工程和技术,为经济生产的迅速发展提供必要的条件。然而他们在学习的同时,十分注意自己的技术发展。因此他们对引进的技术能够深入地掌握和消化,还能够给以改进和提高,不少方面都进入了先进行列。日本在基础科学和技术科学方面,不断地出现了一些先进成果,但并没有达到繁盛的程度。近年来他们要求进一步提高发展技术的速度,已感觉到技术储备的薄弱,开始注意加强这两个环节。

前苏联的历史发展又是另一种情况。沙俄时代由于宫廷意愿的推动,早期建立了基础科学研究的基础。前苏联接过这份遗产,扩大建设前苏联科学院,成长出一支强大的基础科学队伍,形成国际上一支先进的科学队伍。它还集中致力于军事、尖端的技术发展,也取得显著成效。它把才能高的科学技术专家和主要的物力财力集中于这个范围,因而削弱了各方面的现场工程技术和技术发展工作。它的国民经济包括像电子技术这样的前沿部门长期落后于其他发达的国家,这不能不是一个重要的原因。由于技术发展和现场技术不够发达,对技术科学的要求不迫切,当然技术科学也不可能兴盛起来。

三、科学技术发展中要注意的几个问题

1. 应当妥善安排长远性的科学研究。美国早期和日本是强调近期取得成效的例子,前苏联则是集中力量发展长远取得成效的例子。我们不能走前苏联孤立发展长远的旧路,也不能像美国和日本那样把长远工作放在后期,应当全面考虑他们的经验。过去一个时期由于孤立地强调了“看得见摸得着”的成果,长远科研受到忽视。近年来基础科学已经受到注意,但应用研究受到的重视还很不够。应用研究即技术科学虽不直接出产品出工艺,但却是给技术发展创造条件、做准备的。当前阻碍生产、阻碍技术发展前进和发挥作用的许多关键问题,往往需要依靠加强技术科学的研究来解决。美国在历史上较早地创建了强大的技术科学队伍,对它在生产技术领先上起了重大积极作用,应当充分重视这个经验的重大意义。

2. 要调整技术发展和现场工程技术之间的比例,以便使科学技术成果迅速在社会实践中发挥作用。以工业实践为例,一个时期内片面强调产品发展,不仅偏废了科学研究,而且严重忽视了生产工程和进行有关的技术工作,忽视了工艺技术发展。这是许多科学技术成果不能迅速发挥作用和生产上成本高、质量差、不顺行的主要症结所在。由于生产工程和工艺研究发

展都是工作量极大的工作,这个欠账更需要认真对待。产品发展工作应当做切实的调整,减少重复,提高工作质量,提高效能。要转移相当的力量加强生产工程并有重点地发展技术科学。要汲取前苏联的教训,避免轻视发展工程技术的偏向。

3. 应当充分理解并遵循科学技术发展和生产建设发展之间相互依存的规律。实践说明,科学技术上的发展往往引导生产建设提高到新水平。国际上现实存在着大量新技术,有待于我们在生产建设中采用。生产建设要求尽量事先解决各种关键技术问题,然后才能放手进行。从这几点看,科学技术工作是生产建设、现场实践的先导。但从另一方面看,科学技术发展的课题大量地要从社会实践中提出来。现场实践为科学技术发展提供了远超过科学试验所能提供的大量数据和素材。许多科学技术成果要经过长期实践验证、充实、修正、发展,然后才能定论。科学技术需物质和文化的条件,其开展的规模应当适应于经济发展水平的需要和可能。从这几点看,科学技术发展又是生产建设的继续。在美国和日本科学技术发展的历程里,我们到处可看到生产建设发展对于科学技术发展所起的巨大推动和制约作用。

4. 在发展科学技术中还要处理好另外的一些重要关系问题。

(1)理论和实践:许多具体的科学技术问题,只有在深入、广泛的社会实践中才能暴露和得到解决。在科学技术发展中,理论和试验是不可分离的部分。就某些学科某些课题来说,可能理论工作是主要的部分。但是就科学技术工作的整体来说,实验工作量占绝大部分是必须面对的事实。

(2)科学研究和创造发明:当代系统化的科学研究和技术发展对于新技术的出现做出了史无前例的重要贡献。但是随着社会实践的扩展和人们科学文化水平的普遍提高,以实践经验和巧思创见为主的发明创造比过去不是衰退了而是更加繁盛,并且更多地立足于新的知识水平。在各国纪念爱因斯坦诞辰一百周年的时候,美国也于同年举行了盛大集会纪念爱迪生发明电灯一百周年。雄厚的发明家队伍依然是当代发达国家经济发展技术提高的一根主要支柱。

(3)引进技术和自身的科学技术发展:国际上现实存在着许多我们尚未掌握的成果。应当充分利用技术引进,并要认真、老实地学习和深入地消化。但是通过引进还只能学到别人成功的经验,不能学到别人在长期大量实践中积累的生动活泼的知识,也得不到自己发展科学技术所必须的素养、思想方法、工作方法和工作作风。技术引进肯定是有限度的,走向国际先进水平的最后一段路程只有自己去走。日本人大量学习外国的技术、从而节省了大量的科学技术发展工作,但是他们没有放松自己的技术发展,而是积极努力地去做。因此他们学到了外国技术还能加以改进,使自己只花费较少的力量,就进入了国际先进行列。我们应当学习日本的经验。

(4)新兴学科和"传统"学科:新兴学科往往标志着科学技术水平的新进展,又是从无到有,当然应当充分重视。"传统"学科也还有强大的生命力,并且往往是新兴学科所必须凭借的基础,也往往是后进国家的薄弱环节。它们也在由浅到深、由低到高和出现新水平,甚至有的重又转化出重要的崭新学科。所以,也必须给予充分的重视。

总之,科学技术中四个大环节的工作,应当按照妥当的比例关系进行。过去,各方面都不同程度地比较注重技术发展,偏废其他三个环节。我们的工作面很宽,而往往又卡在关键技术上,以至旷日持久,劳而无功。要解决这类困难,必须加强技术科学的研究,积累技术储备。这也是科学院、高等院校和产业部门在分工上重叠交叉的地带,应使技术科学应用研究占到应有的地位,进而统筹安排,通力合作,做出贡献。

(此文刊于《自然辩证法通信》第三卷第四期)

技术科学与四个现代化

（1978 年 12 月 14 日）

技术科学的蓬勃兴起，是科学技术发展史上的一件大事。当代的前沿技术，如电子技术、空间技术、原子能等的发展，无不是通过大量的技术科学研究工作才得以实现的。技术科学的发展对我国农业、工业、国防和科学技术现代化关系极大，不可不加以充分的重视。

基础科学的主要任务是研究物质运动的基本规律。技术科学的内容则远为繁多，它的主要任务是运用基础科学的成果去具体解决社会实践中提出的大量技术问题。历史上应用科学发展在先，只是当科学技术高度发展后，基础科学才形成并分离了出来；而研究物质运动的具体规律，从而直接解决社会实践问题的技术科学，却留在应用科学范围以内。科学技术更高度地发展以后，大量的技术实践的经验，要运用基础科学的已知成果去总结；基础科学的重大成果，要经过进一步的大量发展工作，才能应用于社会实践，发挥巨大的作用。这样，在近几十年来，技术科学空前地繁荣兴旺起来，它已经是科学技术发展中极为重要的环节。

狭义相对论的出现，预见到质量和能量可以相互转换，以后原子裂变现象也观察到了，这在基础科学方面可以说是已经为原子能技术的发展创造了主要的前提。但是，只有解决了大量的核物理技术、核化学技术和许多专业技术以及其他方面的科学技术问题以后，才能制出核武器和核动力设备来。这些科学技术问题，大量属于技术科学的范围。

麦克斯韦在实验中证实了各项电磁学的基本规律的基础上，从理论上预见到电磁波的存在。以后赫兹也观察到了电磁波的现象。可以说，无线电通信的可能性，在基础科学方面已经解决了。然而许多年来，不但要创造许许多多物质条件，才能实现无线电通信和雷达技术，而且至今还必须对电波传播、微波技术等方面进行大量的技术科学研究，才能使电磁波得到充分利用。

20 世纪 30 和 40 年代，在通信和雷达观测的领域里，在抗干扰和充分发挥信道作用方面已积累了不少经验。科学家运用分析数学和统计数学的成果，分析了这些经验，提出了信息论的基本理论。30 年来，成千的科学家做了大量的理论和实验工作，取得了很大的进展，对电子技术发挥了很大的指导作用，为现代通信和雷达实现抗干扰、数字化等做出了重要的贡献。

三极电子管发明以后，收信放大管不断缩小，到 40 年代的微小型管，几乎已到了实用的极限。由于功率消耗大，阴极的寿命有限，使收信放大管难于再有很大的提高。这就迫切需要发明另一种更好的控制电流的器件，于是半导体三极管诞生了。通过技术科学的大量工作，运用半导体物理各个方面的成果以及其他基础科学的知识，解决了材料、工艺、结构上的问题，使半导体三极管脱离它原来点接触型的粗糙形态。同时产生出集成电路，并不断提高，达到现在的高水平和广泛应用，为电子技术的发展，创造了重要条件。

从以上几个例子来看，原子能的发展和电磁波的利用，都是在基础科学研究做出了重大成果之后，经过在技术科学方面做了大量的工作才发挥了作用的。第二个例子信息论的发展，说明在社会实践中积累了丰富的感性知识或初步的规律性知识，经过技术科学的大量研究工作，运用基础科学的成果给以总结，提高到理性认识的水平，反过来指导技术实践，发挥了很大的作用。第三个例子半导体的发展，是从长期技术实践中提出重大的问题，通过技术科学的研究，运用基础科学的成果，得到了高水平的解决。三个例子说明三种不同的情况。三种情况却都说明了在当代的科学技术发展中，技术科学起的决定性作用。如果基础科学发展了，生产发展了，生产技术也发展了，技术科学却没有发展，那么当代的科学技术水平不可能达到现在这样的高度。

信息论原是从通信、雷达技术的具体实践经验中，运用基础科学的成果做出的总结和概括。它现在还是主要与电子技术相联系的技术科学。但是由于信息是在各种事物中普遍存在的，信息论已在各行各业发生作用，它很可能会转化为一种基础科学。应用科学的发展，一定会使基础科学的内容更加丰富。应用科学转化为基础科学，原来就是早期科学发展中大量存在的事实，今后也会继续地出现这种现象。科学技术的各个环节和层次，反映了认识过程中感性认识到理性认识、理性认识又回到实践中去的两个飞跃的具体过程。在它们之间一定是以不同的形式反复循环，从而使我们一天比一天更深入于自由王国。

基础科学的成果和社会实践中的技术经验，正在以空前的速度积累起来，需要通过技术科学的广泛发展来发挥它们的作用。技术科学的发展往往在几年、几月甚至几天之内就见到效果。因此，发展技术科学对于我国加速实现四个现代化，具有十分重要的意义。

（此文刊于《人民日报》 1978.12.14）

第 二 部 分

产业革命终将走向文化产业牵引社会经济

电子推动走近文化业时代

（2001 年 7 月）

关于这个命题，或用语言、或用文字，我在不同的场合，曾做过多次讨论。但在中国电子学会的大规模学术会议上，那就是六年前的全国多媒体与高速信息网络大会上的发言。经过几年的反复思考，感觉比那时有了一点更进一步的理解，所以借这次年会的机会再做一次讨论。

一、信息时代的潜台词——走近文化业时代

电子技术的迅速猛烈的进步推动了信息时代的诞生和发展。当然，更确切地说，电子技术实际代表了电、电子和光电子技术的总和。也许，如果比照石器时代、青铜时代的提法，那么，把工业时代称为机械时代，把信息时代称为电子时代，也未尝不妥。

这确实是人类历史中的一个辉煌绚丽的伟大时代。我们正在经历这个时代——电子时代或信息时代，这个经历有一个潜台词，就是走近和走进文化业时代。

可能这样划分历史时代：

旧石器时代，　　对应于渔猎采集时代；

新石器时代，　　对应于农牧业兴起的时代；

青铜时代，　　　对应于商业兴起的时代；

机械时代，　　　对应于工业兴起的时代；

电子时代，　　　对应于信息业时代；

后电子时代，　　对应于文化业时代。

后电子时代可能只是一个电子技术超级发展的时代，也可能是什么新的技术要素取代电子在信息作业中的优越地位。

在这里应当强调一下：1. 在从每一个旧的时代走进一个新的时代时，总要有一个过渡期。往往是在有许多局部性的要素陆续出现之后，才能完成这个过渡。2. 在新的时代中，一般说，代表以前时代的要素并不退出，甚至更为发达、进步，并且丝毫不降低其重要性；而是由于社会、经济更加大踏步前进，使得它们在分量比例上逐步逐步缩小，以至成为其中较小的成分。举例说，现在已经是电子与信息的时代，金属（青铜时代）、机械、农牧业、工业、商业只有比从前更加发达、进步，而且仍然是丝毫不可缺少的事物。例外的似乎只有石器。如果作为切割工具用的钻石可以算是当代石器的代表用例，那么石器也不是完全的例外。

二、文化，文化与信息

什么是文化？十本书有十个说法。据有的人搜集，说至少有二百多种定义。

依照 1999 年版《辞海》，"文化：广义指人类在社会实践过程中所获得的物质、精神的生产能力和创造的物质、精神财富的总和。狭义指精神生产能力和精神产品，包括一切意识形式：自然科学、技术科学、社会意识形态。有时又专指教育、科学、文学、艺术、卫生、体育等方面知识与设施。"我在本文中采取狭义的和"有时"的提法，而做一定的延伸，增加医药和休闲、游览、

旅游、娱乐、游戏。当然，医药也可归于科学，休闲、游览、旅游、娱乐、游戏也可从文学、艺术延伸。此外，科学应当既包括自然科学也包括社会科学，还要增加技术，使其更加完整。

取一个概括的说法，可说文化就是人类创造的精神财富及其实施的总和。集中列举一下，有哲学、科学、技术、文学、艺术、教育、医药、卫生、体育、休闲、娱乐、游戏等等，还有社会意识形态和上层建筑形态。

什么是信息？信息是一切事物中抽出的形式的部分，更确切地说，就是事物的千差万别与千变万化。按照这个规范，一切存在的事物都携载有信息。人脑也是"物"，脑中也保持着自有的信息，不管是否说出、写出。追究脑信息的根源，当然终究来自客观存在，尽管会有不同程度的扩增、削减、加工、变化、扭曲。凡是经过脑子加工过的以及仿脑加工过的信息，可能符合于原来的客观存在，也可能有差异，可称为知在信息，以区别于原在信息。

文化信息是知在信息中的一部分，是其中的精粹的部分。知识信息又是文化信息中更为精粹的部分，是知在信息中的精华。

三、当前时代的文化占有的时空

如果要讨论当代文化的时空状态，那是一个十分深入和多样的问题。我们现在只从量的角度来讨论。

第一，文化在人类生活时空中所占有的分量。这里假定一个十分发达的社会。那里每个平均人都可达到大学的教育水平，7 岁入学，23 岁大学毕业并参加工作，65 岁退休，活到 75 岁，每日有效时间 12 小时。总的生活时空按每年 52 周计算，每年有效时间 4.37 千小时，一生共 328 千小时。现在有的地区已经发展到接近这个程度了，因此作为一个参照状态还是能说明一定问题的。这样，每一个人一生：

1. 有 3 年作为婴儿期：算一半在文化中，每周 6 小时，一年按 52 周，3 年共 6.55 千小时；

2. 4 岁到 23 岁：每日 12 小时生活于教育、体育与娱乐中，20 年全在文化中生活，文化占生活时空 87.4 千小时；

3. 23 岁到 65 岁：除去 20% 这两类情况的人全年在文化教育方面工作者外，每周 5 日工作各 8 小时，加 1 日生活家务劳动 8 小时，每周共 48 小时，有 36 小时在文化中生活。每年扣除公私假日，按 48 周工作与劳动计算，全年工作 2.3 千小时之外，在文化中生活 2.1 千小时，在 42 年中共 87 千小时。其在文化教育方面工作的人，在 47 年中每周仅有生活家务劳动 8 小时与文化无关，按 48 周计算，全年非文化时共 384 小时，在文化中生活 3.99 千小时，按 42 年计，共 167 千小时。两类情况加权平均为文化占生活时空 103 千小时。

4. 65 岁到 75 岁：仍按每周 16 小时非文化劳动，全年按 52 周计算共 0.624 千小时，全年在文化中生活 3.75 千小时，10 年共 37.5 千小时。

这样，一个平均人的一生 328 千小时中生活在文化中 234.5 千小时，相当于 71.5%。

第二，从一个发达社会考虑，有可能普及理想网络应用看。这里说的网络指一切民用信息传输网络的总体。

1. 常规通信与数据通信（包括电子信函、电子商业文件等等）
单道数据率 0.1 兆比， 普及率 100%， 单次持续度 0.1 小时，
日频度 20， 时间集中度 0.01， 跨区域要求 0.7，
六项的乘积， 总占用系数 0.27

2. 点索及广播文娱电视节目

单道数据率　6.0兆比，　普及率90％，　单次持续度3.0小时，

日频度1.2，　时间集中度0.70，　跨区域要求0.1，

六项的乘积，　总占用系数　1.36

　　3. 远程教育

单道数据率　6.0兆比，　普及率5％，　单次持续度2.0小时，

日频度1.0，　时间集中度0.30，　跨区域要求0.3，

六项的乘积，　总占用系数　0.054

　　4. 电视会见和会议

单道数据率　18兆比，　普及率10％，　单次持续度1小时，

日频度0.03，　时间集中度0.01，　跨区域要求0.7，

六项的乘积，　总占用系数　0.0004

　　5. 保健，远程图书馆，远程零购

单道数据率　6.0兆比，　普及率100％，

单次持续度0.1小时，　日频度0.3，

时间集中度0.01，　跨区域要求0.7，

六项的乘积，　总占用系数　0.00126

　　6. 巨型计算机联网，科技图像传输，科技、文艺创造

单道数据率　60兆比，　普及率5％，

单次持续度1小时，　日频度2，

时间集中度0.01，　跨区域要求0.7，

六项的乘积，　总占用系数　0.042

　　以上六类应用的占用系数的总和为1.73。以此为100％，则每类所占百分比依次为15.6％，78.6％，3.1％，0.023％，0.073％，2.43％。第一类的大部和第五类、第六类的一半不属于文化范畴。这样，即使在现时，文化运作占用网络总体的潜在百分比也在85％以上。

　　这里的若干设定带有很大的任意性，但是，这丝毫不影响做出这样的结论：发达的网络主要用于文化运作。

　　从以上两个方面的分析，都可看出文化在现代人类生活中，仅从量的角度看，就占有绝对的统治地位，更何况文化是紧密联系于精神文明的，更具有极大的重要性。

四、文化业从蒙昧时期到文化业时代的全进程

　　首先，什么是文化业？在整个社会中，提供与分配文化物质，文化媒物（书籍、报纸、声像光盘、CDROM等），文化信息，文化服务（学校、图书馆、剧院、科学研究、设计场所、医院、药房、运动场、旅游组织等）等等的事业及其活动都属于直接的文化业。为直接文化业创造、准备、提供各种必需的物质或非物质的，组织管理和服务的，可称为间接的文化业。这两类加在一起就形成完整的文化业。文化产业特别指营利性的事业。但现在社会上还有非营利性的和福利性的。文化业的总体则涵盖这两类情况。

　　在蒙昧时代，人类只是在劳动之余，做一点简单的文化娱乐活动。岩画、雕刻，饰物制作随后手工艺逐步发展。那在人类生活中占微不足道的比例。那以后，古希腊有史诗唱手荷马，各民族的史诗可能出现在文字出现以前。然后是有记载的文学、艺术、哲学、科学等等都开始了。古希腊有了戏剧、诗歌、哲学、科学等等。中国在夏、商、周时代还有了学校，叫"校、序、痒"。至

今未发现夏代有系统的文字，未必有我们理解的"校"。那个时代出现了专业的知识分子。随着生产力不断增长，文化活动在增加，但文化人员未必达到百分之一。伴随着文字、印刷的发生、发展，这个百分比逐步增长，形成了文化业。欧洲到 18 和 19 世纪之间，其文化业的产出可能达到总生产的 2％或 3％。电影出现后再增加，在美国可能达到 5％，这是 20 世纪前期。20世纪中期在美国可能达到百分之十几，如今出现了网络、广播、电视，扩展了旅游，可能达到总产值的 25％～30％。据说美国信息业占用总劳动力的 50％～60％，也许一半是文化信息业。

文化业是一个巨大的事业，它的产出，包括营利的和非营利的，信息性的和支撑它的工、矿、商业，现在在发达国家已达到国家总产出的不小的一部分。我们可以预见到它在一个国家中的总产出中所占份额还会不断地增长。这是因为：首先它不像纯物性生产那样依赖于物质资源；其次它相对地是直接提供消费的，以此而不同于其他信息业；更重要的一点是人对于物质消费的需求是相对地有一定限度，而对精神消费的需求是更加无限的。还应当看到，文化水平的不断提高是人类永恒的追求！

当文化业产出达到总产出的一半以上时，我们就可宣布是进入文化业时代了。直接与间接的信息业产出份额到那时仍然大于文化业，因为全部总是大于部分。然而那时信息业也就以文化性为其特色了。

我们应当感到十分自豪，因为正是电子所代表的电、电子、光电子技术正在为走进伟大的文化业时代做出巨大的、具决定性的贡献。

补充说明：

（一）文化信息运作与信息作业

文化信息也是信息，因此在运作文化信息时就要求助于信息作业的基本方法方式。信息的基本作业方式，也就是基本功能有：

1. 信息的搜集，　2. 信息的表达、显示，
3. 信息的传输，　4. 信息的分配，
5. 信息的录存，　6. 信号的选分变换，
7. 逻辑推理，　　8. 数值计算，
9. 数值仿真，　　10. 用信息控制。

这十个基本功能是自古有之的，而且在人的脑神经系统中和社会活动中都是不可少的。

文化信息运作是一切文化运作中关键环节。因此，这十个基本功能，或元功能，也是全部文化运作的元功能。元功能的方法方式变化时，整个文化运作会随之发生变化。

方式方法不能不依赖于事物的内容，但是方式方法的改变也可能反作用于内容的变化。

（二）文化运作发展史中的四个伟大里程碑

从蒙昧时代至今，在很大程度上，文化运作的发展史，是和信息作业的发展同步的。历史上第一个伟大的里程碑是语言的运用和形成初级体系。这是和人类同时出现的，这大约跨越了整个石器时代。

第二个伟大里程碑是文字初步形成体系，在世界各地区，似乎都是在青铜时代。在我国就是殷代的甲骨文。

第三个伟大里程碑以印刷机的出现为代表。虽然印刷术发明也推动了文化的发展，特别在中国，伴随之以在近两千年中积累了丰富灿烂的后奴隶制度时代文化。然而就世界范围的

影响而言,15 世纪的印刷机的发明为文艺复兴、宗教改革、科学革命及以后的资产阶级政治革命以及启蒙运动、工业革命起了巨大的推动作用。这个意义就更大了。印刷机是机械时代的产物,与工业时代共生。工业时代以后,印刷业可能萎退,然而在当代我们还在享受它的无限福荫,机械技术还在发展,工业也不会被取代。

第四个伟大里程碑是电、电子和光电子技术进入信息作业。肇始于电报,以后电话、广播、电声、电视、雷达、导航、自动控制、电子用于各种仪器、电子计算机、人工智能、人造地球卫星、机器人、遥感、载人航天、录像、软件技术、各种计算机辅助作业,专家系统、互联网络、虚拟现实等等相继兴起。与此并行,并起关键作用的是电磁波、电子管、电子电路、压电技术、正负反馈、脉冲编码、磁记录技术、晶体管、信息论、编解码、分组交换、激光技术、光纤、半导体激光器,光盘、微处理器、文化信息普遍数字化,声像信息压缩,文字语音识别,初级语文翻译,液晶、等离子显示、巨磁阻材料等等的发现、发明和发展给那些神奇的实用方式创造了发创和跃进的可能。

(此文刊于中国电子学会第七届学术年会论文集。2001.7)

泛论新产业革命

（1998 年）

一、我是这样起始进入思考产业革命问题的

在 1964 年，我接受了一个短期任务：考察电子的兴起在历史发展中的地位。我学习了《资本论》中有关的论述，以这句话概括地表达了马克思对产业革命的论证："作为工业革命起点的机器，是用一个机构代替只使用一个工具的工人，这个机构用许多同样的或同种的工具一起作业，由一个单一的动力来推动，而不管这个动力具有什么形式。"* 这里讲工业革命就是产业革命。在一些外文如英文中"工业"和"产业"是一个字。工业革命指的是 18 世纪在英国开始的产业革命。马克思在这里论证了人通过机器而倍增了自己的生产能力是产业革命或工业化产业革命的核心内容。因此我对当代的产业革命产生了一个较粗浅的看法：新的产业革命是通过控制机去控制那些操作工具的机器，从而又一次倍增了生产力。以后直到拨乱反正以后，才从电子作业于信息的功能，重新考察有关的问题。这才认识到是电、电子、光电子技术在信息作业所需的各种功能上全面地起了"倍增"的作用，导致了新的产业革命，而自动控制还只是各种功能的一种。这才接受了信息化产业革命的概念。

二、信息化产业革命和文化领域产业革命的关系，它们对人类的重要作用

我们讲信息化中的信息讲的是知化信息，即为人所掌握、运作的信息。如果没有信息的交流，就连最原始的社会也不会有。如果没有信息的积累与扬弃，也就不可能有人类社会的进步。文化包括知识、艺术、教育、意识形态和社会上层建筑形态等，可以等同于人类知识劳动长期积累与扬弃的抽象成果总和。文化表现为信息的形式，而是一切信息中最为智慧密集的精华。文化来源于社会物质实践而又反过来发展社会实践并从而进一步发展自己。从这些可以看出信息与文化之间的密切关系与其各自的重要性。

信息和文化只在运作中才发挥作用于人类社会，在历史中信息，包括文化信息的运作中出现过伟大的里程碑。这些是语言的形成体系，文字的初步完备，印刷机的发明，各自对应于新旧石器时代的过渡期即农牧业的起始，青铜器时代即商业和城市文明的兴起和机械化与工业革命的时期。这些是过去历史中的，其伟大是不喻自明的。印刷术虽发明于中国，但印刷机则发明于西欧，对资产阶级伟大社会运动起了巨大的促进作用，可以依次列举文艺复兴、宗教改革、科学革命、英国革命、英国启蒙运动、英国工业革命、法国革命等。伴随着工业革命发生，印刷业形成了一个独特的文化产业，因此我称之为文化领域的一次产业革命。其伟大可见于马克思的话，说印刷机"变成科学复兴的手段，变成精神发展创造的必要前提的最强大杠杆"***。

以电子为特征的文化领域新产业革命是文化领域又一次更伟大的产业革命。首先因为它

---

* 《马克思恩格斯全集》人民出版社，1972 年 9 月，第 23 卷 413 页。
** 《马克思恩格斯全集》第 47 卷第 427 页。

以前一次产业革命的成果为基础,起点就是高的。其二因为电子,始发于电信技术,又被光电子技术所加强,对信息运作的全部功能产生巨大的增强作用,而印刷机只作用于少数几个功能,而且电子的运作能力比起印刷机又不知大了多少倍(极大的容量,极高的速度等)。电子的倍增与延伸作用深入到脑力和神经劳动的范围,更为印刷机所不可比。第三,现已是 20 世纪末期,西方发达国家已具有强大的生产力和科学技术积累,即将进入文化牵引经济发展的伟大时代。

文化领域的新产业革命是信息化产业革命的组成部分。它的重要意义在于:首先,它是联系于精神文明的。其次,文化发展的高水平是人类追求的永恒目标。第三,随着人类物质需求日益得到更高的满足,人类需求向文化方面日益扩展,最终将达到生产重点的转移,以至于文化领域的需求将成为生产的主导方面,进入"文化发展牵引经济发展"的境界。

所谓"牵引"具有两重含义。一是精神文明的提高,反作用于物质,使物质生产倍增活动力,知识的积累和精神的素质不断改进劳动的效率和质量。二是文化与文化物质生产将占经济与生产的最大部分,文化物质的生产将占物质生产中可观的部分以至占据其大部分,因而文化对于经济生产成为主导的因素而举足轻重。

三、文化重要性的一些定量概念

在蒙昧时代,人们的生活空间主要是为满足生存需要的劳动所占有,文化所占很少。随着社会进步,文化在生活空间中占有日益增大的份额。如不去考察就不会想到,就是在现在,文化在我们的生活空间中已占有极大的份额。按人的平均寿命 75 岁计算,除去 5 年是作为家庭婴幼儿,再除去每周两个休息日中的一天做生活杂务之后,每日有效时间 10 小时,作为100%。在这有效时间内受教育和退休后及定期休假作为完全生活于文教与娱乐中。其余的有效时间中每个节假日整天和每工作日中 2 小时也在文化生活之中。在工作日中,还要考虑20%的人从事的就是文教、科技、医生等工作的。这样,在人类社会总生活空间中,约 62.3%为文化所占用,这还是比较从低估计的。随着时间的推移,人类的生活余裕会更多,文化生活占用时间的份额会更多,从事文化及有关工作的人员也会更多。经过新产业革命,这样大量的文化活动将大量依赖于电子。

现在再从经济生产空间讨论问题。从脑力劳动和体力劳动有了分工以后,逐步从人群中分化出文化群落,然后有了为文化活动提供物质的生产。在印刷机出现和工业革命中,印刷才发展成印刷工业,迄今不衰。在新产业革命的过程中,经过电信的准备以后,出现广播事业,是电子在文化应用的开端。电视的普及和电子计算机进入家庭,更标志了电子在文化上广用期来到。磁、光的录音、录像、录文字符号的技术向先进发展和光纤传输技术,更加上发达的软件技术和生产,正在将这一进程推向高潮。尽管电子化的文化活动已十分绚丽多彩,所谓"信息高速公路"的提出,才刚是其真正全盛期来到的预兆。美国估计,一二十年内它将能开发数千亿至万亿美元的市场。我国还远不如美国发达,然而也已经享用了新产业革命在文化方面提供的优越服务。我国现拥有电视接收机近三亿台,收录音设备更为大量,在提高人民知识水平,传播新闻和宣传发布、教育娱乐、增强人民素质起了不可代替的作用。每年有关的工业产值达千亿。印刷业年产值达数百亿元。从国家总支出看,社会与个人的消费中约 20%强用于文化、教育、科研、医卫、体育、娱乐、个人有关耐用消费品及有关服务。估计在基本建设、生产流动资金等方面有关的直间接支出也占有相接近的百分数。这个百分数在过去十年中增长了三分之一,可以预期今后还要增长。当增长到 50%之后,便将进入文化牵引生产经济的时代。

当然这在发达国家也将是半个世纪以上的过程。

现在从第三个方面考虑，文化在信息空间占多大份额。按不同的用途，估计一下按一个典型日的信息量，受到几个因素的影响。首先，电视类图像是很复杂的，而且每秒要传几十帧才能得到连续感，而且看电视的人多，一看就是几小时，往往看的时间比较集中，然而可以区域化，跨区域的传输量少。尽管有最后这个因素，电视占社会流通的总信息量仍会是远超过一半。其次是电视教育，除去普及率要差一些，其余都类似。一般的高速率通讯和数据传输，包括经济信息化要求，其信号比电视要单纯得多，尽管使用频度高，但每次时间短，时间分散性也高。估计下来，也许很难想像到，利用电子作信息流通工具，假定所谓"信息高速公路"实现了，其总信息量中，文化信息量总要占到 99％以上，而经济信息量总是在 1％以下。

四、新产业革命和"信息高速公路"的关系

新产业革命的代表是完成生产和一切机械操作作业的自动化、机器人化、"智能"化和建成全能先进电子信息系统。后一系统实质上就是先进文化信息系统，因为所运作的信息主要是文化信息。而新产业革命的核心内涵是文化领域产业革命。"信息高速公路"则是美国政府在1990 年倡导的"信息基础结构"的俗称，而这个俗称已经导致了许多误解和误用。按它的原意实际就是"先进全能电子信息系统"。看一看美国政府的原文就明白了。他们原列举得已够完全了，现为能说得清楚些，在其基础上做一些改进。

1. 原是所有的硬件列举，现指出其要组织六个子系统而形成总系统。这六个子系统是：①直接供用户使用这总系统的终端设备：将由现在的电话机及附加通信终端，个人计算机及电视机（特别是供有线电视用的）组合、演化而成，其组合可以是多种多样的，也有单一功能的，还有的要附有电视摄像设备和各种录、印设备。②信息传输网络：需要把成亿的信息用户和成百万的信息供户之间沟通，输送极大量的信息，现在有光纤线路和卫星、微波、同轴线等相互结合能解决这一任务。③网络分配交换子系统：有如现在的电话交换机，但有成亿的用户，要能通过极复杂、极大量的信息，各按需求分配信道。现在在开发的技术方案有许多种，个别优选的也尚待实践检验。④信息搜集提供的设施：每个演播厅、棚、室，每个演出场所，每个作家、艺术家、科学家、工程师的作业室，学校和教师，医院和医师，医生，科学研究试验所和站、点，各种信息的采集者和新闻记者等都需要各自的信息产生和发送设备。当然有些大型专业设备不能都包括在内，至少其专业信息的转化和发送的设备应当算做总系统的一部分。⑤信息库和信息库服务设施：大量的磁盘、光盘等录存信息的设施，用以存储各种学术的、历史的资料与档案，各种影视节目，日常生活资料分别分门别类地储存在这里，附有复杂的管理系统，提供用户方便地调用、调看、调听。这可称为二次信息源。⑥磁盘、光盘、以至将来微电子卡书刊报纸的编辑出版和发行。

2. 信息本身：如视听节目、生活信息、档案资料、书刊内容、科学技术成果……。

3. 软件：广用于各子系统，作用极大。

4. 网络标准和传输编码：也包括各系统之间的协议的规定。没有它们就很难协同工作。但是，实际上标准很难走在实践的前面而往往是从实践中产生出来。这样，标准往往是竞争的产物，而且往往是兼收并蓄。现在通信界、电子计算机界、电视电声界对已成熟的事物已有标准，但因新生事物层出不穷，发展极快，应付不暇，多标准并存已不罕见。标准很重要，但期望值宜于留有余地。

5. 人。原文中指运作总系统各部分的人，即"产生信息，开发应用和服务系统，建造设施

并培训其他人开发国家信息基础结构潜力的人们"。大约指以系统网络专业的人员为限。应当考虑还有使用信息系统的人们，也应具备一定的专门知识。在我国尤为重要，特别要普及信息有关的知识，增强整个社会的信息意识。

"信息高速公路"这个词语似乎只有"通道"的含意。由于和原意旨的差别，引起许多误解和误用。已经如此，改变也难，只能予以澄清。

1. 误以为有了传输线路就行了。例如光纤线路本身就具备了要求。其实从以上看，这仅是总系统中不可少的一部分。然而总系统范围大，内容复杂，比此要大得多。

2. 现在国内许多用户已用上了美国的交互网络，从之得到很大便利。也有人以为这就是信息高速公路了。交互网与许多用户和供户一起，形成了一个功能很强和规模很大的信息系统，然而它现在所达到的带宽和接口协议还不能达到传输高质量电视信号的要求，单从技术角度看，也远够不上全能信息总系统的要求。

先进全能的信息系统在美国也是要两三个十年代才有小成的事物。他们主要依靠企业做实际工作，现在经过立法打破了旧法令，打破了通信、广播电视、电子计算机各行业的藩篱界线，听凭各企业各显其能，相互竞争。然而各企业还只能关心十年二十年的利益，很难有真正的协同。要经技术经济的竞争后才可能出现一个完整的蓝图，然而那个蓝图也不会很合乎理想。

五、"信息高速公路"可能带给我们的乐趣与烦恼

尽管"信息高速公路"是一个误用的名词，但经过澄清以后，还是可以用来代替信息基础结构这个措辞。更确切地说，是整体的先进全能信息系统。这个系统不仅包括了"基础"，也包括"应用"，因之称之为"基础结构"也不十分确切得当。

新产业革命包括了自动化和信息系统化两个内容。第一个内容主要是生产自动化和生活自动化以及办公自动化。当然自动化不一定是得当的提法，"机助化"可能更能概括。这里不去多描述自动化的内容，而集中讲一个信息系统化所拥有的服务能力，兼及一部分机械辅助文化作业。

(1)按需点索各种节目，电视剧，新闻，电影，电视剧场，影院，舞台，乐厅，旅游，画廊，博物馆，图书馆等。

可以索阅、索看、索听秘藏的文物图书，历史上有名的演员的有名演出。重大事件的再现。电视游戏，远程游戏。名山大川，古近遗址，天涯海角，有如亲到。

(2)电视教育：多种学科，多种教材，任选教师，不拘课时，随时答问，带演示。

(3)远程与电视办公。经济、生产、商业等各种业务。

(4)电视会见与会议。

(5)按需调阅资料、档案、图书、期刊、报纸，现期的和过期的，以及绝版的。

(6)电子远程发送出版或邮递媒体发行，接收后可录下并转印成书籍、图片。

(7)远程诊所、会诊、处方、监护、保健。

(8)远程采购、推销、通过屏幕选购。

(9)远程银行与金融业务。

(10)计算机辅助写作和创作，文学、社会科学作品的写作，艺术品的创作——图画、雕塑、音乐、舞台艺术，包括影视节目的拟稿、在屏幕上演示和预演、修改后定稿。先进的动画软件可把真人幻化成不可思议的英雄或鬼怪，制造幻境，制造虚拟现实。由于可调入别人作品及资料

（供参考）而达到高效率。

（11）计算机辅助科学技术发展：首先是用计算机达到各种科学技术运算的目的。然后是计算机仿真，近年发展了虚拟现实技术。可以调动网上计算机增强计算能力。

（12）极高速度的通信与数据传输，广泛用于行政、管理、产业数据、统计等。当前，我国正处于产业高速发展，由农业为主转向工业为主，并发展第三产业的过程中，经济信息化向电子计算机及通信提出了很多的要求。

先进全能信息系统带来先进的服务，但也有引起使人顾虑的问题。首先是每个用户都可调用大量的多种多样的信息，这些信息是否都是健康的是一个很严重的问题。由于每个用户都可以送入网络大量的信息，更使这个问题趋于严重。实际这个问题不待先进全能信息系统实现，已经出现了。现在的电视广播未尝没有这个问题。现在的交互网络中，大量的多媒体计算机联网后，色情、暴力以及其他不健康的、危害性的信息传播已经引起人们警觉。由于大量的信息存储在网上，总有被侵入的可能性，"病毒"的传播已经造成不少危害案例，这属于破坏性的危害。再有信息被盗窃、被篡改都是危险的。军事活动将大量依靠计算机和通信网络，也存在着被侵袭的可能，甚至要考虑"网络"战争方式，交战者在相互侵袭、反侵袭中决定胜负。但是，有矛就有盾，人们都在用安全、保密措施对付这些问题。还有另一些社会问题被提出来了。人是不出户就可得到多种信息，多种服务，会不会人们都变得孤独偏僻？实际上人们已有沉溺于电视节目以及青少年沉溺于上网和去网吧的倾向。但是，高效能的网络把人们之间的距离是缩短了，不是拉开；把人们的视野是扩大了，不是缩小。两种可能性是并存的。应当首先注意人的素质如何提高，应当对此乐观、有信心。疏导与防御是两个策略倾向，应当相互结合而并用，从而使先进服务的积极作用充分发挥。积极的社会行为准则和规范性的法律工作都要跟上去。

六、策略

"信息高速公路"引起的讨论热潮宣告了新产业革命正准备进入其全幅度发展期。当然，这个全幅度发展会首先在那些经济与科学技术领先的国家与地区出现。我国从总体上说还处于比他们落后相当多的状态。然而我国各地区的发展是很不均衡的，肯定有的地区能走到前面。应当及时深入观察他们的动向，研究我们的方略。已经提到，像美国那样发达国家，其作为新产业革命的核心物的先进全能文化信息系统也只能够在至少一两个十年代中取得小成，但是在取得小成之前，也并不是停步不前，而是做许多过渡性的工作和准备性工作，一部分一部分地、一步一步地提供各种预期的先进服务项目，扩展产业阵地。他们国力雄厚，各企业在进行多种多样的工作。在竞争的过程中肯定有的会成功站住脚，有的将被淘汰，有的会失败了重新再来。

先进的全能的系统不一定是按事先的安排完整实现，很可能是由若干局部的成功合并在一起的。

计算机在约20年前已吸收了电视的成果。如不是用了阴极射线显示技术，不可能有今天普及个人计算机的局面。现在通过"多媒体"技术发展，还要进一步和电视结合进来。

有线电视在插入通信业务，为了实现广阔的点索业务，还在吸收电子计算机的"服务器"技术。微处理器可能为电视解决数字化中会遇到的多制式的难题。成百路的有线、卫星电视广播已出现。

计算机网络化是靠了已有的通信电路，也为电信增添了新的业务量。美国的电信企业也在改造电路,兼办有线电视,还有的在和有线电视企业合并。在线信息服务,网络与光盘的报刊发行已开始蓬勃发展。

我们不能像美国那样大量展开实验,所以要精于选择,宁可观察一下别人实验的结果。重要的是学到他们的经验,一步步做,尽管把全能信息系统的任务提出来了,首先还只是从现在已有的成熟基础尽可能多迈一步。

西欧和日本是比较倾向于先有一个认为最有希望的方案,然后去全力实施。然而从高清晰度电视的曲折,可看出这也不一定是可取的。

我们还是要从已有基础启动工作。例如现有的全国长信光纤网,要依原有计划建下去,而要有准备扩充容量。

指向全能文化系统的工作也应做。可以先做小试验,再做大试验,然后一步步建设。先从几种业务开始,逐步增加其他。先从试点做到小区域,逐步扩大。可先找发达的城市,然后发展其他地区。先是几个点,逐步扩大联网。

一切引向文化发展牵引经济发展的时代。我们一定要为广大人民提供丰富多彩的文化质料,但是还必须是先进的和健康的。后二点不是物质生产力和技术所能保证的。终究是"运用之妙,在于一心"。

新产业革命及其终极远景

——文化产业最后将牵引经济发展

（1998 年）

新产业革命这个命题已经热起来十几年了。信息高速公路似乎是近几年才热起来的话题。其实，信息高速公路——信息基础结构，就是新产业革命进入成熟期的一个重要标志，也是其重要环节。因此，应当把信息高速公路放在新产业革命的总命题中进行讨论。

我们正处在新产业革命的巨大变革之中。这场革命的旗帜是信息运作领域的巨大飞跃。这个飞跃的旗手，是以电子为代表的电、电子与光电子技术。在进入 21 世纪的前夕，电信、电视、电子计算机、信息在线服务（含信息库或数据库）和电子媒件 * 发行这几个信息运作的大行业达到事先难以预见的发达程度，并正在逐步地在走向更高水平的过程中，并融合为一个先进的信息、文化总系统。作为本书中的总论，在本文中，将要概略地叙述这场革命的方方面面，还要讲一讲它的来龙去脉。

综观整个人类出现以来的历史长河，作为一个潜隐的、持续不断的演化过程，文化事业从在社会活动中占据微小份额，伴随生产力的不断增长，最后将走向牵引和支配整个经济——社会活动的显赫地位。这个过程，从人类的整体来说，在繁荣与灾难的起伏交替中，一直按其固有的规律，以坚定的步伐前进，还穿插着多次的飞跃。这个总过程会是很长的，但终究一定会完成。

一、引论

20 世纪 60 年代，作者接受了一个任务：考察电子的兴起将对社会发展起怎样的作用。这样就开始学习产业革命的历史。资本论里就提出"产业革命由以出发的机器，是用一个机构，代替只使用一个工具的劳动者。"这就是说，在 18 世纪从欧洲兴起的产业革命是以机械和机械动力为中心的，从"人——工具"的生产劳动模式转化为"人——机器——工具"的生产劳动模式，从而倍增了人的生产能力。这样，作者当时引伸了这个理论，提出了人——控制机——工作机——工具的模式，作为新的产业革命的特征。电子、电子计算机是控制机技术最先进的代表，是新产业革命的关键要素。现在看是很不够的，这只说明了问题的一部分。

直到拨乱反正之后，又需要对电子科学技术的发展不断做一些评论，又重新考察电子的功能和作用。我发现以上这个提法远不能概括全部。20 世纪 70～80 年代之交，认识到电子对信息作业具有强大的功能作用力，而自动控制中的模式还是其各基本功能之一，其较复杂的模式则是几种作业功能的综合应用。应当把电子信息作业这个大的范畴作为新产业革命的标识。与此同时，也就发现了电子信息作业在文化运作中具有伟大的作用，于 1990 年进一步明

---

* 媒件指载录信息的物质件，如印刷品、磁带、光盘等。

确提出了文化电子系统的概念。其后提出跨三个世纪的文化产业革命。这以后每次参与对"信息高速公路"的讨论,就又联系在一起来思考。更进一步提出了未来"文化牵引经济发展"的远景的全新推论,就是 1994 年中国工程院第二次院士大会上表明的这个观点。与此并行的是关于历史上信息——文化作业手段四个里程碑的考察。这就是作者新产业革命的一个新概念形成的过程。

新产业革命,即"信息化产业革命"是指什么?首先,什么是信息?它就是一切事物存在的形态的多样性的物化 * 和量化,它代表的是客观事物在空域中的千差万别和在时域中的千变万化。总之,信息就是一切差异的表达,或说信息所表达的即差异。可以说,信息是宇宙中原来就无所不在的。就人类而说,则如没有信息的交流,就没有社会。这样看,既然信息原来就广泛存在,"信息化"这个语辞就难于理解了。实际上它是由于电子的技术革命致使在对信息的作业中出现一个巨大的飞跃,而导致出现整个社会运作的变化。这样,可以考虑命名为信息作业电子化的产业革命。采用"信息化产业革命"这个语辞是不够确切,但比较简单,所以按约定俗成的原则,这里就采用了这个语辞。事实上这也确是信息作业能力和"知化"信息量的一次空前的极为巨大的飞跃。

如果全面地而又概括地描述一下新产业革命,可能要列举以下这些效应:一是在经济与生产领域出现(a)生产的更高度自动化与远动化,这对应于作者在 60 年代的看法;(b)经济系统以及各种管理运作用上计算机与电信辅助作业,这就是我国当前在推进中的"经济信息化"。二是在文化与社会发展中出现;(c)计算机辅助文化创造作业,如文学、艺术作品的创造、制作、预演、科学实验与理论析推,工程技术设计验证等均可用计算机辅助作业和仿真验证、推衍等;(d)消除距离与时间障碍的最迅速的最无限制的文化交流与传播,现在已实现了广播、电视、电影、因特网等。

代表新时代电子化的中心将是以电子技术为主要构成的先进全能信息总系统。它既为文化服务,也为经济和其他社会运作服务。然而,在文化与技术都更高度发展的几十年后的社会里,文化运作不可避免地要占用这个庞大系统的最大部分空间,并且在那个远更先进、伟大的更远的时代,终将以文化最高度发达,既对社会发展、也对经济发展起最伟大作用为其标志。

二、新产业革命带给社会活动各方面以崭新面貌

在新产业革命的过程中,由于经济、社会与文化运作方式出现的剧烈变革,社会的职业构成和每个人的每日生活都会有极大的变化。间接生产劳动量比直接生产劳动量更大幅度增加,人们付给文化运作方面的时间将占有生活空间日益增大的比例。文化领域的产业革命又为人们提供无比丰富多样的文化资源。社会文化运作正在出现一系列的新事物,并向更深入更广泛发展。这些新事物有:

日常生活将出现新景象:在我国,电视已经进入了将近 90％的人家。电话普及得晚了一些,在少数大城市,也有几分之一的人家安装了。微型电子计算机全国安装了几百万台,其中有 10％～20％安在家庭里。录像机、小影碟、电子游戏已经开始热起来,联机交互网络和提供在线信息服务有了开端。在将来世界里,这几类服务功能将要不断地提高,并融合成一个整体的文化信息的先进总系统。电子媒体出版也是其构成的部分。

将要有按需点索观看的电视以及电影的服务。用者可以任选节目。现在在很多发达的国

---

* 物化是"软物质化",不是固体、液体、气体,所指如数字、语言、文字、电量、图像等。

家,有的已可以在几百个共计成千小时不同节目中选索,将来则除了许多正在插放中的节目以外,还有成万的节目,折合若干万小时的存储在那里供人挑选。这里有古今中外有名的演员的哪次有名的演出,当然必须是原有录像录音的。比如说梅兰芳的"洛神",名角合串的"群英会",或卡拉扬指挥的"英雄交响乐",罗马世界足球赛,三大男高音的联袂演唱,哪个有名歌剧节的演出,北京人艺的哪个话剧。当然还有那些脍炙人口的电影,也包括即时的和现场的播送。不拘时间,即索即看,打一个电话或用拨号或键盘或触屏甚至说一句话,或闪一下眼睛,做一个姿态,即可点到。这就是电视剧场。

既然如此,也可以存储名山大川、名胜古迹、考古遗址的详明录像,如用大屏幕甚至环幕显示,则可如身游其地。用者也可能要深入某个景点,那就可按要求提供特写,还可从不同的角度观赏。也完全可能采用新出现的"虚拟现实"手法,使人感觉如同在游山玩水的行程中,这可叫做电视旅游。

如果用者对看到的节目感到要保留下来,可以用光盘或录像带录下来,也可以把某一瞬间的画面打印成一幅图画。

如果用户要游览博物馆、美术馆、画廊,参观展览会、博览会,也一样可以点索。例如据说英国将要把它拥有的数以千计的博物馆都输入"交互网络",在 2000 年以前就完成,使每个入网者都有机会看到陈列品。现在输入,调看静态或准动态的图像已是完全可能的。如果想达到真动态的游览和观察展品的一些细节,还要高质量的画面,那现在的因特网暂时还远做不到,大量的图片信息和大量的用户还会使通道拥塞。这种服务就是电视远程博物馆和展览馆。

世界上那么多图书馆,是巨大的知识的宝库和财富。用户以举手之劳就可以查到任何图书馆的藏书目录。并进而在屏幕上翻阅任何一册书籍,还可以作全文检索。现在有些有名的图书馆如美国国会图书馆,已把藏书输入到光盘中去,供访问者在屏幕上调看,但还没有实现远程点阅。这比电视远程剧院要容易做到,因为只要求静态图像,不需要宽频带高数据率。但这是一个很不得了的文化大事,因为古今中外,不管是哪个作家、哪个学派,是学术思想著作、典籍善本,是社会科学、文史哲,还是自然科学和工程技术,或者小说、戏剧、诗歌散文,还是音乐、美术、建筑、工艺品……只要想看,瞬息之间就能在屏幕上显示出来。有了题目,还可找到评论、解释、改编、续作,都可调来参考比较。报纸期刊也都可以在屏幕上调看。这将是十分方便而且可以及时阅读,并能节省时间,节省费用。这由于对文化、知识更便于传播与交流而大大加速进步,其作用是非常巨大的。这就是远程图书馆、报刊亭。档案资料也都可如此办理。

它将是一个交互的电视系统。你点、他放也是一种"交互",然而这不是对称的,对等的。进一步的交互应当是在两个用户之间,既可听到对话的语音,也能相互看到形象、姿态、表情,会亲友、谈业务,有如当面。现在已经有了"可视电话"和会议电视,然而因为受到公用通信网络性能的限制,质量还差得很多。这是电视会议和会见。

在个人生活方面,已经开始出现一个重大变化,已经有许多人——在发达国家里现在就有 1/20～1/10 的办公人员,在家里办公,通过计算机和通信网络做他或她的职业工作。这就是家庭办公室。还有一种绰号"流动办公室"的模式,携带一套便携装备,随时通过就近的电话线路或用蜂窝移动电话——"大哥大"——即可在旅行、行动中解决职业工作。现在电子邮政也已很便利。

对于日常生活,也会有很大变化。例如购物,可以通过电视选购。现在发达国家,可以通过电视广播选购,然而仅仅是巡视一家商店的商品广告中选购。将来则由购物者按自己的需要查询各商店的同类商品,甚至在屏幕上逛商店,然后选定。银行账户、电费、水费、电话费等都可以通过电子系统结算。这是远程购销和远程银行。

医药是又一个方面。很大量的工作可以通过网络办理,而且会办得更好。例如慢性病病人和年老体衰者可以得到远程监诊,及时得到医疗中心的医护。可获取广泛和有益的咨询,例如已有北京的一位年轻病人,通过交互网络得到各国人士的关心,而确认为铊中毒症。会诊可以通过电视座谈实现。远程诊断和处方可以大大减少拖延,提高疗效,节约开支。这就是远程医疗。

教育和学习,算不算日常生活的一部分?还有游戏、竞赛、体育,从其重要意义上说,应当单独叙述一下。现在的义务教育是九年,往往外加学前2~3年。如算到大学,前后是十八、九年在学校。国家发达起来以后,应该大量是这样的人才。这在人一生的有效年份中占有很大的份额。这以后还有高深教育——研究生、博士硕士学程。进入工作以后,还要继续受教育,以适应工作的动态变化。一个国家要达到真正的富强,达到先进、发达,教育是最重要的根本。人民文化水平,职业能力是综合国力的重要组成,要不断地增强。普及教育、义务教育的要求也会不断提高。这是学校教育。此外还有家庭教育对少年幼儿尤其重要。引导自学的积极性,不仅是少年幼儿,对成年、老年也有必要。问题是教师和教材,会有很大的差异,效果会有很大的不同。现在广播和电视的远程教育和录像教材都已在推广和普及,然而未来的远程教育将大大不同。通过网络,可以在很大的范围内任选课程,任选教材,任选合乎个别情况的课时,或可以随时听课。教师也可以选择。当然在网络上必须录存有大量的教材和答案。听课是交互的,就是可以提任何问题和进行讨论,习题作业迅速地传上去,迅速地批回来。那些需要复杂的操作示范的课程,例如很复杂的心脏外科等的示范教学最适于远程电视教学。逐渐地这种教育方式会成为教育的一个主要形式,当然实验课和实习课大部分不能用电视代替,课堂和教师的直接辅导还不可以任意取消。教学与参考书都将以光盘的形式出版。

在经济和文化都非常非常地发达以后,终身教育和终身学习会普遍化。然而那时不仅是为了工作、职业的需要、而且很大程度是成为每一个人的个人愿望和乐趣,用以满足永无休止的文化欲求。这对于青少年、成年和老年是没有差别的,特别是老年人会永远保持儿幼期的好奇心和敏感,与好学不倦和敢于尝新。

为了发展体育,运动员、运动员集体,体育爱好者可以调看其他著名运动员、运动集体竞赛的录像,研究他们的运作、他们的战略和战术,以改进提高和研究对策。当然还可以用计算机分析研究。在奥林匹克或其他运动会上利用电子信息装备来组织管理,发布现场活动情况,供成亿的电视观众欣赏,这都是已经多次实践过的事。也不可忽视电子游戏。现在每年世界上电子游戏机是一个成千亿元人民币的市场,新的电子游戏还在日新月异,层出不穷。现在国外不少人在互联网上打桥牌,下围棋、象棋……。先进信息——文化总系统实现以后,电视信号可以自由交流时,更将出现游戏电子的新面貌。寓教育于游戏对于少、幼年尤其不容忽视。

原始信息的制备指以上供流通使用的信息怎样从无到有的。这指大量的,人类创造信息的过程。更准确地说,信息都还是有更原始的来源的。一切来自客观世界。然而经过了人的创造性劳动给以加工,这才是这里说的原始信息。创造性赋予新的生命。新产业革命为这种再创造过程提供了强有力的以至神奇的工具,使人的创造力成千百倍地发挥,尽管,工具还是辅助的作用,创造还是归功于主观能动的人。这里从几个方面说起:文学艺术的创作、表演艺术、自然科学与工程技术、社会科学或人文科学。

文学艺术的创作都可以用计算机辅助来进行。写文章、稿件用计算机的显示、编辑、打印的功能,可以大大提高速度。这是现在许多文学家、写作者都有了亲身体会的。未来的写作还可以借助"总系统"的网络,调看图书、资料、档案供写作的参考、依据。那些供人们调看的电视电影节目也会对他或她有帮助。当然这些并不能代替亲身体验生活,但有的调查了解也可以利用总系统网络的电视通信功能等,大大提高效率和缩短时间。现在携带式的"电脑"越来越轻小,功能越强,而且也可以通过移动通信机和个人通信机访问总系统网络,调看参考文献。这样,在旅行、行动中也可以进行写作。

对其他艺术创造说,那就更为巧妙了。例如作曲,可以用计算机去编辑音符,编好之后还可以立刻演奏试听。各个声部或乐团中任何个别乐器的音部都可以个别地修改,再试听再修改,直到作者感到满意。甚至说还可能用计算机产生旋律、和声、配器,虽然灵感和评判还靠"人"。舞蹈、戏剧可以在屏幕上试演,用人工合成人物、道具、服装、布景等。同样地,显示,修改到定稿,用电子技术彩排。绘画同样是在屏幕上显示画稿,它的布局、造型、色彩、笔触都可以"画"了再改,改了再"画"。画的方法,例如说可以用触屏的"画笔"附带有彩色、深浅、浓淡、笔触的控制。作品的完成可以用打印、喷涂等制出。也可以在画布或画纸上做轻淡的投影或做出勾勒,然后由画家亲自动手完成。雕塑作品可以用三维以至立体的屏幕显示。在屏幕上用合成光效增强立体感,旋转图像作面面观,把影像上修改部位转向正面,应可动"刀"挖除或补附。定稿以后可以用立体成型的机床复制成任何比例的实物,然后雕塑家再做最后的修整。雕塑作品还可以通过网络传到特别的终端,在那里复制成实物。

对于演出排练和表演艺术,可以充分利用信息电子技术。对于演出的设计,可以在屏幕上先做出来,然后再在舞台上预演。服装、道具都可在屏幕上显示出来,经过审视,决定修改或采用。演员可以对屏幕自练,用录像重放后自己审视修改判定,也可以从总系统网络看已有的录像资料以供观摩学习,从而得到提高和精化。

电影和电视剧的制作最能发挥信息电子的作用。如"终结者2号"中,如活人一样的机器人熔化为一滩金属,又从一滩金属恢复人形,完全是用计算机编造的情景。真人也可编制在一起。"侏罗纪公园"中成千百的远古动物也是电子计算机的产儿。在摄制"玩具总动员"动画片中,完全是计算机的编造。共采用了2000个模型,演出83分钟,动用了110台工作站计算机,只是最后合成就用了将近100万机时,经过4年完成。其外景、天气、景物细节、色调、甚至树上的叶子、火柴的火焰,都是用电子计算机绘制的。随着电子计算机的性能更进一步的提高,用这种技术制造的影片和电视剧肯定会日益增加。在以真人为主的演出、拍片中,也会充分地运用这种技术,制造出本人不可能演出的特技,而保存了本人的面貌体型和风格。

基本科学和应用基础科学(即技术科学)的研究有实验和理论两大方面,都将因电子——信息技术的发展得到巨大的效益。许多实验和观测工作可以大量地自动化、远动化,用以解脱人的枯燥、繁杂与重复的劳动,或者进行那些由于危险性或其他原因,人不可能操作或人不可能到达现场。像行星探测、深海观察、核物质核过程观察等等都要用"机器人"和远程、极远程通信,没有电子——信息技术是不行的。例如巨型的粒子加速器,大量的操作和观察要同步协调进行,没有电子——信息技术也是不可能的。在观测方面,电子仪器可以方便地、灵敏地、准确地、迅速地测量、检查光的、力学的、电磁的、热的、化学成分的、生物学的各种物理量。电子——信息技术广泛用于各种的科学实验与观测工作。大量数据、现象、资料还要统计、综合、分析、存录、再现……,无不从电子——信息技术得到非常地优越效果。对处理气象、地层、海洋、天体宇宙等这些巨型的复杂的自然时空系统,巨型的计算机可以大显身手。还有射电(无线电)望远镜帮助我们发现了一个看不见的宇宙。至于理论方面,一方面要综合分析实验、实践和观测的数据,另一方面要进行繁难的逻辑推衍归集,有时还要运用形象化工具,这都是电子计算机最擅长的运作范围。举例说,"四色定理"的证明,就是离开计算机不可能做到的事情。通过总系统网络,同行的交流讨论可大为广泛地进行。光盘的出版已经给学术交流提供了无限方便。

工程技术工作的目的与方法和基本科学与应用基础科学的研究有同有异,但是同样要立足于人对客观事物的稔知明识,人自身的深思熟虑、巧思创见,然而,在占绝大部分的具体过程中,却可以借助于电子——信息技术的能量,而且在使用电子——信息技术做繁复的处理中也会迸发出人事先未能预见的耀眼火星。当一项工程技术还处在创意阶段时,也许电子计算机还帮不上很多忙,但如果是大型的项目那就要先有一个笼统的设想,做粗略的定量估计,要有几个方案比较。计算机仿真就先把技术方案表现出来,估计其技术效果,并可仿真它的实现过程,估算人力、物力、财力的需求。这样,哪个方案的性能好,哪个所付出的代价少,哪个更符合于实际情况,就可得到较准确的论证,经过确切的比较,做出优化的选择,还会预先发现灾害或失误。当然,这还处于粗糙的方案准论证的阶段。对于这个阶段,在现在,往往还只能定性地论证,得不到很准确的答案。然而,只要条件允许时,能用上计算机,特别是仿真技术以及虚拟现实就可大大缩短时间,收到更好的效果。当然有时实物或局部的实物验证还不可缺。方案定了,可以进入设计的阶段了,这时就可运用计算机辅助设计(CAD)技术,做出完整、详细的设计。不但设计的过程充分使用计算机,设计的成果也许只在屏幕上显示出来,并不绘成图纸,甚至只是列为数据,存在机内待用,这个过程在前年波音公司设计出来的 777 大型客机中,可说发挥得非常充分了,据报导它没有用一张图纸。另一个例子是德国 Dresden 城圣母大教堂,原是 250 年前的有名的巴洛克建筑。1945 年,在苏军进占前夕,美军轰炸该城,几乎夷为平地,大教堂也被毁。现在经过考证历代资料,包括教堂内外的照片,摹本与叙述,将原来教堂在屏幕上重建形象,用虚拟真实的技术,使人能如现场参观,观察其内部外部,以此作为以后重建的依据。这是建筑设计的一个事例。现在重建工作已经开始了,将在 2003 年完成。大教堂不仅是宗教活动的场所,更重要的是极为宝贵的文化遗址。他们要以其重建作为希望与和平的象征。

计算机辅助设计不仅用于这样的大型工程,而且可以用以设计一个机械零件、一种服装或一个电视机箱。这些设计中不少还带有艺术创造的性质,同样重要的是其物理性能是否适合使用的要求,强度如何以及在使用的环境下能否达到足够的寿命,对使用者是否"友好"及具有吸引力。凡是其物理规律已被掌握的,都可用计算机仿真造型加以检验,不待制出样品,就可做出判断。引人注目的是,如美国正在构造每秒万亿次级的巨型计算机以模拟核弹爆炸。

电子信息技术在工程技术上的利用是说不尽的。再举一些例子。如用卫星和航空遥感技术,可以在短时间内覆盖广大地区,甚至是全球。它能以米级以至更高精度告诉我们地面的情况,如水文与洪水灾害的动态预报,自然植被,农业种植长势预报。可用于监测环境保护。地质构造,不仅从地表观测,也可到地表下一定深度。可用于找矿,还发现了埋藏的古建筑,古代河流。用计算机处理遥感资料,可以弄清许多定性定量的细节。再如用卫星定位系统技术,对地物的位置、高程可做到厘米级的精度。这不但对于交通、运输、旅行甚至城市活动都能做出意想不到的高效利用,还能用于测定珠穆朗玛峰高度的变化和大陆板块挤轧的位移等等。

矿冶、材料、化工、水利、土建、机械、电机、电子、航空、航天、造船、能源、动力、纺织、造纸、陶瓷、树脂等工业,交通、运输、农、林、牧、渔业、生物工程、医药工业、商业服务业等等所包含的工程技术中,电子计算机、电子测量仪器、电子远传技术等等的信息作业技术都占有重要的、不可少的甚至是带有决定意义的地位。

社会科学的工作离不开人的创造性思维。在思考与阐述的过程中，正像写作的作家一样地可以借助于电子计算机。而社会科学的研究与应用必须立足于掌握大量的已有的和自己调查研究的资料与信息。总系统网络提供了图书、资料和档案的全面检索采用，提供了同行远距离交流和讨论的便利，还可用电子计算机帮助整理自己调查研究的资料，加速编辑和制表的能力用以早日取得成果。用计算机可以仿真复杂的经济、社会现象，从而发现规律，预见提出效果，提出决策，评价运作等。

经济与社会运作大量采用电子——信息的手段。一切经济的、社会的运作都要依靠纵向的管理与反馈和横向、斜向的交流互动的联系，要以信息的采集、积聚、综合分析、设计、验证为运作的根据。因此，通信技术和电子计算机技术可以大显身手。当国家或政府的政令、意向、成就要传播给广大人民以至世界范围时，电视与广播更是具有强大能力的工具。我国电视普及到 90% 上下的家庭，广播收音还更多，在这方面以及普及文化方面已经起了无可估量的作用。

举一些代表性类型来说明。

管理信息化和办公室自动化：大至国家、省市、部门，小至乡镇、企业、商店都有管理的运作。电子系统能够汇集、列陈管理上所需要的原始信息，能依据于经过验证的过程模型和数学模型进行分析、综合、预测、判断运作的趋向。能够显示出作业者在何处和如何干预运作的进程，以及其效应，达到优化的目的。从宏观上说，这就是决策支持或辅助系统，也能够帮助向各层次作业者提出作业要求。这样的系统一般要求有高层次用的计算机和软件，要有各主要层次的信息库——数据库——服务器，要有从外界取得信息的渠道和通信设备，要有内部纵向、横向、斜向的通信联系设备。各种设备之间可以是松散的并依靠于作业者操作的，可以是中等的自动联系，而作业者随时干预，也甚至可以是全自动的，仅向作业者报告运作状态，只在必要时作业者才进入系统，做出干预。现在在发达国家，仿照已在国际上展开的因特网（Internet）的框架，在大的企业事业单位内部开展"内联网络（Intranet）"的设置，也应当是属于这个范围的工作。所谓"内联"，也有时是跨地区的一个企业管理的全信息系统，可以包含若干子系统，执行各项业务，如订单处理、发票处理、会计与服务、库存、材料流程、采购、销售、生产指令与统计及动态监控、人事管理、工资、银行转账等等，用计算机来帮助管理，备有各种信息库，用数字通信解决内外联系。以上这种信息管理系统只实施日常例行性的管理，也可能包括按常规可以提供的例行决策支持。但是对于企事业领导在非例行情况下做决策时，往往因实际案例要求，安排计算机决策支持的不同算法。有一些带有公共性的框架或模型，对某些行业与类型的决策可有其各自的一定的共性，然而总不是用刻舟求剑、胶柱鼓瑟的办法能解决的。这种关系往往要把具体管理专业的具体经验的规律和推理过程组织进去，并和使用者以交互问答的形式提供服务，这就带有所谓的"人工智能"的性质了。

经济信息化实际是用电子——信息系统加速经济信息的采集、传递和处理，以充分发挥信息在经济活动中的作用；从宏观上说，它是管理信息系统中的一种。它实际包含有宏层次、中层次和微层次的多层次的各种内容。计算机具有的高速运作和处理大量数据的能力，运用起来可使人力不可能及时办到的统计、分析、判定、决策过程成为现实可能。而通讯则缩短了空间距离，使原始数据迅速传入，而处理的结果和决策迅速地传出，得到实施。中层和底层相互间的信息交流和互动的处理使中层和底层能得到优化的协调。大的，如国家的计划不管是指令性的或指导性的，都可通过这种方式贯彻实施。又如交通的准自动化，用各种电子设备掌握实际情况，做出处理复杂的如全国铁路客运货运的排表和调度，应急时的变动安排。机场上分配每架飞机占有的空间和时间,起飞、降落滑行的跑道时间分配。船只的进港出港的指挥。稍有差错,就会出现不可弥补的严重损失。再如金融、财务工作、市场的调度、货币与物资的流转、银行交易所、海关通过计算机与通信以及各种"卡"的应用,大大减少资金的呆滞和决策偏离,使国家、社会的经济发展发挥极可观的潜力。再如售货点记账发票机、自动取款机、磁卡电话等都直接接触到日常生活,提供给每个人以方便。国际上已经在普及电子票据交换、电子银行、电子商店,在推广实现无纸无钞的贸易。

总之,整个社会的运作都可能通过计算机和通信"自动化"了,然而这个自动化有一定限度,不可能是那么"理想"。人的知识是这种运作框架的基础,人总还是要把人的意念羼入系统去,事物变化了,知识也要跟上。尽管如此,人的感觉还会是一个"自动化"的社会,因为人的常规性参与越来越少了,办事情越来越简单了。

生产自动化和机器人:对自动化的概念,马克思那时就提到过"由一个自动的原动机推动,……形成一个大自动机……"。然而那时还没有现在的自动控制技术,马克思设想的还是18世纪英国产业革命中的技术,即不再用人或其他直接自然力(畜力、风力、水力)提供动力,也不再要人直接使用工具作用于工具和工件。那仅是机械动力(当时是蒸汽机)和机器代替了人。然而人还要去控制机器,摇手柄,拉杠杆启闭阀门。现在的自动化,按最一般的说法,是人把命令即控制的信息授给"控制机(或控制系统)",让它按信息的要求,自动控制机器,而机器再去运作工具于工件。马克斯的时代,是由"人-工具"的劳动模式转向"人-机器-工具"的劳动模式,这就是工业革命中的伟大过渡。当代,对应于这个过渡,一方面是从"人-信息*"的信息运作方式过渡到"人-信息运作设施-信息"的信息运作方式;另一方面,是从"人-机器-工具"的生产劳动模式过渡到"人-控制机-机器-工具"的新的生产劳动模式。人授予控制机以"要求性的信息",由控制机或控制系统去设定过程,并执行控制的任务。

命令,"要求性"的信息是什么? 这就是说人要告诉控制系统,我要求机器给我做什么,可能是一个简单的目标命令,也许是一连串命令。然后控制系统根据达到目标的具体过程,把人的命令具体化,编成执行程序,即机器可以理解并能执行的命令,对机器执行。一个人可以通过给若干控制系统发命令,一个系统又可以管若干台机器。这样一个人所能生产的数量和品种,不知比原来大多少倍,当然人还要付出相当数量的复杂劳动去制出控制机或控制系统,而且机器的数量也要增加,性能也要提高,否则,尽管理论上一个人可能生产更大量更多品种的产品,而实际上并不能实现。更具体一点说明,这个人,还要加上设计制造控制系统的人所付出的复杂劳动,才达到"倍增"的目的。要以总劳动量的基数考虑其效果。

实际上,总的"自动化"的变化已经进行了几十年。在那些发达国家中,确实看到了直接操作机器的工作逐步在减少,而以处理信息为主的工作者在逐步增加。这个趋向仍在以坚定不移的步伐继续前进。

以制造业为例,车间里的工人在减少,先有了按程序生产的数控机床,后又出现了可以在一台设备上按一定程序完成铣、搪、钻、磨等许多不同工序的机床,叫做加工中心。进一步又出现了柔性生产系统(FMS)——多台加工设备联在一起,用机器人送料上料转移工件,能够按命令,按程序自动地变换制造对象的生产线。再进一步,就是"计算机集成制造系统(CIMS)"以及捷变生产。这个系统是制造业中最高自动化程度的代表,它比柔性制造系统更高一步

---

* 实际在工业革命之前,信息运作领域已经出现了印刷机,使印刷作业成为一个产业,那已经是一个伟大的变化。关于这个问题,本文后部将做更确切的表达。

——它把一个企业或车间的计算机的管理系统、设计系统和柔性制造系统糅合在一起，就能以更少的人运转整个系统。当企业的计算机集成系统组合了决策支持系统(DSS)时，它就成为具有一定智能功用的更高级的CIMS。前面已经提到了计算机辅助设计(CAD)，通常同等重要的还有计算机辅助制造(CAM)和计算机辅助测试(CAT)，合在一起就形成综合的计算机辅助工程系统(CAE)。在CIMS中也应合理地包含这些功能。

不仅是制造业，各行各业都可以组织自己的自动化生产，统称为工厂自动化(FA)。它和办公室自动化(OA)，家庭自动化(HA)，称为3A工程。新产业革命的完成也将意味着3A的普遍实现。制造业一般说属于"离散型"生产。化工、冶金等几十个类别的生产一般来说属于"过程型"生产，自动化历史更早。这方面常说的自动化系统叫"数字控制系统(DCS)"，应用十分广泛。人们期望在将来直接操作机器的工人很少很少。而且人们在家里就可设计产品，遥控制造产品，就是说每个消费者按自己的愿望干预生产供自己使用的产品。人们还期望生产似乎又回到了自然经济的状态，从集中的、大量的、标准化走出来，走回小批量的分散生产，实际上，由于生产技术和生产力的不断提高，现代生产已可以满足人们各式各样的多品种需求。因此用户的意愿能更高地反映到产品中去，也有一定程度的分散化。例如现在许多分散的装配、组合企业能够按订制者的要求配装不同产品。但是，首先，一个单独的用户一定会需要许多不同的产品，而这些产品，例如电视机、空调器、汽车等，用户不可能掌握那么多复杂的专业知识和技能，还是需要专门的人员和专门的车间。按需生产只限于某类产品和某个工序。现在专业分工更多地决定于技术和装备的不同的要求，和资本主义初期不同。其次，说是从头就是个别生产，不用装配就能直接制成复杂的产品，这在任何可想到的未来，离可能实现还很远很远很远。

什么是机器人？主要指代替人操作的机器。当然，从形态来说未必像人，实说还只是机器。最简单的只是像一只手或两个手指，按规定的要求运作，主要能拾起一定的物体，放到另一个指定的地方。例如把一个机械零件抓起来，装配到机体上去，要保持准确的方向、位置，已是并不简单的要求；若是零件形状特异或细小易碎，或者要从凌乱一堆零件中拣出，那就更困难。这种也称为机械手。往往需要机器人具有人的视觉，例如能驾驶车辆的机器人。然而人的视觉是十分复杂而难于模仿的功能。要在崎岖弯曲歪扭的窄道上行驶，对视觉的要求已经是很高的了，大约现在也只能做到低速行走，而设备已经很复杂了。若是在许多行动中的物体中间，选择适当的途径，那就几乎是不可克服的困难。可能需要每秒若干万亿次的计算能力，那个软件也是很难编制的。然而在许多特定的条件下，在对人是危险的或不可能进入的环境，而要求并不是很复杂的，机器人就可大显身手了。例如早在20世纪40年代，就用机械手来操作强辐射的核材料，那只是一种远距离操作器，不一定可称之为机器人。现在的远程操作机器人，例如说在几公里以下的深海视察海沟或攫取锰结核，则比早期的要复杂多了。至今为止，机器人使用的主要场合是在制造业中，特别是工件的装卸、运输、装配以及简单加工工序，如焊接、喷漆。人们很希望在采掘煤矿时使用机器人，不要工人下井，这还是很难实现的。有报导说能用机器人做脑外科手术，没有见到有关细节的报告，可能还是在有人工干预下进行的。随着新产业革命的进一步发展，机器人能在生产自动化方面做越来越多的事情并得到广泛的应用。然而还不能期望机器人能具备那么只是略多的"智能"。计算机的人工智能本身就是一个难题，现在只成熟于专家系统和初级知识工程的层次。机器人受到很大的空间限制，它的智能程度必然要落后于计算机的进度。

电子信息运作手段大大倍增了军事力量：这方面最富有传奇性的是仿真战场的虚拟战争。

本来在沙盘上进行的工作,可以在屏幕上做了。在屏幕上,战场的地形,敌军我军的部署,兵力、车、船、飞机、坦克、导弹、火箭、炮火等都用形象或符号仿真布置。比例尺随时随意伸缩,兵力布置随时改变,用按钮、键盘、鼠标之类,加上预置的程序都可做到。进攻、防御、火力发射,都可动态地仿真,这就是虚拟战争。兵力消长、安全、破坏、占领、退却、胜利、失败,在"电子沙盘"上立见分晓。据说在波黑穆塞双方戴顿谈判就是用"电子沙盘"上虚拟作战,证明了双方都无战胜的可能,然后才达到协议的。

侦察是一切战争行为的起点,是决定性的因素。雷达、电视(包括微光)、红外探视、热象、遥感等装到卫星、飞机、无人飞行器、舰艇、车辆……甚至个人身上,可以日夜侦察,也可透过云层、烟雾。再加上各种谍报的信息,用通信技术交换,加以计算机的处理,便可供战争决策使用。现在的侦察可把敌方情况查得十分清楚准确。谍报是了解敌情的另一手段,谍报器材大量使用电子手段,如截获敌人电信与雷达信号、破解密码,又如安置窃听装置、窃视装置,特工人员秘密通信等等不一而足。最早的电子计算机就有的是专为破译密码设计的,现在应用更多。

有了敌情情报,就可连同己方友方情况装入具有强大功能的计算机,进行为决策所必要的计算。战略、战术的决策支持系统可发挥很大作用。用计算机做战场仿真和虚拟战争,判断作战方案的优劣,比较后做出决定。然后是用电信技术发出命令,传到部队按照执行。由于几乎每个单兵有通信机,不仅是听语音、看文字,还有屏幕,可看到形象、地图等,命令可以逐层达到士兵。随时将战争进行中出现的变化,侦察、汇报反馈到指挥者,根据情况同样地重新决策,发布新命令。

在前方的指挥员从上级得到命令,按命令行事。他们可用自备的侦察装备侦察敌情,按命令行事。侦察到的敌方布置,可和"电子"地图在屏幕上核对,并和命令带来的地图核对。部队、飞机、战车、舰艇的位置,各自和自己都可以用卫星全球定位系统(GPS)准确地测定。所有的武器都有电子控制。用雷达、光学仪器包括在水下用水声仪器测定目标的位置、运动速度和方向,即刻算出炮弹发射方向、导弹鱼雷制导路线。飞机、导弹都有地图匹配能力,用地图上标出位置形象和地面上测定的地图匹配,确定瞄准位置。导弹炮弹都有自动"寻的"的装置,像巡航导弹,可在几百上千里公里外命中目标。这些都是靠电子——电子信息技术实现的。

有侦察就有反侦察,如隐身技术用于飞机、舰艇、坦克等可使其只能用百倍于原来的雷达功率才能发现。对于电子侦察还可用假目标、诱饵、伪装、干扰,欺骗信号甚至破坏侦察雷达等使其失效。然而这就又引起"反反"侦察技术的发展。在军事电子计算机网络中,也会有激烈的战斗,"黑客"会侵入,防守很重要。

整个战争中用所谓 C^4I 系统连起来。上下左右前后都联通一气,这个综合的电子信息作战系统称为 C^4I,即指挥、控制、通信、计算、情报(Command,Control,Communication,Computation,Intelligence)系统,用通讯卫星、定位导航卫星、侦察卫星和地面网络把海、陆、空、天联为一体。据报导,美空军摧毁一个目标,在二次大战时要 9000 发炸弹,到侵越战争中需 300 枚,而海湾战争中则只需 2 枚了。这可作为电子作用的一例。

电子方面的战斗如此激烈,开辟了"电子信息战",一个崭新战场。

三、从当代新产业革命导引到文化生产牵引经济发展的未来时代

标志着新产业革命,即信息化产业革命是信息行业在全部产业中所占的份额的突飞猛涨——在发达国家,于一百年中,从占颇小的份额增长到超过了农业、工业、服务业的任何一种产

业,成为第一大的产业,占用劳动力达 50% 以上。回顾历史直到原始人时代,可以历数出古代、近代信息——文化作业的三个里程碑:语言形成体系,文字出现,由印刷术衍生出印刷机。电、电子与光电子技术用于信息是第四个,也就是产生当代新产业革命的强大因素。"信息高速公路"或信息基础结构(Information Infrastructure,II)的提出是新产业革命进入成熟期的重要标志。信息产业的发展从几个方面倍增物质生产的能力,同时也发生了文化领域的新产业革命,更有力地促进文化产业的发展。在信息产业充分地发展之后,文化产业将进占整个产业以及信息产业的大部分,因之最终将成为牵引和支配社会与经济活动的首要因素。

信息、文化和文化产业:文化指的是什么? 如果从定义和理论出发,则是十分难求统一认识的一个问题。我想只从较接近于常识的角度做一描述。文化,狭义地说,可说是人类智慧劳动长时间积累和扬弃所得的抽象成果的总和。具体一点说,它包括三个范畴的内容:一是知识类的,包括科学(自然科学与社会科学)、技术、文学、艺术……。二是意识形态,包括社会的、集体的、集团的和个人的,如价值观、伦理、宗教意识、民俗……。三是社会上层建筑的形态的抽象,联系到国家、社团、政府、企业……。从以上可以看出,文化的全部可说是信息的一个部分。然而它具有高度的本质性、创造性和持久性,是人类所掌握的信息中最为智慧密集的精华。从量方面说,它在人类所有信息中占据极大部分,而且是日益增多的。更重要的是文化水平代表人类进步的程度。文化是联系于精神文明的。文化水平的提高是人类永恒追求的目标。

现在探讨一下什么是文化产业。直接的文化产业的核心是文化物质的产生过程的产业,例如科学家、文学家、艺术家、工程师等的创造性活动所寄托与依存的事业、产业。其次是对于文化物质进行运作的产业如教育、医药卫生、体育、编辑出版、发布、演出、广播……。间接的文化产业就是为这些产生、传播、运作提供物质手段的产业或事业。

在整个产业之中,文化产业占有很大的比例。举例:如最发达的国家之一的美国,其所谓"娱乐业"的产值就占国家总产值的 6%～8%,再加上科学研究、技术发展、教育体育、医药卫生、出版发行、部分的通信事业等等,估计可能占总产值 20% 或更多一些。美国政府雇员约占总劳动力数字的 1/6,其中肯定也有相当部分是直接文化工作者,而政府、社团的工作是否本就应算做文化工作,也是可以考虑的设想。在我们国家,这个份量可能要少些,但也不会少于15%。

考虑到在像美国这样的国家,信息产值已占到总产值的 50% 以上,则可说文化信息的产值应占到信息产值的 2/5。从历史发展的总规律看,这个比例还会继续增长(见附表及图 1)。

信息作业和文化作业发展的简史,四个里程碑:回顾历史,如前所述,信息和文化作业的发展有四个里程碑。从有人类就有语言,开始很简单。估计当物质生产从采集、渔猎进入驯化动植物时,也就是当农业生产开始时,也就是新旧石器时代交替时出现了第一个里程碑,即语言形成了完整的体系。在青铜时代,商业形成了,出现了城市文化,这时出现了第二个里程碑,即文字进入了成熟期的开始,这在中国是商代,有甲骨文为证。印刷术和纸都发明于中国 1000多年前,但到印刷机发明于 15 世纪的德国,使印刷脱离了直接手工作业的状态,形成了产业,才可称为第三个里程碑。这以后西欧出现的资产阶级文化运动中许多重大事件,依次如文艺复兴、宗教改革、科学革命、英国政治革命、英国启蒙运动,然后是法国革命,与之同时开始了英国的工业革命。这一系列的重大事件都从印刷机的发明得到巨大的推动。至今我们还在享受印刷机给我们带来的福祉。到 19 世纪,纸工业生产实现,可说最后完成了这一次信息与文化领域的产业革命。

附表 高速信息网络占用的估计

	点索影视	电视教育	电视会见与会议	远程采购,远程医疗,远程展览馆、博物馆,电视旅游等	巨型计算机网络,图书馆及图、文传输,科学技术论文著作,文学艺术创作参考	高速通信与数据传输	电话用户线路
单信道压缩库数据率需求(Mb/s)△	20/2	20/2	20/2	20/2	100	2	0.144
潜在普及使用率	1.0	0.05	0.1	0.3	0.01	0.2	1.0
每日平均占用时间(日)	0.125	0.125	0.05	0.02	0.05	0.05	0.05
时间集中度	0.5	0.3	0.1	0.05	0.05	0.05	0.02
跨区域要求	0.1	0.3	0.7	0.7	0.7	0.5	0.5
信息占用容量总需求 *△相对系数	0.125/0.0125	0.01125/0.001125	0.007/0.0007	0.0042/0.00042	0.000175	0.0005	0.000072
占总需求%△	84.3/80.6	7.6/7.3	4.7/4.5	2.8/2.7	0.118/1.13	0.337/3.23	0.049/0.47

* 以上5栏乘积　　　　△ 影视数据率,高清晰/普通

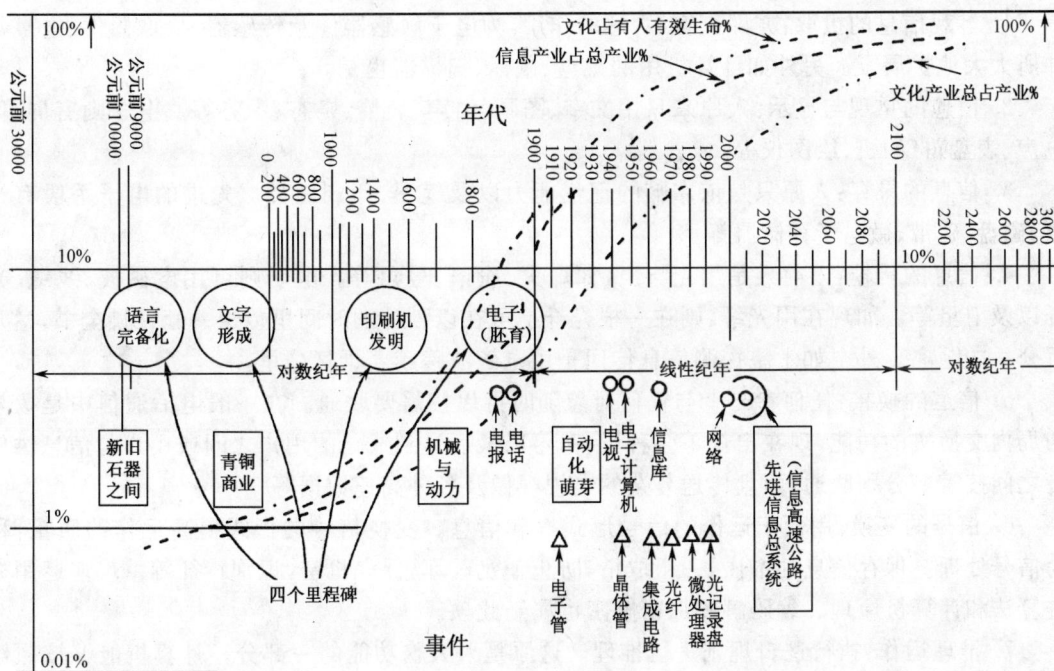

图1 "文化运作"在历史中

电子技术,更确切地说应是电、电子和光电子,是第四个里程碑,它启动了 20 世纪开始的新产业革命,以及信息领域和文化领域的又一次产业革命。19 世纪 40 年代历史上第一个商业电报电路建成通报。这是胚育的时期,这也是电气化最早记录。发电厂出现还比它晚了半个世纪。19 世纪 70 年代后期,电话实用化了。在这以后不久,无线电出现于世纪之交。1904年及 1906 年真空二极管、三极管相继发明,很快应用于电信技术,开始电信技术的大发展。1920 年前后出现了广播电台。电视出现于 20 世纪 30 年代,同时"电子学"(技术)这个名称得到公认,20 世纪 50 年代电视实现了彩色化。自动控制的负反馈原理首先用在 20 世纪 30 年代的电子电路,*这是自动控制最基本的原理。第二次大战中开始了雷达的大发展。20 世纪40 年代后期出现了数字型电子计算机,使电子信息技术进入了初级脑力劳动的领域。半导体器件也是这时发明的,为微电子做出先驱工作。这以后的最重大事件是 20 世纪 70 年代的微处理器、光纤传输和光盘的发展,使当代电子信息技术的先进物质基础要素完备起来。电子能够极优越地提供信息作业。它也能提供物质与能的作业,但重要性略差。作为时代的里程碑,电子技术革命正在进入其全盛期。这许多发明和发展到 20 世纪 80 年代聚集在一起,相互钩连形成一体,就出现了社会生活、信息作业、文化运作的新面貌,如本文第三部分所叙述那样的现象。

电、电子、光电子为信息－文化作业提供了完备的、优越的运作功能:信息运作用电子手段实现,最吸引人的提法是用人造的工具延伸、倍增了人脑和神经系统的功能。计算机能部分地代替脑,尽管有其一定限度,但也有其优越之处。电子通信和广播技术能于瞬间把一个世界缩入一个房间。但如从它对信息的基本作业功能考察,更能提供根本性的论据和认识电子的强大力量。考察一下信息运作的过程,特别是近年来分别地、更深入地认识,这包含有 10 种基本的作业功能。一切运作都是由它们的组合、结合完成,就像一切化合物都是元素组成的那样。

1. 客观信息的摄取:亦即五官、六感的作用,为电子敏感器件及传感器、摄像器件、电声器件所大大地扩展了。另外如计算机用的键盘、鼠标、扫描器也是。

2. 信息的重现与显示:人原来只用文字、图画、语声、表情、姿态、手势等。电子则有屏幕、电声、表盘、打印机、绘图仪等。

3. 信息的录存:人原只是依靠脑的记忆能力以及笔墨、印刷之类。先进的电子手段有光盘、磁盘、磁带、微电子存储器等。

4. 信息的传输:以前人是用光与声,如烽火、旗语、号角等。电子则可用电磁波、线缆、光纤以及卫星等。如现在用光纤,则在一根光纤上可在以秒计的时间里传送一套百科全书,达几万公里的距离。外空如木星探测信息传回是用电磁波跨越若干亿公里。

5. 信道的换接:任何参与者与任何对象随时可以按需要联通。在一般电话通信中是拨号与局内交换机的功能,现在出现了多种设备,可以最后达到成亿的用户之间或用户与信息供应者之间按需要分别联通,而且传送复杂的电视视像及各种高速数据等。

6. 信号的变换:用便于运作的信号形式携载信息。变换信号的形式提高运作的质量,称为信号处理。保存信息的本质,去粗取精,防止干扰破坏,保守机密,识别特征等。现多运用先进算法和计算机原理。编码解码加密解密也属于此项。

7. 推理运作:执行逻辑规则进行推理。这原是人大脑功能的一部分。计算机能够按照给定的规律,处理个案。现在的人工智能、知识工程、专家系统都属于此类。简单的如事物的区

---

* 瓦特的离心型速度调节器已应用了负反馈原理,但没有形成理论。

别、分类也都是。计算机远不如大脑灵活,但却能做复杂、高速的运作。

8. 数值计算:做极复杂的计算,速度极快,精度高,不知疲劳,很少出差错,这基本是计算机的功能,也可视为前一功能的特例。

9. 数值仿真,虚拟现实、虚构景象。科学试验、工程设计中均可代替实物,其效果、优劣可以用数字表达出来,可以表现为虚拟现实的景象,甚至可以有触摸感。虚拟现实已经推广于飞行员的训练等。虚构景象在文艺制作中特别有奇妙影响,例如"侏罗纪公园"电影的制作,前面已经叙到。

以上这三项都是通过电子计算机完成的。

10. 信息用于控制:自动控制和远程控制,有时还要用到电子计算机的参与。机器人与计算机集成制造系统(CIMS)是两个富有代表性的事物。这里,电子至少起类似运动神经的作用。

当然,这 10 项也许不够完全,我们还可考虑,还有什么信息运作的过程不能由这些基本功能相组合而实现。

电、电子、光电子相结合为这些功能提供极灵活、极有效的先进手段,比之过去的方法、手段不知强多少倍。这就是何以说以电子为代表(包括电与光电子在内)的当代技术革命推动了并标志了当代的伟大新产业革命或信息化产业革命。

当代新产业革命进入成熟期——三个标志:

这三个标志是:1. 大体说人类用以携载信息的媒体有 4 种。现在,我们已经都有了很先进的电子学的手段,对每一种信息媒体都能做复杂的、高效能的处理。2. 在运作信息方面,我们已经有了五个相互交叉协作的电子行业,都有了一定高度的发展。3. 经济与社会运作利用上述的发展,出现了"电子信息化"的局面,而在生产自动化方面也已经有了可观的进展,如机器人正在扩展使用和计算机集成制造系统被突破。以下对前两个标志展开叙述一下。

人从客观世界收集信息,并对之实行传递和交流,甚至于再创造。这只是宇宙中所有信息中的一部分,可称为"知化信息"。这是对人类最为重要的信息。因为它们才是最对人类有利益关系的信息。知化信息不完全同于客观信息,因为在"知化"过程中会有畸变与错误,也还有人为的创造、幻化、扭曲,这是文学艺术的需要。这类信息的基本形态即"媒体"有若干种,现在都可以用电子手段给以运作了。

——文字与符号按原来的状态得到摄取、传输、记录、显示。这率先由电报的出现所导致的。现在则可用各种电子手段处理。

——然后是语声,先有了非电子的留声机,然后是电话的发明。当代电声技术已经非常先进。留声机在 20 世纪 30 年代也电子化了,然后是磁带与光盘等。

——20 和 30 年代中出现了传真,可以运作静止的图像。30 年代出现了发展了的、可实用的电视系统,到 50 年代又彩色化了,今后还要立体化。电视的前身是电影,或"活动图像"。近年出现了激光视盘与录像带。运动形象信息的运作,它代表了各媒体的最高复杂性,其每秒的信息量千倍于其他媒体。而且,人摄入的信息中 80% 以上依靠了视觉对形象的摄取。

——电子计算机的发明首先是用电子手段运作数字数据,这是 40 年代的事情。然后人们用它处理逻辑对象元素——推理。处理因果和规律关系,进入思维过程,虽然还是浅层次的。是又一个划时代的成就。这样,字符、随时变动的声音、图画与运动形象与色彩,逻辑元素和数字一共 4 种媒体,都有了先进的电子运作手段,各种信息媒体都得到了发展。电子处理媒体的完备是一百几十年来电、电子和光电子技术发展的成果。

其次，当代出现了5个重要的电子信息运作的行业，而且都有了可观的进展：①通信；②电视；③电子计算机；④信息库与在线信息服务（前者提供资料、档案、文献等，供专业使用；后者提供日常生活信息，更贴近人民的生活）；⑤电子出版发行，代表性的是激光唱盘、光盘书籍、报刊、激光视盘（LD，VCD，DVD）与录像带和录音带。这5个行业各自已经达到很高水平。整个电子信息事业的发展将是5个行业融入一个先进完整的系统。实际上个人计算机早已融入了电视的显示技术和通信的关键技术。局域网已是计算机吸收通信技术的开始。现在的因特网（Internet）更大量的依靠了现有的、先进的通信网络。

"信息高速公路"任务的提出，就是适应于新产业革命进入成熟的时期：信息高速公路所指的是什么？按原意是美国政府在1993年初提出的"信息基础结构"行动。它所包括的具体内容是：1）硬件（也包括物理网络）；2）信息或信息件如电视节目、科学技术"数据"、商业数据、图书、档案；3）平台运作所需的软件；4）网络标准和编码；5）人，指直接提供系统运作服务的人，包括信息、节目的提供者等。这个范围规定得并不精确，然而却十分广泛。按它原来的叙述，仅包括前面说到的为文化与生活服务的系统。然而，一旦建成这样的系统，它必然也为社会与经济的运作服务。在这里，我们称之为全能信息（运作）总系统。因为如后面所叙，所运作的信息总量中，文化信息将占据其绝大部分，因此，就称之为全能文化信息技术总系统，也是差不多的。然而从"信息高速公路"这个名词的表面解释，似乎只是一个传输信息的系统，那显然离原来的提法差得太远了。因此我们将主要用全能信息总系统或总系统这个语词。

对这个总系统，提供一个更具体的描述，以各组成部分的实物为主题，包括各自有关的软件、标准和人。

（1）终端器子系统，每个用户或使用位置都要安置，因此最后要达到以亿计的数量。它可以从现有的电话装置增添扩大而成，也可由现在的电视机增扩而成，也可由个人计算机增扩而成（这最后一个的雏形即所谓的"多媒体"计算机）。现在国外已谈得很热闹的"网络计算机"（NC）实际上是简化的"个人计算机"，除掉了外存储和部分内存储，这也是一种方案。实际上不可能都是复杂而功能完备的。有的用一台个人计算机作家庭记事，管理账目，并控制每台电视、通信设备甚至家用电器，成为一个家庭的小网络和控制中心。有的可能就是一台有线电视机加上电话、传真或调用信息服务的装置，也可能只是一件小型的光盘读书器。"豪华型"也可能具有立体显像功能，或备有极大的屏幕，甚至穹幕或环幕。"便携型"则可能只具备电视功能，用眼镜式屏幕，也可有立体效果。也可配有录像、印刷、装订等设备。这个终端如用来管理家庭用器，就实现了家庭自动化（HA）。

（2）信息创造、产生的子系统，即信息源。一类如演录室、棚、采访用便携装备等。用户终端中的较完备者与此相同。一类如文艺创作的站、点、作业室，文字处理装置，有的不过是文字处理器，有的很复杂。有一类是试验场、试验站、实验室、设计开发室、观测站等。

（3）信息库和服务器，或称数据库。有各专业的，也有相对地综合性的，存储并分发信息。有的是图书或档案库，有的是文化信息库，有的存储大量的电影和电视剧……。可能数量极多而规模巨大。

（4）网络子系统之一，传输线路。光纤、卫星、铜线缆、微波电路、光传输……。因为要传电视节目和满足成亿的用户要求，其主干部分应当有很强的传输能力。

（5）网络子系统之二，调度分配、信道换接子系统。要能按需要随时在成亿的用户、成百万的信息库之间进行各式各样的连接，还往往在时间上十分集中，对这个系统的要求是很高的。现在人们寄希望于异步传输模式（ATM）系统，但尚待实践验证。看来，空分、时分、频分、波分、码分等,都不能排除。

(6)信息媒体(带、盘、盒、卡等)的录制。制作、复制、发行系统,也可能入信息库或直接发送给订户、供用户使用。

如果没有完备的子系统,就不成为全能信息总系统(见图2)。

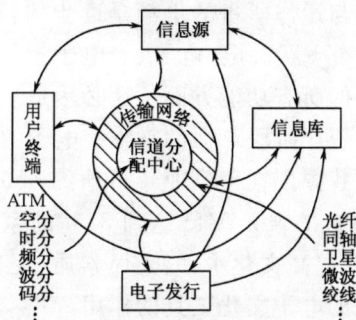

图2 信息社会的物质基础全能信息运作(文化运作)总系统

从这些子系统可以看到实现全能信息总系统的巨大规模和高难度、复杂性。然而,只要开始实现这样的总系统,可说信息化产业革命即新产业革命有了眉目。这一点,其实在美国政府1993年提出的"国家信息基础结构——行动计划"这个文件中已经做出了说明。在其前言"执行纲要"中就说"开发国家信息基础结构将有助于发动一场信息革命,这场革命将永远改变人们的生活、工作和相互交往的方式。"它着眼的就是"信息革命",即信息化产业革命。其中描绘了"信息革命"后的形象,或"国家信息基础结构"为人们提供生活上的各种可能性,正与托夫勒在1980年出版的"第三次浪潮"中的某些描述相符合。"总系统"正是为所谓信息化社会准备的社会物质基础结构,它的建设是和新产业革命的进程一致的。

全能信息总系统的实现,就解决了文化信息的享用和创造的需求,同时也就很便于解决经济社会运作、管理信息的需求。再加上机器人和计算机集成制造等技术,新产业革命的方方面面就基本都概括到了。

文化和文化产业的发展支配、牵引整个经济和社会的未来时代

社会总生产包括消费类和非消费类。非消费类生产实际是为了使用于消费类生产(即时的或以后的)而进行的生产。人们通常说生产决定消费。这话只说明了一个问题的一半,即生产发展会提出消费需求,而人们不能消费未生产的东西。然而消费却对生产起牵引作用,如果没有消费的需求,也就不必要生产。产品的创新会开辟新的需求,但如果不存在这个需求的可能性,这种创新也是多余的。

消费生产之中,又包括文化消费和非文化消费。现在如美国这样发达国家,其直接消费类生产约占国家总生产的80%,积累性即非消费类即间接供消费类生产的生产约占20%。估计他们文化消费生产约占消费类中的18%～25%。我们可以估计,在间接为消费生产而生产的20%中大体说也有18%～25%是为文化消费生产而生产的。这样,在总生产中为文化而生产的,直接的和间接的,也是18%～25%。

我国消费类生产约占总生产的60%。为文化消费生产的总额,包括直接与间接的,约占总生产的12%～16%。

采取文化类生产和非文化类生产的分法,当然是一个全新的分法。传统划分的第一、二、三类产业中,各自都有文化类生产和非文化类生产。如分成积累与消费两类,每类也各自都有文化类与非文化类生产。采取这个新分法就突出了：物质生产与非物质生产，都要为精神文明的提高做出贡献，而且揭示出文化的生产和运作在整个产业中举足轻重的地位。

然而不仅如此。文化生产与运作占社会总生产中的份额从小到大的发展是历史性的固有规律。在蒙昧时代，这个份额几乎是零，生产主要是为解决衣、食、住等物质消费的需要。在生产力逐步提高的同时，文化生产与运作所占的份额是逐步增长上来的。印刷机的出现使得文化产业的份额的增长出现了一次飞跃。电、电子、光电子提供了比印刷机更为先进得多的手段，而且更完全地覆盖信息运作的所有功能方面。这必然是又一次，而且是更巨大更伟大的一次飞跃。印刷机的出现，征兆了资产阶段革命的来临。电子的技术革命，很可能伴同全人类进入无剥削、无阶级的远景境界。我国现在印刷业年产值约 500 亿元，而在电子方面，仅电视机与音响，年产值近千亿元。电视机的普及率已达到 87％的家庭，连占少数的文盲也能享用。电视教学的作用也很大。它们在提高文化水平、人民素质、促进精神文明、普及宣传教育的作用是伟大的，更不要说其他方面的电子文化工具的作用。

文化类产业占产业全部中的份额还会不断地增长下去。再说在一些发达国家中，已有几千万台计算机进入家庭。在这个份额的不断增长中，将看到人类消费的重心从物质向文化转移的走向。物质生产力的增长为人类文化生活享受提供的时空余裕日益增多。而且人的物质享受总是有相对的饱和现象，而文化的需求则相对地说，更加是无止境的。因此，文化消费牵引经济发展将是人类历史出现的史无前例的非常伟大时代，是新产业革命的更长远更显赫更重大的远景，比之信息化社会的概念远为广博深远。到那个时期，产业或社会的构成中，文化劳动将占有总劳动的极大部分。为了与现在的工业社会区分，与其称之为信息化社会不如说是文化密集、文化统帅的社会。当然，这不是短时间能够达到的。在发达的地区也许在今后几十年到一百年内有所实现。二百年来，在发达国家中，前一次产业革命已经基本完成，实现了工业化，而在全球来说，则远未完成。从此看来，在全球实现文化领域为主导的产业革命将更是遥远的未来，尽管在部分地区可以早日启动。

可以说文化密集、文化统帅的社会将是信息化社会的高级阶段，或说信息化过程是从工业社会到文化密集社会的过渡。可以考虑新产业革命是文化密集的产业革命。印刷机的发展促使机械化产业革命迅速发展，而这次信息化新产业革命中，文化领域的产业革命不仅是促进因素，而且同时是产业革命的核心因素。我们也不急于现在就过分突出这个远景，但我们必须有这样的认识。

四、展望新产业革命当前的进程

现在让我们尝试讨论一下国际国内新产业革命当前会怎样发展。直率地说，所谓国际实际指那些发达的国家。我们不能不把它们作为讨论、分析、比较的参准面。更简单地说，美国是我们选择的主要参准国家。首先，在新产业革命的进程中，它首先提出具有重大代表意义的"国家信息基础结构（NII）"即"信息高速公路"。其次，无可争议地，它是目前信息事业最发达的国家。它的经历与经验对我们具有重要意义。首先，我们讨论一下它的现状，然后讨论一下它的动向，第三方面试图讨论一下我国应采取什么方针。

美国信息事业的现状：

首先是通信领域，原来国内、国际通信系统已经四通八达，业务质量很高，电话普及到90％上下的家庭，更无论各办事地点；传真等也全都可以互通。视像电话也已到可用的成熟程度，但还未普及。在风行世界的计算机网络 Internet 即因特网，也是在原有基础上利用了原有通信系统推广开的，可能已进入 5％～10％ 的家庭。人们说它是"信息高速公路"的雏形，但问题是若用以传递高质量的活动视像信息，它的带宽还远远不够。数字化的高清晰度电视数据率经压缩后还有 20 兆比特/秒，而交互网络即使通过现有数据通信网仍只能到 2 兆比特/秒，若通过普通电话线路，就更要小 10 倍。蜂房移动通信全世界可有 1 亿以上用户，但数据率也低，只能通过电话和普通数据通信。美国在小范围内开通了可视电话，图像只能满足颇低的要求，而且费用高，未能普及。应当说，现有电信网要传输"标准电视"，还要跃上一个很大的台阶。

其次是电视方面。全球已有 10 亿左右的用户。我国电视机的拥有量近 3 亿台，属世界第一。在美国，普通彩色电视已经普及，卫星电视广播可选节目达 200 种以上，用户达数百万。高清晰度电视即将出现，有线电视已进入 2/3 的人家，他们的电路是宽带的同轴电缆和光纤，有足够的带宽但没有信道换接交换的功能，而且只是单向传输。它的带宽足够将来点索各种信息使用。他们在考虑和实验点索电视电影节目，这样一要改造为双向传输和可以选户通信，二要提供充足的节目而且任何时可以点索任何节目，有些方案在实验中。如果这些问题解决了，那就可以胜任全能的文化信息系统对电视的要求，而且也就是在有线电视线路上能开通通信业务。应当说从广播的电视跳到交互的、点索的电视又是一个很大的台阶。

现在出现了"不对称数字用户环 ADSL"技术，在普通电话线上可下行高数据率。由于线路带宽的限制，只能达到数百米距离，这就要设立许多高数据率的"节点"或服务器。

第三是计算机方面。首先是高性能计算机中，万亿次（每秒）计算机即将出现，人工智能虽未有新突破，然而专家系统使用已十分广泛。作为计算机复杂应用的虚拟现实和虚构现实，都得到优越的效果。同等重要的是个人计算机已进入了美国 1/3 的人家，可以听语声音乐、看光盘书刊、看光盘节目的多媒体产品正在扩大购户。我国也已有几十万人家拥有个人计算机。计算机网络，主要是美国的因特网，已有全球的数千万户接入。交互网络在交流信息方面提供了始料未及的巨大作用，但限于信道的带宽和计算机的接口通过能力，还不能作高质量视像通信的工具。

第四，信息库服务。在学术与社会信息方面，如 Dialog 公司等，已有 20 多年历史，起了很好作用。现在后起的"美国在线服务"、"计算服务"、"天才"等新兴的在线信息服务可提供日常生活所需的各种信息。以后这方面肯定还要大为兴旺。但是提供极大量电视电影以及演出节目的信息库和古今中外大量图书的信息库还处于试验中。

第五，关于电子书籍、光盘书籍和声像出版业：从 20 世纪 90 年代初，开始了光盘书籍出版，1 张盘即可收入一套中型百科全书。现在许多书刊都出版了光盘版，可以在个人计算机上阅看，也有单独的光盘阅书器。像英国泰晤士报集团的几种报刊和美国的《纽约时报》都已送入了因特网（Internet），随时都可调看。美国国会图书馆已将藏书很大部分输入了光盘供人阅览。美国声像出版业最为发达，其中大量是流行性内容，很多十分不健康，而且使许多国家自己声像出版业受到抑制。为此许多国家采取遏制美国声像产品的政策，而美国则从其经济利益出发，在迫使各国开放。从这个斗争中也可看出声像出版业发达到了举足轻重的经济分量。光盘书籍及档案资料在我国也已开始了出版、发行或录入工作。因为拥有可以阅看光盘书籍的计算机的读者还少,光盘书籍还没有很大的市场,然而,通俗的 VCD 小视盘已经热了一阵,更高级的 DVD 也达到了呼之欲出的景况。

先进全能的文化信息系统就是由当代以上 5 个方面紧密融合构成的。从以上看,5 个方面在技术上达到各自的高水平,然而"融合"还有很大困难。

由相互渗透走向融合,相对完整的融合暂时还看不到苗头。美国政府提出的国家信息基础结构就只有一些粗线条,并没有一个即使是稍微具体的完整方案。按美国社会习惯的工作方式办,他们明确,国家信息基础结构的开发,具体地主要依靠企业、厂商,而政府处于引导、促进的地位。1996 年年初美国政府宣布打破 62 年来一成不变的电信、电子行业分工的限制,放开通信、计算机、广播电视、长途、短途通信,定点、移动通信各行业业务,每个企业、厂商都可以兼营,这就打开了一个庞大、激烈的竞争市场。这是美国加速沿新产业革命的道路前进的一个重要信号。

实际上在这个信号发出之前,也已有相互渗透的活动。这里把美国电信——电子发展的一般动向择要描述一下。

通信方面,如原来世界上最大的电信企业美国电话电报公司(AT&T),在十多年前由法院判决分成一个长话公司(用原名,兼营电子计算机)和七个区域的、专营市话的公司(俗称"贝尔婴孩"Baby Bells 或 BOCS)。几年前它并入了美国极有渗透活力的计算机企业 NCR(全国记账机公司)。它前年又并入了美国最大的蜂窝通信企业 MacCaw。1996 年却分开组成 3 个公司:AT&T,专营电信业务。NCR(网络计算资源公司),专营电子计算机及网络;Lucent 技术公司专营研究(BellLab)及工业生产(原 WE)。所谓"贝尔婴孩",有的已经列名 1996 年度世纪十大电信企业中,有的酝酿兼并有线电视公司,有的在进行铺放光纤,准备启动有线电视的业务。

电视方面:如前所述,点播电视在做试验工作。这将是在有线电视网上使用的。这方面的期望值很高,但进行得并不顺利。美国企业的投放是看市场的。他们估计美国市场暂时不是以支持点播电视的建设,还采取观望态度。然而,他们在进行电视数字化的工作。这个工作本来是为了广播高清晰电视而进行的,在研究过程中,理所当然地转入了数字电视的各种可能格式而不仅是高清晰度。美国高清晰度的方案研究阶段才结束,正在开始演示性的试播。然而美国已经率先开播了普通清晰度的卫星数字电视节目。只要用一个 46cm 的反射式天线,加上不复杂的接收机就可从 200 套以上(基本是按类别的)节目中任选。现在美国已有近 1/20 的人家安装了这种设备。至于有线电视方面,已进入 2/3 的美国人家,但利用它的传输系统代替电信传输,讨论得很多,但还未闻有实际有效行动。相反,利用普通电话电路传下行节目的 ADSL 似乎要热起来。

在电子计算机和计算机网络方面,近年来很活跃。只讲一下和当前论题最密切的两个方面,一是多媒体技术,二是因特网(Internet)。近年个人计算机推广得很快。像美国拥有个人计算机的家庭(占总数 1/3),许多都带有多媒体功能,即一可读光盘书籍,二可放激光音乐唱片或在运作过程中还可放出伴音,三可能还不很普及,可以收电视、演激光视盘和小视盘。购置个人计算机的人家大都已有音视设备,所以用计算机来演放声像就不显得那么需要。因特网从美国兴起,全球联接的用户几千万,每户有自己的"主页"地址。可以用来通"电子邮政",发布"公告"(BBS)。索阅一些报刊、信息库、数据库的各种信息。可以有声、有色。如果通过 ISDN 数据电路,可达 2Mb/s。在向 5Mb/s～100Mb/s 进展。数字线路、有线电视电路和卫星电路都在试用。但人家一般只有普通电话,那至多是所谓 2B＋D 即 144kb/s。把多媒体和交互网络结合起来,是否可能形成信息高速公路? 有人说,这只能比做土马路上走马车,和在高速公路上跑汽车不能比。不仅是速度问题,还有运作方式,运作中面对的环境等,土马路和高速公路会是大不相同的。然而,从交互网络如何发展了传统通信技术,可以帮助我们思考更先进的"信息高速公路"的面貌。究竟,土马路和马车属于工业革命之前,高速公路和汽车属于工业革命之后;而另一方面,交互网络和信息高速公路的建设都同属于向信息时代过渡的时期。两个不同性质的差别,并不可同日而语。

几个议题:

关于社会"信息化"后或像所谓"信息高速公路"实现以后会出现怎样的社会状态。许多关心未来的人都做了各方面的预测。现说上几点。

(1)生产自动化的程度大提高,直接劳动量的需要减少了。人们将更多的余裕从事文化活动。实际上人们现在花在文化方面的时间已比在物质生产上多。人的一生如果按平均80岁算,有20年是在教育与哺育中生活,若按65岁退休计算,则共工作45年。这45年中,所有公休日和年休大体是在文化中生活,实际工作只能算30年。而在这30年中每工作日还可能在文化中生活1～3小时,而且工作时间中至少又有30％的人从事文化性工作。在退休后的15年中,又基本是在文化活动中生活。这样算下来,人的生活中已有80％以上的时空用在文化中。这向我们再一次揭示文化生活的重要性。在全能信息系统的进展中,文化性劳动所占的成分一定在不断地增加。生产的发展、文化劳动比例的增加是正效应,时间余裕增加是侧效应。有人说人要变懒,变得疲沓。然而由于文化生活更丰富更有效吸引人们,懒和疲塌不是必然的。客观上对人才质量的要求也更会提高。

(2)生产从设计、开发到产成品,实现集成自动化。这样,生产变成高度的适应化和灵活、多种,消费者可按各自不同的愿望要求产品,也就是参与生产了。高度的适应性,更高度化满足用户,这是正效应。有人认为前次产业革命使生产与消费分离,新产业革命则将使两者再次结合起来,消费者直接支配生产,这是一个侧效应。看来尽管跨专业的人才会不断增加,专业条件还是不可少的,用户不能代替生产者,而仅是一定程度的参与和拥有更多的影响力。小批量的和每批几件的生产会多起来,但大规模的生产仍会存在。而且由于计算机集成制造技术的出现,许多原只能个别生产的产品会集中在一起,实现多品种的规模生产。至于那些过程型的生产如化工、冶金、纺织、更只能集中生产。这在本文的第三部分中已有更具体的讨论。

(3)人们足不出户就可享受一切文化,开会议、会亲友、办公事,甚至于直接遥控生产作业。有人认为人们会走向"孤立","老死不相往来"。这是不会出现的。因为尽管人们直接联系减少,全能信息系统会使人们更密切地联系在一起,也另有人说先进通信将把地球变成一个村落。或在创生一种新型的社会、社团与社会交往。实际分散与集中,永远是对立同一的。屏幕即使立体化了,也不可能代替一切直接接触和观赏,也不能代替拥抱、握手。信息畅通了,交通运输的需求会减少,能源需求会降低。纸不会完全消灭,但会大量节约。电子旅游可能相反地吸引人们更想亲去游览。网络与通信的活动实际增添了又一种社交。

(4)在现已有的网络上,在 Internet 上,已出现了许多计算机犯罪和网络犯罪以及其他消极现象。计算机病毒愈演愈烈、窃密、干扰、篡改数据,窃用账户、湮没存储内容等等,不一而足,反犯罪的斗争自然都要跟上。正义与邪恶的斗争从来就有,不是从此才开始,但应有准备,斗争的形式在变,斗争是严峻的,应有各种斗争方式。

(5)一个重要的论题,现代、当代的这次产业革命将导引出现一个新的社会生产结构上的普遍的变化,即信息与控制成为普遍的运作手段,而进一步文化还要成为社会生产的支配因素。电作为动力的技术革命的影响也是普遍的，但是其深度不如电子。也许用另一种叙述形式，说电与电子是一场技术革命的两个侧面，未尝不确切。如核能的出现、生命工程的发展这样的新事物影响是重大的，但还是不会像工业革命和信息化产业革命对于社会结构带有普遍性而具有深刻的意义。

经过准全能信息总系统向全能信息总系统过渡：作为新产业革命的 4 个标志。如在引论中所陈叙的。现在集中于全能信息总系统加以讨论。对于机器人和生产自动化，则另在专文中讨论。

先进全能信息总系统标志了新产业革命的重大方面，是生产力和社会经济增长到现阶段引致的产物。它是电子技术发达所导致的，而电子技术也正是生产力的一个重要组成部分。新产业革命的逐渐深入，是社会生产力的进展，必然跟随着社会经济发展而行。社会的需求也是随着经济增长而发展的。先进的全能的信息系统也必然是从初级的、分立的构成逐步走到高级的、集成的构成。

从这个角度观察，美国提出国家信息基础结构，主观上具有促进发展的意图和政治考虑，而也正是对现代在发生中的新进展的肯定，是水到渠成，并不是凭空的臆造，或单凭主观愿望部署一个崭新任务。他们要求主要依靠社会、依靠企业来进行建设，也只能是这样做。当然，这也是"美国风格"，而在欧洲则往往较美国更多地由政府作干预。两者之间一致之处是依靠现有基础，因势利导。

为了更深入探讨先进全能信息总系统由初级、分立走向高级、集成的过程，现把它最后应提供的业务列举，划分为 7 种类型，以便于具体化讨论。

1. 电话用户业务，0.144Mb/s 以下，普及率高，使用时间较分散，一般每次通信时间不很长。

2. 中速通信与数据传输，如交互网络数据线，2Mb/s 以下，潜在普及率中等。相当于 ISDN 业务。

3. 高速数据传输，主要是巨型计算机结网使用。用户不是很多，可至 100Mb/s 以上。现靠专用网解决。

4. 远程购物、远程保健、远程图书馆、电子报刊等，按压缩数据率的高清晰度电视信号需 20Mb/s 以下，普及率中等。

5. 高水平电视会见与会议，普及率偏低，20Mb/s 以下。

6. 电视教育，普及率中等偏低，20Mb/s。

7. 点索影视节目，潜在普及率高，每日占用时间长而集中，按高清晰度电视经图像压缩后需 20Mb/s。

按这 7 类业务，估计其总业务比例。先分别估计其所需数据率，潜在普及率，每日占用时间比，时间集中度要求，跨区域要求 5 个方面，取其乘积（见 P.90.表1），并计算占总量的份额。从这个分析，可得到这样一些结论和推论：如果建起一整套信息高速传输网络，其中普通通信和数据通信所占用的运作容量不过是 1% 以下，而 99% 以上为文化信息所占用。其中点索影视占用到 80% 以上，其次是电视教育和电视会见和会议，仅此三项即达 93% 以上。具体思考一下，点索影视和电视教育是技术——经济上最复杂的业务类别。

可以估计，如果要满足任选影视和教育节目的中等要求，可以设想储备相当于 10 000 片小影碟的节目，供给每 1 万到 10 万用户从中选看。即使按普通清晰度电视节目压缩到 2Mb/s，在交换与分配器（Switching System）中通过的信号已达几千 Mb/s。如果采用 ATM 交换则要在毫秒级时间内将以万计的散片(信元)重新排序,这是有一定难度的。另一需要考虑的是市场(即用户需要),即用户是否感到迫切需要和准备付多大的费用。播送部门能投放多少人力财力是第三个要考虑的问题。而这些都决定于社会经济或生产力水平,在技术上和经济上都不能一蹴而就。

可能过渡的办法之一是先建极多节目的有线或卫星广播型电视,例如提供几百套同时广播的影视节目供用户选择。这是一种"准点索影视"或"信道点索"系统。另一个过渡是先普通清晰度,后高清晰度。

这里尽多地谈了先进全能信息总系统,特别从文化应用的角度。经济信息化有大量的软件和硬件的工作,通信系统在进入窄带集成数字服务系统(N-ISDN)和宽带集成数字服务系统(B-ISDN)的应用方面具体工作要跟上。它何时可以和有线电视和卫星电视相融合及如何融合还是要具体研究和探讨的课题。要注意到电子计算机网络和通信网络已在融合中。

如前所述,电子计算机和数据通信及计算机网络结合起来,对文化信息创作和电子出版将具有重大作用。

公用的信息系统如全球定位系统(GPS)是用卫星测定各自所在位置的系统,很容易就可达到米以下的精度。人们期望它能用来指引司机开汽车和在军事上指引单兵或侦察员作业。全球个人通信有的已在建设中,它们就是整个通信系统的一部分,但要达到传送视像信息,还是以后的事情。

中国建设信息基础结构的宏观讨论:美国在 1993 年后期提出了信息基础结构,三个月后欧洲就做出了反应。1993 年下半年,在美国推动下由发达国家的 7 国集团动议了"全球信息基础结构(GII)"。他们又听取了中、俄等国意见,在 1995 年初议定了基本原则,并确定了第 1 批 11 项协作与协调试验项。这 11 项对我们是有益的参考,简录如下:(1)建设全球信息库;(2)全球宽带网络互联;(3)远程和交互教育;(4)电子图书馆;(5)电子博物馆与画廊;(6)环境与自然资源数据库与其管理协调;(7)全球紧急情况管理系统;(8)远程医疗与保健;(9)政府联机;(10)全球中小企业市场信息;(11)海事信息系统。这 11 项和我们前面列举信息基础结构的功能是可以相互对照的。但是本文涉及的范围是按照信息产业革命的任务,比他们会更宽一些。各国具备的条件不同,应当结合我国的实际:一是经济发展相对地落后很多,二是区域之间很不平均,不能一刀齐。现按几个层次试论我国信息基础结构建设的设想。

1. 在 10 年左右的期间,可稍为具体一些。

(1) 在社会与国民经济信息化方面,要广泛应用电子计算机,并利用可能的网络化手段,如中国公用分组交换数据网(CHINAPAC)、中国数字数据网(CHIANDDN)、中国帧中继(CHINAFRN)、金桥卫星数据网、国家金融网等。光纤、卫星、甚小天线终端(VSAT)、微波等和蜂窝移动通信、无线传呼、集群通信现都已在国内生根。以上都要根据情况,不断充实提高。个别的线路段已达到 2.5Gb/s 数据率。数据通信的端口已达 10 万以上。应当注意,如前所述,只有很宽带的传输线,远还不是"信息高速公路"。但要充分利用这个条件,做可以做到的应用,例如从国际已共用的因特网(Internet)已可交流、索阅国外的许多接入者的资料,包括图形资料和发布公告。

(2) 应当利用以上在发展中的条件,发展中国的交互网络,也可进入外国。这就是开展中国的电子图书馆、电子博物馆、电子画廊、电子资料服务业、远程医疗保健、远程商店、远程社会咨询、电子出版发行及报刊等。这些业务在家中普通电话线路上就可解决。这是因为它们不需要活动图像,数据率要求低。

因为中国是方块字国家,必须建设自己的"汉字"交互网络。当然,也要尽量普及掌握国际通用的外国语文字。为了完成这项任务,应当建设许多的信息库,进行大量的编纂录入工作。国家要给予充分指导和支持。

除此以外,国家、地方和各个专业部门也要建立各自的信息——数据库。提供公众利用。

(3)关于用户装备:信息库的作用要点是"用"。按我国现在情况,几年内就应当有百万左右用户可用微型计算机调阅。除此以外,是否还可考虑设计生产廉价的专供调阅的、模块化的电子信息通信器。外国的 NC 可以参考*。

(4)发展有线电视,以及卫星电视广播和数字化,要分类提供优秀节目给分类电视台。增加类别,现阶段最后可达到同时播送 50～100 个节目,或者再进一步达到 500 个节目,即准点索电视节目。最大的制约因素是节目来源。其次是资金筹集与支付,这还会因节目增多而更困难。

用普通电话线路可以通低档的可视电话。帧频和分辨率都低而费用高,不易推广。

以上可能是 2005 年前的景象,尽管其规模可能大些或小些。这时期对高清晰度电视和交互电视(主要是点索影视)一定会做工作,但只可能在我国最发达的地区使用。

2. 关于长远远景的讨论。

从以上看,在 10 年左右内,许多属于"信息高速公路"的服务项目都可以开始实现。从服务或应用的角度看,存在的问题集中或聚焦于上一系列的台阶上:(1)点索的台阶:从广播影视走向点索影视,包括文艺节目、旅游节目、教育节目等。(2)动态图像化的台阶:许多静态图像节目如博物馆和画廊等能否动态化,这也包括推销与购物在动态的视像市场上进行。当然动态化以后还要点索化。(3)高清晰度电视的台阶。如果"常规"指现在家中看到的一般质量(这是较低的要求),那么两者的数据率要求可相差十多倍。例如说,如果原有播送设施可传 200 路常规电视,若传高清晰度电视就只能传十几路了。

从技术的角度说,(1)从普通电话线路走向中速数字通信电路(1.5Mb/s～2Mb/s),要改造电路和交换设备,提高带宽 10 倍。这样,可通一路常规电视。但这已是十分量大面广的工作,涉及资金很大。(2)如上进行频道点索,按 ATM,如是 2.5Gb/s 的干线,可容 1000 多频道。这就占满了当前光纤可能传输的容量,但还可剩 200Mb/s 给一般数据通信使用。(3)如果按前面举例的点索影视,仍按常规电视,5000 种节目任 30000 户点索。若有 50% 户同时点索,重复率 5:1,则同时流通的干线数据率应约为 8Gb/s,这就需要更扩宽光纤电路和采用非常高明的交换系统。(4)如果再升级为高清晰度电视,数据率要求还要提高十多倍,即约100Gb/s。

第二层次的工作在前一阶段中可以做许多准备工作,但大部分只能是后续的工作。

3. 作为信息化产业革命的要素,社会经济运作的信息化与文化领域信息化同是重要的。此外还有机器人、遥感技术、卫星全球定位技术等,还有前面提过的另外一些项目,这里不去一一叙述,这些都要逐步妥善发展。

从以上 3 个层次这些设想可看到,是"信息高速公路"也好,还是更大范围的新产业革命也好,都是要一步一步地走过去的。仅就先进全能信息总系统而说,将电视纳入数据通信与计算

---

* 应当有简化的控制系统,可带简小键盘,可配小幅面显示器,500MB 磁盘,8MB 内存,附加软盘及打印机,不需安置复杂的操作系统。可带光盘驱动器,以此构造降低成本和价格,并且在调阅期刊资料时可以像打电话一样简便,可能有利于推广。外国还出现了一种网络电视,即在广播电视接收机上加上交互网络功能。

理,光解决原理就投入了很大力量,形成统一的方案又费掉成年的时间,更重要的是要有能实时处理实现的高速硬件——集成电路器件。当从少频道进到多频道时,和从多频道准点索进到真点索影视时,各自要迈上一个很大的阶梯。从通常的清晰度到高清晰度又是一个十几倍的阶梯。真点索影视的备索节目由成千到成万,可能也是一个陡坡。宽频带传输线路和信道分配交换装置也要一步一步地配合发展。从技术上说,每一个阶梯都是一道门槛,当然,有的门槛如数据压缩已经有了一个解决。但是每一步的实现都必须在市场需求和建设投放上具备条件,这就是说社会经济达到一定的发达程度。高质量的影视节目的大量制作更是一个量大面广的重大社会任务。

我国有步骤地建设信息基础结构的即时安排:

我国是一个人口占世界几分之一的国家,是发展中的国家,但发展速度高,而且已有一定综合国力。从总体看,"国际化的世界"也要依靠于我们,没有我们参加的国际化是有局限的。而从今日看,我们更要从国际吸取力量。建设信息基础结构要以我为主,更要借鉴于发达国家和争取外力。我们处在一个已存在现代高新技术的时代,必须从现代高新技术中取其和我国的实际能够优化结合的因素,而对于信息产业必须与国际互联共存,尤其不能脱离国际而存在。我们现在人均产值还比不上 1950 年的美国,当然应当量力而为。但是我们不能停留在美国那时的技术水平。而且,我国经济发展是不平衡的,在较发达的地区是可走得快些,这适应于地区间的不平衡。又例如尽管还有几千万人还处于贫困状态,我国电视普及的程度比美国所差不多,这也是一种不平衡状态。

依据于这样一些考虑,做如下的设想:

1. 依照新产业革命的规律,尽可能地以最大力量,加强经济信息化、生产自动化、文化信息系统的建设和发展。由于我国在加速工业化过程和加强第三产业发展,经济信息化的要求是迫切的。

2. 稳步高速建设国家的信息基础结构,先进全能信息总系统。就当前来说,再具体提以下几条:

(1)国家通信网络的建设,依原来规划,向集成业务数字网和宽带集成业务数字网稳步进发。常规通信继续加强。应适当考虑发展有线电视的需求。通信网络与有线电视干线应当协作互助,避免相互牵制。

(2)开展中国的互联网络工作,发挥国际交互网络作用。为企业管理必需的内联网络也要迅速发展。尽力推进图书馆、博物馆和各专业的以及生活服务的信息库建设。由于文字的差别,我们要特别研究和发展自有的互联网,还要保持国际互通性能。

(3)加强发展有线电视,创造开发卫星电视的条件。早日开发数字电视和数字播音,可结合 VCD 小影碟的发展。

(4)对于准点索影视系统和真点索影视系统做出开发规划,认真进行试点工作。

(5)加强影视节目和影视教育节目的制作。

(6)加强电子出版工作。

(7)开发便于使用的电视与网络通信两用机,提供廉价便利的网络通信终端。

(8)继续加强信息基础结构的基础结构——电子工业以及电子科学研究的大力发展。

(9)组织力量,全面研究,规划新产业革命在中国的进程,切实提高预见性。

五、再论文化领域新产业革命的伟大作用

文化对于人类的重要性是再怎样强调也不为过分的。前文中已经说得不少了。在结尾时重新综括一下,也还是有意义的。

人类从原始的蒙昧中走出,一个极重要的标志就是文化几乎从无开始,日益增长,终将达到空前地磅礴于人类宇宙。文化是人类永恒的追求。作为一个潜隐的现象,文化活动在人类生活的时空中已经占据了过半的份额。然而它还要继续增长,直到文化产业也占据整个产业的绝大部分。文化领域中的印刷机产业革命是这个进程中已经发生的一次大飞跃。电—电子—光电子的技术革命再一次导引新的产业革命,是一次更大的飞跃。

文化领域的新产业革命联系于精神文明。物质变精神,精神变物质——从这个意义讲,精神是第二性的。然而在人类文化持续提高中,精神文明的反作用也是十分巨大的。

新的产业革命中,一个中心的组成部分是"控制机"的出现,形成"人——控制机——机器——工具"的结构模式,从而比机械化的产业革命又一次倍增了生产力。

与新的产业革命共生而构成其重要以至于主要成分的文化领域新产业革命促进提高精神文明。精神文明的大幅度提高意味着知识、智慧的增长和精神的倍增振奋。它的作用是这样特殊——它倍增了人自己。这个培增当然也就再一次倍增生产力。这是一个更伟大的倍增,是叠加于控制机的倍增上面的。所以,文化领域的新产业革命不仅倍增人的智慧,又再一次倍增生产力。这就再一次说明了文化领域的新产业革命的无可比拟的伟大作用和伟大意义。

文化的发展包含健康的和不健康的内容,这是绝不可以掉以轻心的。色情的、暴力的文化信息,损人利己的、侵略性的文化信息……应当给予抵制。技术革命并不能保证文化资料的健康性。然而历史证明,从世界范畴看,经济发展终究是与精神文明结伴共进的。应当有最充分的信心。

(此文是由作者主编的《新产业革命与信息高速公路》一书的总论)

对新产业革命深探一步的尝试

——人类历史在坚稳的进程中终将进入文化发展牵引经济的时代

（1996 年 11 月）

近十几年社会上的热门话题之一是当代新产业革命，其内容涉及"信息化产业革命"、"第三次浪潮"、"大趋势"等论题。实际最近关于"信息高速公路"，即信息基础结构的讨论，也属于这个总标题的范围。讨论中产生出许多或同或异的见解，使我们能够尝试着有选择地整合一些论点，从更广的视野、更深的深度提出更切合实际的论断。

迄今为止的讨论主要涉及社会经济事业以及人民日常工作与生活。文化生活屡被论及，但对于文化的整体，特别是文化事业将在社会实践中的地位很少涉及。在人类历史中，文化实践在生活空间中的份额坚稳地增长。伴随新的产业革命，文化不再仅仅抽象地、间接地作用于社会物质实践，而且文化事业（产业）终将占据社会物质实践的极大部分，并终将成为牵引整个社会物质实践的压倒的支配因素。这是人类进步史中无可比拟的大事件。一个世纪以内，就可在一定有限的范围内实现。作为全球的事业，也许需要半个乃至一个千年代。

一、新产业革命即信息化产业革命——电、电子、光电子导致的技术革命

18 世纪的产业革命肇始了工业。这是机械与机械动力插入到人与工具之间，从而大大倍增了劳动效能，相应地发展了工业时代的社会组织结构。农业中也出现了类似的变化，不过较晚约一个世纪。这是机械化的产业革命。相当流行这样的说法：那一个产业革命已经为新产业革命所超越，似乎只需要考虑新产业革命了。这忽略了工业革命还只在若干发达国家臻于完成。还不能清楚地预计在另外占人口 3/4 的国家里，何时能充分实现。当然，对此只能这样理解，两个产业革命可以并行交叉进行，而在发达程度不同的地域内，其进程一定有很大的差别。

当代的新产业革命往往被称为信息化产业革命。也许称为"电子化"产业革命更为确切。信息化的提法几乎已经约定俗成，但是并不十分确切。什么是信息？它表达的是空域中的千差万别，时域中的千变万化，它是一切差异的表达，不管是抽象的还是具体的；而一切抽象的信息无不依存、依附于具体的存在（或说物质与能的二位一体）。客观信息是与宇宙同存的，知化信息 * 是与人类同时开始的。从来没有无信息的宇宙，没有无知化信息的社会。这样，"信息化"就很难以理解了。这个词被采用，实际因为关于信息的若干突变标志了这个产业革命：一是从事信息活动的劳动力开始占全部劳动力中的大部分，二是知化信息量突发的增长，达到所谓"爆炸"的程度。而这二者所以出现是由于运作信息的手段依次出现了电、电子与光电子这

---

* 知化信息指为人类所掌握的信息大部分应与客观信息重合，但另一部分彼此不重合或属于人类创造的成果，或有误差，或属臆创。

样前所未有的极高效能的物质因素。

从历史看，信息运作——文化运作的经历中出现了 4 个伟大的里程碑或 4 次伟大的飞跃：

（1）语言的出现伴随着人类的诞生，在从渔猎时代转入农牧时代时形成了体系。

（2）文字大约诞生于青铜时代，伴随于商业与城市文明的兴起。

（3）印刷机以及纸张与机械传递工具，相当于产业革命即机械化时代。

（4）当代—近代，电、电子、光电子依次登场，信息运作的进步对经济生产和文化运作起了具有决定性的作用。

4 个里程碑的伟大意义是不喻自明的。近代的印刷机虽胚胎于我国印刷术的伟大发明，但它发生于机械化的产业革命的胚育期，它使印刷作业从作坊式作业发展成一个产业。这是文化运作与信息运作事业的一次地地道道的产业革命。印刷机出现后 50 年内，欧洲就发行了 900 万册图书。依次发生的文艺复兴、宗教改革、科学革命、英国政治革命、英国启蒙运动、法兰西革命、产业革命等一系列资产阶级革命运动中的大事，乃至马克思主义思潮的传播、巴黎公社运动、俄罗斯革命、中国革命运动无不从之得到推动的力量。直至电子的手段出现的今日，我们还在享受印刷机带给我们的辉煌恩泽。

然而，电子在信息运作与文化运作中所能起的作用又远比印刷机更为完全与优越。电子在信息与文化运作的所有基本功能要求方面，都具有比过去的手段强大无数倍的能力。这些功能包括：信息的摄取和搜集，信息的传递与播送，信息的储存记录，信息的再现与复制，信息通道的调度与换接，信息形态（信号）的变换与选分，逻辑因素的运作，数值的运算，物理现象与过程的仿真与虚构，数字的高速运算，信息用于控制。按这 10 种功能去考察各种可能的其他物质手段，都可以说明电、电子与光电子手段的无比优越。

基于电子技术处理信息作业基本功能的强大能力，它已在几个重大的领域发动了新产业革命。这场新产业革命，即所谓的信息化产业革命包括以下 4 个方面：

经济与生产领域中的子领域：

（1）自动化与远动化；

（2）系统运作的计算机与通信辅助作业；

文化运作领域中的子领域：

（3）文化信息的计算机与通信辅助创造与再创作；

（4）文化信息的交流与传播。

从以上两个类别 4 个方面考虑，文化信息是所有信息中最大量、最智慧密集的精华部分，尽管与之对比生产信息具有某种第一性和具有一定多层面性。本文尝试以再思考命题，其中心就是阐述文化信息的量大面广和具有发展的强大生命力，不仅是以其精神力量促进社会发展，并终将直接成为社会物质实践中的支配因素，从而完成又一次具有独特意义的、全面的产业革命。

二、文化领域新产业革命的历史与发展

从较为长远的远景和更深的深度看，文化领域新产业革命是信息化新产业革命的内核。

电、电子、光电子是陆续增添的革命因子。电气化的最早标志是电报的商业化，发电厂出现比这还晚了差不多半个世纪。电子肇始于 20 世纪初。以半导体和计算机为代表，20 世纪 40 年代起有急剧的发展。20 年代光电子已有运用；到 60 和 70 年代起，光电子的飞快进步，以光纤光盘为代表，为电子技术增添了无限光彩。

它们处理的信息媒体对象也有一个极其吸引人的发展、扩充的过程：

19 世纪 40 年代：码、文字，以电报为代表，其前身是旗语、灯号等。

19 世纪末：增添了语言和声音，以电话为代表。在这以前，只能面对面地说和听。留声机也出现于此时，其电子化约在 20 世纪 20 年代。

20 世纪 20 年代：静止图画，以传真机为代表，其前身是摄影术。

20 世纪 30 年代：又进而增加了运动图像，其代表为电视，其前身是电影。到 50 年代完成了彩色化。这样，人类官感中最为重要的范类被电子征服。

20 世纪 40 年代末：数据，以电子计算机为代表，其前身为机电计算器和会计记账机械。以后又扩入了思考作业，这又是史无前例的进展。

20 世纪 80 和 90 年代：运动图像的三维化与人工绘制（动画），借助于电子计算机技术的飞跃进展，有了可观的成就。

在这些信息媒体的运作中，形成 5 项重大的应用电子技术：

①通信，②电视，③计算机，④信息库服务，⑤电子录媒出版发行。新出现的虚拟现实技术，可视为基本由电视与计算机技术相互组合。

文化领域新产业革命正在进入其全盛期。五大应用电子技术正在整合、融会成为巨大的集成信息系统——包罗万象而无所不达、无所不在的先进文化信息运作总系统。它将提供这样一些先进的信息服务功能：

（一）计算机与通信辅助的创造性劳动

（1）CAA 及 CAC，计算机辅助写作和计算机辅助创造——科技论文、文学作品、图画、雕塑、音乐、戏剧、舞蹈、影视作品、舞台艺术的起草与预演……按设想的稿子在屏幕上先显示出来或做出预演然后加以修改，不断反复，直至创造者感到满意。可以用预制的屏幕写真代替真物。可使人、物做出现实中不可能做到的动作而使人感到有如真实。可以用同于虚拟现实的方法创造全属虚构的人、事物。如"侏罗纪公园"、"终结者Ⅱ"就充分应用了这一艺术。利用通信和数据库可以调看调听古今中外的著名作品观摩参考，以利于创造。

（2）CAST，计算机与通信辅助科学技术——计算机仿真、虚拟现实、远程运算。此外，在一切科学技术工作中，用电子装备增强工作效果，提高速度。用计算机仿真和虚拟现实代替已知规律的实验工作。波音 777 的实现是一个突出的实例。

不要忘记，科学技术工作正是文化的一个重要组成部分。

（二）电视文化享用

（3）VOD，电视节目按需点索，包含 MOD（电影点索）。在影视中心预储成千上万的影视节目，供任何用户在任何时间点索阅看。可以看到古今中外一切影视记录的有名的舞台、乐厅的演出，只要存有录像记录就可。

（4）TVTour，电视旅游。名山大川、古迹遗址，可以按需点索。完整、详细，可作面面观，附有生动的权威性导游说明，由于可能是立体化、大屏幕，使人有如身临其境。

（5）TVMsm，TVExb，TVGa，电视博物馆，博览会，画廊，天文馆，用者可以点索巡览。

（三）远程教育与电视教育

（6）TVLec，远程与电视课堂，任选课程，任选教材，任选教师，任选时间，可以与教师问答，与同学讨论。

（7）VRTr，虚拟现实训练，从驾驶飞机到外科手术。

（四）资料信息服务

(8)TVLbr,远程电视图书馆。

(9)TArch,远程档案库。

(10)TVMkt,远程与电视市场信息,远程采购。

(五)远程保健

(11)TMd,远程诊断、会诊、处方、保健、咨询。

(六)远程公务

(12)TVO,远程与电视办公。

(13)TVMV,电视会见与会议。

(七)电子出版发行

(14)TPb,出版中心出版光盘版本,或直接经电路送给用户。

(15)TDst,作家直接发布,用户收到后可录入自己的数据库或印成书籍,制成光盘。如雕塑也可用立体加工器制成成品。

随着生产力不断地增长,人类消费水平不断提高,这个先进文化信息运作总系统将一步一步地实现并得到推广。到那个时候,人类的生活面貌将有很大的改观。可以想像一个人足不出户,就可办公、购物,在家就可就医,游览世界甚至外空,得到一切剧院、乐厅的享受,还可接触到古代及外国的演出……还更重要的,每人都可获得不同层次不同专业、学科的教育,适合于各自的年龄。实际上社会上涌起一阵阵关于新产业革命和"信息高速公路"的热烈讨论,其中关于文化与日常生活的议论,正是和这里讨论的是一致的,不过他们对这个方面确是有所忽略。他们强调经济发展方面。那些同样是重要的,而且和文化系统有很大的重叠。只是本文范定的内容主要放在文化方面,所以这里不多叙述。

三、文化领域新产业革命在社会发展史中的位置和远景——走向文化牵引经济的产业革命

文化对人类的重要性也许是不喻自明的。文化是人类的悠久的历史长河中长久的智慧劳动的成果积累,扬弃所得的抽象财富。文化表现为信息时,它是所有信息中最为智慧密集的精华。文化属于精神文明。物质变精神,反过来,精神又变物质,具有伟大的反作用。文化是人类社会进步的标志,又是社会进步的伟大的推动因素,是人类追求的永恒目标。

文化都包括什么? 具体内容,尝试地列举如下:

(1)知识与知识作业活动,学问,技能的创造、运作与享用。科学、技术、文化、艺术、教育、体育、医药、卫生、游戏、娱乐、旅游……

(2)社会意识形态。价值观、伦理、道德、宗教、思潮、思想方法……

(3)上层建筑。国家、政府、社团、企事业、法规、政策的机制、形态、管理……

什么是文化产业? 文化产业是直接产生文化的产业和直接地或间接地为产生文化提供物质基础的产业。文化领域产业革命就发生在这个总范围。

文化形成产业,只能说是600年来的新事物,它在整个社会生产中所占的比例是与日俱增的。蒙昧时代人的劳动生产只能集中于满足生存的最低需求,以后逐步增长文化生产。印刷机出现和纸生产发达起来,才形成当代意义的产业。电子技术又导致其进入飞跃的新产业革命时期。

国民总生产包括消费类和非消费类。非消费类生产实际是为消费类生产(即时或以后的)需要而进行的生产。因此,一切生产为了消费,没有消费就没有生产。可以这样说,一切生产

都是消费性生产,无非是直接的消费性生产或间接的消费性生产。

在消费中又分为文化消费和非文化消费。现在在美国消费类生产占总生产近80%,文化类生产占总生产的15%～20%,亦即消费类生产的18%～25%。按以上的叙述,可说广义文化产业也就约占总生产的18%～25%。

我国消费生产占总生产近60%,文化类生产占总生产的约8%～10%,亦即消费类生产的约12%～16%。可说广义文化产业生产也已约占总生产的12%～16%。

用文化产业和非文化产业划分产业类型,和传统的第一产业、第二产业、第三产业的分法,或按消费与积累划分,当然是一崭新的分法。这个分法将突出地反映出文化不仅是精神文明的因素而起伟大的社会进步作用,而且在物质生产中,也已是举足轻重的因素。

抑有进者,文化生产占社会总生产的份额从小到大,蒙昧时代几乎是零。印刷机的出现大大提高了增长的速度,电子化产业革命的冲力更是显著。即如现在我国印刷与出版行业加上广播电视、消费电子销售、科学研究、宣传教育、医药卫生等。年直接生产额已是数千亿元人民币。我国拥有的仅电视机近3亿台,广大人民投资原值相当于几千亿元,拥有量和年生产量都是世界第一。其在丰富人民文化生活、宣传教育、提高人民文化素质,所起的作用无法估计。

人类在物质消费得到较好满足时,就一定会转而要求文化消费的扩大。前者还是有较强的饱和约束,后者却可说是无止境的。

这样我们清楚地看到一个灿烂的前景:文化产业的步步增长,不但推动精神文明空前发展,而且在一些发达国家中,文化产业将逐步地率先成为经济发展的主要成分和牵引力。我国幅员广大,发展很不平衡,在集中的发达地区,也将要首先出现这一情况。

工业化产业革命已经历了200多年,还只在世界上的少数地区完成。文化牵引经济发展的新产业革命,能够实现并传播到全世界,将是若干世纪的发展过程,是跨千年代的伟大事业。然而这对当前也是应当充分地认识和强调的。遥望这个伟大而绚丽的前景,更要鼓舞我们以更大的冲力,以坚定的步伐持续地前进。每一步都是向这个长远的远景的推进,而且每一个进程都会使我们迅即得到相应的回报,这不仅仅是为了未来,也是为了一个个的当前。

讨论进行到这里,我们还应当充分地意识到,文化走向高素质的高度繁荣,当然更决定于文化的内容本身是否健康和具备优良素质。

四、新产业革命与"信息高速公路"——回到当前的时代

"信息高速公路"原指美国政府提出的 NII,即国家信息基础结构。但这被广泛议论的俗称也引起了对这一事务的误解。例如说:有的认为光纤传输网就是"高速公路",这是可以理解的。但原意是一个完备的信息运作平台(系统),绝不仅是传输平台(网络)。又如以为现有的"交互网络"就是信息高速公路,殊不知在传输速度(数据率)和容纳用户能力上,相差还很多。我在这里节录一段 NII"行动日程"的原文,关于涉及个人生活的,供读者参考。

"进一步设想在你生活中出现的激动人心的变化,如果:

"——无需考虑地理、距离、财力或残疾,所有的学生都可以享用最好的学校、教师和课程;

"——不仅仅在大机构或大城市的图书馆和博物馆,庞大的艺术、文学和科学资源随处可得;

"——可以联机方式享用全国的保健服务以及适应其他重要社会需求的服务,而无需再排队等候;

"——你可以生活在许多地方,而不会丧失以前有益的和充分就业的机会。因为你可以通

过电子'高速公路'与你的办公室'通信',而不必乘坐汽车、公共汽车或火车;

"——小制造商可以通过电子方式从全世界获得附有详细制造规格的订货单,其形式使机器可以直接来制造必需的产品;

"——无论何时,你都可以在舒适的家中选看最新的电影,玩最激烈的电视游戏,或存钱和购物;

"——你可以直接或通过诸如图书馆等当地机构获得政府信息,以电子方式申请和接受政府福利,以及方便地与政府官员取得联系;

"——各政府机构、企业及其他单位都可以通过电子方式交换信息,减少文书工作并改善服务。"

从以上可以看到,它所提供的功能,与先进的全能文化信息运作系统并无二致。实际上如讨论了后者,也就包含了前者。

具体地说,全能的文化运作系统究竟包括些什么? 为了讨论如何一步步地走向实现,列举如下。

1. 硬件部分

(1)终端器子系统:声、文、图、像……,分布到每一个用户。最复杂的如一部最高级的交互多媒体个人计算机,能处理高清晰度电视,能发能收能录能放,最简单的可以是一台电视机或一台电话机,略增加一些功能,也可能是一台光盘读出器或文字处理机。大可至如电影屏幕,也可能是环幕环绕声,甚至是"穿幕"。一般可如电视机。小则可以是便携的,可纳入袋中,置于掌上,或如眼镜加上屏幕。屏幕可以是立体的显示,声音可用高保真的,也可用低级的。可以配简易印刷和装订设备。

(2)网络子系统之一,传输线路。由于要传输视像信息,带宽比现有的电信传输线路要宽许多倍。因为要解决按需点索,比现有的有线电视电路也要高许多倍。

(3)网络子系统之二,网络线路调度与分配子系统,相当于电话的交换机。然而,由于电视要求百倍以上带宽,还要接入以百万计的信息库和许多亿的用户,现已有的设备是远远不够的,可能空分、频分、波分、时分、码分、实时、分组技术都要结合起来。现在普遍寄希望于ATM技术。它能否满足需要,还有待于实验和实践去做结论。

(4)信息产生与创造子系统,即信息源。包括演播摄录室、棚,采访用便携摄录装置等。每个用户终端也有这部分,不过功能较简单。每个文学、美术、艺术的创作者和表演艺术家还有分行别类的要求。每一个实验室、设计室、观测站……都是信息源,但它们的设立并不依赖于全能信息系统。

(5)文化信息库以及客户服务器。很大的部分要储存影视信息,容量要求很大。应当集中,还是按地区分散? 应相互结合做优化处理。

(6)文化媒体(带、盘、卡、盒等)的录制、发行、分送或直接经网络发布。

2. 信息本身

当然如没有信息,就不成其为信息运作系统。以上的信息源各项就是产生信息的场所,主要靠它们的积极活跃的运行。各个用户终端也都输出大量的信息。

3. 软件

每一项硬件,每一种不同的应用,都配置相应的软件。

4. 标准、协议

标准、协议是在一个巨大的系统中,使每一个子系统、每一个参与的个体都能相互联通、协作,必须按共同的标准、协议办事。标准、协议最好在实践之前制定,但实践的展开又不应因等待标准、协议的形成而耽误时间,因此标准和协议要随实践、实验的展开而并行地形成,甚至靠后。

5. 人是第一重要的要素

使用系统的人,运作系统的人,设计和建设系统的人,产生信息和运用信息的人是大量的,而且要求不同专业不同层次的知识和素养。每个用户个人,按照他或她的实际情况也要有所需的具体的知识。

从以上的叙述,可以想见,这将是一个复杂、庞大的系统工程,远比现有的电信、数据网络、电视、广播系统为巨大。美国提出这项工程,因为他们已经发达到这种程度,预见到不久可以发展出充分的市场需求,吸引足够的资金,可以提供有规模的就业机会,从企业得到可观的经济效益。

这样的系统,在技术上,就发达国家而说,大部分已可以解决,要投产、建设所差不是很多。人员的规模、素质也所差不多了。然而问题仍在于市场与社会需求,在发达国家也是如此。因此在美国,当前的热点是如何利用有线电视网络通电信,如何改造通信网使其能播送电视,还有移动通信的扩展和环球个人通信的建立。前两个是原有的电信企业和有线电视企业争夺市场的表现。后两个则还只能限于数据、话音和传真等有限带宽业务。

按需点索的影视还在做小规模的实验,不仅是技术的,还有技术经济的,提供的服务是否能与用户能付出的费用相当而吸引足够的市场,可能是决定因素。按需点索的影视节目比现有影视播送是一个很大的阶跃,关键是用户的支付能力和性价比,而后者也是依赖于前者的,即如果支付能力强,则性价比低些也可能接受。因此,能否实现这个阶跃仍然决定于社会生产力的发展和经济的发展。

高质量的交互电视通信是一级更高阶跃。现在可视电话已在美国局部实现,但还是比广播电视质量差,其性价比还不能达到推广、普及的要求。

我国当前在重点发展"经济信息化"。这完全是为了当前我国经济现代化发展的迫切需要。我国工业化程度,在质与量两个方面,还是低的。应当充分运用已现成可用的电子信息技术加快工业化的进程。电子信息装备及其基础的生产和应用都应得到优先发展。然而,我们绝不能丝毫忽略文化电子技术的发展。科学技术发展需要电子技术。电视教育要加强。影视作业和文学艺术也都是精神文明的要素,在提高人民文化水平和日常宣传教育,提高人民道德情操方面是无可代替的工具。更应从新产业革命的终极目标着眼,从现在就要一步一步地向它推进。

我国经济还是落后的,绝大部分人民支付水平低,因此应当注意到:

(1)先进的文化信息系统是一个未来的事物。5个组成部分和6个子系统中,如缺一个就不成为总系统,特别是第一个组成部分各子系统是"刚性"地相互结合。美国提出来,是因为在他们需要和可能将在两三个10年中可达到成熟,但迄今也未形成完整方案。我国也只在有限的地区可在这个时间内有所实现或实验。

(2)高级交互电视技术比常规高速通信需要数十倍的数据率和大量庞大的信息库。由广播电视走向交互或点索电视又是电视技术的一个大飞跃。在我国还只能在极有限的地区争取实现。

(3)我国在建设庞大的光纤通信网络,这将为实现先进的文化信息运作总系统准备一个条件。下一步还必须解决"极多用户环路、极高数据率和极高度实时性"的信道分配调度设备,才能组成完整的网络子系统,那时才至少符合"信息高速公路"的字面含义。切不可以为用上光纤就是高速。在若干年内,我国还只能在非常有限的范围内,实现这个总系统。

(4)发展常规的通信技术和有线、无线、卫星电视是现实迫切的需要,还要继续花大力气。可能在相当长时间内,二者还只能有限地融合为一个系统。

(此文刊于《祝贺钱学森同志 85 寿辰论文集》,浙江教育出版社)

信息业与电子发展的总貌

(1995 年 8 月 1 日)

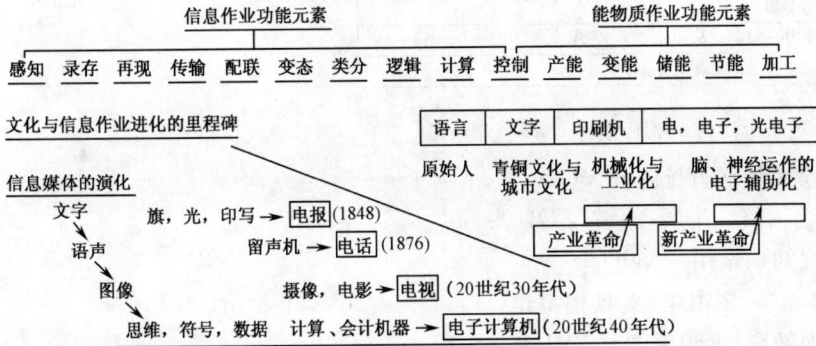

信息作业功能元素　　　　　　　　能物质作业功能元素

感知　录存　再现　传输　配联　变态　类分　逻辑　计算　控制　产能　变能　储能　节能　加工

文化与信息作业进化的里程碑

语言	文字	印刷机	电，电子，光电子
原始人	青铜文化与城市文化	机械化与工业化	脑、神经运作的电子辅助化

信息媒体的演化

文字　　　旗，光，印写　→　电报 (1848)

语声　　　留声机　→　电话 (1876)　　　产业革命　　新产业革命

图像　　　摄像，电影　→　电视（20世纪30年代）

思维，符号，数据　计算、会计机器　→　电子计算机（20世纪40年代）

电子信息作业应用的成熟标志：

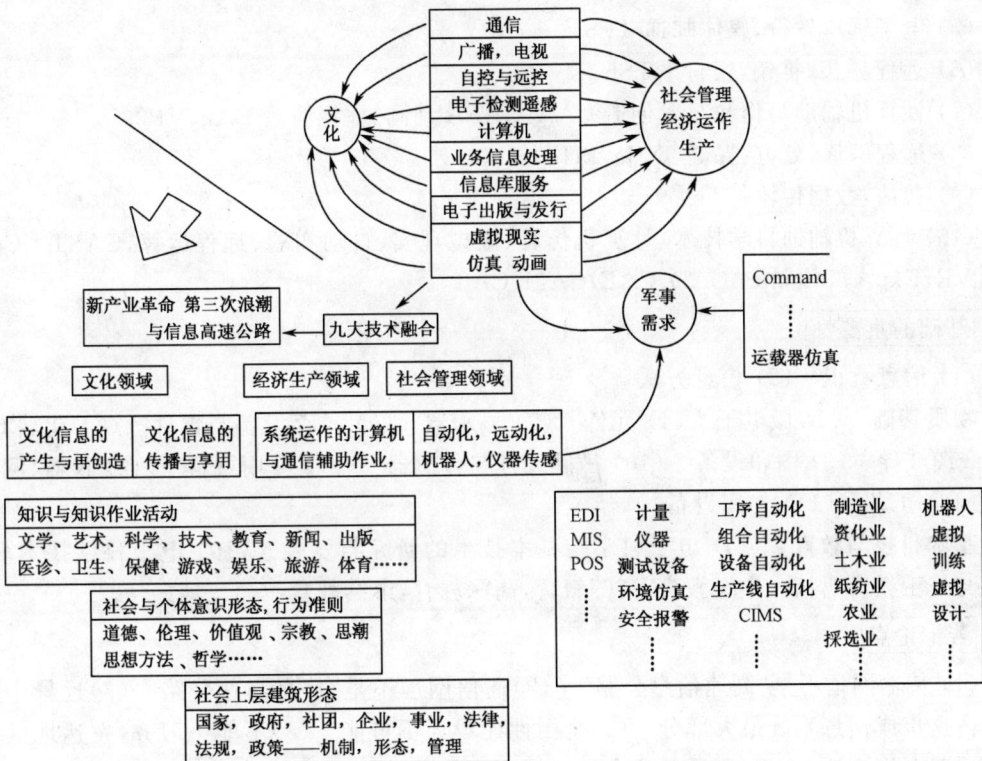

| 通信 |
| 广播，电视 |
| 自控与远控 |
| 电子检测遥感 |
| 计算机 |
| 业务信息处理 |
| 信息库服务 |
| 电子出版与发行 |
| 虚拟现实 |
| 仿真　动画 |

文化　　　社会管理经济运作生产

军事需求　　Command　运载器仿真

新产业革命　第三次浪潮与信息高速公路　←　九大技术融合

文化领域　　　经济生产领域　　社会管理领域

| 文化信息的产生与再创造 | 文化信息的传播与享用 | 系统作业的计算机与通信辅助作业， | 自动化，远动化，机器人，仪器传感 |

知识与知识作业活动
文学、艺术、科学、技术、教育、新闻、出版
医诊、卫生、保健、游戏、娱乐、旅游、体育……

社会与个体意识形态，行为准则
道德、伦理、价值观、宗教、思潮
思想方法、哲学……

社会上层建筑形态
国家，政府，社团，企业，事业，法律，
法规，政策——机制，形态，管理

EDI	计量	工序自动化	制造业	机器人
MIS	仪器	组合自动化	资化业	虚拟
POS	测试设备	设备自动化	土木业	训练
……	环境仿真	生产线自动化	纸纺业	虚拟
	安全报警	CIMS	农业	设计
			采选业	

综合全能集成信息系统	终端器-有形或无形联网，摄、录、收、放、编、发……	
	综合、多功能、单功能 声、文、图、像……	随身听，随身看，随身查（字），随身算/随身拨（号）随身写（作）……
	传输线路-有线，无线；光纤、卫星、微波、同轴、双导线……	
	分联系统-线路、信道生产、用、库间分配 集线，路由，程控，分组，ATM、CDMA、光交换……	
	信息产生与创造-摄音，摄像，编改、录入、发送 棚室，器-固定、便携、随身，袖珍计算机，实验室、站、科技作业现场	
	信息库、服务器	
	信息载体制作，复制、发行，发布，邮递	
	软件分布在以上子系统及系统总体中	

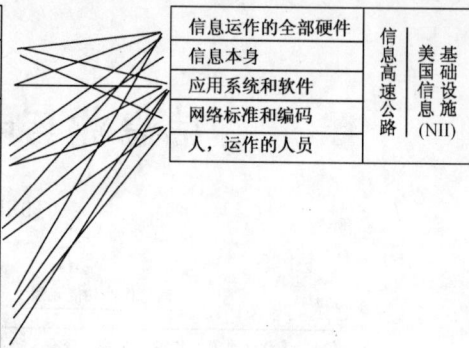

信息高速公路 美国信息基础设施（NII）

- 信息运作的全部硬件
- 信息本身
- 应用系统和软件
- 网络标准和编码
- 人，运作的人员

集成信息系统提供的社会服务

（1）远程文艺享用与休闲 VOD

剧场影院，舞台，乐所，旅游，游戏

（2）远程知识索用　KOD

画廊、博物馆、图书馆、文献档案馆

（3）电视教育、远程课堂　TVEd

（4）电视办公、会议、会见 TVO，TVM

（5）电子远程发行，媒体邮递 TPb

（6）远程采买、推销，银行　TSh，TS，TB

（7）计算机辅助写作和艺术创造 CAA，CAFA 动画、虚拟演录 EAn，VPf

（8）远程医诊、处方、保健、TMa THc

（9）通信，数据传输　Telecom

（10）计算机辅助科学技术，计算机仿真、虚拟现实、自动实验、远程运算，CAST—Comp-Sim，VR，ExpA，TComp＋CAD，CAE、CAM、CAT

基础的重要性

（1）信息意识　（2）信息方法普及

物质基础　（3）微电子　（4）元件　（5）显示器　（6）录存设备与器件　（7）化、物电源（8）线缆波导　（9）图印设备　（10）敏感元件与传感器　（11）专用材料　（12）仪器、测试设备　（13）工艺　（14）专用设备

基本科技与教育　（15）电子科学与基本技术的研究与发展　（16）电子科学技术教育：初级与技工教育，科普，中级教育，高等教育，高深教育，继续教育

若干论点

（1）传输网远不是"高速信息公路"　（2）通信网远不是"信息高速公路　（3）远景中文化信息占据集成信息系统最大部分　（4）全国性建设还不可能　（5）不能一刀齐，发达地区先试（6）电信，电视广播，文化，电子工业合作。新产业革命引向"文化牵引经济的时代"

对于发展高清晰度电视之我见

1994 年 1 月 31 日

在我国必须迅速推进高清晰度电视发展这个命题在社会上已经引起很大关注,应当引发社会上更大的、最大的关注。不但要从国际的趋向,从高清晰度电视可提供的优越服务引起关注;不仅要作为先进技术标志引起社会的关注,(现在已经进行了大量的论证工作),更要从它对社会迫切需求的重大作用和它对我国经济发展所提供的优越机遇和效益引起社会给以更大的重视;还要提高到作为以电子和光电子技术为中心的当代文化产业革命新标志的高度认识这一命题。

一、社会发展的要求是强大的动力和压力

我国现拥有广播电台 850 座和电视台 600 多座,有线电视台 500 多座,卫星地面收转站 4 万座左右。电视人口覆盖率超过 80%。这个电视网共有 2 亿 3 千万台电视机服务。这就是说在覆盖区内达到几乎四人平均一台电视机(1992 年)。我国有形教育、书籍报刊、图书馆、博物馆、剧场、影院的普及广度、深度还远不能和人口数量相匹配,然而我国人民的文化知识水平,教育、宣传工作的成绩都是较好的。这就得益于这个电视网的存在,其功能是不可丝毫低估的。但这 2.3 亿台电视接收机大都是八九十年代间装用的,在十五年左右的时间内都要换装,而普及程度还要增长,即总装备数量还要增长。随着人民收入的增长,成亿的观众用户都会对电视提出提高服务质量的要求。用什么来满足广大用户的要求?这个时间恰好是美国预计大部分电视节目改为高清晰度电视的时限。因此那时我国用户们一定会提出迫切的要求。这个压力是强大的,我们不能不在这段时间内争取高清晰度电视得到发展。

人民文化的提高、人民素质的提高,将对整个国家的社会、经济生活产生巨大的社会效益。在这问题面前不容我们丝毫退缩或踟蹰不前。当代高清晰电视是美国等发达国家多年在电子高新技术研究的成果转到社会上普及利用。我们掌握了它,并在推广中产生一支技术队伍,反过来也能促进我国电子技术向高新领域发展。

二、经济发展和产业建设不可错过的机遇

高清晰度电视产业是一个巨大的产业,具有极大的经济效益。仅就电视接收机而论,现有 2 亿多台常规接收机的原价可估计为 2 千亿元(按 1993 年物价指数)。这是笔很大的社会投资,在十年左右时间内投放这样规模,其投放强度也是很高的,没有几个产业可与它相比。如果今后某一个十五年期内全部换装为高清晰度电视接收机,其总值可达 4~8000 亿元(按 1993 年物价)。这样大的投资,能产生巨大的社会效益,却不需要国家支付,还提供极可观的利税效益和起增加就业率增强社会稳定性的作用,并能回笼大量货币,这个经济效益是绝不可丝毫低估的。

在考虑接收机产业建设时,尽管同时要考虑播放的设施,然而又不应当把二者捆绑在一起。应立即启动接收机的研制和筹划建厂。估计社会购买力发展,理论上现在就可有以万台

计的销路,然而现在既无播送台,也就无接收机使用的可能。十年以后的销售量可能会达到每年以十万台计。就是如上估计,每年以十万台计的产量也不足以保证经济社会的产业运行。十年左右之内,只靠国内市场不行。在有了播送台以后,这个情况也不能改变,因为这是为国内经济增长速度所制约的。这就决定了必须面向国内国际两个市场,近期尤其应当面向发达世界的市场(如美国等)。这不仅是为产业经济运行着想,这样做还对发展外贸改进外汇平衡起可观的积极作用。为使这个决策能行得通,要求和国际进度相配合和争取国际合作。在发达国家,甚至韩国,其进度已达到随时可以摘到桃子的程度了,正待建设产业和推广应用。如果说"机遇"指在适当的时刻做出适当的决策,则现在是一个难逢的机遇,不可错过。应当说在我国建厂为发达国家生产 HDTV 接收机,具有低劳动成本等有利于投资的条件,这也是现时的"机遇"因素。如果能争取到国际合作,那就会又是及早投入市场的"机遇",不仅是我们的,也是合作方的"机遇"。

从技术发展和产业建设说,从国外和国内说,这都是十分有利的。研制接收机和建厂生产都不必等待国内体制研究的结论或实现试播,避免了相互制约或牵制。现在国际上高清晰度电视的技术框架已在明朗化中,我国将来的体制不大可能远离这个已成熟的框架。因此,我们一旦建成这样的经济合理的产业,只要把产品中一小部分划出按国内要求稍作改动,就可以随时满足国内的小量需要。若仅为国内需求建厂生产,就不可能得到这样的双重利益,从而导致成本过高甚至无法实现。

三、坚持自力更生有促进国际合作的重要作用

以上从社会效益和经济效益的角度讨论了发展高清晰电视的紧迫性,兼及接收工具的技术发展和产业建设,也应与播送设施并行地及早进行。现在讨论一些更深一些层次的问题,例如自力更生与国际合作——引进技术的关系。二者之间应当互相促进,而从我方而论,必须以自力更生为主,进行技术发展以至中间生产的工作。这样做,当我们的技术水平与国际上差距缩短时,会诱发国际合作的积极性。相反的情况下,则外商反可能采取消极态度。另一方面,如果我们没有掌握技术到一定程度,也不可能消化、吸收好引进的技术。这都要求我们及早自力更生为主地进行工作。应当确立这个项目的地位并集中人力财力及早开展工作。这是立足于我们多年实践的经验和现实合理的推论。当然我们也是从长远着想:以占世界人口五分之一、富有多种资源、已占有许多当代技术的中国,尽管还有相当大的差距,迟早必须拥有相对系统的、完整的、独立自主的科学、技术、文化与产业。

四、器件,特别是显像管的研制和生产不容推迟

应当把播送与接收所需的器件,并行安排工作。常规电视接收机中显像管占总成本很大部分。在高清晰度电视中,所占成分还要显著地加大。这是因为分辨率提高后难度相应提高。如果考虑到在高清晰度电视中部分地要求大屏幕,而显像管的体积和重量都正比于屏幕尺寸的三次方,那种情况就更为严峻。难度高就应当早启动工作。显像管和解码集成电路器件的需要都是量大面广的,必须解决好。编码的器件也是必要的,但试验用的设备可考虑先用通用的器件搭成。为发挥高清晰度的优点,特别在国内用户市场暂时达不到普及程度时,应考虑投影放映的各种方案。这样可以在公共场所、旅游点、会堂宾馆、饭店、歌舞厅、高清晰度电视放映站等先得到推广,这个数量也是可观的,可以较早创造经济效益。

五、接收机是产业主体,中低档是产业的基干部分。应采取步步为营的战役部署

解决产品研制和建设产业中遇到的各项关键性问题,不可能一次都解决,也不必要一步就达到全部高指标。水平的提高有一个客观上不可逾越的过程。"饭总是要一口口地吃"。例如不管是接收机还是显像管都可以先从用进口部件组装做起,一步步提高国产化程度。这是已经行之有效、证明能达到自给的策略。再有如显像管,如一开头就要求做到 1000 线以上分辨率和 30 英寸以上屏幕尺寸,可能欲速而不达。就我们现有的条件,先上 700 线以上和 22 英寸,按我们现有条件,可以迅速实现。应当考虑,即使是在发达国家,到他们已做到普及时,要求最高分辨率和大尺寸的用户也是少数。大量的要求还是中低档的。例如在美国现在,14 英寸以下的常规彩色电视机和黑白机还是有可观的市场的。若由发达国家自己生产最高分辨率、大屏幕接收机,而由我们占领其中低档市场中那么一小部分,也会有很大的经济效益。这样做也可能给合作的另方以更优越的效益,为他们所欢迎。这样做较少需要合作另方让出其最敏感的技术,较容易较快取得合作协议,建设也快得多,从而争取到深入、广泛掌握基本技术、培养队伍和取得经济效益的时间。这样做才能使我们更扎实地掌握基本技术,更快扩大基层优质技术力量和操作好手的队伍,迅速地建立管理秩序,从而使我们能够以扎实地步伐上更高的档次。这样做从表面上看似乎保守了一些,然而反能更早攀登高峰,达到更高的发展速度。我们开始的产品档次尽管低些,但引进的工艺技术还是要求尽可能更先进。我国的劳动成本低于发达国家,自动化程度的选择应符合于资金生产率和劳动生产率优化的原则,同时也必需照顾到进一步的发展。既不是脱离现状、脱离基础地离开经济效益急于求高,也不是踟蹰不前,自设阻碍前进的障碍,不是采取十足保守的路线。

六、要采用国际通用制式,但也要早日强化制式研究工作

我们应当及早研究高清晰度电视的制式。研究的目的是为了早日深入掌握和解决高清晰度电视的关键技术,缩短跟上国际发展技术步伐所需要的时间。国际上高清晰度电视体制的技术框架已经逐步明朗。尽管不排除在这个框架基础上赋以独自的特色以及自己拥有一定的知识产权,却不能以创造独自的制式为目标。采取与国际上不通用的体制,必然损害国际上的节目交流。这不仅是不便于采用外国的节目材料,也是阻碍我们自己制作的材料向外国传播。在国际上已经成熟的框架上小改小革,不能给自拥知识产权增加多少分量,而只是制造交流上的困难,没有必要倾注过多的注意力。美国对 HDTV 制式研究已进行了四年,1995 年春即将最后确定。欧洲也在全力以赴地进行数字 HDTV 制式研究。我们若不早日进行研究,就不能及时"拿进来",丧失时间。预定采取与国际通行的体制,绝不意味我们对及早研究体制有丝毫放松。它综合性地代表了数字化高清晰度电视技术的关键和精华,体现了当代高新技术,对我国攀登高新技术高峰是刻不容缓的。

采取国际通用制式,如何处理国际上是否可能将存在不同制式的问题。不能完全排除这种可能性。就接收机论,技术框架已大体一致,是可以适应国际市场的多样性的。由于当代大规模集成电路的成就和数字技术的高度发展,实现多制式的、自动适应的接收机已是不在话下。对于将来的高清晰度电视接收机而说,其成本、价格和单一制式的相比不会有很大的差别。较低档次的产品仍可部分安排较低价格的单制式接收机。实际上,现在的常规彩电接收机中就已经上市了多制式的档次,所占的比重还在不断增长。在发射—播送方面,则只能是采用单一制式(可能是复合的)。应当选择国际上得到认可较早,节目材料来源丰富和经济规模

大的。不是没有这种可能,它会是统治国际市场的,甚至被接受为国际统一体制。

七、接收机和录放机要瞄准对多种制式具有制式自适应能力的目标

从常规电视到高清晰度电视,当中一定要有一个过渡、并存的时期。几亿接收机不可能一夜换装,上千的播送台不可能一夜改造。也不能绝对排除像现在黑白电视与彩色电视那样"长期并存"的局面。然而像现在用黑白机便利地接收彩色节目(当然影像是单色的)那样用常规接收机收看高清晰度节目(当然只能是常规电视的分辨率)是不可能的。数字体制要求必须有解码装置,屏幕长宽比例要适应,帧频和行频都有很大差别,频道也难免不同。对广播接收和分散的录像节目材料(光盘和录像带),前三个问题是共同的,给接收机增加附加装置(也可对已有接收机提供改装服务)是不可免的。其中仅帧频和行频可考虑能否与常规体制部分衔接。应当看到,这一小部分所提供的节约是有限的。而这一过渡,正好提供一个机会,使过去常规电视由于多种体制并存造成的混乱现象改观。因此应当考虑,以生产双制式(常规与高清晰度)电视接收机和提供改造已有常规接收机的服务来适应过渡的需要。如果这样做了,有可能不需要(至少一定时间内)生产专为高清晰度电视的接收机。对接收机说,没有两个制式的差别,而只有每个档次的差别。档次的差别只是在显示器的尺寸与分辨能力上。最低挡的产品的屏幕(当然是 16/9 的长宽比)尺寸一样会是十几英寸,便携式的可以到几英寸。其分辨率仍可能比常规的好些,但也容许仅乎类似;对于小屏幕、便携、袖珍型则分辨率更可允许低些。象这样的屏幕尺寸,其价格比现有常规机可能只多相当于解码装置的部分。在解码装置大规模生产时其成本会大大降低,从而使那时的电视机比常规机只贵一个不大的百分数。中档和低档产品,特别是低档产品将是市场的主流和产业的骨干部分。

可能正是由于以上的考虑,迄今为止,各发达国家,连同初期日本的方案(但除出早期EDTV 等),没有一个把兼容接收作为体制因素考虑。他们会更多地致力于解决接收机自动适应多种体制的技术。

从现在起以后生产的接收机,就应当考虑预留视频信号接口(含图像三基色、同步、伴音)和改装所需空间。

八、充分发挥优秀节目和历史珍贵遗产的作用

研制新的播送设备刻不容缓,按新的数字化高清晰度的体制播送也必须尽可能提早。我们已经积累了大量的按 PAL 制和 NTSC 制录下的优秀节目材料。这些材料一定要发挥好作用。在播送设备中必须包括将它们转换成新体制的装置,将那些材料转录为按新制式的材料。新体制清晰度比旧的高得多,而如简单的转换方法,所发送的节目在高中档新制式接收机中也只能得到常规电视节目的质量。应该很好研究,按常规录像所得到图像,如何通过数字图像处理提高其分辨率,使收视到的图像质量得到一定程度的提高。在这方面我们实际已经有一些初步的技术成果,应当坚持下去,使达到成功。

在写出这篇论述过程中,得到徐孟侠、乐陶、张万书三位专家提供不少材料,本文中也包含了他们的某些观点,特此致谢。

(此文 2003 年 1 月 31 日稍做修改)

跨三个世纪的文化产业革命

（1993 年）

标志着当代文化产业革命的是：基于电子技术的跨进 21 世纪的先进文化信息技术系统。

这是人类历史中第四次文化产业革命或文化作业技术革命，它伴生于当代的新产业革命。

尽管是生产力和生产关系的发展决定人类文化与精神文明状态，然而精神对物质的强大反作用却可与正作用比拟。伴随历次产业革命发展的主线，文化产业革命也有其独自的和大体相对应的发展线条。蒙昧的人类只能依靠五官、四肢、表情、体态和固有的思维、记忆能力来传播、表达和记录信息。岩画、符号和结绳记事大约对应于驯化动、植物而进入农业社会的时期。文字的形成标志第二次文化产业革命，对应于商业与市场经济的发展。在纸能批量生产之后，印刷机的发明标志了历史上的第三次伟大文化产业革命。考察历史，沿着欧洲文艺复兴、宗教改革、科学革命、英国资产阶级政治革命、启蒙运动和以后的传大产业革命跟踪，时刻追寻出印刷机在传播文化中产生的巨大威力。

电气化开端于 19 世纪 40 年代电报业兴起（动力应用实际开始于 30 年以后），这也就孕育了 20 世纪中电子信息产业革命空前的大发展。几乎是与共产主义运动共生，第四次文化产业革命还将在 21 世纪中达到无所不达、无孔不入的真正高潮。将实现的伟大技术革命只有印刷机才能与之媲美，而又远远更为广泛、深入、繁难和绚丽多彩。电子用运动图像传播文化信息，更应与实现文字的伟大成就相联系。

产业革命时期的技术革命直接作用于人的物质、经济生活，从而间接作用于人的精神与文化。跨 21 世纪的技术革命则直接作用于人的精神、文化生活，并以更鲜明的姿态间接地作用于物质、经济生活。新技术革命深入到精神文明的活动中，是一个真正划时代的伟大事件。仅从技术的巨大变革和对经济、国防的直接巨大作用，来理解新的技术革命之伟大，是远远不够的。

一、先进的综合文化信息系统的绚丽前景

这将是 21 世纪的最先进的事物——先进的综合文化信息技术系统。尽管现在已经出现了不少很引人注目的成就，但可能至少要到 21 世纪初才能有一个全幅度的展开。

（1）它将包括四个主要部分。它们是：用户终端——复杂的高质量的智能视听交互终端；无往不达的很宽频带的信息网络和交换机；储存量极大吞吐能力很高的文字、声音、图片、图像信息库；还有多种文化信息采集组合。

从用户方面来看一看这个系统的功能。

——文化艺术欣赏和文化、科学、技术图书查阅，通过交互终端，可以调看调听各种文艺节目，可以任选，不受节目表频道数和时间的限制。音乐、戏剧、舞蹈、电影、绘画、书法等等，还有诗词、文学、历史、地理，古今中外有名的作品典籍，还有那些名演员、名演奏家某次有名的演出，都可调看。屏幕上阅读任何文化、科学、技术著作犹如读书一样，而不受个人藏书的范围限制，也不用到图书馆。形象地说，不出家门就可访问电子戏院、电子影院、电子演奏厅，还有电

子图书馆、电子博物馆等。

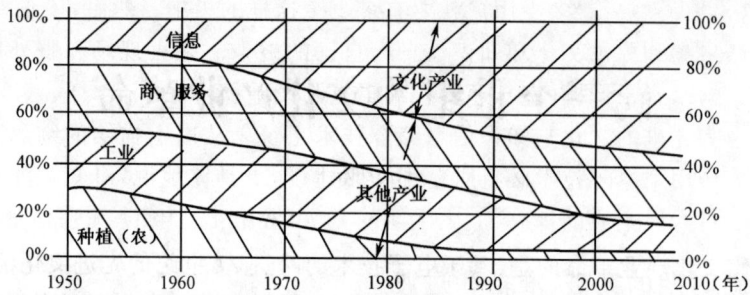

美国各产业份额变化示意（按占用劳动力）

——写作和美术、艺术创造。视听交互终端备有自己的信息存储和处理能力。计算机辅助写作，计算机具备编辑功能，到那时，会比现在强得多，而且因为有"电子图书馆"的功能，调用参考书籍、文章、档案材料十分方便，对于作者的工作效率，可以又一次成倍地提高。写乐谱，写舞谱，模拟演奏、预演，从而发现问题并修改、改进。服装、道具、布景也可模拟，并在屏幕上显示出来，进行改进和提高。绘画和雕塑以及建筑造型等，都可在屏幕上表现出来，以便于创造者修改定稿。

——电子印刷和发行。初级的电子印刷已经实现，全世界许多书籍报刊已经用电子手段印刷而消灭了铅字。进一步是把书籍报刊用软盘或光盘等记录手段发行，达到取消纸张的目标。把光盘或类似的媒体发行到用户手中，就可用用户的视听终端把它的内容再现出来，或用家用印刷机印出。另外一种发行方法，是通过"系统"分配到用户，用户就可随即通过电子图书馆直接调看。

——电视会见。人们可以用电视来会见，还可以开会议，可以会亲友，有如亲临。这将比现在的可视电话先进得多，不但是实时传输的，而且色彩和分辨率都要高许多。

——远程教育。比现在的广播教学和电视教学将是大不相同的。首先是交互型的，即学生与教师可以对话，学生可提问，"系统"随时答复。基本不是按呆板的课程时间表，学生学习的时间可以有很大的灵活程度。不同的课程、不同的程度，兼顾提高、普及和进修的要求，安排不同的教师，使学生有选择的余地。

——电子旅游是这个系统的又一个服务项目。它的原理和前述文艺欣赏是一样的，不过所调看调听的是由艺术家编制的名山大川、名胜古迹的电视节目，有景物有配音。调看中如同亲临其境。也可以调看调听博物馆和其陈列的展品。

——电子答疑，电子选购，电子银行等，不一一叙述。

——计算、仿真、虚拟真实、机械思维等，可以就地或远程作业，对科学技术以及教育的巨大作用是一个伟大、广泛的方面。

（2）为了实现这些以及类似的服务项目，当然需要有供电子戏院、电子影院、电子演奏厅、电子图书馆、电子档案馆等储存、分发信息的大本营。这首先是极大规模的信息库，可能还要分散与集中相结合，采取分布形式。要存储的信息是浩如烟海的，所以每一个库容量至少百倍于现在已设想的信息数据库的规模。吞吐的信息量也会是现有的几十倍。

（3）这个信息库必须和极广大用户联通。各个用户之间也要有极高信息率的讯道联通起来。这就是说，必须有一个极大规模的网络和与之相适应的交换机。

（4）非常多样的和大量配置的信息采集设施。一个用户终端就是一个摄像、摄音合用键盘、语声控制的采集设施。有多少用户就要有多少个这样的设施。然而，还必有成万的单位和更多的个人是以采集和提供文化和知识信息为自己的专业。除去现场和野外用的装置以外，还要有许多专门的录音录像棚（室），还要有编辑复制设施。

这可以称之为先进的文化与知识信息综合技术系统。从以上描绘的绚丽多彩的前景，可以看到它的巨大作用。电子技术必将对精神文明建设，更具体地说，对知识的传播、思想的交流、社会的发展，对人民素质的提高、人民生活的充实，做出无可比拟、无法估量的巨大贡献。

二、进入新时期的突破、准备和过渡

文化电子的技术革命是经过 100 年的辛勤努力才能实现的大事业。我们已经经历了两个阶段 80 年发展，正在向第三阶段做后 20 年的冲刺。其间已经有了不少的突破。

第一个阶段从广播、电视发展到录音、录像，发展得已经相当充分。第二阶段以计算机的发展与第一阶段交叉，计算机、电子邮政、传真等正在进入每个家庭，光纤通信、卫星传播也在开始进入家庭。电子编辑、电子写作和电子排印已经成熟推广，提高效率许多倍。激光唱片和录像盘已占领市场。远程教育已可通过卫星传播实现。

在第二阶段中出现了向第三阶段的突破。有代表性的是已出现电子书刊发行的尝试——用激光盘或磁盘代替纸，用编码代文字，用显像管——计算机终端显示、阅读。仅是现在的激光唱盘已可记录几千页的文字或成百幅的高质量彩图，Teletext 和 Videotext（电视播送文字和电话文字播送）已在普及之中。这几种技术集中起来，和大规模数据库技术结合，再把技术水平提高一大步，建设一定的规模，就是"电子信息馆"的雏形。计算机终端和公共通信都已向多媒体发展，距离视听交互终端的要求还差得较多。主要是图像处理能力和文字、语音的识别方面的差距，现也在集中地进行工作。用电话线路传输入广播电视在进行试验高分辨率电视实现以后，画面质量足以满足初步的要求。

网络方面，现在有线、无线、微波、卫星都在大步前进，用光纤传六次群信息已是垂手可得。交换机则还有相当距离。要通过很高的数据率，要接纳多用户，中继占用率高，也许只能走光路交换的途径，已进行多方面的探索工作。组网技术方面，宽带综合服务数字网已经提上了日程。

事实上有的有线电视（CATV）网上已开放了电信业务。这是又一种可能的过渡途径。

另一方面是图、像、声、终端的高度弥散，不但已进入人家而且来到每人身边，例如，磁带、激光唱片和收音"随身听"，掌上计算机"随身算"，个人通信机"随身拨"号，袖珍电视"随身看"，文字处理"随身写"，电子词典"随身查"等。

为了实现 21 世纪的先进文化与知识信息综合技术系统所必须进一步探索提高的技术问题，可以列举一些：

（1）微电子技术；

（2）计算机软硬件技术；

（3）极大数据库；

（4）极大密度、极大容量的存储；

（5）超高分辨率固体摄像器件；

（6）大型、巨型以及微小型高分辨率显示器件；

（7）立体电视技术；

（8）超大规模、超大容量、超宽频带交换技术，有可能是光能交换机；

（9）大比率的先进图像信息实时压缩技术和先进复杂图形技术；

（10）高效能语声识别技术和手写文字识别；

（11）光导传输技术，人工智能技术和知识工程，人工神经网络等。

可以看到，这些问题都是在当前电子技术界都在探索的问题的基础上提出的更高更繁难的奋斗目标。从一个综合的要求提出各项技术的一套相互协调的目标，将给这些工作提供一个强大的动力和凝聚力。

先进文化综合信息系统在技术上是基于现在都在探索中的课题，有把握在不太长的时期内实现。不但如此，在进展中随时获得中间成果，都能立即发挥作用。电子书刊就是一个例子，可以不待先进文化系统完成就已付诸实施。再如宽带综合业务数字网也是通向先进文化系统的一个"踏脚石"。各项技术的成果，不仅用于文化电子，而且完全会用于经济建设和国防建设。

（此文刊于《经济与信息》1993 年第 5 期）

产业革命，文化产业革命和"消费电子"

（1993 年 11 月 2 日）

一

消费电子产品关乎亿万人民的每日生活，因此已得到整个社会的巨大的关注。然而，当代是电子技术以及光技术的高涨正在推动新文化产业革命走向真正全盛期的跨世纪的年代。若不从这个视角，从人类文化——精神文明发展的视角来对待"消费电子"产业，那就远远不能理解它的伟大历史意义。

文化：采用一个较普适的、近乎常识的陈述——人类知识劳动成就积累的总和*；科学、技术、文学、艺术，一切上层建筑形态和社会意识形态等等。

产业：关联于物质生产的事业。

文化产业：关联于文化物质的生产的事业。

文化产业革命：当然是产业革命的一部分，然而有相对的特定范围，有自己的起点和高潮。

物质变精神。物质是第一性的。产业革命对文化发展产生根本的革命性的作用。

精神变物质，文化进步对产业进步产生反作用。在一定的时间与空间范围，反作用更强大而占主导位置。

二

蒙昧的人类以采集、狩猎为生，他们拥有天然的也是最基本的文化信息作业手段：五官、四肢、表情、体态，高级的是思维、记忆，以后的人类也永远不会离开这些。岩画、符号、结绳记事对应于驯化动、植物而进入农业社会的时期。文字形成标志文化产业的第二次革命，对应于商业与市场经济开始发展。15 世纪印刷机出现到 18 世纪初造纸机械化以近三个世纪实现了第三次文化产业革命。沿着欧洲文艺复兴、宗教改革、科学革命、资产阶级政治革命，启蒙运动和以后的伟大产业革命，跟踪考察历史的发展，处处追寻到第三次文化产业革命在传播文化中，在推动社会进步中所起的伟大作用。没有先进的文化作业物质手段促进文化的高速度发展，波澜壮阔的产业进步、社会进步是不可想像的。

当代文化产业革命的标志是正在跨世纪时期中形成起来的先进文化信息技术系统。它是以电子技术和光电技术新进展为基础的，它将是无所不在、无所不达，具有无限功能的。信息的活动既贯穿于物质生活、物质生产的全部过程中，也贯穿于文化的、知识的、精神文明的全部活动中，文化信息作业是信息作业中最精粹、最富有创新活动力的部分。20 世纪 80 年代，许多有先见的人士热烈宣扬了信息、信息作业，电子信息作业在开辟一个崭新伟大时代中的压倒一切的意义。他们在某种意义上似乎没有摆平信息与物质（含能）之间的关系，然而他们更大的缺陷是对于文化信息的伟大意义没有给予起码充分的强调，而似乎信息只属于物质活动。

---

* 知识是第二性的，在这个意义上依附于实践。

三

先进文化信息技术系统也可说是高度综合的文化信息服务系统。这个系统将不是一个短时期内产生出来的，而是在一个多世纪中电信和电子技术发展的基础上，最后通过宏伟的集成过程形成的。集成的核心是一些庞大而灵活的信息库，通过极宽频带的通讯电路和极大容量的信道交换设备达到每一个个人或集体。每个用户手头有一个高度集成的全功能像、声、文字交互终端，或有一些便携的多功能或单功能终端器。这些系统通过全功能终端可以提供这样绚丽多彩的服务。

——文化艺术欣赏：和现在的电视广播不同，播送中心的节目更丰富，还有无数的任选节目掌握在信息库中供任意调看、调听，可以看到历史上有名的美术品、著名的演出等。兼备有画廊、博物馆的作用。

——学术工作条件：可以调阅任何科学技术、文史哲法、社会科学、医药卫生的书刊、典籍、文献、档案，如同家里有一个自备的大规模图书馆、档案馆。当然，人们也从中欣赏文学艺术。

——文学、科学写作：艺术创造在终端就可得到现在计算机上所提供的高效能，而且由于从终端可以联接到电子图书馆、电子博物馆、电子档案馆、电子剧院等，丰富的、便利的参考对作业的质量和速度起千百倍提高作用。

——电子编辑、印刷和发行：这是第三次文化产业革命的传统领域，电子技术已取代了传统的手工版面编辑、手工检字等。激光录盘正在逐步局部地代替纸张，代替书籍。进一步是电子发行，书籍文献通过文化信息系统来发行，读者可以在荧屏上收看，也可用家庭轻型设备印刷成书，以上两项把书刊的编写出版的周期一下子缩短了许多倍。

——电视会见与会议：人们可以用电视来会见亲友，接洽事务。也可以开电视会议，这些现在也能做到，不过那时将要高度的普及，而且会见的质量提高许多，几乎可以代替直接的会见。

——远程教育：这也是现在已经做到的，但到那时大大地不同了。课程、课时、教师、教材可以任选，学生有极大的选择余地。更有甚者，学生可以提问，由系统或教师答问，进行讨论。

——电子旅游：名山大川、风景茂林、古迹遗址，由艺术家、历史家编制，附有解说，虽不能代替寻幽访胜，如在大屏幕上表现出来，也有亲临其境之感。

——科学技术：通过远程教育系统，得到各个层次的科学技术知识，提高水平。对新开辟的专题，组织拓导报告，便于科学研究入门。比许多现在用录像传播更多的知识，可从系统调看调听。通过电视通信，可以召开学术会议，避免长途跋涉。可向电子图书馆，调阅检索范围广泛的书刊、资料、档案，便于科学研究发展。

——远程运算：这也是科学技术服务的一种特殊形式。系统和许多大型、巨型计算机站联通。凡手头计算能力不足时，可以调用它们的计算能力，解决运算、仿真等问题。

——远程医诊、电子银行、电子购物、电子答疑等等，不一一叙述。

从以上看，先进文化信息技术系统的形成正是当前广播、电视、电声、通信、计算机、计算机网络、数据库等向高度发展而相互融合的必然趋向。当前有的有线电视网开放通信业务，可视电话逐步推广提高，计算机——计算机网络向多媒体转化等是沿着这个途径的发展。就其实体而言，最后实现的可能是一个"公用"的极高性能的综合服务信息网络。然而由于文化因素的参与，由于文化活动的高度繁复性和广泛性，文化服务设施要求的大量投放，文化将在这个网络中占强大的主导位置。

四

现在我们进一步考察一下文化产业革命和消费电子的关系。

首先,电子的先进文化信息装备中有很重要的部分不属于消费类的范围。如前所述中:节目制作中心,发送中心,网络硬件,信息库,信道控制交换设施等,都是要集中装备、集中管理、集中投放的,不属消费范围。随着服务范围扩大,质量要求提高,这方面的技术要求肯定日益繁复,而且投放规模不断扩大。然而消费性的部分是广泛为群众所掌握的,要求是严格的,而且规模是大的。

当然,消费电子产品也并不是完全是文化电子产品,仅仅那些联系到信息作业的部分属于这个范围。然而就是这一部分是先进文化系统和广大群众交互作用的部分,数量极大,十分地广泛。历史上最早进入这个范围的是电话机,然后是收音机,以后依次是电声设备,电视机,家用录像机,传真机,甚至个人计算机和工作站、复印机等。已经出现了可视电话,CD-ROM 书刊阅读器,多媒体计算机联网终端等。将来向多功能和全功能的综合服务网络终端发展,现在的"随身听"、"随身看微型电视"、"随身算(计算器与小微型计算机)、"随身拨号(蜂窝通信)"等,今后还会有个人通信系统(PCS)、个人定位系统(Personal GPS)、随身多功能文化信息终端等,也都属于这个范围,让我们考察一下:以我国作为相对发展滞后的国家,仅所拥有的彩色和黑白电视机已超过两亿台,从此估计我国人民在消费电子方面累计投放可能在三千亿元左右。这远超过国家在广播电视播送设施的投放,可能不少于全国电信设施的投放。文化信息作业对国家的经济建设和社会进步做出不可估量的贡献,却是由人民,不是国家,大量投放,国家还从消费电子生产得到效益。这是人们应当给予最充分的关注的现象。

文化消费电子是消费电子中最为技术密集并占有很大份额的精华部分,特别是从当前文化产业革命发展形势来看,它在对社会进步起巨大作用,而且还要起日益更加巨大的作用。文化消费电子产业,是联系到广大人民精神文明活动和灵魂活动的产业,应当给予非同寻常的最大关注。它绝不是酿酒、卷烟、制造高级化妆品那些仅为感官享受甚至还有害健康的产业所能相比。人们应当明确无误地确认这个极重要的论点。

(此文刊于《全国消费电子大会论文集》)

跨进 21 世纪的先进文化信息技术系统

（1991 年 3 月 18 日）

一、产业革命从物质活动到精神活动的扩展

从产业革命开始，人类开始了一场波澜壮阔，持久不息而日益增强的斗争。在这场斗争中，人们的目标是用人造的物质手段以倍增人对客观世界的作业能力。产业革命时，是用机器倍增人使用工具的能力，以及用新的机器能、蒸汽机及其后继者，代替人的直接操作。这标志了当时的技术革命。

20 世纪初，这一伟大的斗争进入了一个新的技术革命阶段。在这个阶段里，被新因素倍增的人作业于信息的能力。这场斗争孕育于 19 世纪前期：1837 年，电第一次进入了信息作业的领域即电报的出现；发轫于 19 世纪的最后四分之一：电话以及留声机的发明。

此后，由于电磁波的发现和利用，更由于电子管的发明，电子作为信息作业的新手段和新技术，对人的信息作业能力起了不断增长的倍增作用。信息作业是新的技术革命的战场，电子是新的技术革命的武器要素。20 世纪初，电子技术开始应用的领域是伸向四面八方的广播和通讯。20 年代，它又初步进入了测量和控制的范围。30 年代电视的出现，标志着一次大跃迁，电子进入了形象信息领域。40 年代是个突飞猛进的年代；雷达的大发展，推动了微波技术的空前迈进。然而，起巨大作用的是两个伟大发明：半导体晶体管和电子计算机。两大发明和通讯、广播、军事应用、产业应用相结合，为后 50 年电子技术深入几乎一切行业的、非常壮阔雄伟的发展，奠定了基础。

产业革命时期的技术革命直接作用于人的物质、经济生活，从而间接作用于人的精神与文化。21 世纪的技术革命则直接作用于人的精神、文化生活，并以更鲜明的姿态间接地作用于物质、经济生活。只有从这个角度理解这场革命，才能理解它对于人类生活的巨大冲击作用，绝不限于经济信息作业的范围。新技术革命深入到精神文明的活动中，是一个真正划时代的伟大事件。仅从技术的巨大变革和对经济、国防的巨大作用，来理解新的技术革命之伟大，是远远不够的。这场革命只有印刷术的推广能与之媲美，而又远为广泛深入而绚丽多彩。

二、先进的综合文化信息系统的绚丽前景

这将是 21 世纪的最先进的事物——先进的综合文化信息技术系统。尽管现在已经出现了不少很引人注目的成就，但可能至少要到 21 世纪初才能有一个全幅度的展开。

（一）可以这样设想，它将包括四个主要部分。它们是：用户终端——视听交互终端；一个无往不达的很宽频带的信息网络和交换机；一种储存量极大吞吐能力很高的文字、声音、图片的国家信息库；还有多种文化信息采集组合。

从用户方面来看一看这个系统的功能。从以下列举的功能还可以衍生出许多。

——文化艺术欣赏。通过交互终端，可以调看调听各种文艺节目，好像现在看电视、听广播一样。但可以任选，不受节目表的限制，不受频道数和时间的限制。音乐、戏剧、舞蹈、电影、绘画、书法等等，还有诗词、文学、历史、地理，古今中外有名的作品典籍，还有那些名演员、名演

奏家某次有名的演出,都可调看。在屏幕上阅读任何著作犹如读书一样,但只要信息库中有的,不受个人藏书的范围限制,也不用到图书馆。也可以调看任何参考书籍。形象地说,不出家门就可访问电子戏院、电子影院、电子演奏厅,还有电子图书馆、电子博物馆等。

——写作和美术、艺术创造。视听交互终端各有自己的信息存储和处理能力。只要是要求不太复杂,一般计算机能做的工作,都能进行。因此,计算机辅助写作,即现在的计算机编辑功能也是具备的。到那时,这种功能会比现在强得多,而且因为有"电子图书馆"的功能,调用参考书籍、文章、档案材料十分方便,对于作者的工作效率,可以又一次成倍地提高。写乐谱,写舞谱,用计算机辅助,也可如法炮制,而且还可以用计算机模拟演奏、预演,从而发现问题并修改、改进。演出的服装、道具、布景也可模拟,并在屏幕上显示出来,进行改进和提高。美术创造,包括绘画和雕塑以及建筑造型等,都可按创作者的意图,在屏幕上表现出来,以便于创造者修改定稿。立体的作品不但可以显示出立体来,还可旋转对象作面面观,也可以变换背景和环境以观察效果,最后定稿。

——电子印刷和发行。初级的电子印刷已经实现,全世界许多书籍报刊已经用电子手段印刷而消灭了铅字。进一步是把书籍报刊用软盘或光盘等记录手段发行,可比纸张缩小几万倍。把光盘或类似的媒体发行到用户手中,就可用用户的视听交互终端把它的内容再现出来,或用家用印刷机印出,发行速度快无数倍。另外一种发行方法,是把编码的书刊内容通过"系统"分配到用户,用户就可通过电子图书馆直接调看。

——电视会见。现在人们可以用电话和任何人对话。到那时,就可以用电视来会见。可以开会议,可以会亲友,有如亲临。这将比现在的可视电话先进得多,不但是实时传输的(可视电话是分时逐帧传输的),而且色彩和分辨率都要高许多。

——远程教育。比现在的广播教学和电视教学将是大不相同的。首先是交互型的,即学生与教师可以对话,学生可以提问,"系统"按事先预定的方案答复,甚至以人工智能的方法自编答复。再有就是基本不是按呆板的课程时间表进行教学,所以学生学习的时间可以有很大的灵活程度。当然,教学内容比现在也丰富得多,不同的课程、不同的程度,兼顾提高、普及和进修的要求,并且同一课程有时还安排不同的教师,使学生有选择的余地。像这样大的信息量,远不是现有技术系统的作业能力所能胜任。

——电子旅游是这个系统的又一个服务项目。它的原理和如前所述文艺欣赏是一样的,不过所调看调听的是由艺术家编制的名山大川、名胜古迹的电视节目,有景物有配音。调看中如同亲临其境。也可以调看调听博物馆和其陈列的展品。

——电子答问,电子诊疗,电子选购,电子银行等等,这里不做详细描述。

(二)为了实现这些以及类似的服务项目,当然需要有供电子戏院、电子影院、电子演奏厅、电子图书馆、电子档案馆等储存、分发信息的大本营。这首先可能是极大规模的信息库,可能还要分散与集中相结合,采取分布形式。要存储的信息是浩如烟海的,所以每一个库的容量至少百倍于现在已设想的信息数据库的规模。从以上可见,对吞吐的信息量要求,也是很高的,大约也会是现有的几十倍。而且要面对多用户。

(三)这个信息库必须和广大用户联通。各个用户之间也要有极高信息率的信道联通起来。这就是说,必须有一个极大规模的网络和与之相适应的交换机。

(四)非常多样的和大量配置的信息采集设施,主要是摄像录音的设施。一个用户终端就是一个摄像、录音合用键盘、语声控制功能的采集设施。有多少用户就要有多少个这样的设施。然而,还必有成万的单位和更多的个人是以采集和提供文化和知识信息为自己的专业。

因为信息的性质或来源以及提供信息的环境是极其多种多样,有的要求很苛刻,这就使得采集设施也要多种多样。除去现场和野外用的装置以外,还要有许多专门的录音录像棚(室),还要有编辑复制设施。

这可以称之为先进的文化与知识信息综合技术系统。从以上描绘的绚丽多彩的前景,可以看到它的巨大作用。电子技术必将同几百年前兴起的印刷术,并列为历史上对信息作业的两大技术革命,并将对精神文明建设,更具体地说,对知识的传播、思想的交流,社会的发展,对人民素质的提高,人民生活的充实,做出无可比拟、无法估量的巨大贡献。我们已经对电子在物质文明和经济生活中的作用给予充分的肯定;然而,如果不是充分地估计到电子在精神文明和文化生活上的伟大作用,那还是一种不可容忍的低估。

三、进入新时期的突破、准备和过渡

文化电子的技术革命是经过 100 年的辛勤努力才能实现的大事业。我们已经经历了两个阶段 80 年的发展,正在向第三阶段做最后 20 年的冲刺。其间已经有了不少的突破。

第一个阶段从广播、电视发展到录音、录像,发展得已经相当充分。第二阶段以计算机的发展与第一阶段交叉,计算机、电子邮政、传真等正在进入每个家庭,光纤通信、卫星传播也在开始进入家庭生活。电子编辑、电子写作和电子排印已经成熟推广,提高效率许多倍。激光唱片和录像盘已占领市场。远程教育已可通过卫星传播实现。

在第二阶段中出现了向第三阶段的突破。有代表性的是已有一些电子书刊已经上市——用激光盘或磁盘代替纸,用编码代文字,用显像管——计算机终端显示、阅读。仅是现在的 5 英寸激光唱盘已可记录几十册的百科全书带两千张彩图,标准大盘可以存储几小时的彩色电视图像。Teletext 和 Videotext(电视播送文字和电话文字播送)已在普及之中。这几种技术集中起来,和大规模数据库技术结合,再把技术水平提高一大步,建设一定的规模,就是"电子信息馆"的雏形。计算机终端已向多媒体发展,距离视听交互终端的要求还差得较多。主要是图像处理能力和文字、语音的识别方面的差距,现也在集中地进行工作。高分辨率电视实现以后,画面质量足以满足初步的要求。

网络方面,现在用光纤传六次群信息已是垂手可得,波分复用也已实验成功,带宽应是没有问题。交换机则还有相当距离。要通过很高的数据率,要接纳多用户,中继占用率高,只能走光路交换的途径。现在在这问题上已进行多方面的探索工作,突破的可能性很大。组网技术方面,宽带综合数字网已经提上了日程,如再提高一步,解决一些问题,可能就差不多了。

事实上有的有线电视(CATV)网上已开放了电信业务。这是又一种可能的过渡途径。另一方面是声像、图、文终端的高度弥散,不但进入人家,而且来到个人身边。磁带、激光唱片、收音"随身听",袖珍电视"随身看",笔记本式计算机"随身算",手提袋里装得下的文字处理机"随身写"(写作);从无绳电话到蜂窝通信以至正在推广中的个人通信系统"随身拨"……,都是非常重要的技术准备。

如果列举一下,为了实现 21 世纪的先进文化与知识信息综合技术系统所必须特别进一步探索提高的技术问题,可能有这些:

(1)微电子技术继续提高。

(2)一般计算机软硬件技术的继续提高。

(3)极大数据库的组织管理。

(4)极大密度、极大容量的存储设备。

（5）超高分辨率固体摄像器件。

（6）大型、巨型以及微小型高分辨率显示器件；器件的扁平化。

（7）立体电视技术。

（8）超大规模、超大容量、超宽频带交换技术，大体是光交换机，但如光电子转换技术能大大提高，也应当考虑光电子交换机。

（9）大比率的先进图像信息实时压缩技术和先进复杂图形技术。

（10）高效能语声识别技术和手写文字识别。

（11）光导传输技术的提高和新突破。

（12）实用的人工智能技术和知识工程。

（13）人工神经网络技术。

（14）模糊处理技巧。

可以看到，这些问题都是在当前电子技术界都在探索的问题的基础上，为了实现先进的文化与知识综合信息技术系统，而提出的更高更繁难的奋斗目标。提出这样更高的目标，使每一个课题都有了一个促进发展的射靶。从一个综合的要求提出各项技术的一套相互协调的目标，更利于组织这些技术的发展。有了这样一个综合性的远大目标，给这些工作提供了一个强大的动力和凝聚力。

因为先进文化知识综合信息系统在技术上是基于现在都在探索中的课题，这就有把握在不太长的时期内实现这个远大目标。这就是说这个目标是有现实意义的。不但如此，它还保证了在进展中，随时获得中间成果，都有立即发挥作用的可能。电子书刊就是一个例子，可以不待先进文化知识系统完成就付诸实施。再如宽带综合业务数字网本身，就是一个重大的独立的任务，而又是通向先进文化与知识系统的一个"踏脚石"。有关的各项技术的成果，不仅用于文化电子，而且完全会用于经济建设，应用于国防建设。建成的系统的使用也将是多方面的，不仅限于文化信息。

我们国家虽然属于发展中国家，然而人民的思想水平、知识水平都是很突出的。这当然首先是由于社会主义制度和党的领导，但近年来广播、电视的作用也是不容忽视的。正是因为我国常规教育物质条件受经济发达程度的限制，所以广播、电视特别合乎国情，可以比较少的花费得到巨大的文化、教育、宣传的效果。并且，如收音机、电视机等都不用靠国家投资，而是由用户置办。这也特别适合国情特点。由于我们有重视文化电子的传统，到21世纪只有十年了，这个优良传统就应落实到发展21世纪的先进文化与知识综合信息系统。

当然，经济的承担能力是必须考虑的因素。连日本这样经济、技术都十分发达的国家，都认为当前发展宽带综合业务数字网的限制因素不是技术而是经济。然而让我们考虑一下，到2010年止，世界的财富将增长到现在的两倍上下，我国则将拥有三四倍于现有的财富。在这个条件下考虑，那时发达国家可能要建设先进文化与知识系统的试点区、试点大区。我国可能建设试点市、试点小区，这应当是具备条件的。我们完全应当即刻提出这个重大任务，以促进电子科学技术的发展，为达到文化、教育、宣传事业的新高涨，而迎接21世纪的到来。

第 三 部 分

电子与信息技术的来龙去脉

信息—文化—知识和电子技术，
跨三个世纪的故事

（2003 年 5 月 6 日）

一、电视、电脑、因特网、移动通信、自动化当令的今天

1. 新信息时代开始了，这是电视、电脑、网络、移动通信、自动化当令的时代！我国现在几乎家家都有了电视机，大部分还是彩色的。新时代到来了，又出现了 PC，即个人计算机，或说电脑，美国近一半人家都有了。我国大约也有百分之几的人家有了，比他们少，但是每年在增加 50％以上，在稳步地追赶他们。更新的是网络，特别是因特网。"上网"、E-mail、搜索引擎、下载，玩电子游戏，网上购物……成了最时髦的话题。全世界可能有两三亿人已上了因特网。估计在这本书出版时，我国也会有四千几百万人，即 5％～8％左右的人家上了网。我不由得回想到 20 世纪 60 年代我访问英国时，有一位英国朋友问我："你们现在经济发展确实是很快，但以后会慢下去吧？像英国，家家都有了电视机，还会买什么呢？那么又去生产什么呢？"我说，"那就每人买一台计算机，不就是了！"现在看这话还是说准了。只是，那时我却还没有料想到家家"联网"。信息网不仅是电话网了，有线电视网来了，几亿人用上了移动电话，能说话，能发短信息，也能上网。网上又加上了计算机，还要挂在手机（移动通信机）上，还说将来会有万能的数字终端，什么事都能用它来办。

2. 通过网（因特网）人们能做什么呢？在万里之外，可以发电子邮件（E-mail）、可以通电话（IP Phone），还可以玩电子游戏，看新闻，查书籍，看材料，发表议论、评头论足、争论问题，看节目（戏剧、电影……按需点索），看电视，看舞台表演、还有游览博物馆、看风景古迹，近来网上购物又开始热了起来，拍卖搞得热火朝天。从网上还将可接受对口的、专业的或系统完整的教育，比现在的电视教育、VCD 课本、CD-ROM 要强得多。在美国，有些人已经在家里办公了。网以外还有电子出版物、光盘出版物，什么 CD、DVD、VCD、家庭影院、光盘书籍。这些用途大部分都属于文化方面的应用，这涉及到精神文明的建设，是很重要很重要的。这些当然又都是属于信息运作的范围。前些时候谈得很热的信息高速公路就是高性能的"网"。这是我们日常就碰得上的，此外还有许许多多我们日常碰不上而却是一样重要甚至更重要的应用。

3. 文化和信息是紧密相连的，更重要的是创造文化的功能。对于文化作业来说，信息运作的手段能起的作用不光是传送和享用，还有文化的创造。例如说，写文章，现在已有很多人用上了计算机。还有艺术创作，那作用更是神奇，仅举如《侏罗纪公园》、《玩具总动员》、《泰坦尼克》中，那些匪夷所思的人物、场面和不可能重现的历史事件，都是用电子计算机构造的"虚拟"事物。传统的动画艺术以其特殊的格调会传下去，但是也用计算机帮助制作了。表演艺术如话剧、舞蹈、歌剧、音乐……可以用计算机"虚拟现实"预演，修改合格后上演，还配上虚拟的场景、道具。美术品如绘画、雕塑，建筑……可以用计算机三维、二维构图，在图上修改定案后有的用自动化装置构造完成。

4. 创造文化信息的另一个非常重要的方面是科学研究和工程技术工作。科学研究方面用的电子显微镜、射电天文望远镜、回旋加速器、外空探测器、外空天文望远镜……和各式各样

的测量仪器,都是信息作业设备。工程技术方面的应用更是多种多样。特别值得一提的是,不但可用计算机辅助设计制图和施工,还能用计算机仿真和虚拟现实,即用电子计算机模拟实现工程设计。不用实验和实践,在屏幕上就可验证设计的正确与否,找出遗漏或失误。不用图纸,就可以生产产品。

5. 要谈谈自动化,从普通的自动化到智能自动化,到机器人和智能机器人。前面只不过谈了文化信息化,也仅是一部分。信息运作还有其他的重要内容。比如说自动化,首先是广泛地在生产上使用。工业生产和农业生产,从一个个工序的自动化、生产过程自动化,到从企业管理营销、产品设计和工序设计,到车间、仓库、采购、运输等活动,并把生产用机器人也集成在一起的计算机集成制造系统(CIMS),或者叫做"自动化企业",等等。我们常常用"智能"这个词,譬如说智能机器人。

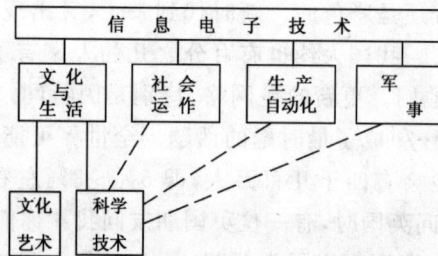

图 1 信息电子技术包含的范围

这是说"机器"不仅是按预定程序办事,而且拥有一点像人的思维能力和智慧,那么还只是很少一点点。机器人有许多特长,例如说上天入地,赴汤蹈火,甚至核辐射或瘟疫、灾害地区,人不能去它能去。现在又有了游戏机器人、电子宠物等等。

6. 社会系统的运行管理可以用上计算机和通信网络,用来达到自动化或准自动化。例如说,通过网,政府可以管理国家、社会、银行、交易所、公司、商店、企业、工厂、修理店、餐馆、交通、运输、租用车……都可以用计算机和网络来帮助管理,远远不只是记账计算机而已,当然也许是比个人计算机更强大的计算机,也不限于因特网。实际上从国家政府到省市社区、企事业单位乃至最基层和个人,也包括家庭活动的计划、组织、管理,都可以用上计算机。再例如说,作为一个特例,有人已在设计试制家庭服务的机器人,带小孩、洗衣服、打扫房间等。机器人能做生产,能做科学观测和实验,能做社会服务……

7. 在军事方面,更有重要的应用。出现"按钮战争"的提法已不只 10 年了,尽管还没有真正出现。可是,从近年中的海湾战争和科索沃战争、阿富汗反恐战争看,特别是伊拉克战争,利用海、陆、空、天各种电子手段侦察战情,用计算机综合分析情报、模拟战争决策,一下子做出几个方案用仿真的方法进行比较抉择,投掷炸弹和发射导弹都用电子、激光瞄准,几乎像玩电子游戏一样。那些穷兵黩武的国家还在搞机器人士兵和微型无人飞机,用来侦察、冲锋、偷袭。此外还有在网络上打"信息战"、破坏数据、偷盗情报、篡改文字、瘫痪系统……不一而足;这确实是离按钮战争的技术远景越来越近了。这方面的进展依靠的是什么呢?也正就是信息化,自动化,电子化。尽管战争作为政治的代选事物,它的成败得失要交给后人评价,然而战争的技术却已经作出了充分的表演。

人造地球卫星、载人轨道航天器、地外行星探测器都是最复杂的高技术活动,都充满了大量精密的电子装备。要发射它们出去,怎样能够准确地进入轨道、控制它的运行,都要依靠高效能的复杂的电子的、信息的和自动化的设备。

当然,不管怎样自动化,人的参与不可少! 前面说的自动化都不可免要人的参与。"自动化"程度越是高,所需要的参与就越少;可是这个参与却越是重要,越具有决定性,越不可少,越要求高质量。

信息运作的巨大变革几乎无所不达。它已经渗透进工、农、商、政、民、文化、教育、军事等各个方面,几乎可说是无孔不入、无所不在了。不能说它无所不能,可是到处都会起多少倍的增强作用。

二、近现代史上两个伟大事件,机械化和电子化

1. 这个时代叫做新信息化产业革命时代,把新字省掉,就是信息时代,也可以说是"自动化"时代。各位读者,你们一定已经发现了一二十年来,社会上许多"未来学者"都在谈论,说这个世界正在进入一个新时代。上世纪 60 年代中我也设想过新时代应该是电子时代,以别于机械时代。那时,电报、电话、电视、雷达、导弹、电子计算机都陆续出现了,哪个不是靠了电子管、半导体、微电子(集成电路)等等而达到了空前的优越水平的。但是,这只是从技术革命的角度描写问题。若从社会运作的实践说,受到这个技术革命的推动,更出现了很多很重要的、影响全局的新事物。看来"新信息时代"这个名词更具有概括性,也远为确切。也有人说是"数字化时代",这是说一切信息都在数字化,人人都要时时和数字打交道,这是说当前,新信息化经历了一个世纪左右的年代,正在进入一个新深度,这个深度要用全面数字化的技术来表述。如果着眼更远,则终将是文化产业统领整个社会和经济发展的未来时代。

何以特别标出是"新信息时代"? 这提法有没有缺欠呢? 当然,从人类出现已有几百万年,一直到现在,文化、社会、经济已经是高度地发达、高度地进步;这其间从来就没有过没有信息的时代,也没有过没有信息交流的时代,又为什么单单把这个时代命名为新信息时代呢? 这是因为,20 世纪以来,信息有关的技术,其生产和享用不仅出现了前所未有的飞快的发展,使得社会生活和生产的结构、形态、运行方式都出现了一次空前重大的改变。因此人们说这是一次新的产业革命。不说"新"是不够的。这是因为:第一,15 世纪印刷机的出现已经产生了信息产业本身的一次革命,出现了印刷产业,并对伟大工业革命起了推动作用。现在是电子和光电子出现导致又一次信息产业的革命,理所当然是信息产业的第二次革命,即新信息产业革命。第二,当前的,就全社会而言的第二次产业革命也就应当是新信息化的产业革命。上次,即17、18 世纪的产业革命造成了一个工业社会。新信息化的产业革命将要造出一个新信息化社会,或就叫它信息化时代。现在新的信息作业手段使信息运作空前发达,发达到这样的程度:在最发达的国家里,从事信息运作的人员已经占到全部劳动力的一半以上了。不可避免地,整个社会的运行形式已经被这个情况所大大地改变了,在从纯工业的社会形态蜕变出来。尽管工业还要存在,而且它的重要性一点也不减小,但是社会的形态、面貌要按新信息化的新模式改造。尽管从全球说,现在还只是一个在地理上有局限性的现象,但是它属于一个极其重要的局部,是可观的一个局部,而且正以排山倒海之势向全球扩展、弥散。更有进者,由于社会信息化新发展和因之而导致更便利的资金流动,经济全球一体化的进程大大加速,而且将进入空前的深度。

2. 历史上产业革命有几次? 在 18 世纪发生的有名的工业革命,这里我们称它为第一次产业革命(在英文等等中,工业和产业没有差别)。那是机械化和工业化的产业革命,人们也叫它工业革命。机械和机械动力(首先是蒸汽机,然后是内燃机、电力、核能)出现了,推广了,发

展了,进入到整个社会生产和生活之中,使得社会构成和运作形式都变了,发生了那次产业革命。这是在世界史中已得到承认的。

从人类诞生到那次产业革命,人们一直是直接操作工具进行生产的。那时出现了这样的新构成:人能通过机械和机械动力,间接地操作工具,这就使生产能力一下子倍增了许多倍。例如按马克思说的,从前的手工纺车只有一个纱锭,哈格利沃斯发明的珍妮纺纱机则可以同时操作许多纱锭,生产自然也就增长了许多倍。机器起了极重要的倍增作用,导致工业革命。新信息化产业革命是第二次产业革命,机器运作工具,自动控制装置(或广义的控制机)运作机器,人运作控制装置。新信息工具和自动化起了更深更广的又一层倍增作用;而且这一次,由于电子计算机的出现和高速提高性能,这次的培增还进入了奥秘的脑力劳动范围。

有的提法说从渔猎采集社会转入农业社会时也是一次产业革命,电气化、核能等也都各是一次。这里没有采用这说法。作者的想法是:第一,人类有别于其它动物,从一起头就是因为能制造、使用工具。农耕和渔猎两时代间的差别虽很大,但在直接使用工具这一点上,并没有差别。第二,电能和核能虽不同于蒸汽,但都是机械能的变种,并没有根本性的差别。也正是因此,这些变化对于社会运作的影响远不能与机械化的工业革命相比。如果回溯到古代,也许脑体分工和商业形成、城市出现,倒可说是更大一些的社会变革。正是机械化产业革命导致了出现工业和工业化社会,开辟了伟大的近代史,这是空前的大变化。

3. 在近代史中,同样重要的是,在信息运作方面发明了印刷机器。人们可以用机器印刷了。这比用手写或用手工直接印刷来复制文字和图画,要快许多倍,并且出现了一个巨大的信息产业——印刷业。这也是影响世界历史发展的伟大事件。它是文化传播的机械化,和在物质生产中机械化的作用相比,绝对同样重要伟大。可说这是机械化产业革命的一个部分,尽管它比物质生产机械化,工业化产业革命早四百年。它为工业化产业革命准备了文化的、精神的先行条件。印刷术本来是在中国发明的,传到了欧洲,是中国影响欧洲近代发展进步的四大发明之一。然而在我国,尽管它也推进了文化的一定快速发展,促使产生了高度发达的封建文化,却没有出现一次显著的、突出的、跳跃性的巨变。而印刷机出现,却对欧洲文化、政治、科学、技术、经济、社会的进步起了巨大的促进作用。

印刷机出现是信息运作的机械化产业革命,因此,这当前的一次电子化信息业产业革命理所当然的是信息运作的新产业革命。

15世纪,德国的谷腾堡制造了世界上第一台印刷机,印出了基督教的圣经。这种圣经到现在保存下来的还有很少几部,被视为至宝。到现在,在英文中,印刷机、印刷厂,甚至出版社,都保留了 press 这个名字,是和"压机"这个字完全相同的。这就是继承了那种最早的印刷机的名称。那时,就是用那种粗糙的"压机",每小时已经能印出 250 份来。

若从单纯历史家的角度看,也许会认为尽管印刷机的发明是一个重大的历史事件,却怎么也远比不上全面机械化那样推进整个社会进入产业革命所产生的伟大作用。这个看法是颇有些不公正的。我们不能忽视产业革命也是一个文化现象。如果没有印刷机促进文化大发展,而仅仅是个别的生产方面的机械化变革,那次产业革命将会是一个缓慢的演化过程,也就不成其为革命了。正是在印刷机出现以后的 50 年里,单在欧洲就印刷了近 1000 万册书籍。可以想像,那会产生多么巨大的社会影响!它对于欧洲的伟大文艺复兴、宗教改革、科学革命、启蒙运动等那些资产阶级的最重大的历史事件以至资产阶级政治革命和以后伟大的产业革命的成功起了决定性的促进作用。《共产党宣言》和《资本论》也是靠印刷术传播到全世界的。就是在当前的"信息化产业革命"的启动过程中,我们仍然享受到它的伟大功能。计算机也离不开打

图2　本文作者与美国耶鲁大学珍本图书馆的谷腾堡圣经

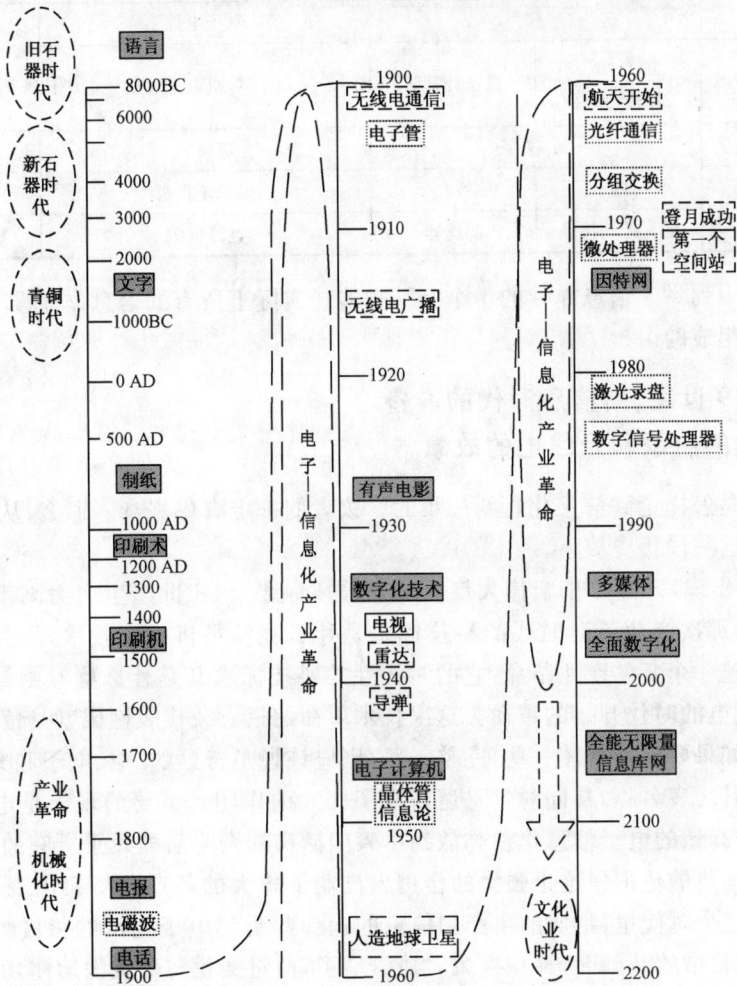

电子信息事业充分发展的几个标志：①全部社会活动最高度地电子信息化。
②多媒体与信息完全数字化。
③建成全能、全覆盖、无限量高速信息库、网。

■ 涉及媒体与网的重大标志　　□ 重大发明和发现　　▢ 重大应用

图3　历史上信息、电子大事示意图

印机,可以预期,新信息产业革命也不会消灭纸张。

4. 新信息产业革命何以为"新"呢？为了具体地说明这个问语,要把几代的信息作业的手段举例,做一个比较,请看表1。

表1 各时代新增信息作业手段举例

时代\作业功能	自然人的手段和古代	工业时代	电时代	早期电子时代	当代,新信息时代
信息搜集	五官	动敏、摄影机	话筒、摄像管		扫描仪
信息再现	体态、声音、笔墨纸	印刷	电影机、显像管、音箱		打印机、液晶
信息存储	脑,档案	粗纹唱片	穿孔卡	磁芯	IC、CD、DVD、磁盘
信息传输	脑与神经	气、液压	线　缆		光纤
信道分配	脑、体向	人工交换	自动交换机,程控		ATM、IP
信号变换	脑		电子电路		DSP
数值计算	指算、脑、算筹,算盘	机电计算器	机电计算机　电子计算机		
逻辑运作	脑、文字		逻辑图		电子计算机
仿真运作	脑	沙盘	模拟计算机		虚拟现实
自动控制	脑与运动神经	调速器	电路伺服		数字伺服机构

作者在表中列举了信息作业的十个"元"功能。实际上所有的信息作业没有不是由这十个元功能所复合组成的。

三、18、19世纪,新信息时代的准备
电学的启蒙和无线电的故事

人类社会是怎样走到信息化这新一步的？读者们一定有些好奇。那么,从这一段起,我们就开始谈一谈这一段历史故事。

1. 电学的出现,开辟了一个伟大广阔的新技术领域。18世纪生产力高度发展必然引致发生产业革命,那次产业革命时代的科技标志是什么呢？是机械化技术,是力学、热学等等。现在看看眼前这一个新的产业革命,它的时代性的科技标志又是什么呢？则是电子化的技术革命,是从应用电的时代开始的革命。这次技术革命的核心或代表性因素是信息电子技术,即新信息技术。如果要说得具体一些,完整一些,则应该说是奇妙的"电、电子和光电子技术",以"电子技术"为其代表名称,共同对信息运作起了伟大的作用。主要的现象是电子技术奇妙地作用于信息,使高超的电子信息作业弥散到个人生活和社会生活的几乎所有的方方面面,不管是文化的还是物质的范围。这个强大的作用力推动了伟大的新产业革命出现,从此出现了一个新时代。在这个时代里,物质的生产和信息的运作都受到电子技术的积极影响。对于物质生产,在机械化倍增的基础上,又一次大大地倍增了,而对文化与信息的运作,所起的倍增作用之广泛更远非印刷机所能比。

既然是从电开始的时代,为什么不就说是"电气化"而说是新信息化呢？这仅仅是为了优化表达的目的。第一,电气化这名字已经有了习惯的含义,特别指把电使用在动力和能源上。第二,电的重要应用实际是从信息运作方面开始的,是用于电报,比电机的应用早了40年。第三,伟大的"新信息化"和电子技术革命的重量已经大大越过了简单的电气化。

2. 电的发现：很早的年代，人类就发现了电。在公元前 7 至 6 世纪，希腊的泰勒斯已经记载了琥珀经过摩擦以后能吸引微小的物体，这就是带"电"的现象。他也提到了天然磁石。中国历史上也有琥珀拾芥的说法，不过晚些，大约是汉朝。这就是静电的作用。宋代有用天然磁石指向的指南车的说法，还托之于黄帝。那是传说中的时代，比较渺茫。

16 世纪末，英国人吉伯出版了《论磁性》，记载了磁极必然成对地出现，必然同时有南极和北极。例如一根磁性棒的两头必然一个是南极，另一头是北极。如果把它切成两段，每一段仍然各有一个南极一个北极。

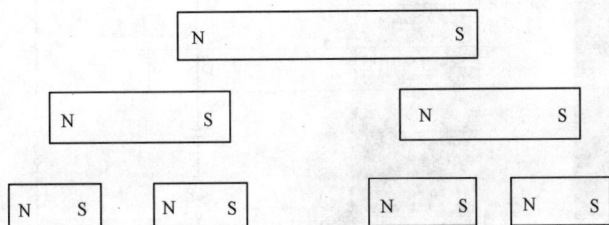

图 4　图中 N 是北极，S 是南极

这是个十分有趣的事情，不管分割多少次，一直分到一个分子，还是如此。人们还想找到单独的南极或单独的北极。但到现在为止，还只是一个梦想。

3. 18 世纪到 19 世纪是一个重大发现的年代。库伦（法国）在 18 世纪后期发现了静电力的"距离反平方定律"。人们已经发现，电或说电荷有两种，正电和负电。带不同的电的物体互相吸引，带相同的电的物体互相排斥。库伦说的就是：两个电荷之间的吸引力或排斥力不仅决定于两个电荷的强弱（电量），而且还反比于它们之间的距离的平方。他还发现了磁极不但成对而强度相等，而且磁极作用的力量正比于磁极强度而反比于距离的平方。

伏打（意大利）发现了最早的化学电源，从此人们可以做有关"电流"的实验了。他用铜片和锌片当中夹上一层湿纸片就形成了一个产生电流（流动的电）的单元，再把若干这样的单元摞在一起，就可产生若干倍的电压，可供给相当大的电流。这叫做伏打电堆。在其后的许多年里，它是产生电流的惟一方法。以后以这个原理为基础，发明了许多可广泛实用的电池。

电磁效应开始被发现。奥斯特（丹麦）发现了电流的磁效应，法国人安培用实验求得了电流与它产生的磁力之间的定量关系。英国的法拉第是一个集大成的伟大实验科学家，发现了磁场变化可以产生电流，他还用磁力线和电力线形象地描绘出了磁力场和电力场。

图 5　伏打和伏打电堆

图 6　法拉第相片

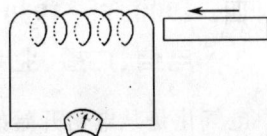

图 7　磁场变化诱生电流

4. 麦克斯韦(英国)用理论发现了电磁波。关于电和磁的这些重要的发现和发明来源于那些电磁学的先驱们辛勤不懈的和精巧的实验工作连同他们的高超的巧思创见。从吉伯到法拉第关于基本规律的成果引发了麦克斯韦的伟大综合。麦克斯韦还做了一个极富于创新意义的巧妙假想，说在空间电场强度的变化也产生磁效应，是和在导电体中流动的电流是一样的。它把这场强变化效应叫做位移电流。这两种电流是合在一起发生作用的。麦克斯韦用四个数学方程式表达了以上的电和磁及电场和磁场之间的基本关系：

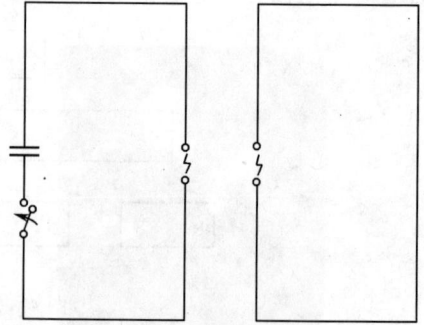

图 8　麦克斯韦相片　　　　图 9　赫兹照片　　　　图 10　赫兹的实验

一是关于电场与电荷(电量)的关系。

二是关于磁场的特性。

三是电流所产生的磁场强度正比于电流强度(包括位移电流在内)。

四是由磁场的变化所产生的电动势(等同于电压)正比于磁力变化的时率。

后人称这四个方程式为麦克斯韦方程组。我们这里的表达不是严格的，甚至不很科学。如读者感到必要，可以去看一下适当的教科书。

假如我们在某处变动一下电流，那么在远处的电场强度和磁场强度都必然随之变化。麦克斯韦用这四个方程式去找寻，那远处的电场和磁场是怎样的。他竟然发现就像在水面上抛一个石子一样，当地的磁力场和电力场的变化，就像石子所产生的水波一样地向四面八方传播出去，传播的速度计算出来和光波的速度一样。这就是电磁波，也就是无线电波。麦克斯韦从这个现象还预见了光波也是一种电磁波。在 22 年以后，赫兹(德国)用实验验证了麦克斯韦的预言。赫兹在试验室一头用一个放电的火花间隙产生了电磁波，在实验室另一头设了一个断开的金属环。他看到断开的地方出现了微弱的火花。

又 18 年以后，马可尼(意大利)使用麦—赫两人发现的电磁波，实验成功原始的无线电通信。这是科学技术界一件划时代的大事。这不仅因为无线电技术的发明。特别重要的是这次是一个理论上的发现或预见导致了一个技术上的极重大的发明。

四、1900 年—1930 年，新信息时代的开端
电信、广播、业余无线电——电子管

电气化是从电信开始的，电信是电子的先头部队。

1. 莫尔斯(美国)发明了电报。那还是 1840 前后，许多人开了头。用电来传送信息。真正建了电路并实现了应用的是美国的莫尔斯。他在 1844 年 5 月 24 日，他从巴尔的摩到华盛顿发送了世界上第一份电报。发送用的是电键，接收用的是能画出符号的电磁体和纸带。他用

的符号是用点和划组成的,不同的组合代表不同的字母、数字和标点符号。多少年来人们叫它"莫尔斯电码",其实是他的助理威尔设计的。这个世界上第一个电文是"看上帝造出来了什么?"这是什么意思呢? 是对"上帝万能"发出的颂赞? 我想不是! 也许相反地是用来反衬他"人定胜天"的理念! 泰坦尼克号呼救用的"SOS"也是这种符号。这个呼救符号到 1999 年春天才宣布不再用了,从此宣告了莫尔斯电码的终结。然而我不敢说在一些非正式的场合,比如说业余无线电通信中也没有人再用它。

图 11　莫尔斯照片

图 12　贝尔照片

2. 贝尔(美国)发明了电话。电报发明以后自然就想到能不能通过电和电线传送语音。这是在 1876 年由贝尔所完成的。贝尔的祖父是语音学家,父亲创造了教导聋人使用口腔器官从而学到发音的方法,写过一本《可看见的语言》。贝尔继承了父亲的专长,也教过聋哑人。他的夫人也是聋哑人。为此他发愤学了声学。后来他又想用电来解决问题,又学习了电学知识,终于发明了电话。贝尔关心的不仅是电话。他做过风筝载人飞行的试验,还制造过水翼船,得到过各方面的许多专利。

3. 最早的无线电通信是这样实现的:无线电通信是不是马可尼发明的? 有不同的看法。俄罗斯的波波夫的试验和马可尼先后差不多,也曾在俄罗斯海军用过,而且德国人还买过他的产品。但是,马可尼却比他商业眼光强得多,在发现的第二年就申请了专利,并且坚持不懈地改进,到 1901 年他实现了跨过大西洋 3000 公里距离,从加拿大到英格兰的无线电通信。波波夫却停了好几年,而且始终没有试成可推广的通信系统。这也可能是由于两人的环境和机缘不同。那时马可尼发射电磁波用的仍是电火花,早期的接收则用了法国人勃兰利发明的"粘连器"。

图 13　马可尼和他的无线电机

粘连器是一个玻璃管,里面塞满了铁屑,平时不大通电,但在有电磁波来到时,它就通电了。然而过后,它却不会断开,因此洛奇(英国)加上了一个像老式电铃那样的电铃锤不断地敲打它。这种办法实在太麻烦了。以后是美国的皮卡德发明了用铁和碳的接点来(1899)代替粘连器。它的原理很简单,接收电磁波是要用天线的。电磁波作用在天线上,由感应产生电动势和电流,接收的要求是能检查出这个电流。然而"波"是交变的,即是说是在"正向"和"反向"之间交替变化的。感应得到的电流电势也是交变的,即交流电,而且频率很高。皮卡德的检波器只让电流向一个方向流动,把相反方向的电流挡住,这叫做"整流作用"。这样,交流就变成了直流,很容易检出了。皮卡德后来用金属丝接触天然的半导体晶体举例如方铅矿石,形成了一个"结"。这个结就起了整流作用,这就是后来普及了很多年的矿石检波器(皮卡德在 1906 取得专利)。另一篇文章说在 1874 年布劳恩(德国物理学家,阴极射线管的首创者)已发现了用"猫须"金属丝接触方铅矿石可以产生整流作用。布劳恩由于改进天线耦合和采用矿石检波,改进了无线电通信,于 1909 年和马可尼共享了诺贝尔物理学奖。

只用矿石检波器,得到的信号是微弱的,但是比粘连器却灵敏得多,很简单、便宜,而且适用的频率范围广。在第二次大战中,雷达的第一检波器又大量使用了硅或锗晶体的检波器件。在 50 年代,我国的少年无线电爱好活动中,还用矿石检波器来装收音机,达到很好的科普效果。不要轻视了布劳恩和皮卡德的发明,这项发明是当今的半导体和微电子技术的真正老祖宗。

4. 电磁波具备一些特征。世上最简单的波的形状是正弦波。每一个波的长度就叫波长。描写波的另一个量叫频率,就是每秒中交变的次数。交变一次就叫做一周。每秒交变多少周,就叫做多少赫兹的频率,简称"赫"。频率和波长的乘积就是波的速度。反过来说,波每秒行进多远即是波的速度,速度除以频率就是波长。电磁波的速度等于光的速度,在大气中和在真空中差不多都是大约每秒 30 万公里,即约 3×10^8 次方那么多米。赫兹和马可尼早期的试验都是用电火花发生器做发射机,所发射的波的波长是很短的,也远不是正弦波,而且是断续的。如何使它更近乎正弦波,以提高发射效率还是个问题。洛奇(英国)在 1896 年发明了用电感和电容组合的调谐电路来固定发射机的频率并使波形更近似正弦波。固定频率很重要,这是因为如果频率固定而且是正弦波,我们就可以用不同的频率发送不同的信号或信息。两个信号的频率之间只要保持一个必要的间隔,就可以各传各的,不互相干扰。

5. 20 世纪 10 年代、20 年代的通信电台,使用了很长的波长。马可尼越过大西洋的通信试验,引出一个问题。地球是圆的,电磁波要越过大西洋,如果是走直线,就得穿过地球的一部分,这可不可能呢? 首先是索莫非(德国)在 1909 年的论文里,部分地解答了这个问题。原来土地是导电的,海水的导电能力更高。索莫非用数学证明,由于这个原因,电磁波会顺着地面和水面"爬"过去,不是走直线、穿地球。后来把这样传过去的波就叫做地波。索莫非指出:地波传到远方,越是远就越弱,这个现象叫做"衰减"。他还证明地波的波长越长,衰减就越小,能传的距离越远。赫兹和马可尼做的实验,用的都是颇短的波长。现在按索莫非的理论,波越长越好;距离远了,就得用长波。假定用 10 公里的波长,那频率就是每秒 3 万周或说频率是 3 万赫。实际上,后来发现的天波也能传很远,在后面再详细叙述。

美国的费森登在那时已考虑用电磁波传送无线电话。那种断续的波是不行的,必须是连续的。你能想像吗? 就为这个原因,那时的无线发射台竟是和现在的发电厂十分相像。人们研究设计了巨大的发电机,几千瓦几十千瓦功率,频率是我们现在市内供电的千倍万倍。1901年费森登想出了这个主意,美国通用电器公司的瑞典移民阿来克桑德森设计出来了这种发电机。1906 年做了出来第一个高频发电机，每分钟转两万转，频率 5 万赫，能发出一千瓦的功率。费森登想到的是要建造播送声音和音乐的广播台，他们在天线上加了一个水冷的话筒，确实达到了这个目的。这可说是世界上第一个无线电话发射台。

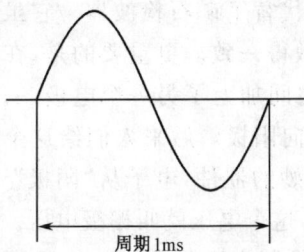

图 14 正弦波

周期1ms

图 15 阿来克桑德森发电机

早期无线电通信就用的是长波。后来的发电机逐步加大到 200 千瓦（1918 年，21.8 千赫）。波长长了，天线也要又高又长，要到几百、上千米，建设费用很大。

电子管发明以后，很快人们就把无线电波用于广播了。由于长波（长于 600 米）被重要的通信等用途占了，广播就占用了中波，大约 200～500 米。至于更短的波就分配给业余爱好者做收发信台使用，但是后来的实践和新发现却又大大改变了这一个情况。

6. 1904 年—1906 年，电子管的发明大大推进兹后电子技术 70 年的进展，而且在一百年后还有它的作用。首先要说一下美国的爱迪生发现的热电子发射效应。回顾历史，尽管现在电光照明的办法已有了很多种，但是爱迪生的功劳不可没。爱迪生当年发明了白炽电灯。人们说："若没有电灯泡开创了这个时代，这个世界会是多么昏暗啊！"然而爱迪生自己更没有想到另一个偶然创新的重大作用：1883 年，他发现，在发热的灯丝和灯泡里一片金属之间，虽然是"真空"地带，竟然能通过电流，这个现象就叫做爱迪生效应。他只是在专利文件中记录下了这个发现，没有想到，以这个效应为基础，发明了电子管，引致电子技术几十上百年的巨大发展，到现在，大功率无线电发射、微波技术、特别是电视机和计算机的显示器还少不了它。

图 16 爱迪生照片

图 17 德弗雷斯特和他的三极真空管

1897 年,汤姆逊(英国)证明了电子的存在,爱迪生效应从而得到解释:是灯丝在高温下发射的电子使得电流能够通过。这样,这个效应就称为热电子发射效应。当然,因为电子携有的是负电,只有灯丝是负极时才能通过电流。利用这个效应,英国的弗来明在 1904 年做出了第一个真空二极电子管。马可尼很快地就采用了它做检波器。这实际就是把爱迪生的试验装置做成一个正规的成品,重要的是把它用在了无线电通信中代替了矿石检波器。它虽然比矿石检波器复杂、昂贵,效率也不高,但是性能稳定,产品容易做得一致。更重要的是,在它的基础上发明了三极电子管。那是在 1906 年,在热丝和金属片之间加上了另一个电极,一个稀疏的网,使它能影响射向阳极的的电子数量而不会阻挡它们流向阳极。后来人们给这个网命名栅极,这是德弗雷斯特(美国)的发明。三极电子管是一个奇妙的器件,电子从"阴极"(热丝)流向"阳极"(金属片),同时在栅极和阴极之间加上一个电压,这个电压就叫栅极电压。这个栅极的电压就能够控制阳极的电流,就像在水管上加一个阀门控制水流一样,通过的电流可以因栅极电压的高低、正负而大小由之。在相当长的年代里,英国人就把三极电子管叫做"valve",原意就是阀门。在栅极上加上一个变化着的电压,或说是一个"信号",阳极电流就按这个电压的变化而变化,也就是说阳极电流中出现了和栅极上的信号形状一样的信号。在栅极上只要有一个电压,并不消耗多少电能量,而在阳极上产生的信号电流和电能却可以很大,而形状却是一样的。这是一个控制的作用,对信号说,这又是一个放大的作用。当然,并不是原来信号变大了,那是违反能量守恒定律的,不可能。事实上是另外产生了一个形态相似而强大许多倍的信号,我们称之为输出信号。

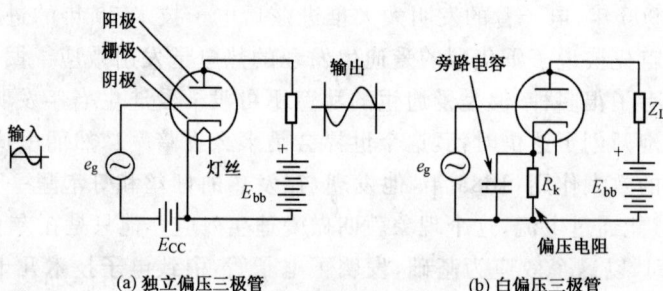

图 18   三极电子管原理

假定这个放大倍数是 A 倍,输入信号是 U,输出就应是 $A \times U$。现在,让我们把输出信号取出很小一部分,比如说是 $2A$ 分之一,即 U 的 $1/2$ 送回到输入处,和输入加在一起。现在输入的总信号强度是 $1.5U$ 了。比只是 U 时,总输出是不是会增大到原来的 1.5 倍呢?这不那么简单,因为输出增加以后,又要送回到输入,这次送回的是 $0.75U$ 了,总输入是 $1.75U$ 了。这个过程会不断地重复,不过用很简单的代数方法就可求出新的放大倍数是 A 除以 $1-1/2$,即 2 倍。把部分信号"送回"的过程叫"反馈"。在这里,因为反回去的信号和原初信号是相加的,所以更具体说叫"正反馈"。在才一发明的时候,人们叫它"再生"功能,对早期的无线电收信机起了大大增强灵敏度的改进作用。那是美国的阿姆斯特朗在 1913 年发明的。

讲了那么多正反馈,其实主要是为了说明一个理论。这一理论很重要,尽管现在正反馈已经很少用了。现在我们引伸一下这个理论的应用:比如说,反馈的那一部分信号的强度是 βU,最后的放大倍数就是

$$A' = A/(1-\beta)。$$

如果取 $\beta=1$,那么 $1-\beta=0$,$A \div 0$ 是"无限大",这会出现什么情况呢? 这就是说即使没有信号

输入也会有输出。当然,不管有没有信号,输出也不会是无限大的,因为电子管放大器的输出不可能无限大,它有一个饱和点,到那里就不能再大了。这样,如果在输出那里加上一个调谐电路,当第一次电流冲进调谐电路时,调谐电路中会出现一个瞬间的谐振信号。这个信号部分地反馈到输入端,又放大了而增强输出信号,并且在很短的时间中反复地一再增强。由于调谐电路的作用,这个输出要按正弦波形状变化。这样,最后可以产生一个连续的,稳定不变的正弦函数的波动信号。这信号的频率对应于调谐电路的调谐频率,信号的强度则为电子管的饱和所限定,这就是电子管振荡器的原理。这样,电子管由于它的放大功能又引出了振荡的功能,即产生高频率电能的功能。

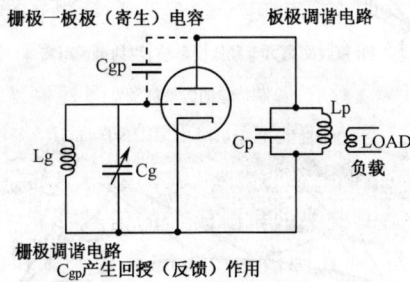

栅极—板极(寄生)电容　　板极调谐电路

Cgp

Lp

Cp　　LOAD
　　　　负载

Lg　　Cg

栅极调谐电路
Cgp产生回授(反馈)作用

图 19　三极真空管振荡器举例

当然这实际只是把直流电变成高频交流电。在 1913 年,麦斯南(德国)实现了这种振荡器。

于是乎高频发电机被电子管代替了。代替的办法一般是先用小功率电子管做振荡器,然后一级一级地放大,一直到功率够大了为止。尽管现在半导体晶体管已经普及应用了,大功率的三极管在很大的发射电台中仍然不可少。后来,用水冷或蒸发冷却的电子管可以用于几百千瓦的放大器。它的效率比高频电机好得多,也省钱,省地方。电子管在较早的无线电通信的接收中更曾广为应用。

7. 这个时期里,广播也登上了舞台。尽管在 1902 年费森登已经用高频发电机试验了声音的广播,但是,一直到廉价的矿石收音机和单电子管收音机出现,才在 1919 年建成了第一个正规的中波广播电台,美国的 KDKA 台。电子管的出现特别促进了广播事业的发展。无线电的另一个推广的领域是繁荣的业余无线电活动。1911 年,人们还把电子管用在长途电话上,由于它的放大作用,通话的距离大为加长,后来还实现了多路的载波通信。

8. 业余无线电活动对科学技术做出了重要的贡献。在 1914 年,在美国成立了业余无线电组织。分配给他们的频率是 1.5 兆赫以上,或即 200 米以下的波长。在 1921 到 1923 年之间,他们做了很多的实验,在美、英、法之间都用不大的电功率通了信息,大大打破了地波传输的理论。这是什么道理呢? 其实早在马可尼实现越大西洋通信的第二年,肯尼利(美国)和海威赛德(英国)就猜测了,马可尼的越洋无线电通信未必仅是地波的作用。他们认为,离地面几十到几百千米的高空处有一些离子化的、能使电磁波折下来的大气层,叫做电离层。三年以后阿普来顿和巴尔内特(均美国)用实验证明了这个事实。从此开辟了一个科研新学科——电磁波传播学。因为这个事实,美国把比 200 米更短的波长重新分配给各类用户,只有一小部分仍分给了业余无线电活动。那以后,长距离无线电通信都是用的 200～10 米的波长,叫做短波。

由于短波设备灵活、便宜,一直到有了卫星通信以及微波中继线路之后,仍有很重要的应

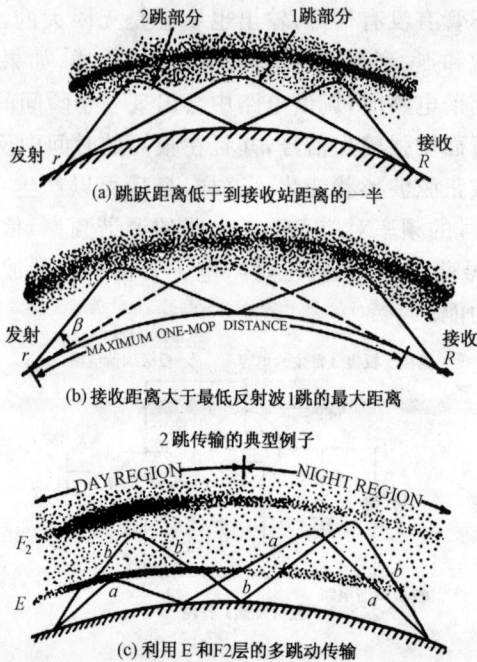

图 20　电离层和天波传输原理

用。短波传送靠电离层,而电离层有好几层,并且一天之内因时间而有很大变化,因季候而有很大不同。因此,有些重要的用途,要求信息非常稳定、非常可靠时,仍然要用长波、超长波。甚至极长波,到波长几千千米(相当于 100 赫以下的频率)。当然波越长设备体积越庞大,建设费用越大,效率越低,所能容的信息越少。但是只要有必要,还是不能不用,例如用于潜艇甚至水下与地面之间的通信。这个选用波长的问题,是从实践发现出理论和通过实践修正理论的一个有力的证例。而且,一个系统的认识,是要反复实践,反复修正,多方面结合才能达到正确与妥善。

9. 这里专谈一下频率的重要性。无线电的出现使我们深深认识信息传输所用的频率的重要性。前边已经说到用不同的频率可以分别传送不同的信息,因此,我们所能得到的频率越丰富、范围越宽,我们就能传送更多的信息。这还不是一个十分重要的事实吗!已经介绍到电磁波从极低频(从不到 100 赫起,即三千多公里波长)一直到高频(30 兆赫以下,即 10 米以上波长)。这以外依次序还有:

甚高频	30 兆赫到 300 兆赫,即米波
特高频	300 到 3000 兆赫,即分米波
超高频	3000 到 30000 兆赫,即厘米波
毫米波,亚毫米波;再以下一般当做光波对待: 红外波,可见光波,紫外光波,X 光波等等。	

现在供信息传输用的已进入可见光的波段(0.7～0.4 微米)。

因此可以看到:频率为什么极端重要?因为它是一个资源。全世界的人都在用无线电传送信息,都要使用信息。然而信息设备所能处理的信息的"时率",即每秒所能处理的信息量却决定于这个装置的频带宽度——带宽。例如说,如果传送话音,若不加变换,并要求听得懂,就

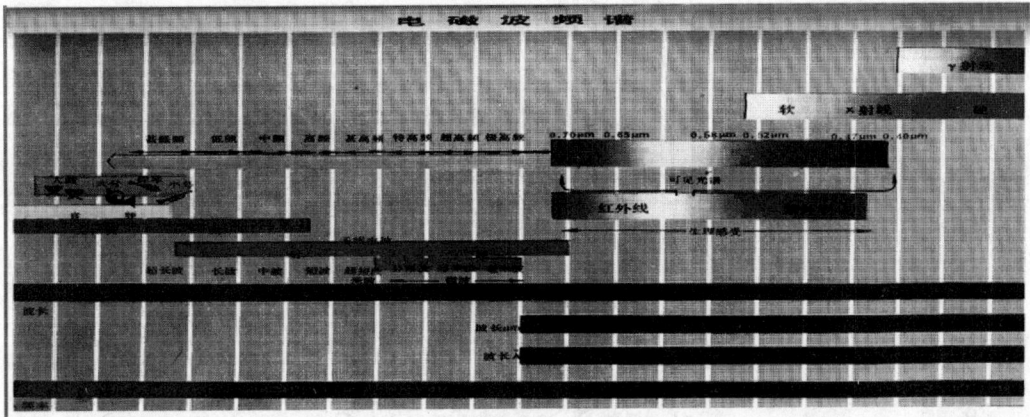

图 21　电磁波频谱图

要有 3000 赫的带宽。若要使用一般两线(双绞线)传送几公里,它的带宽大约是 100 万赫即 1 兆赫。这样,最多只能传送大约一百多路。如果用来传送未经压缩的广播电视信号,那就需要几兆赫才能传送一路,用双绞线送一路只能达到一千米上下。若用低损耗的同轴线,带宽可能到 1000 兆赫,那就可传送一百几十路电视了。现在已经有办法可以把语言或电视的信号形态改变一下,收到后再恢复回去,占用的带宽可以小许多,这叫信号压缩。这样可以大大节约频率资源,传送更多的信息。当然不是说频率能无限度地节约,而且设备总要复杂一些。

10. 1880 到 1930 间有许多重要发明。在信息作业技术的整个历史中,这 50 年中无线电和电子管是两个中轴线的起点。放大和开关器件的发明及频率的发展是贯穿新信息技术发展始终的两个中轴线。在这半个世纪里,除去它们俩,关于信息和电子,还有许多重要发明,起了重大的推动作用,这是发现、发明十分繁荣的半个世纪。在电子技术的范围中,所用的元件、部件、器件无虑千种万种,其中电子管,特别是三极管具有特殊的中心地位。后来还发明了四极管、五极管、七极管,各有不同的特长。所以重要,是由于它的控制、放大、开关的作用,因之成为电子电路的核心部件。后来的半导体晶体管也是仿效这个作用而发明出来的。当然就这个作用说,后来的晶体管、集成电路,还有特殊的优越性。不管怎样,电子管的发明、不断改进和发展推动了信息电子事业前进几十年。直到微电子占了先导地位的今天,它仍是不可缺少的重要因素。

这里再介绍几个重要的发明和发现。

1883,尼普科夫(德国)制造了用旋转的圆盘分解图像的电视系统,用以实现他发明的扫描原理。他做出一种带有在平螺纹上分布的许多孔的转盘,把这个转盘放在图像前面,在它旋转时就能把图画分成横向的条,再把一条条的信号顺序传送出去,这样就把一整个的二维图像变成一个串行的一维信号,从而就可以用电传送出去了。尽管他的机械扫描传图机没有推广开,但是这个扫描的原理却一直流传下来,在当代电视、传真和各种扫描显微镜等中广为应用。1894 年爱迪生演示了活动图画即电影。1925 以后,不断有人改进尼普科夫扫描盘制作电视即传送活动图画的技术,甚至演示了彩色电视,作了广播;但只能达到几十线,图像太粗糙,并没有推广开。到了 30 年代才制造出来电子电视。

1887 年柏林纳(美籍德国人)改进了爱迪生发明的圆筒形留声机,做出了唱盘。直至现在,尽管有了很多新产品,不管是录音、录像、录数据,不管是机械的、磁性的、光学的,都保留了这个便利的形式。

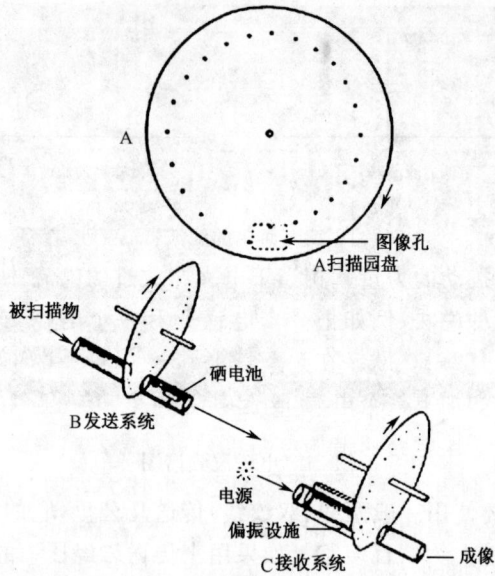

图 22 尼普科夫的图像扫描原理

1915 年,坎贝尔(美国)用电感和电容组成了滤波器。从此又开辟了一个信息电子学科——电子电路学。什么是滤波器,这里解释一下:

用铁心或空心筒绕上线圈就形成电感器,如果通过直流电流,它只显示出有很小的电阻。若通过交流电流,即交变的电流,则因磁感应变化产生逆电动势,阻碍电流通过。这叫做“电抗”作用。电流的频率越高,电感的电抗越大。另外,用两片导体中间夹上一层电介质,就形成一个电容器。因为电介质是不导电的,或“绝缘的”,若加上直流电压,会在金属片上充电,即蓄入电荷,而不会通过电流。但如果是交流电压,极向是交变的,前半周充电以后,后半周充进的电荷是反向的,就中和了原来的电荷。这样就等同于“通过”了交流电流。它对交流电也有电抗,和电感相反,电容的电抗是负值,而且反比于频率。

电阻 R,电感 L,电容 C 各有两个“端”;一对端叫做一个端口。我们可以把许多两个端的元件连在一起成为一个“网络”,网络也有端口。简单的网络有的只有两个端口,由两个元件组成。假定左端口接源,右端口接到负载;若在左右端口之间串接一个电感,再在网络输出端口,即接负载的端口并上一个电容,这就形成一个最简单的低通滤波器。如果源的频率低,则电感的电抗小,同时电容的电抗大,产生的分流作用不大,源的电流易于送到负载。另外如果源的频率高,电感的阻抗高,使源的电流不易通过,而因电容的阻抗小,又可分去一些电流,因之能送进负载的电流就很小。这个滤波器使低频电易于送到负载而使高频电不易送过去,因此就是低通滤波器。如果与此相反,串接的是电容,并接的是电感,这个作用就正好相反,这就是高通滤波器。当然,这都是最简单的式样。实际上用的,有的为了满足更高的或更复杂的要求,为了达到好的性能价格比,滤波器可以比这些复杂得多。在一条线路或一个设备上,用若干滤波器可以把频率分割开,并分配给不同的使用人,使他们不互相干扰。滤波器的作用很重要。

前面提到过的调谐电路是怎么回事?在这里可以做一个假想的试验,试验的对象是一根弹簧,弹簧的头上加一个砣。当我们拨动那个砣时,它就会振动。这个振动的频率决定于弹簧的柔度和砣的质量。柔度越高,频率越低;质量越大,频率越低。相反情况时,则频率趋于更高。一个电感和电容组成的组合就和这个机构组合相像。电感越大、电容越大,频率也越低,

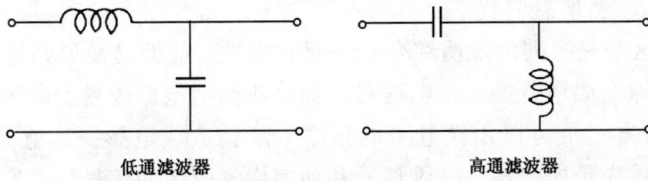

| 低通滤波器 | 高通滤波器 |

图 23　简单的滤波器

相反时则频率越高。那个拨动的力量就相当于电火花放过的电流冲击。这个频率就叫做这个组合的谐振频率。再换一种说法，例如把一个电感 L 和一个电容 C 串在一起，电感的电抗是 $2\pi f L$ 欧，电容的电抗是 $-1/2\pi f C$ 欧。在频率是 $1/\{2\pi f(LC)^{1/2}\}$ 时，两个电抗正好对消，剩下的只有残余电阻了。这时如加上一个电源，比起其他频率来，所产生的电流最大，这叫作串联谐振。这个组合叫做串联谐振电路。谐振电路也是帮助分割频率的一个措施。

1927 年美国人勃莱克制出了负反馈放大器是一个伟大发明。用电子管、滤波器、谐振电路、电阻器、电感器、电容器等等装配在一起，就做成了放大器，可以在长途电话里和收音机以及仪器中使用。如果把输出的小部分，按相反的方向"反馈"到输入端口，它的效果和前面提的再生措施相反，不是提高增益（放大倍数）而是减小增益，这就叫负反馈。起初没有人会想到负反馈有什么用。然而勃莱克发表了一个重大的发现，负反馈能提高功能的稳定性，减小失真，降低杂音干扰，等等。他还作了理论的证明。这个原理不但广为信息－电子界采用，而且成为自动化技术中最基本的原理之一。

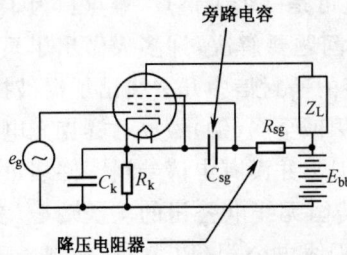

图 24　自偏压五极管放大器电路

五、1930 年—1945 年，进入视觉信息的领地和为数字化打基础，战争的冲力——电视、雷达、射电天文、电子显微镜，自动化、脉码调制

1. 20 世纪 30 年代开始了新信息技术的视觉阶段。从中国革命的上海、瑞金时代，在中国共产党领导下，就有了自己的通信队伍。到延安时代，又有了自己的通信材料厂，能自己制造无线电台了。毛泽东同志高兴地为他们题词："你们是科学的千里眼顺风耳"（1941 元旦）。那时我们能通报、播音，有了顺风耳，还没有真正的千里眼。可是就全世界说，电视、雷达技术已都开始存在，30 年代已是"千里眼"起步的年代。照说，雷达和电视的原理都早已有了苗头。赫兹试验时发现了金属能反射电磁波，这就是雷达原理的基础。他还发现紫外线光能影响电火花放电，也就是最早发现的光电效应。电视摄像就是以光电效应为基础的。射电天文是用检测千、万以至百多亿光年以外的星体辐射的电磁波来了解天象的，当然是比千里眼还强的千里眼。电子显微镜能看到小于纳米（毫米的百万分之一）的物体，就是向另一个极端发展了。何以视觉信息标志新信息时代的一个重大路标？首先，人通过五官摄取外界信息，其中绝大部分（据说可到 83%）是通过眼睛摄取的。其次，人类交流信息所用的三大载体——文字、声音、

图像,到这时全进入了新信息时代了。

2. 电视技术:这是一系列的发明综合在一起的成果。前面已经说到尼普科夫发明了用扫描的办法把二维图像变成串行的一维电信号。如果我们把电影胶卷上的图片一祯一祯地用扫描法传出去,在接收方完全可以用倒过来的程序重新构造成电影。这就是电视的基本原理。在实践方面的问题首先是如何构成一维信号和如何恢复图像的信号。早期的实验采用了尼普科夫圆盘扫描器,还需要一种光电器件把光强度变成电流。1889 年爱尔斯特和盖特尔(德国)发现了在真空中的碱金属钾、铯等在光照下能产生电荷,在 1905 年爱因斯坦做出了理论解释,从而得到了诺贝尔奖。在接收方面用了布劳恩管,即阴极射线管。这是布劳恩在 1879 年发明的。它有一个玻璃的锥形外壳,小头有一个发生电子的阴极,大头平面上涂上萤光粉。里面还有五套电极。第一套用来把发射的电子以得到一个朝荧光屏飞去的速度。第二套电极使飞行的电子聚束聚焦,使它打在荧光屏上时只是一个小点,使荧光屏上出现一个亮点。第三套电极使电子束偏转横移,当然光点也横移,相当于一道线。第四套则使电子束和光点竖移,每横扫一线时,竖移一点。这样,光点就能扫全一个矩形的面积,就是电影的一祯。为了形成一张图画,就要求在每一条线上每一段,亮度不同。这就要通过另加第五电极来控制电子束的电流,电流大小变化使得光点的亮度随之变化。

3. 摄像管出现才标志电视技术的突破。到此时为止,这还不是完全的"电"视,因为摄象还是用了机械扫描。当然也不能说机械扫描就是落后的,现在有的时候还能不有条件地使用,尽管设备比一百多年前的尼普科夫转盘先进得多了。怎样才能"电子化"呢?问题的中心是要发明一种自扫描的摄像器件。这可是一个关键点、难点!为了达到这个成就,尽管光电效应在 1889 年已经发现,还有许多实际问题要解决,许多人做出了贡献。特别值得提到的有坎贝尔—斯沃因顿(英国),他在 1908 年的一封信中几乎指出了突破摄像管技术的所有的主要原理—用布劳恩管的扫描作导电措施,用碱金属(铷)做成马赛克光电阴极,利用未扫到的时间存储电荷以提高灵敏度,等等。然而他似乎并没有申请专利。许多重要的专利是别人在 20 世纪 20、30 年代取得的。现在人们都尊美国无线电公司的茨沃瑞金(美籍俄国人)为电视之父。当然这也是无可非议的,因为是美国无线电公司(RCA)首先制成了实用的电视系统,并且归功于茨氏的创新。但是如果研究历史的经验教训,还应当提到当时的年青天才法恩斯沃尔斯。法氏是一个没有学位的孤立发明家。他几乎完全与茨氏同时完成,甚至有人说还早一些。在专利问题上双方谈判了几年,达成交义互用的协议。但是美国无线电公司公司掌握庞大的资金和市场,"理所当然"地首先占领阵地,而到如今法氏几乎被大多数人忘记了!尽管少数人说他才是电视的创始者。技术上突破了,但不等于全无问题,许多具体难点要克服,还有人的生理反应问题的研究,无数的专利纠纷,社会需求的协调等等。兴师动众,旷日费时,直到 1941 年,黑白电视才尘埃落定。然而到年尾,二战战火蔓延到美国的夏威夷,又进入了停滞状态,直到二战后才得到推广普及。

4. 第二次世界大战推动了雷达、导航等等的发展。最普通的雷达是脉冲回波型的。由雷达站发射一个个强的脉冲电磁波,然后接收从目标反射的回波,测量发出时间和收到时间的差数,就是电磁波射去所需时间的两倍。用这个时间差乘上光波速度,取其一半,就是目标和雷达站中间的距离。这还不够,还要测量方向角和仰角,这就要看天线的方向性了。因此人们从雷达站外边看,往往注意到那个庞大的天线;这是因为天线越大,角度越测得准,也看得越远。当然,天线大也有缺点,容易被敌人发现、瞄准和破坏。

军事工作者们长期梦想能在远距离或云雾、黑夜等情况下看得到敌人、敌物。其实在日常

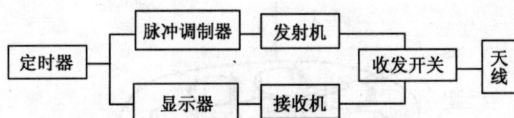

图 25　雷达原理图

生活中也有这种要求，并不限于军事。雷达的发明在相当程度上满足了这个需要。金属反射电磁波的现象早已发现（赫兹），荷于尔斯麦耳（德国）也早想到在航海中利用电磁波反射的原理检查障碍物，并于 1904 取得几个国家的专利。1925 年勃来特与屠孚（美国）书中也说到用反射波测电离层。在 30 年代中，英美德法苏意日都在进行工作，是沃森－瓦特（英国）在 1935 年第一个做出样品来。英国在第二年就开始部署了五台 CH 型雷达，是用短波接近十米的那一头。那当然是相当粗糙的。然而到 1939 年二次世界大战爆发了，在对付德国空袭时，英国以七百架飞机对德国的两千架，雷达立了大功。对那种用途，频率是嫌低了。可是在那种紧迫情况下，他们说："最好的是达不到的，次好的达得到但是太慢，还是用第三好的，是最佳选择"。发射用的是大真空管，要连续抽气，不能封死。平均功率 80 千瓦，开始峰值功率 150 千瓦，后来增加到 1000 千瓦。发射机、接收机都很复杂、很庞大。收发用两个巨大天线，方向性还很差，测定方位角和高度的程序都很复杂。雷达是十分笨重的，然而当时用得还满意。

美国比英国晚了一些，到 1939 年才开始造六台 CXAM 型雷达装船。但美国在概念创新上并不晚，1922 年海军研究室就在华盛顿市跨河设置了发射机和接收机，观察过往的船只。在现在，那就叫"双站"雷达。1930 年海兰德观察到接收到的信号受到飞机的影响，从而产生设想，但是被海军当局忽视了。到收发公用天线实现以后，雷达才得到支持，于 1939 年在军舰纽约号上做了演示。因为美国 1941 年才参战，时间也从容一些。他们的 CXAM（舰用）用的是超短波，195 兆赫，收发共用方向性较好的天线，增益 40 倍，峰值功率 15 千瓦，检测距离 50 千米（歼击机）到 80 千米（轰炸机）。几乎同时装备的雷达还有 SCR268（205 兆赫，高炮配合）和 SCR270（200 兆赫，远程警戒）。最后一种在珍珠港装备了 6 台，在 1941 年 12 月被袭前发现了日本飞机，但是被上级忽视了，造成美军严重损失。

那时实际上德国的雷达进展比较靠前，在 1936 年已经装备到"袖珍"战斗舰上了。苏联也制造了若干种雷达，因德国入侵而中断了科研和生产。

5. 磁控管的发明导向了微波雷达出现和微波灶普及。进一步发展雷达提出极大功率和极高频率的要求。功率大了，才能达到远距离。频率高了才能达到很高的方向和距离精密度。雷达的距离精度决定于用短脉冲，脉冲越短，所占的频带越宽。只有提高频率才能解决这一问题。要求角度位置测量得精密度高，天线必须加强方向性，天线的尺寸要大，才能做得到。但是，要达到同样精度方向性，若提高了频率，可以用小得多的尺寸。於是多腔磁控管应运而生。早期的磁控管叫切分阳极磁控管，阳极是筒形的，分割成两个瓦形块，阴极安在轴心线上。两个阴极之间连上一个调谐电路，再加上一个轴向的磁场，就能产生振荡电流。多腔磁腔管的原理几乎是一样的。不过是把筒形阳极分成许多瓦形块，相邻的每两个瓦块之间都做上同样的微波"腔体"。一个腔体就是一个谐振电路。一个腔体的周边长度大约相当于半个波长。全部腔体做成一个铜的整体，既实现了谐振作用，又解决了大功率的要求，也利于散热。1936－1937 年之间，苏联的阿列克谢也夫和马辽罗夫做出了第一个多腔磁控管，据说英国的专家曾去看过。英国的布特和蓝道尔在 1939 年做出了实用的多腔磁控管。

当时，英国丘吉尔的科学顾问认为在战火纷飞情况下的英国，很难顾及，建议给当时没有

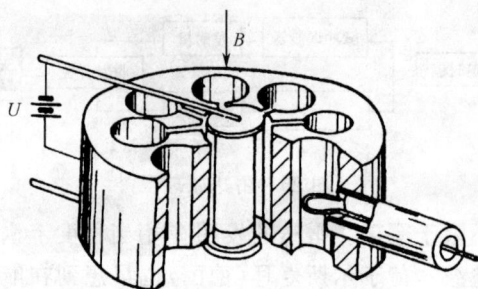
图 26　多腔磁控管照相

战争的美国去做。于是美国开动了起来。在国防科研委员会之下，1940 年成立了麻省理工学院辐射研究所,负责微波雷达研究,由物理学家杜布里奇负责。同时指定贝尔电话研究室复制成功英国的磁控管。辐射研究所存在了 62 个月,人数最多时达到将近四千人,美国政府支付了 30 亿美元,这还不算海军研究所、空军研究所、通信兵研究所等,另外拨款规模也差不多这样大。这就大大超过了研究制造原子弹的 20 亿美元。他们不但造成了 150 种雷达和导航设备,而且从理论到工艺,系统地积累了丰富的成果,为战胜德、意、日轴心做出巨大贡献。在工作过程中得到学术界、研究所、工业三方紧密结合的优良经验。结束前发生了争论,军方希望保密,工业方面非常希望解密并从而产生财富。大约算是折衷的结果,一些骨干留下来编了28 册里程碑、权威性的辐射研究所丛书。出版公司对这套丛书,本不拟用以赚钱,但没有想到非常畅销,政府仅从版权就收回了几十万美元。研究所结束后,几千专家扩散到全国,为后来直到今日美国的信息、电子事业无比的繁荣打下了基础,做出不可磨灭的贡献。

美国雷达的故事到此远没有完结。冷战接续了热战,还有航天、导弹的竞争、树立和扩大单极霸权的企图,仍然驱动他们无止息的进发。下面表 2 仅罗列一些那以后多年出现的雷达部分类别就可以看出又积累了多少成果。

表 2　多种多样的雷达举例

脉冲雷达	连续波雷达	多普勒雷达
测高雷达	单脉冲跟踪雷达	反固定目标雷达
压缩脉冲雷达	脉冲多普勒雷达	编码信号雷达
捷变频雷达	三坐标雷达	相控阵雷达
干涉仪雷达	合成孔径雷达	逆合成孔径雷达
表面波超视距雷达	天波超视距雷达	双站雷达
固态发射机雷达	火炮控制雷达	飞机载警戒雷达
航天器制导雷达	航天器载巡察雷达	天气预报雷达
遥感雷达	机场指挥雷达	飞机盲降雷达
……………		

雷达非军事应用是很多的,军民共用技术也很多,表 2 已列了一些。微波大功率发射的器件当然不限于磁控管,还有接收放大低噪声器件,以后又发展了许多种微波电子管,各有特色专长。然而磁控管始终以其简单廉价占有自己的特定市场。特别值得提出的是微波灶,恐怕已经以若干亿数进入了家庭作业。

6. 射电天文学是从偶然事件引发出来的基本科学分支。大气噪声是能够干扰无线电信

美国SCR268雷达（1940年）　　　　　　　AV探测雷达　　　　　　　　加拿大北方的DEW
（远距离早期预警雷达站）

图 27　几种雷达照相

的，在 1932 年贝尔试验室的央斯基受命观察这种噪声。他在观察中发现从银河的中心发射有电磁波。这就是射电（无线电）天文学的起点。但是，是到了 1940 年，美国业余天文学家雷伯，又用自制的反射型天线接收电磁波，证实了央斯基的观测，并从此天文学界一天天扩大建设许多射电天文台。天象中可以观测到的电磁波波长大约在 40 米到 1 毫米之间。现在最大的单体反射型、整体运动瞄准的有德国波恩的 100 米直径的。还有一种用固定的反射体，用移动馈口瞄准；最大的是波多黎各的阿雷西博 305 米反射体。我国已决定自力建设一个 500 米直径的。国际合作将要建设一个一千米的，正在选址。为了达到角秒级的高分辨率，有的用许多反射体组成线阵或十字形阵列；大的到几千米尺寸。用相距几千千米到上万千米的许多反射体组成干涉仪，叫作甚长基线干涉仪。70 年代已达到十分之一角秒的分辨率，超过了光学望远镜。

图 28　北京兴隆射电望远镜阵列

　　射电天文学做出了光学望远镜做不到的的四大贡献，实际上这四大贡献也就是 20 世纪 60 年代天文学的四个伟大发现。作者认为它们的排序应当如此：

1. 天空的微波背景温度，经多次测定以后，定为 2.7K。这是"爆炸"残余物，是大爆炸理论的间接证明。是由观察天空的电磁波热辐射得到的。
2. 星际物质的存在。是观察星际物质的频谱得知的，已知有几百种，有元素，有化合物，大部分是有机化合物，含 C、H、O、N，有从 CO 到乙醇等等，还有 CH_9N，是地球上没有见过的。

3. 脉冲星,是一种中子星,是衰老到家的恒星。它们的能量已消耗殆尽,连原子结构也撑不住了;原子核内的电子、质子、中子都挤到一起了。因此它的密度极高,约达每厘米十万到一亿吨重。这种星的光辐射太弱了,只有射电望远镜才能发现它们。

4. 类星体,是离地球很远的一些星系,离地球一百亿光年上下。它们的辐射很强,但太远了,用光学望远镜看不见或看不清。而用射电望远镜能看到。开始时因为只收到了电磁波,不知道是不是星体,就叫它类星体。

除此以外,射电天文望远镜还能提供各种天文物体的许多细节。以上这些,对于研究宇宙进化的历史都是非常重要的。

近年对于为什么能够产生这些发现?这就是由于光波和无线电波有差别。一方面由于星际空间有许多尘埃之类,光波不能通过而无线电波能够通过。另一方面,有的天体太远,或发的光太弱甚至已没有什么光,而发射的无线电波却较强或很强。这都是射电望远镜的突出长处。

对于黑洞的观测,应说是一个晚近天文学方面的大事,似乎集中于 X 射线辐射,射电天文方法还没有做出多少贡献。

7. 电子技术使人也能看到光学显微镜看不清的"纳"微物体。用光学显微镜看物体的细节,受到光波波长的限制。早在 1878 年阿贝(德国)就指出,最高分辨率大约是 300 纳米(10^9分之一米)。但是如果用电子束代替光波,就能突破这个限制。这是因为电子具有波粒二重性。其实物质都有"波"性,不过是当微粒子加速到极高速时才变得明显。当电子用几万伏加速时,它的特征波长就很短了,可以达到一纳米的分辨率。在 1931 年,德国的科诺尔和鲁斯卡做出了第一台电子显微镜。

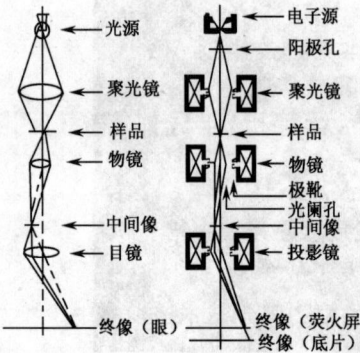

图 29　电子显微镜构造

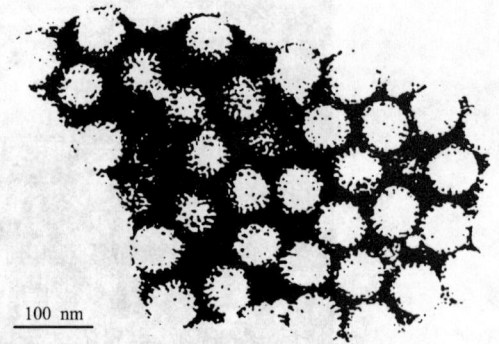

100 nm

图 30　电子显微镜看到的图像举例

按这个原理,首先要有一个真空容器。这是因为电子只能在真空中才能用高电压加速成束。第二要有一个发射电子的阴极,一般用钨来做,用电加热,使它发射电子。第三要有一个加速电极,和阴极在一起,组成一个"电子枪"。第四要有一个"透镜"把电子束变成平行的"光束"。电子束的透镜是在真空中用形态很精密的静电场或磁场形成的,是用带电压的精密电极或有电流的精密线圈组成的。第五要有一个置放样品的架子。样品要很薄,要能透过电子,透过样品的电子束就带上了样品的图形了。第六,这个带着图形的平行电子束又经过一组"透镜",变成发散的电子束,再聚焦成许多倍的大小的形象,投到一个萤光屏上,就得到一个萤光的、放大了成千上万倍的图像。在真空容器的侧面装一个玻璃窗口，人就可以看见图像，也可以照像或加上光学的放大器。

除了透射型电子显微镜以外，后来又有扫描电子显微镜。再有隧道扫描显微镜、原子力扫描显微镜等等，也需要精密的电子装置才能实现。现在的各种显微装置使我们能分辨出若干种原子和分子来。

8. 自动化的理论结合实践而提高了。由于战争要求炮火准确地瞄准目标，特别是对付飞机，战时发展了伺服系统。这个系统是怎样工作的呢？首先用雷达测定目标的位置，就是目标的距离和方位角以及运动的方向和速度，用一个模拟计算机算出炮火应向那个方向瞄准。然后把瞄准的命令发给炮体，炮体移动炮身到应瞄向的方向。以上这些都是用机械运动的。这个方向经过了一系列运动，受到许多误差的影响，可能已不符合原来的命令了。这时①用精密方法测定炮筒方向，②求出实际方向和命令方向的差数，③把差数重新反向输入，用以纠正误差。这样反复修正，直至和原来的命令完全符合为止。在实际运作中，这几乎是在一瞬间完成的。让我们拿来和勃来克的负反馈放大器比较，两个数学模型实际上是一样的，其目标都是要求输出和输入尽可能地完全一致。负反馈自动化的分析内容很广泛，这里提到的只是一个简单的例子。在实践中，情况是多种多样的，会远为复杂得多。有时候负反馈和正反馈之间只是一线之差，若误入正反馈的范围、那就会变成了加大误差而不是修正误差，甚至产生可怕的振荡。怎样能够避免这类问题和如何多方面改进性能，有时系统十分复杂，问题就也会更十分复杂，贝尔电话研究室的奈奎斯特（1932年）和以后的柏德等在理论上和数学方法上，做了许多工作。

二次大战期间，为了作战的要求，双方对自控与遥控武器都做出一定发展。在美国出现了高射炮瞄准用的雷达和模拟计算机，以及装在炮弹中的无线电近炸引信。德方以布劳恩为首的研究机构研制了陀螺制导的 V－2 导弹，成为导弹行业以及航天的先驱，后来向英国以及荷兰发射了 4300 枚，造成很大的威胁和伤亡。1943 年德国还从飞机上投掷了 X－1 型无线电制导的穿甲弹击沉了意大利的一艘战斗舰。

六、1945 年—1960 年，战争的电子文化遗产，计算机、半导体、信息理论，把新信息时代送进成年期

在战争驱动之下，电子科学和技术得到了空前的发展。在发展中培养积蓄了大量的人才。这在美国，因为战火只波及珍珠港，本土是太平的，还发了战争财，而且消费紧缩，积蓄增加。欧洲战火纷飞，战后十分凋敝，大量人才流向美国。人力财力科学技术空前集中于美国。辐射研究所的人才像种子一样洒向战争所滋养起来的全国沃土。这就为美国战后半个多世纪中电子与信息技术持续蓬勃的繁荣和经济空前发展打下无可比拟的基础条件。

1. 电子计算机在第二次大战中已立过大功了。虽然一般认为是 1945 年才出现的。其实若追问它的历史，可回溯到 1642 年帕斯卡（法国）的齿轮原理的加法器和 1673 年莱布尼兹的算数计算机。1822 年巴贝奇设想的分析机已经具备了存储器和存储程序，诗人拜伦的女儿，数学家爱达—洛芙雷斯伯爵夫人参加了巴贝奇的工作并为他编了程序，以此被称为历史上编程第一人。可惜的是限于当时客观条件，这个分析机只完成了部分工作。战时英国俘获了德国的密码机，就决心造一台电子计算机进行破译。以计算机理论得名的图灵主持了这项工作。英国虽仅有 700 架飞机，却抵御了德国的 2000 架的袭击，计算机破译和雷达侦察立了大功。这台计算机很庞大，所以取名巨人。他们说："若说图灵并没有为我们打胜这场大战立下功劳，

但若没有他，肯定要打败仗。"

美国却另有一个经历。他们并不知道"巨人机"。他们初期用继电器等装了两种计算机。后来就转向了电子管。实际上早在 1940 年，阿塔索诺夫（美国）已做出了运算器和存储器。1945 年为了计算弹道，埃克脱和莫奇利（美国）做出了第一台完成的电子管数字计算机"恩尼亚克"。

图 31　恩尼亚克计算机

这台计算机用了 18000 个电子管，重 30 吨，耗电 150 千瓦，占地 135 平米，真是个庞然大物，但是它只能存储 20 个十进位数，每秒只能做 5000 次加法，或者 500 次乘法，或者 50 次除法，并且程序只能预装。现在的家用小小"电脑"，每秒执行 10 亿个以上指令。但现在也还有那么大那么重的计算机，每秒能运算几十万亿次。相比之下那真是一个太平洋海沟底，一个是珠峰之上了。然而，没有那个荜路蓝缕的起点，也就不会有这样辉煌绚丽的今天和来日。

冯·诺伊曼是一位从匈牙利到美国的移民，对美国 40、50 年代科学技术做过不少重要贡献，其中之一就是对于计算机，采用二进制和存储程序。二进制排除了用开关电路实现十进位的复杂性。存储程序使得出现了"软件"专业。人们不用改变计算机本身（硬件），只要另编一个"软件程序"，安进计算机中，就能叫计算机改换门庭，接受另一种工作。埃、莫两人还在 1951 年造出了商品化的产品尤尼伐克计算机。

2. 人工智能被正打正经地提上了日程。历史上早就有"人造人"的故事。例如说诸葛亮的岳母，黄承彦的夫人就制造过一个"人造婢女"，那应该是个懂事的"机器人"，具有人的智慧的，尽管不一定很聪明。至于诗人雪莱的夫人笔下的"科学怪人弗兰肯斯坦"，它还是有思维、有智能的，虽然是邪恶的。这些都是臆想的，没有可能发生的根据。但现在有了计算机，可以按人编的软件指令按一定的逻辑关系运作不同的概念，还有内存可以模拟人的记忆能力，那么是不是可以让电子计算机思维呢？这就是人工智能的任务。再换一个说法，就是电子计算机能不能代替人脑和神经？感知、归纳、演绎、分析、综合、推理、类比、判断、构筑……以至更难的如联想、灵感、顿悟……？

自从做出第一台计算机起,这个任务就提出来了。1950 年图灵已经提出一个对于智能机器人的判断准则:如果有人与机器对话,但不知道对方是机器,那么如果觉不到与真人有别,这就是成功的智能机器人。1956 年,美国的麦卡锡、明斯基等集会,就正式提出了人工智能的旗号。这以后各国许多专家,风起云涌地大干了起来。广义的人工智能—实际上包括神经网络——已经在几个层面上开展了工作:

(1) 是否可说是第一层次,称为知识工程或专家系统的层次。专家系统就是把某一专家或若干专家的知识装进电子计算机。当遇到问题时,把已知条件提给计算机。计算机据以查找答案并显示出来。有名的范例是 1998 年深蓝计算机战胜棋王卡尔波夫的战役。深蓝装了几代几十位名棋手的"知识",带有极强的搜索能力,每秒能试着两亿步,和这样的机器比赛,能够有赢有和,不是全输,岂不已是非常值得自豪的战果吗?我看卡尔波夫没有什么值得不高兴的。

(2) 专家系统的局限很大,稍微出乎专家知识的范围以外就难办了。人却没有这个僵硬的界限,这又是什么道理呢?人们想突破这个界限。就想出以常识为基础的途径。常识是一些最根本的知识,人们解决问题的能力首先来自有生以来多少年积累的丰富的常识。对许多本人未经历的事情,可以依据于常识加上类比等推衍方法得出答案。这个理论是有道理的。但是人的常识浩如烟海,推衍的方法也是不拘一格,难度高、工作量大。美国人沿这个途径走了十多年了,近来还在继续做,还成立了一个企业叫做 CYCorporation,有多少进展还不清楚。

(3) 形式逻辑和数理逻辑的层次。这里基本规律是清楚的,只是问题复杂到什么程度的问题。20 世纪 80 年代日本人花了很大力气来做。但是人的智能远不是线性的,许多实际问题太复杂。最后证明尽管还是有用的,但解决不了多少问题。简单的课题是容易做的,但有的问题看似简单,其实很复杂。举例说行人过街要躲过来去的车辆,这可能是个容易形式化的问题,然而那个程序很难编,而且即便用百万亿次的计算机去计算,要赶上人的判断速度,还会差得很远很远。

(4) 把人当做一个黑匣子,不管内部怎样,只看它行为反应的规律。这就是心理学、行为科学、语言学,或认知科学的层次。这是研究人感知、思维,判断、构筑……的过程,用电子计算机给以模仿。这是一个较深层次的考虑,就是更接近于人的内在功能。但这正像本节第一段落提到的那些,有的很难找到思维、认知的具体过程,例如触类旁通、举一反三、灵机一动、心血来潮、启发、灵感、顿悟……等等。举例说,像我这样已近 90 岁的老人,有时想到过去的某人某事,知其人而忘其名,知其大体而忘其某细节。但是在已经放弃追忆之后,忽然会在脑中出现。我对这种现象称之为"隐在思维"。这是说尽管本人有明显意识的思维已经停止,但脑细胞并未停止运动,只是从显在思维转入"地下"活动而已。但是从认知的层次寻绎这个过程,是一个很难的难题。

(5) 生理层次,或说在细胞电现象和电-化学现象层次上摹拟人脑。关于细胞级的脑结构粗略说一些:

① 人脑有数百亿个脑神经细胞。生来就这样多,一生不会再增加,只会衰亡减少,但一生也只会减少较小部分,而且实际极大部分是冗余的,一辈子也用不上。

② 每个脑细胞是一个信号处理单元。

③ 每个脑细胞有一个信号输出件,叫做轴突,是细长的,有许多分支,少则几百,多则几千上万,每个分支伸出到其他脑神经细胞。

④ 每个脑细胞有一个信号输入件,叫做树突,不很长,也有许多权,权则很短。从别处输出来的轴突每个分支就通过一个"突触"和一个权连起来。连接是接触型的,是靠电化学作用。

连接可以是激励型的或抑制型的,连接强度是可变的。当然,和每个神经细胞连接的突触也是几百上千上万的。

⑤ 脑神经细胞之间的连接都代表着信息,连接强度不同也代表着不同信息。据说这样一个大脑能容纳大约一千万亿比特的信息。

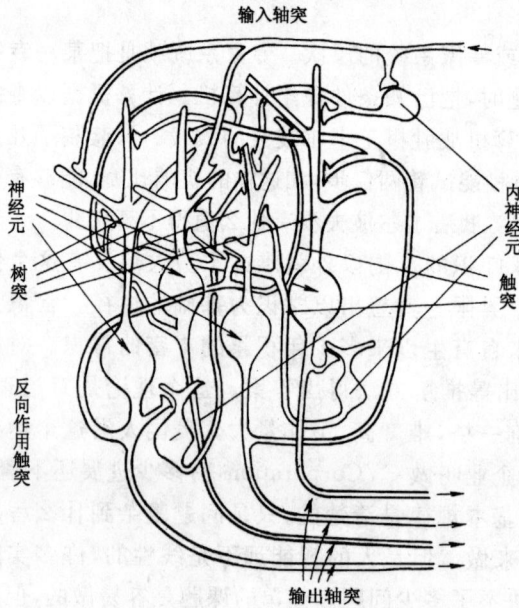

图 32　脑神经元示意图

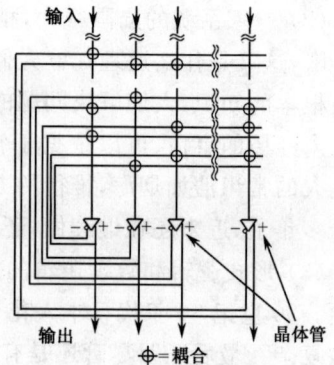

图 33　霍普费尔德模型图

⑥ 一个老人脑中的神经元的数量比起一个婴儿来只有少不会多,但是有这样的说法,说是神经元中间的连接的数量是年龄越大就越多。这样,我们也许可以猜想,这是由于人不断地吸收信息和制造信息而出现的现象。

对于我个人说,对脑科学连一知半解也说不上的人,总使我感到迷惑的是,显然这些连接多少是有序地形成的,那么,什么情况之下? 应该那个神经元的那个轴突分支应该生长? 又是应当向那个方向生长? 同那个另外的神经元建立连接? 各应该取多大的连接强度…? 更不要说上千万亿个各不相同的连接态的庞大数量了。这是我设想的学习和思维的物理过程,不知何时能得到解答。

然而,对脑神经元的粗略理解虽还不能让计算机替人脑,还是取得了可喜的成果的。1943年美国的生理学家麦克劳和数学家匹茨把神经元比作"二值"开关元件,1949年赫布指出联结强度的重要性,1957年设计了感知器模型,可说都为 1980 年以后神经网络算法蓬勃发展准备了条件。1982 年美国在加州理工学院和贝尔电话研究室兼职的霍普费尔德教授发表了他的神经网络模型,认为每个神经元对于输入刺激的反应不是线性的,也不是简单二值的,而是有逐渐增强的起动,继以准线性发展而逐渐趋于饱和的曲线,总的反应取决于所有各输入的综合作用。他开辟了新的视野,启动了迄今愈来愈热烈的学术浪潮。

我们近年来把许多事物习惯称为智能的,举例如从智能通信网到智能化洗衣机。这并不是说它们已具备了多少人工智能,而只是说某些有限的步骤原来要人工干预的,现在可以自动完成了。

3. 半导体技术登上信息运作的舞台,启动了一次技术大变革。原来电子管作为电子电路中的核心器件,垄断了收信放大等小功率用途的市场。人们使其做进一步的缩小改进,例如美国无线电公司曾造出一种小指头一节大小的金属壳电子管,命名 nuvistor,但始终打不开市场。正象 30、40 年代贝尔电话研究所科研主管人凯利所关心的:(1)对于交换机上用的继电器,嫌它太笨重,耗电太多。(2)对于电子管,①尺寸再不能缩小了,②耗电再不能减少了,③寿命限于阴极发射电子能力的衰退现象,也不可能增长了。在他的启示和引导下,物理学家肖克莱建议在半导体上探求。他们研究的起点显然一是电子管三极的构造模型已经存在;再是点接触的元素(硅、锗)二极管已经广用于雷达。现在要做从弗来明到德福雷斯特那样的一跳,应该不会有多少困难吧?

因此肖克莱一开始设想的先是以氧化铜为半导体材料,试验不成功。又打算做一种场效应管,然而又遇到专利方面的困难。而这时,他的固体物理研究小组中的巴丁和布拉顿却在始料所未及的情况下,于 1947 年 12 月做出世界上第一个半导体三极晶体管。原来他们要在一个点接触二极管的平面上测量电势的分布图、为此他们用了一个移动的接触点。他们意外地发现这个电极和原来的接点之间的电流相互发生影响。这就是第一个晶体管诞生的经过。至于所从而起始的晶体二极管,不能数典忘祖,那就要追溯到 73 年前布劳恩的发现以及皮卡德后来的专利了。

然而,点接触晶体管太纤弱、太贵,难得做得一致。两三年内只有助听器能用得起。这时肖克来运用他的固体物理的造诣,设想用三明治的构造,也可以解决问题。他设想用 N 型半导体(即含有"五"族元素杂质的"四"族半导体元素硅或锗,它的导电能力靠易于流动的电子)和 P 型半导体(即含有"三"族元素杂质的半导体体元素,它的导电能力靠能转移位置的"空穴"或电子空缺的空位)形成的"结",就可起一个接触点相同的作用。由两个这样的结形成一个所谓的"结型"晶体管。这时贝尔电话研究室正好在半导体材料类型方面解决了问题而且解决了用拉晶法制成三明治的材料,于是第一个结型晶体管就做成了。比起点接触型来,它稳定,性能较一致,很快就推广开了。结型晶体管保持了三明治的基本结构,但以后出现了许多新工艺和具体结构,早期的材料以锗为主,以后改为以硅为主。肖克莱设想的场效应管后来也实现了,特别是绝缘栅型的,广泛用于超大规模集成电路。

图 34　第一个点接触晶体管

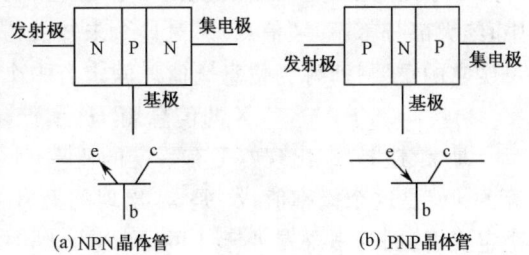

(a) NPN晶体管　　　　　(b) PNP晶体管

图 35　结型晶体管剖面图——晶体放大器

4. 信息论提供了定量的通信观念并推动了信号处理等信息科学的进展。我们从这里开始叙论:信息科学研究的起始点首先是人搜集到的信息是什么样的具体东西?据研究,百分之八十几是图象,静止的和运动的;百分之十几是声音;其余才是从嗅、尝、触……获取的信息。

这就是信息运作的对象。而声象以外的信息也基本是先转化为声、像而后运作的,例如文字。现在是"电子"运作,那第一步运作就是把声、像信息转变为电的信号。这些信号是什么样的呢?声音是连续起伏的波状的。图像经过扫描也基本是这样的。为了便于分析研究处理,人们试图找出另外的数学表达方式。一个经典的变换叫傅里叶变换,是把这种起伏的信号分解成无数的正弦波,这是在 19 世纪 20 年代的伟大法国学者傅里叶的贡献。一个信号里可以分解成许多不同频率的正弦波,每一个频率的波又有各自的幅度。把这些合在一起,就叫这个信号的频谱,也可以画成一张频谱图。年轻人耳朵能听到的声音的频谱,大约是 20～20 000 赫兹(每秒周数),如果只要传语言,只要能听得清楚,到 3000 赫就够了,如果要保持音乐的真实度,那就要从每秒 20～20 000 赫。像普通电视所传送的图像信号则大约是从很低到 5 或 6 兆赫。在发射台上,通过"调制"把信号频谱平移到无线电台的频率。这信号就占有一个大体相同的频带,这就叫它的带宽。

前面已经说明了,频率是一个宝贵的资源,一定要尽量节约它。是不是能无限度地节约呢?1928 年,贝尔电话研究所的哈特莱证明,对一个指定的信息,如果要传送它,可以人为地缩减它的带宽,增长时间,或者相反地扩大带宽,缩短时间。这是信息科学的第一个基本的定律。

在 20 世纪 30 年代,为了进一步描述这些起伏信号,又出现了一个伟大发现——取样定理。它是说,不管什么样的起伏信号,如果它的带宽不超过 W。就可以每隔 $1/2W$ 秒取它的值,这样就有了按次序的每秒 $2W$ 个数值,它们完全能代表原来的信号。我们也完全能够根据这些数值重新构造原来的信号。这最早是苏联的柯捷里尼柯夫在 1933 年发现的,并在此基础上研究了通信定量和抗干扰问题。在美国等,对信息理论则是哈特来在 1928 年有些初步的想法,英国的盖博尔(1946 年)做了改进,最后美国的仙农在 1949 年完成的。那个取样定理在美国是奈奎斯特在约 1940 年前后发现的,是各自独立的贡献。这定理很重要,它把一种连续的信号变成了离散信号,这才使后来信息运作的数字化方便地成为可能。

关于广义通信的理论问题,柯捷里尼科夫在 1947 年初做了相当完整的工作。但是仙农在 1948 年发表的《通信的数学理论》,因为在美国有较好的发布和推广的条件,在学术界起了巨大的作用。这里按照仙农所表达的做一些介绍。

第一点,他认为一个"信息"如果接收"信息"的人已经知道了,就不再需要它,这个信息的"量"等于零,从定量的角度说就不算信息。或说从信息论的严格定义说,我们日常说的信息中,绝大部分都不是"信息"。对这个未知的信息给定一个数量,做为它的"尺寸"或它的"量",量度它的重要性,称为信息熵值。假定有一个信息 X,它只有两个可能,如果不是 x_1 就是 x_2。

$$X \text{ 的信息熵 } H = -(p_1 \log_2 p_1 + p_2 \log_2 p_2)。$$

是 x_1 还是 x_2 出现?是有一定的概率的,例如有一半的可能性或有百分之 35 的可能性等等。p 就是这个概率值,p_1 是 x_1 出现的概率,p_2 就是 x_2 出现的概率,显然 $p_2 = 1 - p_1$。从这个定义看,因为 p 总是小于 1 的,所以 $\log_2 p$ 总是负的,方程式中那个负号使得 H 的值总是正的。如果 $p_1 = 1, p_2 = 0, H$ 就是零,这就是指信息是已知的,没有使用价值。如果 $p_1 = 0.5, H$ 就等于 1,是最大值。如果 p_1 是 0.25,则 p_2 是 0.75,H 就等于 0.915。如果 p_1 是 1/8,则 $H = 0.318$。如果出现 p_1 接近 0 时,H 就又接近 0。这是可以理解的,因为 p_2 接近 1,这个信息又没有多大的用途。这个定量理论有很大的应用价值,因为可以在许多信息设备方案之间,作为评价优劣的依据。这个熵的概念是从热力学移来的。人们在评论时往往提高到用哲学和宇宙学中"测不准度"的高度来对待这个信息熵。

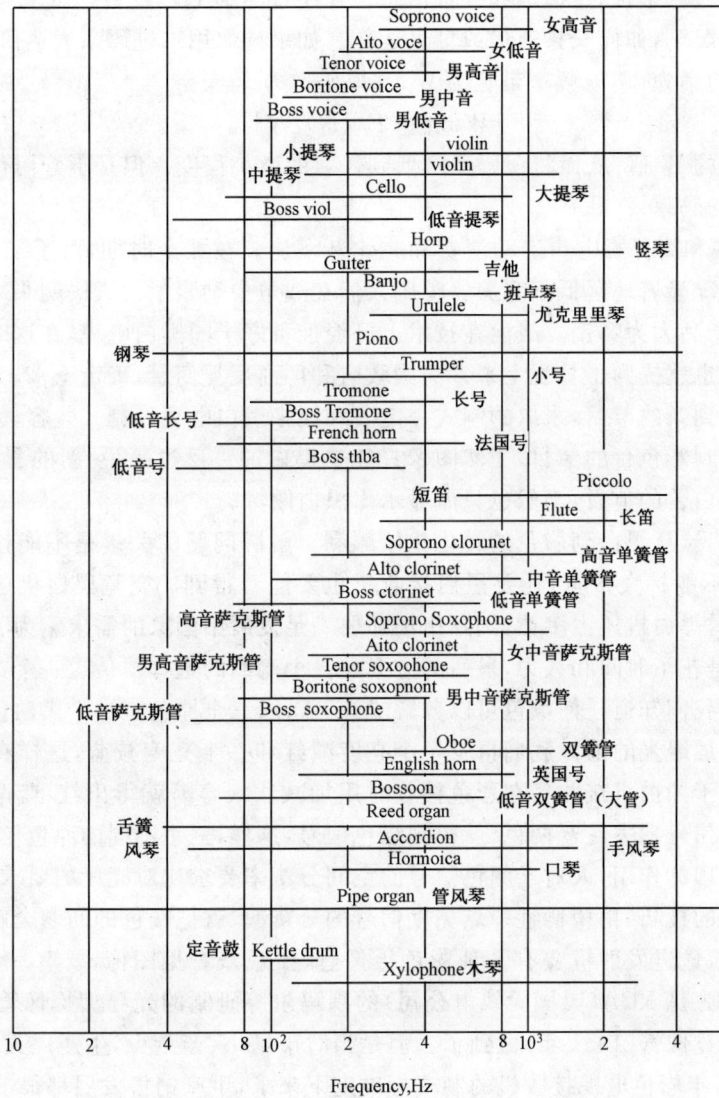

图 36　语音和若干乐器的频率范围

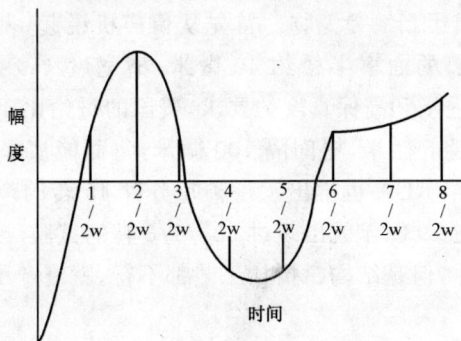

图 37　取样定理示意

噪声,或叫杂波、干扰,是通信和各种信息运作中经常碰到的问题。仙农理论的另一个要点是在有杂波情况下,如何安排通信或信息运作。如果选取用二进码来表达信息,并设定传送功率为 P,噪声功率为 N,取频率带宽为 W,并取码率为

$$W\log_2[(P+N)/N]。$$

则可选不同的 W 值,从而将误码率降低到任意的微小程度。但是不管用什么样的巧妙编码,不能用更高的码率。

5. 彩色电视和高保真电声启动消费和文化新潮流。在那个时期,由于二次大战的影响,欧亚两洲经济状况显着地远低于北美。美国人们在战争中勒紧了的人民购买力一下子爆发出来了,因之消费产品大为畅销。战前在技术上已经准备好了的黑白电视,在这时突然市场繁荣起来。彩色电视也就提到了日程上来。美国政府和厂商反复商量,确定下来,为了使现成的黑白电视机能够看到新的节目,采取的制式一定要和原来黑白电视的制式兼容。这样,原来的黑白接收机也能收到彩色台的节目,当然图像只能是黑白的。反过来说,新的彩色接收机,也能收到改造中的黑白台的节目,当然也只能显示出黑白图像。

由于决策较妥,从黑白到彩色的转化比较顺利。解决问题的关键是不能让成百万的黑白电视机作废,既不能扩大带宽,还要黑白接收机也要能看得到。究竟黑白机还是比彩色机便宜,至今中国农村黑白机还占多数,国际市场还要满足发展中国家的需求。为了妥善地解决彩色电视制式,还是花了时间和人力,最后的方案是一个聪明的选择—传送一个"黑白"信号和两个"色差"信号。我们知道任何颜色可以分解成红、蓝、绿三个原色。那个黑白信号就用亮度信号即红光加蓝光加绿光的值。我们再发一个亮度减红和一个亮度减蓝,这样在接收机里亮度信号就可直接用于黑白机接收。在彩色接收时用加减法很容易就得出红、蓝两色了。然后在接收机中用亮度信号减去红蓝两色,就得到绿色信号,这样,三个不同的原色信号,都还原出来了。由于视觉生理的作用,人对于颜色信号的空间分辨率要求比对亮度的要求要低。这样,利用一种频谱插入的技巧,稍稍牺牲一点亮度信号的分辨率,就把颜色的问题全解决了。

然而,把图像送进发射机要有一种彩色摄像管,要观众看见图像,要有一种彩色显像管。这些问题当时首先是 RCA(美国无线电公司)的魏玛尔等研制的光导型摄像管(1950 年)和劳伍发明的荫罩式显像管(1951 年)做到了。但是当时市场小、产量少,生产厂又一哄而上,成本降不下来。1953 年彩色电视接收机的制式标准定下来了,生产销售发展都很慢。1955 年彩色电视机零售价 900 美元上下,只卖了 3.5 万台。次年价格减到 500 美元,销售了不到 10 万台。一直到 1964 年,美国的彩电销售量才达到百万台。

另一方面是高级电声成了新的爱宠物。首先从留声机说起,自从 1915 年起,是按每分钟 78 转生产的,唱片针槽底部的曲率半径约 40 微米,槽宽度 150 微米,每面可演唱 5 分钟。1948 年,由于材料、工艺的进步和高保真度的要求,美国的哥伦比亚公司推出了每分钟 33−1/3 转的密纹唱片,槽底曲率径 5 微米,槽间隔 100 微米,每面能演唱 20 多分钟,足够一般交响乐的整乐章的要求。1949 年 RCA 也推出了一种每分钟 45 转的产品,每面可演 8 分钟,适于流行音乐的要求。其实早在 1931 年就出现过 33−1/3 转的试验。那是为了配成有声电影,一面的时间正好配合一卷影片,但是结构、材料、工艺都不行,就流产了。向密纹唱片的过度经历了十多年的时间才完成。

这以后是 20 世纪 80 年代盒式磁带大流行,90 年代出了激光唱片(CD)以及后来网上的MP3。现在,CD 依然风行,盒式磁带至今还要继续存在一定的时间。

立体声是在 1931 年就出现了的,仅仅是演示了一下。大约 1933 年开始在演出厅堂中安

装。第一个就是好来坞的碗厅露天音乐场。那是 1919 年建起的名胜地,因地形而设施,可容两万五千听众,安装了一套 1500W 的音响增强设备,大约是西部电公司的产品,在《贝尔系统技术学刊(BSTJ)》上发表过。

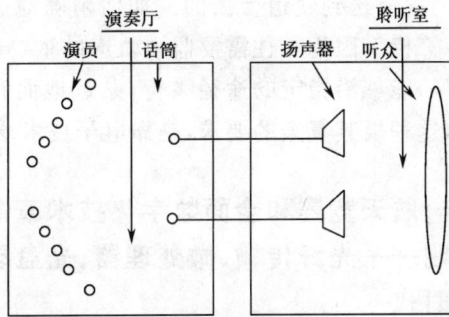

图 38　立体声原理图

立体声进入消费者家庭是 1957 年。当时发生了左右声道如何安入唱片一个槽中的问题。一种是用立向/横向区分,另一个是按左 45 度和右 45 度区分,后者被采用为标准。我猜测这可能有两个优点。一是在发生唱片磨损时,左右两声道大体差不多,二是可以在旧的单声道机上演唱,当然输出是两个声道合并成的单声道。

磁录音是在 1900 年泡尔森(丹麦)发明的,那时用的是钢丝。1927 年奥尼尔(美国)做出了纸基的磁带,用以记录电信号。但是,一直到二次大战结束,才被发现德国用树脂基磁带录音已经十分成熟,从此各国,特别是美国的 Ampex 公司进行了商业生产。作为人民消费品生产,1959 年达到了 70 万台。立体声高质量的唱片的所以成功,很大程度上也由于磁带能提供高质量的原始录音。动圈式扬声器是 1877 年西门子(德国)发明的,但到 20 世纪 20 年代才盛行起来。到 50~60 年代能做到高保真度音箱进入人家。

6. 世界进入了空间电子学的发轫和军事电子的进一步发展的时期。这主要是由于二次大战以后美苏两国全力发展火箭技术并走向导弹、核弹和航天技术的激烈竞争,而这几方面的进展又严重地依赖于电子信息技术水平。

美国在二次大战中以及战争前后从欧洲获取了大量的人才,更不用说他们的产业在战争中很少破坏,还发了战争财,军事工业大大发展了,还在战后转化为国家综合生产力。相反地苏联并没有得到这些好处,而遭到严重的破坏。但是当时苏联为了抗御对社会主义国家的可能攻击,还是集中力量发展军事工业、尖端技术、重工业和他们原来擅长的基础科学以及个别重点难题,宁可使人民生活提高得缓慢许多。功夫不负有心人,在 1948 年,苏联试成了自己的铀原子弹。中国于 1964 年也继英法之后成为第五个拥有原子弹的国家。

自从二次大战结束,美苏两国就在制造导弹方面,后来又在航天方面竞争。他们都利用了德国的遗留。双方各占领过一个德国导弹研究基地,美国还得到了以布劳恩为首的一批主要技术人员。首先两国各自研制了近、中、远程地对地导弹,弹道式洲际导弹(ICBM),地对空导弹,地对舰、舰对舰导弹,潜艇对地、空对空导弹等等。这些导弹本身和发射、瞄准、控制的设备中大量地采用了电子、信息技术,包括精密的、高性能的雷达、自动化装置还有关键性的计算设备和装置。

为了防御各种导弹以及大量飞机的进攻,美国布署了强大的雷达预警线,还进一步设置了半自动防空预警系统(SAGE)。为了对付洲际导弹可能袭击,他们布署了平均发射功率达到上百千瓦的雷达,天线几十米直径,面积几百上千平米。这样笨重的天线,用机械方法扫描、跟踪目标,显然是很难胜任任务的。

　　在 50 年代初,双方都在研制人造地球卫星。在 1957 年,苏联先后成功地发射了两颗,第一颗就达到 83 公斤重量。在 1958 年,美国跟上来也发射了一颗。从此开始了外空竞赛的时代。人造地球卫星是用大推力火箭送到轨道上去的。如何精确地送进轨道上去,同样地需要地面上的雷达、控制装置和计算机。因为往往需要监视轨道的重要部分,还必须设置许多测量站点。他们还研制了巡航导弹,能够沿指定的途径飞行,贴近地面和海面使雷达不易发现,能在低谷中飞行而不碰撞山峰,这种极其复杂的要求,是靠电子技术才能解决的。

七、1960 年—1980 年,航天竞赛和全面数字化技术革命的最后准备

划时代的三个发明——光纤传输、微处理器、光盘录存,同时又进入
航天电子的全盛时代

　　1. 20 世纪 60 年代到 80 年代是空间技术大发展的 20 年。回顾以前,30 和 40 年代,是电子信息技术发明和发现密集的二十年。战前与战争中有电视、雷达与磁记录和立体声等,战后有计算机、晶体管和信息论等。60 和 70 年代电子技术在发明与发现方面似乎比较寂静,然而却出现了几个重大的、划时代的、具有集中性的创新。而在这时期内,空间技术还有非常显赫的大发展。1957—1958 年苏联、美国相继发射人造地球卫星成功以后,在 60 年代法国、日本也都发射成功。中国在 1970 年 4 月也发射了东方红一号。

　　60 年代中期进入了卫星应用时期。1958 年 12 月美国发射了斯科尔通信卫星,通信卫星上面有接收天线,有接收机,接到信息后送给转发用的发射机,通过天线发给收信方。收发可以共用天线,也可以用各自的天线。地面台要用方向性很强的天线以指向卫星。

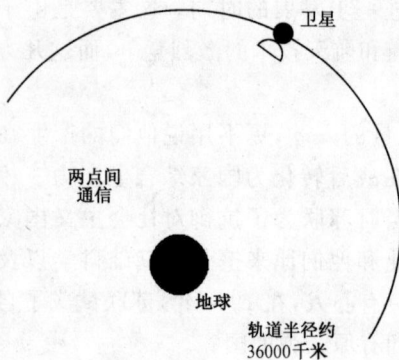

图 39　同步卫星通信原理

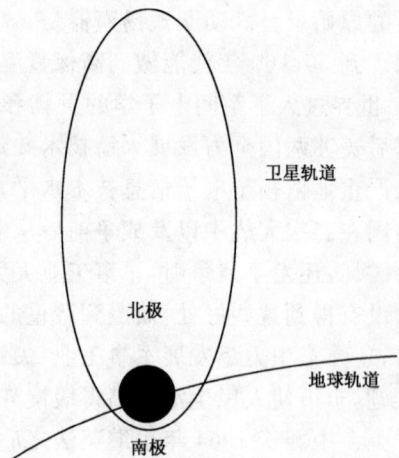

图 40　闪电 1 号原理

　　1963 年美国发射了世界上第一个对地静止的同步人造地球卫星,供通信使用。这是一种特殊有用的卫星。它的轨道正在赤道上空,离地面高度 35 786 公里,正好每天围地球转一圈,和地球是同步的,没有相对运动,因此从地面上看上去是"静止"的。在它所覆盖的地面内,可以随时相互通信。每一个星可以覆盖地球的 40% 面积,要是有三个按 120 度经度分布,就能大体覆盖全球。因此不仅通信可用它,这种卫星还有许多别的用途,例如电视广播、空地监控、遥感观测、气象云图等。现在有几百颗同步卫星在天上工作着。

但是这种卫星还不能覆盖南北两极。因此,在 1965 年,苏联发射了闪电 1 号卫星,是窄长大椭圆轨道的。它的顶点在北极,距地 4 万公里 ,另一端近地点则在南极上空 400～500 公里处。这个卫星专覆盖北极和高纬度区,每天可用 8～10 小时,有三个就可保证全日通信,苏联先后发射了上百颗这样的卫星。我国从 1984 年起也有了自己的同步通信卫星和广播卫星。

1962 美国发射了第一颗导航卫星和第一颗侦察卫星。在军事方面,侦察和预警非常重要。美国和苏联发射了无数各式各样的侦察与预警卫星。

陆地遥感卫星:1972 年美国发射了第一颗,称为陆地卫星 1 号。主要任务是调查地下矿藏、海洋资源和地下水、观察农林牧渔作业、植被等情况,调查测量地貌地形,预报自然灾害,调查环境污染,等等。

图 41　遥感卫星图片举例

图 42　阿波罗登月照相

气象卫星可观测大气和海洋变化情况。1960 年美国发射了世界第一颗气象卫星。以后发射的,有的是按一定轨道运行,有的是地球同步轨道,有的是太阳同步轨道的等等。

天文观测卫星,由于远离大气层,排除了大量光学干扰,大大提高了观测效果,1960 年美国发射了第一颗天文卫星。以后发射的有对红外、可见光、X 光、紫外线、γ 射线等等的望远镜。用这些望远镜避免了大气层的吸收和干扰,发现了许多新现象和新天体。

天体探测器:1959 年 10 月苏联发射月球 4 号,从月球背面拍了照片并发回了地面。1962 年 8 月美国发射水手一号,12 月飞越金星附近。1970 年 12 月苏联火星三号在金星上软着陆。1976 年海盗 1 号在火星软着陆。1983 年 6 月美国先驱者 10 号飞越海王星,飞离太阳系。除这些以外,他们还向土星、木星等都发射了探测器。

1961 年 4 月苏联加加林乘东方 1 号载人航天器环绕地球一周,成为世界第一个宇航员,开辟了载人航天的时代。作为美对苏冷战的一个局部,又开始了一个激剧角逐的沙场。1962 年二月格伦成为美国第一个宇航员。

1969 年美国阿姆斯特朗和奥尔德林乘阿波罗 11 号飞船登上月球,是一次历史性壮举。从此美国执行登月工程,多达六次成功,前后有 12 人登上了月球。搜集了大量的科学数据。

苏联在 60 年代先后发射了八个载人航天器,然后决定发射航天站,长期在空间逗留、工作。地面上用"飞船"向航天站送返人员和物资。1971 年 4 月苏联发射了礼炮 1 号,成为世界上第一个航天站。此后又先后发射礼炮 2 至 7 号及和平号空间站,用联盟号或进步号飞船与地面往返,他们在 1969 年已实现了两个飞船在外空对接。和平号有六个对接口,可以和六个飞船连在一起,就可得到 500 多立方米的工作空间,可供 6 人同时工作。美国在 1973 年 7 月发射了自己的天空实验室。虽然发射并不顺利而且损失了一块主太阳能电池板,还是在科学观测方面做出不少成果。1979 年陨落于印度洋。

航天技术的发展是和导弹并进的,导弹的性能当然也大为提高,并出现了弹道式洲际导弹。

2. 航天技术和导弹的发展处处贯穿着电子信息技术的不可或缺的作用。各种航天器以及导弹的运行、发射等等所以能够十分精确地实现,完成任务,没有电子信息的高度发展是不可能的。

先说发射卫星要完成的各项任务:通信就是根据无线电原理的。空间物理探测要用各种电子仪器,天文望远卫星要配上光电子探测器(摄像器件)还要用电子装置测量、稳定和控制方位,导航卫星要测定自己的位置和发出准确的无线电信号,遥感(测地、资源、气象、海洋等等)卫星要用电视摄像、雷达探测、电磁波探测等技术。把信息传到地面上也要用无线电技术。各种航天器的运用也都是这样的。在发射时要不断测定航天器与火箭的位置,就要用精密的雷达和无线电干涉仪,还要用多普勒雷达测速。要准确地控制、保持轨道位置,还要用电子计算机计算,还要用无线电遥控。卫星、航天器、导弹上的各部位的温度、气压、应变等等,还都要自动控制,还要测出数据传到地面(这就是遥测)。为航天器、航天站、航天飞机、卫星、导弹发射准确入轨,入轨后准确地保持轨道位置,需要电子信息技术的测控站和遍布大地海洋的地面站和测量船等测控系统才能做到。遥感、遥测、遥控、遥信都是空间、航天、航宇技术中不可缺少的东西。对于航天航宇事业的发展,空间电子信息技术起了决定性的巨大作用。

实际上,就是日常的航空、航海也离不开电子信息技术。经常与地面通信或异常情况下的呼救不在话下,起飞着陆、出港进港也都要用仪表着陆及机场、港口管制、指挥系统。在航行过程之中,要准确测定本身的位置,决定自己的航向、自己应取的高程,都需要复杂先进的电子导航等设备、系统。

3. 神奇的微电子,集成电路,特别是微处理器出现了。在电子管当令时,就出现过几个二极、三极管以及五极管合装在一个管壳里的复合管。半导体晶体管是否可以如法泡制呢? 事实上在 50 年代末,美国德州仪器公司的基尔比和费尔柴尔德公司的诺伊斯都做出来几个晶体管合在一起的芯片,称它做集成电路。因为晶体管的尺寸小,所以可以做得很密集,可以把许多许多单元复合在一起。在 1971 年美国英特尔公司的霍夫制出来世界上第一个微处理器,4 位运算、在约 21 平方毫米的芯片上集成了 2250 个三极管,再另加上一个只读存储器(256 字节)芯片,一个 32 位随机存储器芯片和一个 10 位移位寄存器芯片,就组成了一个简单而完整的计算机了。新的微处理器则把这些集中在一个硅芯片上。现在的微处理器几乎一年一个水平,当前最高已到 64 位、功能齐全,有相当的并行措施,含有几百万上千万晶体管,每秒执行几十亿次指令的水平。相比之下,那时的水平实在太差了,然而那是一个非常可贵的开端,没有那个开端,就没有今天的水平。此外,肖克莱当年设想的场效应管也做出来了。特别是在 60 年代制成金属氧化物绝缘栅场效应管(mosfet),再用两个相反型的场效应管串起来,就形成互补电路,即 CMOS,极省电,而且速度高。

在这个时期,在巨型机方面出现了矢量结构和并行处理的的亿次机,到现在已达到若干万亿次每秒的水平。在微小型的方向,出现了微型计算机即现在称为 PC 的个人计算机。

4. 用光纤输送信息的先进、优越方法被提上了日程。要叙明这个问题,需要先回顾一下激光的发现。激光是一种特殊的光。光是一种波长很短的电磁波。每一种颜色的光有一定的波长。普通的光波颜色不会很纯,就是说实际都是许多不同波长的波混杂在一起的。主要是

1958 年美国的汤斯和苏联的巴索夫分别发现了用一种受激发射的原理可以产生颜色极纯的光,产生这种光的器具就叫做激光器。这种光就叫激光。激光的特点是可以聚成极窄的束,平行地传送到很远的距离而不发散不变宽。1966 年英国华裔专家高锟提出来,可以用能导光的纤维,让激光从里面通过,用以传送信息,可能可以传送极大量的信息到极远的距离。从那时起。各国各厂商各专家做了大量的试验研究并进行了实践,取得了很大的成功。理论上说,带宽可能达到几十上百太(10^{12})赫。试验室中达到百万公里的距离。各国,包括我国,实际上已大量地采用,太平洋、大西洋也都敷设了许多越洋光缆。

5. 光盘录存的发明使信息录存技术出现了大革命。光盘的发明是一件大事。光盘录像(LASER DISC 或 LD),300 毫米直径,单面可录一小时上下的高质量的图像和音乐。当然,这还是以激光的发现所推动的发明。现在的 CD、VCD、DVD 和它不同,那些是用数字技术的,更为先进,LD 还是用"模拟"技术,但也达到了很好的质量。LD 的原理是这样的:它和从前的各种唱片很相像,也是一张旋转的人造树脂圆盘,表面上用激光在螺纹轨道上按视频信号和声频信号的波形做出微小的坑。因为激光可以聚焦到极小,所以轨道的密度和坑的尺寸都是一微米数量级的,使得在一张盘上能录存极大量的信号。最早的激光电视盘是荷兰飞利浦公司研制的,在上世纪 80 年代年于美国上市。后来有了更先进的数字激光录像盘,但是 LD 现在还有已经很小的市场。现有的标准"紧凑光盘(CD)"即激光唱盘等等,都是用红外光的。由于新材料出现,可用短得多的光波,那么记录容量就可能增大许多倍。

大家熟悉的盒式录音带和盒式录像带都是六十年代的发明。盒式录音带是在六十年代初由飞利浦公司研制的,很快就成了市场上的事实标准。盒式录像带则是日本的索尼公司在 1959 年研制成功上市,作为上市的标准,也有过曲折和竞争。虽然现在已有了更先进的产品,但是盒式磁带由于价钱便宜而且在家庭里便于录像录音,至今仍然受到相应的欢迎,而且也在数字化。现在 VCD、DVD 也可以在家中录制、或复制了,只是设备还太贵。一旦价格降下来,就有可能代替磁带录像机。

磁性录存对于电子计算机作业也是很重要的。磁带机、磁盘机从 60 年代就已经用上了。到如今,性能比那时提高了千倍万倍,依然是不可少的。专业的计算站,数据库等不能没有磁带。现在电脑(PC 个人计算机)在推广中,国内已在千万之数,几乎每台都有磁盘机。同等尺寸的磁盘和激光盘比,容量要大十倍以上,但不如光盘经得摔打,易于更换和能很便宜地复制。但现在也已有了录象用的磁盘机了,可录几十小时的节目,易录、易擦,易于查看节目。

在 20 世纪 60、70 年代时,电子计算机的内部存储用的也是一种磁心。那以前是用超声汞延迟线,原理虽巧妙,然而太笨重。后来还用过电子束存储管。磁心性能稳定可靠,耗电少,而且不"挥发",即使停电,也不会丢失数据。这样,磁心存储风行了 20 年,一直到 70 年代末,开始被大规模集成电路所代替。

6. 软件技术和软件事业开始走向成熟。其实几乎自从有计算机就出现了软件工作和软件专家。巴贝吉的草创时代就有拜伦的女儿洛芙雷斯伯爵夫人。在 1944 年,当在哈佛大学研制马克一号机电计算机时,格雷斯一豪波耳女士(博士)就开始研制有关的软件。她始终钻研、发展软件工程,当选为美国工程院中很少有的女院士,在美军中立了重要功勋,于 79 岁以上将衔退休。从此也可以看出软件的重要性。

软件是什么,这里只能简单介绍一点儿。电子计算机是按使用者的命令工作的。使用者定下来整个计算的要求及要进行计算的数据,编成计算"程序",送进计算机去执行。这叫做工作程序,或叫应用程序,这一类软件就叫做应用软件。然而这个程序如果就用普通口语或文字写出来,那就会一人一个样,一次一个样,会五花八门。"机器"的头脑是简单得很的,没办法理解。于是人们就设计了一类带有标准性的、极简单而意义准确的"程序语言",使得机器能够听得懂。这种用来直接写应用程序的语言一般都叫做高级语言。这种语言虽叫做"高级",实际还必须十分简单,往往只能供一类工作使用,又加上人们不断地提出各种改进或新的原理原则,因此几年之内就出现了几百品种和版本,还在不断地出现新的品种。经过长时间的发展和淘汰,现在除去为一些很专门应用的品种以外,还有十种上下,最多使用,也各有特点,适于不同的应用场合。

然而不同的电子计算机各有自己的一套指令系统,按程序执行不同的指令。它叫做它的指令集,也叫做机器语言。实际上这并不是语言,而是一套一套的二进制数字,例如10010101110之类,使用者要背诵下来也是很难很难的。还有它因不同的机种,多少还有差别。因此,如果每种高级语言都用机器的语言来表达,那就要有许多不同的文本,而且很难编写。这样,人们就采取这样一种办法:给每种计算机配上一个"汇编语言",使这种差别尽量减小,并且使人容易看得懂。从高级语言翻译成汇编语言而不是翻成机器语言的程序,叫做编译程序。有了汇编程序以后,配制编译程序,就方便得多了,而且可以不必作多少修改,就能移植到另外的机种上使用了。用高级语言编成的应用程序,从一个机种移植到另外的机种也就不需要做许多修改了。

60、70年代中,还把电子计算机的操作系统软件逐步形成了一个成套的观念。整个电子计算机系统包括中央处理器,内存储和外存储,光盘、软盘,输入设备如键盘、扫描仪、数字像机等等,输出设备如打印机、显示器等等,还有通信连接等等。组合的构成各不相同,但数据信息总要在各部分之间按需要按规律流转操作。因为各种应用都需要这样类似的操作,因此就可以给计算机配上一套共用的"操作系统"。在60、70年代中,对操作系统积累了较成熟的经验。电子计算机配上了程序语言和操作系统之后再按应用的需要编制应用软件,这个工作就大为简化了。操作系统的定义是有弹性的,有时也包括如数据库管理甚至文字处理等等。这些软件以及"中间件"是为编制各种应用的程序(即应用软件)所共同需要的软件,习惯管它们叫做系统软件、支持软件、软件环境等等。这是在60、70年代中逐步认识、逐步形成的。

7. 由于功率晶体管的出现,相控阵雷达得到很大的发展。雷达测定目标的方位角和俯仰角是把天线旋转、俯仰扫描而测出来的。这是一种机械扫描的运动,是难于做得很灵活的。因此,主要是五十年代末,人们提出电子扫描的办法,多数是用相位扫描,即相控阵法。

天线大体说有两大类。一是平面型的,又有两个主要品种:一是用许多"偶极子"构成平面阵列,二是用许多开槽的波导组成平面阵列。

图43　偶极子天线阵

普通的天线从每个振子或槽口辐射出来的电磁波是同时(准确说是同相位)辐射出来的,形成一个平行的射束。束的方向是正前方,即和天线的平面垂直。另一类天线是用抛物线面反射体,多用于较短波长。

相控阵天线一般都是阵列天线。上面说到电磁波同时(同相)从各振子或槽口射出,方向就是正前方。现在如果从左边的槽口射出的电磁波比右边的晚一些(相位滞后),那么,合成的电磁波就向左边歪过来一些,发出去的波的方向也就向左边偏一些。就按这个办法,同样也可以使发射的方向向上向下偏,或向左向右偏。就是这样,用电子的办法改变时延(相位),可以很快地改

图 44　波导槽口天线阵

变波束的方向。可以不用机械的运动就能左右、上下扫描,而且速度很快。不但能够连续扫描,而且还可在任何时候,转移到任何另外的方向。这就是电子扫描的天线,叫做相控阵天线。但是,如果用电子管的电子电路,这还是很复杂的。现在有了晶体管,而且功率越做越大,频率越做越高,就可以每个振子上配一个发射器,几百几千个合在一起就得到很大的功率和很强的方向性。美国等国制造了并装备了为警戒导弹攻击用的巨型相控阵超远程警戒雷达。他们还制造了飞机上运载的超远程警戒雷达。这种雷达能够运输到可能有导弹发射的远方地方,大大提早了发现敌情的时间。而且,由于微波很难发射到视距以外,一般雷达对低空的警戒性能很差,机载雷达飞到几千米高度,升得越高,看得越远,高低目标都看得见,就弥补了这个缺点。

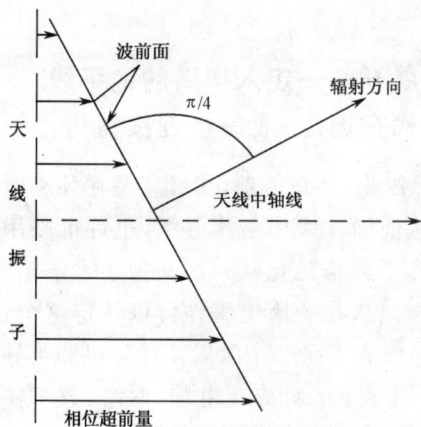

图 45　相控扫描原理

图 46　相控阵雷达照相

8. 用半导体集成电路代替开关和继电器,构成了高性能的电话用电子交换机——程序控制交换机。电话机的自动拨号在 1889 年就由史端乔(美国)发明了,但是在美国,受保守思想阻碍,到 1920 前后才得到较强发展。那时用的是升降旋转开关,用代表数字的脉冲控制。在几十年的发展中,逐步改进为纵横制,使用继电器代替扫接式的开关。一直到 70 年代,开始用

晶体管和集成电路来代替开关,实现电话交换或信道换接的功能。到 70 年代末,实现了程序控制数字交换机。这种交换机的硬件很像电子计算机。它也像计算机一样,可以配上软件,可以用软件实现用户要求的各种复杂功能。

图 47　电子程控自动交换机

9. "阿尔帕网络",因特网从这里发端:"网络"这个词是很笼统的。早期是指为了一定目的,把各种电子元件、器件用线联接在一起所形成的东西,比如说均衡器。至于在电力、能源部门,他们把整个电力网也有时叫做网络。自从因特网得到普及以来,网络这个词被赋予了不同的含义。不管怎样,主题的中心还是因特网。这里也就是讲一讲因特网的起源。实际上在 70 年代之内已经有了在有限的范围以内把计算机联在一起的局域网。因为联在一起的计算机不多,也没有什么标准的问题。例如在 1975 年 XEROX 公司提出的"以太网",作为局域网,至今仍然十分通用。在 1969 年美国有 4 个大学和研究院,是已经承担国防部门 ARPA(先进科研项目责任处,负责军事基础性科研)任务的。在 ARPA 下的信息处理技术办公室(IPTO)的推动下,为了便于随时交流科研情况和共享资料文献资源,把他们的计算机(在那时算做大型的)通过通信网络连成一个网。这四个单位是:洛杉矶市加州大学,斯坦福研究院,圣巴巴拉市加州大学和犹他州大学。由于是 ARPA 所推动建立的,就叫做 ARPANET 即阿尔帕网络。到 1977 年,已有 50 多个单位联入。这就是今天的因特网的起点。

在结束本节时,不能忘记提到电子游戏。这是 60 年代由美国的 Russell 做出的"外空战争"开头的。20 世纪 70 年代 Atari(美)公司开辟了市场,但后来被日本的任天堂和世嘉后来居上,占领了每年几百亿美元的市场。

八、1980 年—2010 年:"数字化生存"全面展开——走入丰满的地平线
数字化是怎么回事? 文化产业经济时代在迫近,战争接近按钮化!

1. 数字化的全面展开,在促进新信息化渗入各行各业。"新信息化时代"是在什么时候冒出来的? 我们并没有定义一个旧信息化时代。如果从前面文字中猜测寻绎,也许可以用印刷机作为那一个时代的标志。那么电报电话是不是标志了新信息化呢? 这又似乎太不丰满了。实际上新信息化的出现有一个漫长的发展转化的过程。从几个历史事件可以认定这个过程。无线电和电子管的发明标志了一个开端。电视和雷达标志了又一个阶段。计算机和半导体是第三个标志的阶段。微处理器、光纤光盘和航天是第四个重大标志。电脑、网络、数字移动通信、高清晰度电视、信息战是当前时代的标志,事实上是"全面数字化、广泛信息化"标志走向完成新信息化的时代的转化。

数字化是怎么回事? 全面数字化又是怎么回事? 它何以这样重要?

数字化的历史要远溯到 1874 年波特发明了代替莫尔斯码的五单元电码。事实上可以把五单元码看成是五位的二进位数字。波特(法)当时是把文字给用二进位数字化了。到 1937 年,里夫斯(英)发明了脉码调制,实际上是又把声频信号数字化了。在 VCD、DVD、数码相机中,以及在欧洲、美国已成熟的数字电视中,视频信号又被数字化了。不管是声频信号还是视

频信号,原来都是用波形代表的,电的波形模拟了原信号的波形,因而叫做模拟信号。如果这个波形的频带宽是每秒 W 周,按前一章所说明的,每 $1/2W$ 取一个幅度值(这就叫做取样)传送出去,在接收时就能够恢复原来的波形面貌。

这样,我们把每一个样值用一个数字代表,这就是原始的数字化。实际上,我们没有必要表示得很精确。例如说我们可用 7 位二进数表达,因为 2^7 是 128,我们就把幅度分为 128 段,每段用一个二进位数(整数)表示就可以了。这个分段的步骤就叫做"量化"。这样,这波形的模拟信号就被数字化了。

数字化的信号可以恢复为模拟信号,但因每一段用一个整数字代表,比对于原来的样值引进了一定差错,这叫做量化误差。恢复时量化误差不能消除,只要段分得够细,这个误差就可以容忍不计。波形的信号可以数字化,任何一个单值的量信号都可以数字化。声音、图画、影象、文字、数据等等,都以数字的形式表达了,这就是数字化的起点。

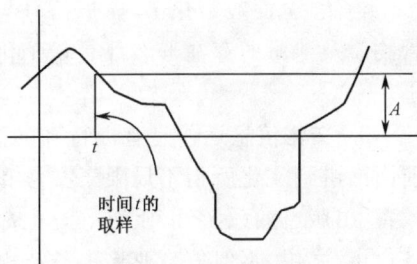

图 48   波形数字化示意图

A 为信号在时间 t 的取样,设为 11,则 $A=1\times 2^3+0\times 2^2+1\times 2^1+1\times 2^0$ 取上式中加重型数字为 1011,即十进位 11 的等量二进位表达。

一切信号数字化以后,大有好处。

首先,比较初步的,可以更好地传输、放大、存储等等而很不易失真,不大怕衰减。因为数字是用脉冲串表达的,脉冲幅度、形状变化对原数字的影响都不大。若用原波形,不管是传输、放大、存储等等各种成系列的处理,要较好地保持原形,并不互相干扰就必须处处要求高度地线性。这是一个很广泛很难以满足的要求。

二是很便于加密、解密。

三是可以用计算机或计算装置对信号作任何计算和改造、变化。

四是构成各系统的多种多样的组成部分都数字化了,采取适当的接口,各种信息媒体、媒件都可方便地互相沟通、联结到一起去。

这些只是举例,总之数字化是使得信号具有高度的适应性,非常的多能性。再举几个应用的例子说明一下:

① 前面讲到用计算机仿真和虚拟现实,既十分奇妙而又作用强大。不通过数字化这就不可能。

② DVD 能把一个多小时的电影压缩到 120mm 直径的一面光盘上,还保证了四、五百线的优良画面;由于使用更短的光波和更先进的信号压缩技术,还在向多倍于现在的容量发展。这是依靠了对人类视觉和心理深入研究,去除了许多不必要的信息,并采取了信息预测等技术,若不是依靠了数字化技术,这是不可能实现的。

③ 在网络和通信系统中,不但用数字化的压缩技术,大大扩大了通信容量,而且出现了分组(打包)交换的技术,把一个信件分成若干组,各带上目的地的标志,就能扔到网上,自动地找到目的地。这样就大大地扩展了网络的容量,节约了复杂的交换设备的费用。

④当代最新的家庭影院音响设备可以只用立体声的两信道的信号,经过复杂的计算,只用两个扬声器,使听者感觉好像厅房里有许多扬声器发出各样的声音,产生空间立体声感,宛如人在现场。

全面数字化是信息"技术"高度成熟,信息时代走向十分圆满的最重大的标志。说到全球联成一个"地球村",还有什么"国际经济一体化"等等,信息的全面数字化提供一个强大的积极促进条件,但那不是光靠技术能解决的,主要决定于很多其他社会因素。

走向全面数字化所以成为可能,是由于超大集成电路出现、不断提高和光进入了信息运作的领域。

当然,全面数字化了,模拟信号与技术仍然不可或缺。这是因为人的感觉还是模拟的。尽管物质及能量的存在形态都是量子化的,基本粒子和量子级差对人类的直接感觉说是太细微了。

2. 文化信息运作是有极特殊的意义的,它的极度发展将推动人类社会进入文化业时代。前面已讲到文化所指不局限于文学和艺术,而是把自然科学和社会科学以及医疗、保健、助残、教育、出版、体育、游戏、旅游等等也都应包括在内。可以断言,在未来社会中,整个“社会～经济产出”之中,不但信息业将占总产出的极大部分,而且,作为信息产业的主要部分的文化产业更将逐步地占据统领的地位。为什么它将占据统领的地位? 从需求方面说,首先,像近年人们强调“知识经济”时所阐述的,经济增长越来越依赖于知识。其次,文化进步促进精神文明的发扬,能大幅度激励、促进生产与创新的积极性,并为生产生活提供非物质的基础因素。再次,随着经济增长,人类对文化性的消费会比纯物质消费增长快;相对地说,纯物质消费的要求是有一定的饱和现象的,而对文化消费的要求则可说是无限的。特别是文化水平——标志着精神文明的提高——是人类永恒的追求。再从物质的可能方面说,发展文化需要的物质资源比发展物质生产所需少得多,受到资源的限制也就少得多。

这就是说,文化生产不但间接地贡献于社会经济的增长,而且文化消费类产品(抽象的和具体的)有这样的趋向:在蒙昧时代,人类的文化消费是微不足道的。历史可以见证,由于生产和经济、技术的提高,它在社会总产出中的比例几乎从零开始,不断增长。现在在发达国家,它已占到总产出的15%甚至更多,而在我国,也在8%以上。这还不算那些无法计入产出值的业余活动。到最后,文化信息业的产出完全可能占据社会总产出的50%以上,那就是进入文化业时代了。什么是文化业? 不仅上文提到的文化事业本身,还有直接、间接为文化运作提供物质基础、物质手段以及有关信息和物质的交换、传输、分配的各个事业和产业。

即使仅说当前的状态,一个人一生在文化生活中消耗的时光,平均要占他的有效寿命的70%以上,而且还有10%以上的人就是终年从事文化工作的。

在这里,试行说明一下知识与文化、信息之间的一些关系。文化靠信息携载,但信息的圈圈比文化大许多。严格地说,只有信息里的较小的精粹部分,对应于文化。例如说,银行用信息表达现金交换量和存量时,这个信息就不是文化信息,尽管这类信息却是极大量的。再则文化信息不仅包括知识,特别是知识经济所指的知识。例如书画、乐曲是知识产品,本身是文化品。但这种实物并不叫做知识,而且在其转化为“售价”之前更似乎是与经济无关的。这里所说的文化信息所覆盖的,是一个比知识经济远为宽广的社会存在。新信息化对文化生活的作用是极其强大的。

这里再概括一下信息化如何作用于文化创作:

◆ 有关文化艺术作品创作方面的:用计算机帮助写作文章、绘画、设计产品,已经在成熟、推广之中,还可同样用于作曲、编舞、雕塑、舞台艺术的静态动态设计,乃至幻想性形象的制作。最简单的是文字处理,能按作者幻想到那里就写到那里,只要能有益于读者、能引人入胜、能表达作者本人。

计算机帮助作曲、绘画、雕塑、编舞、设计舞台场景、人物动作、服装道具甚至人物表情。一切表现表演都可以预览、预演、修订改进,然后发布、演出。计算机动画创作,可以像真,也可任凭幻想。现在最引人入胜的现象可以举电影的例子,从《侏罗纪公园》《玩具总动员》到《泰坦尼克》《怪物史瑞克》等等,都是计算机动画创作的大表演。

◆ 对于科学实验和工程设计等计算机辅助作业作用更大。实验方案的草案拟制,背景、依据、已有成果的调查研究,实验方案的制定、核查审议、前期验证、数据搜集分析综合等等,大有用武之地。实验过程自动化、计算机过程仿真。工程设计中大量过程以计算机代替人工计算制图,实施之前用计算机仿真验证,实施过程中用计算机集成管理与制造系统(CIMS)或类似的工程管理系统等等、不一而足。

◆ 科学技术实验研究要用大量的电子装备和电子仪器,其中如粒子加速装置、射电天文望远镜以及电子显微镜,扫描电镜和扫描隧道显微镜等等是构造极复杂,有的还是规模极大的装置;电子计算机辅助推理(如定理证明和发现)和电子计算机仿真可以大大节约和扩充脑力劳动和加速科学、技术、工程工作的实现。

信息化极便利地作用于文化享用。现在广泛使用的广播电视(无线的、卫星的和有线的)和正在热火朝天的因特网,以及电话系统中的信息台服务将要汇合在一起,并且扩大范围,提高质量和速度。最大的差别是所有节目都将可以按需点索,而且可以对话,并且可以点索的内容极其广泛,不限时间,并且是交互式的,即可以相互问答的。

当点索节目内容广泛建设起来,作者称之为"泛播通"即信息高速公路的系统实现以后,人们的社会生活和家庭生活将实现一次剧变。"家庭剧院"和泛播通网连在一起,可以在家中点索任何"文化"资料。它们可为我们提供最丰富最绚丽的文化享用:

◆ 看文娱节目——远程剧院、舞台、影院、音乐厅。

◆ 观赏景点——任何山川古迹,文化场所可以"虚拟"旅游,立体化、环视化,有如亲到。

◆ 查阅资料——"虚拟"图书馆,查阅世界上任何图书馆和开放的档案馆。

◆ 访问亲友、讨论问题、开虚拟会议——通过交互电视……。

◆ 通过泛播通网和"虚拟"学校,还可以接受远程教育。科目极为完备,时间安排十分灵活,教材、教师都可任意选择,师生可以互相提问答题。可以做演示,但当然不能代替所有的实验和实习。

◆ 医疗,保健——远程检查、远程诊断,远程处方、远程监护,甚至遥控外科手术……。助残:假肢可以与运动神经接通,耳聋可以植入人造蜗管助听,目盲有希望用上电子视网膜,瘫痪可用目视甚至脑电控制发音、发令等等。芯片可能植入人脑,或取代损坏的部分,人们正向这目标冲刺。

◆ 远程出版发行是又一种"绚丽多彩"的运用。作者已可以在写作完成后直接在网上发行(当然也可以有中间出版商),光盘书籍和屏幕式读书器要普及开来。阅读者可以通过屏幕(包括在发展中的平面计算机、读书器等等)调看,可以打印出来并用家用装订机做成书本。

◆ 远程(网上)购物和远程(网上)银行,坐在家里上班办公也已经出现。在短短六、七年时间里,美国网络服务业的股值从零开始膨涨到 700 亿美元(2000 年)。据估计在五年之内,欧美电子商务交易额可从几十亿美元增长到以千亿计。有人预见到商店可能衰退甚至消灭:看来这还不可能,但可能一部分为网络经营所代替或更多地是与网络相结合。

这里称为泛播通网,是通用通信网(固定和移动)、广播电视网(无线、卫星和有线)、因特网三者的功能融合发展的产物。这个网必须配有巨大的信息库和服务器,还要充分利用一切已有的信息资源并开辟、创建新的资源。当发展到成熟的时期,尽管经济、生产、社会运作和管理的信息流通量很大,但在网上流通的文化信息将占到总流通量的 90% 以上——其中大量是娱乐性的和教育性的节目。

具体物质性的文化活动如舞台、影院、参观、游览、旅游、游戏、学校、教育、医疗、保健、假肢制配、出版发行、科学技术发展等等，不但从电子信息行业得到支撑，本身也自然大步发展，更使文化业发展扩大。

作为这个时期的重大技术进展，不能不提到数字化声象技术和电子/网络游戏。数字视盘(DVD)和高清晰度电视(HDTV)成熟起来了。更高级的技术还在出现。集成电路存储器在向几十兆字节容量发展，大量生产降低成本后就可代替光盘、磁盘。

3. 产业和社会运作大量依靠了电子信息技术。举例如①电子商务已经十分普及；②信息技术用于企事业资源管理、配用系统；③企事业内部建设信息网络；④办公室自动化等等。政府、社会、工农生产等等的运作、管理大量使用电子信息设施，交通运输、采冶与生产更加自动化。计算机集成制造技术已较成熟，在推广中。前面已做了描绘，不再絮谈。

4. 航天飞机出现了，空间站不断建造使用。为了使航天器可以重复使用，以达到节约的目的，美国开始制造出了航天飞机。在 1980 年第一架哥伦比亚号升空。航天飞机有翼有尾，很像普通飞机。升空时要用火箭推上高空，着陆时却和普通飞机类似。美国先造了 5 架，其中一架是样机，未升空。其中挑战者号在 1986 年起飞时爆炸，7 个宇航员包括一位女教师牺牲。于是美国又加造了一架——奋进号。今年，哥伦比亚号又失事，牺牲了七位宇航员。航天飞机长 56 米，有效载荷可到 29.5 吨。一般飞行于 480 千米高的空间。它可执行很多种空间任务。可以携载卫星送上轨道，可以用来修理航天器。例如哈勃天文望远镜就是用它送上 600 千米高的轨道的，还进行了几次的修理和改进。用哈勃望远镜做天文工作，因为排除了大气的干扰，发现了许多天文现象，看到了最远的天体。也曾用航天飞机来发射同步卫星，那时就要带上第三级火箭。

自从 20 世纪 60、70 年代起，苏联和美国都致力于建造"永久"性大型的供科学研究的空间站，甚至有可能作为人类离开地球系统时用的中间站。经过许多成功和失败的过程，于 1986 年苏联发射了第三代空间站和平号的核心部分，一次发射就成功了。和平号空间站的核心部分长 13 米，重 21 吨，有两个工作舱，还有卧室等等和六个接口。以后又发射了天文舱、服务舱、材料试验舱、地球气体遥感舱和环境与生化遥感舱，分别搭上了核心舱的接口。在 1995 年全部组装完成，共有 500 立米的生活与工作空间。这是一个很大的成就。现在已经超龄服务几年，出了几次事故和故障，都分别得到解决，还能继续工作。然而由于苏联解体后，俄罗斯经济跟不上，已经在 2000 年人工安全陨落。

现在在美国牵头下，又在发射组装一个多国家的更大的空间站，大约是和平号的两倍大小。英德法日苏都参加了，中国也分担部分仪器工作。美国负责的连结舱和苏联的服务舱都已升空联接。

5. 信息与电子技术大大改变了现代战争的面貌。国防部门使用广泛庞大的信息系统——军事信息网络，而且武器和军事装备大量地信息化了。信息战场上斗争非常激烈。从海湾战争(1991)和科索沃战争(1999)以及阿富汗反恐战争的情况看，尤其是刚过去的伊拉克战争看，"按钮战争"愈来愈迫近了。而且战争愈来愈依赖于电子信息技术与装备。粗略归纳一下，试举出一些环节：

◆ 战情、战境的侦察、搜集；情报的侦察、加密、破译；战争前后，乃至战斗前后，依靠大量电子装备。

◆ 战情、战境的综合、分析，大量地依靠高性能计算机。

◆ 战争部署设计，方案评估，作战决策，大量依靠电子沙盘——计算机仿真战争、战役。

◆ 命令指挥，战情交换、通报，依靠电信网络。

◆ 电子对抗——侦察、干扰和破坏电子信息运作和信息化武器。利用对方情报设施发射的信号，用电子寻的技术跟踪毁灭之，还有相应的抗御技术与装备。

◆ 电子"地雷"、信息"炸弹"攻击，在网络上肉搏，用特种病毒破坏对方网络与信息装备，以及相应的抗御技术与装备。

◆ 电子伪欺：制造信息假象，"隐身"武器和运载器具，反隐身技术，诱饵，伪装。隐身飞机的雷达反射波强度减小一百倍，虽然牺牲了一些作战性能，是武器方面一个重要成就。隐身舰艇、坦克也在出现。

◆ 制造假的社会、军事，战略的和战役、战术的情况，制造假的信息，引导对方做出错误判断。

◆ 控制，自动的和遥控的，各个层次的控制，从全局、战区，一直到单个武器、运载器械等等，如精密瞄准和路径控制，极低空巡航攻击、防碰撞，还有相应的破坏、防御技术、战术和装备。

◆ 空间技术利用，各种信息卫星和航天器支持战争机器。依靠各种信息装备支持卫星与航天器，用无人航天器携载攻击武器。

◆ 地空定位（增强的 GPS）和"数字地球"，用地图匹配，达到精密定位和瞄准。奋进号航天飞机已把全世界的地形资料基本收集完全，而且其中精确的一套已进入了美国国防部的秘密档案库了。

◆ 机器人单兵和无人飞机、微型飞机、无人地海运输器用以侦察、放哨、冲锋、轰炸。精密瞄准远程攻击的巡航导弹也可归于此类。

以上列举信息装置的 12 种军事应用，比通常提法 C^3I 和后来提的 C^4ISR 的覆盖面未必更宽广，但是更具体了。尽管还很粗略，不够完全。

军事信息装备通过军事信息网络组成系统，再用信息装备把各种军事机构以及兵员和各种武器和运载装备整合在一起，就有些像按钮战争的庞大战争机器了。现在离全面按钮战争的距离可能有多远？从技术上说，距离还不小。从战争策略说，过多依靠自动化也可能不一定使人们放心。武器太复杂了，掌握使用的难度和可靠性、可维护性、价格也都会是问题。

国际上很重视的简氏防务见解认为，军事上战略性三装备是核武器、洲际导弹和侦察卫星。科索沃战争、阿富汗反恐、伊拉克战争是局部战争，美国主要用空军作战，大量地使用了精确瞄准的、远程控制的武器，如激光瞄准的炸弹和巡航导弹。在战术层次上，可以说依靠的是侦察、情报，精确瞄准包括地形匹配的技术。空军战士从隐形飞机上投射炸弹犹如在计算机上玩电子游戏一般，不用看到目标，也看不到对方的破坏和伤亡。海湾战争中多兵种协同作战全靠以信息系统为中心的协调，战役层次的伪欺和事先破坏伊方雷达情报系统起了很大作用。从这些事实更证明了信息技术对于国防的极端重要性。

6. 发展信息应用系统和装备要解决若干重大课题

1）如何更好地解决"无限量"信息库的建设和运转：海量这个词已经有人另用过，而且不足以表现它的巨大和高度动态性，因之这里采用"无限量"这个语词。设想一下，仅静态的，我国历代遗留的书籍，就有几十万种。动态的方面，近期中如 1998 年一年内新出版的竟有 13 万种，国家图书馆等藏书几千万册。如若储存活动影象如一万种电影和五千套电视节目，再加上每日的新闻不断积累，那就更不得了。如何输入（尽可能自动化），如何扩大存储能力，节约空间,更重要的是还必须便于检索。就只说这巨量的信息编码、数字化的工作量就大得不得了。而且这不仅是一次性的工作,必须时时做、年年做,而且还要不断地选分、添加和淘汰。对于书籍,特别是典籍,一个省事的办法是选定好版本当做图像录入;这样工作量就小了。这对于研究版本是很有价值的,但是所需的存储量很大,而且不能给广大读者提供有效的检索。这项工作换个提法就是书籍、文件的"数字化"。中国国家数字图书馆工程就是它的重要成分。

我们说"知识经济初见端倪",说文化发展将统领经济和社会发展,说"信息社会",还有什么信息高速公路,数字化生存,第三次浪潮,后工业社会,都意味着"无限量"的信息产生、信息储存、信息分配、信息流通、信息应用。在这些过程中,信息库(数据库)就是知识、文化的居留地。这几乎是无止境的科学技术问题。曾经有过"信息爆炸"的提法,未必恰当。信息的增长总是要靠积累的,积累的时间不会是以毫秒计的。

2) "无限量"信息的传输和分配:这就是"网络"的功能。现在的石英基光纤已经每秒可以传输若干 Gb(10^9 比特)以至几十 Tb(10^{12} 比特)。据报道国外已解决了 1.4 微米波长透过能力低的难点,每条光纤的潜力可扩大,可能达到上百 Tb,上百根光纤并在一起的光缆早已做了出来。其传输能力又可增加许多倍,光纤光缆的潜在传输能力真可说是"无限量"的资源,还有待于开发、发挥。卫星和地面无线电波,"无线"光传输也各有长处。日常电话业务又更走向无线(除去传统的无线电通信广播以外,有现在的"手机"、卫星移动通信、无线接入网、小灵通和无线因特网等等以及室内设施相互联接的"蓝牙"技术和红外传输等等)与有线相结合。

现在社会上议论的"三网结合"指常规通信,因特网和有线电视三者结合。实际现在因特网是在常规通信网(电话,数据等)上加挂设备,增加软件,路由器,服务器等等实现的。在有线电视网络上也能进行通信和联入因特网,以及在供电线上部署因特网,在外国和国内都已部分地实现了。从远景看,光纤的干线网已经有了,问题是在"最后几百米,几千米",如能做到"光纤到户",三网合一问题就便于解决了。然而全球常规通信网的建设已花下了十万亿美元,我国也花了万亿人民币上下,而若改造为光纤到户,还需要大量另外投资,只能根据需要和可能一步一步实现,先把有线电视网光纤化和改造成双向网,更容易解决。光纤与同轴线结合(HFC)是更为现实的。这是一个技术经济决策研究的问题,技术上如何更适应于广大用户和有利于发掘潜力,降低投资。IP 网络协议,具体为因特网,用于一切传输,部分地已经实现。这个技术充分发挥了数字化和分组通信的优越性,简化了信道分配功能设施,可能是各种信息传输业务远景的有利道路。

现在的因特网是从 ARPANET 网嬗变而来的。现在美国又在建设"第二代因特网(Internet II)",数据传输速率"千"倍于第一代因特网。它现在和 ARPANET 当年一样,尚限于科研和教育单位使用。我国也起了一个头。将来它也会像第一代因特网那样走向普及,但那必须要经济高度发展以后,才有需要和可能,在美国恐怕也未必能在一、二十年内做到。

常规通信中的信息分配用的是程控交换机。自从信息数字化成功以后,出现了分组信息传输分配信道的各种办法,和交换机相互交替或配合使用。现在的话题是能否用 ATM(一种小信元高速分组传输体制)代替程控交换机,更进一步的设想是能否把因特网的办法(IP 协议用于通信,现已部分用于因特网长途电话)搬上电信网络以代替一切。这两个设想也许是可行的,但都未必是最优选方案。可否设想,把码分多址(CDMA)作为通用的信息信道分配设施。移动通信中的宽带 CDMA 可能是起点,文字、数据、高速数据通信,数字电视都可通过。这也对应于所谓第三代移动通信。优点是不会像 IP 那样,因为用户共用频谱争用时间互相干扰而发生参差时延,对于传输电视信号是有利的。这也适合于人们谈论的"全球个人通信",一人一码、随时随地呼叫的远景。这也是要注意研究的新方向。

3）从搜集信息，仿造信息到"编造"信息：用电子信息技术搜集信息有很多种情况。从简单的传感器（广用于生产、科研、社会管理与家庭）到几百米上千米直径的射电天文望远镜都是。甚长基线干涉仪已经启步，这是利用地球上相距几千上万公里的两个射电望远镜，把它们的信号以极高的相位精密度相加，达到极高的角度分辨率。外国有人设想以若干人造卫星为基点的极长基线，这是一个高难度的技术任务。

有时要用电子技术装备制造实验环境、条件，才能得到信息，也可能很复杂庞大，例如粒子加速装置。还有时要构筑极复杂的信息搜集集成系统。生物（基因分析）芯片启发我们应当研究微电子工艺技术在生物医学研究中的更多的应用。

当有关的物理过程、规律、边界条件都已知道，能规定得真正准确时，就可构造数学模型，然后用电子计算机仿真。例如设计一个燃烧室，要试验改变许多条件，许多构造，做许多实验，最后做优化选择。那是很复杂，很费人力、物力和时间的。如用计算机仿真，就可以用数字描绘和计算，改变各种参数，求出不同的结果，做出判断。有时，可用曲线、直方图表述结果。有时还可用仿真的二维以至三维的动态图像表示出来。有的对象可用自动化仿型机床等立即制出。用仿真代替实验，可以大大地节约人力、物力，缩短时间。当然，前提是有关的物理规律和边界条件必须是已掌握得很清楚、很准确，否则，其结果可能是错误的，完全不可信。为了实施这种任务，要研究超大规模超高速的计算机及其应用。

虚拟现实是仿真的一大类应用。给定了要求以后，给人创造一个复杂的仿真感觉的动态环境，可以看，可以听甚至可以感觉（接触，或感知自己的位置、姿态），可以嗅到气味。还可以感觉到环境对自己的动作的反应。举例如训练飞行员，他可以坐在仿真的、和真驾驶舱完全相同的一个座位上，手、脚都可动作如真，从"窗"上看到人工环境的动态立体图像。坐舱可以俯仰、摇摆、滚动如真。尽管这个仿真舱并不在机上，但感觉和人在机上一致。但是要模拟的对象是多种的，可能是很复杂的，除需要极大规模的计算外，还要多种多样传感器和动作器。这是规模极大的科学技术任务。

再有用计算机帮助制造产生客观还未存在的东西。计算机辅助工程设计就是一例。它必须符合客观规律，它还能帮助发现设计者的设定中存在的问题。成功的例子如波音 777 客机的设计制造没有用一张图纸。

关于编造客观上并未存在甚至不可能存在，但又仿佛真实，可以乱真的、引人入胜的信息，代表性的是动画创作，前面已经叙明。当然这种技术也可能被歹徒使用，危害社会，必须严加防范。

4）对于有关电子计算机的一般知识不再多叙。这里只列举特别值得注意的若干方面：

① 关于网络安全问题：无数计算机都连接到全球的网络上，随时会被侵入，或被干扰，以至机密被窃，账户被盗用等等。还有系统被破坏，数据被篡改，谣言和不健康的信息内容传播等等。尽管已有许多措施在发明中，在被采用中，但效果都是相对的，近来 CIH、梅丽沙、"爱虫"病毒的侵袭就是例子。但比起其他"黑客"破坏，这还非最最危险的。2000 年一季度已经发生了网站被"围攻"拥塞几小时的事件，据说美国的军用网络每年发生被"侵入"论万次。对个人指纹，虹膜，面貌确认技术对安全也有很重要意义。

② 数字电子计算机的核心部分可说是硬件的中心处理器和软件的操作系统。现在我国大量地依赖于海外，其中会有埋伏隐患的危险，这是一个非常不安全的因素。

③ 计算机以及各种信息装备，网络的各种终端，特别是个人计算机对于用户如何更加友

好,这也就是如何更加方便使用。首先是界面,能由人与计算机用自然语言对话,而不用键盘和鼠标,已经开始出现。进一步要改进到更方便地不需要训练就能适用于任何人任何语种。这样也就是解决了不同语言之间即时(同声)翻译的问题。这是一个难度很大的任务。如果做到用户眼睛一动甚至脑中一想,就能与计算机作简单对话,就更为理想,这也是可以做得到的,当然难度也就更大。再有就是为了便于使用,显示屏幕用液晶、等离子、有机发光二极管等等平面式的,以减小体积和重量,也可考虑供个人用的眼镜式的显示或更方便和廉价而性能良好的方法。键盘、显示器、甚至于主机能缩小到什么程度? 能不能卷起来、折起来?如果使用个人计算机能像使用电话或电视那样简单方便,那也是很大的进步。

④ 作为全球性的发展方向,超高速电子计算机的计算能力越来越高。美日两国现在是在若干万亿(Tera,10^{12})次每秒的水平上相较量,还在向拍(Peta,10^{15})次每秒甚至艾(Exa,10^{18})次每秒迈进。这只凭器件的速度是不成的。要把成千累万的中心处理器集成为超大规模并行运算的系统或利用网络把分布的高性能计算机并联起来。举例说在万亿次每秒水平上,有可能预测几个月后的全球天气,或做某种核反应的仿真。我们现在还比他们落后不少,特别是还在使用外国生产的微处理器。

超高性能计算机是两个时代当中衔接的一个关键环节。有人说 21 世纪是生物的世纪。作者认为信息时代还要继续大发展,还看不到被取代,因为文化将扩充十分广大的时空,信息技术不会被代替。然而生物、生理,突出的是基因工程及其衍生的和邻接的学科专业一定也会大行其事。人的基因组认定的工作,46 个染色体的几万个基因和 30 亿个碱对,绝大部分已被认定。生物芯片信息技术为此在做出关键贡献,而这样大量的信息,联系到下一步的比对、分类、分析、定性、组合……,已经了解其作用的基因还很少,还要做极大量的工作。没有超高性能计算机这是不可想像的。另一类生物芯片是用生物大分子如 RNA 或 DNA 以及视紫素等等进行计算。用以代替现在的极多功能的电子芯片,进行通用可编程计算,在 20、30 年内还不可能。

数字地球即把全部地理信息都数字化并输入到计算机去,这工作在开展中,不用超高性能计算机是不可能的,再开展下去,要不要搞数字人体? 是不是在细胞水平上、基因水平上进行? 还要不要搞数字动物群、数字植物群? ……这可是大量的、超高性能计算机的大可用武之地!

5) 为信息电子事业的发展、一定还要奠立物质技术基础。电子技术的成长,是信息事业飞速发展的决定因素,而电子技术的高速度进步,却是 20 世纪科技进步,经济高涨的成果,是与其他专业、学科及经济的发展互动促进的。电子成品应用和生产是立足于广泛的社会、产业、科技的基础上的。这些基础几乎覆盖了一半以上的行业。这在我国,不管是在科技方面还是生产方面都还很薄弱,必须大力加强。

◆ 各种构件:应当当作电子——信息本行业的一部分。

① 半导体器件,特别包括微电子,微处理器、微控制器等。量子器件,单电子器件,光子器件,有机分子器件,生物器件都在继续探索之中。光电、电光半导体器件,主要有太阳电池、半导体激光器、发光二极管等等。

② 电子,离子器件,也包括微电子管阵列,还有多种新显示器件。

③ 元件:包括电阻,电容,电感,继电、接连器件,线缆(含光纤光缆),电池,伺服电机……,敏感元件、存储元件……。

④ 机电构件,除普通结构件外还有通风、散热、屏蔽、防震设施等等特殊部件。运动与稳定位置所用的灵活准确的伺服系统……。

⑤ 微电子机械系统构件，把微电子工艺用于微机械制造，再和集成电路集成在一起，可以制成微型控制器和微机器人。现在已有在血管内进行医疗作业的试验。可控制的微镜阵列是个很重要的新事物，可用于强光投影显示，可用于光开关、光交换机。

⑥ 微光导集成光路：现在的集成光路还太简单。现在已有人用微电子工艺在芯片上制造导光波导，这样就可能制出密度很高的光导集成光路，将来可接近和现有微电子同等密度。

⑦ 录存元件与器件，光盘、磁盘、磁带、激光头、磁头等等。现在的 DVD 可存几个吉比特，半导体存储在吉比上下，很快就会成 10 倍增长。音频视频信号压缩也会有 10 倍的提高。

⑧ 显示器件，液晶、等离子板、场致发光、半导体发光件、激光器等等。阴极射线管还会用很多年。可折叠的，可卷绕的器件将会出现。使用微镜的宽屏投影电视机已开始商品化了。

◆ 材料：往往专用于信息——电子行业，按功能要求说有：

① 功能材料：导电、半导体、超导，电阻，接点；介电，绝缘，铁电，压电；软磁，铁磁，旋磁，压磁，磁敏；透光，阻光，滤光、控光、旋光，光敏，激光，发光；吸声，隔声，表面声，声阻尼；传热，散热，隔热，热电，热敏；电磁光热力化学交互作用的各种材料……巨磁阻材料对磁记录的作用值得特别注意。

② 结构（机械）材料，焊接，助焊，玻璃陶瓷金属相互粘接，粘合；润滑；填充，密封，浸渍；溶解，清洗；涂覆，助镀；包装……

③ 根据材料科学的进展和电子性能要求，可以出现许多新材料。现在已出现的纳米碳管，纳米粉料，巴克球化合物，锗硅复合材科，氮化镓半导体，人造金刚石薄膜和晶体等等都是很重要的。

◆ 各种专用工艺：

因为电子信息装备的功能要求的特点，所用的元件部件很大部分是独特的，材料也各不相同，因此其生产工艺，也各有其特点。这里分类列举一些如下：

① 微电子工艺：极纯材料生产，完善单晶制造，切、磨、抛；外延，扩散，离子注入，制版，纳米光刻，电子束曝光，蒸附，沉积，键合，钝化，密封，浸灌，老化，筛选，键合……

② 电真空制造：阴极制造，电极装配，气密封接，荫罩制造，制屏，制锥，涂壁，涂屏，蒸铝，除塑，真空抽气和封口，激活消气剂……

③ 不同元件的不同加工程序，包括机械、爆炸成型，液压成型，塑压，化学、陶瓷、冶金等等，还有一些非常独特的，非常地多样性。

④ 精密铸造，精密机械成型与装配，非机械成形方法，激光加工，合成树脂加工，金属、陶瓷加工，粉末烧结，焊接钎接，表面保护，浸渍灌封，超塑性加工……

⑤ 成机组装，表面安装技术，印刷电路板，三维立体装焊，屏蔽，通风散热……

⑥ 天线制造，从毫米波到极长波，从小型、低价位到巨型、超巨型，高度精密型，还有为航天器等专用的。

⑦ 电、电子、机械及许多种物理、化学乃至生物测量技术：计量标准，检定，实验室测量，工序测量，标准器，模拟，人工环境试验，综合试验检测系统……

⑧ 技术后勤技术：标准化，质量控制.计量管理，专利管理……

就网络与通信而言，就必须解决各种设备相互联接，协同工作的要求，保证互通的各种协议……标准的接口协议既要深入的研究，还要求取得广泛的共识。

◆ 为实施以上工艺，需要多种专用的设备和千百种的电子仪器和工序测试设备。以及人工的极端环境产生设备。

◆ 人机界面设备和器件，如键盘、鼠标，笔输入、语音输入、桌面设置、打印、显示装置、控制杠杆等等，日趋于"智能化"，自然度提高，功能提高，更为"友好亲和"。电声、音响装置也属此类。

◆ 软技术支持和软件：

① 软件工程，计算机辅助编程……

② 多种多样、不同行业的计算机辅助作业技术与范式、原理研究……

③ 规范和标准。

④ 信息管理与信息技术管理，以及广泛多种的业务管理用软件。

6）应用基础科学或称"技术科学"的支持是非常重要的。对于一些有关的技术事物，从科学的角度进行研究，求得带基本性的规律，用以达到更好的实践效果。我们叫它应用基础科学或技术科学，对于发展信息技术是非常重要的。现在列举一些如下：

① 电磁学与信号科学：电磁动力学（联系于电磁波），电磁波传播与传输，传输学，电子电路学，信息论与信号科学，编码学，线路与网络，软件无线电原理……

② 应用物理与化学：应用力学，结构力学，流体力学，量子物理与量子化学，凝聚态物理，金属学，高分子化学，电化学，应用磁学，电介质物理，半导体物理，超导物理，等离子物理，应用晶态学。

③ 声光力电磁热化学交互作用机理与现象：交互作用物理学，应用光学，应用声学，应用热物理。

④ 系统学与系统工程学，运筹学，控制论，自动机学，混沌现象学……

⑤ 认知与思维科学，逻辑应用，知识学，应用心理学，语言文字学……

⑥ 生物电学，生物信息学，脑与神经生理学与机制学，仿生智能学，人机交互作用学。

⑦ 可靠性工程学，环境与人科学。

⑧ 应用数学：统计与概率数学，分析数学，应用数论，应用拓扑学与图论；集合论，离散数学，组合数学，数理逻辑，模糊数学，分形方法，混沌模型，非线性数学，正交函数变换新方法，小波变换。

综括以上物质、技术基础与应用基础科学两大部分，说明为了稳步地进行信息技术与信息装备的生产建设，就必须在广泛的基础上下工夫，使力量。特别增加强调一下，人是最重要的基础，必须大力培养并在强化实践中不断提高。

九、中国怎样突击信息技术的世界先进水平

1. 信息电子技术进一步发展的展望：信息技术在 10 年中前进了很多。在若干地区和场合已面貌全新。举例如在生活应用方面，因特网、移动通信、高清晰度电视、数字录像走向成熟。然而这十年里并没有出现影响全面的重大技术突破，依靠的是技术水平和应用，深度的激剧持续的提高与推广，特别是以集成电路以及光电子技术、人机交互作用知识等等的持续提高为基础的，先进数字化的进展和扩散，和经济的稳定持续增长。这种状态将可能再持续 10、20 年或更长得多的时间。

从以上所叙可见新信息化是一个涉及广泛范围、和多种学科专业相交叉、并可以带动多种行业、多个学科的进步的极复杂的系统工程，是关系到全面增强综合国力的重大关键性科学技术。它也是具有强大生命力、在持续剧烈地进步与更新的技术，文化信息技术更是在永恒运动中的进步因素。对它在整个 21 世纪中的进展，难于做出具体准确的预测，但是可以断言，在整

个世纪中我国都要强化对待它的科学研究和技术发展。"广泛地扩大、深化应用"具有强大牵引力。

对于以上铺开了叙述的各个方面,我们都应当妥善分工,积极推进。现在有许多已出现的科学、技术新头绪,在新世纪开始 10 年左右,要根据于可能,充分努力开辟创新工作,取得优越成果。举例如:光子器件,量子器件,单电子器件,生物与有机分子器件,计算机先进人工智能,微机械装置,以及期待已久的 X 光光刻,微型机器人,集成微电子管,纳米材料,人工金刚石薄膜,半导体新材料,微光导型集成,集成光路,高分子新材料,巴克球及纳米碳管,碳化硅、氮化铟、硅锗异质结、金刚石薄膜等新材料扩大应用等等或者能突破或者有较大的进展和应用,但估计像半导体集成电路出现时那样导致全面性的剧变还需要更长的时间。

2. 必须强调,不容忽视的一些宏观趋向

◆ 信息化将向全社会各行各业和家庭个人生活无止境地更深入弥散。产业自动化,政务信息化,社会信息化,家务信息化等等都要增强。从社会普及和市场需求看,一些细小的应用如电子游戏、电子宠物之类也很有可为。

◆ 文化信息业肯定会持续迅猛发展。这将是持续的强有力的社会经济增长点。

◆ 国际上军事信息与电子技术仍然在精益求精。

◆ 各种信息设施,包括网络一定会走向融合,并与分立并存,各得其所。将出现全能,统一,无限量的信息库和信息网,局部的、专用的、分散的库和网仍然存在。

◆ 全面数字化是新阶段的标志,但模拟技术仍不可少。

◆ 信息运作设备沿着"缩小尺寸"和提高性能,达到更为"智能化"、用户友好化的趋向持续前进。如已有了掌上和手持计算机,腕上的也出现了,将来可能是巨、大、中、小、微、纳微……并存,还会有大的、小的便携计算机、平板计算机、读书屏幕,各尽其用。可以卷起来的显示器已有苗头,可卷可折的以及可以穿带的电子设备也会出现。

◆ 硅作为微电子的最广用材料几十年内不会改变。光子、量子、生物等等器件可用来解决特殊的计算任务。但要制成通用计算机,距离还很远。

◆ 电子装备可能走向多能型,单一装备适用于多体制,包含多用途,而且更多通过软件达到适应于多功能、多体制。通信、个人计算机、网络、广播电视走向融合。但是单功能,少功能而简单方便的产品依然会广泛使用。电子读书器、平板计算机将有它们各自的市场。

◆ 更多更有效的"神经植入"(微电子助残等等),甚至进入脑的禁区。生物、医学电子要大发展。

◆ 人工智能主要是在多种应用中向深度发展。"深蓝"战胜象棋高手,还是依靠的复杂的专家系统。严格的启发、灵感、联想、顿悟等等"隐思维"功能和情感反应经过持久的努力会有所突破。

◆ 不同民族之间的文字、语言的互译应能由点到面,更好地解决。汉语汉字的处理,例如计算机用语声和手写文字作输入。用计算机进行汉英等等同声互译是整个汉语区域的特殊文化问题,应当得到极大的重视。

我国已把信息化列入重大国策,包括政务信息化,社会运作信息化,经济与金融运作信息化,生产、管理信息化,客户关系信息化,家庭生活与作业信息化等等,包含有大量的大大小小的系统集成工作,包括软件工作。特别是软件,往往一个或一种单位一种要求,非常多种多样而且高度动态,更新、修改工作量极大。应给以充分的重视。系统软件应尽力做到大部立足于本国,而软件的工作大量的是应用软件,二者必须兼顾。

◆ 印度大量出口软件，我国应学习他们的经验。然而要看到他们不仅以英语为第二本国语，而且他们制度、机制、文化和发达的英语国家有一定一致性。我们条件不同，不能亦步亦趋。中国要多用中文中语，且社会运行体制方面往往与人不同。国内社会、经济发展迅速，必须充分估计国内的需求是极巨大的，而还不能忽视出口。这就要求又一个"兼顾"。

◆ 计算机和网络的信息安全仍然需要严重注视。专为中国自用的汉字（简体和繁体）网络一定要发展。

◆ 泛播内容保证健康丰富先进是第一要务。争取少产生一些信息垃圾。

◆ 集成电路存储器件迟早应当能代替光盘、磁盘、软盘等。

…………

3. 这里特别讲一下电子商务或网络商务以及网络化和信息化。在发达国家，企业对企业交易如金融、订货、采购等等，早就通过电信系统解决问题了，现在纳入因特网，用计算机处理，更为便利、节省，而且是唾手可得的。对于他们，这个变化是有限的，并不足以称是网络带来的新事物。但对我们，应当考虑跳过一步直接进入。

企业对个人的金融商务可说是一种 B2C 业务，和以上情况也差不多。至于网络上的零售业，即所谓 B2C 的主体，据美国官方统计，2000 年网络零售达到了整个零售市场的 2%。这里面还包括了像亚马逊出卖书籍这样最便于网络邮购的项目。美国专营网络零售的商业热闹了一大阵，但到 2002 年，有规模的还只有 eBay 和亚马逊两家，前一个靠拍买业务，后一个撑了 7 年，投入多少亿美元，赔了多少亿美元，刚才开始小有盈利。美国邮购本来就有基础，例如百多年前邮局就已有了代送商品并代收货款(C. O. D.，即 cash on delivery)，虽然占零售市场份额不大，但由之转为网络零售很有利。这在我国，可能只会有一个不大的开端。首先是信用体制还不发达，再估计一下，我们的"基数"又远小于美国。估计我国现在网络商务可达零售总额的千分之几。当然，如果在 10 年以内会发展成百亿人民币的额度，也是一件大事。逛商店的人减少的同时，送货上门的工作量增加了，若网络商店和厂商无力送货，也许邮政或其他运输行业能承担下来，外国的物流商业也来了。看来，零售网络商务代替商店的发展还只能是逐步有限度地发展。网络零售对于零售市场的促进增长是有限的。独立的网络零售业的竞争对手是传统的零售商和散售厂、商，他们对零售业务是熟悉、精明的，已具备必要的机构和物质条件，只花一点"信息化"的投入就变成一个"网络"兼门市的商店了。何况总有一些买户要看到、摸到才买，甚至把逛商店当作一种消闲、享受。由于因特网应用迅速地扩展了起来，出现了许多网络增值服务业，值得去发现。

4. 要认真理解信息化和网络化的一个重要本质。按照一种分法，把一切社会活动分入四个行业或产业：

第一产业： 农业， 第二产业： 工业，

第三产业： 服务业， 第四产业： 信息业。

在发达国家，信息业已经占用全体社会劳动力的 50% 以上，成为四者之首。信息业要渗透到另外 3 个产业中去，这个过程就是"信息化"。但是它是渗透于、依托于其他行业的，不是对立关系。信息行业一定要发展，其他各行业也要发展，并且因信息化而增快发展。是共进的关系，而决不是消长的关系。

因之，凡是信息化、网络化、电子化的作业，绝不能脱离被信息化、被网络化的对象。必须掌握对象的内容、功能、规律，甚至形式，才能达到作业的要求。从上面关于电子商业的讨论，可看到必须掌握商业运作，才能做好电子商业。固然二者是互相作用的，不排除先掌握网络后掌握商务,也还有少数成功的事例。但那就要花很大力气去理解、掌握、建设商业那一面,而且往往碰到软件、硬件的配置不适于商业的要求,难免大大改造,乃至推倒重来,甚至以失败告终。

依次类推,网络物流首先要依据物流基本规律,网络金融首先要依据金融基本规律,信息化运输首先要依据运输基本规律,信息化教育首先要依据教育基本规律,信息化战争首先要依据战争基本规律,政务信息化首先要有高效能的政务机制,如此等等。

信息化大大地倍增传统的社会运作功能,但决不是代替传统。信息化能加速我国工业化——大工业化的过程。然而在信息事业不断发展的同时,甚至信息运作发展到占整个社会运作的绝大部分的时候,物质性的社会运作还需要而且能够继续加速发展。

5. 我国对信息、电子的技术发展要采取积极,果敢,宽广,扎实的态度。我们已拥有若干高新技术。例如星、弹和载人航天器及其发射技术覆盖了高性能信息技术相当大的代表面,军事电子产品已可立足国内,自行设计的程控交换机水平达到世界领先,曾制出 1000、2000 千瓦广播电台,超远程相控阵雷达等等。又例如彩电接收机年产量已是世界第一位。个人计算机在亚洲已上了排行。电子工业产值以 25％ 以上的年增长率前进,产值占全国总额的 10％ 以上。像 30mm 长的纳米碳管,100 毫克重的微型直升飞机,十万亿次每秒的计算机……,最近又突破了微处理器芯片计算机辅助设计工具,都是技术上稀有的研究成果。但是就基础而论,还有重要缺欠,特别是物质基础方面;形成产业更有差距。例如微处理器、个人计算机操作系统、压缩编码与解压芯片、移动通信设备甚至若干元件、材料、仪器、专用设备等等还依赖海外。扫描仪、打印机、硬盘机、光盘(VCD、DVD……)机等等还处于组装状态。

科教兴国的要求是迫切的。信息电子技术具有极度的重要性,又是一个极繁复的集合体。我们必须以锲而不舍和奋发图强的精神,稳扎稳打地强力推进。以日本为例,他们除因资源贫乏不得不进口燃料和原料外,还是力求一切立足于国内的。他们理解的国际配套是要外国用他们的制成品配套而不从别国取得配套件。以我国这样国土大,人口多,更迟早要基本上自给自足,决不能满足于"国际配套"。然而这又不可能一蹴而及,一定要在每个时期,明确当时迫切需要的,和那些最切要的薄弱环节而又是力所能及,拥有宽广而有活力的需求者,选定重点,力求解决;以 20、30 年坚持不懈的努力,形成使兹后各种要素都有良好的坚实基础和开端,使电子—信息事业能够全面顺行无碍,早日步入世界信息先进的国家之列。创新是极重要的,不仅在重点上,而是应当无时无地不在念中。打基础是第一要务!

(此文是作者主编的《科学博览信息卷》中的综论)

第 四 部 分

电子与信息事业发展评论

立足于增强人民共和国国力，强化电子科学技术和产业

（1992 年 9 月）

我们正处在迎接 21 世纪的 10 年代的开头，这也是迎接一个新的千年代的 10 年。具有重大现实意义的是我们刚刚胜利地走过我国社会主义现代化三个步骤的第一个步骤，已经开始了第二个步骤的进程。在这个时机，电子技术被列入中共中央对十年规划和"八五"计划的建议中单列的一条，得到空前的重视。电子工业也被光荣地冠以"带头产业"的称谓。我们电子科学技术工作者，必须高度重视这个时机，审度时势，增强活力，以坚定的步伐前进，为中国的社会主义现代化建设和经济建设而把电子科学技术提高到新水平。我们电子科学技术工作者的责任是艰巨的，任重而道远。为了实现这个目标，应该做什么，如何做？谨就部分问题提供一些个人的见解。

一、渗透到两个范围的一场辉煌壮丽的技术革命

电子技术革命是产业革命时期技术革命的延续和深入。18 世纪的技术革命是用工作机器和机械动力——蒸汽机等操作工具而极大地倍增了生产能力。这是人利用人造的物质手段来倍增人对于客观物质世界的作业能力的巨大进展。这个伟大技术革命延续到现在，经过多次重大的新手段、新事物的产生，到电子技术出现，是又一次革命性变化。电子的重大特征在于它的应用——它大量地作用于信息，而机器作用于物质与能。作为信息作业的手段，它又在更普遍的范围内大大推进机器的自动化，从而间接地又一次极大地倍增人作用于物质与能的能力，作为信息作业手段，它更极大地直接倍增人对文化、教育、卫生、社会交往的作业能力。因此，电子技术革命是既渗入到人的物质文明活动而又更渗入到人的精神文明活动这两个范围的一场伟大技术革命。电进入信息作业的开端是 19 世纪 30 年代电报的发明，这是物质活动与精神活动的接壤地带。这个发明孕育了电子技术。19 世纪末期的几个重大发现和发明则标志了电子技术革命的起步。——热电子发射、无线电通信和电话以及留声机。哪些用于物质活动，哪些用于精神活动，很难于精确区分。这里根据侧重面勉强分别列举一些代表性的发明如下。

在精神活动方面：20 世纪 10 年代的广播，20 年代的有声电影，30 年代的电唱机，40 年代的调频广播、黑白电视、录音机和用于科学研究的计算机，50 年代的彩色电视，60 年代的录像机与有线电视，70 年代的卫星电视广播、激光录像与数字录音，80 年代的计算机进入人家与激光唱机和可视电话的成熟。90 年代个人通信服务网和光、磁盘电子发行将有大发展。

在物质活动与业务管理方面：20 世纪 20 年代出现简单的光电管自动控制和短波全球通信。30 年代的仪表着陆系统。40 年代的高频电热、雷达和远近程导航。50 年代的计算机用于业务管理。60 年代的阿波罗登月活动和计算机技术用于生产过程控制。70 年代微处理器用于控制和光纤通信迅速发展。80 年代计算机辅助设计、辅助工程、辅助管理的扩展、人工智能、专家系统更为成熟。90 年代综合业务数字网和计算机集成管理和制造将达到成熟，宽带 ISDN 将出现。

以上回顾这些重要的成就的意义，并不在于检阅每个时期的最好成就。回顾历史的目的在于表明电子应用于精神文明活动和物质文明活动是并行发展而是明显有区分的两条线，虽然有许多内容是共同的或相互结合的。这是为了引起人们注意到电子技术革命既为经济发展和科技进步做贡献，也丝毫不能忽略其为精神文明建设和社会进步直接做出的贡献。一般地说，存在的偏向是忽略了其为精神文明建设服务的重大任务。这是不可不纠正的偏向。只有从这两个侧面来考虑问题，才能高瞻远瞩，妥善地部署全局工作。

在社会上，在我们电子工业部门，都要抛弃这个陈腐的不确切甚至是错误的观念：把电视机、收音机、录音、录像机这样的文化、教育、宣传的重大工具简单地说成"消费品"。还要看到，固然建设广播网是要国家投资的，然而需资极大的终端——电视机等却是民间负担的，不需要国家投资，还有利于积累。应当提倡生产和购买，而不应当扼制。其次，各发达国家的电子工业都是靠所谓"消费品"生产起家，发家的。这一方面是生产建设的客观规律：发展简易产品，为发展复杂产品开路，打基础；当复杂产品取得进展后，又在前一类产品上采用先进技术，更好地满足人民文化教育的更高要求。另一方面，在人口众多而工业化程度还处在较低程度时，对投资类电子产品的需求与供给也必然是相适应地发展，而广大人民需求却占极大分量。为了采用国际新兴技术加速我国进一步提高工业化和工业现代化程度，从而对投资类产品很积极地发展是绝对必要的。但是对于所谓"消费类"产品仍占很大比例，也绝对不应当采取消极态度，更不应当产生"沮丧情绪"，好像政策上出了什么不应出现的偏差。事实上，我国在显像管和彩色电视集成电路用的投资还必然是巨大的，彩色电视机生产效益好，这并不因人们的主观意志而转移。对于某些特高档的文化用品特别是进口品课以有限度的重税是应当的，对于中低档文化电子产品则应当减税让利以达到提倡的目的。工业部门也要看到这类产品是广大人民需要的，是供长年使用的，是大量生产的，为适应用户需求，品种规格是极繁杂的，并且是国际上不断翻新花样、竞争十分激烈的，因此其技术上的要求和难度是丝毫不低于投资类产品甚至空间技术产品的。这种要求存在于产品性能水平上，还存在于大量生产中，如何保障高质量、低成本上，这又是其特有的要求。精神文明、文化与社会发展的要求如何能够得到满足是电子事业的"半边天下"，不容忽视。

二、电子向高度集成和高度弥散的发展和先进的文化信息技术系统

电子的出现首先是在通讯领域出现的。并很快地从点对点通讯扩大到通讯网。网所起的是集成的作用，而终端是分布性质的。随着电子的用途的扩展，这种特征也日益显著。到现在，电子正在向极高度的集成和极高度弥散继续增高地发展，蜂窝通信就是一个进一步弥散与集成相结合的发展。国际电话网已把成亿的电话终端连成一个极巨大网络。它不仅集合了电话业务，并且在很大范围中已融入了传真、电报和由计算机作业所产生的数据通讯和电子邮递业务网，从而更扩大了它的规模。去年初发生的海湾战争中多国部队做了一次电子技术的大规模表演、检阅和实验。这里，指挥(Command)、通信(Communication)、计算(Computation)、控制(Control)、电子对抗(Comtermeasure)、战略伪欺(Counterfeit)、情报(Information)和侦察(Intelligence)都集成在一起形成可称为 C^3I^2 或 C^2I 的平方幂系统，使用了从空间到水下地下的无数电子手段，集成为庞大的综合系统，又深入到所有第一线的个体。发挥每一件武器的作用。作为"弥散"的代表，美国还在研究发展第一线战斗用"机器人战士"。美国的战略防御动议项目是又一个重大先进系统工程，其中含有大量的电子技术内容。尽管这在美国也是一个不无争议的项目，然而几年来还是取得了一些已可派用的进展。

在产业活动方面，先是数控机床和各种生产集合中的重测点、控制点和作业点，现在已发展到了极为弥散的程度并已出现了柔性生产系统(FMS)和扩大包含了设计、工程化与管理的

CIMS。在这里,计算机是中枢,通信是联接线,终端都有电子装备。

这些是在通信、国防、经济生产方面的大系统,已经有许多论述,这里不再具体叙述。为人类精神活动服务的电子系统,可谓之"先进的文化信息技术系统",虽然它是电子技术革命的"半边天下"正在酝酿着进行着迅猛的冲刺而走入 21 世纪新时代,却未受到确切的认识和充分的认识。这里仅就其内涵外延、现状和趋向以及我国应如何对待做描绘和评论。

首先描绘一下这个先进的文化信息技术系统未来可能的全貌,或它的绚丽前景。这将是一种十分庞大的系统,用户将普遍到每一个个人,在所有的用户那里都有一个具有多种功能的终端,它集合了现有的电话、电报、传真、广播、电视、录像、电声、计算机、家庭自动化,办公自动化甚至生产自动化于一体而又远为高明。通过这个终端,用户可以调看调听节目,也可和任何别的或多个用户联系。通过这种终端,用户可以做许多事情:

——文化艺术欣赏。调看调听各种文艺节目,不受节目表的限制,文学作品,典籍词书,表演艺术,古今中外,不出户就可访问电子戏院,电子影院,电子演出厅,音乐厅,电子图书馆,电子博物馆,电子档案馆等等。

——计算机用于文学、美术、艺术创造。具有智能信息处理能力,能做比现在高明得多的文字处理,可用语言控制指挥。因有电子图书馆等,随时可调看参考资料,更便于写作。可以用以辅助作曲,设计舞蹈,编制戏剧、戏曲;设计雕塑,建筑等;可以立即做出像真的稿图和屏幕动态预演。

——电子印刷和发排。许多书籍报刊已用电子排版,消灭了铅字,已出现了用光盘或软盘发行书籍。还有一种方法是用文化信息系统"播"送,或分布到用户,用户可以通过电子图书馆及时调看,或用家庭印刷设备印成书籍。

——电视会见与电视会议。

——远程教育。比现在课程多得多,可以和教师对话,自由选学,不用按固定时间。

——电子旅游。名山大川,古迹遗址,游乐场所可以随时选游,有如亲临。

——电子答问,电子诊病,电子选购,电子银行等等。

这个系统的终端视像设备应是平板型的,极高分辨率,色彩自然,大可如电影银幕,小可置于掌中,也可有便携袖珍型的,最后应当是立体的。

这个系统的设施除去这些终端,还要有:一是无往不达的很宽频带的信息网络和交换系统。二是存储量几乎无限度的并具有极高吞吐能力的文字、声音、图片、活动影像,图书、档案以及其他各种信息的库。三是各种的信息采集系统与设施,从一个人随身带着的摄音、摄像机一直到录制棚、播放中心。这些设施所提供的就是电子戏院、电子影院、电子图书馆、电子博物馆等等。有了这些当然也就提供了用于任何社会交往的手段。

这个前景当然是不可能一蹴而就的,尽管如此,从技术的角度看,大部分必要因素已有了苗头或已有进展。个别的关键如极宽带交换机还有待突破,光交换、光电交换、频分、时分、空公、码分等体制也可能混合使用。从规模的角度来说,这样庞大的系统却必须有高度发达的经济才能够实现或做出实现的开端。然而,尽管作为完整的系统来实现是困难的,遂步实现却是可能的。服务种类可以逐项增加,而且每步都可以得到利用,一步步地丰富人民的文化活动,并取得社会和经济效益。例如说,当今已有的电视、播音、录像、录音、电话、传真以及光盘书籍、文献、档案的发行等等。作为高度弥散性的代表,现在也已有了磁带、光盘、收音机的"随身听",袖珍彩电的"随身看",便携文字处理机"随身写(作)",笔记本型计算机"随身算",便携蜂房通讯机"随身拨(号)"等等。这些都实际在为这个系统做准备。

以我国论,现在拥有电视机亿台,录像机以百万计,录音机、收音机不计其数,作为转发手段,自己已发射了能转发电视的卫星,光导纤维公用线路有近万公里,微波线路十万公里,卫星电视转播站早已超过万数,差转台还几十倍于此,文献检索已与国际联网,市话终端千万门。广播电台和电视台数百台,并也在执行着远程教育的任务。当然这距离建设先进文化信息技术系统的要求还差得很远,还需要数十年的奋斗。提这些成就是为了有力量地说明,在走向这个遥远目标的过程中,每一个阶段都会是有重大的社会文化效果的。即使在现在这个低级的阶段中,这个效果已经是十分显著。

我国教育事业的普及程度还很不够充分。我们人民的平均文字性文化水平也不算高,然而知识水平却远超过现有普通文字教育所能保证的水平,重要的信息随时可向全国发布,这正是我们几十年来坚持不懈地发展广播电视事业所做出的贡献。广播事业和电子工业仍然应继续努力发扬这个优良传统。

15世纪印刷术的大发展,是人类历史上一个伟大事件。印刷机当之无愧地是信息作业物质手段的伟大技术革命之一。它对欧洲文艺复兴运动的贡献是无可否定的。电子技术在信息作业中是又一次伟大的技术革命。先进文化信息技术系统是标志这场技术革命的一个里程碑和制高点。我们要以坚持不懈的努力,以扎实、强劲的步伐促其在我国不失时机地实现。

三、科学技术研究发展和生产建设要面向需求,面向市场,注意经济规模,加强出口取向

从以上可以清楚地看出,电子到头来是被应用牵引而得到巨大发展的。确实有许多新技术开拓了新的应用领域,然而如果仅是新技术而不存在应用的意义,这种新技术也是没有生命力,不起开拓作用的。

然而,如果虽有需求,而为量不多,不能形成市场,不能形成规模经济,就应当加以考察,区别对待。我们不能忘记,由于政治和经济利益的考虑,那些发达国家及其厂商既要发展与我国的技术贸易交往,还要在高新技术方面苛刻限制。因此对国家迫切需要的产品,尽管不够市场要求的规模经济,甚至只要研制一件几件,就可满足需要,还可能费力大、费用高,也要认真地承担下来。我国空间电子技术,包括许多大功率、精密雷达和大中型电子计算机就是这样自力更生完成的。巨型计算机如"神州"、"银河"也都是这样诞生的,还有许多其他军事电子产品,莫不如是。

面向市场的电子产品,当然要性能优良,适销对路,还必须考虑质量和成本,要考虑经济规模,考虑产品档次,在开放的市场经济中要具有竞争力。经济规模就是在国际市场能保证成本竞争力的规模。由于我们具有劳动力成本低的优势,这个规模可以比国际上小一些。如果我国自己的市场可以保证经济规模,就可以安排科研、生产和建设。由于我们经济力量究竟还有一个限度,不能够不加以选择,安排个缓急先后,要优先考虑重要性和销路,可以以难带易,也可以跳跃前进,也可以先易后难,应当最充分地考虑立足于本国的生产设备和原材料。否则进口多了,成本就会增加,例如设备的折旧就会很高,往往是几倍。若国内市场不足,但可以开辟出口市场,达到经济规模的,如条件适宜有利,就可以开发生产。例如我国的合成石英晶体和磁头,国内有市场,但大量还是出口,占领了国际上相当大的份额。我们的卫星通讯地面站也出口了,这种国际上生产也只是论件的批量,对我们更适合,还能促进我们的技术发展。过去,日本人和美国争夺集成电路市场,选择用量大而构造规整且规格少的存储电路为突破口,利用较低些的工资,宁可多花一点成本,力争质量超过美国;先用美国生产设备,然后自己制造设备,终于占领了国际市场很大份额,自己的技术也提高了。这个事例值得借鉴。

当然,对超大规模集成电路,亚微米加工方面,我们要坚定信心,坚决突破,若只就存储器件而谈,国际市场档次提高很快,我们暂时难于赶上,可能应该是使用进口的高档产品和自己供应中低档产品两者并行,就存储以外的数字电路说,中低档产品是有很大销场的,国内国外

都是一样。以我国的现况来说,数字集成电路的需求很不易保证规模经济生产,要力争挤入国际市场,同时也就可在规模经济前提下解决本国的部分需求,这个策略也同样可以用于其他产品。在我们对高档次产品还只能进行探索时,决不可以鄙视中、低档的产品技术。在有数量规模的生产中有许多工艺的以及结构的和设计的深度问题要在大量生产过程中去发现和解决。在这里,科学技术人员应做出重要的贡献,在经历了这样的锻炼以后,也就为以后进行高档工作打下扎实的基础。

四、充分加强电子工业的基础技术与科学

远在 35 年前,我就具体提出在八个方面加强电子工业的基础。这些年来电子技术发生了很大的进展,可能要扩大为十四个方面。这些基础是决定电子产品性能和产业效益的,还应当得到充分重视。

首先,是构成电子产品的物质基础:(1)分立器件,包括电子管和半导体分立器件。收信放大管虽然已经用得很少了,然而微波的和大功率的还有光电、显示电子管等新品种还在层出不穷。半导体分立器件也在向微波和大功率进发,出现了多种功率半导体器件。(2)集成电路,不仅是数字电路,还有模拟电路,微波集成电路,光电集成电路。要注意新材料的使用。砷化镓和其他三·五族,二六族,三元四元材料和复合材料,都有了不同程度的应用。要注意新热门的四四族材料如硅锗合金,碳化硅,人造金刚石等都各有特色。混合集成和多芯片集成各有优点和吸引人的前景。冷阴极微电子管阵列化也已露出苗头。(3)元件方面,当前许多种元件要适应于平面安装技术,需要研究新工艺和新材料。此外如压电、电声、接插、开关等,不但应用在扩大,性能都在提高,而且在出现新工艺,使用新原料。(4)材料方面,有些在前面已提到了。特别要注意那些为电子所特需而为材料工业部门力所不及的,应当研究发展它们,应当建设一些为电子服务的材料生产或再加工的基地。

再有,就是为电子工业生产和科学研究所不可少的物质条件。(5)专用生产设备,首先要满足技术与工艺过程的需要,还要进一步解决有重要意义的自动化和智能化技术。(6)各种专用的测试仪器和计量仪器,还有在生产过程中必要的产品与工序的试验设备。

基本技术的发展:(7)构造各种产品的基本规律,规则和规范的研究发展。(8)制造和生产中所需的各项工艺的研究发展。这类工作现在往往仅是结合产品任务进行的,这是远远不够的,必须面向生产现场和加强现场工艺力量。

电子科学:(9)这是专为电子技术解决问题所需的一些应用基础科学。最直接应用的可举微波技术,电磁波传播,线路与系统,电子电路,信号处理,信号科学等为例。实际物理、化学、数学、生物与生理,智能科学(心理学等的扩大,含有认知科学思维科学等)等中间有许多应用研究都和电子技术有密切关系,远远不只以上所提到的几种。在发展改进提高电子元件、器件、材料、工艺等中,应用物理、应用化学以及应用数学都是大有用武之地的。

"软"技术类:(10)计算机辅助设计,计算机辅助工程直到柔性生产系统和计算机集成管理和制造等,已在各行业中应用,电子行业应当为他们提供技术支持,并更要结合自己的生产、科研实践开展工作。(11)软件工程:这着重指的是研究软件设计工作中的规律和设计工作的新方法、新工具或其改进。这是电子科学技术工作者必须自己承担的任务。当然,这也必须与具体的软件设计结合而不是孤立地研究发展。

(12)管理工作:是一个影响各企业、事业单位的工作效率的一个基本因素。必须从中国的实际出发,充分吸收发达国家的经验,研究自己的管理方法,在管理中应充分利用电子计算机,这可以迅速提高原是颇较落后的作业效能。但是,一切数学模型必须建立在物理模型和物理概念的基础上,管理的根本还是管理机制、管理结构、管理流程、社会效

应、人员素质等,不容忽视。

(13)人员培养:人是一切工作中最基本要素。现在电子产业中很大一部分人员的素质需要提高。我们对科研发展队伍是重视的。我们对高等教育还要有一定的重视,高等继续教育也提上了日程。但是科学技术工作的范围很广泛,研究和发展只是其中小部分,我们的弱点是在"面"上的骨干人员,这包括在生产第一线上的高、中、初级技术人员和骨干工人,还有销售与服务方面。对他们的培养和继续教育应当受到最充分的重视。 (14)"人机交互"设备:一般也作为电子计算机的外部设备对待。这也包括外存和终端设备。实际随着计算机向多媒介(MULTIMEDIA)和联网发展和通信向智能化和综合服务发展,二者相互融合的趋向日益明显,广播与电视、电声也羼进来了,这些设备将成为一切信息系统中的基础要素,形象地说,对于一切信息系统,没有它们就必然"吃不进、存不着、吐不出"然而它的难度很高,品类多,在我们是一个严重的薄弱环节,必须引起足够的注意。那种认为其中没有多少高深科学技术的观点是极其错误和有害的。只举例如外存储器,特别是磁盘,现在已出现能与光盘密度相比的磁盘新水平。磁盘的规格不如集成电路那样多,工序也比较短少一些,然而其生产环境要求和工艺严格性以及发展速度,销售金额是完全可以与微电子相比的,这值得我们深思。可擦光盘的逐步成熟和应用更短光波长的激光束,带来的工艺难度也将与磁盘类似。

五、电子与信息技术在功能完备的基础上不断增新与提高

电子与光电子能在信息作业上解决十个方面的功能要求:①信息摄取;②信息传输;③信息录存;④信息再现;⑤信道换接;⑥信号处理;⑦信息推行;⑧数值计算;⑨数值仿真;⑩信息控制。这个分法不一定是惟一的,但大体覆盖了信息作业的全部。因此,我们说电子与光电子是当前信息作业技术革命的全面性的特征。电子与光电子技术也是能和物质作业的新因素,然而只是局部的,它能解决以下这些功能中的某些问题:①产能,实际是把非电态能转化为电能;②变能,指从一种电能状态变为另一种电能状态;③贮能,这是介乎电子与电器之间的;④加工改性;⑤节能;⑥控能。

19世纪中叶开始,电报的发明使电进入信息作业,是电子技术的孕育期的开始,电话的发明(1876年)、电磁波的利用、到基于热发射电子效应的电子管出现(1906年),标志了电子技术从孕育到诞生的过程,在以后的五十多年里,通信、广播、电视、音响、导航、雷达、计算机、空间电子、测量仪器,工业应用各种发明与发展使电子信息作业功能完备起来。到当代,微处理器、光盘、光纤、太阳电池等先进技术使电子与光结合并共同达到羽翼丰满,20世纪90年代开始了千里飞翔的时代,标志了电子以及光电子的信息作业技术革命的真正高潮来到。以上叙述的各种作业功能已经都有了电子或光电子的先进物质手段,然而还在以高速前进,不断翻新。

计算机与微处理器——由于微处理器和专用电路的出现,计算机与微型化的总趋势不可分。

微型化必然带来高密度,同等性能的计算机尺寸在缩小,同等体积的计算机性能在提高,较小型的计算机性能,能执行原来较大型的计算机的任务。原来大型的计算机的性能却更高得多了。巨型计算机的计算能力已从60年代几百万次每秒提高到十亿次每秒以上,百亿次每秒甚至万亿次每秒以上的大规模并行处理机也出现了,多元并行处理机在开拓自己的市场,但还看不出来,少元并行机会被替代掉。一方面,这由于少元并行机已积累了大量的软件,而大规模并行处理的软件如何处理,还没有完全解决;另一方面,可能对某些计算任务,少元并行机还有优适性。

RISC机近年来大发展,特别是在工作站方面。但看来RISC和CISC还会在相当长的时间内长期并存,RISC硬件简化,加重软件的负担,硬件与软件之间如何优化安排是因任务类型而不同的,现在CISC微处理器年产量仍是RICS的许多倍。各种个人计算机仍是CISC型的

正在变为日常商品。

软件方面以 UNIX 为基础的趋向,正在开拓前进中,而"开放系统"是现定的远景,这对我们是重要的机缘。UI、OSF、ACE 之间有对立、有重合、也有融合的倾向。不过,即使有两个并存的系统,也不一定就很不好,而且总比原来的混乱状态好得多,非 UNIX 系统也还会存在下去而发挥各自的长处。

组网技术、数据库技术、多媒体技术、计算机安全和防治病毒受到极大重视。

输入、输出与外存设备——输入的发展是面向多媒体:语声识别,图像输入,"笔"输入与键盘鼠标竞赛,传真、电视、电子发行、电子邮递都参加进来了,可擦光盘稳步前进,外部设备的产值规模继续增长,继续为主机值的几倍。

光数字计算机出现了若干初步的苗头。

文字处理和电子印刷发行——一张标准激光唱片(5.25 英寸)装一整套彩色插图的百科全书或四百种世界著名文学著作或一张软盘的词典已经是常规商品,我国的汉字激光印刷已经推广到大部分报纸和部分印刷厂。以我中国大陆系统为主干之一的国际汉字统一内部码(UNICODE)也在编制中。

神经网络,1990 年一月起,美国订为"脑十年",正是三十年脑科学进步结合了电子的进展,产生了人工神经网络。人工神经网络在视觉、听觉及其预处理、信号处理、模式识别、自动调节等方面都在取得优秀成果。通用的神经网络计算机尚在探索中。相当一部分工作没有采用神经运行特有的优越的模拟技术,而是用不大能发挥其特长的数字技术进行仿真。

通信—弥散化是从蜂窝通信进一步深化发展的趋势。一个用 77 颗低轨(非同步)卫星来使全球任何人相互之间都随时随地能够通话的系统正在准备过程中。PCS(个人通信服务系统)已被采用。

"智能化"是另一个重要方向。通信设备将要受到语声控制。实时的(同声)机器翻译也在设想之中。

视象通信或实时可视电话,在一个电话带宽内传输每秒以十帧计的电视信号已可实用。

光纤通讯方面的重大进展有(1)含铒光纤的光放大器即将实用于跨洋线路;(2)百万公里孤立波传输实验据说已成功。较长的光波长,新光纤材料也在设想中。

电视与电声——高密度(分辨率)电视是热门题目。日本用 MUSE 制已进行 24 小时广播。美国倾向于用数字编码信息压缩到原来带宽,技术上可能后来居上。

索尼的"迷你"磁光盘和"飞利浦"的数字磁带盒均采用了复杂的压缩码技术,将与激光唱片和数字录音带一争雌雄。

通信、计算机和电视广播的重合和融合——通信在走向多功能,计算机从局域网向广域网进军,并采用多媒体电视,有的广播网(特别是所谓电缆电视)开放了通信功能服务,逐步相互融合的前景在望。

雷达技术——重大的发展方向仍是抗干扰,反对抗,抗导弹破坏,反隐身、反低空偷袭,反伪欺和目标细节的识别等。90 年代将有一定的突破。

导航——用卫星实现的全球定位系统(GPS)能做到使个人能确定自己所在的位置。这对各种野外工作和军事行动具有重大意义。

微电子与半导体技术——新的材料和工艺导致了更高速度和更高频率。美国第一架采用砷化镓集成电路的计算机出现,碳化硅、金刚石作为半导体材料在兴起。

深亚微米技术已在若干高性能集成电路上使用。它将与亚微米、微米技术共处一定的时期。亚微米和深亚微米器件的工艺暂时仍将以光刻为主。

有人设想半导体存储器件在 20 世纪末将达到 1000 兆字节。64 兆字节有了样批生产。

由于建设费用越来越高，也有这样的估计：1兆字节、4兆字节、16兆字节、64兆字节将长期并存。

微处理器已有64位和亿次每秒的品种，估计不会有更多位数的微处理器出现，它的一个发展方向是把周围电路和缓存和处理器集成在一起。

微集成数字信号处理器（DSP）将像微处理器一样向高度弥散发展。

功率半导体器件和集成电路有很大发展。据报导多晶硅太阳电池也可得 16%～18% 效率。亚微米冷阴极电子管阵列已可做显示器件。

半导体微加工技术用于机械，已制出 $100\mu m$ 以下的齿轮和电动机。

电子设计与安装组合技术——系统与电路设计人员将自己设计专用集成电路，就像现在对印刷电路板一样。混合集成电路和薄膜电路技术在进步。多芯片集成电路技术，以陶瓷或半导体材料为基片的在推广中，并不断改进。

平面封装技术在进一步推广，与之俱来的是层出不穷的平面封装元器件。

几种新型材料和工艺，60个或更多碳原子的碳分子，其结构是"鼠笼"形，也可能是波纹管形的。现命名 Buckminster—fullerence，它和钾等化合可在 33K 出现超导现象，人们预言它可能在半导体技术或机械润滑中使用，它在1985年才被发现，正在进行多方面的探索。

纳米级微粒烧结材料：由 1～15nm 的粒子制成。这样生产的陶瓷可有高强度、高韧度或超可塑性。制成的钴铁和氮化铁具有高矫顽力。也可制高级磁记录材料，磁液体。它可用做吸光材料而利用于红外探测器或隐身技术等。

分子加工工艺：IBM用类似隧道显微镜技术制成用单个分子组成的 IBM 三个字。NEC制出分子金字塔。

准晶物质：是多种不同晶格相杂的周期性构造，于1984年发现。有可能用做电子材料，例如，有一种在一个方向上是金属的，在另一方向上是半导体，这也是探索中的材料。

三维存储材料：在这种聚合物中，于两个激光束的交叉点上产生一个蓝色微点。然后可以再用激光束去检出。据说每 cm^3 可容 10^{12} 比特。

从以上看，电子技术发展迅速，内容丰富，是大可有为的，以上只是电子的现状与展望，说明一些个人的看法、见解。取舍是否得当，个人的技术情报是否准确，还希望大家批评指正。

我们中国的科学技术工作者是有志气和有智慧的，我们能够善于从中国实际出发，审情度势，善于选择方向、项目与方法，我们能够坚韧不拔地对待困难和失败。我们能够贯彻团结、合作、求实、创新的精神，在改革、开放环境下，我们善于利用改革开放带来的效益，再加上党和国家对电子技术的空前重视和政策的不断完善，我们一定能够做出扎实、先进的工作，为电子技术和电子产业的进步，为增强国力做出重大贡献。

（此文刊于《中国电子学会第五届学术年会论文集》1992.9）

试论"电子"的构成及其发展环境

（1987年）

"电子"是人类改造世界、认识世界的历史发展产物,反过来它的发展又为人类历史添加绚丽的光采。它在我们国家中已登上了发展科学、技术、生产、应用的舞台。我们工作于"电子"的领域,每人都具有关于它的具体知识。一定也有很多人从总体角度思考它。我只是试图把"电子"的构成以及它和发展环境之间的关系,按我自己的理解,做一个粗略的勾画。借此机会讲一点我新近注意到的事物,是关系到外界事物对"电子"的影响。希望和同志们共同探讨问题。探讨对于我们把局部和总体更好地联系在一起,可能是有益的。

一、当代"电子"的构成与发展的必要环境

当代"电子"始终是以组成它的物质手段,也包括软件,应用于社会,为丰富社会的精神生活和物质生活服务,从而发展起来的。因此电子本身的物质部分是它的中心。电子有不可少的两翼,否则它就不能飞翔。这两翼之一就是电子科学以及其他有关的应用基础科学;另一个就是和电子有关的基本技术。飞翔还需要有大气的浮托。起飞要有大地为它的立足点和出发点,这就是说"电子"的发展不能缺少社会的物质基础和文化基础的支持。图1粗略地表示了这里所叙述的关系。

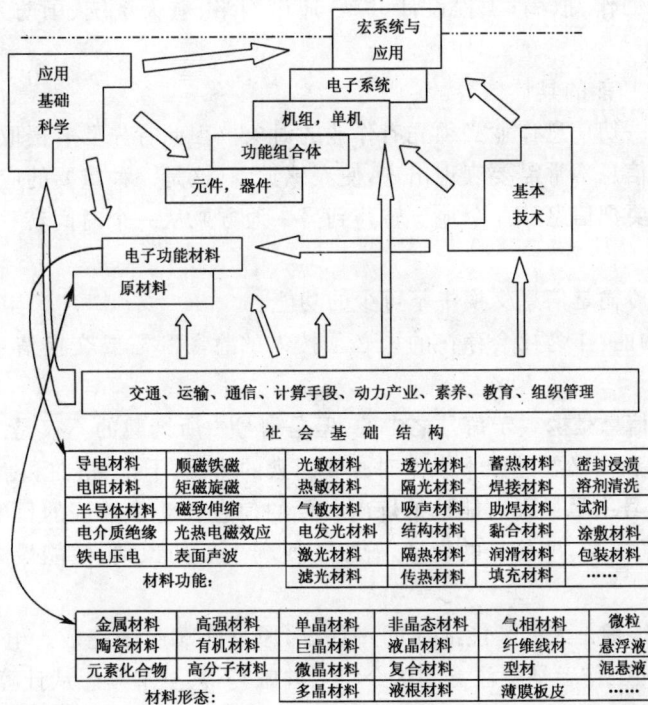

图1 "电子"的粗略结构和发展环境

电子的物质主体构成是多层次的。电子功能材料和原料及农、矿产品是构成一切电子成品的最基本的物质,但它们有很大一部分是和非电子制品共同的,留到后面作为社会的物质基础来叙述。从原料材料制造出元件与器件,用元件与器件组合起来,形成功能组合体。这些组合体往往是几种功能的复合,但各种功能之间是可以大体分清的。正是因为"电子"具备复杂多样的强有力的功能,所以电子才具有强大的生命力。由各功能组合体又组成更上一层的单机和较简单的机组。再上一层是用单机和机组组成的电子系统和较复杂的机组。最高一个层次是宏系统和应用。从物质角度说,这里列为一个层次内的系统完全可能还包含有若干子层次。宏系统和应用则是"电子"与外界的一个界面,它是体现"电子"的社会效益的部分,是跨在电子与外界之间的纽带和桥梁。当然,在各层次上都有些是直接可以应用的。

二、"电子"的物质构成各层次

图 2 表示了电子的物质构成各层次。在元件与器件这个层次中列举了真空器件、离子器件、集成电路、微波器件、继电器、机械元件等二十多项,这只能说是举例。这以上是功能单元层,按作业功能列举了十六项。在十六项中属于信息作业的十项。作为电子信息作业,这大体说是完全的。就一般信息作业所应包括的全部范围,则还有欠缺。能作业方面只列了电子所能做到的,共六项。功能层是整个结构中具有重大意义的层次。再上去一层包括了电子单机与机组,也只能举例。这里举了接受机、发射机、交互终端、内存储、电话机、各种仪器等十多种。软件(系统软件和编程环境)虽然不是"机",但从层次说,也属于这一层。属于第四层(由下到上)的是电子系统和一些复杂的机组。这里也只能举例。图中举了通信组合、网络、雷达、计算系统(含系统软件、编程环境和硬件组成完整的系统)、测量设施等十多项。应用软件也属于这个层次。宏系统和应用的内容更加繁多。图里列举了教育、文化、娱乐、创作、拟稿;工程设计、综合通讯网络、航天系统、国防系统、大型和复合科研设备等十多个。

"电子"的作业功能的具体内容。

1. 摄取功能:一切信息作业必须先有作业的对象。因此首先要有摄取信息的功能。

2. 再现功能:信息常常需要表现出来,使人感觉到,这是一种重要的应用。

3. 存储功能:要把信息从一个地方转移到另一地方或从一个时间转移到另一个时间就有存储的必要。

4. 传输功能:传输是信息交换中不可少的功能。

5. 信道换接功能:作为社会存在的人必须按人的意图和需要交换信息,是不能离开这个作业的。

6. 信号处理:信息是携载于信号之中的,但是信号中所携载的不仅是人们所需要的信息,包含有必要的因素和非必要的因素以至对必要因素的增添、干扰、扭曲和割裂。信号处理的功能就是从庞杂的信号中尽最大可能地抽炼出必要的信息。为了抽炼的目的,不但要做事后的处理,也要做事先的准备,即信号的设计,着眼于便利事后的识别,使能最大限度地排除干扰,避免扭曲。

7. 推理作业:推理是人的智能活动的一部分,原只能靠脑来完成。电子计算机具有推理功能,"人工智能"的工作者早就注意到这个特点并曾经,甚至继续想从计算机开始来实现人的全部智能。二十年来人们的思路已经趋向于现实可行的"专家系统"和以知识为基础的"知识工程",并做出了不少有益的成果。

宏系统及应用举例：

教育、文化应用	工程设计	生产自动化	军事系统
娱乐，家用	验证，施工	综合通信广播网络	遥感
创作，拟稿	商业，分配，流通		生物，医药
编辑，出版	工，农、事业管理	航天系统	……

电子系统举例：

通信，传输，终端，网	计算系统	非电测量设施	机器人控制
	输出、入设备	太阳电池电站	……
雷达	存储设备	发电控制器	应用软件
导航系统	测量设施	电网控制	

单机与机组举例：

接受机	内存储	摄像机	……
发射机	交互终端	录像机	
电话机	信息接口	遥感探测器	系统软件
中心处理机	天线系统	电子仪器	

作业功能气功能单元：

信息摄取	信道换接	过程仿真	贮能
信息传输	信号处理	自控遥控	用能
信息存储	推理作业	产能变能	节能
信息再现	数值计算	电能易态	输能

元件、器件举例：

真空、离子器件	变压器	微波器件	电缆、光缆
晶体管	厚、薄膜电路	数、感元件	电池
集成电路	印刷电路板	超声元件	机械件
电阻	光电器件	电声伴	
电容	激光器件	接插开关件	
电感	磁性器件	微电机	

图2 "电子"的物质、技术层次

8. 数值加工：最早的电子计算机是为了科学技术计算而设计的，现在的超高速计算机仍然是以此为目的。近年来超级及微型化的小型机、高性能的微型机广泛进入了小型试验室和工程技术计算的范围。然而多年以来使用最多的还是工商产业管理中对大量数据的加工。应当注意到电子计算机是多种信息作业功能结合在一起的实体。单纯执行数值加工功能的只是它的算术与逻辑单元（ALU）。

9. 过程仿真：人要了解一个尚未发生的复杂的过程，往往可以用较易于实现的另一过程去模仿而达到目的。现在值得特别叙述的是数值仿真或数字仿真，只要我们确切了解一个物理过程的数量规律,就可由它来构造一个数字模型,利用数字计算来做仿真,例如,在集成电路和晶体管发展的三十年中,从器件机理、特性的仿真开始,现在已经扩展到小系统设计和工艺的范围。对于大规模的过程,例如化学反应、燃烧、爆炸等就更有意义。在电子计算机上只要用很短的时间、有限的费用,就可得到重要的结论,比起做真正的实验来,不知省钱省事多少倍。

10. 自控与遥控:电带来一系列的控制手段如继电器等。电子的发展提供了电子管、晶体管,它们的控制作用和放大作用是合为一体的。处理器、电子电路等,可以实现程序控制、控制、遥远控制等。

以下再简单地说一下能作业的功能。(1)太阳电池是一种光电子器件。用它直接产能(当然这只是从太阳的辐射能变成电能)有许多优点:太阳能可说是取之不尽的;它没有运动部件,老化也不严重;它不产生污染;它易于安装、携带和维护,甚至可以很长时间无人照管。尽管现在它的建设成本还很高,因之发电成本也高,但凡是要求以上这些条件的,就可考虑采用。(2)电能易态用电子来实现是很优越的。我国已开始试建高压直流输电线,肯定就要用电子器件实现。(3)贮能:用蓄电池来实现。功率不大时是很合适的,如人造地球卫星,草原上流动居民,航标灯等都用了它和太阳电池相结合。电网调峰也把它作为一个考虑对象。(4)用能:用电子方法变换能态,可扩大电能的应用。这方面的举例如高频与微波电热包括家用的微波烘箱;超声加工;激光加工;各种治疗设备等。(5)节能:应用电子计算机来调度输配电可以大大节约电力。用它也可调节电站的机组,以优化水力和燃料的使用。(6)控能:这和信息作业功能是交叉的,不另做叙述了,这里没有列入。(7)输能:现在已经有人试验用微波输能,但离应用还远。

三、基本科学和应用基本科学的作用

"电子"的发展,是科学与技术相互促进、技术发展与生产应用相互促进的典型范例。

科学技术方面的发现与发明之间肯定会有相互促进的关系。早期的例子很多是这样,例如撬棒的使用肯定早于明确出科学的杠杆原理之前,然而是不是可以说第一个使用橇棒的人实际同时做出的既是发明也是发现?然而在电的方面,则有各种的例子。富兰克林、伏特、奥斯特、法拉第等在科学发现方面的成果,为电报、电动机等的出现准备了条件。麦克斯韦和赫兹的发现,又为以后无线电的发明准备了条件。热电子发射是一个偶然性的发现,则继之以电子技术的发展以至今日的兴盛的局面。半导体物理则在矿石检波器已经用了多年以后才比较地完善起来。晶体管的出现与三极电子管的启发以及半导体物理的进步都是有关的,后者又为晶体管的改进做出贡献。作为半导体集成电路发展的重要条件的平面工艺却似乎与什么科学新发现没有多少关系。至今还有人说半导体工艺中充斥着"炼金术"。认识电离层的存在是在业余无线电远程通信试成以后。信息论对当代通信技术起了巨大的改进作用,然而它又是总结原来关于通信的知识的成果。不管是由基本科学的发现导致技术发展,或是由实践、实验导致科学发现,或是从指引实践的需要有目的地延伸基本科学到可以应用于技术发展,如此等等,都充分说明了在"电子"领域中应用基础科学的重要作用。

图3表达了尽多的与"电子"发展有关的应用基础科学的各学科。

图中第一类几乎是"电子"专用的应用基础科学,它们大体是电磁学的延伸。第二类是量子物理和一般物理的应用。这些特别是为发展元件、器件以及材料最有意义的。第三类是为了发展电子系统所必需的。其中A是一般系统的科学,B是特别与人与外界(包括人与物之

第一类

电磁动力学	电磁波传播	传输学	线路与网络	电子电路	信号科学

第二类

量子物理	量子化学	电化学	应用磁学	电介质物理	金属学
半导体物理	超导物理	等离子物理	凝聚态物理	应用光学	高分子化学
应用声学	声光电磁热学	应用热物理	应用力学	结构力学	流体力学

第三类

A.	系统工程学	运筹分析	信息科学	信息论	控制论	自动机学
B.	思维与认知	逻辑学	语言学	心理学	知识学	信号处理
C.	生物电学	生理信息学	脑神经学	智能仿生	人机互动学	

第四类

可靠性工程	环境学

第五类

分析数学	统计数学	计算数学	应用数论
集论	组合数学	数理逻辑	模糊数学

······

图 3 与"电子"紧密相关的应用基础科学

间相联系的智能活动的科学,C是属于生物和生理性的科学。A中包括如系统工程学、运筹分析、信息论等。B中包括认识与思维科学、语言学等。由于用电子计算机处理信息和"人工智能"日为重要而有重要意义。C中包括生物信息学、神经机理学等。近来仿生信息技术受这些学科的发展的影响很大。第四类只包括可靠性和环境科学,这涉及电子物质手段与外界的关系。第五类是应用数学和数理逻辑等,主要用于系统设计,也在各方面都有应用。

"电子"在飞翔中的另外一翼则是为了发展电子所必需的基本技术。这表现在图4中。

工艺、设备、工艺装置

制晶	切磨抛	机械成型	电真空制造		
外延	制版	非机械成型	半导体制造	测量技术	
曝光	扩散	化工过程	元件制造	精密测量	技术后勤
蚀刻	蒸附	冶金过程	元件组合	工序测试	标准化
沉积	钝化	陶瓷制造	浸渍灌封	试验室测试	计量管理
键合	浸灌	纤维加工	表面保护	计量标准器	质量控制
密封	筛选	包装过程	成机组装	环境模拟	专利业务

图 4 与"电子"紧密相关的部分基本技术

工艺是生产、制造和实验中决不可少的技术。它不但因制备对象而异而且随所采用材料而异。为了达到同一目的,有许多不同工艺可供选择,但在一定的条件下必须根据不同的具体情况,作优化的选择。在实现某工艺时,也必须根据情况选择优适的工艺装置和设备。在制备和试验的过程中,各种测量仪器是必不可少的手段。测量仪器的品种是非常繁多的,其中一部分还代表了一个学科或专业分支的最高水平。技术后勤部分不是硬件,但也需要硬件支持,至于它的重要性就不需要再说了。

四、发展"电子"所不可少的社会与产业基础

作者特别要叙述一下这方面的情况，是因为当前社会上对于"电子"与信息技术的强大作用比较了解，而对于它在发展中所需要的基础则理解得很不够。"电子"的兴起是在冶金、化学、机械、电机、材料等工业已经立稳了脚之后，是在科学、文化得到一定高度发展之后。这不是偶然的现象。"电子"是一门综合性很强的事物，没有这些前提条件是不可能起飞的。当然某些条件可以放到全球范围去解决，但还有一些就必须自己解决，另有一些受到外国政府与厂商限制，而且以我国幅员之广，人口之多，最后必然要在立足于国内前提下吸取全球的优长和互通有无。

首先是原料和材料。制备电子制品所需要的原料、材料的品种是多种多样的。电子制品本身具有多种功能，它因此也要求各种材料具备不同的功能。图1就试图列出它对各种材料要求的不同的功能。只要能满足这些功能条件，什么样的材料都是次要的。图1列举了一些各种不同的材料形态。这两个图的目的不在于叙述有关的知识，而只是用来说明电子制品的要求是多么复杂而严格。这里还没有表现出极纯、极均匀、极准确的尺寸、极薄、极细等要求。

发展"电子"所要求的社会基础和经济基础在图1中已表达了。这些是国家产业事业发展的总体中的基本部分。如前面所说，"电子"的兴旺程度不能不依赖于这些。然而尽管我国基础薄弱，允许一部分"电子"走在前面，并且反过来使社会与经济的基础能较迅速地加强起来。社会要提供物质条件和文化条件。这里提到有动力，交通运输，通讯与信息处理能力，教育，组织和管理体制及社会与个人的从事产业的素养。这里特别要提一下对于教育的要求。"电子"是一项知识密集的事物。发展电子要求有极高水平的科学技术人员，而具有决定意义的是必须有大量的骨干人员，即确能解决问题的技术员、有文化的技艺精湛的工人和踏实能干的管理人员。因为电子科学与技术是当前发展变化极快的科学技术之一，应当非常注意不断地为在职的技术人员与技工增加新的知识和技能，即进行"继续教育"。

五、信息、物质、生命和"电子"

近年来，"电子"作为带有革命意义的重大因素而得到社会上很普遍的注意，并且特别是联系它在作为构成客观世界的三大要素之一的信息而特别受到重视。前面已经说到"电子"以其新兴的强大的作业功能而具有重要性，这里所论及的革命意义正是以此为其基础的。

关于构成客观存在的各要素的讨论。

通称物质、能和信息为客观存在的三要素。现在只就三个对象和生命现象四者之间的关系谈一些观点。先就三要素来说。物质和能是可以互相转变的，应当说是等同的。物质与能必须以一定形式存在，在时空域中，有形式上的差异或变化。这差异就是常识中所说的信息。这就是说信息是无处不在的客观存在，是依存于物质（包括能）的，和物质也是不可分的。人与外界存在着交互作用，以人为主体就产生了信息作业。前面列举十项信息作业功能，各自利用了多种的物质手段。在历史的长河中，信息作业的物质手段不断进步。这个进步过程的第一个里程碑可说是语言的形成体系。第二个里程碑是文字的出现。第三个里程碑是纸笔的发明。第四个里程碑是印刷术的发明。第五个里程碑是电进了信息作业领域，首先电报的发明孕育了电子信息事业的大发展。如果说还有一个新的里程标志，那就是电子计算机的出现开始了"电子"从一般的信息传输与交换又进入逐步加深的信息加工的领域。"电子"的进展是信息作业手段的大变革，人类物质生活和文化生活的面貌在产生很大的变化。当然它不会取代

一切前已存在的各种手段,而是起加强的作用。

生命当然是物质存在,它既带有极复杂的信息而且具有极强的信息加工能力。生命现象所带来的复杂性,生命活动所富有的活力,使我们不能不另眼相看,我们不能把它和一般的物质存在同等对待。因此,就其各具特点又各具不同的重要性而说,把物质与能、信息和生命并列也许是合适的,现在"电子"和生命的联系已经有了一个很具有冲击力的开端。

(此文刊于 1987 年《中国电子学会第四届年会论文集》。后又收入中科院第十次院士大会学术报告汇编)

关于计算机事业以及电子事业的发展战略

(1986 年 12 月 8 日)

第一部分 成本的关键在于规模,规模的关键在于市场

我们已经看到规模经济的重大涵义,怎样的规模是经济的,还需要一些探讨。一般地说,每当生产规模增大一些,则成本似乎总能降低一些。人们很容易想像,可能达到某一个规模以后,成本的降低就达到一饱和的程度,或者甚至于:如果再扩大生产规模,成本反会增加上去。但若我们从生产、销售之间去观察,就会发现:经济规模主要决定于供需之间的优化,经济规模首先就是市场上所能销纳的规模。当市场需要超过一个厂所能供应的能力时,我们才考虑到是扩大这个厂还是另建一个厂何者为更有利。当然市场是动态的,环境条件是宏观的因素,依据于具体的环境条件去开辟市场则是主观因素,它们都能变更市场的广度。

我们可以举雷达为第一类例子,一个厂生产警戒引导雷达一百台上下大体就是适当的了。这是因为市场上,不管国内或国际上,都是这个规模。当然,如果我们建设成千台的生产规模,计算出的成本一定会低许多,然而由于市场不能销纳,这个成本是不能实现的,因此成千台就不是经济规模。从这点还可看出,在开放的市场上,经济规模就是与国际上同类产品的生产可以比拟的规模。说是"可以比拟的"而不是"相等"或"相当的",是因为我们既然具有很大的工资优势,就允许我们的规模不同于他们的规模而仍然具有竞争力。在雷达上也充分显示了低酬劳动的优势。

再举两个第二类的例子:以显像管和彩色电视机配套的集成电路为例,因为国内生产的规模和国际上已经可以相比拟,所以成本已可与进口相竞争。但是,因为大量使用了高价劳动制造的进口设备,提高了物化劳动的折旧成本,所以,这里并没有充分显示我国低酬劳动的优势。

再举第三类的例子,如数字集成电路的生产,成本很高。三年前我曾到一个厂去了解,它的高级产品的价格是进口品的二十倍左右。他们说成本之所以高是因为产量小,每件所摊的工厂运转费用和折旧很高。如果能充分发挥他们的生产潜力,有可能降低成本几十倍。这就是一个能说明在什么样的条件下,低酬劳动优势不能起作用的例子。我们是安于这样的竞争状态?还是尽主观努力去扭转形势?要扭转这个形势,一个出路就是去开辟出口市场。当然,我们也不能做到,在短期内开辟许多产品的国际市场;这就要求我们有选择有步骤地进行这个工作。并且,我们也不可低估在国际市场中推销和服务工作是要花大力气、要有好办法的。

从最后两类例子也可看出,规模对于成本的作用比起成品率更为重要。数字集成电路的成本所以高得很,主要是和国际上相比生产规模小得多而且分散。如果要扩大生产,又没有足够的国内市场的支持。

一组发展战略原则的建议

我们当前特别要解决的主要是前节中第三类的问题。从这方面思考,我提出以下的一组发展战略原则的设想。我原来提出时主要是针对国内电子计算机事业方面的问题,但其实对各种产品,包括许多非个人消费产品也大体是一样的。所涉及的方针,对第一类和第二类产品也是有重要意义的。

一、好:要达到在国内国际市场上具有竞争力的质量水平。

二、中:要使中低档的产品,例如 5 微米甚至 $7\mu m \sim 10\mu m$ 规则的集成电路,能顺行生产投放市场,达到规模经济的要求。要进入国际市场,以保证市场规模足以支持生产的经济规模。如果我们只看到国内市场,而国内市场又不大,成本降不下来,那么在国内市场上也就站不稳脚跟,还是不能解决国内的需要。相反的,如果能在国际市场上站住脚,规模上去、成本下来了,国内的需要才能解决,能够出口了,也就消除了用方对国产品的不信任感和借口。

三、廉:这是如何尽最大可能地发挥低酬劳动的优势。这是要从多方面研究现况和想方设法的。

四、选:要善于选择对象,逐步解决,应优先选择国内、国际的市场需要都比较稳定的,例如前述的四位、八位微处理(控制)器。必须先选择有利的对象,逐步扩大范围。例如,许多外部设备是符合于当选条件的,它们种类很多,工艺非常多样,应当优先发展。然而只能一次安排若干种,若干年后成一小套,再若干年后可以基本配套,那时就是不断增加新品种了。

五、多层次并行的逆向发展:在一定时期内,准许在应用层次用进口设备,在系统层次用进口配套件,在单机层次用进口构件,在构件层次用进口胚件和材料等。这意味着既让出部分市场,也保留部分市场。

六、向深度推进国产化:"逆向发展"本就必须理解为积极国产化的方针,要有步骤、稳扎稳打,但不能慢条斯理。之所以提"深度"国产化,是说不仅构件、材料要国产化,而且对专用设备、测试设备也要积极国产化,积极采用国产品。这样才能经过使用和生产,促进他们的改进提高和发展并且可以大幅度减少折旧费、降低成本。有时要用次一档的或试用性产品,要付出增加一些劳动量、增加一点废次品为代价,要权衡损益,积极采用。

七、在吃透中低档产品的基础上向高层次进发:现在是高中低齐头并进,但往往都不能顺行生产。可能应当是在进行高层次技术的跟踪和早期发展工作的同时,以更充分的力量使中低档产品能够先解决基本技术问题,达到顺行生产。这也是为向高档次、高层次进发所必需的准备工作。这也是意味着在科研与生产之间,开展性的工作与打基础工作之间理顺比例关系和顺序关系。

八、自行发展外国限售运的而又是不可少的少量产品:这当然是较高档次的产品,可能需要量不大,既然限售限运,只好自己干,干了还可以积蓄技术财富,或用于提高技术,或推广于其他产品。干成了还能够逼迫外国人拿出更高的技术来,应当鼓励而不应当采取消极态度。

九、依靠一般用户和出口积累资金,以国家分配的资金为核心,用滚雪球的方式增加扩大再生产能力:国家当前要集中财力以保证克服那些资金密集的严重薄弱环节如能源、农业、交通、通讯、材料以及教育等。国家对于电子工业已给予很大的优惠,但还是只能支配给以限度以内的资金。我们必须把国家资金用在核心部位并依靠自己积累资金,扩大建设规模。这是必需的也是可能的。要努力增长创汇能力,创汇也应当是创收。

十、凭借特定用户积蓄技术：一些特定的用户要求提高，要求不断地改进，他们往往不到必要时不订货，平日却要发展技术。以种种原因，他们的需要不能依赖于外国。对这些用户，我们要尽力保证满足他们的要求。因为他们的要求高而且他们能在经济上支持技术发展，通过满足他们的要求，可以积蓄技术财富，在另外的场合可以转而为一般用户利用。

十一、改善外商投资条件，争取更多的外资，争取更多的外商代理：国家已把改善投资条件作为重要的问题来抓了。我们要善于利用这个条件。争取外资有几方面的有利条件，我们要尽其可能并且充分利用。（一）是可以加快我们的建设进程。（二）是有利于取得较高较好的技术。（三）是可以有助于解决我们的薄弱环节——推销和服务（修理、维护、扩展和培训等）。要注意重实惠、重基本技术，而不是不切实际要求难于得到的技术。

十二、消除进出口贸易和技术外事中的各种障碍：外贸也要搞活，技术外事也一样。宏观的监督和控制主要是法治和法令，画大圈，严格执行贯彻，指引方向，适当节制。微观的问题应放手给基层；统一点就会死一点，中央、省、市各级政府都应是监督控制，否则都是瓶颈。出国限制要放宽，宽而有度。度就是限制那些真正不该出的不让它们出去，审批手续要简化，规则也要简化而合理。这些要提请国家解决。

十三、面向两个市场：国际和国内。这才叫开放。到两个市场去竞争，不要对国际市场缩手缩脚，要积极，不要气馁。不要把自己局限于满足国内需要，要有个全球战略。

十四、发展两个市场，即买方市场和卖方市场：这是和面向两个市场密切相联系的。要以解决国内的需要为终极目标。但如说当前首先要解决国内需要，则如前所述，如果国内需量不能保证经济规模，又限制自己已为买方市场。则反不能解决国内需求。如果是国内所暂时没有充分条件生产供应的，若勉强去做，徒劳无功，不如先打基础，求效益，水到渠成。应用是买方市场范围的，不是全部。已经提到，在应用层次允许用些进口设备，这是对于买方，对于卖方亦即产方，也应允许向国外销售。如果只允许国内买方对国内卖方，不符合于搞活的方针。从以上两条看，应认真对待为出口而建设一些生产能力的问题。这在当前是出口为主，将来就可供应国内增长的需要。

十五、有选择的保护：一讲保护，就说为保护落后，不胜其厌烦。其实发达国家都要"保护"，何况落后国家？保护落后，就这个意义来说，是天经地义的。当然在保护的实施中，不能忘记竞争，不能保护"保守思想"，这是另一个不同的概念。保护一个行业也要区分对待。行业的落后主要反映了国家基础的落后，在这个意义上保护行业也是保护国家的落后。不是用加强国家基础的办法去改变落后，而去指责"保护落后"，不是科学的、实事求是的态度。

要选择哪些产品给以保护？如何保护法？这是要仔细地考虑的。举例如超大规模集成电路，一个可能的建议：先把64KB的存储器大量生产，凡是在国内出售的整机，就只装用它，加以保护，用户不得拒用，64KB以上的存储器暂时要进口，则专用于供出口的整机，这些整机不得在国内销售。对于国内少量制造的巨型计算机，如必须用进口存储器，经过说明情况，经过一定程序批准。存储器所以需要保护，是因为国际上提高的速度快和低档产品迅速被淘汰，因为我们暂还没有跟上这个发展速度的基本条件。

十六、把工序分工和构件分工作为当前实现规模经济的重要方法之一：当前实现横向联合是一个有利于达到规模经济的路子，虽然紧密的联合不容易做到，松散的联合往往流于形式，总是有些做得好的。有了一个良好的开端，发达国家的小型企业往往是技术浓度很高，各有专长的，他们之间有一种无形的联合——依靠市场，相互协作。他们在竞争的环境下也有相互依赖的要求。协作关系要相对稳定。我国小企业有不少办得好的，但也有许多过分分散，技术力量薄弱,体现不了规模经济。如何解决好生产过分分散的问题,可以参照发达国家的经验,作工序分工和构件分工。一个企业集中在一个组装工序或一个制造工序上,集中在一种相对简单的构件上,就可化原来的小规模为大规模,投资相对地可以集中使用,产生良好效益。通过专业化还可以积累经验,培养人才,提高企业技术深度。

初步提出以上战略原则的设想十六条,其目的是在开放的环境条件下,使电子技术能稳步地缩短差距,最终实现完全国产,进而与发达国家并驾齐驱,具备起步走向领先于世界的基础。这个目标的确定首先是因为我们是一个占全球人口五分之一以上的大国,最后不得不力求使国家需求全部立足于国内供应,达到基本上是自给自足、自力更生的状态。这样的大国,是不能在任何程度上依赖于外国的。当然,就是达到那个理想的状态,我们还是要虚怀若谷,吸收别人的一切长处,也还是要与外国发展贸易,互补长短。不管怎样,国际配套的原则对我们会是有利于发展,但决不是长远起作用的规律,对我们这样的大国是不能适用的。

这十六条主要是围绕着开放市场带来的问题而设想而陈述的。就达到以上的目标来说,它们还不够完全。例如说,要达到这个长远目标,必须尽一切可能,培养、壮大我们的骨干队伍,骨干技术人员也包括高级的、中级的和一般的,还有有文化的、有进取心的和技术精湛的工人和有能力的具备高度工业素养的干部和管理人员。这是培养基本技术能力的重大问题。

第 二 部 分

在开放和搞活的经济改革之中,我们虽有了对外开放带来的一些有利条件,也面临和外国产品竞争的严峻局面,电子事业用汇很多而创汇有限是一个有代表性的现象,电子计算机方面形势尤为明显,近年抓应用有一些可观的成效,另一方面,生产停留在组装的浅层次里,科研和发展基本是围绕着应用,随着应用的发展,伴生的是更大量的进口——系统、软件、整机、散件。这使得在电子学技术界和工业界都存在着不同程度的关心。事实上我们在开放环境的竞争中基本处于下风。

我在作过了一些了解和思考以后,试图回答这个问题:我们在竞争中的劣势,是否就没有现实的扭转可能? 我的回答是:在一个昼夜之中就生效的灵丹妙药虽然不可能存在,但是我们可以采取切实有效的步骤,一步一步地改变这个被动的局面。我认为我们有很强大的潜在竞争力。只要我们掌握着我们的优势和劣势何在,把我们放到世界的环境中去,是能够制定一个稳扎稳打、稳操胜券的战略布署的。

我们的潜在优势存在于我们的低劳动成本中

从理论上说,不去管当前关于价值的内含意义还有什么争议、分岐,一切成本总是由活劳动成本、物化劳动成本和劳务成本构成的。利税也是价格的构成部分。而利税是属于《哥达纲领批判》中的两大类六种扣除的,是从另外的渠道支付,是由同前的三个成分构成的。因此,我们的低水平的劳动报酬就必然能够导致低成本。这同时也意味着如果那一部分直接或间接劳动是由外国提供的,那部分成本也就必然决定于那些国家的劳动成本水平以及他们资方个人征享的部分。

在和外国相比较中,我们的工资水平决定于两个因素。一个是我们处于低生产(实物)低生活水平的状态。再一个是我们处于外贸上暂处于不利条件下,导致了低汇率。这两个因素共同造成了我们的货币劳动报酬低于国际发达国家若干倍,在体力劳动上是三十倍上下,在脑力劳动方面则还要多,可能是七十倍上下。现在劳动成本比几年前是提高了些,但是币值也降低了。因此,这个差别没有多大变化。

我们在部分产业中部分地实现了这个差别优势。举例来说,我们发射人造卫星的全套设备设施的货币费用只相当于美国的六至八分之一。我们生产的雷达和若干专用生产设备的价值只相当于国际价格的三分之一。我们花几角钱吃几两水饺比起一美元的汉堡包要更实惠一些。若只就这几个例子来看,尽管我们还存在着效率低、浪费大、管理乱、技术熟练度差和闲工多,以及历史上留下来的由于产业间发展不平衡造成的相互制约等不利因素,抵销掉很大一部分优势,仍然留存有五倍至八倍的优势。这些都证明优势是存在的。确实我们有很多产品的成本还很高。然而那只能说明优势没有挖出来,不能说是优势不存在。

技术水平差距是需要努力,需要时间去克服的缺陷,但我们仍具有在经济、市场上的竞争力

我们和发达国家相比,技术水平上有不小的差距,这不能不影响我们的一部分竞争力,但不能说我们就没有另外部分的竞争力。以弱胜强、以少胜多、后来居上是有办法的。日本在电子市场上和美国的角逐,就是一个例子。要看到首先是:商品中一方面有上品、中品、下品的质量差别,还有高档、中档、低档的档次差别。就我们具有的综合技术能力来说,高档即高性能指标的商品做出来的是个别的。但是去生产中档的产品是能够做到高质量低成本的。再有,就我国综合技术能力而说,我们是掌握一定的高技术的。我们能够保证卫星上天的需要,这就是一个明显的标志。在第三世界里同等工资水平的国家中,我国几乎是独一无二的。在保持一定的精锐力量去跟踪更高技术的同时,集中大部分的精锐力量去攻中档的商品生产,是能取得可观的成就的。这就是孙子的以我上驷与彼中驷的战略思想。第三,要看到在经济斗争中,中、低档是商品中占分量最大的战场。对于高档产品,市场的需要不大;而且变化会是较快的;而对于低档产品,市场的需要量要大得多,而且市场已经趋于稳定。这几年我向德克萨斯仪器公司的 Kilby 和夏普的佐佐木征求他们对于四位和八位微处理器的看法证实了我的这个论点。第四,开辟中低档市场能提高效益,能提高积累,能积蓄基本技术能力,为在高档、高技术的角逐中,准备充实的条件。究竟是用高技术去带动经济发展?还是立足于一定的经济去开展科学技术的高层工作?究竟是用高技术去促进基本技术能力的建设?还是靠把基本技术打好基础去支持发展高层次科学技术?我们要以辩证的方法去思考这些问题,不能片面强调一方,而要依据于实际情况采取优化的安排。

(此文是作者在第七届电子计算机年会大会上的发言)

论"大信息业"

（1985 年）

在"电信科学"月刊复刊的这个大好日子，我想借这个机会，探讨一下"大信息业"的问题。

谈到当前的经济建设和科学技术发展，总离不开新技术革命这个话题；谈到新技术革命，就似乎理所当然地要谈信息革命；谈到信息革命，又很自然地要谈电子计算机和微电子技术。这些都是当前有极大生命力的和极大活力的因素，这是没有什么疑义的。然而天下一切事物的发展，都像自然界一样，有一个生物链或生化平衡。我们要改造客观世界，就不得不改造这个链，重建新的平衡。在这种改造和重建的过程中，我们必须考虑上述"链"的存在，研究如何达到新的平衡的问题，而不应当孤立地突出信息事业或"信息革命"。在讨论信息事业时，也必须兼顾到计算系统以外的通信量测（含雷达、遥感等）等重要的信息作业。信息作业和文化教育事业也是不可分的，这些都要予以注意和重视。

什么是信息，有千百种说法。在这里，我是按下述意义来讨论的：信息是客观存在的事物的千差万别和千变万化。差别主要是指空域中的，而变化则是指时域中的动态。哪里有差异，哪里就有信息。因此，信息以一对基本差异（即二者不同，对于出现的概率没有任何先验知识，确定二者之一所得的信息）作为最小的单元，称之为一个比特。

信息存在于实质中，却表露于现象。人总是通过现象去认识客观存在，认识其实质的，信息便是其间的中介物。

信息以无法计数的数量存在于无限的大宇宙之中。这是已存在于无限的过去中的事实。人类，甚至很低级的动物，从开始存在的时刻起，就在与周围环境的交互作用中接触到信息。从来不存在没有信息交换的社会。这是历史唯物主义研究中的一个必然的论点。为了进行信息交换，必须具有各种信息作业的能力。这在人类最早是用五官、六感（视、听、位、嗅、舌、触）和体态、表情来进行的。

人类在信息交换和生产劳动中，始终以不懈的努力创造各种物质手段以扩大自己的作业能力。壁画、结绳记事、泥板、石鼓、烽火、驿马、符节……。这些都是信息作业的早期物质手段。经过历代的发展，物质手段日益丰富和增强。特别值得提到的是文字的出现和印刷术的发明，标志了两个新的时代的开始。文艺复兴和产业革命又积累了更广泛的信息作业物质手段，开创了又一个不能以某种单一发展所标志的新时代。这里我改变了过去的三次技术革命的提法，而把以电、电子、光电子技术为信息作业物质手段作为第四次技术革命的标志和第五个时代的起点，以通信、计算机、自动化等组成大系统作为这个时代进入成熟时期的标志。

从此可以看出，技术革命基本上是增添型的。工业技术并没有代替掉农牧、采集，印刷术并没有消灭书写、涂画等等。打火机和火柴代替了钻木取火，晶体管代替了中小型电子管，还有机械计算机的衰亡，这些要么是经过长时期的演化的，要么是属于一个局部的改变。电子、光电子技术也不会使传统的信息作业消灭。技术革命的规律是复杂的。例如像美国这样的发达国家，一方面其农业对劳动力的占用已降到 2.6％，工业占用已降到 25％，信息行业在几十年的时间内由百分之十几增长到 30％ 至 40％，这在比例上是很大的变化。在另一方面，在农业占用绝大部分劳动力到降至很小部分的百十年中,所生产的粮食却从原来只供养当时的全部人口增长到供养现在全部人口外还有 20％可供出口和储备。这说明在农业内部出现了技术上的大革命。信息作业技术革命期中的各种事业也会如此。信息是依附于物质和能的。信息不能取代物质和能,在对物质和能的作业中,信息作业的革命将起强大的催化和倍增作用。信息作业劳动所占的比例也一定会有一个相对饱和点,虽然现在还说不出这个饱和点是在哪里。

在这样的背景下,讨论问题应当具有广阔的视野,但本文仅侧重在信息作业方面。在当代讲信息作业,就要突出电子以及光电技术,但是不能忘记还有许多不能被取代的作业过程和作业手段。讲信息革命,也不能忘记是信息作业物质手段的巨大发展,带来了作为知识的信息积累的新速度。

我们可以把任何一个信息作业系统作为整体,把它分解成为许多单元,再去考察这些单元具有哪些共同之处,加以归类。我们发现,这些单元大体上分属于十个种类,我把它们称为信息作业的十个功能元素。所有的信息作业系统大体都是由这十个元素所形成的、具有不同形态和具有不同复杂程度的集合体,正像一百多个化学元素组成无数不同的物质一样。差别在于每个元素虽然具有单一的功能,却要用多种的"人"的和物质的手段去实现。譬如说,信息的摄取是第一个元素,它原先是通过人的五官、六感来实现的。西欧产业革命前后,光、机、电方法有了很大发展,出现了望远镜和显微镜,从而强化了人摄取信息的能力。无线电天文学和电子显微镜更扩大了人对大宇宙和微观世界的视野,还有不计其数的各种品种规格的传感器或敏感元件,把它们应用到电子系统中去,使人摄取信息的能力不知加强了多少倍。这些物质手段必然还会并存下去。

下面我们参阅附表,对这十种元素简单地作一说明。

一、信息的摄取:把存在于客观事物的信息,化为人或系统所能感知并利用的信息。它是认识客观世界的起点,也是实践与认识之间反复循环的中转站。

二、信息的再现:使经过其他作业过程以后的信息以任何一种可以被人感觉到的形态再现出来。

三、信息的传递:使任何信息跨越过一定距离或障碍物,送到需要它的地点。

四、信息的录存:把信息存储、记录或"记忆"下来,以备在任何时间加以利用。凡是长期性的再现手段,便是录存的手段;凡是可录存的而又便于远送的载体,都可通过运输而起传递信息的作用。

五、信息渠道的换接:在各个个体、群体、系统之间及时建立符合需要的信息渠道,并及时改变这些渠道使它符合于新的要求。这是实现信息的广泛交换所不可少的作业功能。

六、信息的编码解码:在不变更信息内容的条件下,改变信息形式或恢复信息。在其他作业过程中,通过编码使原有信息尽可能保持下去或在其他作业过程后通过解码使其尽可能恢复回来。加密和解密也属于这个范围。

七、信息的逻辑变换:依照预定的规律,即明显的逻辑关系,对信息进行加工和改制。

八、信息的数值变换:凡可以用数字表达的信息,用数学的方法加工改制,我们也可以视它为前述第七功能元素的特例。

值得一提的是,凡是我们直接、间接触及的信息或经过作业的信息,都很难避免会出现某种不肯定性。我们视为肯定的信息只是接近于肯定的信息,或经过长时间未发现其不肯定性的信息。某些逻辑规律是肯定的,然而作为推理所必不可少的前提,仍然难于避免某种不肯定性。在加工信息的过程中和利用信息的过程中都不能忘记这一点。能够用数字表达其不肯定性的大体是概率型的,反之则属于模糊型,更确切地说是"类"模糊型的。凡是带有不肯定信息而具有可信度的,当然具有某种或很大程度的肯定性。而凡是错误的前提经过加工后也只能得到错误的结果。

九、信息的仿真功能:利用计算机和已知的规律仿效某些大规模过程(如核爆炸或燃烧过程),以及某些大系统的运行状态。应用这种功能,可节约费用和时间,或可在建设前比较不同的方案,预见于事先,防患于未然。

十、信息用于控制:一切控制都是依据于一定的信息,而信息的反馈运转也是通过处理信息以后实现的。

以上述这些信息作业的功能元素,可以组成大大小小的信息作业系统。在人的参与下(这是不可少的)运行这些系统,不问所采取的手段是单纯人的,还是人加上物质的,是电子的还是非电子的。这就是我称之为"大信息业"的基本涵义。值得进一步探讨的是:在提供这些物质手段时,要包括大量的信息作业,这当然也属于信息业。

我在附表"20 世纪 80 年代信息作业的结构示意"中,以举例的方式试图说明这个"大信息业"的涵义。从表中可以看到,电子以及光电子技术作为后起的方兴未艾的因素而占有重要的位置。我们也可以看到,人的、非电子的、电子的手段必须并存协同,虽然其比例是在变化着的。我们还可以看到,组成一个系统,不管是通信、计算系统,还是别的什么系统,都不能不是多种功能的协同作业,尽管在十个功能元素中,计算机横跨了三个半功能。今后的各种信息系统,由于它们可以共用这十个功能元素,必然是向高度综合化的方向发展。以计算机为总控制手段,由巨大的信息－知识库和遍布于海、陆、外空的传递网为中心结构,并包括分散的无数的摄取与显示终端和计算机、甚至控制点,日本 NTT 设想的 INS[①] 或美国国防部的 C^3I[②] 系统等将向综合利用方向发展。巨型的计算系统也将不断提高性能,增加类乎智能的因素并以日益增长的数量装备起来,按不同的程度和大网联结。由于信息作业发挥的催化和倍增作用,能和物质的事业也将以空前的高速发展。

这里,我再论述一下电信系统和电信科学在信息业中的重要作用。

电信事业属于社会的基础结构。通过它在信息交换方面的作用,缩短了人与人之间的物理距离,提高了知识和物质周转的速度,从而使社会的经济文化更迅速发展。像我国现在的电信网虽还属于较初级的水平,但也在这方面产生着积极作用。因为它仍处于落后状态,在一定的程度上也限制了我国各类事业的充分发展。至于外国在设想和实验中的 INS 那样的很高级的信息系统,将来会有强大许多倍的功能。它综合了电话、电报、传真、电视、电子邮递等等功能,甚至还有"出版"、"发行"(通过电视屏幕)、印刷(通过打印机或绘图仪)、广播,在一定程度上替代或增强书籍、报刊的作用。利用它可以进行远距离会议(Teleconference)或会见同事、亲友,还可以进行远距离、不对面的采购、销售、收支,这在家庭里或写字台上就可进行。我们还可以想像得比 INS 更远些,不但能做到可以不到办公室和车间就能进行管理工农业等作业,甚至可以直接操作生产设备和运输设备,并且随时得到执行效果的信息。这后者也必须通

---

① INS(Information Network System)通过综合数据电信网络,以计算机为枢纽,使用超大规模集成电路、光纤、卫星、同轴线和数据处理技术,将各种诸如电话机、数据输入/输出设备、传真设备和可视图像设备等终端设备联成一体,构成信息网络系统。

② C^3I(Command,Control and Communication,Intelligence)通过信息网络,以计算机为枢纽,把指挥、武器控制和通信系统联成一体作为实现"枢纽战争"的一个步骤。

过通信网络才能实现。这一类的综合性系统和计算机之间存在着这样的关系：它要利用计算机来完成信息渠道的调度——即程控交换作业。巨大的信息－知识库为用户所共用，要用计算机来管理。用户终端要配置微计算机来适应用户的要求和操纵不同功能的终端，并向信息网送出要求的相应信号。用户终端的计算机可以做不十分复杂的计算和文字处理、工程图画业务，而十分复杂的计算业务则可通过通信网络来利用计算机站的巨型、大型计算机来完成。因此，人们在认真考虑、议论计算机必须和通信系统相结合，甚至已将这种结合命名为"信算系统"（Telematics 或 Compunication）。

为了发展电信事业，必须发展电信技术和电信科学。这里不去多讲电信技术，仅简单表述电信科学的几个重要方面，当然还可能有遗漏。

为了达到更好的信息传递功能，必须研究各种传输手段和媒体，如卫星、光纤、大气层电波传播、电离层、平流层、磁球层……，这是电波传播学和电波传输学。天线的研究也属这个范围。

为了更好地在电信设备和机组中运用电磁波，必须研究微波技术和理论，现在在高端已扩展到毫米波和亚毫米波以及红外、可见光的范围。

电子电路学是久已存在的一门应用基础科学。现在的重点可能是数字超大规模集成、微波集成和开关电容滤波器的计算机辅助设计。

为了更好地实现编码、译码，使信号更有效地作业，要研究信息论和信号处理技术和理论，还有加密、解密和破译有关的密码学。

为了使通信作业能够更好地为经济文化建设服务、为人民生活服务，更富有效益，要研究人机工程学和社会信息学，也要研究点人工智能。

为了使通信网络设计、建设和运行更经济和有效，要研究系统工程学和运筹学在电信工程中的应用。系统工程学要联系具体的系统。还有系统的可靠性、可获用性和可维修性中的规律也需要给予充分注意。

我衷心地祝愿《电信科学》的复刊将促进电信科学的研究探讨，从而为四个现代化加速进程做出卓越的贡献。

附表 20世纪80年代信息作业结构的示意

信息作业的功能元素			摄取	再现	录存	传递	渠道换接	编解码	逻辑作业	数字计算	仿真	控制
功能手段	人体		五官六感	声、体态、表情	大脑皮质	神经	人—人直接接触	脑、语言、体态、表情	脑	脑、指、眼	脑、动作	神经、肌肉
	物质手段	非电子手段举例	双金属片、膜盒…显微镜、望远镜、温度计、图像技术	表盘	书写、印刷、唱片	光、机械、气压、液压	邮寄、专送	穿孔码板	卡片编检	算盘	导电纸、电解液槽	机械、电、电磁放大器
								模拟计算装置				
		电子及光电子手段举例	敏感元件、摄像管、键盘	阴极光管、绘图仪	集成电路、光、磁盘、磁带	电磁波、电及光的线缆、卫星	普通交换机、程控电子交换机	电子电路、表面声波	数字以及模拟计算机、推理机、模拟推理两用机			电子放大器、硅可控器件
信息系统（举例）	教育、文化、娱乐		○	○	○	○	○	○	○	△	△	△
	创作、印刷、撰稿、编辑、发行		○	○	○	○	○	○	△			○
	科学研究		○	○	○	△	○					
	工程设计、验证、生产工程设计		○	○	○	△	○			○.		△
	专家系统（以知识为基础的）		○	○	△	△	△				△	△
	生产自动化、机器人自控		○	○	○	○	○	○	○			○
	商业、分配、流通、金融、工业管理等		○	○	○	○	△				△	△
	国家事业、能源、动力、文通调度管理		○	○	○	○	○	○				△
	通信		○	○	○	○	○	○	○			
	空间事业及国防		○	○	○	○	○	○	○	○		○

注：○ 分量重

△ 分量轻

（此文刊于《电信科学》1985年第一期）

电子学的一个概论

（1984 年）

一、电子学的范围和任务

电子学是利用电子运动和电磁波而发展起来的一门技术和应用科学。电子学以其主要在信息作业方面的强大能力而具有强大的生命力。虽然如此，它在能（动力）方面也起着重要的作用。

电子是粒子（或基本粒子）家族中主要成员之一。电子的静止质量是 9.10953×10^{-31} 千克。电子荷有 1.602189×10^{-19} 库仑的负电，是电量的最小单元。质子是构成原子质量的主要部分，荷有与电子电荷相等的正电荷。电子，除自由电子外，存在于由质子和无荷电的中子构成的原子核周围附近，形成电子云。原子一般含有等量的质子和电子，正负电荷互相抵消。失去电子的原子带有正电，增多电子的原子带有负电，称为正离子和负离子。在电子学中也占有重要地位。电子的对立物是正电子，现在也开始进入电子学应用领域。电荷周围伴有电场，并对周围的电荷产生力的作用。电荷的运动形成电流，电流周围又伴有磁场，能对周围的磁体或电流产生力的作用。当电流变化时，周围的电场和磁场也随之发生协同的变化。此变化以波的形态携载能量向外传播，称为电磁波。电流变化愈快，波的频谱愈宽。单一频率的按正弦规律随时间交变的电流产生相应的电磁波。电磁波在真空中以每秒 $299,792.46$ 公里的固定速度传播。因此，当正弦电流变化频率愈高时，波长愈短。电磁波传播速度高，同于光速，是一切物质运动的极限速度；同时又能跨越空间通过多种障碍而传播。这是电磁波的两大优越性。理论和实践证明，无线电波、光波、X 射线、γ 射线等都是电磁波，只是波长有很大的差异。电子和电磁波都具有波、粒二象性。在一定条件下，波、粒二象性十分显著，不容忽视。

广义地说，信息是宇宙存在中一切差异和变化的表象。对客观存在来说，信息属于表象，物质则是实体；而物质，由于它和能具有可相互转换的现象，也可扩大说包含着能。表象必然从属、依附于实体的内容，因此，信息依附于物质而存在。宇宙的存在决定着信息的存在。有生物的存在，就有信息作业的存在。对人类社会的形成就要求有信息交换。知识的增长，就是对信息的持续地进行采集、提炼和加工。

电子在真空、气体、液体、固体和等离子体中运动时产生的许多物理效应，以及电子运动和电磁波的相互作用的物理规律，是电子应用科学或电子科学的基本内容。它们来自电子学的实践与实验，以及理论分析和归纳，而又利用于电子技术的实践，并适应电子技术实践的要求而不断发展。由于电子技术是信息作业的强有力的一种新手段，信息科学也随着电子技术的成长而出现新的发展高潮。

信息、能源和材料，在当代人类生活中占有日益重要的地位。电子学首要的任务，就是为现代人类社会对信息和信息作业的需求服务。电子信息作业在极大程度上补充扩大了人的脑力劳动能力。延伸扩展了感官、神经所能触及的距离和环境，增强了四肢、躯体活动的灵活性。此外，如太阳电池对能源起着日益增大的作用，化学电源为产能、储能所不可缺少。电能又能以电子手段转换为激光、微波、超声等不同的能态而用于材料加工改制。因之，电子也伸入了能源和材料的疆域。

二、电子学的结构体系 *

现代电子学既包括电子技术，又包括电子科学，并且是围绕着电子设备及其应用的发展而逐步完整、丰富起来的。因此，它的结构体系十分复杂。为了给读者一个粗略的概念，以下叙述电子科学和技术的结构系统。

在这个体系里，首先是以实物及其技术为轴线形成五个层次（详见附图）。中心是第三层。这层是电子技术在信息作业和能作业中的功能技术和功能单元层。正因为电子技术具有这些功能，所以在信息事业以及能（动力）事业中具有极其重要的和关键性的应用意义。

第四层，是电子设备和电子系统及其技术层，各由第三层中的若干成分所组成。这一层次包括人所共知的广播、通信、雷达、计算机、仪器、动力应用等。这已经是和社会实践直接联系的层次了。但是，这些设备还可以联合而成电子大系统层，即第五层，所起作用更加广泛深入。因为可以组成的大系统极多，这里只能列举数例。它们大都又形成多层次的网络。在各层次的结点上设置电子计算机进行信息的调动和管理，设置数据库储存巨量信息，而依靠通信使它在广大地区中的结点之间联系起来形成网络，组成系统。这就说明何以社会上把计算和电讯的融合命名为通算系统（Telematics），并视为当前电子学以及社会生活发展中的一件大事。这些第四、五层次，甚至第三层次的成分，往往还是更广泛的、包括非电子技术在内的系统的组成部分。在后一类系统中，计算机和电信仍然往往居于核心和联通成网的关键地位。

从第三层向下。可看到它首先是由各种构件及其技术所组成的，即第二层，这是一切功能的物质基础。正是在这个层次里的不断革新，如集成电路、光电子技术、太阳电池等的出现和不断提高，推动了整个电子技术的不断前进。第一层，是原材料。它是最基础性的层次，并且已经跨入了冶金、化工、石油等行业，虽然有一部分已从属于电子学。本层次是按材料本身的属性及其在电子技术中的功能平行分类的。这种分法说明其虽往往属于不同的技术和生产行业，却都必须满足电子技术对其提出的、具有特色的功能要求。

在电子技术六十年来的发展中，电子应用科学和基本技术的作用不容忽视。尽管直至现在，从科学实验和实践经验中出现的新设想和新事物仍然是电子技术获得巨大生命力的源泉，然而应用科学的发展也起了同等巨大和相得益彰的作用。在这里列举为电子系统和设备技术服务的若干种电子科学，以及为电子构件和电子材料服务的若干有关应用科学和基本技术。例如，如果没有电波传输、微波及分布参量电路理论和实验的发展，没有信息论和信号处理理论的发展，就不可能使雷达和无线电技术达到现在的高水平。如果没有固体物理和半导体物理的发展，也不可能出现超大规模和超高速集成电路，从而使电子计算技术达到当代的高性能和性能价格比。电子科学近年来的发展十分活跃，是电子技术发展中具有鲜明特色的一个部分。

同样重要的因素，是为安装、装配、制造、研究各种电子系统、设备、构件、材料等所不可缺少的工艺知识，以及在实现这些知识过程中所不可少的设备、装置、仪器、试验手段等。这些又往往是有独特要求而又不完全属于电子技术与科学的因素。因为这一部分十分庞杂，不可能分条列举，但不可因此而忽略其重要性。

形成电子学的完整体系，必须通过在结构体系上的完整性，其繁复性是不可能回避的。

---

* 参阅本书 193 页：试论"电子"的构成及其发展环境。

三、电子技术的基本功能和电子科学

为了进一步说明电子学结构的涵义，这里仅叙述电子技术两个基本功能方面，以见其全貌。

首先在信息作业方面

1. 信息的摄取和采集。这是扩展感官作用的新物质手段。它在很大范围内实现听觉、视觉、位觉、嗅觉、味觉、触觉等的作用。话筒、摄像机、超声和激光陀螺、一氧化碳感测器、酸碱度计、各种液面水平传感器、微动开关是这方面的一些例子。借助于电子技术的其他功能，检测微弱信号可以察觉低于干扰到成百万分之几的信号。电子显微镜可分辨小于可见光波波长几千分之一的距离，甚至可看到分子构造的轮廓。射电天文望远镜已发现了 140 亿光年距离外的天体。

2. 信息的传输。这是延伸神经系统所能达到的距离的新物质手段，电磁波可以超越空间和穿透多种物质而传输信号。在有线传输中，所传的能量是携载于导体周围中被导体所导引的电磁波中。现在传输的无线电波频率包括几十赫到几太赫的范围或几太比特每秒，光波包括可见光到亚微米的超远红外光。新的里程碑还包括卫星、光纤、外空和深空的信息传输。人类已经获得土星、木星的近拍照片。

3. 信息的显现。在文字、图画、印刷术、照相术、语声、体态、表情等以外增加了新的物质手段。电视显像管、扬声器、计算机终端显示器、打印机等是一些代表性的装置。显象—显示管具有代表性的性能，每秒能以几十兆像素的速率显示，分辨率为几十微米，色差达几千种，亮度达百层以上的活动图像。凡带有记录性质的显现装置，都同时具有存储的能力。

4. 信息的储存。电子技术大大扩大了人的记忆能力，其储存密度远远不如人的大脑皮质，大约分别是每平方米 10^{12} 弱和 10^{14} 强比特，体积密度上更差得多。但是，电子储存具有存取速度快到几百兆比特每秒、储存精度高到每千兆比特以上不出一个差错，储存时间长达几年到几十年。代表性的储存手段有唱片、磁带录音、录像和录数据的磁盘，半导体集成电路储存器等。新的先进手段是激光录盘。在一张 360mm 直径的盘上可录入并放出一小时的普通电视节目，或近百千兆比特的数据，抵得上百万篇页的书籍。

5. 信息交换，即信息渠道及时建立、分离和变换。代表性的产品是电话交换机，现在由机电式的改进到全电子、多功能（包括 Packet switching）的电子处理器程序控制的体制。其重要性在于没有无信息交换的社会，并且无信息交换也就没有知识的积累和增长。电子交换克服了邮递、会面、会议中的许多困难，如速度、精度、可记录性等方面。电子信息交换作业已用于电话、电报、传真、传数据字符，还要扩大到电视和遥会（远程会议）方面。

6. 信息处理。信息是宇宙中存在的现象中的差别变化；信号则指这些抽象化的信息所表现出来的具体形式。信号处理本来指在各种信号采取各种不同的信号形式，使其在经过作业过程时尽少遭受不可避免的干扰，从而使原来所表达的信息尽最大可能保持下来。在信息作业过程中采取各种措施，使信号本身能削弱干扰的损害；在信息作业后，尽多排除混进来的干扰。或从收到含干扰的信号中尽最大程度地恢复原来的信息，尽多地排除干扰和失真。时域信号与频域信号或列域信号间的变换、调制、解调，编码、解码，加密、解密，滤波、放大，图像增强、伪彩色等，都属于这一作业的范围。当代发展已包括了模式识别，即从所获取的信息中抽出代表某种预定典型的部分，以至能够从而对信息加以解释；这样就不仅是保持、恢复原有信息的问题，而与信息处理之间打破了固有的界限。这也使它进入了对生物感官中预处理能力

的模拟。原来信号的处理,只采取模拟的方式,利用的是电子电路和网络(包括有源、无源网络)为手段。近期还有开关电容网络的发展。现在增加了数字的方法,更进一步可以运用通用的和专用的计算机,就大大地提高了性能并扩大了处理的范围。

7. 信息处理。从字面来说,"处理"包含一切作业;从习惯来说,信息处理几乎包括一切电子计算机应用的技巧。这里,我们采取的是较为有限的意义,即信息的加工变换。对于语言、图像、文字、数字等信息加以分类、选择、列表、检索、扩展、变化等,都属于这一作业范围。原来这些作业都只是靠人的脑力——思维能力来完成。现在,人们力图用电子计算机来实现,当然仍是在人的指引之下。对电子计算机,可以赋予形式逻辑包括概率统计判决中的相当部分的功能。但出了这个范围,它现在就只能做很少的工作。例如计算机只能做很简单的学习和自适应作业。至于归纳、揣度、启发、顿悟、灵感、渲染等,带有极大的不肯定性的思维作业,它就很难为力了。况且它并不能自己广泛地搜集信息,在分析、识别、选择、检索等功能上只能处理具有肯定性或概率性的信息,就使其能力受到极大的局限。当然,在文字处理、草拟图稿、辅助设计上,它能够大大缩短人的创造过程,因之对于形象思维还是可以做出辅助性的、而不可轻估的贡献。

8. 数值计算的功能。这本来可以列入信息处理的范围,但因它是其中应用很广泛、具有重要性和自己特点的功能,所以列为一个单独的功能。计算器体积极小,已能做简单的四则的和函数的运算。巨型计算机现在已能在一秒钟内完成十亿个运算作业,即使在标量——串行运算中也可达到千万次。这样,虽然它在思维作业中是一个蠢物,但它能够几乎是从来不知疲劳,长时间不出差错地运行,是思维过程中一个极为强壮的工具。在气象预报、计算机断层分析、流体中运载工具遇到的湍流解算中,都要求做出运算能力更强若干的电子计算机。

9. 信息的仿真。墨翟和公输般在楚王殿上就做过攻守的仿真。仿真的方式方法一贯是多种多样的。就电子手段而论,先出现的是模拟计算机。其后继者是用数字程序控制而用电路模拟的和采用传统模拟计算机的系统结构而以数字方式进行运算的,称为混合型计算机。在巨型数字型电子计算机出现以后,它担负了许多仿真工作。例如,大型和巨型系统工程的模拟、战略与战术的作战模拟、核爆炸的过程的仿真,动力燃烧过程的仿真等。对现有巨型机来说,动态的二维空间模拟已产生极为有益的效益。例如,用仿真代替一部分真的核爆炸可以节省大量的时间和费用。但三维空间的仿真,还要求十倍、百倍强于现有巨型计算机的计算能力。

10. 遥控、自控的功能。这个功能可以说是一个高度综合性的功能。它不但集中以上各种功能中的要素于一身,而且跨在许多非电子行业和电子行业之间。狭义地说,它的作用是人的运动神经的延伸和扩展,增强人的肢体的灵活性。然而从整个控制过程来说,它必须从被控制过程中汲取信息、信号,加以传输,进行加工处理,甚至要经过计算和仿真的过程,然后获得调节的要求,用做控制的信号而送出执行。这个过程是一个反馈调节的过程。它不仅要通过信息作业的各个环节,而且反馈——稳定性理论和信号处理理论,就是从电子线路和网络学以及信息论——滤波理论中移用的,至今仍在控制理论中居于核心和基石的地位。控制系统必须要接触一切信息作业;控制系统仍然要以电子计算机为中枢、以通信为联系手段而组织起来。更高级的系统如自适应系统和自组织系统、就更加依赖于信息作业。因之也更加依赖于电子技术。

以上最后五个功能,都涉及电子计算机的应用。但是,应当说明,这是习惯的说法,如果用电子计算技术或电子计算系统,就更确切一些。即使如此,还没有包括某些不可少的类似思维的过程。这里用的电子计算机一词,都是包含系统结构、主机、存储器、输入输出设备、终端设备、更为重要的系统软件和应用软件,以及新出现的编程环境——编程工具。这些在电子计算机及有关的条目中都有具体的说明。

还应当补充一个问题,就是电子学仅是当前已经发达起来的一种新的具有强大信息作业功能的物质手段。从整个信息作业物质手段来说,它只是一个重大的组成部分。纸、笔不会消灭。印刷术和照相术还要借重于电子技术而进一步前进。油彩颜料会继续存在。电子乐器绝不可能代替古典的和民族的乐器。除此以外,光在信息作业中崭露头角,但是主要以光电相结合为信息作业服务,形成了光电子学和光电子技术,形成并跨入了电子学中新的地域。

其次在能(动力)作业方面

1. 产能和变能。化学电源是久已存在的事物,但由于钠硫等系统和固体、准固体电解质以及燃料电池的出现而处于重大的进步过程中,今后还会有更新的事物出现。太阳电池是最有希望的可再生能源,并且无污染、易维护、便于安装。投射在地球上的太阳能约有125万亿千瓦,仅中国也有7.5万亿千瓦,只要利用十万分之二能量来发电,就可为我国提供1亿5000万平均千瓦的能源。太阳电池方面的技术不断提高,成本不断降低。分散的能源供航标灯、阴极保护、电围栏等,已在推广应用,并在流动牧民中开始普及。在孤立的村镇,同柴油发电的成本相比,在远离输电网的用电点,同敷设、维护线路的费用相比,都已具有竞争能力。国际上考虑到,常规能源的成本日益增加,太阳电池成本迅速下降,以及矿(化石、核)能源总有枯竭的一天,都在为长远考虑把太阳能作为主能源,建设大规模的上万千瓦的电站。美国还批准实验外空同步太阳电池电站的计划。当然,我们不可能无中生有地产生出能来,产能的含义也就是把化学能、物理能变成电能。电子信息作业的运行,必然不断地消耗能源。

2. 交直流变换。这是电力事业中处处要用的技术。高压直流输电也是重要的应用。太阳电池电站也需要它。供流动牧民用的小型太阳电池发电,要变成工频和高工频(几千赫)的交流使用。信息作业的电子设施的绝大部分都需要整流电源。电视机和显示器利用行频(15625赫)电能逆变整流,取得所需的万伏以上的高压。这些都是利用电子器件主要是半导体器件而实现的。

3. 电力的调度和节约。如果摸出基本规律,建立系统模型,用计算机辅助调度。即可节约大量的能量并产生可观的经济效益。这在电力网、输电、配电各级均可使用。水力发电受水文气候影响极大,也有调度的问题,计算机也能用上。

4. 电子态能的应用。这包括用电子技术把常规电能转化为高频、微波、声能、激光、电子束、离子束、离子体等作用于材料,可用以改变性状,达到十分特殊的效果。例如,半导体激光退火,能改进表面晶格状态;金属可用高频电热淬火;还可用离子注入使表面强化;感应加热和介质加热,都已成为工农业的常规方法;微波食品烘箱已在发达国家普及到相当多的家庭中。

5. 储能。太阳电池发电,其发电能力每日随时间有很大的变化。阴天时,发电能力一般降至20%。因此,在很多情况下,需要储存一日夜甚至几日夜、几周所需的电能,这也需要使用蓄电池来完成这一任务。如果太阳电池能够做到十分经济,达到可与常规发电相比,则可以以太阳电池电站并网使用。这样,在网中可与其他发电站如水电相互调节,就没有储能的问题了。

6. 输电。前面提到的外空同步太阳电池电站的方案中,就考虑电站放在外空,电池阵面积达几十平方公里,每日发电时间可达99.9%。所发的电变成微波能,用几十平方公里大的天线输送到地面。然后,再用极大的天线阵接收,在每个阵元整流后变成工频电能输送出去。这样,即可获得几百万瓦的发电能力。

电子应用科学和基本技术

为电子事业服务的应用科学是十分繁杂的,并且往往同其他应用科学分支有很大的交叉。这里只叙述一些与电子技术、电子装备直接起作用的几种。

1. 电子线路与网络学。它包括把各种无源构件(电阻、电容、电感等)和有源构件(晶体管、电子管等)组成各种功能单元的理论和技术,分为模拟、脉冲和数字等大类,可以实现振荡、放大、调制、变频、滤波、脉冲形成和整形、开关、移位、记忆、计数、编码解码、各种逻辑(布尔逻辑)作业等多种功能。分立元件组成电路是本学科的入门。但由于集成电路(包括有源的、无源的和混合的集成电路)的进展,电子线路与网络已经扩大到在集成层次上进行设计。后者的重要性已经日益增长。非线性、变参量和有源电路网络,也是长期研究探索的一个方面。

2. 微波和分布参量电路。主要研究分布参量元件(其中大部分电阻、电感、电容存在于一体)及其与有源构件混合组成的电路的设计、利用的原理,以及进行分析性和综合性的理论设计。它包括同轴线、同轴元件、波导、波导元件、腔体、回旋器、隔离器等,及其和有源构件结合形成的参量放大器等。新研制成功的有把有源构件和无源构件结合在一起的各种单体微波集成电路(MMIC)。

3. 天线。将约束在导体周围的电能转换为向空间辐射的发射电能的构件和组合单元,以及实现相反作用的构件和组合单元。大体上说,天线分为线状天线、反射体天线、透镜天线等及用其组成的阵列式天线。把一个个发射机功率级和阵列天线各单元分别组成一体,就成为有源阵列天线。对天线的主要要求,是为它规定要实现的辐射图形和避除干扰的自适应能力。

4. 电波传播。试验研究电磁波在大气、对流层、电离层、磁球层、地或水表面、水下各层、其他媒质或其周围传输时产生的各种现象,也包括反射、折射、散射、衍射以及大气层、地貌、地质、土壤性状对于电磁波传播的影响。它包括从极长波到亚毫米波以至光波的范围。

5. 信息论和信号处理技术。信息论是研究有关信息度量、信息变换和信息处理的一般性理论,对于广义通信具有高度抽象与概括的意义。它在信息作业中引入随机性、统计性、概率性的特征,从而使人更深入地理解信息,更有效地运用信息。关于信号处理前面已做了说明。由于信息论的出现,使信号处理技术得到长足的进步。如果说信号处理是信息论的延伸,那可能不完全也是不符合实际的。测量与检测理论出现在信息论形成以前,它实质上同信息论和信号处理技术很难划清疆界。

6. 计算机科学和基本技术。计算系统的广义描述,前面已做了简单介绍。三十年来,关于计算系统的知识,已经逐步从原来的拼合、修正的单纯实验方法中扩展出来,有了许多较系统性的和规律性的、理论性的内容。为了提高计算能力,要研究并行处理结构,解决并行处理带来的软件上的难题,还要在算法和计算数学上下功夫,使许多串行的运算能转化为并发性的运算。在计算过程中不能并行化的部分,就成为并行机中的"瓶颈"。因此,对于串行运算也仍在不断地提高性能。应用的不断典范化,如通信、数据库、地区网等,不但要解决硬件问题,还要解决有关的软件问题。这些软件横跨于应用软件和系统软件之间,使其间的界限模糊起来,出现了编程环境技术,并对系统软件的核心部分产生了影响,使其必须适应这种新状态。由于软件成本日益提高,如何用计算机辅助设计新软件,即创造新的软件工具,其要求也日益紧迫。软件故障率不下于硬件,因此,软件检验和维护也成了重要问题。人们还在致力于软件验证的问题,这要从软件的结构典型化以便于验证和提出软件验证的有效方法两方面着手。总之,由于计算机系统及其应用的迅速发展和范围扩大,以上这些都处于百家争鸣、各显其能的状态,而且尚缺乏一致的定义和语言。这也反映了软件学术上的繁荣景象。

7. 人工智能和知识系统。这是一个具有内容丰富而且复杂的方面,需要长期努力才能取得高级成果。当前已有的成果,与其整体相比,还只是极为微小的一部分,但它已经产生了很大的效果。在这方面的研究有几个起点:(1)通过了解人脑的生理形态研究其活动的机理,从而用机器来模拟,距离能在电子技术中应用还比较远。(2)根据人的心理现象和思维方式,作为计算机模拟的对象。但是,由于电子计算机只能是形式逻辑的执行者,它不能直接搜集原始信息,所以目前还限于简单的演绎推理和学习(重复进行人所授与的学习过程)。至于高级的思维过程,包括归纳的高级部分,分析、综合的高级部分,一切依赖于经验、揣度、类比、顿悟的部分,一切涉及典型化、渲染、夸张、类比创造、想像、幻化以及美学判断等,其本身还是不断探讨的对象,也就几乎谈不上用电子计算机去模拟了。(3)根据把由于人的智能所积累的知识存入信息库,由计算机根据设定条件,选择提出并间以演绎推理、做出判断。这是计算机现实能做到的。这称做知识系统或专家系统。命名上不同,二者的同异也还有分歧的看法。尽管如此,现在仅在至少医疗方面已出现了以百计的系统,并证明比一个普通医生的能力稍强。不管是从哪一方面探讨,人工智能在军事方面都是极有价值的。二十多年来,人工智能的大部分成果,就是在美国军方的支持和赞助下出现的,而后又转化为非军事的应用。

8. 控制论和系统工程学。关于控制论和电子技术的亲缘关系,前面已做了部分介绍。控制论的重要基石还有随机过程的处理。这也是从信息论——信号处理技术中衍生、并肩前进和相辅相成的。控制论中的传递函数(包括负反馈)和状态变量的基本分析方法,和电子线路学也有这样的关系。系统工程学是否能包括控制论以及信息论,还是一个很难判定的问题。但是,在研讨一切电子系统中,大的或小的,都可以而且需要应用系统工程的理论和方法。大系统工程往往是以电子计算机为各层枢纽或网中的结点,并且以电信为枢纽之间以及枢纽与作业点之间的联通手段,通过信息的作业和传递而协同工作。各种系统工程之中,经常用到电子子系统。反过来说,电子信息作业既能自成系统,又存在于大小系统之中,并且往往形成子系统。对于电子信息作业,系统工程理论和方法就是不可缺少的手段。电子系统也是最易于采用系统工程理论和方法的具体系统工程。

9. 人机工程学或心理生理工程学。人和电子系统交互作用而执行任务,因此,电子系统和设施就必须考虑人的生理的、感官的和心理的因素,并且这三个方面是不可能严格划分的。以生理为主的,要研究电子设施和体形、体位、体态的匹配:是坐着操作,还是站着操作?用右手还是用左手?脚要不要用上去?四肢要伸到多远?眼睛要看着哪里?是否需要听声操作?要研究人的生理特征(这里只是粗略地讲),以便人和系统实现最便利、最迅速的交互作用,而减轻疲劳。要研究人的感官和系统的交互作用。为了电声的发展,要研究语声、乐声、噪声等的特征和人对它们的不同感受。为了改进电视和图像显示,要研究色度学和人对于不同的色彩、图形模式、亮度等的感受,人眼的视野对形状、亮度、色度的区分能力。低噪声和适当的色度、亮度、对比度、图形,以及在操作时放送柔美的音乐,可以大大提高操作的效能。心理的反应更为复杂,有待于进行更多的探讨。例如,噪声虽低但有持续性,使操作者烦躁;长时间注视单一的目标,使人疲倦;重复单一的简单动作,使人厌烦。这些都往往是产生事故或降低工作效率的因素。而在处理得当时,可以使作业效率大幅度提高,从而使误操作事故大幅度减少,并大大提高操作者的应变能力。这些已举出的因素,在国际上有不少较为成熟的成果可以在系统工程设计中运用。但是,还有极大部分特别是涉及心理和思维过程的部分,进展还很不充分,而且事物在不断地变化。因此,也还有许多之处有待进一步研讨。

10. 系统和构件的可靠性。构件的可靠性,是系统可靠性的物质基础。然而,在这个基础上如何组织系统,还有很大的优劣之间的差别。构件的可靠性依赖于产品的工艺、人掌握工艺的水平、结构和材料。检验是判断可靠性的过程,然而,可靠性首先依赖于设计、结构和制造过程。虽然如此,当我们已经在现实条件下尽了充分努力之后,筛选对提高可靠性仍具有重大的作用。系统可靠性不仅是构件可靠性的综合。安装和装配的工艺水平;结构的精心设计,解决好散热、保温、屏蔽和机械强度等问题;提供适当的操作环境;以及提供良好的人机工程条件等,无不对系统可靠性产生重大的影响。我们可以说,在电子科学技术系统结构的五个层次中,都存在着可靠性问题。由于各种构件和单元的固有可靠性各不相同,必须选择合适的品种,设计中还要考虑不同的方案,使得多用可靠性高的构件以代替可靠性低的产品成为可能,必要时,在关键处使用热备份等。除此以外,还要考虑在使用过程中减轻维护的工作量,在发生故障时易于修复,使恢复中损失最少的时间。这些都对系统可靠性有利。在国民经济、国防和外空技术各方面的大系统中,要考虑这些问题;在民用消费产品中也同样要重视,以保障人民的利益。在系统可靠性问题上,如果要求一个绝对最优方案,会旷日费时,劳民伤财,但一定要采取尽可能优化的方案。有时,还必须在可靠性与经济性之间,求得优化的折中。构件、功能单元、系统和大系统中发生故障,以及选择方案中存在的风险和效益,都是带有随机性的。因此,概率论和统计学对提高可靠性是极其重要的工具。

第一次发表

关于世界新的技术革命中电子工业发展
战略及对策的十二条建议

（1984 年 7 月）

　　总目标：我国是有 10 亿人口、960 万平方公里土地的、自然资源丰富的国家，又是一个贫穷落后的国家。我们制定了一个在 2000 年要实现的、小康水平的现代化社会主义强国的宏伟目标。我认为从这个目标延伸出去，还必然要在若干年后走向这样一个长远目标：在经济、文化、科学技术、国防、人民福利各方面，和世界发达国家并驾齐驱，能够依靠自己，基本上满足自己的需要，并在这个前提下与外国发展贸易并交流文化。这是为我国的人口、幅员、资源，还有政治地位、环境所决定的。

　　我们要认真对待如何从现况走向小康、并从小康走向上述长远目标，应当走哪些步骤。在考虑第一步时就要想到如何一而贯之的问题。在发达国家中，几十年内，电子—信息作业技术都将扮演重要的角色。我国电子—信息作业技术、电子工业的发展也将扮演重要的角色。在这时期内，电子工业发展的战略部署要放在前述的背景情况中去考虑，作有步骤、有计划、按比例的设想。

　　总的指导思想应是从实际出发，面向现代化，面向世界，面向未来；承认历史，正视现实，因势利导、顺理成章。

　　我们面对的现实问题：

　　1. 电子工业的对象是一门在许多其他行业已经兴起的基础上才发展起来的，一项前沿的技术和工业。我们要考虑的现状是整个社会前沿技术首先应用于克服国民经济、防务，文化福利生活上最薄弱的环节的需要上。初步考虑的薄弱环节是：农业技术和农业经济，消费类产品，能源，交通，电信，管理，教育，国家防务的不可缺的要求。

　　2. 重点加强投产工程和生产（技术）管理。投产工程包括产品生产化设计，生产过程设计，生产组织设计以及生产有关设计的实施；生产工程建设——设备，工具，测试用具，材料（料源）的获得和投入使用，技术人员、工人和管理人员的培养和胜任岗位工作……。投产工程薄弱甚至缺少是许多产品停留于"原型"阶段（所谓样品、视品、展品）的主要原因。我们长期重视产品发展，轻生产工程。个人、单位出了产品，出了个别的性能指标，甚至只是一项理论，就受到突出的支持、表彰鼓励。其实生产工程标志着同等的科学技术水平，而要花几倍的力量才能实现，得到的鼓励却极不成比例。投产工程要求最后按时按质按量进行生产并投放市场，是企业别无旁贷的任务。生产管理指投产以后日常维持生产的工作，既包括计划、经济的管理，也包括技术和各项生产后勤工作；这方面更受到忽视。这些是当前电子工业的最薄弱环节。

　　3. 社会对于电子工业要按社会发展水平和从国外取得的可能，有计划按比例尽可能保证生产所需的必要支持：人才来源、料源、设备、仪器、工具的供应等凡电子工业内部不能满足的部分。这就是说，"电子"要"我为人人"，社会对"电子"也要"人人为我"。

　　4. 利用开放的条件，系统、整机、元件器件中各自的构成部分，包括某些精密材料，凡国内暂时不能达到必要的性能、质量水平的，可以由国外择优购入配套。仪器、生产设备、凡国内暂时在性能质量上不能满足要求的,可以优先购入。但原则是尽早、尽多国产化。在积极国产化的同时,这样做可能使各层次的产品平行发展而不至牵制高层次产品保证性能质量。可以期望在高层次产品完成投产时,某些外购件、料可以同时或接近同时完成发展,实现国产化。这可称为籍购入构成件料,实行多层的平行发展研究。这对落后国家赶先进是适宜的谋略。

5. 对于某些赶上世界先进水平需时甚长,国际演进迅速,引进技术又受到限制的产品如计算机、大规模集成电路、磁盘等,一方面要努力发展技术、提高水平,另一方面应取适中的保护政策,在一个时期内允许技术水平低于国际先进水平。如果采取无保护政策,如集成电路、低档产品如何与进口品竞争。对计算机,如采用进口电路及配套设备,和进口品可有一定竞争能力。无保护而又需长时间才能赶上水平,就只好收缩生产,而且就会削弱国内发展提高水平的积极性,永远不能提高。如果采取全保护政策,姑息落后,同样会使国内发展提高松懈自己的努力。这都是不可取的,因此要采取适中的保护,并容许一个时期的低而可用的水平。这样,既使本国产品能够存活并发展提高,又不是姑息安于低水平。

落后就必须保护,这是各国都采取的政策。落后而不保护,是不符合客观规律的。保护并不就等于姑息。少保护并不一定就挫伤国产品发展的积极性或损害国家经济利益。关键在于"适中",是为了更快地摆脱落后。

6. 主要的保护方法是对进口提高关税,对国产实行优惠。审批只能解决少部分问题,还是要靠经济杠杆。引进先进技术是一条有效的措施,但同时,是否放松自力更生的发展和研究,要慎重,要对具体问题作具体分析。自力更生,进行发展、研究,即使低于引进的水平,也能为消化引进的技术提供必要的条件。用简单的"消化"的方法,是消化不动引进技术、不能使引进技术转化为本国技术的有机构成的,也不能达到改进提高的目的。而且若国产品水平暂时还差,如果能充分发挥低工资优势,还是有竞争力的。

7. 科研和生产结合的问题,要承认历史、承认现实、研究规律,因势利导,才能够顺理成章。所、厂之间的结合以及各种形式的联合,主管部门可以引导,但必须以自愿为前提。大所小厂,易于结合,没有不服气的问题。小所大厂,有时也好说,因无利害冲突,而于大厂有利。小所小厂,互助互补,也好说话。问题在于大所大厂之间。

大所有强大制造力量,大厂有充足设计能力,是历史造成的现实。在这个现实条件下,结合不容易,以分工承担不同任务为妥。研究所承担多品种、少数量、高难度、新原理的对象,自己设计、自己生产。对需量大的产品,也可在承担中间生产的同时,和接产工厂进行移交技术的程序。大厂承担少品种、大数量、难度差、原理较成熟的产品,也自己设计、自己生产,也可在妥善安排下接受研究所的技术。

所和厂,只要具备条件,都可以自成科研、生产、销售的联合体。当然,国家安排的非盈利性任务必须落实、坚持。对于研究所要解决相应的企业化管理体制。厂必须在保证投产工程和日常生产管理的质量前提下,承担新产品新技术的研究和发展。

在分工方面,举例如对大规模集成电路,科学院和大专院校可联合攻 1~2 微米关,工业部门的较强单位可联合攻 2~4 微米关,并达到小批量生产,并以工厂为主,力争 4~6 微米生产稳定、大批量、高质量、低成本。

8. 在工业发达国家,中、小企业占企业数 90% 以上。产值 50% 上下,技术浓度高,是一支不可少的技术力量。它们承担多品种、少数量、技术密集或专业独到的产品生产。我国应安排适当的力量承担它们在发达国家所分担的工作。我国对多品种、少数量、占用技术多的生产未认识其重要性。以前受前苏联影响,单纯追求旧福特型的单一大生产。几次大发展中涌现的小厂则技术力量很弱。这是我国工业构成上的一大缺陷。解决这个问题可有几个途径：①工业研究所、大专院校和科学院承担这类生产。②工业研究所、大专院校和科学院以及某些大厂扶植小厂，可形成各种不同程度的联合。③力量确实很强的大厂在专业相关条件下承担一部分任务。

要大力加强技术骨干(大学、大中专生及文化和技艺高的工人)力量。要把这方面的建设列入日程。对于多品种、少数量、高难度产品，依据其实际成本和市场需要放手确定优惠价格。

9. 对于技术和产量提高增长快的产品类别，应重视靠新建企业承担新产品、新产量，在发挥新单位生产能力过程中，一步一步地改造旧企业，或在适当时机，对旧企业进行必要的停产改造。条件是①生产不断线、品种发展不断线。②旧设备旧厂房继续发挥所尚保有的生产能力，不轻易放弃。③新产品新技术能在新物质条件下更好生产。④旧企业承担力所能及而又有社会需要的产品，避免由于转移产品和技术、转移设备所造成的损失。

发达国家大规模集成电路企业，无不在每年进行再投资，达到积累投资的 10% 至 60% 之多。这是他们的重要战略。

10. 应为政企分开作准备，在现有基础上建设行业的科研技术中心。它应承担①政府在协调各企业技术时所必需的试验研究验证工作。②应用基础科学的研究。③新技术原理的研究。④复杂远景产品的初始发展。⑤跨各分行业和跨内外行业的大系统工程的设计和技术组织工作。这种科研中心主要应是"非营利性"的。

11. 电子计算机技术发展的主要构成应考虑五个方面：①整机系统结构和设计，也包括系统软件以及编程环境，和主机统一考虑。我国具备条件较好，有继续发展能力。关于新一代("第五代")计算机和人工智能问题应另外具体研究。②大规模及超大规模集成电路，外国发展很快。我们主要由于社会工业基础条件差，赶上去很吃力，甚至"越赶越落后"。当然，这仅是表象。应采取阶跃型发展模式，应用和生产容许落后于国外；科研、发展和配合条件的建设方面要积蓄能量，为更新阶段的生产做准备，力图跳过某些阶段。要注意国外已存在并继续发展的电路设计、工艺生产、封装测试相互分工的形式。"硅编译程序"(Silicon Compiler)和"硅铸造业"(Silicon Fourdry)需要我们给予充分注意。③存储设备，主要是磁盘、光盘。其重要性与产值大约相当于集成电路。容量增长每两年一番。所需微加工是微米与亚微米级。要在大尺寸和运动状态中保持精度，还要求特殊工艺，难度高。它的发展对整个计算机事业起的革新作用，不下于集成电路。我们要像对大规模集成电路那样重视它。④输入输出设备，产值几倍于整机。它品种规格多，我国制造工艺历史短，水平够不上，未形成生产能力，不重视就不能上去，要影响应用和推广。⑤推广应用：主要是发展应用软件和软件包。它们的价值相当于全部软件总值的 95%，而是不通晓各自专业的人员所难于为力的。大量的应用软件要靠各行业技术人员掌握编制程序的能力。主要的常用软件包要靠软件产业，也要以各有关专业的技术人员掌握编程技术为主。编程环境技术或系统软件与主机硬件相结合，培养要求在于专业专精，规模不宜过大。应注意大量程序编制员的培养。

12. 其他前沿技术要有步骤地突破或者提高：①光电子技术：a. 光纤信息传输及其成套配合技术。b. 激光技术。c. 红外技术及热检测技术。d. 各种电视类成像技术。e. 光电子信息处理与信号处理。②微波新技术和真空电子新技术。③数字信号处理，包含图、像(动态)、声、码、文字。④敏感元器件或传感器以及理化分析仪器。⑤能电子技术：这也是一个大方面，a. 太阳能电池，国内成本在以每年一倍的速度下降，要逐步扩大市场。已用于孤立和流动用户(牧民等)，孤立设施(航标灯、灯塔、微波中继、差转台、输油管阳极防护等)。军事通信也需要。

再进一步用于远离输电线的城镇村、居民点,在发电成本上与柴油发电争取抗衡。最后达到可与火电、水电、核能相抗衡,成为主能源之一。b. 节能:除多种分散电能应用中都可起节能作用外,主要是输配电的优化处理和调度网的建设。c. 用能:微波、超声波、激光在各行业里和人民生活上的应用。d. 贮能:电力部已订购100kW·h镍镉电池组供调峰试验用。说明有很大潜在可行性。⑥材料及表面科学与技术,涉及大量元、器件及敏感元件。⑦测量仪器与试验设备。

"补遗":一般说,补遗总难免是由于不重要的被遗漏的东西。但这里,我想说的是一个对各项建议都十分重要的补充建议,即关于教育和人才问题。

一切都系于人才。

由于我们是在经济、科学、技术各方面要从后进赶先进的国家,我们需大量的中坚骨干力量,即大学本科、专科生和中专生。我们需要一定数量的研究生,但中坚、骨干力量比带头人更嫌太少。一定要以高速度扩大这个队伍。

过去我曾提过三个基本即基本理论、基本知识、基本技能。现在我仍然如此主张,但要再补充一下:过多过窄的专业知识是可在实践中获得的,学习某专业对学生是一种典型性学习,并不是用以定终身的。然而对学生一定要求有一个基本素养。虽然对于大学的要求,对中专的要求以及对每个人的要求不可能相同,但总要从以下几个方面考虑:

1. 能懂:逻辑思维和形象思维同等重要。

2. 能干:已学到的能用上,用活。

3. 能学:离开教师、离开课堂、离开课本;面对实践、面对群众、面对文献和书籍。

4. 能变:总是不满于现状,每日都希望有所变换,不管多少比昨日有所前进,勇于实践,能尽多避免挫折而又不怕挫折并善于应付挫折。

5. 能创:有敏感、察觉现存问题、新的苗头,并从而以实践开辟新天地。

当然,求实的精神、合作共事的态度、锲而不舍的努力和见微知馨的判断能力都是重要的。

关于知识的增新和更新,还有各种形式的在职学习,都是重要的,不去详谈。

人才流动,使人尽其才,事得其所。这涉及一系列政策和体制问题,我认为会——得到解决的。

第一次发表

信息、电子在社会生活的前沿

（1984 年 3 月）

产业革命以来,科学技术有了很大发展。许多物质的劳动手段不断飞跃和改进提高。

当前的新技术革命将是广泛的、多方面的和迅猛的。其突出特点是用物质手段延伸、强化人的脑力和神经活动。人将通过一台台控制机(含计算机)去操纵许多台动力机和工作机,而每台工作机又去操纵多种多件的工具;人们观察控制事物的能力,人与人之间的信息交换几乎将突破一切屏障,包含距离在内。这就是"信息"社会的实现,是这次技术革命的主要特征。

哪里有差异,哪里就有信息,信息是无往而不在的。哪里有社会,哪里就不可缺少信息交换。从人类到蜂、蚁,乃至比此更低级的生物甚至是植物,也都存在着信息交换。所谓"信息社会"绝不是和"无信息社会"相对立的概念。更确切地描述是广泛使用新"信息作业的物质手段"。

信息作业的物质手段从远古就有,结绳记事、烽火驿马、算盘算筹、纸墨笔砚、书籍、报刊、望远镜、显微镜、交通制度……,然后现代的信息作业手段却增加了电子手段。像电报、电话、传真、广播、导航、雷达、电视、可视电话、无线电天文镜、电子显微镜、录音、录像、计算机、遥感器、数据库、信息库……。电子仪器更是五花八门。光也是一种重要手段,将来也许成为主要手段之一,当前却还是主要依靠与电子技术结合而相得益彰。光电子技术已成为电子技术的一个重要的边缘专业。

通信(电话、电报、传真……)、广播、电视,将来要结合起来,利用电子程控交换和光纤、电缆形成庞大的信息网,综合的终端设在家庭或任何作业点。这个网还要和庞大的信息库连结在一起。信息库装有满载信息的光盘磁盘。通过终端,可进行遥算(利用远地设置的巨型计算机)、遥测遥控。重要的图像显示环节将具有高分辨率、高色质、动态性、立体感。人在家里可以会见同事、亲朋,索阅任何书籍资料,欣赏古今艺术大师的名画、雕塑、音乐、舞蹈、戏剧、古迹名胜、名山大川,还可选看多种电视节目,除此以外,还能通过这个综合系统订购、订制所需商品以及向银行结账,坐在办公室甚至家里可以遥控工农业生产。写文章、绘画、雕塑、作曲等也都可用这个综合系统帮助起草。

如果说通讯延伸了神经系统,那么计算机就能扩大大脑的活动范围。借助于它可解决许多科学技术重大问题。如核聚变模拟,宏观长期气象预报,动态的人体断层诊断,用遥感来观察地貌、地质、地物(水文、气象、植被、农作物的长势和收成……)、处理大量数据、特大系统工程模拟,都需要比现有巨型计算机强千万倍的能力。计算机当前的主要新趋势是微小型化。微型机将普及到办公室、车间、农场和个人家庭。正是微电子技术的发展,为我们在有限的空间造出高度复杂的超巨型、极巨型计算机提供了可能。

自动化是电子技术应用的又一个重要方面。现在人们在议论农业自动化、工业自动化、办公室自动化和家庭自动化,"机器人"是自动化的一个重要方面。有人把单一工序的自动化和固定顺序的自动操作器也列为机器人,这属于比较低级的自动化。高级一些的有可编程序的机器人,目前,已基本能做到了。还有一种是当人用它操作过一遍后,自己就能依样自动操作。以及听声音的命令就能操作的,自学习、自适应、自组织的自动化机器人,这些难度较高,有的也已经有了苗头,有的已在开始进行试验和理论分析。自动化加上遥控、遥测,就可实现:人不到车间就能进行生产。

这就涉及了人工智能的问题。我们现在对人的智能本身认识得还很不够,所以对于人的智能用机器模拟能达到什么程度更说不清楚。但目前已实现一些专家系统(如中医诊断),人们已经用计算机推导证明定理,语言和图像的识别也属人工智能的应用。机器人具有的"智能"因素越高越广,它的等级就越高。

检测是信息技术弥散于各个行业的一个极重要的方面。一切工业、农业、科学技术、文教卫生、国家防御中的各个环节、工序都需要检知、观察、测量的技术。当代的检测手段大量地采用电子技术,首先因为通过电子敏感元件和传感器,几乎能把一切物理量转变成电量。然后用电子技术把它放大、传输、处理(识别、变模、计算、组合、分析等),显示记录,以重用于控制的信号反馈等。用电子技术还可以摄像、成像、用于遥感和观察。射电望远镜可看到二百亿光年以外的天体,电子显微镜可看到物质的原子,电子放大和处理可以发现和识别极微弱的信息。频率和时间可以测到 10^{-15} 的精度。

上述不过是讲一讲信息技术的概貌,还远非完整。信息作业可分成七个大环节:采集(含检测)、显现、传输、录存、交换、处理(识别、变换、计算、逻辑推理、判断等)、控制。在当代,这些环节几乎全部都归入了电子技术的范围,包括各种磁、电现象用于信息,声、光技术的结合更为密切,虽然,机械、化学等方法也还都用于信息技术。但电子技术不仅用于信息还用于动力和能。

1. 产能:例如半导体的太阳能电站,到 20 世纪末,发达国家要求它的建设成本降到和火电站差不多。

2. 变能:用电子方法变交流为直流或进行逆变,特别适用于长距离输电。还有变电能为热能、光能、声能、激光,变低频电能为高频和微波等。

3. 贮能:蓄电池和原电池,相当大部分属电子工业范围。

4. 输能:可用微波输能。

5. 节能:用计算机调度电网上输配电,可大量节约线路损失。用计算机按需分配燃料,如在汽车上用微处理器可节油百分之几到百分之二十。

6. 用能:如微波电热、治疗、超声、激光加工。

这次革命将带有全面的意义。它是知识积累的速度以极大幅度增长。生命科学、材料科学,能源技术也都将要有革命性变化而且几乎要波及所有专业。信息技术的革命,不但提供新事物供各方面利用,还起到进一步加速积累和开发知识的作用。

我国科学技术、经济建设还落后,而且发展中有许多薄弱环节。但是信息和电子技术既能为发达国家服务也能为落后国家服务,只要我们精于抉择,针对薄弱环节重点突破,并将信息和电子技术用于对当前全局有重大效益的地方,是能够大大加速实现四化速度的。

当然,信息是依存于物质和能的,没有不联系于物质和能而存在的信息。信息是用以改造世界的,如没有物质和能作为它的作业对象,也就失去了发展它的意义。而且要发展信息技术,必须发展各式各样的电子元件和电子器件,也必须立足于另外的必要的物质基础:如极多种的特种功能新材料、各种具有特殊要求的专用制造设备、各种各样工艺技术、各种理化分析和测量试验手段,各种科学的理论支持,还有许多专项技术和管理人员,对我们提出独特的要求,因此我们应当遵循有计划按比例的发展规律,尽最大努力,使信息技术为我国经济建设更迅速地摆脱落后面貌,进入新的技术革命的轨道,做出出色的贡献。

(此文是作者在世界新技术革命与我国对策讨论会上的发言)

电子和现代信息作业的九十九年

(1982 年 10 月)

电子技术基本上是随两条"生长线"发展起来的。这两条"生长线",一是电子器件(电子管和半导体器件),一是电磁波。电子技术毕竟是一门实用技术。然而这门实用技术为了自身的发展,必然要求发展有关的应用基础科学,并且也促进了基本科学。而应用基础科学的发展反过来又指引电子技术的一些重要分支的前进。再则是,电子技术实际上是同现代信息作业共同发展起来的,是当代信息作业的极强大的手段,虽然二者还各具独有的一些方面。广义的信息是无处不在的,信息作业是人类社会生活不可或缺的。电子技术与信息作业的成就表征了经济、科学、文化、国防的现代水平。因此,电子技术也是我国实现现代化所必需的重要技术。

一、两根轴线

电子器件的历史可远溯到盖斯勒和普吕克尔的工作。然而现代的电子管应当从爱迪生效应的发现算起,到今天恰好是九十九年。1904 年出现了弗来明的二极管。1906 年出现了德福勒斯特的三极管,它能以极小的能量控制大的电能,这就是放大作用。它大大推动了电子技术的发展。在整个十年代里,通信大量采用了三极管,并从而促成 1919 年出现世界第一个广播电台。茨沃瑞金在 1928 年发明了第一代摄像管,遂使现代电视成为可能。

半导体器件的诞生远溯到矿石检波器和氧化铜整流器被广为使用的年代。前者曾应用于 20 世纪初的通信技术。雷达、微波的发展促使发展了元素硅、锗二极管。到 20 世纪 40 年代,由于收信管的体积不能再缩小,功耗无法降低,寿命很难延长,促使人们转向固体,导致半导体三极管的发明。后来,运用固体物理与器件物理的理论与技术,大大地改进了半导体器件性能,使之成为实用的产品。60 年代又出现了集成电路,70 年代发展了大规模集成电路。晶体管和集成电路的出现,促使计算机硬件两度跃进而达到当前的高度发展。半导体的出现,开辟了极其广大的应用新领域,虽然还不能完全代替电子管。

电磁波的历史远溯到麦克斯韦和赫兹的工作。1896 年,马可尼和波波夫各自做了无线电通信的试验。初期的无线电通信用特制的交流发电机发射,只能使用甚低频,只能通报。电子管的出现,依次开辟了中频、高频。到 30 年代,又出现了甚高频,才使用无线电传输电视成为可能。

雷达是利用电磁波的又一项发明。为了达到高的分辨力,需要用超高频和极高频。现在雷达和通信都用上了毫米波。电磁波的范围还在扩展。国际电信联盟对于频谱已经预分到 400 千兆赫。另一方面,为了长距离导航和通信,还利用到甚低频、极低频(到几十赫)。低频波可以透入水面。

或许有人以为有线电不用电磁波。但人们已认识到,携载信息的电流,其能量实际存在于线外空间的磁电场。因此,有线电利用的是为导线所导向的电磁波。光波当然也是电磁波。声波不是电磁波,但在电子信息作业中也经常用到。

从上文所述可概略地看到,电子器件和电磁波对于电子技术和现代信息作业的发展起了巨大的作用。

二、电子信息作业的六个功能

在信息论中,"信息"有严格的定量定义。我这里提到的"信息"是按通常的理解,即对一切物质存在和运动的形式的描述。哪里有差异,哪里就有信息。

信息作业是久远的客观存在,而电子信息作业则是信息作业新时代的标志。

1. 信息的录存

从结绳记事说起,到出现纸、笔,早已开辟了一个新时代。电子技术是更大的创新。它首先发展了唱片和在纸带、纸卡上穿孔编码的技术。然后是磁带录音、录像、录数据。磁记录技术用于唱片结构产生了当代计算系统不可缺少的磁盘。现在又出现了激光录盘,这将是一个跃进性的革新。在一张一般唱片大小的盘上可以录存半小时的电视信息,这相当几十万页书籍的编码文字,或上万张高质量的彩色图像,经久不变质。与此平行发展的是以存取速度极快见长而存储量较小的磁芯和半导体集成存储器。后者已经能代替磁芯的大部分,并达到了毫微秒级的存取周期。

2. 信息的传输

烽火、驿马沿用了许多年代。印刷术和报纸标志了一个新时代。电子技术则是一次更重大的革新。除前面提到的以外,当代还出现了卫星通信和卫星直播。无线电的优点是可以跨越空间,不需实体的连接。有线电则可以纵横交叉,容纳巨量的通道而不相干扰。有线电通道可以复用。每对平衡电缆已能承载 120 路电话,同轴电缆则可达 10800 路话或几路电视。这种复用技术当然也可用于无线电,例如卫星可以中转成万路的电话或几十路电视。

光导纤维信息传输可能是又一跃进性的革新。对一根头发丝般粗细的高纯石英丝,按严格的要求在特定部位掺以特定成分的特定物质的高纯石英丝,在以一微米波长以上或以下的红外线(即三十万千兆赫上下)作载波时,每秒可传输上千兆比特的信息,即几乎相当于一个通讯卫星的容量。一根光缆中还可装入几根到几百根光纤。它具有抗干扰、抗侦察、抗串信、抗核电磁脉冲和雷击,以及损耗小、信息容量大、通频带宽、省铜、轻小等优点,而且将来成本也会降下来。它是一门方兴未艾的技术,还有更高的性能正在开发中。在不久的将来,可能大量地代替铜线、铜缆。

3. 人与物质系统之间的联系,信息的摄取和再现

这在远古只是靠人的五官四肢。光学、机械、化学、电气等仪器的大发展开始于欧洲产业革命前后。而电子则带来了又一次重大革新。物理量的极微弱的变化,可以用电子方法检测。电声装置、传真器、电传打字机,以及自动读文字、读图、发音、制图、打字等设备,具有高度的适应性和灵活性。电视的摄像器件(电子束、半导体以及两相结合的)和显像器件可以容易地每秒摄取或再现若干兆甚至上亿像素的信息。测量仪器已大量地电子化,不少还已用上微处理器控制和计算机辅助测试。综合测试与记录大量地代替了费时费力的离散测试,并且提高了性能。

遥感技术大量地运用电子技术。地质、地貌、资源、地震、气象、水文、森林、草原、农作物等的勘探、测量和预报都可得到极大效益。卫星遥感可得到宏观情况,航空遥感还可得到局部细节。遥感使用电子检测和图像综合、处理、分析等技术。但起点是检测。利用电子敏感器件的微波、可见光和红外光遥感设备,可以区分百分之几度的温度和谱线的细微变化,从而区分物体的微细差别。电荷耦合器件对于这种作业也是一种高效手段。它还使用电子的信息录存和

再现技术。遥感也是军事侦察的强大手段。射电天文望远镜和电子显微镜使人们看到了从没发现的大宇宙和微观世界。

声波探测技术也离不开电子技术。

4. 信道的换接作业

就社会活动不可或缺的信息交换功能来说，在个体与个体、个体与系统之间，要按需按时地建立和改换信息渠道。这在远古只能靠人的直接联系，后来有了邮递。在电信发展以后，有了人工的到自动的交换机。现在有了存储程序的交换机，一些发达国家已在装备，它能够处理极大量的换接业务。现在，信息的摄取、传输、录存、再现的能力，已达到每秒许多兆乃至更多得多的像素，或者说极高的数据率。相比而言，信道的换接还是一个薄弱环节。

5. 信息的处理作业

就一定的意义来说，信息是信号的内容，信号是信息的载体（形式）。信息处理作业，既包括信息的处理，也包括信号的处理。习惯上二者是区分开的，当然，二者之间还有交叉地带。

人脑处理信息的功能始终是无可比拟的。作为辅助的物质手段，可以远溯到算盘、算筹、算尺。中间经历了机械计算的过渡。到电子计算机出现（1946年）才开始了当代信息处理技术的新阶段。

在信号处理中，要消除干扰，要增减冗余，要变换成便于进一步处理的不同形式，要分离出事先已知为必要的信号等等，但都不变换其信息内容。它所用的手段，从简单的调谐回路和常规滤波器一直到复杂的数字滤波器和大型电子计算机。信息处理则几乎包括了电子计算机应用范围的绝大部分。在这里，信号所携载的信息被归纳、抽炼、演绎、推导、综合、分析、识别等等，当然还有大量的计算，以得到所要求的结论和结果。

计算机比人脑远为笨重，缺少灵活性和适应性，没有独创和启发的功能。然而，它能够按给定的程序，从给定的前提出发，进行非常复杂的推理和运算。它每秒可进行百万乃至数亿次的单元逻辑操作，几乎不会产生差错，不知疲劳地长时间连续工作。这就在辅助脑力劳动方面又远胜于人脑。它能够辅助大量繁重的逻辑思维作业，能够学习、积累经验，选择逻辑路由等，人们往往称之为人工智能。

信息处理作业同样能迈入形象思维的领域。它代替不了人的创作能力，但它能够用来辅助构思、拟稿等，这就有可能大为便利文学家、艺术家的创作活动，更好地发挥大师们的才能。

6. 信息控制作业

自然界和人类社会实践与认识过程本来就存在着自动调节的现象。人工制造的最早的反馈调节工具可能是发动机的调节器。不过负反馈这个词是1927年才在电子电路学中出现。后来发展了相当完整的理论，并被移植到自动控制工程中去，至今它还是自动控制和系统工程以及管理科学的重要基石。当代自动控制系统和系统工程学的各项理论是与电子科学息息相通的。自动控制是离不开各种信息作业的，因此自然就以电子技术作为优越的手段。对于自动控制的发展，近年微处理器的出现起了特别重大的促进作用。

应该指出，电子的功能不仅在于信息作业，它还进入了能的领域。有人在谈论，如果在撒哈拉沙漠的四分之一面积上铺设硅太阳能电池，就可供全世界的能源需要。电子技术也可用于长距离直流输电。用电子方法转换能的形态，可用于加热加工等。近年来，微波能得到很大利用，例如家庭用的微波灶，每年已成百万具地被销售出去。

三、发展现状

20 世纪以来的七八十个年头里,电子技术积累了丰富的先进技术财富。这里试先列举它们的现状如下。

1. 一切电子技术的实现都以它的各种构件为物质基础

电子器件(半导体器件和电子管)和元件各约占构件价值的一半。半导体器件在向超大规模集成电路和极高频率、极高速度方向发展。功率半导体器件已可用来构成千瓦以上的发射机。电子管依然占据着特大功率的阵地。光电器件则二者各有千秋。元件是极其多种多样的。传统品种在不断提高性能,缩小体积。新类型的元件(如环行器、表面声波元件、磁泡以及各种敏感元件等)在不断出现。

2. 半导体的发展推动了数字技术的前进

计算机硬件和软件的发展都保持着高速度。各种电子设备、电子仪器广泛采用了计算机、微处理器和数字技术。

3. 信息科学与信息处理技术的高度发达与计算机的发展相得益彰

人工智能、声像辨分、模式识别、信号处理、计算机辅助思维、辅助设计、辅助测试、辅助生产等在不断开拓新的应用。雷达、通信、测试等的抗干扰能力和数据率、频谱的压缩与扩展都有发展。

4. 光电子技术的发展很快

最受注目的是光导纤维信息传输,它带动了光纤、光发射器、光接收器等特殊器件、光导元件和集成光路等的迅速发展。电视的发展促进了新型摄像和显像器件的出现。遥感技术利用各个波谱的辐射波和反射波,从微波到紫外,其中,中远红外(波长几到十几微米)应用尤广。遥感还促进了信息与信号处理技术和多种检测器件的发展。光也可用于信息处理作业,与电子技术结合,效能更高。

5. 人与系统的联系手段非常发达

正由于这方面的巨大进展和繁复多彩,遂使电子信息作业系统能够在社会实践的广大范围内得到应用。如果不是这样,整个信息作业范围就会是冷冷清清。对计算机来说,各类外围设备属于这个范畴。

6. 电子信息作业技术向各种极大极小的方向扩展

例如,频率从几十赫到几百千兆赫(在控制系统则要到万分之一赫以下),功率从平均发射成千千瓦一直到检测低于热扰动的信号;尺寸从天线的几百米(反射体)、成万公里(干涉仪基线)到微米以下(半导体器件)乃至几埃(电子显微镜);时频测定精度达到 10^{-15};元件、器件的小时失效率达到 10^{-10} 等等。

7. 空间技术迅猛发展

它既向电子设备提出严苛的要求,又为电子技术的开发利用提供强效的手段,例如卫星通信与直播、遥感等。

8. 系统工程和系统工程理论的发展

信息系统是极为广用的系统,并且是更适于分析的系统。因此,系统工程的概念和理论更促进了电子技术的发展,并从电子技术的发展汲取丰富的营养。

9. 高度的可靠性、可得用性和可维修性

这是由于电子系统与设备日益复杂和它在其中运行的环境条件十分多样而提出的要求。

这些要求必然促使元器件技术迅速提高并要有高水平的系统工程设计。

10. 电源技术的不断革新

这与半导体技术的发展是密切相关的。太阳能电池已插足强电领域。化学电源的性能不断提高。在信息作业的设备中,逆变器、开关稳压电源、脉冲稳压电源等提供了体积小、重量轻、更高的性能和高度的灵活性。高频和微波提供了发热、加工的灵活手段。

11. 测试仪器长足进展

数字化和图像化的仪器日益普遍。精度、灵敏度日益提高,量程不断扩大。综合性的具有数据处理能力的仪器也越来越多。

12. 电子技术深入人类社会

这不仅是电视、播音和电话,而且还有微波灶、电子游戏机都已进入家庭。电子书文编辑系统已进入办公室和作家、科学家的作业室。电子排版则可用于印刷作业。

以上大致描述了电子信息技术的发展现状。至于20世纪80年代以及世纪末它究竟怎样?我们不妨在下面一节试做一番揣测。

四、展望

电子技术的应用是多方面的,都会有很大发展,前面已提到许多。然而当前议论最多的是信息社会或信息爆炸。我想我们已在面临第一次信息爆炸,还将面临第二次信息爆炸。

第一个高度或第一次信息爆炸主要集中在信息处理方面,这主要归因于电子计算机的异常广泛的应用。微处理器从低位数到高位数、从低集成度到高集成度的发展,超大规模和超高速集成电路(VLSI 和 VHSIC)的进展,肯定要推进计算机主机的前进。主机日趋于小型化、高性能,必然使外部设备和外存成为矛盾的主要方面,占硬件的极大部分,并且向着轻、小和高性能发展。微计算机以其轻小、物美价廉而将深入家庭,走上所有的办公桌。使用、维护和软件工作量的开支会急剧增加。有人估计,到1985年,美国电子计算机用户支付的费用将达到国民生产总值的8%以上,其中除购买硬件费用外,大量的将是软件和维护服务开支。这或许将占那时电子信息事业总费用的一半左右。微处理器除可以成为中、大型计算机的核心部件外,更会促使微计算机迅猛发展,并使智能控制进入单项工序、单个设备,乃至一件件家庭用具中。这个爆炸将持续下去,直到信息处理作业费用在国民经济中占到适当高的百分比后,还要以稳定的速度向更高、更深、更广泛的方向进展。

第二次爆炸,将可能起因于信息交换方面的重大进展。现在出现了每秒千兆比特的传输技术,每圆片万兆比特的录存技术,每秒百兆比特的摄取和再现技术,只要再解决具有十兆、百兆比特通过能力的换接技术,就可组成性能极其强大的信息交换网(暂且可命名为"泛播通系统"Omni-Broadcast and Communi cation System)。这个系统里有无数的用户经过光导纤维和宽带换接站,与许多录存站和播发站以及任何其他用户连接。人们面前有大型电视屏幕,可能是平板型并有立体感,分辨力、色质、层次都远超过现在,还有微小型彩色摄像机以及高保真度立体放声和摄声设备。人们通过这个系统可以进行视像电话、电视会见、相互表演节目。人们可以通过它调看任何书刊报纸、即日即时的电视节目、任一位美术大师的任一名作,甚至历史上一场场杰出表演或重大事件报道,直到名山大川、古迹遗址的景色。当然,人们也可以调看图纸资料,进行电视教学,并且像现在利用计算机网络一样进行各种信息处理。可以想像,到那时回顾现在的电子技术应用,就会像我们现在回顾20年代一样。当然,这将是一个非常复杂而庞大的系统,只有社会经济非常发达才能实现。在技术发展方面,达到物美价廉也还要花很大力气,要费很多年的时间。然而这并不是空洞的幻想。现在国际上已经有了庞大的资料数据计算机网络。有的城市开放了书文电视(Videotex),通过电话线路索取文字和静止图像。有的城市建立了光纤传输试验区。美国电话电报公司在敷设一条一千公里长的光纤长途电话。军事电子技术也与此平行发展。美国正在发展 C^3I 系统,通过庞大的信息网络,以计算机为枢纽,把指挥、通信、武器控制联成一体,作为实现"按钮战争"的一个步骤。这些都可看成是这个庞大的播送通信系统的初始步伐。我国的经济水平还低,但我们沿着这个方向,根据每一个阶段、每个时期的可能和需要,循序前进,是可以一步一步地实现的。并且每一步伐将对于当时的经济、科学、文化、国防做出重要贡献,达到经济上的高效益。

五、发展我国电子科学技术的若干意见

电子科学技术经历了九十九年的发展。我们已建国三十三年。三十三年来,我国电子科学技术和电子工业有了很大的发展。我们几乎是从零做起。一个时期之内,从发达国家只能得到公开的文献和有限的样品,我们不得不特别强调自力更生。然而,到今天,它已经形成一个基本体系,门类相对地具备,有一定基础。我们既要实事求是地承认我们还十分落后于国际先进水平,但也应为已经取得的成就感到骄傲。如果要举例来说明的话,那就是前年洲际导弹运载工具发射试验成功这一事实。在实现这个任务中,使用了规模巨大的电子系统,它包含大量的高级、复杂、精密的电子设备。它是完成这个复杂任务的一个基本保证,它是电子科学技术水平的一个颇为全面的标志。在第三世界中,我们肯定已进入领先的位置;虽然,同许多发达国家相比,还有很大差距。

我们具有发展电子科学技术的良好条件。我们有十亿人民,智慧聪明,有志气;我国幅员广阔,拥有丰富的自然资源。这既为科学技术和工业生产提供了一定条件,又对后者提出了广泛的需求。我们处于一个崭新的时代,高度发展的先进电子科学技术已经是客观存在。我们已经有了一支具有相当规模的电子队伍,还有其他行业的紧密配合。最重要的是,我们有社会主义的集中领导和计划经济。尽管我们还是一个相对贫穷落后的国家,我们却具有高速发展的潜力。我们正需要从最先进的科学技术中寻找适于我们现状的因素,使其发展,促使我国更好地脱离落后状态。当然我们决不能低估困难。

我想这些是就我国如何发展电子技术应予考虑的一些大前提。电子事业又是既先进、宏大,而又需要广泛条件才能充分发展的事业,我个人认为,以下一些原则可能是应当认真考虑的。

1. 要考虑适用技术的原则

考虑我国的现状并适当预见未来,权衡最佳的经济效益和实际的可行性,这样遴选的技术就是适用的技术。国家的经济条件是在迅速地改进,然而总不能百事俱兴。只能在电子技术中选择那些最为适宜的部分,优先发展。要优选先进的技术,而又不能单纯追求先进。

2. 认真开发与人民生活关系密切的消费类及投资类电子产品

这是一条利于迅速积累财富、积累技术的有效途径。许多技术比较发达的国家都有这方面的现成经验。当然,应当均衡地考虑其他投资类产品和确属必要的国防技术,它们所需的条件还会更多。

3. 必须重视生产工程和生产技术的发展

一项技术成果出现了,要花几倍的力气和资金才能生产化(商品化)。因此,生产工程是决不能忽视的方面。否则,科学技术只能停留为潜在的生产力,而不能转化为现实。

4.先发展生产技术,然后是技术发展,包括新产品、新工艺、新材料,而后是应用基础科学,最后才发展基本科学

这是发达国家从后进成为先进的成功经验,也是考虑和获取最大经济效益的途径。我国能引进的科学技术是有一定限度的,不能不考虑这四项任务同时并举,但一定要考虑适当的比例,优先考虑经济效益。应当指出,过去长期强调追求出产品,所出的大多只是原型,生产技术只解决到能制出原型为止,而忽略了研究和发展生产化的大量技术。同样,忽视了应用基础科学的发展,往往会留下许多关键问题。这些都是要纠正的缺陷。

5.对于理论分析和创造发明要同样给予适当注意

近代技术发展,得力于理论研究的很多,有的很重大。但是,技术财富的积累,仍然大量依赖于基于实践经验和巧思创见的创造发明和合理化建议。发明家比过去不是减少,而是大量地增加了。这在电子技术领域十分突出。

6.重视适用技术对于发展电子技术本身的重要意义

选择生产设备、试验仪器决不可以安于保守落后,但采用先进技术时一定要在经济效益、可能性与必要性三方面综合权衡。必须联系经济效益来考虑新颖、先进、自动化程度。

7.十分重视电子技术的物质基础,并有计划按比例地加以发展

电真空器件和半导体器件已经受到适当的注意,还要注意元件。元件门类品种繁多,涉及学科广泛,且是缺一不可的。对于电子专业以外的部门尤其应当注意。如果说电子技术的物质基础是元件、器件,那么原材料就是基础的基础,必须在其他部门中按比例地落实。对于发展电子技术所必需的基本手段也必须充分重视,专用工艺设备和测试分析仪器,都要给予应有的关注。

8.既要充分利用引进技术,又要坚持自力更生的根本方针

引进的技术不仅包括购入的成套技术和技术秘密,也包括公开文献、书籍、专利说明书等,还有各种商品、样品、样件、说明书。凡是能从发达国家借鉴的都要尽量学习。但是,必须看到,这种引进毕竟是很有限的,总有既不公开又不商品化的方面,特别是在高精尖范围和对于国际市场上有强大竞争力的项目。引进的技术又总是在外域已经成熟的技术,包括不了大量的技术储备和替换技术(technology alternatives),更不要说其在发展过程中的失败经验。因此,引进的技术,在某种意义上说,是静止的技术。并且,要能在一个时期之后与发达国家并驾齐驱,最后几步也总是只能靠自己去走。就是所能引进的技术,也要求能够消化它,使之成为己有,成为自己再前进的起点。没有自己在科学实验、理论分析以及在生产建设中的实际体会,做到这一点也是很有限的。这就是说,在科学技术的发展中,尽管我们的水平处于发达国家以下,也必须处于活跃的运动状态中。无论是对待引进的技术,或对待必须靠自己走出去的步子,都是如此。以十亿人口的我国,具有自己的资源特点,什么时候也不能忘记自力更生的原则。

9.电子技术属知识密集技术,人才培养至关紧要

教学如何克服专业过窄过细、灌注多于启发、理论实践脱节、教材教法单一等等倾向,这一些共性问题议论颇多,不再重述。这里我只讲一下对电子科学技术可能并非没有意义的几点。(1)电子是一门综合性的科学技术,要求各个专业和学科的人才相互配合,所需的众多人才要由各个学科专业培养,而不能单靠增设电子科系。(2)电子科学技术的纵向幅度很大,所需人才从初级到高级以至于更加高深,特别应当以多种方式、多种体制来培养。(3)由于它的纵向幅度大,所以它还包含浅显而引人入胜的部分,即吸引大量的电子爱好者,这样就能在青少年

中形成一支电子技术后备军,或从而成为他们学习各门科学技术专业的起点。

10. 要重视应用基础科学

在电子技术发展的历史过程中,往往由于应用基础科学的突破而推动关键问题的解决,使电子技术出现重大的跃进。如果列举一些重要学科,则有电磁波学、线路与系统学、信息论、微波技术与理论、电子物理学、应用声学、应用光学、应用磁学、器件物理和化学、超低温物理、固体物理、物质结构学、电化学等,还有各种工艺科学和材料科学。许多新事物,如磁泡存储、光纤系统、表面声波元件、负电子亲合力阴极、超低温电子技术、激光存储、红外遥感、自由电子受激发射等等,都从应用基础科学的发展得到重大的促进。我们也不能忽视应用数学的作用。

应用基础科学和电子技术互相促进,才有今天电子技术的丰富多彩。我们必须充分关心应用基础科学的发展。

电子科学技术与信息技术是一个广阔的领域,我试图为它刻画一个概貌,这是出乎我的能力以外的,肯定还有很多遗漏以及不确切的地方。

电子科学技术与信息技术是一个关系国家现代化社会实践的重要技术。尽管它的范围十分广阔,发展极快,但只要我们从实际出发,细致安排,鼓足干劲,一定可以在不太长的时间里,在现有的基础上阔步前进,取得更大成果,走在时代的前列。

〔补白〕

这是将近两年前写的稿子,根据当时个人掌握的资料发表一些意见,于 1982 年 9 月在电子学年会上宣读。现在看来,当时有些东西没有顾到写入,时间长了,看法也有变化。

"信息"在今后一个世纪内将有巨大的飞跃,会深刻地影响社会的技术面貌。信息作业技术将为(1)文化的普及提高;(2)实行极高度的逻辑推理和运算;(3)摇控与自动化将渗透到生产、生活、国防等各个方面做出重大的贡献。高度发达的信息作业一方面可使人们在高度分散的状态下进行各种活动,另一方面信息作业网络却把分散的人们更紧密地联系在一起。人可以通过信息网络听到看到一切想要听到看到的东西,然而人会依然喜欢直接的群体活动,直接地接触到所喜爱的一切。"百闻不如一见"还要加上"百见不如一到"。人们总不能通过屏幕互相握手拥抱;屏幕也不能代替可以带到任何场所阅读的书籍。人们是不会甘于捆绑在屏幕周围的。

再强调一下太阳能电池的作用,在可见的将来,它的经济效益将可以和火电、水电相比拟,要成为能源(可再生是它的特点)的主力。这将是能源技术的一个巨大飞跃。

信息是依附于物质和能的,"三种存在形式"的提法不确切。信息作业是依靠物质的手段,并以物质和能作为对象,必须协调的发展。

(此文是作者在中国电子学会第三届年会上的中心发言,收入该年会的论文集)

安排好工业科技工作，加强生产工程

1981 年 6 月

（一）

为了促进国民经济的发展，满足人民生活的需要，保证国家四个现代化的实现，我国电子工业要通过认真切实的调整，改变现状实现一个显著的飞跃。调整的一个重要的不可少的步骤是：在科学技术工作各大环节之间掌握妥善的比例关系，充分发挥科研和生产两支力量的作用，使科学研究技术发展的成果更扎实、更有效能，并能迅速地转入生产。

电子工业是发展十分迅速的工业，当然应当强调出产品、出品种、出性能水平。然而在一个时期之内，由于急于求成的思想影响和工作上的缺点，把科学技术力量过分单纯地集中于这个方面，忽视了其他重大环节，以致欲速不达，反而难于达到预期的目的。科学研究、技术发展和生产企业各单位都抓产品发展工作。其结果是科研单位忽视了应用研究，发展单位忽视了生产技术发展，生产企业忽视了生产工程工作。因此，科学技术的成果，在投产过程中遭受严重阻碍，大大延长投产的周期，往往投产后也不能达到高质量低成本，甚至于不能顺行。由于急于求成思想的影响，往往还有对于先进性和现实性的辩证关系处理不善，或者只着眼于近期目标，或者目标定得过高，都会导致不断改变要求，也都使某些产品拉长了试制周期。

电子工业是知识密集型的工业，一代产品发展成功往往需要若干年的时间。它又是发展很快的工业部门，以短促的周期不断更新换代。这就是说，技术发展工作必须把远景工作和近景工作平行交叉进行。在生产一代的同时，必须实行研制一代、预研一代、探索一代，有计划、有步骤、按比例进行的方针。研制、预研都主要属于产品发展的范围。完成了产品发展，还不等于能够生产。从一个阶段向另一个阶段转化，更附加大量的工作。这首先包含生产准备工作。这就是工艺流程的设计，工序过程设计，生产线的建立或改造，工艺环境条件例如净化的建立，必要的土木建筑与动力的配合，工艺装置、测试仪器、测试设备等的制造和获取，原材料和辅助材料找到来源和取得保证等，还要把生产管理和生产劳动组织起来，经过试生产达到完成投产。技术人员、管理人员和生产工人也要及时地培养训练。这里面包含大量的技术工作和组织管理业务工作，需要对实际情况周密切实地了解，需要一桩桩一件件周密切实地计划安排并逐项付诸实践，特别需要把全局和局部、内部和外部、眼前和嗣后的各种要求统筹兼顾起来。这是一种综合性高、牵涉面广的工作，是一种完整的系统工程，我们称之为生产工程。它还不仅限于一时的准备工作，而且渗透入日常生产的维护和补充、改进并日臻完善。为了产品能够源源不断地按质按量按时地提供市场和用方，就必须按质按量按时地完成生产工程工作。科学研究技术发展出了成果，形成了潜在的生产力，要经过必要的和充分的生产工程工作和生产现场工作，它才能够转化为现实的生产力。

生产工程必须以生产技术的切合实际的知识为前提和依据。对那个生产环节如果缺少生产技术知识，生产工程就不能很好进行，那个生产环节就会过不了关。对那个生产环节如果掌握了先进的生产技术知识，那个生产环节就可能达到更高的效能。当代的生产技术一部分来自总结生产实践的经验,另一重要的部分来自深入的科学实验和理论分析。生产技术的研究发展是和新产品发展同等重要的工作。它的工作量也绝不少于新产品的发展或研制。

为了实现三个一代的方针,为了使新一代产品具有新的一代水平,还必须平行地进行长远的、基本的、带有战略意义的科学实验和理论分析,解决新的原理、新的技术方法问题。就工业而说,这种工作虽不直接体现为产品,但是明确地是为生产服务的,是有的放矢的,因此我们称它为应用研究,或应用基础科学研究。它的成果通常称为技术科学。这类工作不能不也包括对某些新工艺、新材料等的规律性和机理性的深入研究。这是因为新水平的产品往往需要用新的方法和新的材料来制造,而新的工艺和材料的突破往往导致划时代的产品新水平,例如,对当代技术水平具有决定性意义的半导体集成电路的出现,就是一个活生生的例子。应用研究是 20 世纪中期才兴盛起来的事物,对当代技术和经济的发展,起了具有决定意义的作用。产品的预研工作也包含一部分应用研究的工作,但是应用研究要求眼光放得更远一些,要求把科学问题解决得更为透彻,在这些方面超出了预先研究。没有应用研究和产品预研工作,就不会有充分的技术储备,也就无所谓产品的三个一代。电子技术近年来的高速度发展,用许多历史事实证明了应用研究对于一个工业的重大意义。

在电子工业的科学技术工作中,新产品的发展即研制工作应当做得更为紧凑和更有效能,采取各种措施,提高水平,缩短周期。同时我们必须纠正科学技术工作的偏向,补足欠缺的环节,加强薄弱环节。要认真建立和加强生产工程工作。当前新产品转入生产存在十分不能满足要求的情况。因此这是电子工业的第一位的当务之急。生产技术发展的工作和应用研究也要建立和加强。这是电子工业科学技术工作当前最重要的一项调整任务。怎样完成这一任务呢?最要紧的是统筹安排电子工业科学技术队伍的力量,力求各得其所,各尽所长,从而使这几个主要的环节都得到落实。

(二)

电子工业各研究院、所拥有成万人的科学技术队伍,他们承担任务的情况多不均衡。他们一向的主要工作范围是产品发展和系统工程。在这两方面他们应当是主攻部队。他们主要是负责预研一代和研制一代的任务。要根据社会需要调整、安排研制任务。要加强统筹协调、专业协作,反对求全和自给自足的倾向,免除不应有的重复。为了对于某些产品,要进一步验证其研制工作,为给生产工程做充分准备,和为满足社会上过渡性的需要,研究所要进行试验性生产。生产技术的发展十分薄弱,要安排研究所力量迅速加强这部分工作。大部分的应用研究还是缺门,一定要逐步建立起来,探索一代的任务要落实。

这里需要强调一下,产品发展和生产工程虽然责任上有分工,工作中还要紧密衔接,不能截然分开。产品发展从一开始就应考虑嗣后生产的问题。研制产品的先进性不仅要体现于性能指标,还要表现为生产上的可行性和潜在的经济效果。就这后一点说,产品发展的技术责任也包含有对生产工艺方法的重要责任。在发展工作中随时都应有生产方人员参加,随研制的进展而加深其参与程度。到研制进入成熟阶段时,合作应更加密切。最好是联合制定设计图纸,以利于顺利投产。产品进入生产工程为主的阶段后,可能还会暴露出事先难于预计的问题,需要补充研制工作,甚至要再进行应用研究,研制单位仍然应当继续负责。复杂大型产品的单件生产,往往需要进行很大分量的生产工程工作,如果是研究所承担了这项任务,有关的生产工程也就要以本所为主承担下来。

电子工业企业拥有数倍于研究所的技术人员,这是一支不可轻视的力量,要充分发挥他们的作用。对于生产工程,企业责无旁贷,应当是主攻部队。一个时期以内,特别是十年动乱中,企业管理弛废,生产工程被严重地忽视了,造成很大的破坏。当前不仅要恢复,还要根据自己的实践,吸取各工业发达国家的经验,给以改造和加强。应当改善企业技术工作和技术管理工作,建立高效能的有条不紊的程序、制度。要减少技术管理中重复矛盾和效益不大的部分,要继续落实技术人员政策,加速技术人员归队,减除重复的研制项目,把挖掘和转移出来的技术力量主要用到生产工程上去。对于技术发展工作,企业应当与研究所有所分工、相互补充、相互衔接。应当有的放矢、量力而为,减免重复。有些研制任务还要生产企业承担,但一般说应更多着重于改进性工作。

工业企业的各项工作都要重视经济效果,生产工程也应当做到少花钱多办事,当前主要走"内含"的路子。选择什么技术途径,要在提高劳动生产率和增加投资之间、在投入资金和经常费用之间、在长远利益和当前效益之间,权衡损益,进行优化。这就是要优选适宜技术。电子产品类型范围很宽,多品种小批量产品占极重要的地位。大型产品和大批量生产的产品,经济价值大,应当特别重视生产工程,但具体做法各有不同。简单的和小批量生产的产品,生产工程工作量相应地小些,但也要恰如其分,充分重视。企业生产工程工作如何具体组织、开展,应当因事制宜。有的企业已经开展了一些,应当充实提高;另有一些则可能还非常薄弱,需要从头做起,但是都必须支配充足的力量,建立责任制。首先是各级领导机关,应当建立责任机构,推动生产工程工作的开展。一切漠不关心、无人负责的现象,都应迅速改变。

电子工业是依靠许多社会条件而发展起来的。要搞好生产工程,也不能离开其他工业。例如适应于电子工业的特点,要求一些生产设备的新品种;为了能生产出来一种新产品,往往要发展、试制许多种新的生产设备,其工作量远远大于这种产品本身。电子工业自己只能解决有限的问题。电子工业和其他工业之间还必须大力协同,相互支援。多种多样并有独特要求的原材料、超微量的理化分析仪器、多性能的试验设备等,都要力求妥善解决。

我国社会经济还是落后的,不可能像工业发达国家那样广泛地使用电子技术。但是,我国人口多幅员大,需求仍然是极大量的和极迫切的。对于一种国际上的新颖技术,只要我们善于利用它,就可以为加速实现四个现代化作出重要贡献。我国现正处于拨乱反正、继往开来的重要历史时期。国民经济经过调整改革走向健康迅速地发展将对电子工业提出更高更多的要求。电子工业应当做好自己的调整改革工作以迎接日益加重的任务。

(此文是作者 1981.6.15 在机械工业委员会专家座谈会上发言的一部分)

中华人民共和国电子工业当前的进展

（1979 年 3 月）

电子工业包括科学、技术、生产以及人员培养，涉及的范围是非常广泛的，即使像我国这样一个属于第三世界的国家，要完整地介绍所有情况也将是困难的，我所能努力做到的只是让国际朋友们对个别领域中的进展获得初步的了解。

从总的目标来看，我们的国家将要建设成为一个现代化的社会主义强国，这是已故的毛泽东主席与周恩来总理教导我们的。当然，我们永远不做超级大国。自从粉碎"四人帮"后的两年多来，我们的工业生产发展是很快的。但是到目前为止基本是属于恢复过程。我国工业的薄弱环节是煤炭、电力、石油、交通运输与建筑器材等工业，但是我们认识到电子技术在现代技术革命中占有特殊的地位，它的重要性在于这是人类首次在对待信息方面掌握的一种全能的物质手段，即信息的检测、传输、处理、显示、记录，并从而在控制领域中的动人的应用。当然在将来对开发新能源方面，它也占有重要地位。我们正是站在这个高度上来评价发展电子工业的，即它在实现四个现代化中是一个重要的因素，它与我国各个领域的发展几乎都有密切的关系。我国对电子工业的发展都是非常关心与重视的。

为了给大家以一个关于中华人民共和国电子工业发展的概貌，下面将对一些分支的典型例子给以扼要的叙述。

1. 计算机技术

电子计算机已经生产了多年。近年的主要进展是一系列通用的计算机的研制，其中包括几个型号，时钟周期时间从 10 微秒左右到小于 1 微秒，它们有统一的指令系统和标准化接口。提供了普通的、可兼容的操作系统和 ALGOL60，FORTRAN，COBOL 等编译语言。字长为32/64位，主存容量从 128KB 到 1040KB，两至三种型号的样机和它们的软件一起正在试运转中。

两种小型机的系列已在生产中。周期时间约 2.5 微秒到 1 微秒，它们分别与 NOVA 和 PDP11 相兼容。

微计算机尚处于样机阶段。大型机的典型规模为 5 百万次每秒。

我们已生产少量品种的外围设备，包括一些光笔显示器。600 毫米的磁盘已在工作，标准尺寸的磁盘的生产即将开始。

分布系统，计算机网和数据库等已在考虑之中，有些计算机是从国外进口的。计算机的应用，包括进口的和本国制造的在内，在科学计算和工业应用中大体各占一半。

2. 半导体

从低噪声小功率直到几百兆赫 50 瓦输出功率的晶体管已在正常生产。收音机、电视机以及小型电台绝大部分已晶体管化。

小规模集成电路批量生产已有十年左右，而中规模集成电路则刚出厂。品种包括线性、TTL、MOS、C-MOS、ECL 等型号。

1KB 左右的随机存储器已小批量生产，但 4KB 的则还很少。

耿氏微波器件，开关二极管以及发光二极管和光电器件等都已有不同批量的生产。激光二极管和红外器件也在进行一定程度的研制。

中国半导体生产尚存在成品率差、可靠性差，以及进展比较缓慢的缺点。

3. 空间电子学

我国已发射几个人造地球卫星。星上电子设备和有关地面电子设备和精密跟踪雷达，连续波干涉仪，计算机等都是由我们自己研制和生产的。其性能与我们的发射任务的要求相适应。同步卫星将于 1982 年发射。已在研制卫星通信系统，地面通信站正在经过欧洲的《SYMPHONY》卫星进行实验。

4. 光电子技术

光纤通信系统现正在研制中。一条 120 路 PCM 制的初步试验电路已在上海两个电话区局之间建立起来。用光缆传输 1 兆赫的数字和模拟电视信号的试验已在几个地方进行。所有的激光器、发光器件、光电二极管、接头和光缆都是在中国生产的。但还没有达到国际上先进的技术水平。有关理论工作已受到注意，研制了各种型号的成像管：如视像管、硅靶视像管等。用国产材料的彩色显像管尚处于中间生产阶段。其性能和寿命，与国际上的先进水平相比，尚有 10 年或 5 年的差距。

5. 系统工程

我们研制了像卫星发射和回收系统这样的大规模的复杂的系统。系统工程理论已经开始进行研究。

6. 信息理论的应用

我们重视了信息理论的应用。在短波通信电路上已采用检错和纠错系统，声码器已经采用。数字编码调制已用在微波中继电路上。用 WALSH 函数来进行多路语言通信已在实验室成功地进行。各种判决技术已用于雷达系统。仿生电子学也受到注意。用电子线路模仿眼侧抑制作用试验成功，可以起增强图像对比的作用。

7. 电磁波频谱利用研究

从极长波直到毫米波都已进行了相应的工作，电离层预报已连续地进行了 20 多年。对流层散射传播的研究结果，得出了我国的自己的计算公式，用于预算传输损耗，它已为 CCIR 所采用。短波通信频率自动选择系统，通过对电离层短时间的测量，选出最佳的通信频率已成功地进行试验。空间飞行体跟踪系统的折射误差的修正，利用当地测得的参数，已达到与国际实践相差不远的精度。射电天文方面已开展了建造甚长基线干涉仪的工作，三个站分别位于上海、昆明和乌鲁木齐。

8. 中国电子工业的几个极值标志

中波发射机已达到一千瓦以上的输出功率，短波发射机也接近一千瓦。发射管已能生产功耗几百千瓦的型号，在一些管子上采用了蒸发冷却和石墨栅极等较新技术。微波速调管的最大峰值功率达 14 兆瓦。常温和低温、低噪声参放在几个频段上已有生产。据报导有的超高频硅三极管达到颇低的噪声系数。

已生产出直径为 15 米的卡塞格伦式天线，可以用于 C 波段。30 米直径的正在建造中。电子扫描的相控阵天线已建成。

像光刻技术和电子束技术等微米级加工技术已经实际采用。离子注入已用来提高各种半导体器件的性能。

9. 各种新物理现象的应用

我国对这方面有浓厚的兴趣。如磁泡存储器，电荷耦合器件、成像电荷耦合器件、液晶显示、表面声波等的研制工作正在进行,并且某些已开始使用。

10. 测量和计量

目前有 500 种左右的电子仪器在生产。其中 50 种属于精密计量的品种。它们大多数为人工操作式的。有大部分已数字化和晶体管化。值得提出的是,铯、氢和铷原子频率和时间标准方面都有所进展。

我们现将庆祝中华人民共和国成立三十周年。我国几乎是白手起家的电子技术和电子工业在过去三十年中发展是令人满意的。我们已建设起一个具有一定规模的几乎是自给自足的电子工业,当然我们还要解决许多问题。下面将就我个人的观点提出其中的一些。

我们的方针主要是依靠国内自己的积累,但我们也在寻求国外的帮助,我们向来不是闭关自守。但是很长时期内,我们不得不面临着对最先进的关键技术以及最现代化设备装置的禁区。即使如此,我们还是充分利用了各种可能得自国外的技术与装备。但我们往往还要依靠自己的力量来完成发展工作,这导致了一定程度的自给自足这是足以自豪的,但也使我们在最新技术方面落后国外的先进水平。当前的国际形势发展很快,中国目前在强调自力更生的同时也将进口更多的先进设备与技术,因此,中国与美国以及其他友好国家在经济、贸易、科学与技术等领域内进行合作的前景将愈来愈广。

中国当前的政策是将着重点转移到实现四个现代化上来,我们的整个国家是稳定和团结一致的,由于过去几年“四人帮”的破坏,我们还必须在思想领域内进行最后澄清工作,此外也要从长期小生产的影响下解脱出来。这意味着,我们在科研发展与生产的管理工作方面,将实行重大的的改进和改革。这方面我们将向工业先进国家的朋友们学习到很多有益的东西。

任何迅速的发展都要求大量的人才,而这方面是遭受“四人帮”破坏最严重的一环。因此,我们正在采取相应的教育措施来培养大批专业人材。

(1)我们已决定再建立 153 个高等专业学校。这将使我们的大专院校数目约为文化大革命前的 1.4 倍。此外,从去年起我们还恢复了研究生制度,我们的大专院校和研究所已经招收了一万多名研究生。

(2)我们去年已邀请了一百多位外国专家来中国讲学和提出建议,而且我们也派出一些人到国外进一步深造,去年就有 480 名。

(3)为了建设一个现代化的社会主义强国,我们还需要提高整个国家的科学和文化水平。我们已在所有大、中等城市设立了电视大学和函授学校。

我们充分相信我国勤劳智慧的人民有能力掌握最新的科学和技术。我们认为通过学术机构和学会之间的相互合作将有助于这一工作的完成。

谢谢主席先生。

(此文是作者 1979 年 IEEE 在美国纽约召开的“ELECTRO”学术年会上代表中国电子学会的发言)

漫谈电子技术的发展

（1978 年 9 月）

我们伟大领袖和导师毛主席，早在二十年前就说过，电子水准是现代化的标志。周总理生前也指出，与其说现在是原子时代，不如说是电子时代。

这些亲切的教诲，对我们电子科学技术部门是莫大的关怀与鞭策。现在我国正在制定第三次全国科学技术发展规划。规划指出，以原子能的利用、电子计算机和空间技术的发展为标志，科学技术正经历一场伟大的革命。当代科学技术由于物理学、数学、电子技术的广泛应用，许多科学领域和生产技术出现了崭新的面貌。电子技术是全国科学发展规划的重点项目，其中也包括各种特殊的半导体材料和具有超纯的特殊的电子性能、机械性能的材料都是发展重点。电子工业和电子技术是前沿科学技术、像空间电子技术、光电子技术、大规模集成电路和半导体技术，特别是电子计算机技术，都已列为我国科学技术发展规划的重点内容。

一、为什么说电子技术是当代科学技术革命的重要因素和标志呢？因为它具有下列几大功能

1. 测：电能量、电压、电流频率、衰减、功率可以测，电子量能测，非电子量也能测。农业、林业、渔业方面，如土壤的成分、粮食湿度、气象预报、森林火情探测、鱼群定位等。工业方面如温度、压力、位移、流速、光强、光谱、气体成分、环境污染、磁力、动力探矿等等。医学方面如心电图、脑电图、重病监护。军事方面如探测敌机、敌舰、坦克、火炮所在位置。另外，在天体观察方面，天文工作者发现了很多天体，并在星际空间发现了很多有机物质，这些都是因为电子技术的发展，利用电子技术测出来的。

2. 传：我们将测定的信息、数据，例如文字、语言、画图、形象等等传送到远方叫传。电子传送的速度是三十万公里每秒。宇宙航行能保持联系，通信、广播和电视技术都是应用传的技术。现代的计算机网，几个国家之间甚至跨越几个大洲实现计算机的数据互相传递，构成计算机网，这些都叫做传。

3. 录和显：即记录和显示。收到的各种信息如文字、图像、符号、数字等等都可以用电子技术记录、显示出来。用磁带、磁盘、磁鼓记录，也可以用激光、大规模集成电路的方法进行记录。用记录机不仅随时可以录、看，不要冲洗，又可以保存很长时间而不变颜色，记录的信息还可以随时取出。原来的信息在利用的时候还可以还它本来面目。真是绘形、绘声、绘色。

4. 算：电子计算机可以计算数据，可以帮助我们推理判断。我们几十年、几百年、几千年算不出来的数字，电子计算机很快可以计算出来，它甚至可以帮助我们处理很复杂的逻辑关系，从复杂的数据、信息中，清理出我们需要的东西，进行分析、进行综合。有时数量很大、很繁，人力处理很费事，无能为力，交给电子计算机，每秒可做几千万次，甚至几十亿次。虽然过分复杂的逻辑推理和思维过程，它不能代替人去做，可是它是听命于人的。电子计算机还有个特点就是准，顶多复算一次、两次，它的得数是很准的；其次是多，它同时可以处理很多的数据。

5. 控：也就是控制。我们在三大革命运动中，具体的环节可以用电子信息进行控制。当

· 238 ·

然,光是电子还不能完成这个任务,还要有电器、机械等辅助设备,才能最后实现控制的作用。控制包括自动控制、遥控。对卫星的控制我们已经做到了。在国民经济领域中如防洪蓄水、发电、水文预报都可以用计算机来搞。小到微米以下高精密产品的制造,如大规模集成电路的精度要求到微米级,甚至微米以下;远到宇宙飞船航行到太阳边缘;精到人造卫星轨道的测量和控制,导弹、炮火命中率的提高。这些都是靠电子的控制作用。

6. 干:就是干活,如用激光、电子束来加工,可以达到很高的精度。激光、高频、微波用电子方法产生后可以拿来处理种子,缩短种子的生长期,增加产量。高频、微波可以用来干燥粮食、木材、烟草和其他食品。而且时间短,质量好。也可以加工产品,进行焊接。直线加速器、超声波、红外线、激光还可以治疗人的疾病。这些都概括为干。

电子六大功能前五个是属于信息方面,后者是属于加工处理。什么是信息,信息就是物质存在的形式和方式。作为科学定义这样的说法也许不够严谨、确切。物质形态如方形、圆形,颜色如黄色、红色,质量如硬、软的差别,元素的各种种类、组合等,都是信息。中医看病切脉,脉搏也是信息。有经验的医生,通过切脉可以判断病人的病情。风速、地震也是信息。信息弥漫于一切物质里面。事物有质的差别,也有数的差别,怎样来利用信息和对待信息,可以说我们自古以来就是搞这些事情。但是信息用来描述物质运动方式的差异,它不可能脱离物质、能、能力、能量,不能脱离内容而存在。材料、能源、信息是现代科学的三大支柱。信息的技术发展到了电子阶段,起了一个很大的革命变化。马克思讲过以配力机为媒介,而有一个中央自动机,推动工作机的组合系统,是机器经营的最高发展形态,现在我们想像马克思所说的中央自动机,也就是以电子计算机为中枢,结合电子对信息的测、传、录、算、控这些功能所形成的一个复杂的信息与控制系统。我们想实现的这个东西,也就是马克思所说的最发达的形态。欧洲的产业革命实际上就是从工作机出现开始的。工作机的出现使一个人由只能掌握一个工具达到一个人能掌握很多工具。从那以后工作机先进了,速度、精度都大大提高了。动力方面出现了电、原子、有核动力。现在电子技术的出现,技术革命更加深化了。通过一台计算机和动力机,一个人又可以控制许多台机器。

二、当前电子技术发展的状态和重大技术方向

电子技术的高度发展,在一些工业发达的国家里,电子工业产值已达到它的工业总产值的二十分之一,甚至还要多。我国则比较落后,只达到几十分之一。系统工程、整机、空间电子技术、光电子技术、计算机、计算机网、雷达、通信、导航、广播、工业自动控制等,这些在电子工业部门,都是很基本的东西。在基础产品方面,有集成电路、半导体器件、电子管、激光器件、红外器件、声电器件、电阻、电容、磁性部件、物理电源、化学电源。各种特殊材料像特种陶瓷、特种玻璃、半导体材料、单晶、镍、金、水银、云母。基本生产条件方面,有各种专用设备、真空设备、半导体工艺设备、微细加工设备、测量仪器仪表、实验设备、各种传感器等等。这些都是进行电子工业生产和科学实验所必不可少的,目前也是我们最薄弱的环节。

发展电子要研究技术科学。信息科学主要是电子科学的贡献,离开电子就休想处理复杂的信息。所以电子科学是信息科学很重要的方面。它包括网络回路科学,如电路的组合,系统工程理论、自动控制、可靠性、系统的优化等等。电波传播的科学也是一项很复杂的科学技术,它受到许多复杂的因素的影响。要把信息很好地传送出去,就要研究电波传播的规律。应用电化学、应用声学、应用光学和应用电磁动力学、应用量子物理学以及微波技术等。在理论上已有了很大的发展。实验也作了大量的工作,这些都属于应用基础科学方面。还有基础技术

方面,如半导体工艺、半导体材料技术、电真空材料、电真空技术等等。一个是应用技术,一个是基础技术,都是我们必须研究的。发展电子工业是我国经济建设的一项重大任务,它在科学技术方面是前沿科学,是必须花大力气进行研究、实验和发展的。

当前电子技术的发展方向,可以归纳为以下几个方面。

1. 发展空间电子技术。包括卫星发射、通信、导航、导弹制导、气象预报、资源勘探、电视、广播等。

2. 扩大电波传递范围。过去叫短波、中波,后来又搞了微波,现在又发展了甚长波、极长波,波长到几千公里,还有进入微米级,微米以下的光波,它同无线电波一样的性质。激光与一般光波不同,一般光波是不相干的,激光是相干波,它具有无线电波的性质。要探索掌握新的频段,合理的利用不同波长的特点,研究它们的特性。

3. 扩大信息利用的深度和广度。

我们电子技术包含有大量信息问题,要懂得信息技术,研究高效能的信息处理方法和提高抗干扰的能力。频段是有限的,信息是无限的。这就要求我们把信息压缩,频带压缩,现在电视是几个兆赫的频带,搞得好几百千赫就可以过去了。对雷达、通信、自动控制,这些都是重要的。

4. 发展系统工程理论。搞好设计组合,提高分析、综合、模拟、优化设计,提高可靠性。

5. 向两个极端发展。一个是大功率的发射电子能技术,过去是几十瓦、几百瓦,现在都变成了几千瓦、几千千瓦。几千千瓦的高频甚至微波的范围,对于电子技术就是一件很大的事情。另外一个极端是很小很小的功率,很少很少的能量被发射出来,如接收技术、新型的高效天线,巨型天线,卫星地面站用的 10 米、15 米天线,射电天文要用几十米天线。加工精度要求 1 毫米以下,微加工方面要求达到微米级、亚微米级。

6. 广泛的利用电子计算机,研究高功能电子计算机,微型电子计算机。硬件方面要加强外部设备、接口设备的研制,同时要加强软件的工作。

7. 发展信息的输入、存储、记录、打印技术。有一种机器人的电子设备,用的是最完整的计算机,但不限于电子计算,雷达、通信系统、电子仪器都可以用。

8. 大力发展大规模集成电路、微波集成电路、微波半导体固体器件,加速实现电子设备的半导体化、电子化、集成化。

9. 开拓光电子技术的研究。发展光集成技术、电子束、冶金、离子显示等等,并利用它们来发展光雷达、光通信、光信息处理技术。

10. 发展长寿命、高可靠、高能量、低功耗的基础产品和电子基础。无人值守和长期无故障运转。

11. 改革电源。我们的人造卫星上使用的电池是自己制造的,已运转好几年了,没有故障,那是太阳能电池。蓄电池,发射电池有很大的变化。随着半导体的出现,可以用逆变器,变直流为交流。一般用的电能动力为 50 周,频率低。我们可以将它整流变为直流,再用变流器变成交流,可以达到较高的频率。再重新整流,也可以调整电压,不用变压器,体积就很小。

12. 发展测量技术。我们的测量仪器有很大的发展,有几百种产品了。但无论从品种、数量、精度、可靠、稳定和使用便利来说,都是相当落后的,必须大力发展。

上面谈到的 12 个方面是我们今后发展的重大技术方向。其他如高效能的工艺和标准化、系列化,以及情报工作如何加强等等,都是必须予以重视的。

关于半导体集成电路和几种分立元件非常重要,是国家规划的重点。大规模集成电路,能把几万甚至几十万的元件置于一个米粒或绿豆大小的硅片上,它的动作时间达到 1 毫微秒以下,可以制成单机几千万次、上亿次的计算机。现在计算机更高级了,一种是单机,一种是组合机,单机高速度是基本的东西。现在还有一种单片微处理机,在一个单片上管运算又管控制,功能是很复杂的。到单片微处理机出现,是计算机技术革命的新方向。

还有袖珍计算机,简单的就像算盘一样可以加减乘除,我们已有了样品,它比算盘自然高级多了,准确、方便,但单片的袖珍机、处理机则还要下一番工夫。国外有种 SOS,用单晶的兰宝石片做成一个单晶硅的薄膜,这样的器件速度很高、省电。以上指的是数字集成电路、数字计算机。电子数字计算机是我们重点发展的科技项目。但是单纯的数字电路还不行,还要有线性电路,要在线性电路和数字电路当中起接口作用的模数转换电路。从模拟量就是非数字的物理量变成一个数字量,需要有个模拟转换,要有特殊的器件,线性器件,各种一、二次仪表。

讲了集成电路还要讲一下分立元件。半导体虽有了集成电路,有些东西还不能完全集成,大功率和高集成密度,是个矛盾,还得有分立元件、复合元件、分立晶体管、两三个、四五个搞在一起的复合晶体管。半导体作为微波的接收器件、供电器件、发光器件、激光的发射器件,都是很重要的。都是一些必不可少的分立元件。虽然有了半导体,电子管仍然有它的强大生命力,几百千瓦、几千千瓦大功率,离开电子管还是不好办,至少目前电子管是不能偏废的。半导体同电真空结合起来,出现了新的更高性能。用半导体搁在一个电子管里制成摄像管,灵敏度很高。有一种真空半导体材料叫氧化铝,与硅、锗不一样,用它作光电阴极,放在电子管内,那就是高质量的摄像管。它对红外线特别敏感,白天能看见东西,晚上也能看见东西,对电视有很大用处。

最近几年我们进行了大规模集成电路会战,把大规模集成电路、超大规模集成电路搞上去,同时也就是把中、小规模集成电路、光电子电路的问题带上去了。同样光电、电光、微波一些分立的器件,电子管还要发展。品种、规格、数量尤其是质量,要予以足够的重视,千方百计提高成品率。国外搞的中小规模集成电路成品率达到百分之五十以上,有的甚至达到百分之八、九十,而我们则还只能达到百分之几,个别部门达到了百分之四、五十。

关于计算机,我们的科学技术规划很重视它的研制。在国外一亿多次的计算机已经运转好多年了,8 亿次专用计算机听说是 1974 年出现的,投入使用可能要晚一些,我们现在还是几百万次、上千万次(这个数字对外未公布)。国外微型机和袖珍机很普遍,家庭妇女口袋里装着它去买菜。微型机是指具有大的计算机的多种功能,但体积小,同袖珍机不是一回事。我们现在有个 DJS—100 系列,是些小型计算机,具有大计算机的主要功能,但功能较弱。它有一个机架或是机箱,口袋里是装不进的,这种机器可以微型化,在国外微型机发展很快,有的已经可以代替小型机,有的可以代替一部分这类机器。微型机我们要搞,单片处理机也要搞。我们现在的微型机是几片几十片的,单片处理机还可以组合成为一个巨型机。许多单片处理机并行进行运算,能承担很大的运算量,这是个方向。听说国外已有了一种 288 个单片处理机,组合起来每秒达到两亿五千六百万次。过去我们主机搞了很多种,缺陷是不统一,现在搞了系列化,可以用同一种软件,指令要统一,指令系统要统一,编码要统一,语言要标准化。我们的软件很薄弱,与系列机的发展不相适应,也不通用化。我们已出了 100 系列和 200 系列的计算机,还有个外部设备的问题。前年开了个研究外部设备的会议,提出了二十二种,一百几十个规格。外部设备是人机联系的纽带,机器是由人去掌握的。要有输入输出设备、磁带机、磁盘机、光电显示,还要有磁鼓等等。有了主机,外部设备跟不上也是不行的。软件是一个大的薄弱环节,它在大的方面有两类:一个是系统软件,我们在组织力量搞;另一个是应用软件,那是更大量的工作，这要靠应用部门和大专院校来研究，需要大量的人才。在这点上讲软件并不软，而是更硬，它有更大的用处。我们工业部门、有关院校和研究机构已制订措施搞会战，这些问题将会较快的解决。

关于空间电子技术。以卫星为例，一颗卫星几百公斤、上千公斤重，不是很大的东西。但要把它发射到天空上去，则要很大的推力，很大的火箭，很高的热机效率，地面上还要有许多为它服务的电子设备，要有精密的雷达去测定位置、速度、运动方向，还要有大量的遥控设备和计算机。这些服务性设施，不但数量大，散布范围广，广达几百公里。它们之间还要有许多高效能、高稳定度、非常可靠的通信设备，才能保持联系。要测得准，送得准，都要靠电子，回收也要靠电子控制，不然落点不对，落下来也损坏了。各种卫星如通信卫星、科学实验卫星、侦察卫星、导航卫星、勘探用的卫星，都有同样的问题，没有地面设备配合，送上去了也是白送，卫星所获得的资料，大量的数据不能接收利用岂不是白送吗？卫星本身也有大量的电子设备，这些设备要求高度的可靠性，要用五年、十年，所以对设备、元件、器件要求很高。通信卫星在我们地面看来是固定在一定的位置上，实际上它也在转，转的周期和地球转的周期相等。卫星本身有漂移，需要不断地自行调整位置，地面还有电子设备控制它，给它发出指令。

关于光电子技术。我们主要搞激光信息技术、激光雷达、激光通信、激光测距、激光显示，红外技术也很重要。一切物体都有辐射电磁波，不同物体的电磁波是各不相同的。激光辐射与热辐射不同，热辐射时，温度越高，波长越短，温度越低则波长越长，人眼睛能看到 0.4～0.7 微米的光，0.8 微米以上的光就看不见了，这叫红外光。到了 1 点几微米、三或五微米，叫中红外，也叫远中红外。十几微米以上叫远红外。人体辐射出的光，是几微米。人正常体温是 37℃，超过 37℃是发烧，是远红外范围，达到十几微米，要是我们能看到这种光，我们就可以看到东西。生产电影软片，用红外办法，远红外办法，电视的方法，变成可见光，人眼就可以看到。跟迹飞行的物体如飞机、导弹，主要是利用它与大气的摩擦、发热过程。红外不但能观察也能显像，像电视一样显示到屏幕上来，这要用红外的半导体器件、红外的摄像管、电真空器件等。

激光、红外还有微光信息技术都属光电技术范围，有种光导纤维，一种特殊构造的纤维，光可以跟着它走，纤维转弯光转弯，还可传到很远，医生用的胃镜就是这样的东西。用光纤通信按它的衰减量来说比用铜线还好，比同轴电缆也要好，它的带宽很宽。用同轴电缆，能通一千八百路，几千路，上万路。一根光纤，一根石英细丝也能通这么多路，而且可以更宽，可以通几万甚至几十万路。这是一种新技术，它还有许多优点：抗串话、抗干扰、抗侦察。铜线由于磁电感应容易被人收到，用光缆、光纤就难，而且轻巧又省铜。铜是有色金属，产量少。石英只是个提纯的问题，到处都有，长途宽带通信上可以用它，短途窄带通信也可以用它。现在用同轴电缆，将来用光纤，工业电视、教学电视、通信系统都可以用上去。计算机信息输入，数量很大，每秒钟几百万比特（一个比特相当于频率的半个周期），将来用光纤，大规模集成电路。一个整体计算机放在一个大规模集成电路里面，信息交换量是很大的，用一般数据通信方法很难办，这种光纤就有可能用上去，当然这是将来的事，我们过若干年以后，光纤、光导纤维跟金属线很可能并驾齐驱，有些范围金属丝还要用下去。

电子工业与农、林、牧、副、渔、工业、交通运输、经济管理、医疗卫生、文化教育、科研事业的发展，影响是这样的深，而我们在这方面又比较落后，不大打基础之仗是跟不上形势的要求的，各种元件、器件、材料、专用设备、测量仪器、电缆、微电机要大搞，不然整机和系统工程就上不去。搞计算机如果外部设备、软件、接口缺乏那也搞不成。计算机还需要各种集成电路、电容、电阻。电子技术从 1908 年发明电子管算起，至今整整七十年，每隔十年就有一个新技术加进去。40年代以来,有三个重大的技术发展,微波技术是40年代出现的,当时正当第二次世界大战,雷达发展要求微波的元件、天线、管子和微波系统大发展。大战结束后,出现了半导体晶体管,随后发展到今天的大规模集成电路。电子计算机的发明也是40年代的事,机械计算机把继电器用进去,仍然达不到高速度、大容量。1946年美国一个大学发明了第一台电子计算机,在数学家的参加下,应用了所谓二进制数、布尔代数等等,说明了逻辑概念,奠定了现代电子计算机的基础。还有一个就是信息论的出现。可以说计算机、半导体、信息论这三大发明是我们电子技术发展划时代的标志。我们要下工夫研究,研究那些带根本性的问题,也要加强像信息科学、网络回路科学、系统工程理论、电波、传播科学、应用电化学、应用磁学、应用声学,应用光学、应用电磁力学、应用量子物理学和应用物质结构学的研究。

发展电子工业还有一个更迫切更重要的问题,就是人才培养问题。人是最宝贵的,只要有了人,什么人间奇迹都可以创造出来。电子工业的发展,需要一支又红又专的专业队伍。我们要十分注意选拔和培养这方面的人才,善于发现人才,办好各类大专院校,搞好普及教育。美国二百万科技人员中大约有八分之一在电子工业部门,其他部门搞电子工作的还不算在内,加上搞电子加工工艺的,比例就更大了,可能达到百分之二十八点五的比例,这是一个多么大的比例啊!普及电子教育就要抓好高中、初中、小学阶段的教育,还有其他行业在职人员的教育,使他们懂得一些必要的基本的电子方面的知识。无线电俱乐部也可以恢复。广大群众有了一些科学基础知识,将来接受比较高深的技术知识就比较容易了。我们从事电子技术工作的科研和在职人员,在二三年内应能掌握本行业在国际上已公开的先进技术,这方面路子还是多的,国外发行的杂志、文献,有关参考资料,加上一些华裔外籍学者、外国朋友来中国讲学、访问带来的知识和资料,以及引进的国外先进成套设备、成套技术、单项设备、单项技术等。我们要扎扎实实地、一步一个脚印地学,不仅要知其然,而且要知其所以然。我们不仅要把国外的先进科学技术学到手,而且要有所发展,有所创新。到20世纪末,我们的工业、农业、科学技术和国防一定能够大部分接近世界先进水平,部分赶上和超过世界先进水平。

(此文是作者在1978年第四机械工业部召开的全国电子科学技术规划会议上的中心发言)

关于加速发展电子技术，
大力促进我国自动化事业，
以坚定的步伐前进的建议

(1978 年 3 月 29 日)

作为工业部门的科学技术工作者，又是承担国家一部分科技组织工作，参与部分经济工作的机关工作人员，就自己接触范围以内，形成的一些有关看法，可能多数有很大片面性或是错误的，仅反映给大会领导。作为刍荛之议，如果你们认为必要和可能，恳切地希望能转报给中央领导。

关于电子工业发展规模、管理领导体制和国家生产自动化方针政策方面的建议。

1. 技术革命的提法是以电子技术还是电子计算机技术作为当代技术革命的要素之一？我倾向于前者。电子计算机标志了电子技术进入全面发展，但是不能代表电子技术的全部。国际上电子技术的发展，二三十年代以电信、广播、电视的发展为主，至今这几个专业没有减弱发展的趋势。四五十年代开辟了雷达和导弹制导等新领域，为工农业科学技术电子自动化开辟了道路，至今还在共同迅猛地发展。六七十年代，以半导体技术趋于成熟为基础，电子计算机技术兴旺起来，使三个方面具备，标志了信息范畴里的技术革命进入全面展开的时期。

信息、物质（材料、工件，狭义的物质）、能（动力），是人类改造自然界的斗争中的三大对象。对于改造物质的技术革命，由于资本主义工业革命中出现"工作机"而突破了；能源的技术革命，也在采用蒸汽机时突破了；当然以后都又经历了更巨大的发展变化。至于信息技术，从结绳记事、口传笔录、烽火台、号角旗哨，当中印刷术的重大发明等，都还是粗糙和简单的，很不完备。资本主义工业革命以来，人类试探了若干新技术，但只有电子的出现，才在信息方面得到一个重大的突破。这个突破积六七十年的发展的成果，覆盖了五大功能："测"——量测，"传"——通信、信号传输；"录"——记录、存储、显示；"算"——计算，信息的加工、判断与变换；"控"——自动控制。电子计算机只是一个方面，即"算"，带上"录"的部分内容，当代约占电子技术三分之一的工作量，是不能代替信息技术的全部突破。而信息技术的突破不同于"物质改造技术"和"能源动力"的突破，以其插入人的认识思维过程，成为人与自然界间另一种范畴的联结界面，而具有格外重大的意义。

电子技术的技术革命，在资本主义国家里经历了三个二十年的大段落而得到进展。我们不应当重复他们的老路，一个段落一个段落地依次发展。我们应当全面发展，既抓着当前新出现的重大因素，也必须全面掌握发展三个段落的全部重要成果。五大功能都要革命，缺一不可。没有通信和电子自动化的充分大量发展，联系到雷达、制导的发展，电子计算机不能充分发挥作用。没有半导体、电子管、元器件的当代水平，没有电子工业生产工艺、生产装备、测量仪器以及电子材料的当代水平，电子技术的技术革命就没有物质基础。打一比方，电子技术的技术革命是一个桥拱，电子计算机是"鲁般石"。不去凿制全部的石块，是不能砌成桥拱的。广播电视对于提高全民族科学文化水平所提供的技术革命作用，也是丝毫不容忽视的。

我认为我国计算机的工业生产十分薄弱，应当重点加强，但是在提法上单打一是不行的；

不是完整确切地提出问题,而以突出一个局部的方法去带动全面,也不是一个很有效能的方法。

2. 电子技术是 20 世纪新兴技术、新兴工业,是人类二三百年科学技术财富积累、经济财富积累的基础上发展起来成为技术革命的重要因素的。关于它的发展对于人力物力要求的巨大规模、和所产生的巨大作用都必须作具体的估量,才能妥善地安排、部署,使这场技术革命健康、坚定地前进。

电子工业在国际上被称为"知识密集"的工业。以美国为例:全国科学家和工程师八分之一集中在电子工业,全国加工工业科研方面的科学家和工程师 28.5% 集中在电子工业,达九万余人;全国年度科研拨款(包括政府和企业)六分之一集中于电子工业,全国加工工业年度科研拨款 22% 集中于电子工业,达 50 亿美元;电子工业职工中 17.8% 是科学家和工程师,估计各级技术人员要占到职工总数的 30%～35%。我国现在电子工业科研仅有××多名大专毕业生,可以称为科学家和工程师的估计不到××人,现在电子工业科研费用每年仅××亿元人民币。由此可以看到电子工业技术力量薄弱的情况,和当前形势要求十分不相称。

电子工业也是耗费大量资金的工业。举例如谈判中的彩色显像管厂引进,报价已达 2 亿美元左右。最近国家科委、国家计委和四机部一起共同摸了一下电子计算机生产科研建设的底,包括所需配套部件、材料的生产,要 40 亿元投资才能达到美国现在生产能力的二三十分之一。但是电子计算机的生产仅占美国电子工业三分之一。如果建成美国电子工业现在的生产能力,粗略地用这两个比例推算,岂不需要 3000 亿元人民币之多?美国加工工业投资水平估计大约是每年产值 1 亿美元,需要 2 至 5 亿美元。这样估算,取居中的数字,它的电子工业拥有的固定资产现值也估计约在 1400 亿美元,按两国进出口货价比例折算,约合 5000 亿元人民币。我国电子工业投资、装备的水平太低,现在生产能力约为美国的二十五分之一,计算机为几百分之一,集成电路、半导体为几十分之一。考虑到我国自制设备价格比引进设备低廉,并且可以不全面要求最高的自动化水平,可以少花些钱,要在二三十年内建成和美国现在相当的生产能力,总要上千亿元的投资,这是个十分巨大的数字。据我所悉,60 年代美国电子工业拥有的固定资产就是航空工业的两倍。我国电子工业这两年年度投资额仅×××元,积累的总投资额不过××亿元。从这一点看,电子工业物质基础薄弱,也是和当前形势的要求很不相称的。

当然,增加电子技术方面投资,对提高各业劳动生产率的作用是很大的,不应吝惜。从我国二十三年经济发展的巨大规模前景看,也是可能分配给电子工业巨额投资的。这问题在以下第 4 点还要具体谈到。

3. 电子工业加强领导组织的问题,我认为有必要从体制的高度给以解决。我建议以四机部为基础,在某种程度上,仿效国家建委的做法,参照专委,建立国家电子工业委员会,除电子工业主管工作以外,该委还要成为全国各部门电子科研、生产、技术各方面统筹协调的主办部门。因此该委应当直属国务院,归口国家计委,在国防任务上受总参业务指导。电子工业委员会下可建立电子工业计划协调办公室,科学技术总局(兼挂电子工业科学技术委员会牌子),军事电子系统工程和应用总局,通用电子系统工程和应用总局,电子计算机工业总局,电子设备(其他)产品工业总局,电子器件工业总局,电子元件工业总局和电子工业后勤总局(含基建、物资、生活管理)。要设立电子工业政治部以及各职能司。

我所以提出这个建议,不仅因为前面所说电子工业在技术革命中担负的任务是任重、道远、事繁。除此以外,还有以下的几个重要原因。

(1)电子技术已经渗透到各个行业,军队许多口,政府部门许多口,家家要用,千门百户,难衷一是。一个普通的产业部解决不了这种工作关系问题,牵制机关精力很大,必然影响电子工业生产科研建设的步伐,又转过来加剧供需的矛盾。

(2)许多部门已经在搞电子技术的科研、工程项目工作。有的已在建设部分生产力量,部门之间扩散、渗透、重复、矛盾多。这种做法并不能解决当前电子工业十分薄弱的问题,但确也和缓了另外一些矛盾。这样做法,究竟利弊如何,意见分歧,十几年来体制多变,事实上已影响事业发展速度。由于电子工业的分专业配套关系复杂,交叉性的问题极多,又必须大力加强科研生产部门之间统筹协调。电子工业委员会不同于普通产业部,可以为中央更好地解决这问题,当一个有效的助手。

(3)三大革命运动一起抓,部院结合、厂所挂钩,科研生产一肩挑,电子工业任务特别繁重。十二年科学规划以来,科研开始建设,逐步形成力量,但科研和生产很快分离开了。分离的时间多,结合的时间少,由分离而遗留下来的问题很复杂,有思想政治方面的,有"四人帮"的干扰造成的,也有具体的问题,积重难反,亟待解决,急需大力加强领导,才能较快较好地解决。

(4)周总理生前指示:电子工业要"天下为公,两个积极性,统筹安排,军民兼顾"。经过这几年的实践,我们更深深地体会这几句话非常深刻、英明、正确。电子工业在国防上担负着十分重大的任务,但在民用、通用方面也担负着十分重大的任务,并且是与日俱增的。军内尖常之间也要统筹安排,单纯放在军工口管,现状早就不能适应了。

(5)现在电子工业号称二千九百个厂点,一百零几万人,其中骨干企业仅几百个(一百七十几个属于原直属范围),骨干企业人数大约四五十万人。因为电子工业产品组合层次交叉繁多,零部件品种规格数量十分庞杂巨大,协作配套关系,千丝万缕,只有少部分较简产品可以做到地区配套。因此对于骨干企业必须高度集中管理。部分研究所党政工作下放,也造成许多问题。同时大量的分散、小规模、条件较差的地方厂、点,还要认真支持、促进,帮助地方管好。这也是电子工业领导管理体制中一个十分棘手的问题。只有加强了领导机关,才能有利于解决这个问题。

4. 建议国家计委和经济研究部门,深入调查研究国家工业化的形势、进程,包括工业生产自动化、机械化的普及与提高,制定国家一级的更具体的有关政策和规划。

夺取更高度的自动化水平,特别是实现高度的电子化的技术革命,采用计算机自动控制,是我国在向四个现代化的进军中必须全力以赴的、必须实现的。从提高方面来说,必须早日达到国际先进水平,既要自己努力,发展科学技术,也要引进部分国际的先进技术。但是高级自动化要推广到什么广度,普及的机械化自动化要达到什么高度,一定要依靠广泛发动群众,大搞技术革新,要靠提高整个职工群众的科学文化水平。在某种意义上,还必须与当时的经济发展总水平和国家工业化的程度相适应。

然而就电子工业当前的规模、生产能力(不是按账面产值,而是换算到可以约略互相比较的基础上)仅为美国的二十五分之一左右,远远落后于发达国家的基本工业。而当前我国扩大再生产的重点,首先是放在电力、钢铁、煤炭、石油等方面。如果对电子工业恢复历史最高水平给以年度××亿元的年度投资,并以年率17.5%每年增加投资额,二十年后,才能累积达到近一千亿元投资。再按年率提高劳动生产率7%,到那时有可能达到美国现在的生产能力,而在工业总产值中所占比例,仍将仅为美国现在的一半左右。如果按这样逐年增长,考虑到新投资金要三年以上才能较好地发挥作用,以及劳动生产率只能逐年增长,八年后可能达到美国现在生产量的八分之一,还会远远落后于需要。看来十年以内还要进口一定数量的电子设备,单纯依靠自产会限制生产自动化的进度。

因此，对于每个自动化项目要作收益与代价的分析，根据分析确定优先程度，并按国家经济平衡要求安排规划。这要定为国家的政策。

在收益方面，应优先考虑那些必须自动化才能生产的（如由于特殊工艺的要求，或由于安全操作或环境保护而成为绝对必需等），为保证产品质量而必须自动化的，然后是自动化后可以大幅度增产的，还有材料能够大量节约等。

在考虑到经过自动化提高劳动生产率，节约操作人员时，一定要全面从全国范围考虑，不能单纯个别地考虑。必须同时考虑到付出投资的代价。有时自动化后每单位投资的生产量增长很多，另一种情况自动化后增加投资的百分数又会超过增加生产的百分数。从整个国家来说，应当考虑，以同等投资如果能够得到增多的生产量，即使在一个企业内劳动生产率可能有增长，也可能没有增长，但对于全国的平均劳动生产率还是一个增长。这样才能加速资金积累，才能加速自动化。

在付出的代价中还要考虑到有时用上一台计算机就可以实现自动化，而另外一些情况，还要配上许多配套设备，有时甚至要大量改造或更换原有生产设备。这都要算在代价以内，有时会超出计算机价格的许多倍数。

要推广和普及自动化，还必须有使用维护自动化设备和制造自动化设备的人，要大量迅速地培养。这也要定为国家重要的政策。

二十三年后，我国的经济能力应当能够超过美国现在的水平，而进入先进国家的行列。那时一定也能够在自动化方面达到先进的高度和广度。我这里讲的是我们在发展过程中，特别是初期，要精打细算。技术水平要争取最高，但范围深度要适当考虑。有一定的限度，掌握得好，不会使我们自动化机械化的进度减慢，相反地会加速。这个底弄清楚了，电子工业的发展速度才能妥善地规划。

5. 电信事业要大发展，为加强国家工业生产社会化，实现专业协作创造条件。这是电子为标志的技术革命的重要部分。不比电子计算机次要多少。科研生产的专业协作，生产的社会化，需要大量地沟通情况，繁多的协调会商，处理千丝万缕的联系，大量的物资交流。要发展通讯事业，要使用计算机，要发展交通运输邮递事业。现在计算机、交通运输受到了重视，但电讯的发展，受到重视不够。我们现在长途电话干线有了一些，支线质量很差，用户电传、传真没有发展，市话装机量少，质量很差。这方面搞好了，有助于大大减少官僚主义，削弱小生产势力。在电子计算机可为国家创造巨大财富的那些方面，离开了巨大、迅速、可靠的通信设施，往往不能发挥作用。仅就市话而说，装机量比第三世界若干国家还低，拨通率很差。仅说市话，如装机电话八千万台，才能达到美国现在装机率的五分之一，连同线路建设和配套设备就估计要 1600 亿元以上投资。要在二十三年内提供这一项设备，对工业要投资一百几十亿元才够。再算上长途线路建设等，那就更多。很大部分产品属于电子工业范围，上面估计的投资也已包括有这一部分。这里再提一下，是为了从另一个方面看到电子技术是在多方面成为技术革命因素的，同时建议国家对于电信事业和电信工业建设的问题，给予充分的重视。

（此文是作者在 1978 年全国科学技术大会上致解放军、国防工业代表团领导的书面报告）

中国工业丛林的一株新树——电子工业

（1964 年）

电子工业是中国工业丛林中的一株新树。十五年以前，它几乎是从一片白地开始。在党和国家的正确领导、殷切关怀和兄弟工业部门的大力支持下，在全国经济建设飞跃发展的带动下，通过全体职工坚持不懈地努力，贯彻奋发图强、自力更生、艰苦奋斗、勤俭建国的方针，它正像茁壮的青松一样，十五年以来，已从一株幼苗成长得亭亭如盖，成为中国工业丛林中的一个新成员。

（一）

电子工业是一个什么工业呢？

首先让我们从电子技术说起。电子技术崛起于 20 世纪初期电子管初步得到实际利用的时候。这以后的三十年中，通信广播技术中的主要内容逐步形成。40 年代出现了微波、脉冲等技术和以电子技术为重要组成部分的控制技术，而且突破了通信广播的藩篱，扩张到工业、农业、军事、科学技术各个领域之内，并通过 50 年代的进一步发展，它的面貌有了很大的变化。但是，这还不过是电子技术的成长期。60 年代才开始了它的更加广泛的飞跃发展。随着以电子枢纽设备为中心的"仪表术"和新兴的数字技术（数字计算与控制、数据自动表录与处理、数字显示与记录）的出现，以及半导体技术的日益广泛应用，立刻就显示出了更强大的威力。在 60 年代的今日，它已成为各行各业从事生产斗争和科学研究所不可缺少的手段，成为实现生产自动化半自助化的决定性环节，成为军事斗争中的有力武器，并在人民日常的文化物质生活中占据了重要位置，从而赋予电子技术以完整的普遍性。"电子化"将和"机械化"、"电气化"作为同等重要的事件，并列地记载于技术革命的历史中。

电子工业就是提供电子技术设备、提供构成电子设备的基础和提供电子工业的专业基本条件的工业。它是电子技术的物质基础，是为实现农业、工业、国防和科学技术现代化所不可缺少的一个新兴工业部门。正像电子技术一样，在国际上它出现于 20 世纪的初期，形成于 40 年代，成长于 50 年代，而现在正在开始它的大发展。

（二）

全国解放的时候，旧中国仅留下了少数无线电装配厂，它们只能用外国的电子管、电阻、电容器来装配一些较简单的无线电设备和电话机，原材料也几乎全部是进口的。那时也有一些作坊或弄堂工厂生产少量的零件，品种数量很少，质量很低。至于电子管生产，反动政府曾自美国进口了很少几台专业设备，却叫它们在仓库里睡觉。当时处于极端艰苦困难条件下的革命根据地，从红军时代起，即为了适应革命战争的需要，克服重重困难，不间断地进行了无线电通讯设备的装配和修理，也制造了一些当时条件下可能制造的部件。但毕竟由于客观条件的限制，而不可能得到有计划的建设和发展。这些就是我们十五年前的起点。

建国初期，我国电子工业基本处于装配和修理的阶段。以后，随着国民经济的恢复，初步有了一些发展，生产了部分无线电通信设备和电话机，支援了伟大的抗美援朝斗争。同时，为了克服美帝国主义对我国进行禁运封锁所造成的重重困难，开始制造一些无线电零件和个别品种的电子管。这就开始了从单纯装配向既装配又制造过渡，成为发展我国电子工业基础的先声。

第一、第二两个五年计划建设期中，我国电子工业有计划地进行了基本建设。新建了几批现代化的骨干工厂；原有的工厂也得到了改建、扩建和技术改造。在这些工业企业中，不但有电子设备的制造厂，而且有许多基础工厂，即为电子设备提供基本构件的电子管厂和零件厂，及为电子工业提供专业基本条件的无线电测量仪器厂和专业设备厂。正是由于这些基础工厂和那些电子设备制造厂相配合，才使得电子工业逐步形成一个制造工业。

这个阶段的前期，通过仿制一些近代化产品和引入一些外国现代化技术，使得电子工业的生产技术得到较大幅度的提高。而在后期，特别是从 1958 年开始，在党的总路线、大跃进、人民公社三面红旗的光辉照耀下，在全国社会主义建设大跃进的形势下，电子工业也进入了一个飞跃发展的新时代。

一方面在建设高潮中，骨干企业在迅速成长壮大，并出现了大批的中小企业，成为一支不可忽视的生力军，改变了电子工业的阵容；另一方面，广大职工在党的破除迷信、解放思想的号召下，开始了向独立地进行科学研究和产品设计的大进军，展开了一场轰轰烈烈的科学技术前哨战。正是由于在这个建设高潮和这场科学技术战斗中，为我国电子工业沿着自力更生的道路向前迈进，不仅从物质技术上，而且从思想上创造了良好条件。因此，它不但有效地克服了三年自然灾害带来的以及现代修正主义者给我国制造的困难，并且通过贯彻调整、巩固、充实、提高的八字方针，继续取得了发展产品品种、提高技术水平、提高产品质量的大跃进。

我国电子工业，经过十五年来特别是 1958 年以来的巨大发展，不但拥有了遍布各地形成全国一盘棋的大、中、小相结合的各类工厂，拥有了正在迅速成长中的科学研究和设计基地，而且培养了一支积极地以毛泽东思想来武装自己的技术人员、技术工人和管理干部所形成的职工队伍。在这样的基础上，它正在为实现今后更大的发展，为更快地攀登技术高峰，为更好地服务于我国的农业、工业、国防和科学技术现代化的伟大事业，而信心百倍地向前迈进着。

（三）

在庆祝我国建国十五周年的今天，让我们检阅一下我们十五年来，特别是近年来在电子工业技术上取得的进展。

让我们首先从基础说起：

例如在电子管方面，我国已能生产成套的电视接收机用管（包括显像管在内），从而使国产电视机的生产能够完全立足于国内。我们的电子管生产进入了微波、巨型、高跨导、高可靠等的范围。

例如在元件方面，已经形成比较完整的系列，足以应对一般设备的各种要求，并且开始了精密和耐潮、耐热品种的生产，和进入了与晶体管相对应的超小型领域。

再如在电子工业中异军突起的半导体器件，也已在我国生根成长。它正在沿着高频率管和功率管等的方向迈进。

在电子测量仪器方面，我们在最近六七年之内，已经跨过了外国走了几十年的路程，在从一赫以下开始的许多频带以内，有了各种功能各种精度的产品。尤其是若干计量所用的基本精密仪器在国内诞生,标志了近年的发展成果。

在电子工业专业生产设备方面,我们已能以自己的力量装备多种的元件和电真空器件生产线。

在各种电子设备方面:

例如收音机和某些电视机的生产,不仅已能全部立足于国内,电子管收音机还行销于全世界数十个国家和地区,并且在花色品种和质量方面,近年来又有了迅速的发展和提高。今年的评比就是一次很好的检阅。晶体管收音机的初步发展,使得我国农村和边远地区开始享用无线电广播这个现代化政治思想和科学文化教育的工具。

我国自制的巨型广播机,全部电子管和部件立足于国内,它们正在以强大的威力日日夜夜地向全世界传播着马列主义、毛泽东思想和我国社会主义革命、社会主义建设的伟大成就,鼓舞着全世界人民的反帝、反修的革命斗志。

在通讯设备方面,我们也进入了载波技术、现代自动交换技术以及单边带等的领域。

在为工农业生产服务方面,除去提供各种通信设备以外,并且生产着多种高频电热和超声加工设备以及测量仪器,还开始生产高气压汞气荧光灯和连续氙放电灯等现代照明器件。

在为科学技术现代化服务方面,全部我国自制的数字和模拟电子计算机已经装备了不少单位。

以上这些不过是举例说明,不可能在短短的篇幅中完全描绘出近年来我国电子工业技术所取得的各种进展。

在回顾十五年来电子工业的巨大发展时,我们不能不提到各兄弟工业部门,特别是原材料工业部门对电子工业的巨大支持。电子工业是需要最广泛品种的材料的工业之一。正是由于这种巨大的支持,目前我国电子工业所需的多种原材料,包括若干制造困难的原材料,已经可在国内得到供应,为电子工业立足于国内提供了极其有利的条件。

(四)

我国电子工业十五年来取得的成就是巨大的。这是马列主义、毛泽东思想在电子工业建设中所取得的辉煌胜利,是全体职工在党和政府的正确领导下经过巨大努力所取得的胜利。一切光荣归于共产党,一切光荣归于毛主席。

但是,我们决不能满足已经取得的成就。在当前剧烈的阶级斗争形势下,在加速实现我国农业、工业、国防、科学技术现代化的迫切要求下,需要电子工业有更快的发展;现代化电子技术在世界范围内的突飞猛进,也迫使我们不得不加快电子工业的发展。我国由于起点低、工业基础薄弱,虽然经过十五年的较快发展,和世界的先进水平相比,仍有不小的差距。例如在半导体和超小型零件采用的广泛程度方面,在发展数字技术方面,在掌握频率范围的完全程度方面,在适应我国具体环境和发挥我国固有资源方面,在为工业、农业和科学技术走向电子化而服务方面,在产品标准化、系列化和积木化方面,在产品的高度经久耐用方面,在生产技术专业化、生产自动化方面,等等,都还有许多工作要做。因此,我们必须以最大的努力迎头赶上,以求在尽可能短的时期内,消灭这个差距,以更好地满足各方面的需要。在举国欢腾庆祝建国十五周年的伟大节日的时候,让我们更好地遵循着毛主席的教导和党的各项方针,以豪迈坚定的步伐,高举三面红旗,奋勇前进,使这株新树成长壮大,成为我国社会主义大厦的一根坚强支柱。

(此文刊于《无线电技术》1964年第4期)

对无线电工业技术发展的展望

(1958 年)

让我们想像一下若干年后中国人民生活的一个侧面。

工厂里无数的工序上都使用了带电子管或半导体的附件以至非常复杂的电子计算和控制设备,它们自动地测量、控制、调整着工作条件。于是乎:薄钢板的尺寸都一致了,每一段都能保证是成材;化学反应顺利无碍地进行,提高了收回率;机床按着预定的复杂尺寸,精确地自动加工,不需要人来照管;各种不同的制造厂都设置了超声设备,使用的范围比目前高频加热还要广泛得多;调度长的面前许多荧光屏上通过电视显示着每一个关键工序的动态,使他一目了然,随时可以决定下一步要做什么……

水利枢纽的操作员注视着面前的活动图表,转动手头的许多旋钮,通过电子遥控设备,调动每一个闸门每一个渠道的流量和水平……

电力工作者通过微波中继站和高压线上的载波设备传来的消息,用电子遥控设备调动电网上每一个电站发出的电力,送到最需要它的地方。原子电站里成套成套的电子仪器精确地控制着原子炉里的反应……

全国纵横地铺设着无数电缆,像人体的神经一样把所有的主要城镇紧密地联结在一起,在没有敷设或敷设了线路的区域又用直接辐射和前向散射的无线电微波中继电路更好地联结在一起。每条线路上通着数百到数千对的电话和电报。广播和电视节目到处都连在一起。像神经末梢一样,各种的电缆和明线载波设备又把各主要城镇和每一个县镇联结起来……

飞机场的调度员注视着雷达屏幕,掌握着不断的飞起、降落、到达、离去的飞机的情况;手搬着按钮,呼唤着每一架飞机,告诉它该高一些,低一些,左转,右转,在哪个跑道降落,要不要再等一会儿等跑道让出来。在伸手不见五指的雾天,飞机也能安全起落……

农民们在每个工作队办公室和广场上倾听着有线广播——现在农民们叫它"先知道"——告诉他们哪里又出现了先进经验,是不是将要有暴风雨或霜冻,要怎样防护。许多农民都有了省电的半导体收音机,能够直接听到中央的每一个重大号召,或者收听农业技术讲授,或者收听自己最爱听的曲艺或戏剧。每个社都经常地用电话互相商议怎样互相配合耕作,或者提出挑战,比较当天的战果,或者向上级请示报告……

大雾迷漫的海港里,渔轮毫无顾虑地开回来,通过雷达,它们很清楚地看到自己开到了什么地方,周围有什么邻船,再也没有碰撞的危险。船上都有水声学的设备告诉它们鱼群现在在水下什么地方,让他们决定怎样撒网……

探空仪和气象雷达告诉气象工作者各处的气象情况,复杂的电子计算机在几分钟到几小时内就算出了各地一天的、一季的、乃至一年的气象预报,让全国的农林水电工作者都能有计划地随心所欲地安排工作。许多巨型工程上的复杂计算,和科学上新提出的难题,用人力解决是无法想像的,但是用计算机都能解决了……

科学技术研究和工业试验工作中都装备了大量的电子仪器,精确地测量出极其微弱的物理现象。电子显微镜和巨大的无线电天文望远镜不断地揭露着微观世界和大宇宙的秘密。利

• 251 •

用无线电波使全国的大地测量达到前所未有的精确程度……

宇宙空间的飞行体不断地发出信号,被地面上完整的收听网收到,用电子计算机和其他电子设备加以分析,提供不可数计的宇宙知识……

医生用一种灵敏的电子仪器来追查示踪同位素原子在人体中旅行的路程,或者检查出人身体上任何情况的最细微的变化。一个著名的外科医生正在对一个病状极其罕见的病者身上施行一种很困难的手术。而在另一个教室里,大群的医学生通过彩色电视看到整个手术的的过程,像亲临现场一样,获得宝贵的临床知识……

孩子们不用出家门就在电视机里看到五一节游行的队伍,科学普及工作者做着神奇的科学表演,或者最著名的团体表演着孩子们最喜爱的舞蹈,音乐的声音响亮逼真,像在现场一样。在俱乐部里还有彩色电视接收机,交艺大军的服装颜色如此鲜艳,还可以看到动植物的天然颜色,或者化学试验中颜色的变化。在工业中,科学中,电视设备还帮助人们看到人身所不能到的隐藏地区的现象。

探矿,采矿,输油,炼油,森林的养护和采伐,公路和铁道运输的调度指挥,食品和织维的生产和加工,到处都使用着无数的电子量测、控制、加工、处理……等设备。

守卫在祖国边境上的英勇战士们配备了非常充足的现代化电子设备和通信设备,还有各种用电子技术控制的现代化武器,时刻警戒着,准备在任何时候打击有现代装备的敌人。

像上面这一幅图画所描画的这些,有的在其他工业发达国家实现了,有一部分在我国也有了萌芽,谁也不怀疑在中国将来会有这一天都会完全实现出来,甚至还要超越这幅图画的景象。在目前想像起来,人们可能还好像生活在传说中的幻境中一样,但是,电子技术已在普遍地伸入人民生活的所有角落,而且处处都起着极其重大的作用。这首先就要求无线电工业(许多国家又称为电子工业或电信工业)飞跃的发展,对我们这样一穷二白的国家,是不是还仅是一个较为渺茫的远景呢? 不,不是的,我们有充分的条件,这一切用不了许多年就都能实现。

例如说,邮电部门提出了宏伟的建设计划,工业部门要迅速地供应现代化的微波、载波和市内电话装备。

农业发展提出了意想不到的巨大需要。为了组织广大农民进行生产,今年电话机的需要量已突增超过去年实际生产量,去年下半年大型有线广播站的需要超过年初预计,今年又增加了不少。

农业发展对于五亿多农民的经济力量来说也是一个难以估计的变化,工业的发展也增加了工人的社会总收入,加之由于产量不断扩大,收音机的成本也在迅速地降低,有利于普及。因此收音机的需要量一定要增加。

其他工矿、交通、科学、文化部门也提出了巨大的要求。

在这样一种互相促进的形势下,无线电工业的发展形势就形成了。

对无线电工业来说,集中的、尖端的大型企业固然是必要的;而大量的一般性生产还有赖于多建中、小型企业,而且中、小企业举办较易,收益性高,利于地方举办。

各个部门都在发展,形成了对电子工业的有力支持。科学院在电子学和半导体方面提出了富有雄心的规划,他们一定会成功,而且将要在无线电工业生产中起到作用,使无线电工业在有关方面迈进一大步。邮电、广播部门和高等学校的科学研究工作也起着同样的作用。清华大学、广播事业局和北京广播器材厂合作设计了中国第一座电视广播台,是一个多方面互相支持促进的优良典范。有色金属部门和高分子合成化学工业的发展,也给无线电工业创造了有利条件。教育事业的发展一定也会给无线电工业多方面地提供充足的后备技术力量。

在第一个五年计划期间，我们已建成了无线电工业的初步基础，工业科学研究的基地也在成长中，还培养了一批干部，这是又一个好条件，我们也积累了许多建设的经验，有了工厂设计的力量，今后能够少花钱多办事。

苏联和其他兄弟国家在建成中国的无线电工业初步基础中所给的热情帮助，对进一步发展将起着重要的作用。

最后，也是最基本的因素，是广大群众在提高了思想解放显示的伟大智慧和伟大力量。对群众来说，电子科学电子技术今天也不是什么神秘的东西。中国人民是勤劳的、聪明的。人才的形成也不拘一格，电子学发展史上原不乏没有受过什么教育的发明家。哪里有劳动、有生产，哪里就有创造的要求和可能。有了工厂和科学研究机构，开展了工作，人才就会源源不断地成长起来。群众的智慧和创造力，发动起来，加以引导，就能导致成功。我国自己设计的雷达已在生产。近来在一些陈旧简陋的厂房中制成了数种超高频管，还采用了一些新颖的工艺。在类似的条件下，电视显像管也制成了。一个建立了一年多的工业研究所，只根据一些外国公开的零星线索，制成了硼碳电阻和环氧树脂。中国第一座电视广播台和第一架电视接收机，都在近年提前制成了。

重大的任务落在电子技术工作者的双肩上，首要的任务是千方百计，多路并进，极力扩大品种和提高技术水平。扩大品种和提高技术水平之所以重要，是因为无线电工业的发展必须以满足国家需要为前提。电子设备品种繁多，更新周期短，落后的产品要很快地被淘汰。要满足需要，就要不断地提供大量的先进的品种。要满足国家需要的主要品种的百分之八十以上是完全可能的，但是要无线电工业技术人员好好地努一把力。要在第二个五年计划期内，做到充分调动一切积极因素。和各使用部门，科学院，高等院校，材料工业部门，各级事业单位，包括中央和地方国营，和公私合营企业，修理站，手工业合作社，业余无线电爱好者，以及任何热心于电子技术的群众，取得密切的合作。千方百计，就是要仿造、改进和独立设计多路并进，并且同时开展科学研究。仿造也要按实样仿造，按资料仿造和根据公开资料（书刊，样本）摸索，多路并进。总之只要是促进的道路，都要重视，都要采用。为了引导群众的积极性走上正确的道路，就要大力开展对产品作系列性的研究和科学技术情报的搜集工作。要有步骤地开展标准化工作。

目前无线电工业技术的发展方向大体上可能就是这些。

"要掌握更完全的频带。我们一定要有毫米波，并向更短的波迈进。"

"要掌握各种信息加工和调制的方法和高速度脉冲技术。"

"不断地向更稳定的频率迈进。"

"掌握大功率的振荡的发生和利用。"

"提高各种无线电电信电子学设备和部件的可靠性，以及适应各种工作环境的能力，这首先需要掌握中国自然环境的特性。"

"缩小各种设备的体积，减轻重量，节约电源消耗。"

"掌握多路通信技术，发展高速传送、新交换技术和遥测、遥控、遥供技术。"

"掌握和发展新型半导体和各种固体器件、铁淦氧、瓷质电磁介质、合成晶体、印刷线路、合成树脂利用，射线利用，电子计算、液体声学和超声学利用等新技术，推广它们的利用范围。"

"提高重要金属的利用率，研究代用品，节约原材料。"

"降低成本，减少维护费用，使收音机和各种电子设备价廉物美。"

"在掌握新技术和扩大生产的基础上，推行标准化和广泛通用化，进行产品系列化工作。"

"掌握新工艺,有步骤地提高机械化自动化生产技术,解决提高产量,提高劳动生产率,保证和提高质量,保证和改善安全保护及工作条件,加速资金回收上的重大技术问题。"

对于无线电工业技术的迅速发展,人们是满怀着信心的。无线电工业各级科学技术人员,一定能够贯彻科学研究和设计结合生产、理论结合实际、专家与广大群众相结合的方针,推动中国电子技术的历史车轮,向光辉明亮的远景迈进。

(此文刊于《电信科学》1958 年第 7 期)

中国电信工业生产
在第一个五年计划期内的发展

(1957 年)

绪 言

我国发展社会主义经济的第一个五年计划,为中国电信工业的发展揭开了崭新的非常重要的第一页。

为了正确地了解和评价这一个重大的阶段,不能不回顾一下在解放时我国电信工业从旧中国继承了一些什么遗产,和它在经济恢复时期内已经获得了多大发展。

解放以前的中国,是半封建半殖民地的国家,整个国民经济的极端困乏和紊乱、帝国主义的侵略、舶来品竞争的压力、和反动政府对帝国主义者的依附,注定了当时中国电信工业不可能得到任何发展。当时各业务单位的设备是各国产品的展览会。各业务单位保有小规模的、少量的修配工厂;工业方面只能设计、制造很少量最简单的通信广播设备。技术水平低,材料低劣,产品质量很差,式样陈旧,性能不好,而且极易损坏。更严重的是一切基本元件和材料都是进口的。曾经用进口部件材料装配成少量的老式电子管,但是质量很差,并且这一点点作坊类型的生产,也被战争破坏了,直到解放前夕不能恢复。

在解放以后国民经济恢复的时期,电信工业的重要性迅速地为人们所认识。不但在最艰难的阶段它被加意地保存下来,而且在短短的三年中,随着国民经济的增长和需要的发展,生产扩大了好几倍。技术水平也随着客观要求的日益严格而有所提高。当时利用进口和缴获的部件,设计和装配了若干种无线电设备,虽然品种还少并且没有达到现代产品的牢固可靠的程度,但是性能基本上符合了使用的要求。在这时期内还开始摸索着试制了少量的电子管和无线电零件。

国家编制第一个发展社会主义经济的五年计划时,确定了电信工业——无线电工业在国民经济中的重要地位,规定了它的发展方向和速度,就给它提供了进一步发展的前提。在第一个五年计划期间,在党和政府的正确领导下,在苏联、民主德国和其他兄弟国家的帮助下,我国电信工业通过全体职工的努力和与其他工业部门并肩协作,克服了不少困难,进行着我国史无前例的建设。新厂建起来了,旧厂扩建了,并且逐步进行了技术改造。生产队伍扩大了,技术水平提高了,学习了兄弟国家的先进技术和生产管理经验,生产了许多从来不能生产的以及属于世界生产前列的产品,而质量一般都能达到现代水平。还采用了许多先进的工艺和机械化自动化生产方法,提高了劳动生产率。又开始了工业科学技术的研究工作,在试验室的战线上也开始取得成绩。同时对于私营的电信工业企业,还进行了社会主义改造,把他们的生产纳入国家经济计划的轨道以内。

五年以来,电信工业生产增加为六倍强,职工总数扩大了四倍半。

更重要的是在第一个五年内试制成功了许多种无线电零件和电子管;在五年的后期,建成了北京电子管厂、华北无线电器材厂和北京有线电厂三个现代化的规模宏大的基础工厂;这使我国开始能够自己从头到尾制造那些最通用最迫切需要的通信设备和其他无线电电子学设备。并且电信工业生产建设的发展又推动了原料工业部门,也解决了一部分特殊材料的供应。

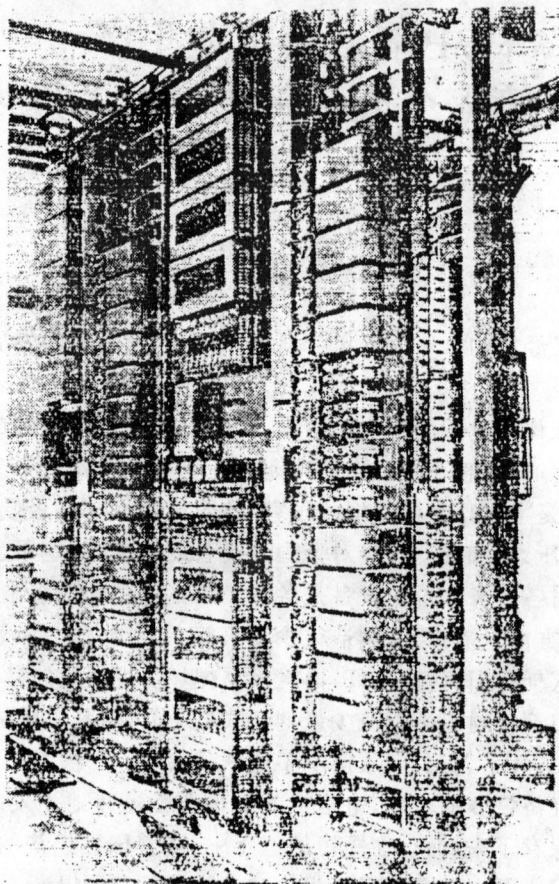

图 1　中国自制第一台自动交换机

　　这就是说在发展社会主义经济的第一个五年计划期内,中国的电信工业生产建设规模虽然还远不能赶上作为一个现代国家所提出的需要,但是我们从很薄弱的起点开始,已经为完成基础部件和材料自给的使命迈开了第一步,并且还是不小的一步;质量的提高和生产的扩大都是巨大的,完全改变了原来在生产建设上毫无经验的情况。这就使它脱离了半封建半殖民地时代遗留下来的旧面貌,揭开了它崭新的、非常重要的、在社会主义建设史中的第一页。

一、广播、电声和无线电通信

　　这期间制成了 120 千瓦的巨型短波广播发射机,附有全套的播音室电子设备。

　　设计制造了一种接近二级标准的东方红收音机。各级各种收音机包括国营和公私合营企业的生产量,在 1957 年可达到三十六万架。

　　广播扩音机生产了数种,输出功率由 15 瓦至 1.5 千瓦。TY 250—1000 型是专为有线广播使用的,能输出 1000 瓦的声频电力,并且附有完整的控制设备。40 瓦的电影播音机,可供 800 席的电影院使用。

图 2　120千瓦短波广播发射机

高音质的带式话筒和动圈话筒都已能自制。制成了一种为电影放映用的高音质双路扬声器。

一种高级全波收信机投入了工业生产。丰收牌的短波收发信机,使用简单,便于移动,可供农场、矿山等使用,通话距离可达30公里。

制成了喷气式飞机上使用的无线电通信设备。这类设备构造复杂,要求高度的稳定可靠,能耐震,耐高空的低气压,防潮防热,并且要使用便利。生产的质量完全满足了这些严格的要求。

邮电部的器材厂制成了60千瓦的短波发信台和三重分集式的收信设备。

二、电话和电报

20门、40门和70门的工矿调度电话以及工矿首长电话,各种工矿报警设备和防爆电话机,已经投入常规生产。

苏联帮助我国建成的北京有线电厂在1957年9月投入生产,它能生产至10000门为止的自动电话交换机。它所生产的继电器和选择器等还可供工业生产自动化使用。

1957年生产电话机约18万架,交换机约17万门。新制成了一种单路载波机,重量为40公斤,频带宽27千赫。采用了铁淦氧等自产材料。

邮电部的器材厂还制成了页式电传打字机、三路载波终端机和多种电报中心站用的机械设备。

三、工业用电子学设备

高频感应加热器正式生产了1.5千瓦至60千瓦的数种。

介质电热器也有一种正式生产。

生产了一种24路遥控和8路遥测的载波遥控遥测台,可供电力控制等使用。

工业上利用超声的设备和高频软化水设备也有了数种生产。

四、无线电定位

生产了船舶上使用的和国防使用的雷达。

五、仪器

无线电电子学仪器的品种很多,我国已能生产多种,这里只能叙述其中的一小部分。

信号发生器:长中短波的标准信号发生器。

拍频振荡器:最高频率至 20 千赫。

真空管电压表:主要的一种应用范围是 50 赫至 50 千赫,1 毫伏至 300 伏。

阻抗电桥:适于在 1000 赫使用。

各种电容和电感测量计:固定频率的及可变频率的。

阴极射线示波仪:适用于 150 千赫以下的数种。

失真测定电桥一种。

六、电子管和照明器件

苏联帮助我国建设的北京电子管厂的建成,把我国的电子管生产工业大大地推前了一步。它在开始生产的第一年就使生产量达到了 570 万只。

目前收信管方面我国已能生产成套小型管。它们的性能和寿命完全能够和大型管相比,有些性能还超越大型管。

6.3 伏的系列:有可供收音机使用的整套,还有各种特种管,例如超短波宽频带放大用的 6K1Жл(跨导为 52 毫安每伏),超短波用的 6K1л 和 6C1л。

1.2 伏直流省电的系列:有可供收音机使用的整套,灯丝电流只需 30 毫安。

此外还生产了一系列的 6.3 伏八脚管。

发射管已能制造 rY—50,rY—80 等以至功率输出为 750 瓦的五极管。rY—32 型的双四极超短波管,10 千瓦的风冷三极管 rY—89 Б(可用至 100 兆赫),以及 30 千瓦的水冷管。

闸流管:充汞的闸流管可达 15 千伏 40 安。

计数管:符合多种用途的许多种型式。

图 3　a.253 型阴极射线示波器

图 3　b.614 型电感测量计

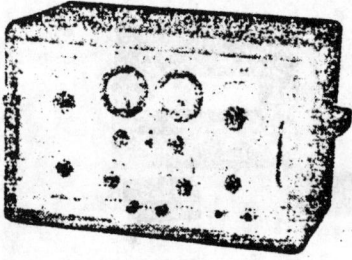

图 3　c.685 型电容测定器

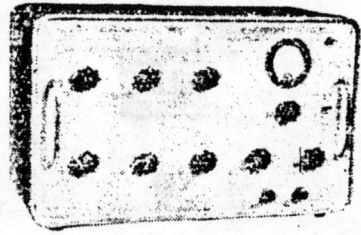

图 3　d.635 型阻抗电桥

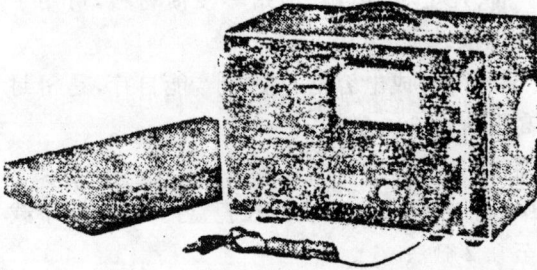

图 3　e.лB—9 型真空管电压表

图 4　rY—50 集射五极管

阴极射线管：130 毫米和 80 毫米静电偏转的都已投入工业生产。

为了制造这些电子管，我国已能从矿石制出各种尺寸的钨丝、钼丝、钨皮、钼皮。杜美丝（包铜的镍铁丝）也可以自己供给了。为了节约镍，还试制成功了敷铝铁皮。可伐合金和若干稀少有色金属也都在试验室内制造成功。

照明器件方面已经能生产多种特种灯泡。荧光灯的工艺有很大改进，能达到外国产品的高级水平。在试验室制成了各种颜色的萤光灯。

七、半导体

虽然半导体是最新技术之一，我们已经开始了这方面的研究工作。

锗三极管方面，科学院和工业部门合作研究，已经掌握了提纯和抽制单品的方法。在试验室中初步制成了少数面接触型的三极管，可用于 1.5 兆赫以下的频率。二极管的制造也有了初步结果。

原料工业部门已试成数种从本国原料提出纯锗的方法。

硒整流器正式工业生产，采用了真空蒸发的先进工艺。所用的硒是本国原料自行提炼的。

硒光电池和热敏电阻也能生产了。

已经制成了一种供小型收音视作电源使用的热偶发电器。

图 5 磁性瓷

八、元件、组件和材料

德意志民主共和国帮助我国建设的华北无线电器材厂是我国第一个大量生产无线电零件的现代化工厂。在以前我们已试制成功了多种无线电元件,但在它建成后大大地增多了品种和生产能力。目前能生产的元件择要叙述如下:

纸介电容器:各种密封的和非密封的,采用矿油、凡士林、卤蜡、地蜡等浸渍材料,可用于−40℃以至−60℃到+70℃的温度。最高电压 10 千伏。

被金属纸介电容器:用真空蒸发法在纸上被金属再卷成电容器,体积小,能自疗,是密封的,可用于−40℃至+70℃的温度和高湿度。最高电压达 600 伏。

电解介质电容器:可用于−20℃至+60℃的温度,各种电压和电容量。

云母电容器:有各种电压电容量和形式。其中一种精密型的是密封在瓷盒内的,可用于载波振荡线路和精密仪器内,电容量自 0.005 微法至 0.2 微法。

瓷介电容器:发射及接收用各种电压、电容量和型式。所用介质有硅酸镁,二氧化钛,钛酸锆,钛酸镁,钛酸锶钡各种类型。

炭膜电阻:用热分解法制造,自超小型的 0.05 瓦至 10 瓦,各种阻值。

釉线电阻:自 4 瓦至 200 瓦各种阻值。

各种瓷件:硅酸镁(滑石)型的和硬瓷都可以生产各种常用的形式。

铁淦氧:有五种锰锌铁淦氧已投入生产,包括到 25 兆赫的频率都可使用。可用于各种高频电感,磁性天线,脉冲变压器等。在试验室内制成了记忆元件所需的磁心和镍锌铁淦氧。

恒磁合金:已经掌握了铝镍和铝镍钴的工业生产。烧结合金也已投入了正式生产。

钡铁氧恒磁体:为了节约镍材,进行了紧张的试制工作。目前无向异性的钡铁氧已投入大量生产,磁能积可达 0.8×10^{6}。

继电器:密封和非密封的各种型式。

各种接触合金:用粉末冶金法制造的,包括钨及含氧化镉的各种。

压电水晶片:供控制频率和滤波用的自数千赫至十余兆赫都能制造了。还生产了供超声波设备使用的变换器。

九、工艺

印刷线路:在试验室已经初步试成了一种工艺程序。

各种专业设备:生产电信器材需要大量的化学处理,电加工,真空作业检验量测等特殊设备，一般机械工业是不能供给这些设备的。我国在第一批电信工业企业的建设中主要依靠了先进国家。在第一个五年期内准备好了条件，使我们在第二个五年计划开始时，就可能自己供给大部分的专业生产设备。

结　　论

以上叙述我国电信工业五年以来在技术和生产上的一些成就，还没有包括到全部。但是从这一部分也能看出我国电信工业在迅速进展的面貌。

但第一个五年计划期内的成就，并不只限于有了这些已经实现了的进展，它更为下一阶段的发展创造了条件。各新建工厂要在第二个五年计划期内达到设计生产能力。能自己供应电子管和元件，就将使全部生产迅速扩大。广播收信机将有大量的增产。在1958年我们将有可能看到国产的电视广播电台播出的节目在国产的电视接收机上表演出来。西南无线电器材厂的建成将再一次加强我国电信工业的基础。半导体的晶体管也有可能在最近的将来投入生产。

要全面地指出在第一个五年计划期间，我国电信工业生产战线上能够取得这样大的成绩的原因，在这样一篇文章里几乎是不可能的，但在这里我们必须指出其中的两个重大因素：

首先，是社会主义经济的优越性。因为在半封建半殖民地的旧中国，电信工业是不可能得到任何发展的。假如中国不是走社会主义的道路而是走资本主义的道路，又会怎样呢？我们已经不只一次地证明资本主义的道路是一条死路，它不可能实现；而且资本主义式的经济发展是无政府状态的，它绝不可能使我们在很短的时期内就取得这样的成绩。只有在中国共产党的领导下走社会主义的道路，有计划地发展国民经济，才能取得这样辉煌的成就。

其次，和苏联及其他兄弟先进国家给我们的支援也是不能分开的。现代的电信科学和电信技术已经发展为一个十分纵深广阔的知识领域。虽然我们具备政治上和经济上的有利条件，但若仅靠我们自己样样从头摸索，生产规模即使也会有一定的扩大，但技术水平的提高将大为迟缓。前面所提到的几个基础厂都是苏联和德意志民主共和国帮助我们建设的；其他方面，苏联和其他兄弟国家也给我们提供了宝贵的资料、许多实际样品和技术指导。我们广大职工自己的努力和劳动成果，无疑地是十分巨大的，在某些技术上也做出了创造性的改进，但苏联及其他兄弟国家的援助，却使我们得到了有决定性意义的及全面性的迅速提高。

无线电电信电子学六十年的发展，已经确立了它为国家工业化、国防现代化、复杂科学的研究及满足人民文化需要所不可少的一个重要工业部门。它的产值在现代国家中占到工农业总产值的1.5%～2.5%，而居于各种机械工业的前列，和原子能的利用并称的国家现代化的一个标识。我国必须发展电信工业，但在发展的途径上还有许多困难要克服。例如作为一个历史性工业落后的国家，原材料，对发展电信工业来说尤其是有色金属和高分子合成物质，是关键性问题之一。五年来在这方面虽初步有了些成绩，但还远远不能满足要求。电信工业又有高度的技术性，要求有大量的工程师和科学家参加工作。在这方面短期内也还是有困难的。但作为我国工业建设必须克服的薄弱环节，而重点地按比例发展电信工业，是国家既定方针；在党和政府的领导下，通过全体职工的努力，我们将克服困难，顺利地完成了下一个五年计划所给我们的使命。

（此文刊于《电信科学》1957年第10)期）

发展电子学事业

（1956 年 11 月 1 日）

近二十年来,电子学有了很大的发展。电子学的前哨阵地越来越大,形成了极多新技术的生长点和新的科学核心。不但不允许它停下,还要它发展得更快。

我们要求电子学为人类服务得更加完善,服务的方式要更丰富;另外一方面,服务的效果还要再提高。灵敏度、精确度、精细的分辨能力、极高的作用速度、更远的作用距离,这些方面虽已达到了前人不能想像的优越程度,但还要不断地加以改善。电子学设备要在一天比一天更严格的要求下工作:要对抗天然和人为的干扰和各种噪声,大大地减小体积和重量,要任受热带的潮热、霉烂和虫害,极区和高空的寒冷,低气压,沙漠的干热和风沙,海洋大气的腐蚀,炮弹和火箭中的剧烈震动和高温;还要降低电子学设备的成本,提高劳动生产率,增加产量,使这些优越的设备可以到处利用。不管哪方面,一旦做出重大的改变,都会让电子学创造奇迹,扩展它的用途。下面谈谈电子学各方面突出的一些新发展方向。

一、信息论

信息是什么东西? 不管是原始人绳上的结、图形、语言、文字的记载,电报码、遥测中的参量,远方操纵中的控制电流或杠杆的偏移,电子计算机的存储器中的数据,虽然形态不同,所包括的都是信息。电子学为人类服务的总方式,就是用电流、电子运动和电磁波来取得和处理,并利用信息。例如观测熔化的铜的液面位置,用代表这位置的电流传到铜液出口的操纵器等。人类利用信息的技术虽然历代都有重大的发展,但是过去人类却并不会计量信息。仅只最近十多年来,电子学的应用既达到了非常广泛的程度,同时统计数学也相应地发展了,才产生了信息论,对信息的性质和数量,才能用严格的科学语言来叙述。

天然的和人为的干扰,是电子学中的大敌。电子学中最基本的严重斗争,就是怎样从干扰中挑选出有用的信息,还它本来面目,使它成为适用的东西。信息论的发展,也使我们对一类有普遍性的干扰,认识了它们的基本特征。

信息论的发展,使我们能够评价各种处理信息的体系,计算出它们能容纳的信息容量以及和它们所承担的任务中的实际含量。科学研究的结果,证明现有的很多体系都能容纳更多的信息。例如理论证明,一条可通十二路电话的长途电话线上,只要能创造出妥当的压缩频率方法,就可以容纳至少一千二百路。更使人惊异的是,各国的语言文字所能承担的信息量,也都远超过它们实际负担的任务。

全世界都十分注意信息论的发展。可是理论上的很多发明还没有实现的办法,用来分析非直线性体系和某些干扰的工作,做得还很少;用来分析我国的语言以及文字,尤其是重要的工作。

二、更宽的频带和更高的频率（注一）

画写意山水用粗笔头,画精细的人物就要用细如须眉的笔画。推论到信息的处理,也是一样。例如雷达是利用 1 微秒以下的脉冲电波来"描画"的，一般还看不出飞机的具体轮廓。但若能把脉冲缩到极短，或说用更细的笔尖来描画，看出机体的形状、尺寸以及机场上一些小设备以至人体，完全是可能的（另外，天线的定向性，也是一个决定性的因素，后面还要另加以说明）。要装的信息多了，每秒钟电量变化的次数也要多，换句话说，频带要宽。频带的宽度和信息量成正比，如电视所需的频带，几百倍于音乐，千多倍于语音。一条通路上同时可以通过很多路的电话或广播节目，但是频带也要按比例加宽。理论证明，短脉冲和宽频带还可能再提高电子计算机的速度，使它能解决更多的难题。频带宽了，频率本身也要大大提高才能容纳它，或说波长还要缩短。

目下电子学的研究中，脉冲时间要短到纳秒（即十亿分之一秒）。带宽要达到千百兆赫（即每秒交变千百兆次），波长要短到毫米或比毫米更短。怎样发生这种超短脉冲和超高频率的电流和电磁波，怎样发生、放大和调制（把信息装进电磁波中去）足够强大的电能，怎样使回路适用于这样短的波、这样宽的频带，都是重大的问题。超高频电子管的研究是最前哨。现有的磁控管、速调管、行波管和回波管已能用在数万兆赫的频率，或在瞬间发出相当于一个巨大发电厂的高频电力，但是还有更大潜力。横振行波管和分子振荡器，可能适用于很高的频率，目下都还在试验阶段。在扩大超高频管的调谐范围，增大输出电力和提高毫微秒脉冲线路方面也都有若干新成就。

波导是又一个重要发展方面。在一条利用毫米波的波导电路上，可能输送几万路电话到远方，或者传播几百路的电视节目。这个理想在试验室里已经实现了一部分。但是各种波导管的设计、制造、检验、维护等，还都是复杂而困难的实际问题。

三、电磁波的传播

百米以下的短波，能在地面和天空电离层之间来回反射，达到极远的距离。因而短波无线电就成了现代最广泛使用的长距离通信工具。但是十米以下的波，就不能利用这种方式传到远方了。一般是利用收发天线间直射的波。这样做时，球形的大地本身变成了传播的障碍，虽把收发天线都举到很高，还不能达到较远的距离。但是近年来又发现了米波、分米波和厘米波，射到天空上都可能再散射下来。目前已能利用米波达到几千公里，利用更短波可达到二三百公里，还可以利用中继站达到极远的距离。一般认为米波这现象是由于天空电离层的散射，而分米波、厘米波是由于天空对流层的作用，但是具体的成因，还没有一致的结论。我国有独特的气候和地形条件，就更该进行探讨。

定向天线是电波传送的又一个问题。利用现代定向天线，可以把一米以下的波逼在一度以下的空间中。这样既节约了电力，还可避免干扰和偷听，或用来精确地分辨电磁波传来的方向。无线电天文望远镜和雷达都是用的高效定向天线。可是我们常碰到这样的问题：定向性越强，适用的频带就会越窄，并且一般地还很难避免某些侧面方向有不好的作用。这也是一个长时期的斗争。

四、线路上的一些问题

不管电子学用在什么地方，都要围绕着电子管把各种元件接成线路。这种线路是成千累万的。因为电子学的用途不断扩大，线路每天还都有增加。半导体放大器件发明了，很多新设备要采用它，但合乎电子管使用的线路不全合乎晶体管使用，因此也要发生一系列的新线路的问题。

信息论的发展指出了各种电子学设备系统的一些重要发展方向,但还得进一步研究各种复杂的电子线路,把电子管和各种元件、组件巧妙地联结起来,才能实现所指出的方向。

在电子线路里有些共同的理论,其中最重要的叫网络理论。它的任务是找出各种电子学元件和可能结在一起的机械体系在联合工作时的基本规律,用数学的形式表现出来。可根据这些规律分析现有体系;也可按实际需要的性能,经过计算,设计出最合用的新体系来,即所谓网络的综合。古典的方法是从网络在各种不同频率下的表现着手。已经有了很广泛的实用。若是各项元件可以当做直线性(注二)的和不变值的,则一般已能够从理论上去分析或综合。有时因为计算太困难,还不能全按理论去进行设计。近年使用了高速度的电子计算机,很多问题也已可以解决了。但是很多元件的性质是非直线性的或是随时变值的,实际上就还会出现一些奇怪的和巧妙的现象,问题的解决就困难得多了。目前还只能分析某些非直线性的体系,至于综合法的理论,就更缺乏了。

现代的网络理论,有的是利用信息论,有的是从信号变化的曲线出发,进行综合,但都还没有成为完备的体系。

"负反馈"是在一个电子学体系中把输出的信息和原来的信息比较求出误差,利用误差反一个方向输入做校正输出的因素,能把误差减小到极小。这是减小失真、加速作用和降低某些噪声的极有效的法子。怎样具体安排负反馈的体系,也是网络论的一部分。在负反馈理论的框架上,出现了随复理论,或称调节理论,也就是处理所有的自动化和机械化控制体系的基本理论。负反馈理论、调节理论和信息论结合在一起,衍生出所谓控制论。这几种理论,已经融成一个协同发展的整体了。

五、电子器件、电子学元件和电子学材料

适用于极高频率的电子管是最突出的问题之一。由于电子在真空中运动的速度极高(千百倍于固体中),对于极高频率,电子管是最好的器件。半导体放大器件——晶体管的发明,是现代电子学技术中重大事件之一。它的体积小、重量轻,省电、耐震、寿命长。它将给电子学带来很大的变革。

目前存在的问题还多:第一,提高适用频率。目前最高适用频率比电子管要低几十倍(试验室产品),以至几千倍(半商品生产)。第二,提高适用的电力。输出的电能还小,比最大的电子管会小几万倍,在较高的频率时还要差些。第三,提高适用的温度。目前锗型至多只能用于摄氏八十五度,矽型的较好,但又太贵。第四,改善工艺。目前还没有一种生产方法能保证十分稳定的质量,贵重材料的利用率还太低,成本高。它会有一日千里的发展,但必须付给大量的劳动。

电子管仍然是有极广大用途的器件。有一部分电子管将被半导体器件所代替,但它也将因受到半导体技术发展的推动再向前走。目前已有了极小型的层叠管和一般的晶体管一样大而适于很高的频率,还便于大量生产。电子束的作用,在高频管、电视管、阴极射线管中以及电子显微镜中都要用到,半导体还不能发生这个功能。电子管品种的增多、功能的提高、寿命的加长、以及在电子管中引用高效能半导体材料,仍然是电子学中的重大问题。

有了半导体放大管和极小型电子管,于是各种元件,以及刺叭、开关、继电器、电池等,无不向着超小型发展。豌豆大的电容器,米粒大的电阻,小指头大的变压器都已经出现了。助听器已经可以挂到耳朵上,收音机装到口袋里,缩小尺寸的运动现在才开了个头。

体积要小,性能要好,因此电子学原件必须用特殊的材料来制造。例如电介和绝缘材料

中,近年来有了能缩小电容器体积百倍的钛酸瓷,能用到摄氏正二百五十度到负二百五十度的韧性绝缘料聚四氟乙烯,使电容量不受温度影响的氧化稀土金属烧结物等。

压电介质材料能把机械振动和电压互变。其中水晶是为了精确地控制频率所不能少的。中国的天然水晶是极其优越的,但也要研究人工结晶的方法。钛酸钡不但是优良的压电材料,广用于超声技术,还能自己保持电场(即所谓铁电现象),因而可能在电子计算机中做存储元件用;试验室中也做出来有同样功用的金属有机合成物了。

六、发展电子学事业的几个关键

电子学在国民经济、人民文化生活和国防上是这样的重要,又是在这样地继续扩大和深入,但是在我国却是发展得特别差的技术之一。这和过去全部工业基础薄弱是分不开的。这几年中电子学技术人员培养的规模也太小,因此,目前发展电子学事业的关键之一是培养大量的无线电、电信和电子学的专家。

因为随着国家现代化工业的迅速发展和国防的现代化,广泛的职工群众逐渐地都必须接触到一些电子学设备。普及电子学的常识也是很重要的工作。先在青年组织中开展业余无线电活动,逐渐地扩大成广大的群众性活动,可说是最有效的一个办法。

在现代的国民经济文化教育和国防中,既然哪里都缺少不了电子学的设备,电子学就必须和其他学科密切结合着发展。并且,为了发展电子学的新技术,要求很多方面的科学和技术的新发展。电子学推动和带动其他学科做出重要的发展,是不乏先例的。电子学在技术上的外延方向也很多,例如和各种仪器同自动化控制、机械化控制是息息相关的。因此,各个学科的专家就也要关心电子学事业的发展,并且一部分其他学科的优秀专家还要参加到电子学事业中来,和电子学方面的专家共同努力,对国家现代工业的发展和国防现代化,来做出重大的贡献。

注一:频率是电流或电磁波每秒交变的次数。信息本身是变化的数量,所以一种信息包含有一定的频率范围,叫做它的频带,例如电话中的声音包含约为每秒交变三百次到三千次的频带,在通讯设备中必须能通过全部信息的频带。若采用目前的普通设备,它的宽度不能减缩,但可移到其他位置,例如电话的声音,可移到三万零三百次到三万三千次的范围以内等。

注二:致因和影响若是严格地成正比,就叫直线性。

(此文刊于《人民日报》1956.11.1)

第 五 部 分

关于电子计算机和微电子事业

从盗版之外质疑"盗版"

（2000 年 2 月 23 日）

何为"软件盗版之外"？因为我不在软件业之中。我想到了几"点"，就问几点。

产品的售价因地有别，至少与当地人民的购买力有关。20 世纪 80 年代我到过几个国家，同样正版唱片，大体上说，在美国市价若是 5 美元，在意大利则是 3 美元，在泰国却只要 1.5 美元。这一方面是因为在当地生产的硬成本不同，另一方面软（版权）成本有很大弹性。售价降低了版权价也要降低。若都是一样价格，在有的地区就卖不了多少，经济效益反大打折扣（说不定就被盗版）。普用类的软件是否也应服从此规律？现在在北京的美国普用类软件公司，有的认为和在美国售价相等就合理了，但有的却比在美国还贵许多（用北京话说是"加倍带拐弯"），这种现象是合理还是不合理？

金山公司带头刮风暴，薄利多销，软件只卖 28 元，一下子就卖到了 100 万份。那么这种软件的市场总价值就是上千万元了，岂非美事一桩！第一个吃螃蟹的人不简单，现在已经有人跟上了，美国厂商是否也跟一跟？美国的书价折成人民币很高，对中国人来说太贵。于是有的就委托中方代印代售，价格就下来了。美国软件商是否应当学学他们国家的这些书商？

听说出版方面有一条规矩，如不是为营利出售，并且数量不大，是允许复制的。据说软件与书籍不同，究竟有多大差别？还是有同有不同？法律该怎样界定，怎样解释？好像有的书籍和音像产品可以卖断版权，是否如此？软件能否卖断版权？

中国人应当有志气，要有自己版权的普及软件。应当由国家拨出基金设计生产，并薄利多销，既可绕过盗版问题，又可保证安全。

要反盗版！但也不能只就盗版论反盗版！

（此文刊于《光明日报》2000.2.23）

发展我国自主产权软硬件，优先开发微电子专用设备

（1999 年 10 月 24 日）

当前微电子开发建设应将微电子专用设备放在首位。

关于微电子技术对于现代化国家社会、经济、国防的建设具有的关键意义和基础意义的无可比拟的重要性，在这里不需要再多论述了。这里只就在微电子建设中何以专用设备是重中之重、先中之先作一论证。

中心论点

应当把微电子专用设备的发展和生产建设作为发展微电子的重中之重和先中之先。

一、我们现在实行的方针基本是购买外国设备进行建设和生产。这样，产品可较快达到较高的性能指标。但是外国绝不可能卖给我们最高水平的产品，而且我们永远要依赖外国。

二、用外国设备达到的微电子水平不能代表中国的真正水平。这是因为设备的构造起决定制造工艺水平的作用，具备制造某一水平的专用设备的能力才是代表了自己微电子技术的水平。

三、自己制造的设备比国外设备价格要低几倍。这样可以节省基本建设费用，还可以减少折旧，从而降低产品成本、提高竞争力。

四、自己制造设备，可免受制于外国外商，就地维修也较及时、方便。

五、自己制造设备可以增加就业、减少下岗人员，提高经济效益。

经验检讨

一、美国的微电子工艺和专用设备水平是领先于各国的，20 世纪 80 年代曾被日本超过，为此成立了半导体工艺联合体（SEMATECH），花了几年时间达到重新领先。

二、日本的水平仅次于美国，是利用了 19 世纪后期以来制造照相机和光学镜头等近百年的经验，花了一二十年的力量达到的。

三、从这个角度说，韩国刚开始，台湾还瞠乎其后。不能过高估计他们。

四、我国在 1984 年曾制造出一套 5 微米的工艺设备，水平仅比外国落后两三个摩尔周期。那时如坚持继续发展，现在可能已接近国际先进了。可惜以后就冷了下来。

应当有充分的信心，我国有力量能在不太长的时间内追赶上国际先进水平。

疑点讨论

一、水平做不高。"产品没有竞争力"。论据是：每个"摩尔周期都有新水平，水平低的没有人要"。这个论点如绝对化了就是"神话"，要打破！现在生产最高水平是 0.25 微米，但是市面上销售最多的还是 0.5 到 1 微米，甚至 2、3 微米的也不少，5 微米也没有完全停产。不管什么时候，中档产品总占有市场大部分，而且市场寿命可有十几到二十年。天下没有那样的资本家，建了新厂就把老厂都停掉。专供计算机用的微处理器和存储片"换代"较快，但它们占有的不过是广大市场的一小半。

二、要高水平产品就还得用进口的设备。不错，为了少量必要的产品，可以用外国设备。为生产国内国外广大市场所需产品，还宁可用国产设备。

三、国产的设备可靠性差,开工率低。确有这一情况。但只要边使用、边发现问题,边改进和排除故障就能逐步走向成熟。这是新技术发展必需的途径,不可用"不承认主义"对待这一情况。可以采取这样的办法:由设备的设计者运行新安装的设备,边生产边排除故障并做可能的改进,然后由甲方单独运行。

若干措施

一、做出发展微电子专用设备设计研制的规划。

二、明确项目、承担单位、期限、费用及来源。

三、落实基本建设的年度项目计划,拨给专款,二次启动微电子建设。

(此文刊于《科学时报》1999.10.24)

比特与原子,及数字中国

(1999 年 2 月 1 日)

多媒体与数字化技术的大师,尼葛洛庞替先生前几天到了北京,做了"数字世界和数字中国"的精彩报告。昨天从《科技日报》看到全文,颇有新见。看了此文,感受到尼公对中国的关切,同时也引发我想议论几个有关的概念。

首先是比特和原子的概念。比特的传送比原子要方便得多,然而比特还不能"代替"所有的原子。例如说在网上购物,用户是否可以和客户完全直接解决问题,这是还需要仔细考虑的问题,暂且假定可以绕过商店,那就仍要把产品发送用户。要拥有比特,诚然不需要类似传统的运输、包装。但是要拥有面包机就是大不相同的事情了。用户和设计人把有关面包机的比特发送了出去,可是制造者还是要把由原子构成的面包机,而不是比特面包机交货,因此还是需要某种传统包装和运输。也许译稿有词不达意的地方,然而至少不存在无原子的比特却是无可争辩的事实,中国每年在花费成千亿人民币建设通信系统,研制电脑、电子器械、通信、计算机等,这个系统中原子占有很大的成分。若没有这个系统,不但比特不得以传输,也无所依托,无地容身。当然"原子性"的存在也离不开比特——物质和能是不可分的并能互相转化的物质存在的对立统一体。这种作为实体的存在必然具备它的形式,那个形式就是用信息给以描述的,天下没有无形式的内容,也没有不依托于内容的形式。

再谈一个在中国推广因特网的问题,这确实很有前途而且其发展的速度会很高。是否今年年底就会有 1000 万人入网,还不是不可能的。但这也只是中国人口的千分之八,这就是说每 1 万人中还有 9920 人是"数字无家可归者",我们近年所能期望的大体就是这样了。当然,从长远看,前途无量,我们会拥有若干亿网民,会有远比现有的要先进得多的互联网系统。

毕竟数字技术是经济高度发展的产物。我国经济还不大发达,更要利用高新技术加速其发展,然而也必然受到经济的制约,北欧国家何以入网者比例比美国还高?这是因为他们人均收入既高,而高收入者和低收入者的收入差距却不大。因此收入不够装备计算机所需条件的那些人民,其百分比比起许多其他发达国家要少,这不是主观愿望或者一条具体政策或某种文化所能单独左右的。我想美国朋友会理解这个道理的。在中国主要的制约还是经济水平。中国人均收入低,但会很快增长。人口总数大,随经济的增长,入网者人数会持续加速度地增长,入网费用太高也是个问题,听说印度也有这个问题。但是尽管在中国增长速度高,入网比例也只能从千分之几一步一步地增长。

再谈一下文化的问题,因特网的信息资料大部分是欧美的,而且是用英语写的。这对中国这个国家,拥有自己的、丰富的固有文化和独特的方块字,有其颇不十分适应的一面。在这方面,印度在语言和部分管理文化方面就比我们有利一些了,我们要积极吸收外国科学、文化的一切财富,也要适应于我国自己文化的需求和自己的文字。这是又一个制约因素。"数字中国"的任务不仅要求发展因特网的接入,而且必须落实在把巨量宏伟的中国文化素材,区分轻重缓急编码化,将其上网或制成光盘,可能我们还要有自己独特的"宏"域网,与因特网互联互通。这里还有一个经济问题。完全靠市场来经营中国的在线网络服务,暂时是困难的,只能步步为营,也可能要筹集若干笔基金才能办好,靠广告收入是条路,然而,尽管它在市场经济十分发达的地区是一条大路,可在目前的中国,条件还不十分具备。

(此文刊于《科技日报》1999.2.1)

对我国计算机事业发展的建议

（1991 年 1 月）

改革开放给我国计算机事业带来了空前的繁荣。全国现已初步建立起 11 个计算机与数据通信网。通信速率为 300 比特/秒，在 7 个城市中则可达 9600 比特/秒。以国家计委为中心，全国建立了四级经济信息系统。建立了铁道四级专用计算机网，四级电力调度网，航天测控网，五级国家气象预报系统，全国科技情报计算机检索系统，全国银行业务电子化网络，财政税收信息系统以及 20 个城市的民航订票系统等。全国 91.3 万所中小学，约有 1% 装备了计算机。1063 所大学均装了计算机。在生产能力方面，全国有微机组装线 21 条，曾经年产 7.2 万部微机。超级小型机可满足全国需要的 40%。软盘片年产 1.5 亿片。

但是，在繁荣的背后，我们应该看到我国计算机产业在发展中，存在着严重的问题。最主要的有：（1）这几年的发展严重地依赖于进口硬件、软件以及元器件、部件的支持。（2）除极少数的巨型、准巨型机外，几乎所有机种都是全部或基本抄袭国外的产品。（3）保护措施少，社会弊端多，导致进口泛滥，严重冲击本国的产业。归根结底，削弱了自主开发创新的活力。对此，不少科技界人士和计算机从业者忧心忡忡。

针对这些问题，笔者拟提出以下建议：

1. 加强宏观调控，引导结构性调整，克服分散混乱状态，达到经济规模

我们首先必须认识到：一、作为占世界人口五分之一的国家，我国最终必须做到基本上自我完整。二、资本主义国家和社会主义国家之间仍然存在着矛盾和对立。三、要使计算机在社会上充分发挥作用，必须认真地把它当做一个重要的产业对待。四、我国暂时还是一个在经济、社会和科学技术方面比较落后的国家。五、在我国经济、社会发展中，基础结构还相当薄弱。六、应积极运用一些高新技术，以求以颇少的人力物力，产生显著的经济效益和社会效益。应根据这些基本情况，既考虑现实可能，又考虑长远发展的需要，加强规划，加强宏观调控，引导结构调整。对于发达国家中的某些议论，如对"第三次浪潮"的夸张描述，我们应保持清醒的头脑，结合我国的情况，切实分析，不能全盘接受。

我国目前资金使用分散，中小企业居多，形不成规模经济。这种分散现象，必须加以抑制。经营好的应给予支持。有一部分需要关、停。更多的应当进行整顿，引导走向联合、融合和重新分工。以形成经济规模为第一要义。

美国电子企业形成大中小并举的格局，有它的历史的原因。若没有像贝尔电话研究所等的先驱成果，也就不可能有硅谷的今天。我们在吸取硅谷的经验时，不容丝毫忽视大中科研、生产基地的作用。对小企业要考虑其具体条件和需要，不能再像以前那样一哄而起。

2. 加紧加强四代机工作，发展自主系统的设计能力，发展自拥版权的软件

80 年代初开始出现新一代（或谓第五代）计算机热，80 年代后叶又出现了神经网络计算机潮流，这些我们都要积极进行探索，以便在适当的时候能较快地加以发展。但是当前我们丝毫不能对四代机有所放松。今后几十年内，四代机仍将是电子计算技术中广为应用的主力机种。在近来 20 年中，第四代以及四点几代计算机的发展已覆盖巨、大、中、小、微、亚微（膝上）、小微

(手执、学习机)的范围。包括从用于最复杂的科学、技术、工程中的极高昂的品种,到可以普及推广的日常工作、学习用的以及生活用的和家用电器控制用的品种。其中大部分我国已做过工作,具有发展能力。

巨型机由于发达国家的保密、禁运,又为我国迫切需要,一直是由我国自行发展的,利用了外国进口的集成电路和许多外部设备。微型机已通过若干通用的微处理器芯片而在事实上规范化了,这两年我们也自己发展了一些品种,还进入了国际市场。

现在应认真考虑的是大、中、超级小型机及其软件的问题。这是计算机的中坚部分。外国,特别是 IBM 和 DEC 两家公司,已积累了巨量的软件资源。为了享用这些资源,近年来采取了兼容的方针。但应注意到如果永远兼容,就永远落后一步,早晚要跳出这个圈子。应该考虑:对有限的用户,在有限的时间内,所需的软件是有限的,兼容性并不重要,软件随着应用而扩展,是随着用户的需要而发展的。一些用户,要求专用的软件,总是要专编的。另一方面,发达国家正在进行界面的规范化工作,如 OSF,SAA,EISA 等,这就为我们提供了一个便利条件,便于自主地进行设计。因此建议:(1)拨给一定的基金,专供自主的系统结构的设计与发展使用。(2)组织一个专家组指导这项工作。(3)指定主要承担这项工作的核心和主力单位。(4)争取国防科工委和石油总公司,作为系列地持久地支持这项工作的用户。

进行自力更生的主机设计时需要、而且必然会自力更生地设计自拥版权的系统软件、编程环境等。国际通行软件的汉化工作的范围还应扩大深入。

3. 要把外部设备和软件同等地提到主战场的地位,加强微电子,加强基础工作

在整个电子计算机的工作中,组网工作、主机、外部设备和软件之间的一个粗略的比例是1:1:3:5。因为软件中大部分是应用软件,所以在计算机产业本身范围以内,这个比例大约是1:3:1;外部设备占整个工作量中的一半,占硬件之中的 60%。外部设备是"硬"中之"硬",品种多,需要多种材料,技术工艺多种多样。然而目前在计算机产业 10 万队伍内,外部设备只占 1 万人,由此可见这是非常薄弱的环节。因此建议加强外部设备的科研、生产基地建设。具体说,在七五和八五期间建设一个或两个多种设备的联合厂。原来已有的大、中计算机企业都有相当强的外部设备生产能力,应给以一定的补充改造,分担一部分外部设备的生产和研制。

近年来电子计算机,特别是主机部分的性能急剧提高,体积持续地缩小。计算机的广泛推广应用,微电子技术的不断提高起了决定性作用。我国微电子技术一时还上不去,远远不能适应计算机发展的要求。应当有专门生产数字集成电路的基地,从技术较易、需要较多的品种先开展生产工作。可以先从控制器、计算器集成电路、家用电器用数字集成电路等开始,因为市场较大,有利于良性循环,逐步发展。应当在已在建设中的基地中选择,给以重点支持。

以上的外部设备和微电子的基地建设都要安排为重大基建项目,享受国家对于重大基建项目的优惠。生产规模超过国内市场需求时应争取出口。

4. 极力开拓国内、国外两个市场,增强自身积累能力

国内需方的要求和供方的能力与经济性之间有很大部分不相吻合是当前计算机界的一个根本性的问题。需方所要求的档次有时也超过实际使用的必要,并由于种种原因追求进口产品。但排除这些因素以后的实际需要,也有很大部分是供方不能满足的,或由于技术水平暂时达不到,或由于品种差异为供方暂时所不能提供。而在技术水平和品种能吻合的那一部分中,需方所能销纳的总量又往往不能支持供方经济规模的生产。因此,"供方首先为国内应用服务"的界限就必须突破。为了使需方得到价廉物美的产品,也必须突破国内需要的规模,甚至以出口为主,建设经济规模的生产。

应当采取多层次的、同时的、并行的、双向的发展同步地走向深度国产化的方针。在一定时间内,应准许在应用层次中部分地采用进口设备;在系统层次中部分地用进口单机和外部设备;在整机层次部分地用进口部件,在部件层次部分地使用进口元器件和材料等。每个层次可以各自独立发展,逐步做到全面国产化,而不致互相牵制。每个层次都要面向国内、国外两个市场。

在国内国外两个市场上,特别是国外,都应注意推销和售后服务工作。要充分利用外资推销网,同时积极建设自己的推销机构。对软件输出和劳务输出以及承包海外工程,要给以常来常去的外事便利。

国外计算机和微电子的高速发展的重要措施之一是不断地大额度再投入,依靠本身积累。我国再投入基本依靠国家拨款,额度有限。当然这个额度要增加,但也必须增强自身的积累能力。因此,一要政策允许、政策优惠;二要认真建树规模经济,一定要极力开拓市场。七五期间的投资减少了,这个趋向应当切实扭转。

5. 发挥竞争力,消除社会弊端,增强保护效能,坚持和扩大优惠措施

我国底子薄、基础差,传统工业技术还十分落后,这就决定了电子计算机技术的发展面对着缺乏合适的技术上及经济上的配合条件,不能不比发达国家落后一个可观的差距。这当然不是说在所有的方面都没有竞争力。要出口就得竞争。在中、低(档)、小件、局部(工序)上我们是有竞争能力的,关键在于建立规模经济。我国在一些大型系统如导弹发射、军事工程等方面,也有竞争力。这样的竞争能力应当充分发掘、发挥。

对于高档、中偏高档的商品,则由于我们的技术落后,又缺乏经济规模条件,就不能不实施保护。许多发达国家都要保护自己的产业,我们更要保护。实施中的保护措施的有效程度受到社会弊端和各种不健康因素的严重损害。走私、倒卖、套购、整机拆零作为部件进口,买卖进口许可证甚至港商可以代办许可证,挪用贷款,人情、特批、搬领导争项目、争优惠、送好处费等不一而足。此外,竟有 116 个单位有权批准进口机电产品。应当改变税则,加重零部件进口税,抑制组装过热,保护国内零部件生产、阻塞某些进口漏洞。应建立统管批准进口的专家委员会(可由一个国家计算机专家委员会统管规划和审批工作),制止各种形式的特批。在整顿、治理中加强法制、消灭各种投机、钻空、违法现象和社会弊端,贯彻廉政建设。

1987 年国家确定给计算机、软件、集成电路和程控交换机四种产业以一定的优惠,这个措施一定要坚持下去,并且应考虑进一步扩大优惠。建设选择一个大型计算机厂和一个外部设备厂,建设成多种外部设备的联合厂型的基地,务使其形成规模经济,并列为重大建设项目。

(此文刊于《中国电子信息产业发展战略大讨论汇编》由中国电子报社专刊部编)

关于我国计算机事业发展的技术经济战略
——一个意见书

（1988 年 4 月）

根据中国科学院技术科学学部部署进行的《促进计算机发展的良性循环》研究项目,组成了一个指导组和一个工作组。1987 年 11 月 6 日、7 日召开了两个组联合的讨论会,宣布了两个组的组成并讨论、通过了工作组提出的计划在 1988 年度以内完成的调查研究计划。五个月来已经开了多次调查会,觅集了各方面的材料。在此工作的基础上,个人提出这一个初步的意见书。

本意见书是一个初步的、概略性的、阶段性的意见书,其目的是在研究工作当前进行之中,反映一些设想,征求意见,并向有关领导反映,取得对于进一步进行研究工作的指导。

本意见书包含有三个部分:我国计算机及其应用发展的现况和存在的若干问题;促进计算机良性循环发展战略应考虑的背景和指导思想;综述发展战略的初步意见。

本意见书的内容集中于技术经济战略。

一、计算机及其应用发展的现况和存在的若干问题

近年来,在"改革、开放、搞活"方针的指引下,我国计算机发展是相当迅速的。和 1980 年相比,全国从事计算机科研、开发、生产销售、应用服务和教学的科技人员已接近二十万名,增长了近八倍。全国装机台数,至 1987 年底大中小型机已由 1980 年的二千九百多台发展到八千多台,而微机则由六百多台猛增到三十万台左右,板级(单板、专用)微机近三十万部,亚微型及学习用简式机数十万部,开始形成了产业和规模市场。

全国研究开发计算机应用项目已由几百项发展到两万多项,已经不同程度地渗透到交通、能源、机械、电子、通信、金融、财贸、公安、国防、科技、文教、卫生、农业等广泛领域,并取得了一定的效益,初步打开了应用发展的局面。

国家高技术智能计算机系统(五代机)的研究已经起步。四代机的研制已确定联合攻关,以形成小批量生产能力为其最终目标。中文信息处理技术已突破词输入和部分软件汉化问题,为计算机在我国广泛应用创造了良好的条件。

计算机工业实现了"六五"的技术改造和重点建设计划,调整了产品结构,产品得到一次较全面更新。引进了国外技术,形成了一批重点骨干企业,增强了生产能力。1985 年的计算机工业总产值曾达到 18.6 亿元,与 1980 年相比,增加了 3.7 倍。应当说我国计算机的应用与装备踏进良性循环的门槛。

然而,以上主要是从应用和装配配套工业看。在稍深层次,即工业生产与科学技术发展和各个组成的局部看,还存在许多问题,未形成良性循环,尽管有些还是发展、前进中遇到的问题。这些问题举例如下:

1)国产计算机虽包括了巨、大、中、小、微各种类型,但均属于中、低档。除去微型计算机情况较好外,其他类型国产机尚不能完全满足用户的性能要求,而用户的需要量亦不能支持产方

的经济生产规模。因此，以 1986 年为例，海关记录的计算机类进口额 7.5 亿美元，折合人民币 35 亿元强，为当年计算机业总产值（13.66 亿元）的 2.6 倍弱。使用外国软件年租金以千百万美元计。

2）多层次逆向发展尚处于初步阶段。例如，从巨型"银河"机一直到长城 0520 微机用的绝大部分集成电路和高档外部设备都是进口品。引进的一些外部设备生产也是以装配为主。科学技术发展和工业的配套能力都很差。

3）面临外国政府、厂商的限制和保密。

4）产品基本是大仿，小仿。过去培养了一批计算机研制、设计人员大部分无用武之地。

5）引进的生产线待建成投产后，产品往往已经过时或因选型意见分歧，难于销售。

6）软件队伍还弱，应付国内的需要还感不足。出口规模还很小。

7）用户编制软件和扩展应用的能力薄弱。

8）工业用汇多，创汇少，约为 50∶1，本国计算机的工业生产，全依赖外汇支持。

对于这些问题，我们必须提到战略的高度确切描述、研究分析，依据于实际情况提出解决问题的设想。

二、制定促进计算机良性循环的发展战略应考虑的背景和指导思想

要分析透计算机技术在世界经济发展中所占的位置和我国的实际情况，一定要实事求是。计算机或者扩大而言，信息技术的发展和应用导致的技术革命是增添型的，不是取代原有基础。计算机的作用是倍增型的，必须与应用目标结合才能发挥作用。否则，它单独很难起作用。倍增到一定程度将会发生质变成为开拓型的作用，开拓新的工作领域或者说是成为开拓新领域所不可缺少的因素，但仍然是倍增型。倍增型的基本特征是如果没有基数就没有总值。倍增能力要充分发挥作用，基数要实实在在地去建设。就要恰如其份地估计我国现状，既要充分认识计算机的功能和作用，又不能脱离现实、希冀过高。要头脑冷静，才能真正办好这件事。在考虑国内实际情况时，要充分估计我们六个方面的能力。

社会消化力：当前已装备的计算机中就有不少未获得合乎常情的利用，甚至闲置。由于提出的要求高于需要或与应用不对口而造成浪费的不在少数。

经济承载力：每年已花费了一定的费用去购置计算机、建设计算机产业。随着国家经济继续发展，肯定还会好些，但这总是有限的，应当挖掘计算机业本身的潜力。

产业支撑力：为发展计算机所必需的机械、冶金、化工等行业和科学、文化发展的基础还有很多薄弱环节。电子工业的基础也还很差。现在依靠外国的程度令人瞩目，这不是长远之计。

市场容纳力：国内市场决定于我国的经济水平。对某些产品，国内容纳能力可以支持经济生产规模。另一些则国内容纳能力不足以支持经济生产。迄今开拓国际市场还很少见成效。

技术开发力：在过去我们已经积蓄了一定的开发能力，但是在开放环境下就显得十分不足。如何利用这个基础不断提高，如何使用现有力量适应开放的环境，如何把分散的力量集结起来，都尚是应当研究、解决的问题。

自身贡献力：现有的计算机产业尽管还小，但已有一定规模。今后还要增强。重要的是如何提高管理水平，提高工作效率，减免人财物力的浪费，引导产业发展方向，使人尽其才，厂尽其力，所尽其能。

在提出我们的战略设想时，一定要从实际出发，考虑这六个方面。我们在这六个方面是具有一定的力量的，但也是有一定限度的，而又是经过努力，随着全国经济、社会的发展而改进

的。这就是要求我们有个动态的而又切合实际的设想。

三、计算机及其应用发展战略的一个设想

和全国其他各行各业一样,电子计算机事业也要积极贯彻改革的精神,用改革来推动它的发展。加快步伐,促进横向联合,加速形成市场机制,健全宏观调节。要进一步贯彻科技面向经济发展,经济发展依靠科学技术的方针。要充分利用开放条件,争取引进技术,进口必要设备,吸引外资,以取得更多的进展。要理顺知识分子和国家职工的工作条件和生活条件中的问题,做好人才流动工作,使更好地做到人尽其才,才尽其用。要普遍地提高效率,减少浪费,改进管理和减少闲散,等等。

在这里针对电子计算机事业的具体情况,初步提出八项二十二条技术经济方面的战略原则设想。

(一)树立新的战略概念,研究全局战略,进行统筹安排

1.建立"大计算机业"的概念:电子计算机是一种在综合了许多基础技术和经济发展成果的基础上发展起来的新兴技术,它的发展要有强大的传统技术为基础。因此要建立起"大计算机业"的新概念,对计算机事业进行统筹安排。要把计算机事业本身及其所需的物质、文化条件放在国家全局中统一考虑。要研究制定全面计划、通盘部署,发展有关集成电路、元件、材料、生产工艺、生产设备等技术,在一个较长的大体限定的时间中达到比较完整、能立足于发达国家之林。

2.电子计算机是一种高效能的倍增型高技术装备:它不是直接的生产力。它不能脱离倍增的对象而独立,因而装备电子计算机的规模必须与倍增的对象相协调,要符合我国经济和外汇的承载能力和用户消化能力。应装备多少计算机,应进口哪些计算机,生产建设应采取何种规模,要研究出切实可行的准则,避免生产建设和装备的重复和浪费。

3.应用不囿于国内产品,生产建设不囿于国内的需要:这样才能使两者都能充分发展。电子计算机从生产到应用推广的各个环节,要从我国的需要与可能和全球条件结合考虑,逐步做到两头在外,大进大出,参与到国际大循环中去。

4.参与国际大循环的部署要充分与长远目标相协调,要同时以适当的力量准备未来和研制国内不可少而又不能从国外取得的机种。

5.要认真研究兼容问题,开始考虑非兼容机和半兼容机:当前采取兼容原则是适当的。但从长远来看,兼容就必然落后于发达国家,要争取同国外并驾齐驱,就不能全部兼容。况且世界上各大厂商正在采取措施防止别人搞兼容机,今后要全部兼容将更加困难。现在要认真研究兼容问题,研究现在兼容到什么程度为好,应兼容到什么时候。世界上已有许多非兼容机异军突起,各有专长并各占领、扩展了垄断企业的一块传统市场。我们是否也要考虑做非兼容机和半兼容机的工作,也不妨考虑以国内较低档次的兼容机为起步的基础,逐步脱离兼容轨道。

6.资本主义国家和厂商对社会主义国家在高技术、关键技术方面保持壁垒,在这个条件下利用我国固有优势,争取最大限度的国际合作。

我国体力劳动工资优势有三十倍左右,脑力劳动有七十倍左右。如果考虑到效率低、管理差、闲工多、浪费大等消极因素抵销几倍,也还有几倍优势。而且在同等情况国家中我们掌握了一定高、新技术,这是又一优势。要从多方面研究现况和想方设法解决如何能提高效率,最大可能地发挥这些优势。由于国外软件运行过程和计算机系统设计规范对我国保密,出口软件可能有一定限度,迄今出口规模不大。今后仍然要鼓励出口,即使是编程或录入一类的简单

脑力劳动也不能放弃,但不能寄托过多希望。我国软件队伍还很不大,软件工作也要面向国内。要自主开发国内的应用软件,非兼容机和半兼容机的系统软件,任务很重。

(二)发挥潜在竞争力,要选好产品突破口

7.重视质量:要使产品达到国际市场上都具有竞争力的质量和可靠性水平。

8.要使中低档次产品能顺利生产,达到规模经济的要求:这是我国能做到的。例如个人计算机,5微米甚至7~10微米规格的集成电路。如果目前国内市场规模达不到经济生产的程度,就要设法进入国际市场,以保证市场规模。能在国际市场上站住脚,规模上去,成本下来,国内的需要才能解决。

9.要善于选择对象,逐步解决:如果一切产品齐头并进,各方面都要解决问题是远超过我国现有能力的。优先选择国内国际市场的需要都比较稳定的产品,如四位、八位微处理器、学习机、除磁盘机外的一般外部设备。还要从各方面考虑,先选择有利的对象,逐步扩大范围。

(三)积极利用开放条件,逐步走向自主发展

10.多层次并行的逆向发展:在一定时期内,准许在应用层次用进口设备,在系统层次用进口配套件,在单机层次用进口构件,在构件层次用进口坯件和材料等。这意味着既让出部分市场,也保留部分市场。

11.向深度推进国产化:"逆向发展"必须理解为积极国产化的方针,要有步骤,既稳扎稳打,又不慢条斯理。所谓"深度"国产化,是说不仅构件、材料要国产化,而且对专用设备、测试设备也要积极国产化,积极采用国产品。这样才能经过使用和生产,发现问题和解决问题,促进提高和发展。使用国产设备可以大幅度减少折旧费,降低成本。在使用次一档或试用性产品时,有时要付出增加一些劳动量,增加一点废次品的代价。对此要权衡损益,积极采用。

12.在吃透中低档产品的基础上向高层次发展:现在是高中低齐头并进,但往往都不能顺利生产。应当在进行人工智能、大规模并行处理、新器件、新材料等高层次技术的跟踪和早期发展工作的同时,以更充分得多的力量使中低档产品能先解决基本技术问题,达到顺利生产。这也是为向高档次、高层次进发所必要的准备工作。这也意味着使科研与生产之间,开展性工作与打基础工作之间理顺比例关系和顺序关系。

(四)积累资金,积蓄技术

13.依靠一般用户和出口积累资金,以国家分配的资金为核心,用滚雪球的方式增加扩大再生产能力:国家当前要更多地集中财力以保证克服那些资金密集的严重薄弱环节,如能源、农业、交通、通讯、材料以及教育等。人民消费也要不断提高。国家对于电子工业已给以很大的优惠,但只能支配给以限度以内的资金。国家的投资固然是不可少的,我们必须把国家资金用在核心部位。但我们更要依靠自己积累资金,以期更快地扩大建设规模。要努力增长创汇创收能力。

14.凭借空间、核能、军事等特定用户积蓄技术,这些特定的用户要求高,但订货不多,还要求不断改进。他们需要的往往是外国限售限运的较高档次的产品,不能依赖于外国。对这些用户,尽管经济效益往往不高,还是应努力保证满足他们的要求,自力发展不可少的少量产品。他们的技术要求高,并能在经济上支持技术发展,通过满足他们的要求,可以积蓄大量技术财富。尽管现在还只能做出高档次中的中低档次,但能用于提高技术,或推广于其他产品,干成了还能促使外国拿出更高的技术。

15.改善外商投资条件,争取更多的外资:国家已把改善投资条件作为重要问题来抓了,我们要善于利用这个条件。争取外资可加快建设进程,取得较高技术,要充分利用通过请外商代

理的办法来开辟国外市场,解决我国产品打入国际市场的薄弱环节(推销和服务)是有好处的。要注意重实惠、重基本条件,并不断研究有一定把握可以争取到的限度,既要努力争取,又不能不切实际地要求难于得到的技术。

(五)面向两个市场,发展两个市场

16.面向两个市场,国际和国内:这才叫开放。到两个市场去竞争,不要对国际市场缩手缩脚。要积极,不要气馁。不要把自己局限于仅仅满足国内需要,要有个全球战略。

17.发展两个市场,买方市场和卖方市场:这是和面向两个市场密切相联的,要以解决国内的需要为终极目标。如果当前国内需量不能保证经济规模,或者国内暂时没有充分条件生产供应的,不要勉强去做。而要先打基础,求效益,水到渠成。应用就属于买方市场范围(虽不是全部),应允许用些进口设备。对于卖方亦即产方,也应允许面向国外销售。如果只许国内买方对国内卖方,不符合于搞活的方针。应认真对待为出口而建设一些生产能力的问题,这在当前虽以出口为主,但将来国家需要一定会增长,到那时就可供应国内增长的需要。

18.消除进出口贸易和技术外事中的各种障碍:外贸要搞活,技术外事也一样。宏观的监督和控制主要是法治和法令,画大圈,严格执行贯彻,指引方向,适当节制。微观的问题应放手给基层,多统一点就会死一点。出国限制要放宽,给技术外事与外贸交往以充分便利。宽而有度。度就是限制那些基本不该出的,不让他们出去。审批手续要简化,规则也要简化而合理,切实杜绝不必需的、重复的引进和甚至为个人利益和局部利益的出国和引进。

(六)要竞争,也要保护

19.有选择的保护:要提倡竞争,增强产品的市场竞争力。但还要处理好竞争机制和保护政策间的关系,不要一讲保护,就说为保护落后,予以贬低,这不是从实际出发。发达国家都要"保护",何况落后国家!保护落后,就这个意义来说,是无可非议的。当然在保护的实施中,不能忘记竞争,不是保护"保守思想",不是姑息满足于落后。行业的落后主要反映了国家基础的落后,在这个意义上说,保护行业也是保护国家的落后。要用加强国家基础结构的办法去促进改变落后,不要单纯指责"保护落后",只督促一方。要选择哪些产品给以保护,如何保护法,这是要仔细地考虑的。

(七)通过生产专业化,化小规模为大规模

20.把工序分工和构件分工作为当前实现规模经济的方法之一:当前实现横向联合是一个有利于达到规模经济的路子。发达国家的小型企业往往技术浓度很高,各有专长,依靠市场,相互协作。这是一种生产社会化。我们小企业有不少办得好的,但也有许多过分分散,技术力量薄弱,体现不了规模经济。可以参照发达国家的经验,作工序分工和构件分工。一个企业集中在一个组装工序或一个制造工序上,集中在一种相对简单的构件上,就可以化原来的小规模为大规模。投资相对集中使用,产生良好效益。通过专业化还可以积累经验,培养人才,提高企业技术浓度。

(八)重视外部设备和软件生产

21.外部设备的开发、生产和产业建设要受到更充分的重视:外部设备产值为主机的几倍,种类多,量大面广,要求物质条件和工艺条件十分繁复。在计算机产品中,外部设备的技术水平和需要规模比较稳定。要有一个统筹协调的分步安排,有步骤地一口口地把它们分块吃下来。

22.软件应当计价:要保护软件产权,软件要计价,但这有一定困难。要有一个计价准则,以超额的编制费代替版权费也许可考虑为解决办法之一。

以上八项二十二条战略原则设想，其目的是在开放的环境条件下，使电子计算机能稳步地缩短差距，最终实现完全国产，进而与发达国家并驾齐驱，具备起步走向领先于世界的基础。这个目标的确定首先是因为我们是一个占全球人口五分之一以上的大国，最后不能不力求使国家达到基本上是自给自足、自立更生、具有自主发展能力的状态。但这丝毫不意味"排外"。即使达到那个理想状态，我们还是要吸收别人的一切长处，也还是要与外国发展贸易，互补长短。国际配套的原则对我们会是有利于发展的，但绝不是长远起作用的规律。

　　以上八项二十二条还远不够完全。例如说，要达到这个长远目标，必须尽一切可能培养、壮大我们的骨干队伍，包括高、中、初级骨干技术人员，有文化有进取心的技术精湛的工人和具有能力的具备高度工业素质的干部和管理人员。这是培养基本技术能力的重大问题。

计算机及其应用分层次现况及战略研究草议

1.计算机及其应用概况

十一届三中全会以来,我国计算机事业得到了迅猛的发展,取得了可喜的成就。

在 1986 年 9 月对全国计算机情况进行了调查。计算机制造部门:有 180 多个企业,职工 87,900 多人,技术人员 13,800 多人。计算机信息(含软件)服务业部门:有 216 个单位,职工 28,705 人,技术人员 7167 人;各有关部委、省(市)级计算机研究机构:有 460 多个单位,职工 108,513 人,技术人员 28,614 人。

1986 年底统计,全国总装机量为:大中小型机 8 千多台,微型机 24 万多台,亚微机(单板机等)共 30 万部。其他还有数十万台的外部设备和已生产(组装)出来的一千多万部计算器。装机量按应用部门分类比例为:科研占 31.5%,工矿企业占 25.7%,各级政府机关占 30.4%,各院校占 12.4%。应用成果 2 万项。

目前,我国有 610 多所院校培养中高级计算机人才,还有许多中专、职业学校以及有关单位为用户举办短期培训班培养初级人才。每年可培养 5 万~10 万人。

我国计算机装配产业、服务、教育已初成体系和规模,培养和锻炼了一批有一定技术素质的技术队伍。为我国计算机事业不断发展奠定了坚实的技术、物质基础。

存在问题:

1)工业发展跟不上应用发展的需要。工业和应用体系缺乏协调。

2)集成电路性能品种规格不能满足需要,因需量少,也不能形成规模生产,成本高。

3)资金短缺。使计算机研究、生产、应用、教育等受到制约。

战略建议:

1)制定有关法规政策和技术、质量标准及规范。提高国产机竞争力,控制非必要的进口。

2)适当加大必要的投资。增强产业活力和推动应用发展。

3)加强宏观管理。使计算机科研、制造和应用相互协调地发展,促使良性循环。

2.巨型计算机、小巨型计算机

巨型计算机主要任务是高级科学技术运算,是外国对我国禁运的产品。在世界上它的销额不大,但为高技术发展所必需,占有独特的位置。近年来它的装备量有显著的增加。它的运算速度已可达每秒十亿次上下。小巨型机是近年的新品种,其任务同于巨型机,性能为其十分之一,但价格可降低二十倍。它与巨型分占不同阵地,互为补充。

为打破禁运的阻碍,1983 年我国防科技大学成功地研制了"银河"亿次巨型机、并通过国家鉴定。使我国跃入世界能研制巨型机少数几个国家的行列。中科院计算所于 1987 年研制成功 KJ8920 巨型机又有所前进,并正在计划研制小巨型机的部署。目前,国家虽不能投资巨款研制生产,但是为了突破外国技术封锁,满足导弹、核能、石油勘探、气象预报的需要,对巨型机研制工作要给予重视和关怀。

战略建议:

国家牵头,投入一定资金,组织中科院、国防科工委、电子部、航天部、二炮等单位协同进行巨型机的研制工作,期望在 21 世纪初期研制出更高水平的巨型、小巨型机系列,接近当时的发达国家水平。

3. 中大型计算机

中大型计算机是面向普通数据处理特别是管理业务的机种,并可供中等科学技术运算使用。在发达国家,其产值和销售额占整个计算机产值和销售额的 60% 左右。表明它在计算机中有着重要的地位。

我国计算机事业的发展和壮大是从中大型、大型机的研制开发起步的。我国在 60 和 70 年代共生产了中大型机 600 多台,基本上满足了当时的科研和国防的需要、并做了重要贡献。

80 年代以来,我国中大型机应用领域相应扩大。1986 年底统计,水电、石油、银行、铁道等 32 个应用部门共装中大型×××台,其中:中型机×××台,大型机×××台,中大型机比例为 11:1。在"七五"期间,上述 32 个应用部门需装中大型机×××台,其中:中型机×××台,大型机×××台,中大型机比例为 68:1。当前中型机是我国政府各机关和大型企事业单位的主要数据处理工具。

近几年来,电子部华东计算所研制了与 IBM 兼容的 8086 中型机。受到国内专家和用户们的好评,但销售额不大。经调查,上述 32 个应用部门的装机量中有 90% 选用的是这一系列机型,但绝大部分是进口或从美国租用的。

战略建议:

1)组织有关部门横向联合集资、研制并批量生产。

2)国家优先审批主要关键件(器件等)计划和许可证。

3)国家优惠无息或低息贷款(含外汇)。

4)国家控制进口,是发展我国中大型机产业的首要问题。

4. 小型计算机

小型计算机,崛起于 60 年代末,是面向一般试验室与设计室,同时可供中小企业管理以及自动控制使用。

我国 70 年代研制了 1000 和 2000 系列小型机。DJS130、131 小型机曾是我国生产、应用的主流机。80 年代先后研制了 3000 系列机和与 DEC 的 VAX 兼容的太极 2220 超级小型机。太极 2220 机批量生产,并达到国外同类产品的技术水平和质量标准,受到有关专家赞誉和用户欢迎。广大用户迫切需要小型机的支持。"七五"期间,53 个部委应用部门需装小型机 5000 台。需装量中有 80% 为国产 2000 系列机及国外同系列机型。我国已建小型机线 11 条,能年产×××台,完全可满足用户需要,但迄今为止,国家仍在大量进口。

战略建设:

1)国家采取有效措施,充分发挥现有生产能力,控制不必要的进口,以免生产线停工。

2)加强小型机应用软件、系统软件开发工作,使其功能充分发挥。

5. 微型计算机

微型计算机,发达国家 70 年代投产。由于体积小、价廉,很快成为畅销产品。

我国微型计算机研制开发工作自 1974 年开始。坚持了"引进、消化、开发、创新"的发展战略,经过 SKD、CKD、装配国产化、制造国产化等历程,完善了系列型谱 0300、0400、0500、0600 等系列机。开发和应用最快的是 0500,如 0520、0530 等微机,与 IBM PC 兼容。32 位工程工作站也已开发成功投产。我国微型机技术和生产都达到国外 80 年代初期水平。已建生产线 21 条,有批量装配能力。据调查,"七五"期间 53 个部委应用部门需装微机×××万台,需要量中有 73％为国内 0500 系列机及 IBMPC 机。目前,我国年产可达×××万台,如市场销纳力需要可年产×××万台。能满足国内用户需要,且有出口创汇能力。

目前,我国从事微机开发和应用的技术人员有×××万多人,形成了一支水平较高的技术队伍。微机软件市场也初步形成。微机在计算机应用中数量最多、领域最大、效益最好。

存在问题:

1)微机市场缺乏管理,受进口冲击很大。

2)主要器件依赖进口,影响国产化配套。

战略建议:

1)面向国内、国外两个市场,开发有我国特色的微机,打入国际市场。

2)我国劳力资源充足,装配能力强,可抓紧对外加工微机产品,积蓄技术和资金。

3)国家应采取坚决措施控制 32 位以下微机进口,以保护发挥国内技术和生产力。

6.外部设备

外部设备,包含输入、输出终端、存储等。它们的地位是为主机配套,但其制造用装备规模(以金额计)数倍于主机,应受到更大重视和支持。

我国外部设备研制、生产也是从 50 年代中后期开始发展的。三十年来,经过了电传打字机、穿孔机、光电输入机、磁鼓、打印机、磁带机、绘图仪、软硬盘驱动器、彩色监视器等产品的变迁和发展,已形成门类初步齐全的产业。科研、院校研究开发部门有×××多个,生产企业有×××多个,从事外部设备研制、生产、教学的技术人员有 2 万多人。已生产外设×××万台。目前建立了各种外设生产线共有×××条,年产×××万台(部),但是,由于外部设备所涉及的原材料繁多、工艺复杂、技术难度大,研制周期长,国产化水平差、性能价格比低,品种规格少,难以适应用户需要。目前还有很大部分是用进口零件装配。

战略建议:

1)加强与外设有关的原材料、关键件部门的横向联合,加强基础工业建设,集中力量攻关,增强配套能力。

2)加强内外合作。国内能做的,自己配套生产;暂做不到的,引进关键技术和设备,逐步做到完全国产。

3)外设产品中机械加工居多,劳动密集,组织对外加工,提高工艺水平。

7.计算机软件

计算机软件是一切计算机应用都需要的。在发达国家,其产值(包含用户自编的)大约与主机外部设备的总计相当。

我国软件是在 50 年代末期和硬件的研制同时起步的。三十年来,特别是近几年来因应用领域迅猛扩大,对软件研究开发也相应发展,软件技术人员也有较大的增长。在我国电子工业和计算机工业发展的“七五”规划中均列为重点之一。但是,我国软件研制开发水平和美国日本等国相比还很有差距。据 1985 年统计:美国有软件人员 120 万,硬件人员 30 万,软硬件人员之比为 4∶1;日本有软件人员 40 万,硬件人员 10 万,软硬件人员之比也是 4∶1。而我国目前有软件人员 2 万,硬件人员 10 万多,软硬件人员之比却为 1∶4。

当代计算机软件已向工程化发展。美国在 50 年代成立了软件公司,日本在 70 年代建立了软件工厂,软件商品化规模越来越大。软件营业额已占硬件营业额的 1/3,再过 5 年可达1/2。我国 80 年代初虽建了几个软件中心,成立“中国软件技术公司”,但规模不大;应用软件设计和编制力量薄弱,低水平重复比较严重;虽有少量出口,竞争力不强。

战略建议：

1）加速培养软件人才。可采取多渠道、多形式、多层次培养软件人员。

2）建立软件产业。向工程化商品化发展。

3）加强软件标准、质量、价格、版权等统一管理。保护软件人员积极性和合法权益。有利于国内搞活，促进国际交流。

4）积极开展软件国际合作。引进世界先进软件、吸收外资为我所用。我国智力资源丰富，开发软件出口创汇。

8. 计算机网络

近几年来，我国计算机建网工作有较快发展，数以百计的单位分别建立了大中小各型网络。如冶金部的微机低速数据网，中国农业银行的微机远程网，北京饭店、西苑饭店、北京吉普车公司、首钢、济南第二机床厂等单位的局部网，北京气象局的低速、高速通信网，总参全军指挥自动化网，航天部、铁道部、公安部、中国人民银行等部门的计算机网。这些计算机网络在应用中均发挥了有效作用和取得较好的经济和社会效益。由于"办公室自动化"的兴起，计算机局部网络将在全国各领域中迅速发展。但是，由于通信线路缺少、设备落后和一次性投资较大，而影响了它的发展，组跨区网的技术进展不大。

战略建议：

1）加速通信资源的改造和充分利用，扩大通信线路；加强无线和有线联合应用，发展卫星通信网等。

2）加强建网部门与计算机、通信工业部门的联合，提高网络的国产化程度。

3）加强应用软件开发、网络软件消化移植和生成手段等工作。

"计算机及其应用分层次战略"就以上8个主要方面进行介绍和论述。其实，分层次战略远不止这8个方面。有许多重大问题已在前三个部分做了重要论述。

总之，《促进计算机发展良性循环》是一个重大课题。要靠上下两个积极性。上靠国家领导的决策、重视和扶持，下靠科研、生产、经营服务、应用（用户）、教育等方面的广大科技人员、职工和领导的奋发、自强、协同，良性循环方可形成。这两个积极性缺一不可。

关于人工智能与知识工程

——在美国访问 MCC 观感

（1987 年 12 月 2 日）

如果望文生义,人工智能的实现必然是用机器能进行人脑的一切活动。这正是几乎所有人们许多年都盼望能够做到的。也是 50 年代从事人工智能的学者们当时所向往、甚至预计是不难于实现的目标。然而,在这个目标的巨大难度被认识之后,在初期的专家系统被证明其功能之后,人们的努力大部分转向了现实的富有成效的专家系统。

然而,自从日本挑起第五代计算机的旗帜以后,一个新的"智能机"的热潮又涨起了。美国也出现了 MCC* 的组织和日本的 ICOT* 抗衡。这带来了一系列的问题:智能包括什么? 走什么路子、采用什么样的设备使机器能赋有智能? 我们能使机器赋有多少智能?

似乎经过将近 30 年时间的实践和反思,对这些问题已有所认识。看来智能是多层次的。官感是最基本的层次,人的知识和智力都是以从实践得到的官感材料为基础得来的。由学习而获得知识,因此学习是第 2 个层次。经过推理而扩大知识。推理能力和推理活动是第 3 个层次,推理能力也是通过实践和学习获得的。类比是一种不像推理那样严谨的思维能力,它是第 4 个层次,是一个强大的层次。不可思议的是人能进行一种甚至自己也不能觉察的思维过程:灵感、顿悟……,这是人们还不能确切说明其过程的第 5 个层次。然而这 5 个层次主要适用于认知性思维,还没有包括构造性思维。现在我们所能谈到的人工智能,看来还只能相对地集中于认知能力的部分,并且还只能设想到第 4 个层次,学习层次还是个瓶颈。

我在半年前访问了 MCC,了解到他们的一些思路和设想。我感觉到他们颇有远见而又很务实,在做一些扎实的工作。他们是许多家企业共同组织的联合体。他们并不准备自己去直接设计研制一台"智能"机,而是逐个解决为设计制造崭新一代计算机所面临的基本的和关键的问题,然后,将成果转移给合股厂商。他们省掉了社会上已充分注意并不断取得进展的课题,如微电子和磁、光盘技术。当前他们主要在 7 个方面做工作:引线间距到 0.1 毫米的包封与自动键合技术;极大规模、极大编制队伍的软件工具和编程环境,自动化设计;以集成 1000 万晶体管为目标的极大规模集成电路的计算机辅助设计;适应于符号语言并缩短开发和执行时间百十倍的高速、并行的计算机系统结构原理;具有独自特色、能从不确切、不完整的事实知识作出判断和能理解人的语言的人工智能和以知识为基础的系统;为了这样具有强大能力的知识系统与智能系统所必备的极巨大的数据库(知识库);当然还有人机联系的问题:心理因素、行为学因素以及语言的识别、理解和三维图像的识别和构图技术等。

中心是人工智能与知识系统。他们的看法在相当大的范围中印证了本人开头的论点。他们承认,在长期的人工智能工作中,遇到的问题和专家系统所碰到的困难:第 1 个是脆弱性,即凡遇到设计时未考虑的具体情况,它就无能为力了。然而人在这时却往往能找出解决问题的办法,第 2 个是很难给专家系统装入有力的学习知识的能力,而要人去一一装入知识却是极其繁重的工作。他们认识到原始知识即直接从实际获取的知识最重要。他们认明"常识"是根本,人能应付许多过去未遇到过的问题,因为他们具有丰富的常识。"常识"愈丰富,就愈善于学习。只有给智能系统以充分的常识,才有可能解决这两个困难。而且,人运用常识的强大武器是"类比",智能系统必须具备"类比"能力。

MCC 采取了建设一个"常识库"的宏伟工程的做法。他们已开始把一本案头百科全书(有3 万个条目近 10 万个段落)作为试点,先分解其中的 400 个条目。人所以能看懂百科全书,首先因为他已具备为理解这些条目所需的背景知识。背景知识还有背景,即背景的背景。分析到最后的环节,就是从实践中获得最原始的知识。他们称之为"常识",可能称为"原始知识"最为确切。开始分析工作时,他们以为可能很困难。但经过一段工作以后,他们发现一个人一天就能处理一个段落。他们要建设两个巨型数据库,一个是逻辑型的,用 PROLOG 写,另一个是目标指向的,用 LISP 写。我这样设想,与专家系统相对比,他们是想建立一个"通才系统"。

MCC 的人说 ICOT 一开始就认定了 PROLOG 语言,可能要碰到困难。MCC 对原始知识和逻辑推理是并重的。据说 ICOT 买了许多美国 Symbolics 的计算机,那是 LISP 处理机。这样看,ICOT 也并不是偏爱 PROLOG,只重推理。

还是回到本文开头的论点。和 MCC 的看法相印证,在智能和知识之间,人工智能和知识工程之间究竟差别有多大? 对于人自己还没有弄清楚的某些智能活动的过程,人能不能构造相对应的人工智能? 这些是不是还要探讨才能回答的问题?

* MCC 和 ICOT 依次为美国和日本从事新时代计算机的组织。

(此文刊于《中国电子报》1987.12.2)

关于信息、智能与计算机

（1987 年）

信息事业发展到今天，电子的物质手段不但占有重要的地位，而且它推动信息事业前进，在社会进步中起着极其巨大的作用。在社会流行至广的许多说法中，往往把电子计算机作为电子的中心话题，并且和智能活动联系在一起。也有这样一些提法，似乎概括的面宽一些：例如四个 A（工业、农业、办公室、家庭自动化），三个 C（英文的通信、计算机与控制，或命令、通信与控制），通信与计算机的结合等提法。这些都或多或少地更完全地反映了事物的实际情况。尽管如此，考察一下信息的全貌，找出一些基本的因素，联系到智能活动和计算机的前程，也还有可以探讨的问题。

一、关于信息和信息作业及作业的手段

我们日常所说的信息和信息理论中定义的定量的信息有联系而又有区别。日常所说的信息的含义是很广阔的。有人说信息是客观事物存在的形式，这有一定道理。更确切一些说，信息是客观事物存在和运动的形式中的千差万别和千变万化。哪里有差异，哪里就有信息。在无差别处，也就无所谓信息。因此，每一对差异就定量为一个比特，即一个单位的信息。至于在信息理论里，在一定意义上说，只有在前述的信息被认识的过程中，信息才具有意义。在这个过程中，原未被认识的，同时又是要去认识的对象，就是信息。如果是已知的，就不再是信息了。我在这里讨论的是一般的信息，包括已知的、未知的以及在被认识的过程中的和不在其中的都在内。可以说，信息弥漫于整个宇宙的时空域中。维纳说过，信息量是宇宙的有组织性的量度。这和这里的提法不同，但所覆盖的范围似乎是一致的。信息的定义几乎是数不胜数的。本文只是按照我上面所描述的那个信息作出讨论。

人要吸取信息，加工信息，运用信息，就必须对信息进行作业。信息作业是复杂的过程，但分解开了，大体是如下的十种功能元素：摄取、再现、录存、传递、渠道转换、信号处理、推理作业、数值计算、过程仿真、信息控制。这可能不是惟一的分法，但便于讨论选定的论题。表 1 列举了这十种作业功能元素及其所能利用的物质手段，并和人的生理和思维活动相对照。

这十种信息作业的功能元素各自的含义是什么？有的可以望文生义，不喻自明。有的可以从表中列举的各种具体手段理解。需要说明的是信号处理。许多从事信息处理工作的人可能认为没有必要再去说明。这个说明的目的仅在于描述"信号处理作业"的方法，使它和信息处理的概念有所区分。首先描述一下什么是信号。信息不能不用某种物质形态来表明，然后才能寄托于物体成为可以看得见、摸得着的对象。一个信息可以赋以各种物体形态，这些形态就是信号。例如码就是一种信号。但码可以在纸上绘出，可以在示波管上以任何一种形态表达，可以在磁带上记录下来……码可以调制于电能，可以调制于电压、电流、电磁波……调制的形式又可能是调幅、调频、脉宽、相位、脉码等方式。码也可以是直接码或纠错码、海明码等。信号的形态可以多种多样，但是在相互变换中，我们可以保持信息不变，信号处理包括信号设计、信号变换、信号的过滤、信号的抽炼、信号的复原等。信号处理作业的目的都是为了使信号

经过其他作业过程，并遭受难免的干扰后仍能最大限度地保持和恢复原来的形态，尽量使所表达的信息不至因而受损害。模式识别或信号的抽炼作业是从大量的信息中抽取主要信息或信息的特征。它是一个边缘性作业，可以包括在信号作业以内，也可以不包括。

表 1　信息作业功能元素

功能元素	人体对应的生理作业手段	人工物质作业手段			
		非电子物质手段举例			电子及光电子手段举例
摄　取	感觉神经、眼耳鼻舌身、半规管	双金属片、膜盒、显微镜、望远镜	温度计	摄影技术	敏感元件、摄像管、键盘输入
					阴极光管、绘图仪
再　现	发声器官、体态、表情	表盘	书写、印刷、唱片		集成电路、激光盘、磁带、磁盘
录　存	大脑皮质	穿孔卡片			
传　递	神经网络	光、机械、气压、液动、邮寄			电磁波、电或光线缆
渠道转换	人和人直接接触	邮件分检、递送			交换机、程控电子交换机
信号处理	脑、网膜等	码板			电子电路、表面声波器件
推理作业	脑皮质、海马体	卡片编检			电子数字计算机
数值计算	脑、指、眼	算盘、纸、笔			光电子及电子模拟计算机
过程仿真	脑、动作	导电纸、电解液槽、沙盘			
信息控制	运动神经	机械、电、电磁放大器			电子放大器、硅可控放大器

　　信息是弥漫于宇宙中的。在人类社会中，信息作业也是无往而不在的。例如没有信息的交流，人类社会就不可能产生和存在，而信息交流恰恰就是一种复合的信息作业。

　　从表 1 还可以看到，我们现在已占有多种的物质手段用来进行信息作业。这些手段是经过若干万年的历史发展积累而来的。在这个漫长的发展史中，有几个重要的路标：第一个是语言基本形成，第二个是文字的出现和完备，第三个是纸、笔的发明，第四个是印刷术的推广，第五个就是现代电子技术的引用。150 年前电报的发明标志着电技术进入了信息作业领域，成为电信事业的前驱，它是电子信息作业手段的胚胎。在近 50 年中，电子的各种信息作业手段完备了，有了迅速的提高，达到了一个十分兴盛的阶段。电子技术广泛进入了信息作业的各个方面，电子和光的结合已作出并将作出更大的贡献。电子手段和电子光手段的优越性可以举例说明如下：用微光电视摄像管可在星光下看到若干公里外的物体；用隧道效应电子显微镜可以看到较大的原子；用光导纤维和电子光器件相结合，已可在一条线路上，不经过中继增益站，同时传输十多个乃至几十个彩色电视节目到以百公里计的距离；用一片 300mm 直径的激光盘可以储存 1 小时以上的电视节目，或成万张高质量的彩色图像，以至成千万个中文编码文字；电子交换机和卫星通信能使遍布于全球的人们之间建立起联系的渠道，使许多家庭中都能看到彩色电视广播、听录音、看录像；作家们可以借助于文字编辑系统加速制稿。这些例子不胜枚举。

　　近 50 年来，从 20 世纪 30 年代无线电广播的兴盛、电视的出现，到电子管的发展，使得电子技术陆续进入了观察、测量、探检（电子仪器、雷达、导航、遥感……）领域，乃至出现了电子计算机。而半导体器件、晶体、集成电路陆续进入分立、集成小规模、中规模、大规模、超大规模阶段，使电子技术一步步地增强活力，达到今天这样的兴旺局面。电子技术进入信息作业，为信息作业增添了无限的活力，显现为空前地绚丽多彩。

二、电子计算机与人工智能

仍然回到表 1 看一下。在十个信息作业功能元素中,电子计算机进入了三个半,即推理作业、数值计算、过程仿真以及信号处理的一半。大体说,这三个半功能恰好对应于人脑的功能。与此相比,其他的功能则对应于神经的功能。值得附带提到,视觉信号也可能是在网膜上先进行预处理,然后送入大脑去,这对应于信号处理的功能。电子计算机计算系统不能离开存储器,而存储器的作业功能对应于人脑。人的生理活动中信息作业是靠整个脑神经系统完成的。物质手段的信息作业也必须靠信息作业各种手段协同作业,整体地完成任务。然而在脑神经系统中,脑是中枢,特别是大脑。人的智能活动是靠大脑的,人的所有神经活动和运动活动也是靠脑来指挥,来调度和协调的。电子计算机的出现和发展标志了电子信息作业的新阶段。电子计算机技术起延伸脑活动的作用,使延伸整个脑神经系统的作用完备起来。

电子计算机和人脑之间既然存在这样的对应关系,很自然就在人们中产生了电子计算机能延伸人脑的信息作业能力到什么程度的问题。这个问题的提出也就是研究人工智能的起始。电子计算机是 20 世纪 40 年代电子技术提供的可能和当时社会上紧迫的需求相会合的产物。人脑乃是论亿年生物进化的极复杂的产物,并不是按着谁的蓝图制造出来的东西。在这个问题上,电子计算机与人脑是很难相比拟的。

20 世纪 50 年代,电子计算机诞生不久,发达国家的科学技术界抱着高度的热忱来进行人工智能工作。大概是因为在那个时代还来不及思考这个问题,或者因为这样的问题只有经过尝试和实践之后才能具体领会,有的专家事后评论当时的情况认为,他们过分天真地认为掌握为量不大的思维规律,就能解决人工智能的问题。事实上两位信息理论方面的权威人士已经在 1950 年做了发端。其一是吐灵提出了计算机能否思维的问题。其二是香农编了一套让电子计算机学习棋艺的程序。

1960 年是人工智能发展的第二个阶段。有一部分人转而从事编制一些现实可行的,以知识为基础的,能解答一个较窄范围问题的应用程序。这些就是最早的专家系统。这应当说是对人工智能进一步的认识。原来设想的目标过分宏伟,而人们所能采取的手段是十分薄弱的,遇到较为复杂的问题就难于解决,进行不下去。当时的计算机也是薄弱的,对于这样广泛的,就连现今的最强大的电子计算机也还不能解答的问题,它是远远不能胜任的。选择编制专家系统的程序,这个方向是明智的。

这个时期出现了像 DENDRAL(用以分析质谱仪资料、核磁共振资料等以推断未知化合物的成分),MYCIN(血液病症诊断)等专家系统,被证明是可行的。在这些成绩鼓舞之下,若干专家学者又热衷于知识活动、知识发展的一般规律,以求在电子计算机上采用。这一努力遭受到和 50 年代设想类似的命运。这两个事例说明,要找出能解决普遍问题的路途是很艰难的,而做一些较现实的工作,则能产生重大的效益。当然这不等于说对较普遍性的问题就不需要研究了。

到 1977 年,有名的人工智能专家费根鲍姆说:"专家系统的力量来源于它所占有的知识,而不是由于它占有(什么普遍的)格式或推理方法"。人们认为这是人工智能的工作的一个转折点。尽管费根鲍姆后来还说过"认知科学的研究仍然要继续",但事实上,在发达国家中,人工智能的工作重点,转向于更实际的应用。在美国,LISP 语言是应用得最顺手的,便于编制专家系统使用的程序语言。以前它是用编辑程序软件来实施的,现在已经出现了几种直接用硬件来实施的计算机。为了帮助编制专家系统的程序,也有许多种已商品化了。

电子数字型计算机的工作能力,已不仅限于数值计算和对数字做一些初级处理(即数据处理),而扩大到也能够进行符号逻辑的处理作业。这个处理符号逻辑的能力就是运转专家系统的基本工作方式。人所掌握的专业知识装到一个巨大的存储装置——知识库中。在我们向它提问并给以一些原始前提时,由电子计算机通过符号逻辑方法,依据于装入的知识进行推理(推理的规则是依据于知识,存储于知识库的),并从而答复问题。从前,当电子计算机只是用来依照计算程序处理数据时,计算速度有时可以比人工计算快无数倍,并且能处理人工所难以进行的复杂计算,不知疲劳,不厌其烦,保证准确无误。现在,电子计算机开始按照专家系统的程序处理知识问题,推理速度也可比人工推理快到难以预计的倍数。它也会实现人所难于实现的复杂推理,不知疲倦,不厌其烦,保证正确性。人在运用自己的知识时,有时会受到环境等因素的影响,不可能总是十分充分和正确的。如果人们有关的知识充分地储藏在知识库中,叫计算机去应用,则可以脱离环境的影响,使这些知识能得到充分的准确的应用。这就是专家系统有时会达到超越一般专家的原因。最根本的也是如何把已有知识搜集齐全,并高度条理化,以供输入到知识库中去。如没有这一先行过程,计算机专家系统就不能充分地、较准确地执行任务。这是构造专家系统时最难解决的一项高度复杂的任务。

我在这里回顾了发达国家发展专家系统的经历和过程。这可能对我们制定发展战略会有积极的参考意义。

三、关于智能计算机

讲智能计算机就必须先思考一下什么是智能。

如上所述,在发达国家中,在迅速发展人工智能的工作中,主体是放在专家系统或基于知识的信息处理系统。在日本常称之为知识工程。美国在人工智能工作上进步很快,已做出了较多实用的专家系统和若干面向知识的计算机。日本却在进行一种"比当代的计算机大大不同的"新一代计算机的工作,这计算机的别称是智能计算机。但就他们原来的设想来看,似乎也是一种面向专家系统或知识工程的计算机系统。尽管它将采用一些新原理,大量的还是在已有原理上大量堆砌扩展,从而得到一个比现有用于专家系统的电子计算机强大很多倍的计算系统。这些事实似乎向我们提示一个倾向,就是把智能等同于专家知识。这是一个在字面上并不确切的,然而对当前现实的人工智能来说,却是看得见、摸得着的东西。

虽然如此,我还是想从更广阔的范围讨论一下这个问题。也许能够从此了解一下"人工智能"可能要迈出的下一步。即使只能帮助我们扩展视野,也许并非无益。我不是研究"智能"的专家。我只就自己在应用科学和工程技术实践中的经历和接触到的某些信息,进行思考,用已形成的一些很不完整的概念来讨论这问题。

人每日都是在实践、认识,再实践、再认识这个环节中生活的。我们可能从最初的认识,即感觉直接形成行为意念,就付诸再实践。我们也可以感觉为出发点经过若干中间站而到达理论的高度,从理论再形成目标、方案等,然后付诸再实践的。经验也好,理论也好,各个层次的认识总是来源于实践,以指导 的方式为实践服务,而再到实践中去经过检验,不断修正的。信息在这个循环中流动。下图表达了这个循环。环上标写出 8 个节点。穿过最上的节点"理论"和最下的节点"实践"画一条竖轴线。轴线左边信息的流动主要是信息的认知过程,是认识信息不断提高的过程。轴线右边信息的流动是信息的重建的过程,是为再实践作准备的过程。在这个环上,信息的发展、推移、运动总是顺时针方向的,并且可以跳过一些节点直接向某一节运转。人的智能就可描述为人在这个环上发展、运转信息的能力。这个能力也通过这种不断的运转得到开发而提高。一个个节点上的信息,除去实践这个节点以外,都是知识。知识通过在这个环上的流动而不断增长。

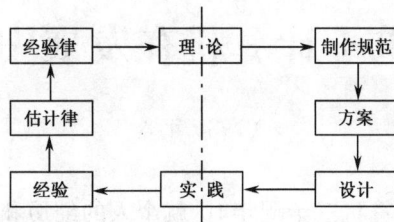

```
经验律 → 理 论 → 制作规范
  ↑        ┊          ↓
估计律              方 案
  ↑        ┊          ↓
经 验 ← 实 践 ← 设 计
```

这个信息运动的特点可以用其运动方式来说明。运动可以是形式逻辑的推理,可以是准形式逻辑的推理,可以是跳跃性的推理。这些准形式逻辑推理和跳跃性推理见表 2。在认知的过程中,可能遇到前提信息的缺落或不准确。在重建过程中,如果是工程技术的重建,会有多途径性,即每个人可以在若干实现的途径中,任选一种他认为是最接近优化的。如果是艺术性的重建,那就更会带有任意性。这类形式表现在表 2 中。总之,人的智能在很大程度上能够运用这些不同的思维方式、推移信息进入大体可行或大体真实,并可对付有缺陷的前提信息。那些远离形式逻辑思维方式,往往恰恰是更为强大的思维形式。

表 2

准形式逻辑推理	跳跃型推理			准任意性思维方式
估计律形成、类比、联想、引伸、形象化	经验判断	忖度判断	直觉、顿悟	典型化、夸张、渲染、灵感、虚构、讽喻

然而,现在的电子数字型计算机对于运用这些方式只能适应一部分,主要是形式逻辑的方式。如果要它实现一部分准形式逻辑的形式,大约也只能靠人在特定的条件下,赋予它特定的知识来进行。现在人们在致力于研究和应用模糊集理论,其目的也在于处理这个问题,已在某些专家系统中有所应用。然而用数字计算机来进行模糊处理,其能力也可能是不高的。

现在人们开始试图用模拟计算方法去处理人工智能问题,这也许会导致一些有益的成果。值得我们注意的是,我们知道运算同样算题的速度,模拟计算机比数字计算机要高得多。模拟计算机需要元件少,有利于大规模并行运算,更进一步提高它的吞吐能力。这都是利于更好实现人工智能的条件。我们也知道,模拟计算机的精确度只相当于十多位字长的数字计算机,并且可能会随并行度增长而积累误差。然而这却是在模糊集处理中所容许的。看来也许模拟的并行的计算机系统的构造,更接近于人脑,然而,这仅是一个十分粗陋的看法。大脑皮质的神经元有几百亿个,每个神经元和另外成万个神经元相联系,这个联系又是处于动态的。它们怎样组织在一起,显然是极端复杂的。我们对这个问题知道得还很少,远远谈不上相互比拟。

我不再去重复以上所述的这些讨论已引出的带结论性的概念,只想指出几个问题:

1. 本文的讨论与其说是提供知识,不如说是提供一些不完整的情况和提出一些问题供读者思考,也仅能算是我个人的学习笔记。

2. 作为社会的完整的信息作业装备,要充分考虑十个作业功能,不能仅限于其中少数。

3. 我国当前应当集中做那些最有效益的工作。

4. 对计算机主体部分,我们能提出一个吸引人的醒目的指标。但是当主体部加强了,就会发现输出输入设备和外部存储设备变成了瓶颈。

5. 用机器来实现人工智能、模拟人的脑神经系统的功能,信息的摄取和预处理可能是个瓶颈。例如人从外界吸取的信息中 80% 是通过人眼的,而网膜的视敏单元有一亿多个,已是机器难以比拟的。看来信息是经过预处理才送到大脑去的。这个预处理的机理也还不很清楚。

(此文刊于《电子技术》1987 年第 7 期)

电子计算机在发展中

(1985 年)

际此纪念我国发展电子计算机三十周年时，就个人的经历和感受，对我国电子计算机的发展做一点回顾和展望。

三十年前的此时，正是全国科技人才济济一堂，共同拟定科学研究和技术发展的十二年规划。毛泽东、周恩来同志亲切关怀，聂荣臻同志直接领导下的这项工作面向着中国的现代化，是一项史无前例的工作。当时定下的 57 项任务中包含了五个新技术项目。在张劲夫直接组织下写出了五项紧急发展措施。我当时负责的是电子学项目，是为各项新技术服务的。电子计算机方面的措施是由华罗庚同志写的。三十年来，在中央亲切关怀下，经过广大科学技术教育人员和各方面的努力和配合，中国的电子计算机事业崛起了。我们已经成为世界上第三个制成巨型电子计算机的国家。我国微型机也在到处显露身手。大中小型电子计算机为我国科学技术、经济建设、国家事务管理做出贡献。计算机工业也兴起了。我们走的是迂回曲折的道路，然而我们在排除一切困难中前进了，取得了胜利。这证明了我国社会主义制度的强大生命力。

我们看到，应预见到电子计算机的发展。我们不但要有每秒十亿、百亿 flops 的巨型机，更要有性能比现在强十倍、百倍的微型和大中小型的计算机。我们要有更高明的软件，更广泛的应用。国际上有的，出现的，我们也一定要做到，一定能做到。

电子计算技术是依靠了微电子技术和许多其他技术的协调发展不断地提高，不断地开展新的用途，而且会无处不存在的。电子计算技术和微电子技术是在最紧凑的结构中密切结合的产物——微处理机则将成为渗透到一切角落的东西，在更广泛深入的范围中影响我们的生活面貌的各方面。

计算机的应用是计算机事业发展的动力。任何事物如果不能造福于社会，它只能是黯淡无光的。我们会广泛地开展应用，使计算机事业日益焕发青春。

信息交换是社会赖以存在的因素，传统的通信技术，信息复制技术将会伴同计算机技术并且相互结合而阔步前进。综合信息网络是这一项发展的前景。

计算功能的增强，计算机的性能体积比的不断提高，将使它在更为广泛而深入的范围内延伸人脑的功能。机器人和扩大了的机器人——柔性的和"智能"的作业系统是这一项发展的前景。

在 20 世纪末之前电子技术仍将为实现计算机的所必须依赖的物质手段，同时其他物质手段也将逐步取得进展。

我讲的这些，肯定不会是完全正确的，也远不能概括全面，请大家指正。

我预见到 20 世纪末以前的这一段时间，将是我们的计算机技术走向和发达国家并驾齐驱的十五年。

（此文是作者纪念中国电子计算机事业发展三十周年的发言）

新时代的计算机和信息事业

(1984 年)

一、我国发展对策的探讨

现在我们非常关心一个新的时期降临到我们人类社会。在掌握信息、材料、生物、能源、海洋……等方面,我们将更多地离开必然王国,进入自由王国。在谈到被称为"新技术革命"这个词语时,我们特别注重信息技术的作用,常常提到"信息革命"、"信息社会"、"信息世界"等。而且提到"信息技术"时,总是把"新一代计算机"、"第五代计算机"等放在首位,并把大规模集成电路看作是主要关键。这都是有道理的,但还是值得探讨的。

这些讨论的看法,是相对地集中的,也是相对地多样的。是不是在讨论中,应当不断地作一些比较汇总性的探讨? 我不具备综合那么多较为完整地综种看法的条件。我只是尝试着,把我比较熟悉的一些提法作一些比较分析。

新型电子计算机的各种议论。

如果说"未来型"计算机,可能更醒目些。但是现实即将出现而且与现存相衔接的,似乎难于包括;而且"未来"伸展到极长的时代,似也不会或不可能推测到那么远。然而就是在这个较近时期内,说法就有许多。

1. 智能性的计算机。我看智能本身就需要长时间的研究。懂得多些,才能在计算机上多实现一些。现在在智能方面研究的路子可能有几种在并行。一是从生理上研究人的大脑和神经是怎样具体活动的,用物理的、化学的原理和方法去研究。近年来有了许多很新颖的发现。微观生理研究,特别是借助于电子显微境和用电子仪器观察脑电现象,起了很大作用。然而从 DNA 和蛋白质来追踪人的思维过程,当中还有极大的距离。我们想利用它于发展当前的计算机,还只能寄以极其重大的而且是颇为遥远的希望。二是把人的思维器官当做一个"黑盒子",即不管它内部构造和运动过程,而把它作为一个单体,从它表现在外的行为,去研究它的运动规律。这是一个现实的、富有成效的方面。例如从条件反射到"学习过程",从调节功能到反馈理论,从系统工程技术中的运筹学、博弈论、排队论等理解人的思维判论过程。我大胆地假定,对于逻辑,即思维方法(这个早已确立的学科)的研究,也可在某种意义上包括在这一个和下一个类型之中。形式逻辑,由于数理逻辑联系于逻辑思维;或可说数学也属于这个范围,它已通过数理逻辑的联系而与形式逻辑联成一片。模糊逻辑的研究是否会为理解形象思维作出贡献也是可以期望的。直觉、联想、启发、忖度、揣测、顿悟、引伸、想像、幻想等往往是心理学的概念,实际也是思维过程而带有不同程度的模糊性的。在人类生活中所遇到的,这些比谨严的形式逻辑似乎要经常得多。这方面的研究成果,可以部分地推动计算机模拟智能的进展。三是用已有的计算机技术尽多实际用于扩展脑力劳动成果的效益。其实传统的用于数值计算的技术早已做出开端。现在计算机已经广用于分类、统计、类比、识别、判断、控制等,也就可做更多的智能性工作。这里取得进展较多的方面是以(已有)知识为基础的"专家系统"。用"专家"这个字似乎限制了它的范围。关幼波的肝病诊断系统固然属于其中引人注目的一个类型。其实从计算机下棋到计算机辅助设计、计算机自动控制等以及业务数据处理,无不属于这一类。当然由于有一部分的"专家性"特强,所以才出现了"专家系统"的名词。"机器人"技术是常被提到的一个方面,当然它不一定具有"人"的形态,更不可能具备"人"的一切功能,而似乎更多地指能进行物理运动能力的自动机。根据自动控制技术加以范畴化,有许多不同分法,例如,日本人习惯于把复杂的机械手也列为机器人,但数控机床却又除外。美国人则把至少是可变顺序的自动机才叫作机器人,并区分为伺服的(闭环的)和非伺服的。有的工程师说:"有感觉能力的方可称为机器人",那就必然进一步限于"伺服型"及更复杂的类型了。我们可以探讨制造更复杂的机器人:自适应的、自组织的以及自学习的,这个工作已经开动起来。这就又回到前面的问题,即人究竟对"智能"能够认识,因之能够用机器模拟到什么深度的问题。"感觉"功能,从生理上说的视、听、嗅、味、触、姿(姿态,由半规管实现的)六感使机器具备,也不是容易的事。计算机辨别自然语声和手写文字更是极其困难的任务。现在只能做到辨别特定的少数专人发出的语声(而且是非连续的)和简单特定的形象。用计算机或更简单的电子技术帮助人更好地辨别定型文字和图像则已取得较多的进展。现时的机器人研究特别着重于视、听、触三个方面。从实质上说,一切的计算机应用都只能以已有知识为基础而常常带有一定的不肯定性。第四可叫逆向智能研究。这就是说从我们所能设想的计算机去设想、类比,考察"智能黑盒子"的某些内容,可能有助于生理智能和心理智能的研究进展。例如说"黑盒子"里面有没有软件和硬件的划分?它的存储空间是否像计算机那样分配给操作系统、汇编程序、编辑程序、硬件诊断、软件消错等系统软件、应用软件和数据(不仅是数量数据)?人脑记忆是否像计算机存储一样也有许多层次?人脑是怎样管理那么复杂的存储的?

据估计人一生能记忆 10^{15} 比特的信息,人大脑皮质有几平方米面积,有 3×10^{10} 神经细胞,每个细胞有 46 个染色体,每个染色体有 10^6 碱对,10^9 个蛋白分子。我们讲大脑往往只重视皮质。其实在皮质细胞之间的联系更不知道有多么复杂,对它们的微观构造还了解得极少。这个复杂的系统靠新陈代谢而存在;它会疲劳、会出错误,然而体积小、灵巧万分。计算机和它比,是太庞大、太笨拙了,可是它速度和可靠性是高得多的。

2.超巨型或超高性能计算机。这仅是从数值计算的性能而言。现代科学技术发展要求非常高的处理速度,巨大的存储量。例如说许多连续媒体中出现的或复杂空间构造中出现的物理现象,在对它们观察或模拟计算中都需要超高性能计算机,这里遇到的主要是偏微分方程的求解。例如飞行器和造船中遇到湍流问题,现有的巨型机只能解决二维(加时间为三维)问题。据估计,为了取得较好的效果,每一个时间点就需要十亿次计算,还要求有一百亿字的存储。与此相比,现在的高速计算机每几秒钟才能计算一个时间点,而内存不过一百万字。如果设每时空维增加一倍的精度,那就还要十六倍于此,核爆炸、核聚变和锅炉燃烧室的仿真计算以及气象预报中提高精度和加长预报期的要求也是极高的。现在的计算机层析设备只做准静态诊断,几分钟出一张图像,几秒钟计算才还原到原型,这时间内心脏已跳动了许多次了。若要求普通电视的动态效果,观测器完全可以做到(改扫描为多探测器系统),计算量就要增加近万倍。若再增加网点,每一倍就增加八倍的计算量。战争中的情报分析、战斗仿真、决策运筹计算,要考虑多种情况和多种方案。农工商业中遇到的库存、决算、决策、计算机辅助设计、测试和制造问题也决不低于这些要求。

3.大规模高度平行处理的计算机。由于微处理器性能越来越高,价格越来越低,自然使人想到用许多甚至成百万的微处理器平行处理,以实物数量换取速度。存储可以共享或自备,也可混合二者。这方面的研究、发展、试验也进行多年了,但至今只有很少局部性的样机出现,其性能还不能平息关于这方面的具体争议。例如最乐观的估计是 N 个处理器能把运算速度提

高 N 倍,但从来没有实现过。ILLIAC-Ⅳ工作近 20 年,虽号称每秒 1.6 亿次,在实际连续算题时却从来没有超过 2500 万次。阿姆达尔论推实际速度正比于 $N/\log N$,而最悲观的估计是速度正比于 $\log N$($N=$平行的处理器总数)。除此以外,如果任何一个处理器都要和另一处理器连通(这几乎从来就是必要的),则需要设置并控制 N^2 个通道,这比设置并控制 N 个平行的处理器是同样的难题。虽然如此,由于器件成本的降低,这还是一个有利的方向,特别还有称为非 NEUMANN 型的方案,可能减轻一些这方面的困难。现在已有这样的诺伊曼型计算机出现,但并联的单元还很少。值得顺便提一句:向量方案实际上是一种小规模的带交叉重叠的平行处理方案。

4.非诺伊曼型各方案。有人把 NEUMANN 型结构定义为全部结构要点保留原状的一种结构。如果这样说,几乎所有现在使用的机器都已离开了这个定义。有人简单地定义为"存储程序型"的计算机。这样,几乎所有称为非 NEUMANN 型结构都符合于这个定义而又都只能说是 NEUMANN 型的了。有人定义 NEUMANN 结构为顺序存储程序型。这个定义似乎比较符合现在的实际状况。非诺伊曼方案的提出是由于"难道没有 NEUMANN 以外的,而优于 NEUMANN 型的结构吗?"这一个设想。提出这个问题是合乎情理的必然,然而能否解答却在于是否能创造出这样的结构。现在已经有了数据流结构和按需驱动的结构等。进行试验研究的人很多,都是大规模平行处理的结构,并申明是以消除大规模平行方案的困难为目标的。尽管如此,这些方案能否消除这些困难以及能消除到什么程度,会带来什么问题,现在还没有得到有力的验证。当然不能因此而轻视它们的重要意义。

5.对在谈论中的新时代计算机的评论,不能忽略到微机的一面。微计算机的出现和发展已是一个已在普及中的事实。决不能忽视它在社会上可能产生广泛影响。值得注意的是智能也在进入这个领域。请看一下美国人报导中描述日本规划中的一段:"用户可使用安置在家里或办公室的第五代个人计算机。这个个人计算机具有对话功能,人可向它提出问题并得到回答或对所提问题进行澄清的反问,就像和另一人当面谈话一样"。日本通产省为研究第五代计算机的社会影响成立的委员会的主席也说这(不需要任何专门训练就可使用的计算机)在实质上是计算机的普及。"ICOT"已制出一种具有推理功能的样机,大小跟小型办公用计算机相仿,每秒可进行三万次推理,能作"三段论法"的推论。按所报导的速度,依多处日本专家的提法,约相当于 3…30MIPS。字长没有报导。作为这种机种的低档,是不难实现的。微型机具有这样推理的能力,比起以上美国人所描述的第五代个人计算机,总算是迈出很小的一步。

6.光计算机和蛋白质计算机。具有单元逻辑功能的器件,据报导,都已经制出了。光计算机逻辑延迟时间很短,但没有报导体积。半导体集成电路的速度已达到迫近电磁现象传播速度所允许的限度,光计算机会不会不遇到类似的问题?蛋白质计算机是否仿效人的脑神经系统的作用原理?如果是,那么,会不会也在获取到高灵活性的同时,要牺牲速度?要看到有的神经的传输速度只有每秒 20 米。还有是否要解决新陈代谢和可靠性低的问题。

从以上六点看,现在议论的热门集中于新兴高技术。但是在走向 2000 年的过程中,肯定会有极大部分的进展并不属于这个范围,但却对社会起广泛的影响。

7.大、中、小型计算机似乎已经不在话下了。实际上它们并没有停滞。如后面将详叙的,它们的性能也都在不断提高,人们在指出,许多企业、事业单位都在混合使用大、中、小、微各型计算机。"智能"机和巨型机对它们没有多大意义。一般较大企业事业单位还是以大中型机为中心组成包括微机在内的局部地区网络。计算机用于结账和自动化面临高可靠性的考验,从而出现容错计算机。计算机辅助设计的使用面扩展,导致工程工作站的出现,这后者大部分是小型机最适用的阵地。像这样的苗头还会不断地出现。

二、电子计算机发展的历程

电子计算机已经有了四十年的历史,但是仍然具有强大的活力,或说更强大的活力。似乎新的时代总是在我们的面前。现在大家在谈论"第五代"。实际议论的远不限于"第五代",事物演变以高速度进行,划分时代的标志已经不那么明显。进入智能领域的深度可能是一个论点,然而在其他方面也在激剧前进,并且和智能深度也是很难截然划分的。从过去的演化可以看出一些未来的轮廓。我认为:"新的计算机将不是一个机种、一个类别所能代表的。它也不是根据一种功能、一类特点而与过去相区分的。它也不是仅以某一个工艺的进展为标志的。尽管器件工艺的新水平对于各种类型的新时期计算机具有普遍的意义,姑且称之为"第五代"或"新一代"的计算机将是一整套的新型计算机。这是我看第五代的一个最简单的概括。

在 40 年的发展中,电子计算机的种类逐渐增多,形成了一个相当完整的家族。这个家族也应包括计算器在内,因为计算器原就是计算机的前身,而当代的计算器中的高档和计算机的低档已经融合在一起,泯失了明显的界线。如何描述这个家族的成员,首先是分成子家族,存在许多可能的方案。我选取按体积来划分大类别的方案,这也许是一个任选的方式。这仅是在展开描述的过程中,我感到是有其方便之处,便于说明它们的发展经历和趋向。

ENIAC 占有数百立米的空间,标定了一个 10^5 升的第五级别。同时的机械计算器则是数十升的级别即第二级。有意思的是直到 20 世纪 60 年代初期才出现了电子计算器。50 年代起,由于晶体管的出现,出现了体积较小的大中型机。1965 年 PDP-8 出现标定了立米级的计算机,或称之为第三级(以 10^8 升计)。1972 年 ILLIAC Ⅳ 是一个超巨型机,标定了最大的体积可能是第六级,但迄今这是一个孤立的事例:在进行中的 GF10 会不会是第二个还说不清。

70 年代后期出现的微型机属于第二级。1983 年至 1985 年陆续出现了第一级和第 0 级的手提计算机、膝上计算机、手持计算机,最后一种也可能要列入下一级。手表计算器和卡片计算器则是毫升级的或下三级,它们能否具有计算机功能,据说已经出现了苗头。手持计算机很快地会进入下二级。一般的计算器大约都属于下二级。下表列了这些级别大体和通常的称号的对应关系。

六级＞10^6L	超巨型如 ILLIAC4
五级＞10^5L	巨型如 Cray
四级＞10^4L	大、中型如 IBM360/370
三级＞10^3L	小型、超级小型如 PDP、VAX
二级＞10^2L	小企业机
一级＞10L	台上式及微机计算机
0 级＞1L	手提、膝上计算机
下一级＞100mL	手持计算机
下二级＞10mL	函数计算器及可编程型
下三级＞1mL	手表计算器卡片计算器

从上表可看出,各种不同体积的计算机已经基本上齐备了。在历史发展中,任何一级一出现以后,就存活下去。每级的性能不断提高,吞咽着原高一档产品的用场,然而体积级别高的一档并不消亡,而是进一步提高性能,开拓新的用场。从这个角度看,体积是不变因素而性能是不断地在变,越变越高。这大约是因为比巨型机再大的机不便于安装运行,当然也可能再度

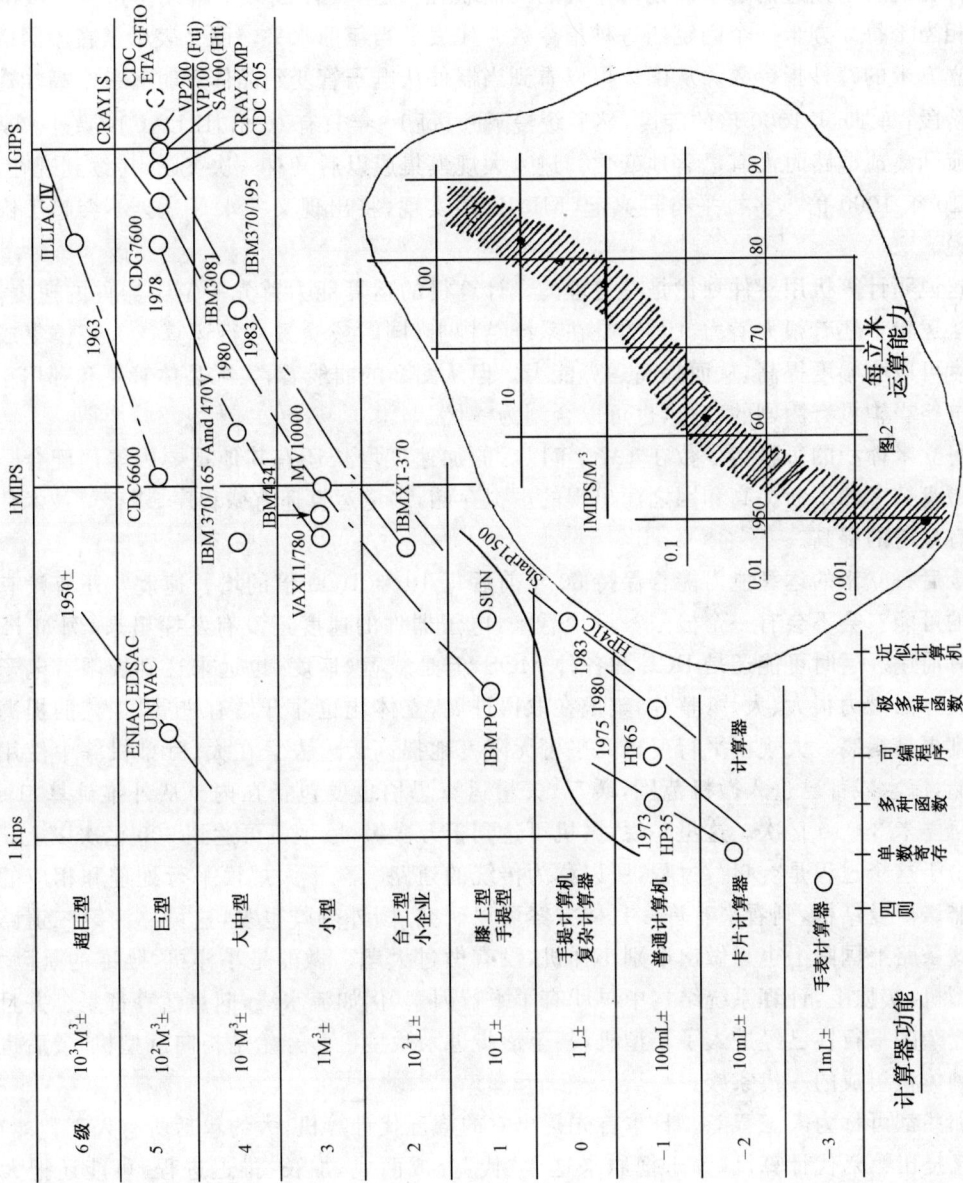

图1

图2

出现超巨型机,比手表再小的计算器,作为一个供珍赏的奇物是很别致的,然而使用起来就没有多大意义了。用体积来划分族系的方便之处就是它是不变因素。

性能的提高表现之一在运算能力上。例如巨型机中,现在富士冲的 VP100,64 位字长每秒运算能力可达十几亿次,实算速度也可达到三亿次左右,比当年的 ENIAC 约强 15 万倍。一台原来的 IBM-PC(XT 和 AT)的运算能力就可相当于 ENIAC。附图 1 表示了各种不同体积的计算机所达到过的水平。把同年代的产品联在一起,大体成一个斜线。这个斜线的陡度大体相当于每立方米一个固定的每秒指令数。代表了当年的水平。图 2 表示了在不同的年份的每立方米的每秒指令数。从图 2 可以看到当器件从电子管变到晶体管时有一个高加速度增长的阶段,每 10 年 1000 倍的陡度,然后缓慢下来,每 10 年只有 10 倍,ILLAC IV 除外。从晶体管过渡到集成电路时没有显著地变化。进入大规模集成以后又有一次飞跃,持续到现在,又达到每 10 年 1000 倍。多机平行再兴起,MIMD 的实现,将出现又一水平。会不会趋于饱和还很难说。

这说明计算机用器件划代是有道理的。计算机的运算能力首先决定于器件的速度,当然在算法逻辑上还有很大潜力。其次是在系统结构上,同时或交叉进行运算。大规模集成使得平行度可以大幅度提高,从而提高运算能力。但从图 2 的曲线看,实际晶体管化和利用小规模集成电路当中没有激剧的变化,也可以合划为一代。

每立米体积的每秒指令数在 1970 年以后的加速度增长还有其他重要因素的配合。这些包括磁盘技术的不断提高和因之而出现的虚拟存储,多道运算还有微程序、缓存等技术使运算效率有显著的提高。

今后每立米的运算能力能否保持 80 年前后每 10 年 1000 倍的增长速度? 还有没有提高速度的可能? 会不会有一个极限? 至少看来:电子器件的速度还没有发挥出来,例如 HEMT 就很有前途。暂时可能还是 ECL 和各种 MOS,但是线宽(速度)也远未达到极限。电子器件的封装方面潜力很大、大片(整片)集成在取得进展,立体化也才开始有进展,工艺的提高将使集成度更易提高。大规模平行度也几乎可无限度地提高。过去只在大、巨型机等中使用的虚拟存储,流水线都已进入微机范围,缓存、矢量运算恐怕也要包括在内。从外推计算,1990 年可达每立米 3~10 亿次。这里是说,微机可达到千万次级,巨型机可达到 300 亿次以上。

由于这个过程是"演化"过程,所以称为传统的道路。至于大规模平行处理和相应的诺伊曼和非诺伊曼结构,则看来有许多具体方案可以研究,国外分歧也多,这可称为第二道路。现在在这条路上国际上也只做出个别小样机,没有做过大题。做的是小样机,瞄准的是巨型机、超巨型机,实质上,计算系统结构中早就有了平行因素,例如流水线,向量运算都是。并且这些不太复杂的平行性已经进入了小型机,甚至逐步进入微型机。开始是指向巨型机,最后也是形成各种体积组成的一代家族。

那些都可称为人工智能。日本首先提出它的第五代计算机,大约包括所有人工智能在内,后来又提出第六代计算机,等于把原来这个"代"分成两代,加长、推迟进程,可能还把大部分"智能"推到第七代以后。第五代包括逻辑中的演绎以及部分归纳和"感觉与解释"的全部;以及大量的"知识为基础的系统"。这就和美国国防部的 SCS 工程基本相同了。比这再走前,困难会很快增加。处理连续语言的难度就很高,日本规划是 1992 年实现,日本已制造了一个微型的推理机(PRI computer),说是原理已弄清楚,美国定在 1990 年实现,现在进展不明;相配合的超高速度集成电路已部分实现了两个阶段的第一阶段。由于这个道路增加了新的智能因素,所以和第一、第二道路有原则的差别,但也可能采用第二条路线的某些技术方案。这是新时代的计算机,或更确切地称为逻辑机或推理机,和第一至四代难于排序。"计算"也不能排除于智能以外。因此智能化的深度,自电子计算机存在时就开始了它的漫长道路。提出"人工智能"来标志着对智能化最后能达到什么程度进行的积极探索。20 年来,具体的智能化的进程,例如计算机下棋、计算机辅助设计、文字处理系统、专家系统等表达了不同深度,同时广度也再扩大。工程工作站也是一个例子。这些实际都是以知识为基础的系统。推理机,学习机也是一样。计算机证明定理也不例外。总之 20 年经历的一个初步结论,是在现在现实可实现的,主要还是专家系统。

三、信息事业与计算机

新技术革命是知识和物质生产力多方面的一次大发展而不仅是信息作业技术的大发展。信息技术的大发展也不仅是计算机技术的大发展,后者的新发展是新时代信息技术的一个方面。附表,"信息作业的构成示意"可以看到所列举的构成元素有十个:摄取,再现,传输,交换,信号处理,逻辑作业,计算,仿真和控制,其中有三个半需要计算机(主机组)来实现。在所选的十类信息系统说,除一种需要全部十个元素以外,其他也至少需要七个元素。就是信息作业的十个元素,也并不限于电子手段。就目下而说,信息行业中书籍报刊还是占据最大的份额。但不能丝毫低估电子信息作业的作用。其次电信、广播所占的份额也是很大的,但也不能低估电子计算机技术的作用。特别是它们在保持强大的生长力而且使文化、知识、物质生产力以更高的加速度前进。信息工作者应当完整地考虑新时代的信息作业。

提到"第五代",当然运算性能是物质基础,但是不能把它当作惟一的标志,在一个有限的物质基础所建造的舞台上,活跃的演出班子,运用他们的智慧,能演出多种多样的绚丽多彩的剧目。这一方面是应用,或社会需要,它是决定于整个社会的物质和文化水平的。或说这就是一个社会的综合水平向一个单独存在所提出的要求。

"文化网络"就是满足社会需要的一个方面。它有一个丰富多彩的前景。我们与其用信息事业的高度发展去标志一个将来到的社会,不如用文化生活超过物质生活的程度来标志。还可以扩大一下,也可以考虑经济信息活动是文化活动的一部分,至少在信息意义上是一个联合体或并集。

"文化电子网络"的构成将如后述形态。现在的通信设施,计算机网(包括局部网),数据库,线缆电视,书文电视,电子邮递等已经提供了重要的基本因素。

它的物质构成是庞大的信息库+四通八达的通信网+具有多种功能一直到"全能"的终端,都具有极高的数据率,可以处理和交换各种信息直至高质量电视。这主要是从用户看。还要从供方和产方去看这个问题。从供户一方看要提供多种文化信息和经济信息,可以利用网的设施搜集、加工、制作,但需要大量的人的"参与",这个参与是起主导作用的。信息库要用计算机管理,通讯网要计算机来调度,程序控制交换机(包括信息库管理)和终端要利用计算机来按人的要求控制。巨型机也接到网上供用户共享。从这里可看到下一代的计算机必须满足这些要求,比现在要求满足得更多更好,硬件包括高效能的存储、传输、摄取、再现、交换、控制,各种设施。要求通过的信息率比现在高得多,在一部分环节里还要努一把力才能达到。对计算机本身也有一定要求,可能不难于达到。但是由于运行方式是非常多样的,大量的工作是如何去产生所必要的复杂的多种多样的软件上。计算机辅助编程软件工具和编程环境都是在软件工作上极有意义的课题。这样的文化网络在技术上的距离不是很远,主要是经济的问题。首先是限于经济增长的速度,不是短期内可以推广普及的。它也包括如何制做出具有高度经济效益的硬件和软件,以及如何去经济有效地提供硬件和软件。文化网络的终端也可能是一个办公室自动化、工厂自动化、家庭自动化、农场自动化、商店自动化的小系统。

信息作业的构成示意图

信息作业的功能元素			摄取	再现	录存	传递	渠道换接	编解码	逻辑作业	数字计算	仿真	控制
功能手段	人体		五官六感	声、体态、表情	大脑皮质	神经	人—人直接接触	脑、语言、体态、表情	脑	脑、指、眼	脑、动作	神经、肌肉
	物质手段	非电子手段举例	双金属片、膜盒……显微镜、望远镜、温度计、摄像技术	表盘	书写、印刷、唱片	光、机械、气压、液压	邮寄、专送	穿孔码板	卡片编检	算盘	导电纸、电解液槽	机械、电、电磁放大器
								光模拟计算装置				
		电子及光电子手段举例	电子显微敏感元件、摄像管、键盘射电天文	阴极光管、绘图仪	集成电路、光、磁盘、磁带	电磁波、电及光线缆、卫星	普通交换机、程控电子交换机	电子电路、表面声波	数字以及模拟计算机、推理机、模拟推理两用机		电子放大器、硅可控总件	
信息系统（举例）	教育、文化、娱乐		○	○	○	○	○	○	○	△	△	△
	创作、印刷、拟稿、编辑、发行		○	○	○	○	○	○	○			○
	科学研究		○	○	○	○	△	○	○	○	○	○
	工程设计、验证、生产工程设计		○	○	○	○	△	○	○	○	○	△
	专家系统（以知识为基础的）		○	○	○	△	△	△	○	○	△	△
	生产自动化、机器人自控		○	○	○	○	○	○	○	○	○	○
	商业分配、流通、金融、工业管理等		○	○	○	○	○	○	○	○	△	△
	国家事业、能源、动力、交通调度管理		○	○	○	○	○	○	○	○	○	△
	通信		○	○	○	○	○	○	○	○	△	△
	空间事业及国防		○	○	○	○	○	○	○	○	○	○

注：○ 分量重 △ 分量轻

在产方：即文化信息的制作方面，写作、作曲、作画、雕塑、演出、编导……都可以用计算机辅助设施使大师们更为多产。文化信息的编辑需要大量有才华的人，他们都可以利用计算机提高自己的效率，这可以称为"计算机辅助创作"。不少工程师、写作者已在这样做了。

机器人是一个操作者，高级的要利用数字计算机。也许可说机器人是能操作的一种专家系统。机器人也是满足社会需要的重要方面。它也可以联结到文化－信息网络上去，进行遥控操作。

专家系统又是满足社会需要的又一方面。它的发展是前途无限的。它需要大量的应用软件工作，然而更根本的是大量的确切可靠有清晰条理的知识。

计算机辅助进行的许多作业，实际上已经是以知识为基础的，但是现在装进的知识还少，必须由人来更多些运行。这多半由于在这些行业里的多样性和多变性太大或知识运用的方式太复杂以及我们对这个行业的知识还带有较大的不肯定性，而只能由人才能做出比较有意义的判断。当这些因素有改善时，它就更接近于专家系统了。在这些方面，软件工程的工作量也都很大，特别因为软件和知识之间的对话关系复杂。究竟哪部分工作应用计算机处理，哪部分应由人去处理，这是一个不断发展变化和需要不断地探讨，按照进展的实况做出实判断的问题。

四、若干论题

关于即将来到的计算机可能是什么样的？可能是一个很复杂的，虽然是基本上可能说明的问题，其复杂不仅由于它是许多方面的技术进展的组合体，不仅由于因此而产生许多更繁多的组合方式，而且由于各种进展因素是在时间前进中一个一个地加上去的，经常处于动态。由于这个原因，我们很难发现其中明显的飞跃过程。只有在某一个时间回顾时，才看到原来在一个短短的时间内竟然走了这样长的历程。我没有全面地，那怕是部分全面地探索这个复杂的问题，仅再就几个论题表达一下我的看法。

并行处理：Amdah1 定律实际是对一个浅显的常识的描述。对并行计算机来说，凡是遇到算题中必须串行运算时，就会严重地损害由于并行运算所得到的益处。由于矢量方案包含有大量交叉重叠，因此也有类似的情况。对这个问题的一个回答是：一个是要在计算数学上想办法，把串行的计算过程尽量地变成可以并行运算的形式。这是给别人提出一个新问题去回答。另一个可能的回答是让并行机去专门处理并行计算问题。例如阵列处理机就是专门进行阵列运算的，它的结构简单而能达到高速度。"专用"机比"通用机"更易于见效。第三个可能的回答是从第二个来的，即在一个机器里设两类运算单元，同时进行多题计算。经过软件和固件的调度，当一个题目要进行串行运算时，就输入串行单元，把并行运算单元让出做另外的题目。这样并行运算单元可以充分地利用，但是可能有一个排队等待的问题，因此作每一个单题的时间只会增长、不会缩短。MIMD 也近似于或包括这一类。第四个可能的回答，即在固件和硬件设计时就以专供某种解题方法为目的。这是第二个回答的进一步引伸，并可能达到更高的速度。这些回答实际上已都在发生和发展中。这里没有涉及如何提高并行处理的效率和克服各单元间信息交换中的困难的办法。几种非冯·诺伊曼方案可说基本是瞄向这类问题的。

算术逻辑与器件速度：假定一个 100 个运算工序的算题在并行机上去解算，它的 85 个运算工序是可以并行化的，15 个是串行的，那么要 16 个运算周期可以完成这个算题。在这 16 个周期中，93.75％的时间用于串行，因此这个机器的最终速度基本决定于串行速度。在这种情况下，算术单元的速度对整机的速度具有决定意义。算术单元的速度是器件速度和逻辑速度的乘积。器件每级延迟由于新的器件的出现可能达到数 10 微微秒，甚至十几微微秒，但是在逻辑速度上也不是已经达到顶端。当然理论逻辑速度可以很高，但是能否实现又决定于器件的某些参数，和线路是否过分复杂，这些都是要协调优化的问题。对这个问题还有可以研究的余地。

人工智能：人工智能在前面已经提到。这里再展开探讨一下。它被认为是"第五代"电子计算机的特征。实际人工智能是一个存在了许多年的理想。前面讲到的机器人，从其远景说，也属于人工智能的范围。专家系统也属于这个范围。有人认为学习、推理、联想是智能的三个组成部分。实际上"学习"也许可以包括一切。人的知识和智能都是从学习来的。学习包括了从实践到认识的不断的反复，从而形成信息负反馈环。推理在这个环里起很重要的作用，联想也可认为是一种学习方式。认识科学和思维科学都是处理智能的问题。智能几乎包括信息作业的全部过程。信息的摄取、再现和执行是人和周围环境间的界面或接口。摄取是智能的开端，学习的开端。执行是其目的。但人们从执行中察知认识上的偏差，并进行再认识，这又是从摄取重新开始的。就这个意义说，摄取和执行又各是一个中间站。现有计算机所能做的有信息作业功能的调度，信号的处理，信息的浅度逻辑加工，信息的仿真，信息的存储，而最见长的是数值的计算和仿真。信息的逻辑加工是人工智能工程的初始目的。现时人工智能好像主要还是推理过程，而又把推理限于三段法。如果通观逻辑的书籍，其中相当一部分是讲三段论法在什么情况之下会得出正确的或不正确的结论。三段论法的结论先为前提所决定，而完整和完全可信的前提也许仅在数学中较有意义。因此，人在推理之中恰恰常常不用三段论法，或不常常用完全的三段论法。常用的方法，例如，由于前提不免是不完全或含混的人们常用归纳、分析、试了再改，对话中改正错误，讨论中得到启发，类比，同态思考，引伸、忖度、直觉、顿悟、灵感等的思维方法。当然，这些也都是以实践为基础的，从实践中学习来的。但是，这里包括大量的"潜思维"，人们对它的现象和机理特别是后者懂得还极少。这里面当然少不了会用三段论法，然而这个广义的"推理"比单纯的三段论法的范围要强大得多。演绎、综合也应列在这里面，这方面可以较严格地或比较经常的用三段论法，但是，总是要经过上述的程序提供前提。列入这个"推理群"之内？还是能够概括这个"推理群"？这也是值得探讨的问题。但是主要的是在一定时期内，计算机能做什么？见附表："计算系统和逻辑机能做这些吗？"能做到什么程度，能做出什么效果。像 PRI 计算机就还只能做三段论法。信息的摄取和收集是认识的起点，是计算机所不能办到的，也不是它的任务。但接近并且最有用的计算机视像和自然语声识别，也仅属于信号处理的大范围，是要先有信息和信号，然后才能进行的加工。

这说明什么呢？智能的强大部分不是三段论法，其推论的方法是少章可循的，其结论是带有风险的。这些和现在的计算机是颇不相容的。然而，我们不能断言将来的计算机不能达到强大的功能。如果说尽信计算机会导致某种缺陷，那么尽信人的智能也会导致某种缺陷，如推理、思维过程中的谬误、疲劳造成的失误等。因此，没有理由对计算机提出过高的要求。如果计算机具备了智能的某种能力，那它是否也会带来智能的某种缺陷？思维科学家、认知科学家和逻辑学家们对这个问题远比我有发言权。虽然如此，我还是想表达我的看法：人工智能在一定程度上只能限于以已有知识为基础的，是对自然智能起补充作用的。计算机只能扩展知识，不能产生知识，尽管扩展和产生也是难于从定义上区分的概念。还有智能计算机能不能普及，如果不能普及，是否会损害它的使用价值。当然，尽管如此，我并不想丝毫贬低电子计算机对人类生活进步的重要性，也不想丝毫贬低人工智能具有的广大视野。我并且认为我还是处于一个朦胧的状态，尽管可能有人已经十分明白。

计算系统和逻辑机能做这些吗？

（举 例）

○解算和数值仿真（略）　　　　　　○知识的应用

　　　　　　　　　　　　　　　　　计算机辅助设计

○严谨性和含混性思维过程　　　　　计算机辅助测试

　演绎与判断—推理　　　　　　　　计算机辅助制造

　归纳与抽练　　　　　　　　　　　计算机辅助教学

　概念抽象与验证　　　　　　　　　计算机辅助诊病

　经验律形成　　　　　　　　　　　计算机辅助治疗

　类比、类分、联想、引伸　　　　　　机器人与自动化

　忖度推断与优化　　　　　　　　　调度优化

　直觉、灵感、顿悟　　　　　　　　各种专家系统

　典型化　　　　　　　　　　　　○计算机辅助创作

　选择与夸张　　　　　　　　　　　文章、文件

　渲染　　　　　　　　　　　　　　文艺

　同态想像　　　　　　　　　　　　绘画

　虚构　　　　　　　　　　　　　　雕塑

　幻想　　　　　　　　　　　　　　建筑

　　　　　　　　　　　　　　　　　音乐

○感知与解释

　感觉　　　　　　　　　　　　　　计算机辅助编程

　规范文字的识别　　　　　　　　　自动翻译

　少数词汇分离语声识别　　　　　　信息库、数据库

　自然语文理解　　　　　　　　　　知识库

　模式认别　　　　　　　　　　　　过程与方法库

　非规范字识别

　连续语言解释

　图像解释

　　人工智能会无限地发展下去的，自然智能也是一定要无限地发展下去。软件将要以高速度增长，人的知识和知识产品也仍然要以时间的指数函数增长。便携计算机中也可具有有限度的智能。人还可通过通信网络去运用别处计算机的智能。尽管预言有重大积极意义，广大群众所创造的历史才能做出实际具体的回答。

　　从以上看来：Feigenbanm 的《第五代》主要的目的是向美国社会敲警钟。日本则是制定一个很长远的目标，它所以要透露出来是为了在舆论上领先，都不是以阐述学术为主要目的。我们还是一个处在起步点很低的状态，不要把自己放在云雾之中。

　　我想我们现实可做的工作有这些：

　　（一）智能的研究或思维科学、认识科学的研究，在有限的学科的学术界中，还是可以并可能研究下去的。

　　（二）更重要的并且现实有效的是把各种（广义的）专家系统理出一个条理、顺序，依据于现

在的知识和技术水平,一个个地建立起来并改进提高。

(三)通过调查研究,通过工作中观察分析,研究发展更适于实现各种专家系统的计算机,输入输出设备,数据库管理方法、系统软件和编程环境以及其他方法学的问题项。

(四)在现在已有基础上采用和发展新的工程原理和技巧,导致更好的硬件和软件。不断克服困难,迅速提高硬件和软件的性能水平,包括上述的十个级别。

(五)"引进"冲击造成我国计算机事业暂时的困难,现在已波及科学研究的范围。解决这个问题是当前迫切的需要。这里不拟就其具体措施给以论述。

(此文是作者在 1984 年新一代计算机讨论会上的发言)

关于软件专业的报告

（1983 年 3 月 22 日）

我因病做了近十个月的桃花源中人，现在已经恢复到能够到办公室、参加少量会议，也开始了解电子科学技术界的一些新动向。我抓过 DJS200 和 DJS100 系列计算机的发展，技术科学部常委分工我承担计算机方面的学科分组组长工作，从这些工作中积累了一些知识，从而对当前动向有些个人的看法，感觉到应当向你们反映。现仅先就软件专业界出现的一些我认为不大好的倾向反映一下：这就是把软件同计算机系统总体割裂开来，对于系统软件和应用软件没有加以区分和忽视了应用软件占绝大部分，而习于把系统软件就当做软件的整体等倾向。

所以产生这样的问题，我认为是由于社会上流行着一些颇不确切的情报。下面对此，谨从我较直接掌握的情况，试作一些澄清。

一、要弄清这个问题，我想这里有必要先说明一下计算机系统在信息系统中的地位和它本身的构成。

右边的框图，从外向内，首先是用户各专业的作业。作业程序定了，进一步编成应用软件，送入计算机。经过系统软件（配备在计算机以内的），再进入硬件进行信息处理或运算。这里可以看出双线以内是计算机系统，而大方框则是大范围的信息系统。这个双线是一个界线，它也表明应用软件必须通过一个"壁垒"，才能进入计算机。这个"壁垒"代表着一是应用软件与系统软件在本质上有差别；二是应用软件必须经过"编译程序"翻译成计算机系统软件和硬件能够理解的信息形式；三是应用软件必须经过"输入"装置，例如键盘、磁带、磁盘、卡片、纸带等，才能进入计算机系统，而输入装置是计算机硬件。

前述的编译程序通常也包括在系统软件以内。但是系统软件中最重要的部分是"操作系统"。另外，在硬件中有一个中心部分叫"控制器"。操作系统通过"控制器"来管理、控制、监测、调度整个计算系统的各个组成部分，以完成用户所要求的信息处理任务。"操作系统"和硬件控制器紧密结合在一起，形成计算机系统的中心或中心枢纽。

硬件包括主机含控制器、处理器、内存、外存、输入、输出、打印、绘图等设备，不去详述。

从以上可见应用系统和计算机系统本身中间的界线划在应用软件和系统软件之间，不存在统一的完整的"软件"。应用软件是必须面向用户的具体作业的。系统软件固然要照顾到应用的通常需要，但是不需面向用户的具体作业，而主要、并且必须面向硬件和计算机系统的配置、系统结构。

有一种提法说：没有"软件"的计算机是裸机，即没有穿衣服的机器。这里的"软件"只是指的系统软件，并不是软件"整体"。设计硬件要考虑到软件的配备，因此硬件也要面向系统软件，但是软件也必须"量体裁衣"。

二、计算机硬件和系统软件不可分，前面已经提出了一个理由。这里再提一个"软件固化"的问题。就"操作系统"说，它必须和控制器密切配合、起计算机系统的中枢作用。如果控制器设计得范围宽些，"操作系统"就可设计、装置的范围小些，反之亦然。由于大规模集成电路的集成规模越来越大，成本越来越低，系统软件已在逐步用硬件实现，这就是"固化"。实质上这是扩展"控制器"。因此软件与硬件之间更不可分了。另就"编译程序"而说，现在已经出现全用硬件实现的许多机种，尽管还限于不多的语种。

三、还有一种说法：软件已经成长得很大了，再包括在"计算机"专业以内不行了。这也需要澄清一下。

专业的划分应当照顾到"大小"问题，但首先应当考虑各项内容之间在"质"方面的差别和相互联系。从以上看，就质而说，计算机硬件和系统软件各是"计算机系统"的不可分割的部分，已经清楚了。即使考虑到"量"，如果系统软件成长到很大，而又不能划出在计算机系统以外，也可以设想"以系统软件为主"的计算机系统工程，以代替过去"以硬件为主"的计算机系统工程，也不应"分"。

然而软件工作量被说作几倍于硬件，也并不确切。首先，也有这样的根据，说并非如此。例如说国际上对电子技术和市场的权威杂志《ELECTRONICS》1982 年首期统计 1981 年全美计算机销售值细目及对于软件市场的估计，经过归纳，加以一定的估计，情况如下：

硬件：主机　60 亿美元　　　共 270.5 亿美元，占 47%
　　　外设　210.5 亿美元

软件：303 亿美元，占 53%

这里提供的数字是软件为硬件的 1.13 倍而不是几倍。为什么有这样的差别，我以为有几个比例关系没有弄清：

1. 所谓几倍可能指的是软件和主机之比，并不是与全部硬件之比。

2. 软件队伍中只有 20% 是工程师、技术人员。80% 是程序员和检测员。

3. 软件队伍中只有 20% 或更少的人员从事"系统软件"工作。80% 是应用软件工作。应用软件工作主要由通晓各应用专业的人员，兼学一些程序编制的技术担任的。

4. 软件队伍中只有 20% 是编制人员，80% 是软件维护人员。

我从以上几方面的分析，作以下建议：

1. 建议ⓐ把科学技术规划重点新技术的软件项目改为"计算机系统"项目。原计算机与大规模集成电路的项目中前半并入计算机系统项目。ⓑ大规模集成电路一项独立。ⓒ其他各专业、部门的规划中各增加"计算机应用"的规划。

2. 加强对软件技术人员的培养。ⓐ学科中要注意兼通计算机硬件基本知识。ⓑ扩大培养中技水平的软件程序员。ⓒ各专业、部门、学科的大学班增加计算机程序编制有关课程。对各专业的现在技术人员，部分地进修计算机应用课程。

3. 听说在群众团体方面，也在筹组软件学会。我认为这是不利于学科保持完整性，不利于分支学科之间的结合、融合、相互渗透的，我建议提请全国科协和筹组软件学会的同志们慎重地重新考虑这件事情，并多听取一下计算机系统专业和邻近专业同行的意见。

以 200 系列计算机为例讨论软件兼容问题

(1979 年 8 月 1 日)

所谓"通用计算机"是计算机中的枢纽和基干品种。DJS200 系列电子计算机是我国自行设计并已进入开始投产的第一个"通用计算机"系列。它的设计,在"四人帮"严重干扰的条件下开始,披荆斩棘,集中了四机部系统一个院六个厂(含地方)和全国好几个大专院校的精华力量的智慧。根据当时国内可以预见的现实物质基础,吸收国际上若干成功机种的新水平、新技术,征求了几乎所有主要兄弟单位的意见和近百用户的具体要求。因为限于我国电子工业现实水平,它具有若干缺陷,但这会随着时间发展加以改正,并且恰是适应了当前的生产条件。就它的"系统结构"而说,则应当说是好的、先进的,即使最早的几个机种还不完善,却是为一个系列的发展,奠定了良好的基础。这项工作的开端是良好的,从 1973 年夏起,数百人组成集体,团结紧张,呕心沥血,顶住当时社会上的风浪,奋战数年,取得进展。当中一阵有自流现象,虽然群众坚持不渝,进展仍较缓慢;但现在终于达到了果实成熟,唾手可摘的时机。可是在这样一个关键的时刻,对于如何处理好自力更生和争取外援的关系上,举棋难定,竟使如何对待DJS200 系列机成为一个问题。我认为这是一个危险的状态。

我在两年来注意搜集一些意见,作一些分析。去年接待美国工业、校、所高级计算机专家代表团,今年访美还征求美国国际商业机器公司(IBM)沃森研究中心几位最高专家的意见,还有其他一些美国专家(包括部分华人)的反映。并加上我个人分析、反映如下。

一、美国专家们的意见

因为我们提供有关 DJS200 系列的情况比较轮廓:反映的意见多少有些大而化之。但是还是抓着了主要点。大体集中在系统结构(computer architecture)的效能和软件兼容性几个大问题上。

(1)系统结构的效能方面他们十分注重。对于 200 系列的基本结构是肯定的,但认为具体机种存在缺点。IBM 专家反复强调,应当增加缓存(cache)以提高速度。他们更强调要增加虚拟存储,以提高效率,发挥后备存储(Back-up,即外存)的效能。

当我们提到我们集成电路存储还在 1K 以下时,他们说这样大对于缓存够用了。

关于虚拟存储,需要有磁盘机,他们知道我们还不能生产,一时难于实现。但他们说,设计机器一定要考虑到工艺技术几年后的情况,不能因目前没有磁盘而忽略了这一点。

TRW 的专家瑞弗尔(Reifer)是"飞梭"(航天飞机)软件预案之一的主持设计师。他评论200 系列机的系统结构说,虽然采用了微程序,但没有提供直接由用户利用微码的设施,引为缺陷。

(2)关于软件兼容的问题,他们几乎没有主动谈起,或说他们并不认为是重要问题。当我们提出征询时,他们发表了两种不同意见。

一种是国际商业机器公司高级专家(代表科研方面)提出的意见,他们说:"IBM 的软件积累了很多,较完全。但是它的基础在十五年前就定下来了,以后逐步加了上去。受到原来的基

• 309 •

础的限制,现在看来并不先进。这个积累究竟是'资产(asset)'还是'负债(Liability)',我们自己都不敢说"。倾向于不必和 IBM 兼容。

另一种是几个美籍中国专家代表用户的看法,他们说"IBM 的软件是不够先进,但是它比较完整,而且经历了多年使用中检验,排除了故障,可靠性是高的,利用它的软件有益处。"他们倾向于兼容,而且对象就是 IBM。

二、我的分析

他们发表的意见中,关于系统结构方面的是中肯的,我认为应当在今后工作中去解决。但关于软件兼容性的问题,是涉及我国 200 系列机的决策问题的,要分析他们的意见,拿我们自己的主意。

我们要注意到理想与现实,或理论与实际的结合的问题。但分析这个问题是分几个侧面和深度,在不同的深度会得出不同的结论,只有在较深的深度和较全面分析得到的结论才是有决定意义的。

1. 第一步分析软件的先进性与可靠性的矛盾问题,我是赞成更注重于可靠性的,从这个方面说,找一个国际上成熟的系列与之兼容,是有利的。IBM 的软件并不最先进,但不能说它是落后的,而相反较完整、更可靠,是较合乎理想的。其他较成熟的系统也可考虑。

2. 进一步研究兼容的可能性问题,首先是能不能拿到对方的系统软件。IBM 的系统软件的源程序能否拿到还是问题。没有源程序,只能死用,不能发展,编制应用软件也有困难。其他系统的源程序能不能拿到手也要研究。如果软件拿不到手,兼容性是句空话。

3. 再进一步研究,200 系列机和其他系列就"彻底"不能兼容,并不是这样。(1)就像瑞弗尔所说,提供用户直接使用微码的设施,就可能便于与其机种兼容。从整个机器说,这个变化范围很小;就工作量说,比它所占范围大。可是我们已经设计了整机,有了一定经验,做这个改动并费不了很大事。(2)是加上模拟器(EMULATOR),就可和任意机种兼容,它的工作量大体和上述一样,工作量不是很小,也并不很大,并无重大困难。

4. 再深一步,不兼容又怎样。200 系列的基本系统结构并不落后。现在 200 系列已有了一套软件。"语言"即编译程序和汇编程序从 210 到 260 是共用的一套,几个基本品种俱全。操作系统名义上是三套,其实是互换的或兼容的。初步听到的情况是 220 的较成功,240 的较先进。三个的差别仅是技术方面的差别,技术途径的差别,只要有一个成功了,就可以扩充到其他档机器使用。

这一套软件的范围不很大,但它是基本的,可以满足很大部分的要求,当初是征求了近百家用户的意见的,是合乎绝大部分用户要求的。集中了二百人的力量,干了几年。今后在使用中还可补充扩大。可以自成体系,适应于相当大部分的要求。因此,即使引进了其他机种,对 200 系列的软件生命力并没有重大影响。IBM 的软件虽然范围很宽,但最常用的也只是基本的部分。

5. 关于应用软件是否需要兼容,这是比较复杂的问题,可考虑几点(1)首先业务运行方式如果不同,应用软件就要另编。国内已购及订购的计算机,许多都是这个情况,自己设计应用软件,因此应用软件兼容问题可能并不重要。(2)国际上同一应用范围(例如空中交通管制系统),有许多厂商生产,各选不同系列的计算机,各编不同的软件。引进这家的系统、设备,就只能引进它所选用的计算机和应用软件。对于引进的应用软件说,不可能要求只引进一、两种计算机系列,就能解决所有(或较多)兼容的问题。如果是重编应用软件,那么采用 200 系列或什么别的系列,并无多少差异。(3)许多应用软件是用高级语言编的,可以在语言一级上兼容,不需要在硬件系列和系统软件上兼容。从以上看,在考虑 200 系列的决策中,应用软件兼容不必过于强调。

这里顺便说一下,为什么自力更生和引进技术有矛盾。除去认识存在的问题以外,还有一个生产力的问题。尽管我们计算机和固体器件的生产点很多,真正能稳定地提供数量品种的生产力量,实际形成得很少,这是我们必须面对的一个现实,必须认真解决。

(此文是作者向原四机部和有关方面提供的意见书)

第 六 部 分

关于管理学，技术管理，知识工程，教育，人才

工程学科研究生课程设置
应当专而不狭，宽而不泛

（2001 年 12 月）

　　这篇文章，想写我个人的一点体会，供探讨。我不是教育工作者，只是受到二十年的教育，接触过教育工作，有些实际工作经历，谈不上有多少发言权，不少老生常谈，不尽得当。而且，难免为个人的专业（信息与电子）和经历所局限。

　　我想讨论的是，工程技术方面的高级学位，应当是在其个人工程技术本身专精专业的同时，要求在对科学技术发展过程概括全面理解的基础上，联系有关的科技范畴，摆好自己专业的位置。

　　首先，工程技术与基本科学都是广义"科学"的组成部分，但是有带根本性的区别。基本科学的任务在于认识客观世界，所认识的对象是客观已存在的；工程技术的任务则是改造客观世界，是构造原来未存在的对象。工程技术工作方法以综合为主线，当然在许多具体环节中也要用分析的方法。基本科学工作中，分析工作量更多些，然而在近代的大规模科学实验和观测中，也有大量的综合工作。二者又是相互渗透的。认识客观的过程不免干扰客观，这个干扰就是一类改造；而且认识往往要依靠创建观察客体所必需的装置，这就是又一类的改造了。另一方面，对于发现或构造的对象必须有所认识才能改造，还要再认识再改造；而且工程技术发展中，常常要运用基本科学的知识。不但如此，认识和构造的过程，都还必须遵循公有的科学原理和方法，这又是没有差别的。

　　图 1 从认识过程以及构造过程描绘基本科学和工程技术各环节的关系。以下对图一做一些说明。

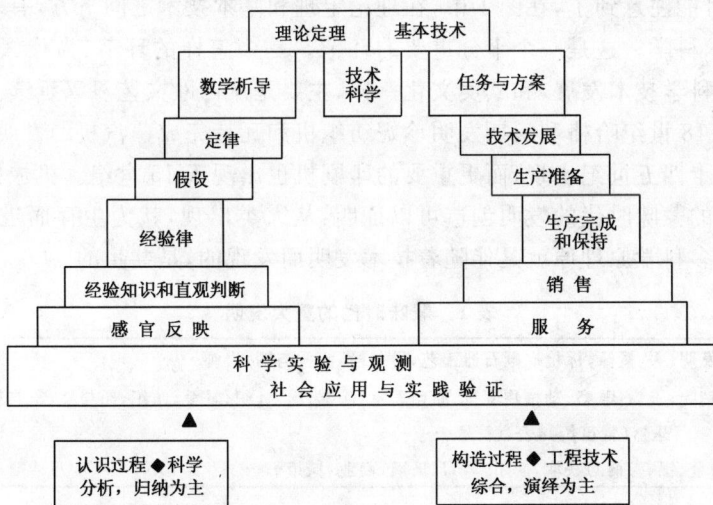

图 1　科学技术与工程作为认识过程示意图

基本科学的典型进程是这样的:从观察得到感官反映,从而得到经验知识,可能做出直观的判断。直观判断不大倚靠形式的推导,却往往是创新的开始。经验积累可以形成经验规律,科学家反复验证后进一步提出假设。再进一步,经过许多可信的实践认为,成为定律,在定律的基础上运用数学分析推导,能形成许多科学定理,形成成套的科学理论。基本科学的这些层次是清楚的,但是在实际的认识过程中,有时可以跳过某些层次,而在验证时或验证后,又往往要返回以前的层次。这些认识层次实际覆盖着从感性到理性不断反复的全过程。

工程技术工作中,构造的过程从最上的层次下降,首先是基本技术。这是一定的工程专业或生产门类中共同使用的技术,以及规范和标准等等。在这个基础上,提出技术任务,提出技术方案。在任务和方案的指引下,进行技术发展,从而产生出产品和技术的设计或原型。按照所形成的技术设计,进行生产准备。准备好了,就进行生产并完成生产、保持生产。产品出来了,就要销售给使用者应用,并向用户提供服务。最后,工程或产品要经受应用的检验,满足应用的需求。在图1的右侧中,表达了这些层次。但是在实践的过程中也并不是完全按层次依次序进行的。从图中可以得到一个印象:各个科学技术环节的发展是按照顺时钟方向顺序展开的。实际上并不仅是如此。

第一,不管走到哪一步都会遇到一些问题,那就需要重新认识,求援于认识过程、构造过程与实践过程的任何另一个层次。这些信息的馈送是双向、多径多向的,有"正馈"有"反馈"。第二,工程技术的构造不一定要成熟的基本科学,依靠成熟的理论。例如,许多设计环节是按照经验律进行的。许多发明、创造往往来自关键的直觉判断。第三,任务与方案固然要求基本技术的支持,更重要的是要根据实践的要求和客观可实现性。它们可以通过论证给以明确,但是不管是实施到哪一步,都会由于出现问题而全部或局部重来。第四,从基本科学可以引向工程技术发展,例如,从电磁理论研究引出无线电波的应用,从原子裂变的发现引出核能的利用。从工程技术也可产生基本科学。通信技术发展产生了信息科学和电波传播学就是例子。第五,用基本科学改进提高技术创造是特有意义的,微电子的发展史就是一个典型。第六,图一中主要表达工程技术和基本科学各环节的关系,对于工程技术的内部表达得粗一些。后面还要进一步说明。

其二,读者可能注意到了,在图1中,在理论定理和基本技术之间下方,有一个桥接二者的框子,里面是技术科学。这是一个十分重要的环节。是个怎样的环节、为什么重要,还要从历史说起。近代的科学技术发展,和欧美文化一样,主要是从西欧文艺复兴延续下来的。机械化的产业革命始于18世纪哈格利沃斯发明珍妮纺织机和瓦特完成蒸汽机的发明,但是许多机械技术,如钟,已在十四五世纪出现,而更重要的印刷机也出现于15世纪。机械技术发展源远流长。表1中所列的蒙昧时代的发明创造可以证明:从人类出现,就为生存而进行生产,而由生产获得技术。许多科学原理原就是伴随着技术发明而发现的,是共生的。

表 1　蒙昧时代的重大发明

原始发明:火,撬棒,标枪砍砸石器工艺,弓与箭,渔钩与网,岩画……
稍晚:玉、石雕磨,动植物驯化,原始居室,陶器,绳,针织,蚕桑,纺织,船与桨,车与轮, 　　乐器(骨笛等),表意符号……
更晚:金、银、青铜的获取、使用,剪刀,玻璃,商业,城市……

早期技术发明家们大都是工匠或技师。然而近代基本科学的形成还只能归于16世纪以来哥白尼、伽里略、牛顿等学者们领头的科学革命,他们想到的是解释宇宙间的奥秘,并未想到

服务于发展经济,发展工程技术。这种科学与技术发展各有分工的情况至今仍然存在。

前面讲到在工程技术发展过程中,往往要求运用基本科学的知识。然而基本科学虽解决了一定探寻奥秘的任务,但和工程技术发展要求之间还可能有相当的距离,需要做进一步的扩展,甚至要做专门的研究工作。这不再仅是探寻宇宙的奥秘,而是以应用为目的的。这就是技术科学,或称应用基础科学。它是从基本科学延伸而来的,它在各科学技术范畴中的地位见表2。

表2　技术科学在科学技术范畴中的地位

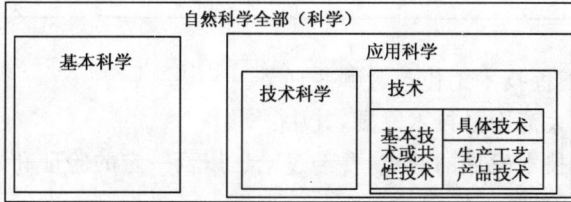

自然科学全部（科学）			
基本科学	应用科学		
	技术科学	技术	
		基本技术或共性技术	具体技术 生产工艺 产品技术

我们考察一下 19 世纪的一些情况,那时就出现了不少发展技术科学的事例,Rankine 写了最早的《应用力学》,研究过金属疲劳的问题,创造了(蒸汽涡轮机的)兰金循环;Poncelet 研究投影几何学,还改进了水轮机,似乎在 1820 年还写了一本机械加工工艺的书。在 20 世纪初,在电机方面,有 Lamme,Steinmetz、Doherty 等关于电机理论的研究,Steinmetz 还发现了磁性材料中的回滞现象。还有 Klein 的应用力学,Timoshenko 的材料力学,vonKarman 和钱学森的气流体力学等。在整个 20 世纪中,在电子与光电子方面,技术科学的发展尤其繁荣,表3 列举了其中的一些。

表3　电子技术有关的若干技术科学

电子技术科学	电磁波传播学　传输学　微波理论　光波导理论 线路与网络　电子电路学　信号科学　……
元件与器件科学	应用量子物理与化学　电化学　应用磁学　电介质物理 半导体物理　超导物理　等离子物理　凝聚态物理 金属学　应用光学　应用声学　高分子物理与化学 声光电热磁交互效应　应用热物理　应用力学　结构力学 流体力学　……
系统与信息学	系统学　运筹分析　信息科学　控制论　自动机学　编码学 思维与认知　逻辑学　语言学　应用心理学　知识学 生物生理电学　生物生理信息学　脑神经学　智能仿生学 可靠性工程学　环境学　混沌理论　分形学……
应用数字	应用分析数学　积分变换　应用统计学　计算数学　应用数论 集合论　线性代数　数理逻辑　模糊数学……

在表 2 中,还可看到列有基本技术,这是属于某一类产品的带有共性的技术。表 4 列举了电子技术领域中的一些例子。

表 4   电子技术中的共同性基本技术举例

各种电子产品、模块、构件的计算机辅助设计	
微电子和纳米技术:从制造极高纯度的原材料,到超净化、高精度和特种加工以及复杂的封装、测试、筛选	
电真空设计与制造技术、材料技术	各种成型技术,机械的和非机械的
功能材料生产,加工和处理技术	浸渍、灌封技术
表面保护等表面加工技术	焊接、黏结技术
测量,测试、计量	压塑技术
环境模拟	标准,专利

第三,现在看一看工程技术工作包含哪些环节。

工程技术的第一个大范围是技术发展,其中:

任务和方案是进行技术发展的起点,要经过论证以及一定的验证和修正,肯定是按照并符合客户或市场需要,而且是能够实现的。

产品原型的设计:不光是做出设计图纸,还要做出成品。如果是大量生产的,这只是样品。在设计中必须尽量考虑材料、结构、工艺不至与将来生产实际的要求相矛盾。

典型工艺设计:选择适用于生产的代表性工艺方法。有时要进行必要的试验研究,以保证能满足生产的要求。

第二个大范围是生产准备,其中:

产品生产型设计:根据样品试验试用及测试的结果,对原型设计仔细修正、具体化,将其置于预定规模的生产和提供使用。虽然已经考虑过生产与应用的经济条件,但在这一环节中更要认真考虑。

生产工艺设计:现在应当把生产过程具体分解成各个工序,对每个工序作出详细的规定,并规定所需的设备、工具、辅助材料等等。

作业程序和生产场地设计:按照工艺、工序的要求安排工具、设备、场地和对操作人的要求,有时还要设计新的建筑物或构筑物。

生产物质准备:具体准备各种物质和物质条件。建造房屋,购置和安装设备和家具,准备材料、工具、辅料等等。有时还要培养操作人员。

试生产和生产调整:进行试生产,通过试生产核对原来的设计、结构、工艺、工序、场地安排、材料、操作培训等等是否适合、是否优化,进行修改调整,完善计划、组织、管理。

第三个大范围是生产

日常生产安排和保持:一切准备就序以后,正常进行生产,并且进行日常对生产线的维护、补充等等。

第四个大范围是销售和应用,其中:

售前准备:广告,样本,说明书,合同,使用培训和指导等等。

销售:装箱,交运,结账,验交等等。

应用:这是用户的功能,但也要联系了解,随时提供服务和协助。

售后服务:日常了解使用情况,协助用户掌握和扩充使用功能。实行包换、包退、包修。反馈使用中发生的问题和要求,提供产品改进的意见。调查市场,反馈信息。

结尾语:

以上以大部分篇幅叙述了科学技术的各范畴与环节,和它们彼此之间的关系。学科方面只略举了电子有关的技术科学和基本技术,其目的也仅是为了更清楚地说明什么是技术科学、什么是基本技术。所有这些只是为了表达一个论点:高级学位教育应当教研究生懂得科学技术各范畴和环节,懂得它们之间的动态联系,从而找准自已专业的位置;应当认明邻近的科学技术范畴、环节。对它们有所学习、有所知晓,甚至要掌握有关的要义。当然,不仅这些,对于左邻右舍的学科,也应如此,应当选择哪些、深入到什么程度,还只能是具体分析具体对待。稍微强调说一下,对于当代电子专业来说,我认为应当很注意技术科学和基本技术。

把我在个人学习、思考时掌握的几句话写出来供参考:

"专而不狭,宽而不泛。"

"向周围一切学习——向别人,向书本,向社会,向实践。"

"苟日新,日日新,又日新。"

(此文刊于《信息与电子学科研究生教育》第 15 期)

对高等理工科教育进言

——读甘宁来信的若干思考

（1999 年 10 月 31 日）

读到甘宁的信时，就有共鸣。今天又读了北大生命科学院副院长赵进东的访谈报告，更觉得如骨鲠在喉了。

我非教育界人士，但也当过近 20 年的学生，当然那是在旧中国和美国。老伴是文科老教师，从助教、中学教员一直到新中国的教授，对我不能没影响，又和近年培养的人才每每共事，看来也许还有点可发之言。

我们讲高等教育改革，似乎是要把学校办大，要求学校自立，不吃皇粮等等。这些是否都合宜，是否要区别对待，不是没有可以商榷的地方。我这里想谈的是教学方法与教材问题。

在教学方法方面，我认为"满堂灌"方法很不可取，死按教学大纲绝不是无往不宜。40 年代在重庆据传美国专家论旧中国教育，说有的不是教育，是"训练"。西南联大的成功，可能与当时他们的宽松学风大有关系。建国以来，经济建设高速度发展，需要大量人才，有一些学校承担训练的任务是必要的。然而最高学府总不能都办成训练班。这样满堂灌和过度规范化，只能损伤学生的创造性，损伤教师的主观能动作用。

特别是高等教育，教师不光是给学生以知识，更要紧的是引导学生以方向，至少应该使学生学会学习。实际上，中小学及幼儿教育也应如此。

一要向实践与实验学习。要叫学生懂得知识是怎样得出来的，"源"是实践与实验，这是第一条。理工科需要大量的实验与实习，做习题也是一种实习。我学过的物理课本中就不讲解薛定谔方程，而是把它列为习题叫学生自己去推导。向实践与实验学习就是培养创新意识、创新能力。

二要向书本学习。个人的实践与实验究竟是有限的。书本是古人、外人、别人实践实验、思考的记录，要从中学到知识，学到创新。要学生懂得从书本中区分精华、糟粕，使之善于"去伪存真、去粗取精、由表及里、由此及彼"。善选有益的论点、知识、学到别人如何发现知识，运用知识。

三是向群众学习。"不耻下问"，按刘盼遂前辈讲解，是说凡自己不明白的，即使是粗浅的问题——"愚问"，也不要以提问为耻。当然也不要忘记向位在己下的人提问学习。即使是"愚者"也还要承认愚者千虑必有一得。而且自己和群众也是相对的。自己也是别人的群众。而相对地来说，教师、上级、同事也都是群众。要积极学习，要保持敏感，善于学习，学知识、学方法、学学风与作风。同样也要善于选择。

我想对于教师，如果能够做到让学生"离开学校、离开老师、离开课本"仍然能够独立地学习，那就是事业有成了。

关于教材方面，也涉及广义的"教学大纲"。我读过几本苏联四五十年代的大学课本，初步感觉,和我前面的要求,颇不协调。像是"文献(treaties)",不像"课本(textbook)"。

首先是过分强调理论,强调理论指导实践。忘记了或忽略了理论是从实践来的,理论是为实践服务的;指导,也是一种服务;还有理论必须在实践中接受检验。那些有价值的理论都必是在实践中经过多次检验才成立的。从教学说,学习者通过实践学习理论,比干背理论要更容易,更顺理成章,更深刻,更会善于应用。

其次是过度强调系统。忘记了系统知识是由大量感性认识中经过归纳、分析、提高而认识到的。系统化是做学问的人都追求的。但是如没有那些感性知识的积累,是不可能有系统的,系统是动态的。在实践中还有很大量的知识未被系统化。那是发挥主观创造性的广大视野。系统化了的只能说是一部分,系统之外还有大量知识要去认识、去发掘、去系统化。

再次是完整化的倾向。似乎一切都解决了,学到手就能解决一切了。而从宏观上说,知识本身就不可能是完整的,完整性也是动态的。知识是开放的,不是封闭的。"生也有涯,知也无涯"。"完善了就完蛋了",以平浅的语言说明实践都是开放的。有开放的思想,才能创新。

理论、系统、完整都是学者们追求的目的与境界,然而发明和创新却不一定以此为前提。教科书应当是由具体到一般,然后再回到具体。把理论性、系统性、完整性当做第一性,是不符合唯物辩证法的认识论的,过多地强调理论就给学生以这样的印象:理论万能,有了理论,什么都可演绎而得;什么都系统化了,系统之外没有其他事物了;过分突出完整,似乎再没有可做的工作了。而客观存在恰恰不是这样的。这只能是给学习者以束缚,引导他们墨守成规、固步自封,损害创新意识,妨害形成创新的风习。

我这样说,也许不够公平。因为我国还是有许多好教师、好教材的。不过这种现象确实存在,即使程度有差别,也是相当普遍的。当然,说到教学内容,理论、系统、完整的方向并不全错,只是实践、具体事物、待知事物是大量的、重要的,决不容许丝毫忽视。也有的学到的主要是理论,而在以后工作中获得实践的素养,得到二者的结合。不过这种过程会是较长的。

曾经有过一种理论,说写文章要以观点统帅材料。当然,如果是要说服别人,特别是参加辩论比赛,力争压倒对方,或许是可选的战术。但若用以教学和阐明学术观点,则可说是本末倒置,难免误导听者。这与那种过度强调理论、系统、完整而把实践与个性事物降为它们派生的事物,似乎属于共同的、平行的,以抽象统领具体的倾向。

最近常看到一些以获取诺贝尔奖激励科学研究人员的议论。有一种说法,把获得诺贝尔奖的成果作为比照的目标,这种提法似乎好一些。应认识到诺贝尔奖只能奖少数人,只是代表一个高层次科学研究水平,也只是相对的。应当研究那些得奖者的经验,有哪些是应当学习的,又有哪些是不可取的。只能是努力工作,力求达到整个社会的科技高度进步,水到渠成。不是靠"冲击"可以得到的。美国只是在20世纪50年代以来,获得者才多起来。在那以前,诺贝尔奖大部分是西欧人得到。那些获得者在进行工作时,也并不是以获奖为目标。这似乎不属于教学本身的问题,但却是会十分关系到学风的。因此顺便提一下。

(此文刊于《科学时报》1999.10.31)

对知识经济的一点浅见

（1998 年 11 月 30 日）

人类生产和发展经济必须依靠知识，从渔猎采集的时代就是如此。到了经济十分发达的当代，更是如此。然而现在复杂多了，而且因所属的生产类别而有所不同。

首先是在第一、二产业中，因二者之比例而不同：

甲类是创新性极强的，即"高新技术"产业，本身也是随时代变的。例如在 20 世纪 50 年代，彩色电视、传统的育种就是高新技术。而现在就得是高清晰度电视和基因工程才算。

乙类属新产品的投产期，即使产品不很复杂，其技术含量也是很高的。

丙类是日常生产现场的维持修理和改进，其技术含量也是可观的。

丁类是现场作业操作，有难有易，有时还需要高超的艺能（经验和智慧）。只能在平均线上考虑，可说是"较低"技术含量，但也绝不能说是非技术的。

以上这四类经济组分组成第一、二产业的整体，四者都不可少。在当前，甲在迅猛增长，但必然立足于乙丙丁之上。乙丙丁的技术浓度平均不高，但是量大面广，从业者为数众多，其重要性绝不次于高新技术产业。我国的工业化还差得相当多，绝不可以因过分强调了高新技术及其产业，而丝毫淡化对待乙、丙、丁类。

另一方面是一般划为第三产业的门类，可能有些必要的扩大。信息产业则按从属性分归第一、二、三产业。

科学研究和技术发展是否可集中算在这里面？那么和前面的甲有相当大的重叠。这一部分称之为 A。这是最为知识密集的活动。当然这仍是一种产业。

再一类的经济是极其知识密集的，是"文化"产业。这里文化指的是狭义的，仅指文艺、美术、艺术及其有关的活动。出版、印刷、音像制作、演出、播送等理所当然地都包括在内。这称之为 B。

C 类是教育，这当然也是十分知识密集的。体育和竞技也属于这一类。

D 类是医药卫生和保健。如果只指常规服务的部分，是中等知识密集的。

E 类是商业。在这个行业里小部分人属于高层知识者。他们在社会经济生活中承担着分配的重任，应算一般知识层次，而也是量大面广的。修理、社会服务、银行和金融也包括在这一类里。

F 类是通信、网络、运输交通等。这又是不能没有知识力而且量大面广的。

G 类是政府与社会的管理。也可把军事、国防、公共安全、法律等包括在内。

我几乎列举了社会上所有行业。这似乎没有什么意义，但是在类举中说明了两点，一是没有一种实践是能够脱离知识的，而且实践又是知识的惟一源泉。因此，谈起"知识经济"时不能甩掉这点不考虑。第二是尽管像前面叙述到的甲类和 A 类社会实践是极高度知识密集的，而且被认为是汹涌奔来的"知识经济"，然而要占领这些前沿，还必须先巩固列举的其他阵地以为基础。不仅乎此，只有配套地协调发展，那些高新技术才有用武之地。当然，这也包含这样的内容：应当充分运用高新技术武装传统产业和加速传统产业的现代化，也要根据需要和可能，多做前瞻性的工作。

什么时候都要记着在普及的基础上提高和在提高的指导下普及。科教兴国是推进知识经济的重大号召，更应当同样重视"教育兴科"。

（此文刊于《中华英才》）

一个小天地

——漫谈美国加州理工学院

(1988 年 7 月 30 日)

确实,人的生活具有丰富多彩的复杂棱面。美国大学也是多种多样,当然还有好有差。就一个类同的档次中说,校风和教育特点也有宽泛的差别存在,并分别适应社会上不同的需要。加州理工学院就是各名大学中颇具独特风格的一个。我作为一个早年的校友,有两年校园体验,最近又应邀访问了两周,也有些感受。写出来也许不为无益。

这是一个不大的学校,然而十分精粹。从 20 世纪 40 年代末至今,学生总数只从 1200 人增加到 1780 人,本科生从 600 人增加到 850 人。列为教师的人员却从二百几十人增加到七百几十人。校舍、装备增加了几倍。本科生入学的选拔极严,由若干教授到全美国的上流中学去选,分数要好,但不一定要"尖",主要是还要和教师、本人会谈。既考察本人也考察从而授业的教师。然后回到学校,共同确定录取哪些学生。这样就保证了入学新生的水平和素质。研究生入学很重视原有的成就,而且淘汰率相当高。50 年代前,由加州理工博士、硕士回到国内的有三十几人,其中半数都是学部委员了。固然留学时已有选择,但由此也可见其学习要求之高,效果之好。

这个学校的诺贝尔奖金获得者多,理科很强,理论水平也高。不仅如此,她对于工程、技术也并不丝毫忽视。因发明晶体管而获得诺贝尔奖金的 3 个人中带头的肖克利就是加州理工的博士。西蒙·拉莫是集科学家、工程师、企业家于一身的多才者。他在 40 年代以"工程场论"一书闻名,并担任休斯公司的研究所所长,多年来还在母校兼课。50 年代他和乌耳德里奇联合创办了拉一乌公司,承揽美国洲际弹道式导弹工程的总体设计。里根上台时曾提名为总统科学顾问,因他的企业联系太紧,未获国会通过。威廉·皮克尔令和拉莫都属于美国国家工程院(与科学院、医学院并列的三院之一)的二十三个创建成员。他除在母校教学以外还担任了喷射推进研究所所长二十年左右。这个研究所原是为在美国始创导弹工程而建的,后来承担了外空探测工程的重要任务。在皮克尔令任期内也就是该所发射美国第一颗人造卫星的年代。卡佛尔·米德从本科学习一直到当讲座教授都在加州理工,自称是 100% 的"加州理工人"。他创立的"硅编译技术"的原理几乎渗入了全世界的集成电路计算机辅助设计。做超大规模集成电路的布局(Layout)的绝大多数人遵循他的基本方法。他还是砷化镓器件的首创者。为此他成为美国和瑞典两个工程院院士,受奖多次。他又首先制出了硅视网膜,并正在仿神经元电子技术和大规模集成模拟器件方面作开创性工作。霍普费尔德教授是生物化学家。他对神经元网络有很高的学术地位,还兼通电子技术。称为霍普费尔德模型的脑神经元网络,开创了这门工作的先河,取得辉煌的成就。

加州理工学院非常重视实验科学和应用基础科学。像她的首任校长罗·密里坎就是以宇宙射线,即高能粒子现象的早期发现而获得诺贝尔奖金。另一个诺贝尔奖金获得者安德森是正电子的发现者,对云雾室的发展作出重大的贡献。冯卡曼在加州理工学院开创了航空与空间技术的学派,但他自己又是应用流体力学的著名权威。化学家、两度诺贝尔奖金获得者泡灵对免疫理论的贡献和摩尔根(学派)对遗传学的贡献也都是从总结大量实验结果后提出并做了大量实验给以验证的。

这个学校的风气既严格又灵活。举例说研究生的考试绝大部分是开卷的,不是考背书,而是考能力、考知识。我在校时选了一位名数学家的课,他大考时出十道题,说是只要做透三题就可满分。道理是一个人在题目前面总有时会朦着,有偶然性。在十道题里能任选三道,就能看出真正本领。有一道题,我知道过去有人解过,我立即查出,答了这是某人之解的若干典型中的一个解,当然也做了一些发挥。结果大受到他的赞赏,因为,这证明我看的参考书多,有理解。教师敢于信任学生,学生受信任,学校准许教师们按各自的设想安排考试,这些当然只有在校领导、教授和学生都具有高度的素养之下才能实现。

其风气的另一特点是既严肃又活泼。学生们学习十分认真,但严肃中又有活泼。她的校刊中说人们来考察本校,在这里找不出 nerd(书蠹)来。到了“大日子”他们能开很聪明的大玩笑。最有名的一次是东部西部两个大学代表队一年一度的“玫瑰搏斗”——橄榄球大赛时,一些本科学生事先把计分软件偷偷改了。到比赛时记分显示板上出现了滑稽可笑的东西,把分数都搞乱了,使人哭笑不得。为此,据说在洛杉矶奥林匹克运动会时,特别和加州理工学生做了工作,千万不要开玩笑。其实,对这样世界性的大会,学生们一定会严肃对待。还有在一个欢乐的大节日里,人们都离开宿舍了。有几个同学要开另一个同学的玩笑。他们事先拆散了一辆破汽车,届时送到那个同学的卧室里,很快地把车子装配了起来。那个同学回来后干瞪眼。车子既来不及拆散,也从房门推不出去,不知他是睡到车子里去还是到另外的房里去睡了。当然,他们生活之活泼,绝不限于是开玩笑。他们课余生活是很丰富多彩的。例如,曾有一个同学潜心于滑翔,获得全美滑翔锦标,还把他自制的滑翔机带到校园展示。前面提到的那位名数学家喜欢吹 Recorder(古竖笛),每到周末,在家自娱。他的夫人弹钢琴,一个阿尔美尼亚同学拉小提琴,三人合奏欧洲前古典主义时代的古音乐。学校每周末都有舞会,以同学为主,也有教师,可以邀友人参加。

叙述了一些加州理工学院的若干情况,并不能代表全部。然而即使如此,也会使人感到令人向往。尽管如此,我还是想补充一些个人观点。像这样小而精的大学,在西方如不是绝无仅有,也是很罕见的。我认为在这样的学校里,由于科系较全,由于规模小,非常便于理工以及文科互相促进,学科专业之间的相互渗透,也是很大优势。所培养出的人才也确是优秀,然而,并不是只有这样小才能达到这个目标,只要方针对,有措施,再大一些也不是不可能做到。应当看到当国家的建设和科学技术与教育需要大量的科学技术骨干时,应当多建设一些规模适中以及较大的大学。当一个大学的任务是培养中坚和骨干时,需要一支扎实过硬的教师队伍,但并不一定需要那么多的特高水平的教师,也不需要做那样多的开辟性的科学研究工作。有几位在美很有地位的计算机专家在互相交换意见以后,郑重地向我提出,说美国是有一些著名的大学,其科研与教学都很强,这也包括有加州理工学院。但是,也有一些大学仅因科学研究及技术发展而著名,并不注重教学,他们的子女都不愿送去学习。相反的,有一些没有研究生院的大学对教学十分认真,他们却愿把子女送去学习。实际在美国的大学中三分之一是两年制,三分之一只有四年制的本科,另外的三分之一除本科外还有研究生院。至于授给博士学位的则只有总数的五分之一。美国在三四十年前,还达不到这个情况。我认为在向国内介绍一些外国的名大学时,不能不考虑我国现在的实际需要与可能,切忌引导着追求不切实际和暂难做到的特高水平,而应更多注意介绍他们培养中坚、培养骨干的经验。可遗憾的是我所知不多,在本文中也没有能够体现这一思想。再说,美国大学生式的幽默,也不符合我们的习俗。

从语文教学到认识论

（1986 年）

语文课从前叫"国文"课，顾名思义，"国文"者中国传统的文学、著述、章法、句法……也。"语文"者则是说话做文章的学问也。至于"五四"以前、鸦片战争以前，那就没有这些名堂。我倒并不喜欢大叫大嚷：恢复民族传统！可是如果说世界上曾存在辉煌的奴隶时代文化，那就是古希腊和罗马；但若论灿烂的封建时代文化，可能非我中华莫属了，其中确有无数精华。只是要比较分析，有取有舍，以适应当代先进社会，而不可把陈旧、落后的和民族精华混为一谈。

"诗言志"、"文以载道"也许有点儿片面性，我看还是个优良传统。古今中外文学著作莫不以其强烈的感染性、吸引力，起了推动社会思想进步的强大作用，并且成为时代进步的代表，标志着时代精神。自鸦片战争到五四运动，我看是继承了中国民族文化，并以时代精神给以改造的，实在大可借鉴。

把语文课称为"工具课"的简单定义，其实不仅存在于这些年的语文教学，似乎许多方面颇成为一般风习。我也学过什么"公文程式课"，看来并没有教会我写"公文"。教育不能只教知识，还必须教学习方法、工作方法。我看现在许多课程教的只是"规则"、"规范"。试问没有实质的知识内容，只学空洞的"规则"、"规范"，除了添些"枷锁"之外，离"学习方法"、"工作方法"、"创新精神"何其远也？我看还不如叫学生去多读些好作品、好文章，耳濡目染，心领神会，学到的要丰富得多。现在不是提倡"五讲、四美、三热爱"吗，语文教学通过文学艺术所提供的强烈感染力，正足以潜移默化，实现作为道德教育的巨大作用，同时又使学生从历代文艺精英中学会了写作。

为什么会出现上述这种现象，这可能和当年学苏联"一边倒"留下的影响有关，一切都企图提高到"理性认识"、"理论"的水平，以致"规则"、"规范"泛滥。我们似忘了理论是从实践中归纳、分析、提炼得到的，又要在进入实践时加以综合、演绎，才能回到实践中去。理论尽管具有强大的实际作用，却是比实践不知要稀薄了多少倍的事物。理论是从分析、归纳得来的，可是它代替不了大量的材料。过分相信理论、过分依赖演绎的方法，有陷入唯心主义和形而上学的危险。几十年来的经验，不正是在许多方面给我们以严峻的教育了吗？

（此文刊于《群言杂志》1986 年第 8 期）

计量法与社会实践

（1985 年 10 月）

　　人们在社会实践中到处会碰到数值的问题，在原始社会时已是如此。然而只是到商品交换出现，才产生统一量值的要求。生产再发展、商业再发达，就出现了必须以立法方式规定法定的统一量值的需要。这个需要就是计量事业的来源。秦权汉尺，旧物犹存，两千年前的中国，秦始皇在以几百万平方公里计的疆域里用法定的方式统一量值，这是我国历史上一件空前的创举。现在我国又以国家主席命令的方式，颁布了建国以来的第一个计量法。这个计量法将于明年七月一日起在我们这个拥有十亿人口涵包五十六个民族，覆盖九百六十万平方公里的国家里贯彻实施。并且是在一个新的历史时期实施的。这个新的时期，就其与计量事业有关的方面来说，具有这样一些特点：商品生产和交换高度国际化了，我国的商品生产和交换也空前发展了。国际上科学技术空前地提高了，我国也已掌握和产生了不少属于高技术领域的成果。由于以上原因，已经出现了有权威的国际计量组织和国际上相一致的计量技术系统，产生了并在继续产生新的自然基准。这样，这个计量法的颁布和实施又是一件有世界影响的大事。

　　我国这个新的计量法是经过事先已有多年计量实践的经验，制定过程中又经过各个有关方面广泛参与者共同研究、反复修改、仔细地权衡利弊以后制定的。它尽管还是第一个，已经是一个很好的计量法。这是因为：1. 它是在我国经济建设、国防建设和科学研究以及文化教育卫生事业都在蓬勃发展，并且在大力克服经济发展中第三产业这个薄弱环节的时期中应运而生的。在这个要求紧迫的形势下产生的合乎实际的计量法。2. 计量法采取的计量单位以国际单位制单位为基础而加上国家选定的其他单位。这就使我们在既采用国际先进的计量科技成果，以利国际技术经验交流，同时，又不会因为国际常规和制度中还不可能解决一切具体问题，因而影响我国计量事业更好地为我国社会实践服务。3. 既规定了国家计量基准器为统一全国量值的最高依据，以保证全国量值的统一，又规定在各级政府和各级专业部门在统一监督下可建立自己的计量标准器具。这样既保证了统一性，又能发挥各级政府各部门的长处，调动建设计量事业的广泛积极性。4. 规定划分社会公用计量和专业计量。这就使得在满足各专业部门内部密切协调和特殊需要的要求的同时，保证社会通常需要得到同样的满足。所谓社会通常需要关系到衣、食、住、行、用等，是为保证广大人民生活和安全所必不可少，并且一年四季，月日时分都会碰到的。这是极重要的方面。5. 关于开展计量检定、管理监督和生产、维修计量仪器等方面所作的规定，都体现了当前改革中简政放权的要求。还规定了在政府监控下个体工商户也可经营简易计量器具的生产和修理，也是适应促进把经济搞活的方向的。6. 规定了强制检定计量器具的范围，并在制造、修理、销售、使用都明确规定了法律责任，体现了法治精神，对于保证计量工作的严格性和严肃性将起巨大的积极作用。管窥蠡测，至少从这些方面，可看到这个计量法是适应社会主义现代化建设需要，维护国家和人民利益，保证量值的准确可靠的重要法律，是经济技术立法的一个好范例。

　　收集信息是人类经过社会实践，去认识客观世界的原点。在每次再实践时，还都再从这里起步进发。它是人类在广义的"学习"中所不能少的一站，也是最重要的一站。人们收集信息的手段本来只靠五官六感——听、看、嗅、尝、触、位。收集信息开始只能定性，然后才是定量。先有整数，然后是分数、小数。于是，在还没有物质工具时，"掬手为升，布手知尺"。以后实践多了，生产力提高了，科学知识增长了，才出现各种量器。知识增长，实践积多，社会实践的水平更提高了，对于定量信息的要求也提高了。人们采集的信息横向越来越宽，纵向越来越深，对信息数量的判断要求正确、精密。"需要"促进"可能"，"可能"使"需要"实现，于是出现了复杂的量具——仪器。从简单的温度计、气压计、音叉等开始，从感差扩大到比对，并出现了机械、光、电原理的仪器。欧洲文艺复兴时期，由于文化和科技空前发展，知识以超指数函数随时间而增长，同时也反映了生产力的迅速增长。可见，社会实践范围越来越大，种类越来越多。大系统工程规模越来越大，而复杂的程度也以天文速度增长。测量的要求也提高了，不但要求的工作量大大增长，量值精度的上限要求不断提高，而且由于要减少误差积累的消极作用，要求量值更高度地统一。而且，因为这些活动，包括应用、建设、加工、供应等常常是跨国家的，不但要求加强国际联系，国际上还要求通过比对统一到共同的单位上去。因此测量和计量必须大幅度增加，量值的法定性要求高度加强。恰好计量法制性的提高，也反映了生产力的激剧增长和科学技术的发展，计量技术也为信息作业提供新增的优越物质手段，如新的电子测量技术，无论是在信息收集、检测、判断、加工等任何一方面都显示出它的优越性。微处理器的出现加强一切信息作业特别像测试和计量等的高度灵活性和适应能力。

为此，我们电子工业部门，更要切实地加强计量工作，积极认真地实施好计量法。为贯彻计量法多做有益工作。首先更加努力从科研发展和生产两方面提供更好更多的准确稳定和经久耐用的计量仪器和测试手段。要不断提高性能价格比。使使用单位的精密仪器更多地装备起来，以改进各个业务系统和人民生活所需的条件，以减少由于繁重的检定所付出的代价，甚至减除某些有形的传递。在科研方面加强研究更精密的测量方法。实践使我们懂得在科学实验方面固然要大量依靠计量工作，但是又只有在科研发展中才能产生更精密的测量方法，从而为计量中基准器和标准器的改进更新提供条件。计量法还是一个基本法的性质，要做到具体贯彻，还必须有实施的细则。我们要在国家计量主管部门的主持和组织下，把生产和运用计量标准积累的知识，积极参与细则的讨论和制定。

在国家计量法的指引和约束下，我们要把计量工作搞得更好，遵循十一届三中全会的方针，进行持久认真切合实际的改革，一定会为早日实现社会主义伟大强国的现代化建设做出贡献。

（此文刊于《中国计量》1985.10）

从系统观点探讨计量工作

（1985 年 3 月）

系统，不去抠定义，就是：一个群体，由许多个体所组成，个体之间存在着不同松紧程度的联系。大至整个宇宙，小至由夸克构成的，以至所称为个体的内涵外延，无不是一个系统。社会也是一个系统，夸克也会是一个系统。小系统总是一个或若干大系统的子系统。子系统所以成为一个系统，它内部各个体、各亚子系统之间的联系必然和它外部（除去它所从属的母系统）之间的联系显著地更为密切，因此可以和外部之间划出一条分隔带来——称之为带，因为这个分隔决不可能是一清二楚的，虽然是明显的。

系统内部各部分的关系总有一个大体的形态。太极生两仪，两仪生四象，四象生八卦，八八为六十四爻，这就是很古老的一种结构。计量是一个系统。计量的任务是统一量值，从它形成体系时很自然地会考虑形成类似的树形结构。就是到了计量已经相当发展的时代，也还主要是如此的。但是人的社会实践日益丰富，人的知识按以时间的双重指数函数的规律日益增长，我们就不能再那样简单地理解和处理了。科学进步的日益深入，技术发展要求的日益精密，经济活动的日益繁复，系统性实践日益成为有意识有组织，都要求我们对于计量工作必须从系统的角度有更深一层的认识。简单的树型、环型等以及复杂一些的网型都不能确切表达，所以我提出一个榕树型的提法，当然也只是一个形象的提法。榕树与一般树的差别是它有许多树干而不只是一个，而枝叶连成一体。然而这些树干虽能伸入土内，却是"气"根，所以只是形象上的类似。

什么是榕树形态？这就是说打破过去单一量值传递的方式，而是出现了多传递线，多点横向联系等的多样化的体制。这是由于实践背景的多样化发展所决定的。这里只就想到的列举如下：

（一）传统的树型传递程序还会继续存在下去，然而会有很大变化，并增加新形式。首先是由于自然基准的出现，高精度仪表装备得多了，完全集中到从一个基准来传递，已经不是必要的了。相反的是：由集中到惟一基准逐级传递，只能是精度逐级降低，有时就会不能满足需要。

（二）由于客观存在事物的系统性，特别是在当代，自觉地按事物的系统性来实施系统工程越来越多、越重要，出现按各系统和系统工程来各自统一量值的要求也越来越强。这就打破了单一传递树的传统体制。

（三）计量与测试之间的联系。计量是具有法定性质的。既要求准确可靠、稳定，而又不是现实中难以实现的。另一方面，测试科学研究中精度要求就是它的目的，是生动的，变化的，往往高于而且应尽可能高于法定基准。不但如此，对于某些科学技术任务来说，它要求的精度就是越高越好，因此，必须利用测试研究的最高成果。在这个方面，事物发展，不应该被计量法规所束缚。

（四）测量仪器的性能价格比越来越高，因此配备精密器的单位越来越多。基准水平的，特别是某些自然基准，也可以更经济地在多点建立。以较多量的仪器本身的精度来保证量值的统一往往比按级传递更为现实和更经济。用精度高一级的仪器去达到较低的要求的事例也越来越多,因此,传递和检定的频繁性和重要性都不像过去那样突出了,在若干地点设置同等于基准器、标准器精度的计量器,彼此互相比对,往往成为保证精度、可靠性的重要措施。

(五)由于出现了用频率产生基准的技术使若干种计量可以无线电的方法远距离传递,达到高精度和高效益。

(六)由于科学技术和经济建设的日益发展,对计量和测试建设的规模质量和能力,提出更大的要求,也提供了更大的可能性。

十二届三中全会号召展开工业体制的改革,计量体制采取怎样的结构形态,具有和其他许多重大因素同等的决定性作用。我设想计量体制的改革必须考虑至少以上几方面的因素——必须采取集中与分散并使两者都能发挥大作用的体制。政企分离在计量方面也意味着必须把政府的集中和企业的分散二者之间的关系处理好,把部门系统的集中和地区的集中之间的关系处理好。虽然原则是容易定的,实施则必须因事、因地、因时甚至因人而具体考虑。总之,一切都要从经济效益、社会效益为准则,作优化的分析和设想,把事情搞活。

(此文刊于《中国计量》1985.3)

论管理技术的若干基本点

（1983 年 10 月 4 日）

引　论

　　管理似乎是一个不言而喻的名词。也许管理二字就是它的定义。如果一定要加以说明，那就是使大小范围的社会活动协调地组织在一起的一种活动，它本身当然也是一种社会活动。

　　管理学或管理术也许包含有科学的内容，但大体上说，现在主要还只能从技术、工程的角度加以认识。

　　管理是一种社会活动，这就离不开信息的交换。我特别强调一下信息反馈在管理中的作用。它是一种实践——认识——再实践的过程，应当提高到能动的唯物反映论的理论高度，即认识论的高度去理解。信息可以是感性的认识，可以是理性的认识以至二者之间任何过渡阶段的认识。我们根据已得到的信息，进行逻辑的以至经验忖度的思维，做出判断、对策，然后实施于管理之中。这就进入了对实践的指导，是指导，也是以指导的形式为实践服务，并在实践中经受检验。从检验认识判断、对策的正确性、精确度和优化程度，反过来形成新的判断、决策、指令，再到实践中去检验。这就是信息反馈的过程，是一种物质变精神、精神变物质的过程。

　　然而我要强调，这是"负"反馈。从宏观说，坚持真理、修正错误，就是负反馈；过与不足都要反其道而改正之。市场的需求增长就要增加生产，有的管理学权威认为是"正"反馈过程[*]。他忘记了"正"、"负"是相对于原来决策而言。上例现象的发生是因为决策低估了市场增长，而提高生产是对于低估的反向改正。当然，主观上要求负反馈未必就能在客观上得到负反馈。如果信息不正确或决策有缺欠，还是会出现正反馈，造成损失。当然，这和电路学、自动控制学中的过程一样，调整过程中也允许超调，允许小范围的衰减性振荡，甚至允许微小范围的持续振荡，即波动。这不但是允许的，而且可能是必然的，甚至是有利的，只能依案例具体分析。然而大幅度的甚至翻饼式的过程必须避免。

　　这样说，是不是只有经过实践才能发现偏差？那么是否预测就不可能了呢？正像自动控制学中允许预测一样，这是允许的；但预测必须建立在对系统特征事先有所认识的基础上，并且不是确定性的，带有概率性。而社会实体远比物质系统为复杂。仅仅根据于统计、概率和从少数确定因素构成的理论是不够的，同时还需要经验、忖度能力甚至形象思维（艺术）。

　　也有正反馈的例外情况。例如把产品中的一部分附加地反馈到原有的生产力，生产能力由而积累增长。知识的积累也有正负两种现象。这不同于管理过程中的信息流程。

　　负反馈对于管理术是具有核心意义的过程。因此我在引论中首先加以讨论。

---

　　[*]　Buffa，《Modern Production Management，managing the Operations Function》，5th ed. 页 64。

一、管理的目标是经济效益和社会效益——协调、平衡与效率

要高速发展社会的经济和人民的福利，就要提高社会产物，包括体力劳动和脑力劳动的成果，首先要了解影响提高产物的各项因素。这里列举一部分如下：

1. 劳动力资源和劳动积极性 A
2. 社会文化素养和产业素养 B
3. 生产设施的数量、水平和质量 C
4. 生产设施的开动率 D
5. 对生产设施的操作熟练程度 E
6. 产品型类品种选择的适宜性 F
7. 产品的性能和质量 G
8. 产品设计的经济效益 H
9. 测试、工艺和材料的技术水平与其供应能力和利用率 J
10. 管理本身的水平 K
11. 其他基础结构的规模和素质 L
12. 其他因素 N。

社会生产力对这些因素的依赖是布尔型的而不是阿贝尔型的；社会生产力依赖于这些因素的"交集"而非"并集"。管理则是面对它们的"并集"。并集和交集之差是于生产无效的部分。管理的目标之一是如何组织引导各个因素的发展，使交集尽可能接近于并集，尽可能减少二者之差。这可称为协调的原则。

但管理的目标还不只此。在这个交集以内各个因素对于生产力的影响是彼此之间代数乘积和链式结构的双重关系。任何一个因素都对于乘积产生影响。应当尽力使这个乘积处于最大值。整个链的强度不取决于链的强环节，而取决于最弱的环节。应当使这个链的各个节的强度彼此匹配，避免薄弱环节。这可说是平衡的原则。

使这乘积处于最高值，要以付出最少的代价取得最大的效益。直接影响经济效益和社会效益的，除去平衡协调的原则外，还有提高效率——作业的效率和管理的效率的原则。效率是反映在每个因素中的乘数。我们可以形象地列出一个式子（右上方加 $'$ 表示属于并集的部分；η 为系统效率，特别决定于薄弱环节的效率）：社会生产力 $= f\{\min[(A'\times B'),(C'\times D'\times E'),(F'\times G'\times H'),J',L']\times K'\times\eta\}$

二、管理是一种系统工程

管理的对象是系统，管理术是一种系统工程。管理本身也是这个系统中的一个子系统。

什么是系统，有人解释为"具有特定功能的，相互间具有有机联系的许多要素所构成的一个整体。"但例如银河系有什么特定功能？至于"有机联系"是我们常用的语汇。有时我们也用"内部联系"这个词。然而细推敲一下，又有什么是"无机"的或"外部"的联系？"整体"多少意味内部不可分；然而如果内部不可分，又怎么能称为"系统"？

有人定义系统是"混乱的反义词"。[*] 然而我们从常识知道，很少有一种系统是完全有序的。如果系统完全有序，则系统工程也就无存在的意义。这是因为系统工程的任务就包含使

---

[*] 三浦武雄、浜冈尊，《现代系统工程概论》，中国社会科学出版社译本，5页。

系统减少混乱性、增强有序性。而从另一方面说混乱的存在也有它的客观规律和致因。我们认为是"混乱",往往是因为我们还未确定或并不需要确定它的规律和致因。若这样理解,则绝对的混乱又并不存在,又何来它的反义语。

我并不是从根本上否定所有这些定义。整体与元素、秩序与混乱、必然和偶然本来都是对立统一的,不能否定这些关系。我只是想探求一下更确切的描述。我倾向于这样一个说法:"系统是一个含有相互关联的、不仅一个元素的集合;并且集合内各元素相互关系是密切的,其紧密的程度显著地超过本集合内各元素和本系统以外的关系,从而使这个集合可较明显地和外界划分界线。"

管理活动所以是系统工程,首先因为管理的对象是一个系统。即使是一个人管一个人,仍然是两个元素的集合。其次,管理活动是有具体目标的,要求效益、要求成果。这是工程的属性之一。第三,管理系统本身是可以设计的并且是要在实践中实现的。为了设计,要求从直觉形成概念,从经验忖度规律,按已知的规律进行严谨的逻辑推理和数学推导,从元素(个体)之间的特有关系和本集合与外界的关系构造整体的设想。为了实施必须规划实现的步骤,形成完整的图像,像工程施工一样,一个工序一个工序地尽可能有秩序地完成。管理系统的形成也要有检验的措施来保证质量并从而发现缺陷或冗余而作适当调整。管理系统也要经过验收而投入运行,然后在运行实践中经受检验而不断改进和排除故障。这些都是管理系统形成所必经的过程,也是一切工程实施所必经的过程。实际上工程都是系统,工程 E(属于)系统,系统工程等于工程,不存在非系统工程。

系统以内各元素之间的关系,有相对地紧密与松散的差别,因此又可以划分出子系统来。各个母系统之间的关系也有相对地紧密与松散的差别,因此又可集合成不同的系统集来。系统的可分性和可集合性没有固定的限制。

三、网状结构和信息驱动的体制;网中之树、监控原则和责任制,有限监控指导线原则

管理和作业结合起来是一个完整的系统。管理的成果是效益,作业的成果是产物(包含服务性成果)。管理点和作业点是用网联系在一起的。这种联系,在管理上说是用信息驱动的;在作业点之间则是根据生产流程、顺序而活动的,然而信息也随流程而运动。

工业发达国家的管理术从多次演变形成了直线与参谋(line and staff)*的体制,主要的指导思想还是存在着自上而下的指令驱动特征。但是生产力发展了,生产复杂得多了,分工更细了,系统与系统、个体与个体之间的联系也多得多了。这样,尽管在名义上还说是直线与参谋制,实际已形成了一个网。网的每个结点之间,不管属于什么层次,都可能而且允许有信息联系。每个结点都按照从其他结点或本系统以外传来的信息,遵照本结点承担的功能,处理这个信息,并传送到另外的结点以及本系统以外去。在常规情况之下,信息是按一定的流程和功能要求运动,从而形成整个管理的系统化活动。当代有人提出矩阵体制,实际是一种简化的网。因之我说管理活动是信息驱动的,不受任何个人意志的支配,每个结点只能按自己承担的功能而活动,虽然在非常规情况下,需要人做出判断。这就是说,一个管理系统应当尽可能做到自动化,尽量减少人为的干预。

然而客观事物总是要变化的,不能永远处于常规状况。信息驱动体制的运动还决定于每

---

* 参阅亨利·艾伯斯《现代管理原理》,商务印书馆译本,107 页。

个结点或人对于所执行功能的认识和主观能动性,而这又不可能是平衡一致的。还有管理与作业的目标要经过少数人逐层扩大传达到整个的网。因此,在网的结构之中,还编织着树的结构。

编织到树中的、非最基层的结点的任务首先是"监控",更确切地说是观察与判断。他们按层次和指定功能观察管理和作业的活动和收集信息,作出判断;然后按功能授权发出指令,进行调节,或向另外的结点(包括上级)传送信息。监控就包括信息反馈的过程。他们还有一个重要的责任,就是做老师。他要自己学习有关的知识,包括向下层学习,并不断创新,还要教下级以知识和学习知识的方法与创新的才能。

广义的监控和信息调节,包括三个层次的深度,是按反馈的信息后进行人工干预的深度区分的。第一深度是依据信息中反映的偏差发出调节的指令,即狭义的负反馈。第二深度是发出指令改变调节系统参数或信息处理的方式,这对应于自动控制中的自适应系统。第三深度是进而改变系统结构的形式,这对应于自动控制的自组织系统。

为什么这个监控系统要采取树形的层次结构,这是为有限监控指导线的原则所规定的。这就是说一个监控指导点只能联系有限的其他点。即使有功能参谋作助手,一个点所能联系的参谋也是有限的。一般说,如果在最基层,一个监控指导点可以联系约十到二十个下层点。在这以上的点一般来说就只能联系约五到八个点。当然,这只是经验数字,在具体的事例上有所不同。既然如此,总监控指导点,或总管理者只能用树结构逐层扩大他的联系面。为了了解基层实际,越过树的层次去接触更下层是必要的,但不是常规的办法。

每个结点按功能要求承担责任就是责任制。一个管理系统里要因事设职,按职受责。我们在企业事业管理中有时议论到"权责统一"的问题。这个"权"的概念,是按他所承担的责任给他提供完成任务所不可少的条件,和一般所谓权力是有一定区别的,但却是对每个管理者所不可少的。上级负监控责任,按所承担的功能,依具体情况发出指令,是责任制特点。只有实行责任制,采取信息驱动的工作机制,才能消除人多乱、层多慢的问题。如果不改变工作机制,只减少层次,"减少"管理人员不能解决这个问题。当然,要从根本上消除家庭作业、作坊管理方式的影响是需要努力、时间和耐心的。

由于层次结构,由于现代生产十分复杂多样,反馈变得十分复杂。有逐层的、有越层的还有任何一结点到另一结点之间都可能存在信息反馈关系。多层次、多环、多晶面是它的特点。举例如国家经济活动中:国家计划是解决供求矛盾中的最大反馈环,范围大而周期长。市场调节是小端、基层的环,范围小而周期短。在二者之间还有各层次间不同范围的反馈环。这就是个十分复杂的课题,需要巨大的探讨工作才能走进自由王国。

四、优化的原则、适宜的原则和引用新的管理工具——运筹学、计算机与电信技术

在一个系统中,无论是作业点及作业流程,还是管理点和信息网流,都可能存在各种不同的方案。我们几乎不可能要求各个环节都处于最优状态。这是因为可能在某一环节是最优时,却会损害其他环节,而在系统总体上是不利的。相反,在某一环节上采取次优安排,可使另外的环节处于优良状态,最后使整个系统处于优良状态。这就是要处理好个体与个体之间的矛盾,这就是要处理好个体或局部与系统或全局的对立统一的关系。这就是优化的原则。优化的原则也是权衡损益的原则。例如增加付出的价格,可以得到更高的性能,但是不是为追求性能而付出更多的代价,或是为追求低价格而更多地牺牲性能。我们要选择一个既能完成任

务而又能得到最高的性能价格比的方案。这是一个简单的优化事例。又如在一个事例中，可能遇到效果和风险率的矛盾，往往我们要采取风险率最低条件下求效果最高的安排，而不去冒着更高的风险而去追求更高的效果。也许我们需要权衡风险与效果之间的损益，求得最佳的总效果。这是一种"最小最大"问题的例子。前一个例子是"确定性"（determinstic）的例子，而后一个是"概率性"的例子。

代价并不限于价格，还有其他因素，并且代价还必须在各种约束因素的约束范围以内考虑。例如适宜技术的选择就是一个例子。有时先进的决策就是适宜的选择，有时先进的决策并不是适宜的选择。有时陈旧的决策就不是适宜的选择，有时陈旧的决策却恰是适宜的选择。一味地追求先进或简单地安于落后都会导致损失。下面试图列举适宜技术应具备的条件：

1. 劳动的成果符合于社会的需要和可能。如适销对路既要符合于社会的需要，受人欢迎喜爱、产生有益的效果，还要为用户所能够使用和运转，具有维护和修理的便利和可能。

2. 劳动方式必须是可以获得的，或者通过自己的创新，或者从外界能够转让。

3. 根据社会产业素养文化水平的提高，为劳动者和管理者所能掌握、运行和保持。

4. 结构、工艺、材料的选择必须考虑在不同的生产规模，采取不同的优化方案。对于多品种少数量的产品如何提高效率和效益特别容易受忽视。

5. 必须考虑成本，考虑性能价格比。要以付出最少的活劳动和物化劳动求得最大效果。

6. 必须符合于国家全局利益的要求，还有符合本企业事业的经营指导思想，而这个指导思想必须是健康的。

7. 作业设施必须是由国内以及国外可以获得并具有在当地条件下的可靠性、可维护性、可修复性，并能获得颇高的开动率。

8. 符合于国家对料源、能源的要求和当地的条件。

9. 具有可实现的作业环境条件，对环境不产生不容许的污染和损害，能保证必要的安全和劳动保护条件。

10. 符合于国家法律法令的要求。

11. 符合国家以及国际的技术标准。

12. 正确的"战略"选择，即动态的选择，要尽力预测到发展和变化，除当前的情况外，要从各方面考虑技术实体的生命力。

由于科学技术的发展和生产力的巨大增长，在管理工作上产生了许多新的技巧和新的设备，可以帮助我们满足管理工作的效益和优化的要求。如运筹学，它的内容十分丰富，这里不可能讨论它的内容、条目，它提供了许多方法去分析作业和管理。如计算机和现代电讯技术，它们提供了先进的信息交换、分析、综合、模拟等的物质手段。采用这些技巧和手段也同样存在适宜技术问题。由于我们的社会的经济、文化、产业素养都还处在落后和不平衡的状态，我们就要注意以下的问题：

1. 我们已经处在国际上已有许多先进技巧和物质手段的时代，我们要在适宜原则的指导下尽量采用先进的、前沿的技术，用以加速克服薄弱环节，使我国社会一切尽可能平衡发展，从而可以更迅速地前进。原有的不平衡解决了，新的不平衡又会出现，这是一个连续不断的过程。但是由于历史的和社会的原因，我国经济和文化存在着迫切要增强的薄弱环节，所以这个课题具有特别重要的意义。当然，在我们的实践中，科学技术以及管理术也应当并且必然会结合我国的特点，有所创造和发展。

2. 必须按照适宜的原则，处理好先进与陈旧之间的关系。先进和陈旧不仅是历史时间的差别,而且先进也是在陈旧事物的基础上不断发展和变动而产生的。要研究工业发达国家的发展史,用辩证唯物论加以分析,从而得到教益。要在掌握必要的历史知识的基础上运用先进的技巧和物质手段;并且在可以利用先进技巧和手段的场合才加以利用。在很大范围的场合,先进的技巧和手段不适合利用,也要利用历史发展过程中的精华。我们设想一下,远在没有存在这些先进技巧和手段之前的 20 世纪中期甚至 20 世纪初,美国已经成为一个经济大国;那么,以我们当前的落后状态,又何必一刀切地要求先进技巧和手段呢? 当然,只是不能"一刀切",不能忽视某些陈旧技巧和手段在我国具有相当的适宜性和生命力,有时就是基础的薄弱环节,决不能以此作为安于落后的理论根据,而阻碍我们走向先进。

3.我们有分析性的先进技巧和先进的高效率的物质手段以后,仍然要充分发挥人的主观能动作用。信息技巧和手段是对人的思维能力的辅助者,能缩短人的思维过程和扩大思维的范围。然而仍要以人作为思维的中心。从直观形成概念,从经验忖度规律,为思维过程提供由实践归纳的大前提和依据都是必要的,而是技巧和物质手段所不能解决的。如果大前提和依据错了,则会全盘皆错,任何技巧和手段只能引入歧途。正如前面说的:需要经验、忖度能力甚至形象思维。更何况我们在短时间内还不能普及这些先进的技巧,也不可能普遍装备先进的物质手段。

五、重视人和社会的因素

在资本主义国家的管理学说里,也早就开始考虑人和社会的因素,但他们的立足点与我们是不同的。20 世纪 20 年代就有人研究人对于声的生理反应。到 30 年代初,梅尤在西电霍桑工厂的试验开创了所谓动机诱导论的研究。[6] 日本在接受美国科学管理的基础又和日本社会习俗结合,还吸取了中国的特点,从研究人与社会的影响得到较多的益处。关于这个问题,我仅依据于自己的经验和思考提出一些观点。

1.生理反应的作用,表现在体力和神经两个方面。体力方面过度疲劳以及各种不良环境对人体力方面的损害是易于理解的。神经对于环境的反应则更为复杂,而且体力的、神经的和心理的现象往往不易分辨。劳逸时间的安排、环境温度、湿度、亮度、色彩、声环境、嗅味和大气成份、体形与动作规律的适应等,几乎所有可感受的因素都会影响劳动者的劳动效能和健康。其次这些影响又因所从事劳动的工种而不同,每个具体人也是有差别的。第三,还要考虑劳动者生活在社会中,在家庭中,在劳动场所以外的活动也有影响。第四,每个人由于经历和天赋的差别而有不同反应,因思想状况、健康状况、性格、气质等而相差别。第五,不但有主观和客观之间的交互作用,还有各种环境因素之间的交互作用。这些差别和作用不仅存在于生理上,而且必然也存在于心理上,存在于生理和心理因素的交互关系中。从单纯生理反应的规律,已产生了所谓"人工程学(Human Engg.)",还是一门有用的科学,虽然只考虑了人的有限侧面。

2.心理反应,或说是思想的作用。资本主义国家,尤其是美国,对动机诱导论作了大量的实验和理论工作,其目的在于如何在他们的社会制度下调动劳动积极性。他们的基本理论学科是行为科学,包含人类学、社会学和心理学各侧面,而中心是行为心理学。在梅尤以后,出现了马斯洛、麦克哥理戈等名家提出不同的学说,有需要层次理论和 X-Y 理论等。

我们讲调动人的劳动积极性的方法方向,是立足于四项基本原则的思想政治工作,和他们有根本的差别,但是他们也做了许多科学工作。只要我们认识到这个根本的差别,认清他们理

---

〔6〕 参阅同上,523 页。又 Carl Heyel 主编 The Encyclopedia of Management,Rer Ed,596 页至 603 页。

论的缺陷和错误所在,则某些具体论点是可以批判地吸收的。我看他们理论的具体缺陷有:

① 强调微观的、战术的因素,而不以宏观的战略的因素为重。他们把社会和人的活动看成是相对静止的,只有有限的变动和发展。

② 他们把人过多地看成是单纯本能的反应者;忽视人的意识形态是后天获得的。

③ 他们把人看成是单纯自在的存在;而忽视人组成社会集体的自为活动,对于人的意识形态具有巨大的塑造作用。

④ 他们强调人对动机诱导的反应;而忽视不同反应的社会根源。

当然这些缺陷之间有密切的联系,都是由于资本主义意识形态的限制而产生的。当然他们也不可能理解到共产主义的远大目标、社会主义集体主义思想和精神文明、人民对党的领导的强烈信任感和三大作风对于调动人的主观能动性的伟大作用。特别是马斯洛的"需要层次论"就是倡导争名于朝、争利于市。这和我们社会主义在四项基本原则下进行改革的为人民服务而获得应有荣誉和按劳分配,运用经济杠杆鼓励生产积极性,是有本质差别的。他们的理论是被割裂了科学性的"科学",若无充分批判地引用,就会引导我们的思想政治工作走向歧途。

3. 管理者,特别是上层管理者应当具有三大作风,应当有优良的民主作风,同时善于分析问题,在关键时刻当机立断。他应当关心"事",也要关心"人",布莱克—莫顿的"管理方格"论是有参考价值的。优良的管理者必须知事明理、知人善任、能学善教、多谋善断。

结 束 语

这里我引用《中国革命战争的战略问题》中的两段话,结束我这粗糙而不成熟的讨论:

"军事家不能超过物质条件许可的范围外企图战争的胜利,然而军事家可以而且必须在物质条件许可的范围内争取战争的胜利。军事家活动的舞台建筑在客观物质条件的上面,然而军事家凭着这个舞台,却可以导演出许多有声有色威武雄壮的活剧来"。

"指挥员的正确的部署来源于正确的决心,正确的决心来于正确的判断,正确的判断来源于周到的和必要的侦察,和对于各种侦察材料连贯起来的思索。指挥员使用一切可能的和必要的侦察手段,将侦察来的敌方情况的各种材料加以去粗取精、去伪存真、由此及彼、由表及里的思索,然后将自己方面的情况加上去,研究双方的对比和相互关系,因而构成判断,定下决心,作出计划——这是军事家在作出每一个战略、战役或战斗的计划之前的一个整个的认识情况的过程。"

管理者和军事家一样,和自己的部队一起去为完成共同任务而斗争。这里需要科学、需要技术,也还可能需要相当程度的艺术。

为实现我国四个现代化,实现在 20 世纪末翻两番的目的,改革管理、克服管理落后现状是一个潜力巨大的资源。

(此文是作者在电子工业部第一次管理科学讨论会上的发言)

也论人才

——与匡亚明同志商榷

（1983 年 8 月 22 日）

读了匡亚明同志的《略谈人才的概念与特点》（见《文汇报》1983 年 5 月 16 日《学林》专刊
——编者）后，产生了一些看法，信笔写出，以求教于匡亚明同志和广大读者。

匡亚明同志提出人才的四个特征：善于总结经验，善于高度概括，敢于不断创新，具有真知
灼见。作为一个个单独的要求，我都赞成。第三条似可改为"热爱不断创新"更妥些。光是敢
不行，还要有感情，形成一种热爱创新的风格。

看法上稍大不同的是，我认为这四个特征或条件是作为人才的"充分"条件，而不是"必要"
条件。首先，具备其一二，就可称人才了，不需完备。其次，如果具备某些另外的条件，甚至并
不具备匡亚明同志提出的四个条件之一，也可以称为人才。

也许是因为匡亚明同志和我划定人才的范围不同，所以才有这样的差别。匡亚明同志说：
"'状元'就是人才"。这可能是一个形象的表述，并非定义。但是具备了他提出的"四条"，看来
可能超过"状元"的要求了。我以为"高才者就是人才"。这是一个含混的表述，但似乎也很难
更加具体明确。才有高低、多少之别。匡亚明同志过分着眼于人才的上层。如果就全部人才
而说，那么具有另外一些气质的人，也是人才。例如，社会上许许多多优秀的工程师、设计师、
农艺师、临床医师、管理师、教师、职员（姑不论还有许许多多文化界人士），作为社会主义事业
的中坚力量，他们居于承上启下的位置。怎样才算优秀？我想应要求他们对别人、古人、外域
已有的成果，甚至只是已定形的规范，能够明察真伪、区分表里，予以掌握，兼通邻近学科的要
点或常识，并能认真继续学习，在业务上能因事制宜地运用他的知识，坚持不懈地完成任务。
当然如具有举一反三、触类旁通的能力更好。我认为这都是人才。他们埋头工作，安于默默无
闻，这正是社会主义事业的重要支柱，实现四个现代化所不可少的基石，评论人才应考虑他们
在社会上可能贡献的成果。

在科学技术界的工作中，一个重要的发现或发明往往名归于个别的人物。但是，在他们背
后却有无数少有人知的英才。形象地描述一种情况：在一个人阐明一条科学原理之前，不但要
利用许多前人的成果，而且也许需要十个人为他作长期的观测，并帮助他收集材料，还要有一
百个人为他的试验工作准备样品，创造制造样品的工艺和设备以及设计和生产必要的仪器，在
这背后的一百一十个人中肯定有不少杰出的人才，不分享盛名，他们和那"一个人"可能仅有分
工的区别，并不意味才华的高低，所以，他们同样是重要的人才。

生产力发展到一定的高度，知识积累到一定的广度和深度时，一般人还在朦朦胧胧，有些
人却能有所发现、有所发明、有所创造、有所前进。蒙恬制笔、蔡伦造纸、毕昇发明活字印刷术，
他们是创新者，具有新见解，然而是否善于总结经验、善于高度概括，不得而知。近代的大发明
家如爱迪生，掌握一千六百多项发明，却不见他说到什么重要的规律性的东西，但这并不妨碍

他成为鼎鼎人物。因此，如具备以下的一些气质，也一样可以称为人才：富有敏感，具备接受启发的感受力，善于从直觉形成概念，从经验忖度规律，甚至富有灵感。从唯物主义能动的反映论，或从历史走过的足迹来看，都不能排除这些素质的存在。这些是从实践的积累中迸发火花的素质，往往是新发明、新发现、新创造的起点，是非常有价值的。如果不承认这个，那就无法解释何以曹冲懂得舟石称象、司马光想到破缸救溺，也不能解释阿基米德定律的发现。

匡亚明同志很强调大多数人才应从知识分子中来，但不排除非知识分子，我基本同意这一观点。但是也许我给非知识分子以稍多的分量。像盲歌手荷马恐怕无法读书识字，却留下了不朽的史诗。墨家是知识分子组成的，鲁班如何，不得而知。我见过这样的能工巧匠，几乎近乎文盲，但他掌握的专业技能却达到炉火纯青的程度。当然这些是一定历史、社会条件所造成的。我不过是说，不要埋没了非知识分子中的人才。他们现在占非知识分子中的百分数可能颇低，但在十亿人民中，其数量可能不少了。

善于总结经验，善于高度概括，具有真知灼见，可能是学者、组织者、专业带头人不可少的素质。敏于发明发现，热爱不断创新，则是发现者和发明家所必备的气质。热衷学习并精心实践，则是中坚队伍中大多数人应有的气质。以上这些气质不一定、也不必需要具备于一身。缜密的经验总结和谨严的理论概括以及从而得到的真知灼见，是极可贵的气质。但是不能强调过度，否则也会走向反面。

人才的范围如何划定，人才应具备哪些条件，这是一个具有很多棱面并难于确切定论的问题。正是因为如此，我们不能知难而退，而应当作更多的深入切实的讨论。

（此文刊于《文汇报》1983.8.22）

散论当前高等教育三题

(1983 年 5 月)

一、关于专业过窄问题

"窄",有两个涵义。

1)过去学苏联,设系设专业,还设专门化,专门化分得很细,学生毕业后工作很难对口。

就专业课程说,**新大陆(美国)**设置得也不少。在工科方面,选课制是有限的。例如电工系可包括电力电信计算机以及雷达导航等,但到第四年级,虽然没有设专业,但是有 area(区)这名字,一个区包括一组选课,大体说都要选定"学区",按组选习。但是毕业时,只说你是电工系毕业生,不说是某"区"的毕业生。因此碰到"学区"不对口,没有多少思想顾虑。这是个带帽子宽窄的问题。戴得窄了,多少影响分配时的思想情绪。

从实质说,一个系一个专业的毕业生,从幼年起学了十多年,都是有一定共性的知识,工作中都可用上,为什么只有最后少少一年就定了终身呢。所以如只有专门化不对口,没有很大的影响,即使是专业不对口,还有全系公共科对口。一个专门化的学习,只不过一年;一个论文,只不过是半年。不能因此定终身。区或专业只是典型的意义,从一个专门化的学习学到如何进行各专门化的学习,从一篇论文学会如何做论文工作。就是博士论文,也可能作用大,也可能作用小。做论文也只是典型性工作,一个大规模的习题,也可能和以后对口,也可能和以后不对口,这都不是不得了的问题。

2)设置基础课的面过窄。这是一个影响很大的问题。我主张三个基本的概念。一是基本技能,动手操作是搜集感性知识的起点,也是把理论、认识拿到实践中去验证的实习,从这里学习到的不仅是"技能",而且是"思想方法"和"素质"、"作风"。举例说机械加工和制图技术是理工科都应学的。二是基本理论,实际也不仅于此。物理提供对于物质存在、运动、变化的基本规律,是为以后进一步专业学习必经的中间站。数学是深入逻辑思维的方法,是学习各门科学所不可少的工具。这是基本理论的实践意义的两个例子,绝不是仅因它们是"理论"而认为重要。三是基本知识,或说是较高深的"常识"。人没有常识就不能适应生存的环境。工程师、学者没有"高深的常识",就不能适应工作和深造的环境。如果学的是计算机,不懂得一些电子学其他分支如通讯、雷达,不懂得一些电机电力,不懂得一些机械原理,不懂得一些土木建筑,不懂得一些企业管理和社会科学,不但不能把计算机掌握好,也不能把计算机放在它所必处的环境中去工作,并且就不会把计算机好好地应用起来,发挥它的作用。

做学问一定要把"专与博"的问题解决好。"专"不是窄,因为专是建立在博的基础上的,没有较宽的基础是不稳固的。"博"不是泛,因为博是以专为中心的延展,不是漫无边际的,没有专为核心,就会泛而无当。我们已不是文艺复兴的时代,知识的广阔性不容许造就达芬奇那样多方面的人才。然而一个人掌握两个或几个专业也不是十分罕见的,而相互融会贯通,知识移植,远缘杂交,可以使自己在主要专业中取得更大的效果和成就。

学工程、学科学,也应当有文学、艺术的爱好。作为一个中国人,一个世界中的人,不应当对这些共同的文化财富视若无睹。而且，就是再专一的人才，再坚持不懈的工作者，也要有弛有张，才能取得最迅速的进步。文学艺术的爱好和修养，作为业余生活的部分，有调剂的作用，掌握得适当，就只能使我们在科学技术上出更好的成果，而不会是时光的浪费。而且，工程、科学不仅是简单的逻辑思维，也有艺术性，有启发直觉的作用。文艺不能离开社会，如果文艺有了科学技术的内容、色彩，就会更丰富，更有生活气息，对社会进步起更大的推进作用。这样，为什么我们科学技术工作者不应当在这里采取主动，帮助沟通这两个领域呢？

二、对于灌注式的教学法

单纯的灌注是不对的，一定要有启发法。然而旧时代的私塾死记硬背，不也出现了无数才人吗？我以为对于已确认的成熟的知识，必须确切地理解、确切地表述，才能加上实践中的个人体会和巧思创见，创造出新的知识、取得新的进展。如果没有过目不忘的本领，那就应当熟读。死记硬背，也是锻炼我们记忆能力和追求确切的一种方法。

然而，如果我们只是掌握已经肯定、确立、成熟的东西，我们又如何向前进步。我认为从学前教育到大学教育都应当创造条件，使学习者在学成后，做到"三会"。一是会用，学以致用，只是记在脑子里，不会活用，那有什么意义呢。二是会学，已经学了十年、十二年、十六七年，总应当懂如何学习了吧。然而不然，我们要求是在离开教师、离开课堂、离开教科书，还能够继续学下去。光是在学校学习到的东西，是不足以解决实践中所遇到的千变万化，不能跟上知识的高速发展和积累的。我们要继续学，就要会向实践学习，向群众（包括比我们修养高年纪大的人们）学习，向文献（群众知识、前人知识、外域知识的文字记录）学习。三是会创，做前人未做的事，说前人未说的话都是创造。创造有大小。重大的新事物的发现、重大的新现象的发现、重大理论的推导、阐述，都是创造。然而一个小的改进、一个小的合理化建议，一个对前人成果小小的前进或小小的订正，都是创造。只要我们有前进的意志并付诸实践，我们就会有创造。有许多重大成果正是由这样点滴的积累而最后取得的。

要达到这三会，在教学上就必须更多地采用启发法，使学生能够触点旁通、举一反三，这是对于教师的严重的挑战，对于教材的严重挑战。当然也要教导学生消除依赖性、增长敏感性，培养接受启发的素养。

三、关于认识论在教学中的意义

学习是认识的一个过程；教学是帮助学生认识的一个过程。因此教育必须贯穿唯物反映论的认识论的根本规律。

理论是一个时期认识深化的高峰。认识包括理论必须从实践中来。作为共性规律的理论必须从许多个性现象中来。理论要为实践服务，指导是服务的方式，理论还要受实践的检验。人们的知识不断地扩大和提高、深入是在绝对真理的无限长河中前进。理论、认识作为一方，实践作为另一方，相互作用而沿着螺线前进。

理论产生的过程是这样的：从实践中感觉到具体的现象，从具体的现象中探索出共有的规律性，从许多的共有的规律性中再系统化、提炼出的理论。这是一个归纳、分析的过程。然而理论工作还没终止。一个经过提炼的高度的抽象的理论，还要再回到具体中去，还要再分解成许多具体的理论去解释经验规律，解释通了，再进一步返回到指导实践的过程。这是一个演绎、综合的过程。

把这个道理贯穿到教学中去，就是在教学中反映同样的过程，要从具体的现象到抽象的理论然而再回到具体的现象,在工程为回到具体的技术中去。

这样就要求我们先接触到实际,然后再理论化。例如说,如果我们还不知道通信设备、雷达设备、电子计算机含软件等等是什么,电容器、电阻器、电感器是什么,就去学习网络与系统、信息论、Boole 代数学、电波传播等等,肯定使学生既不知它们和实际的电子设备的关系,也不懂得为什么要学这些东西,使他们既难于接受这些课程,也没有去理解这些理论的积极性。和工业发达国家不同,我们的同学没有那么多的人,从日常生活中已经接触了许多当代实践的事物,这个问题较突出。这就使我们不能按美国的路子安排教学的程序。

另一方面,以理论学习为起点,高度地系统化,然后再去接触、了解它的各种应用,这就使同学会得到一种感受,似乎学问不是从实践中来的,而是理论的演绎、推导中来,似乎实物只是从理论的综合而形成的。使同学感受似乎理论是完美无误、高度系统化的,从而忽视到我们许多重要成就是从直观、从启发、从经验、规律、从现象理论来的。这也就会大大地限制了同学将来在工作中发挥创造能力的主动性和积极性,把学生的意识状态引上歧途。这就使我们也不能按苏联的模式安排我们的教学计划和教学大纲。

克服这些问题的方法是:(一)应当先学一些电子技术及其应用的概貌,先学一些(包括实验、参观实习)关于实物的知识,然后再学习分解开的、系统化的理论。反过来深一步接触实际,利用理论指导分析、设计、构造工程实物。(二)应当学习电子技术与信息作业的发展史,以及发展过程中产生的争论与其解决和余存问题。从而懂得实践、实验、直观、启发是理论的来源,理解到即使在理论已相当深入发展的当代,这些依然是创造发展的极为重要的方面。

教材中孤立地讲理论,把知识完整系统化是不妥的。特别是对学工程的,许多新知识是直接从实践和实验中来的。如果理论能解决一切,如果一切都系统了,一切都完整了,那还有什么可以扩展、可以创新的呢?

电子工业经营管理杂议

—— 国外工业及科研管理若干特点的探讨研究

(1979 年)

作者仅是一个工程技术和自然科学工作者,对于社会科学是知之甚少的。但是在电子工业工作多年,还是脱离不开接触到经济问题和在经济科学与自然科学的中间地带。近来访问注意了一些工业发达国家的情况,对照自己的一些具体经历,逐步形成一些星星点点的看法。因为是星星点点,不成系统,故谓之曰"杂"。因为是门外之见,加之很少浏览典籍,亦仅有少数具体资料的依据,故谓之曰"议"。

一、国民经济与电子工业、电子技术

我国幅员广大,人口众多。我们的规划目标是瞄准一个全面发展,实现四个现代化,在自力更生为主的基础上与外国互通有无的目标。如何发展我国的经济,应当在充分利用前人和外域的间接经验的基础上创造新经验。首先是坚持四项基本原则,这方面有可向外国借鉴的东西,但一定要走一条中国的道路。至于要建成什么样的物质面貌,要经历什么样的过程,也一定赋有中国的特色。而对照工业发达国家的历史经验,特别是那些曾是从后进赶上先进的,比较它们和我们的异同,或者可以借鉴得多一些。前苏联在幅员大、人口多上,在建设较完整工农业体系的要求上,和我国较为类似,应该有可以借鉴的地方。然而前苏联的经济发展很不平衡,有相当大的部分不大成功、水平不高。日本后进赶先进快,人口亦不少,工业、科教,可以借鉴之处不少。但国防支出少,本国无资源,工业是加工,经济靠出口,主要是轻工品,特别是电子方面如此,他们自称是"沙滩上的大厦"。美国国土与我相当,资源可能类似,人口较少于我国,但总是人口众多的国家。它原落后于西欧,但在二百多年中赶了上来,成为经济生产、科学技术、国防力量全面领先的国家,它的历史发展过程较比完整,可能是较适于我国借鉴的国家。当然,例如农业,日本和美国都要借鉴,日本每人平均耕地还少于我国,农业曾达到自给,这个经验很重要。其他方面美国与我国之间也有同有异,我在后文中会涉及个别的问题,这里不讲。

必须看到,美国资本主义社会,依然存在剥削。纽约摩天大楼之旁,依然有这样的地区,建筑陈旧,玻璃破碎,满街垃圾、醉汉七八条横倒竖卧。花天酒地、纸醉金迷的销金窟旁,就有无依靠的老弱病残沿街乞讨。工业发达、科学先进的城市,也有凶杀、盗窃、流氓集团、赌场、妓院。垄断资产阶级,既勾结又争夺,"左右"政局。中小资本家,呕心谋利,钱海中沉浮,不断分化改组。生产是发达的,三十年来又有很大前进,人民平均生活还是有所提高。但物价确已飞涨,石油紧张,相对贫困却依然存在。由于工资成本高,国际市场竞争能力减弱,利润率降低,积累少(六个电子工业集团利润仅为总资金的 3% 至 8%,扩大再生产及更新投资仅为总资金1.5% 至 2%)。人民日报报导它 60 年代每年增产 3.9%,70 年代仅 2.3%。它的处境是比较困难的。

但是我们看到的美国的普通劳动人民,包括脑力劳动者,一是求实的;二是爱好革新和创造;三是坚韧有勇气和毅力,性格朴实,公正,热情,直爽;四是协作精神好。所以斯大林肯定美国的求实精神,毛泽东同志说寄希望于美国人民。他们在现代工业环境和阶级斗争的具体形势下,精神状态受到一定的损害,但也受到了长期的锻炼。华侨勤奋俭省还胜于本国人。从劳动人民的历史精神传统上,各国人民原应各有优点,相互学习。我们可以向美国人民学习的还是很多的。在所谓能源危机中,美国电子工业持续增产,1978 年增长 14.3%,1979 年预测为 13.5%,总销售占美、日、西欧的 56.7%。

如果我国的工业年增长 9.6%,则二十五年可达十倍。这样粗略计算,我国工业于 20 年后可达到美国现在的绝对产值,进入现代化经济大国行列,是一定能办到的。30 年后可以相当美国当时绝对水平。计算中人口增长率假定我国比美国高出 1%,在 55 年后预计可达美国当时的人均水平。

整个过程中,赶上美国现在平均每人年产值这一段过程,是美国已经经历的过程。我们的历程将和它有很大的差别,但是他们的历程仍是仅有的,已现实化的,在相当程度上可以借鉴的历程。

研究一下美国这一历程中涉及电子工业的特点。例如 1955 年,美国电子销售额为约 100 亿美元,1978 年为 790 亿美元,假定通货膨胀影响为两倍(电子产品的降价也是很大的因素),则价值至少为四倍,平均年增长率多于 6.2%,高于总产值增长率。这是一个侧面。要研究它的重大变化,还要了解另一个侧面,即美国劳动力分布情况。从 1880 年以来,农业持续下降。[①] 工业曾有所增长,也从 1940 年开始下降。服务行业始终变化幅度中等。信息行业则是持续上升,由 1970 年的约 4% 增到 1977 年的 47%。工农业直接生产竟降至 28%。他们有的说 1903 年是标志工业超过农业的一年,1952 年是标志信息行业超过工业的一年,是两个技术革命的标志。信息行业是什么呢?估计是邮政、通信、计算机应用、雷达等电子设备的应用、文化、教育……还有管理工作也是信息行业的一部分。到 1955 年以后,开始大量地利用计算机,使信息行业的增长一度甚快。但由于计算机的提高和推广,又使信息行业效率提高,抵消了信息工作量的增长。我想直接生产和间接生产之间,最后达到一定的比例关系,而趋于饱和,也完全是可能的。

信息行业在美国的成长,一是在它农业占用劳动力份额激剧降低,工农业生产已经高度发达并相当充分机械化、动力化、电气化以后。从这一点借鉴,我国当前不可能大量发展信息行业。然而还有其二,是在它具有了现代的电子科学技术以后,就产生了变化。就这一点借鉴,则我国当前是具备一定条件的,应当充分利用这一条件。这是我们发展电子工业、电子技术的一对基本矛盾。

在美国,现在电子工业产值占总产值约 5%,我国仅占 2% 左右。是不是说,在我们每人平均工农业总产值达到美国现在的水平时,我们电子工业才能达到它现在在美国所占的分量。我认为不需要,因为我们处在一个在国际上电子已经发展起来的时代。应当使电子技术发挥更大的作用。但是也不能想像它需要的过程缩短很多,因为没有高度发达的工农业为前提,发展电子工业的条件和需求却一定会受到限制。

---

① 作者现在看法有改变。通常农业人口只指直接农业劳动部分。其实供应农业生产资料的工业,分配维修农业机具的产业,为农业及其有关产业提供信息的产业都应列入"大农业"范围。我们通常是把他国农业的"减退"大大地夸大了。

正是由于这个原因,国家在不同时期对电子工业的投资比率会有很大的差别。十年以内,会有一定的增长;十年以外,会有较大的增长。要在更后的时间,才能得到更大的投资。

按美国现在电子工业的情况,按四个企业计算,大约每元投资可达到年产值 1.25 元,推算它的电子工业投资应为 630 亿美元,其中约一半略多为固定资产。我们达到同等水平时,所需投资应比它少些。这是因为我们劳动生活要求低,和由于劳动力充足,可以降低一定的机械化自动化要求,劳动成本低。但就是如此,现在拥有的固定资产还是少得多。特别是新兴部门如计算机(特别是外部设备)和集成电路,虽然能生产一些,和美日相比,可说根本没有形成经济生产能力。

因为这一种情况,我想我们在近期以内,固然应当增加对于新兴生产部门和配套短线的建设,同时还应当特别把注意力放在如何挖掘潜力,使已掌握的有限的资源在切要的方面发挥作用。

1.切实整顿企业,提高质量。发扬我党我国的优良传统,调动广大职工的主观能动性。

2.改革工业企业管理,适应社会主义的社会化大生产的要求,减少和消除小生产自然经济的消极因素,发挥空闲技术力量和生产能力的应有作用。

3.调整各部门生产能力之间的不平衡,增长综合生产能力。

4.在科研生产各环节相互平衡的条件下,给国防需要和轻工业(消费)以较大的比例。

5.加强科研试制及其管理的改造和改进,在自力更生为主的方针指导下,引进新技术,保证产品性能迅速达到国际市场上较先进的水平。

6.利用各方面的技术成就和生产能力,特别是平日空闲的生产能力生产出口产品。对某些产品,由于我们还能保证国际市场上的部分要求,而我们劳动成本低,产品是具有竞争能力的。

这些是我们保有的巨大潜力,是可以不用增加或不多增加投资就可挖掘出来的。

二、社会化大生产和电子技术

列宁说"资本主义进入到帝国主义阶段,就使生产走到最全面的社会化。""生产是社会化了,但是占有仍然是私人的"。生产资料的私有制和生产的社会化的矛盾,资本主义社会不可能自己解决。但是他们生产的社会化确是达到了十分发达的程度。虽然我们社会主义的生产资料公有制已经实现了,社会性的大生产已经存在了,但是自然经济的自给自足倾向还占上风,生产资料通过市场流通几乎不存在。和他们的生产社会化相比,那就相差太远了。

生产社会化有许多方面。我注意到的主要是生产专业化。按产品本身技术构成、生产工艺、材料、结构不同的技术特征分工生产。不同特征的部件由不同的生产单位生产。最要紧的是,产品的组合和产品的部件分工进行,系统工程和整机分工,产品的制造和原材料的制造分工,甚至于产品的生产和产品的试验分工。一个集团可以多种经营,每一个工厂则基本只承担一个专业。要放给工厂以必要的经营自主权,否则专业化还会是假的。这里面有大集团有组织的生产,和有组织的交换流通,有中小企业依靠技术和经营能力专业专精形成的分工,有中小企业之间的市场交换,也有大企业与中小企业之间的市场交换。

例如 IBM 集团自己有专业的集成电路厂,自己供应 90% 的集成电路,但还要向其他企业购买一部分。TI 是综合性电子工业集团,但它的集成电路厂的集成电路却以供给外厂为主。仙童公司有厂专门生产集成电路,这是它的专业。安乐利公司以制造仪表用模拟电路起家,现在业务上插足于模块制造和整机制造,但仍然各自划分为分厂,各自经济核算。RCA 的电视机生产在下降,彩色显像管则生产得很多,主要是外供。小企业如 INTEL,生产大量的微处理器供各厂购用,还为设计用微处理机制成的计算机制造了 MDS 专门设备。我看到一个最吸引人的例子:Olivetti 是 68000 人 29 个厂的跨国公司,生产电子和机械产品。它在意大利33000 人,把 18 个厂需要的印刷电路板装配集中在一起,1400 人拥有多台"机械人",用微处理机诊断,只用两台波峰焊机,装配机械化程度达 70%。还有英国的 20 世纪电子公司是又一类型,最近有人去参观和十五年前我看到的情况类似,他们当时二百多人每年生产四百种光电和电子束管,每种大都只生产几个到几十个,这是又一种类型。这里附带说一下,我们参观所及,可以断言,需要领导精力大、技术力量多的,而且构成电子工业的基干部分的,大都是既"专业化",又多品种,批量生产的企业。流水装配线几乎看不见了。像汽车和小型发动机生产那样大批量,长流水,重工序,大产品的生产几乎是工业界惟一突出的特例。电子行业和它无法相比。还有许多小企业自己不具备寿命、可靠性试验和筛选的条件,美国就又有这样的专业小企业承担,我们查到有几十家,据说数以百计。

他们发展这样的专业化本身的经济利益很高,对于产品性能质量和技术的提高有许多益处,这些益处导引他们这样做。但是他们某些经济制度上为此也提供了有利条件,这就是利润率根据资金,不根据产值;税金又按利润提成,也不按成本。这样给多层协作带来的好处,因专业化增加的包装运输、交换费用也被抵消掉很大部分,并不会带来重复利润重复税率的层层加码所阻碍。

他们许多大集团还规定,本集团内工厂用的部件,如在本集团内生产的不合用、质量差、价格高,就可选用外厂的产品。

对于工业生产专业化(不仅限于电子工业),他们还有一些有利的物质条件。

一个是邮递运输条件。协作件从全国成百上千的单位来,运输几十到几千公里。他们选用运输条件根据降低资金呆滞损失的原则,大体按运品价格。最高的用空运;其次汽车,厂装厂卸,走高速公路;再次铁路,已经很少了;但量大价廉的还是水运,运输周期长,不宜于高价货物,因为要多付资金利息,与运费之间要权衡损益。

二是通讯条件,计算机终端到处可见,用户电传很普遍,美国电话机一亿多台,拨通率极高,线路干扰很小,全国直接拨号。还发展到西欧、日本。运输建设耗资大,但是通信建设耗费也是极大的。例如 ATT 垄断美国国内电话业务 80%,拥有固定资产一千多亿美元,年营业近400 亿美元,净利润 45 亿美元。若推算它的全国通信建设费用(即现有设备实际投资)可能达1500 至 2000 亿美元。

专业化是生产社会化的大问题。我们有了社会主义的所有制,有了全社会性的大生产,但是如果没有社会化的生产和流通体制,还是不会多快好省地走向共产主义的远大目标。

三、工业和企业管理的一些特点[①]

工业与企业的科学管理起源远溯到二百年前亚当斯密提出分工对于经济利益的影响。比较完整地、较科学地分析管理问题则是 20 世纪初的泰勒,提出"科学管理"的名称。根据有的专家的提法,是二次大战前,开始把数学成果引入工业管理,二次大战后开始了把管理作为一个系统对待的概念,把数学、工程的方法应用上去。但是真正一个完整的系统概念的运筹管理,还要若干年后才能形成。

---

① 本段主要论述组织管理学。关于行为科学在管理中的地位,见 1982 年作者关于管理学的文章。

1. 建立组织机构的基本原则

举典型的组织机构,作为以后讨论的方便。举一个 RCA 的上层机构,作为工业集团的代表。再举一个意大利的美商 GTE 公司的组织机构,可以代表企业的结构。

在这些结构中,我们可以看到他们的管理工作中的一些特点:

①两线制:董事会是"股东"或所有者的代表,实际掌握在金融财团手中,一小部分是公司的高级管理人员,大部分是投资者,加上个别的专家和法律顾问。他们往往都请一位大学校长参加。董事会并不是常设机构,定期集会解决集团或公司的重大问题。

总裁及副总裁是执行集体。像 TI 则说是"作业负责集体",他们是雇用的,大权在董事会。执行集团只有办事之权,他们本人工作得好,可以升迁,工作不好,开除走路。

从 RCA 这个组织机构看,他们的高级执行集团构造很复杂,都称副总裁,但有的是捏总的,有的有分工,有的只负责一个分部。这是他们实行职衔制(名誉职)的反映。执行副总裁四个人是有综合权力的。其次是负责分集团的副总裁四人。再其次是高级副总裁三人,以下有分工,单称副总裁的十人。这就是二十人了。再以下还有"参谋副裁"的名义,大约是荣誉和咨询性质的,人数不详,数量颇多。

从副总裁的安排可看到他们现在很重视技术工作。有一个执行副总裁负责科研和工程,直属于他的研究中心负责人,也给予副总裁名义。研究中心几个分部的负责人都给予参谋副总裁的名义。

②执行机构中就生产而言,一般设四大口:规划、销售、科技、生产,还有其他功能单位。

规划:是综合性的主要抓市场、人源、财务,一般由所谓"公司事务"和财务(主要管财源、盈亏、债务等,不管具体会计、收支)的负责人组成。大体说负责五年或三年以及更远的规划设想。它的功能插入各作业部门。

销售:一般以为只是管推销,实际它不仅管推销,还是一个市场的调查研究网。一个工业集团生产什么、生产多少,大框框决定于董事会,具体年度、季度计划则受制约于销售口。它在公司作业中,任重权大。

科技:现在不大见总工程师的名字了,大都用副总裁等名义。这个口负责科研,发展(研制),工程(设计、施工)技术。一般头衔给得很高,而不是笼统的"全面技术负责人"。

生产:直接管各分集团、分部、分厂、车间生产。有时就由各分部分管,不设总负责人。

过去有的大企业在科技和生产上面设一个高级副总裁捏一下总,现在在大集团中这已不多见。

③他们组织机构设置的指导思想,也就是处理相互工作关系的原则,我理解是一种任务(或功能)岗位原则,加上自上而下的监控调节。是因事设岗,因事选人。他们是有许多层次的,但基层是功能单位,上层起监控调节作用为主,主要也是一种功能作用,一般不发号施令。主要的是靠功能单位中间的信息流通进行工作,而每一个功能单位的任务事先都很明确,流程也明确,使上层可以以监控为主。每一功能单位都可和其他功能单位(不管属于哪一层)按既定的流程发生关系,不需要经过上层,这就是所谓的"横"的关系。这是和小生产、自然经济主要靠层层节制、划片包干的办法的根本性差别之一。

2. 上面提到了"信息流",有单向流、双向流,更重要的是反馈信息——作业环。更正确地说,是负反馈信息——作业环,是环流和网流。更高级的是自适应系统。

负反馈的概念,实际是密切联系于唯物主义反映论的认识论。从以往经验制定出的规划、指令,经过作业实践以后,发现它和实际情况存在偏差,或者受到干扰产生偏差,那么经过一定的检查系统,把偏差信息送到制定者那里,这叫反馈。由他分析调查产生偏差的原因,并制定纠正偏差的指令。因为是"纠正"偏差,是与已产生的偏差相反的,所以称为负反馈。

在系统工程中,我们进行规划分析,似乎是一种单向流,一切都可按规划实现。把整个流程分成许多节点,而在局部的各节点中实行负反馈调节。其实,这种规划分析和规划本身,就是一个更大的负反馈环中的一段。

我们可举三个反馈网为例,说明这个问题。一是规划计划反馈网,二是质量反馈网,三是产品设计试制反馈网。

3. 关于计算机的应用于管理,我们看到确实是很普遍,到处都是计算机终端。由于微处理器生产得多了,微计算机、智能终端到处都有,更方便了使用。

计算机应用的前提,固然有一个物质条件问题,就是要有计算机,但更要紧的是要有去计算的对象。像我们现在,一切原始记录都很缺乏,成本会计粗放,工作中往往不能保持最低的秩序要求,计算机是无能为力的。因此首先是整顿原始记录工作和整顿工作秩序。当然,数学模型或计算程序也是问题,但不似前者更紧迫。如果我们能做到原始记录完备,生产较有秩序。但也许还没有计算机可用。那我们想一下,十年十五年前那些工业发达国家是怎样进行管理的? 我想如果有一部分企业或大部分做到那个程度,而小部分能用上计算机,以我们现在人力还并不缺乏的情况,是能够管好企业的。有了这个基础,不管什么时候,把计算机用上去,就可真正发挥作用。否则,有计算机也只能摆样子。

4. 费用效果比(Cost effectiveness)概念,他们十分重视。对于一切动议、改革,买一台设备,建一平米厂房,都要考虑付多少代价,得多少效果。对于建设费用,生产成本,社会需要,都要作精确的计算。有人说美国人只要能省一个工人,愿出五万美元的代价。这也许是差不多的,因为例如西方电气公司 1977 年为每一个职工要付出 2 万 3 千美元。只要两年多就能收回五万美元。但是他们每一事例都做具体分析,不作一律的规定。因此仍然看到他们许多地方存在手工劳动,特别是多品种小批量的生产,他们手工操作多。机械化、自动化程度,科学管理总的比我们高得多,但是更多地是依靠工人本身文化水平、科学知识、操作技巧,靠人的智能和自动调节,而不是文字规定和自动化。和 20 年前我们学苏联的那一套差别很大。他们工人平均文化程度高,也确是引人注意的,这为他们不断革新技术,保证产品质量起很大的作用。当然,对于那些要求特别严格的产品,除去工人个人的条件以外,也还必须和严格的成文规定相结合。

四、关于研究与发展

一般说,他们把一种新技术、新产品的产生过程都分为研究(或探索)和发展两个部分或者两个阶段。研究工作包括长远的基本性的和专门关键性问题。发展部分是具体搞出产品的原型来,可以包括也可以不包括即可用于生产的图纸。难度高的新工艺也是"发展"的对象。还有第三个部分就是制造工程,包括设计图纸的生产化,按图去准备生产条件的一切技术工作。最近美国国际电工委员会的主席来访,他说研究、发展、制造工程的人力财力的比例大约是1:3:6。从 RCA 和 IBM 的情况看,大体也是这样。

当然基本科学的研究工作是另一种性质。其中也有发展的工作和工程的工作,那就是新设备新仪器的制备,试验设备的制造安装的工作,往往要占到基本科研总工作量的绝大部分。

这方面我浅谈两个问题,一是基本科学与应用科学的发展过程和基本经验。二是工业科研体制问题。

（一）基本科学和应用科学的发展过程和基本经验

历史上基本科学来自应用科学，这是因为一切知识首先来自生产实践。外文中几何学保留了量地学的名字；刻卜勒天文力学是由于当时航海技术的要求所促进的。托利采里的水力学来自控制洪水的要求，这是马克思说过的。科学内容丰富了，自然分化发展出基本科学来，似乎它的任务只是去认识客观世界。其实，它反映了人类为了对改造自然界夺取更大的自由权的努力，小部分当然也包含人类对于探索宇宙奥秘的渴望。由于人类长期懂得了对自然的规律性认识得愈多，则人类的自由愈大，这是后来大发展基本科学的真正动力和支撑。

在西欧，这个分化过程产生得较早，至今在基本科学方面还是处于一定的领先地位。然而无论是基本科学或应用科学的研究，固然许多早期重要新发现出自民间，但是在中世纪经院和宫廷，却握有更大的实力。俄罗斯的基本科学研究更明显地具有宫廷特征。这不能不对它们留下历史的影响。一方面是基本科学研究较集中和深入，另一方面是和生产实践中间的距离较大。

美国的发展历史则不同，它是一部后进赶先进的历史。他们受封建束缚少，资本主义生产发展很快。由于生产发展快，对直接解决生产的技术要求极迫切，生产的发展又为技术发展直接提供物质条件和经验的条件。这样出现了 19 世纪后期爱迪生、贝尔等发明家的时代。技术的发展需要基本科学的配合，他们自己没有。因此他们当时是道道地地的"拿来"主义，拿西欧的基本科学。他们掌握基本科学，是到够用的程度，据说爱迪生和贝尔的数学都不高明。现在可以说那个时代过去了，可是美国劳动人民继承了求实和创新的传统，实验科学家和发明家、革新家不是减少了，而是千百倍地增加了，到处有爱迪生式的人物。不过他们的科学文化水平当然比爱迪生高得多。

到了 20 世纪的 20、30 年代，由于技术的进一步发展，要求更进一步把理论和实践结合起来。首先德国 Klein 研究了应用力学，始终保持了一定的规模。两次大战之间时期，美国发展了他们的工程科学学派。例如 Von Karman 在空气动力学方面，Timoshenko 在材料力学方面，Doherty、Lamme 在电机电网方面。在电讯科学方面特别明显，例如 Zobel、Campbell、Johnson 对于网络和传输的设计理论，Flctcher 对于语言和听觉的研究，Sagine 父子对于建筑声学的研究，直到二次大战期间，olson、Mason 对于机电转换理论的研究，微波技术，本介测理论的研究，Bode 对于新网络理论的贡献。战后信息论的研究和半异体器件的基本性研究，Wiener 的电波理论，Von Newman 把数学成果引进电子计算机等等。他们培养出一批把理论运用于实践的能手，在当代新技术发展中作出了巨大的成绩，成为美国科技的特长。

然而，正像我前面说的，他们和大量的实验者和发明家相得而益彰。而在 20 年代，他们的基本科学处于萌芽时代。杨振宁说：美国的基本科学是二次大战后才发展起来的。这是符合实情的。因为①它在战争中捞到大量的财富，增长它称霸世界的野心，也准备了大量发展的物质条件。②二次大战中及以后，雷达、原子弹和喷气超音速飞机的发展中，运用基本科学原理，使他们感到基本科学能为他们创造更大的利润。③战前、战中、战后捞到了西欧的大量人才。

在他们形成工程科学即技术科学学派的时期，他们更不能离开运用基本科学。他们仍然是拿来主义，理论拿欧洲的，甚至人才也拿欧洲的。然而它们却在科学技术方面全面地发展起来了。

沙俄时代，基本科学已经发展了，由于经济落后，和本身的生产结合不上。斯大林继承了宫廷科学的遗产，给以充分利用，建立了现代苏联强大的基本科学学派。然而也继承了宫廷学派的缺点，依然是忽视工程技术，有才能的人绝大部分不到工程技术方面去。这和美国成一鲜明的对比。美国科学家教授写论文教学生,有名望;多是终身职,生活有保障。美国工程技术人员失之于名者得之于利,工资高,发明创造、工程成就都可发财,尽管风险也大。现在美国也注意给工程师以荣誉,各公司对高级技术人员都给以等同于副总裁等高级行政职务同等的荣誉。这是资本主义应用名利鼓励的方法,使有才能的人在基本科学和工程技术之间调节比例,并且强调科学的实用意义。当然苏联也有理论与实践联系较好的例子,例如宇航、核武器等,但这是依靠政府专案抓出来的,缺乏普遍的意义。托克马克和磁流体发电,作为长远的项目,当作基本科研对待,也是领先的。当然要见效果,还是许多年以后的事。

再看一下日本,我前面已讲了许多不可取法之处。但他们很善于学习外国,并加以改进。他们的首创科学技术工作较少,但是善于拿外国的技术消化掌握,把产品解剖分析一下,还加以改进,利用本国工资低、成本小,在市场上具有强大竞争力。他们懂得自己原来的弱点是管理、是质量、是标准化,叫得厉害,努力加以克服,在市场上看到巨大成效。还有他们自上而下的传统影响,也更适应于我国的实际。

那么,我们应当怎样办呢?美国的经验较完整,成功较大,借鉴意义较高,但也不能抄他们的。我们要发展生产,提倡发明创造,重视工程成就。但是现代的电子科学技术,已经不能离开工程科学或应用基础科学的研究了,不能不掌握。像日本那样,把首创科学技术工作放后一点行不行——不行。日本人也已经感到是个问题了。能不能像美国那样,基本科学长期靠"拿来"呢——不行。我们从他们拿来的东西究竟有限制,而且大量人才从欧洲拿来,我们办不到。能不能像苏联过去那样,把精华力量集中到基本科学和尖端技术,置工程技术于无足轻重的地位——更不能。因此,工程技术、应用基础科学、基本科学都要发展,而是保持妥善切实的比例。根据我国经济和国防力量还十分落后,要把那些有利于积累财富、加速工农业生产发展、改善生活、近期见效的项目给以较高的优先地位。"在重视基础理论研究的同时,用更大的努力解决现代化建设中迫切需要解决的科技问题。"

这里还有一个学习与独创的问题,绝不能把科学实验和引进外国技术对立或混同起来。我们引进技术是为了加速技术发展。我们的办法是和工业发达国家跑接力的办法,在接棒前有个站着接还是跑着接的问题,而在接棒后有个是站在那里还是继续跑下去的问题。绝不能因引进而放松自己的独立工作。要能消化、活用,离开自己不断提高科研、试制水平是不行的。当然还有一个掌握世界上公开文献资料包括学术技术论文报告以及专利文献等,还有样品,考察搜集情况。保密的东西也不是完全不可能搞到。但是以公开的东西为基础,加上我们的努力,即使不花钱买技术,也是能达到高水平的。并且那些高度水平,在对方是军事或商业机密的东西,花钱买不到,研究试制却能得到。在我们面临比现在严峻得多的封锁限制时,不就是这样做的吗。我们有许多这种例子。不重视这种廉价高效的引进,只重视花钱买的东西,值不值得的都买是不对的。相反地,闭关自守,不充分利用公开资料,不肯出必要的代价购买重要技术,也是不可能使我们以最高速度达到高度的科学技术水平的。

(二)关于科研与生产在体制上相结合的问题

他们的应用科学技术大都掌握在跨国公司、跨洲公司以及少数军事委托的企业科研单位手中。不隶属于垄断集团的中小企业,依靠独特的技术专长存在发展于错综复杂的经济斗争中,是他们经济与技术发展中不可少的部分。政府干预,除去军事较为直接但也要以合同形式委托以外,只限于立法执法制定重大方针政策、政策措施和对于公用事业人民生活有重大共性的部分,例如环境保护、安全防火、能源节约利用等等。这固然是资本主义社会经济发展的后果,也是因为科学技术发展十分深入,生产的科学技术内容愈加丰富,专业的划分愈细,国家、州、市行政部门不可能掌握各个专业的专业知识,因之只有专业部门和各垄断工业集团以及专精的中小企业掌握之。这是与事物的客观规律相协调一致的,所以才能存在下来,否则早就淘汰了。就是金融财团,对于专业企业、工业集团,也只是决定其投资方向和盈利性,并不去干预专业经营。

我国专业经济生产,是国家集中掌握的,因此调查研究他们若干垄断企业在科研生产如何密切结合的经验和教训对我国决定取舍是可能得到一些益处的。

贝尔系统即 ATT 包括有使用(运转)和生产两大方面,并有共同的科研发展体系。生产中包括供本系统使用的电话电报设备,也包含有军方高空地空导弹和反导弹系统的主要研究和生产。我认为他们的经验可以借鉴得较多。西方电气公司是他的生产制造子公司,拥有资金 70 亿美元,每年销售值 80 亿元以上。有名的贝尔电话研究所①原是西电的工程技术部,在 20 年代西电西迁时,留在纽约附近,形成一个单独的子公司,和西方电气公司保持了密切合作的传统。②在股权方面,ATT 直接握有贝尔研究所的股权只是一部分,而另一部分则掌握在西方电气公司手中,这就决定了使用运转部门和生产制造部门分享权利,贝尔电话研究所对双方都要负责。对于贝尔研究所在应用基础科学的积极活动以及从而对基本科学作出贡献,多人获得诺贝尔奖金,这是大家所熟知的。但是它同样在工程技术方面非常广泛深入。总所负责应用基础科学、长远产品课题和关键性工程技术问题的研究,而凡是西方电器公司的主要工厂所在的地方,都有他的分所。分所就是发展所或研制所,工作任务有点像我们的设计所,又有区别。这个工厂的产品在技术上基本全部由分所负责。当产品发展到接近可以投产时,由工厂派出工艺人员会同分所共同出图纸,合作非常密切,保证迅速投产。除此以外,西方电器公司自己还有研究所,专门研究工艺方法、企业管理和工厂设计有关的问题。在美国公认贝尔系统的科研体制是较成功的。

IBM 公司则有一些差别,它包含有若干分部,各负责一类产品的研制、生产的全责。它拥有三个研究所和 29 个研制发展所。重要的研究所是沃森研究中心,直属总公司,也是负责应用基础科学和长远产品、关键技术的研究,研究成果移交发展所进一步形成整机,经过总公司的产品保证部进行性能质量可靠性试验后移交工厂生产。在保证性能、质量、可靠性条件下,工厂可对设计有所改变,但必须得到产品保证部的批准。研究发展所属于公司的各分部。沃森研究中心对 Gunn 二极管,Josephson 效应的贡献,是有名的,64K 存储器已用于 4030 系列机。据说他们在出图纸时也要工厂参加。

RCA 走了一些弯路,二次大战中他们的科研与生产结合很密切。我部胡汉泉、吴祖恺在 Lancaster 都具体参加工作。但后来把科研发展大集中,成立了 Dovid Sarno Lancaster 研究中心。据说每个工厂的产品工作人员只留了一二十人。研究出的成果投产不顺利,研制工作返工往往拖上两三年,很像我们所遇到的一部分问题。现在他们发现了这个问题,已经建立了所谓"技术转移试验室",实际就是发展研制所,作为研究中心与工厂之间的纽带,设于工厂的附近。

从以上看,ATT 的管理体制是比较好的,是值得我们借鉴的。关于这个问题,暂只探讨至此。我将在另外的文章中,结合我国电子工业的历史与现状提出建议。

关于我国标准化工作的若干意见

(1979 年 3 月)

　　五届人大政府工作报告中指出:"机械工业担负着为国民经济各部门提供技术装备的重要任务,要按照专业化协作的原则,组织起来,统一规划,搞好产品的标准化、系列化、通用化"。以后,中央同志又把电子工业和机械工业并列为实现现代化的装备部门。确实如此,标准化的工作,对于电子工业的重要意义丝毫不亚于机械工业。而且由于电子技术的特点,具有多个集中的用户——邮电、广播、军事通信、宇航、各军兵种等——和广泛的分散用户;组合的高度灵活性和复杂性使得产品的组合、品种、款式十分多种多样;突飞猛进的技术发展年年带来新因素新产品,例如固体集成电路的集成度每年翻一番。以单纯的存储器件说,六年以来从每件一千位依次增为四千位、一万六千位和六万四千位等。这使得电子工业标准化的工作量十分繁重。加上十年动乱的干扰造成不良后果短时内不易完全克服,我们的具体工作也缺少长期实践经验,常常考虑问题不周,所以我们的任务也是十分艰巨的。

　　标准化是和专业化、高质量、高速度密切相联系的,是达到社会高度经济生产的重要杠杆,是现代化生产中不可缺少的因素。我们要在短短二十年内实现四个现代化,不可不充分重视标准化工作。

　　一、要善于处理我国现阶段标准化工作中的主要矛盾和次要矛盾问题。我国的标准化工作,从建国以来取得了巨大的成绩,但是仍还十分落后于客观形势。为了从标准化得到最大效益,凡属应当标准化而且可以标准化的地方,必须实现标准化,凡属应该统一和可以统一的地方必须统一之,当然事理也有它的反面命题。如何处理是一对主要矛盾,必须解决一系列有利于加强标准化的具体认识问题,提出正确而且切实、不是错误或脱离实际的要求,并在实践中给以实施,标准化才能得到更好的加强。

　　二、标准化工作必须与生产建设密切相结合。这就必须强调贯彻标准是标准化工作的中心任务,这一中心任务比制订标准工作更为艰巨,它是整个生产建设工作的参与者的任务,包括领导、技术工作者、管理人员、以及工人中的骨干,不可能依靠少数标准化队伍就能完成。然而又不能丝毫忽视标准工作者肩负着特别重要的任务,标准工作者必须致力于提供切实的高质量的标准文件,并应随时了解标准贯彻中存在的问题。表彰优秀,批评落后,并不断改进工作。

　　标准化在什么环节上和生产建设相结合? 在于解决互换、互联,统一生产与应用之间的技术口径,精简品种规格和保证产品质量。正是解决这样的具体问题,才能达到社会的高度经济生产。这样看问题,有助于解决本位主义和分散主义思想障碍,明确指导思想和检验准则。

　　标准化和专业化存在什么关系? 在现代生产建设中标准化、专业化、高速度、高质量是不可分的,这在我国后进赶先进的过程中,要有充分的认识。从人类社会实践发展来看,专业分工的概念早就有了,二百年前亚当斯密就指出这一问题。是在专业分工、社会协作的要求下,20 世纪初期才发展了标准化的明确概念。从理论分析,这是一个存在决定意识的关系,不以人们意志而转移。我国现处于 20 世纪的末期,所以能够认识到标准化是充分发挥专业化的优越性的前提,但不能笼笼统统地提是专业化的前提。相反,专业化在某种意义上是实现社会标准化的前提。大而全、小而全的企业只对本企业以内的标准化积极,往往对于社会标准化、国家标准化不那么积极,甚至是消极的或是抵触的。而专业化的企业则非常关心尽可能减少本企业生产的品种,关心和用户间统一技术口径,一定会积极于社会标准化。专业化了,一个用户要从许多专业的企业取得它的部件,对于互换互接提出更高的要求,又会成为标准化的积极分子。这是从历史中获得的经验,在我国的实践中也不乏例证。因此,应当说工业企业专业化和标准化工作并举,专业化和标准化互相促进,而且要把专业化作为标准化的动力对待。只有专业化搞好了,标准化和企业利益密切联系在一起,标准才能得到有力的贯彻,这个公式是"经济发展的要求→专业化→标准化的贯彻实践→经济的进一步发展"。

三、标准的制定与贯彻之间存在着对立统一的关系,一定要处理好。不是一切标准都能顺利地贯彻,只有好的和基本好的标准才能顺利贯彻。因此,存在着一个标准的质量和标准的分级问题。一个标准必须接受实践的检验并不断改善。在提出加强贯彻标准化任务的同时,必须强调标准的质量问题。不能简单强调用标准去管生产建设,而忽视标准要在为生产建设服务中接受检验的一面。什么是一个好的标准,当然要技术上正确,经济上合宜。技术上正确只是一个必要的条件。正确的技术可能有几个方案,要选定哪个方案,主要看经济,是决定性的条件。

好的标准,一定要把先进性和现实性结合起来,不应当简单地规定技术先进。什么是生产上的先进技术水平?真正的先进产品必须是在同等水平中又是最经济的。选用产品必然要受到经济上的制约。不需要高水平的时候,用了高水平的,那也不经济。根据需要要有分级的标准,这也是一种系列化方案,是适应不同的技术、经济要求的。

好的标准,一定要把历史与发展结合起来,历史必然是不断改变的,但改变历史不是割断历史。过去的标准方针中有一条"约定俗成",这是一条好规定。

在贯彻标准中,要严肃性和灵活性相结合。标准只能在适用范围内采用,绝不能在任何不适用的范围内采用。

四、标准的统一和多样化之间、技术稳定和发展之间的关系问题都要妥善处理。

我们说统一,是指统一的体系,绝不能认为统一于一个单项。统一的系列就包含有不统一的品种、规格,统一的体系也可以包含不统一的系列。可以统一的一定要统一,必须多样的还必须允许多样,有的多样还可以纳入系列。但不应统一的,如果强行统一,一定会造成损失。标准统一问题,"因势利导"是好方针。统一只能统一必须统一的东西,还应当大统一、小自由。应当抓着那些对互换、互联、保质、统一产与用口径,精简品种规格最有意义的要素,而将其他留给生产建设单位根据具体情况去具体处理。

标准除规定三级外,还要按不同的"刚度"或"弹性"作出规定。对于某些常用的非优选系列、非标准系列,如暂不能取消,也要制定暂时的产品标准,以减少混乱。

应当明确,只有实践已经证明的东西,才能列入标准,没有经实践证明,笼统地要求"标准"走在技术发展前面,是不符合实际的。那么对于新技术发展是不是就不可能定出标准呢,还是可以的。凡是以过去实践为出发点,又经过科学分析认为肯定可以实现的,但还没有很多把握的,可以作为暂行或推荐标准,往往在规定中还要多给一定灵活性。

技术标准涉及重大经济技术问题,各部负责经济、技术的主要人员,应当认真研究,极大地关切,不能只靠专职部门去搞,这样也有利于克服"专职观点"和"局部观点"。

(此文刊于《标准化通讯》1979 年第 3 期)

为我国计量工作如何按客观规律办事的探讨

（1979 年 1 月 25 日）

计量是指采用某种得到公认的物质手段统一量值的工作。为了达到这个目的,首先要采用统一单位制,如现在推行的国际单位制,建立一定数量的得到大家公认的基准、标准器。除此之外,还要进行科学的管理。

同一物体的同一量度,在同一条件下测量,应该得到同一的数值,这就是"统一量值"的概念。如果量值不统一,就会发生各种的难题,阻碍我们的工作。现代科学技术的发展,使计量工作的范围激剧扩展,工农业生产、科学研究、国防建设、对外贸易和人民生活等各方面都离不开计量。所以,现代的计量工作远比历来的度量衡工作复杂得多。

计量工作的发展历史,计量工作的进行,是有其具体的客观规律的。计量是高度科学性的,密切联系于经济发展的。科学是生产力,科学技术发展的客观规律也是经济规律的一部分。计量工作的规律也是经济发展规律的一部分。我们应当按经济规律管理经济。因此,同样存在着用计量工作的客观规律管理计量工作,而不是用行政方法管理的问题。

下面结合我国计量管理的若干方面,根据个人的认识,探讨一下计量工作中若干规律性的问题。

一、量值的统一是一个历史上存在多年的事物,但是由于生产的高度发展,科学技术的高度发展,它的具体内容已经发生了重大的变革。现在列举几个要点如下:

1. 自从产生了商品经济,就存在有商业计量和生活计量的要求。我国在封建时代的初期,就开始了统一量值的事业。但是现在,出现了高度发展的科研计量和工农业生产计量的工作,已经远远超出一般商业计量和生活计量的范围,对计量工作提出了大不相同的要求。科研计量和工农业生产计量是属于许多不同的往往是高深的专业的,这就决定了当代计量工作的综合性和多专业性,新的情况还决定了它在工作的量和质上都远远超过过去的任何时期。我们必须面对计量工作的这个大变化,采取和历史上大不相同的先进管理方法。

2. 科学技术的不断发展,对测量技术提出极高的要求,计量与高级测量不可分,并促进计量工作向高水平发展。

在科学试验、生产斗争以及国防建设、文化、卫生工作中无处不包含有测量工作。凡属测量,就有量值,有量值就会遇到统一量值的问题。因此,测量包括有计量,而计量是一种特殊的测量。计量基准、标准器的建立,需要利用测量科学技术的高水平,就这点说,它是与其他精密测量没有区别。但是它还需要经过一定程序把它确认下来,具有"法定"地位,这又是它作为特殊测量的特性。随着科学技术的不断发展,需要不断研究更高的测量方法,从而推动科学技术向着更高的水平前进。这种高度精密的测量的新水平往往高于当时计量的水平,并随后转化为新的计量手段,从而把计量也提高到一个新的水平,但只有当它经过长期考验稳定成熟之后,才能实现这个转化。若干同一精度的量器,也常常是如不经过一定的检定、确认的就作为工作量器,而经过了这种程序的就作为标准器,具有"法定"的地位。因此,计量虽然用于统一测量的量值,对一般测量具有指导和约束的作用,但它本身却是测量工作高度发展的成果,测

• 353 •

量工作的发展是计量的先驱。

举例如氢钟已在天文、导航、卫星发射、空间技术中采用为工作量器。它的精度超过于国际时间基准，但尚未被采用为基准器。多数的铷钟是工作量器，少数作为标准器使用，就是显著的例子。

3. 自然基准的出现，将使逐级传递的传统计量方法面临一次技术革命。

由于科学的高度发展，生产力的高度发展，原来从自然界中"布手知尺，掬手为升"产生的基准过渡到人为指定的基准（秦权、巴黎米尺等）。现在又在转回到高度精密的自然基准。这在量子物理学发展以后尤其是如此。如以氪谱线为长度基准，以铯谱线为时间与频率的基准，以超导隧道效应从频率导出电压基准等，国际上六项基准已经有五种采用了自然基准。这些基准具有极高的精密度、稳定度和再现性。各单位配备了这样的仪器，只要在它的精度规定范围以内，不需传递，就可以信赖它的量值，如果有多台比对，还能进一步提高精度提高置信度。除此之外，出现了能达到高稳定度、高再现性的计量方法。如时间与频率计量，可以采用电视同步和通过卫星转发标准频率的方法，使校频精度普遍的很容易的达到 10^{-10} 量级以上。所需接收设备的成本费也不高。因此，当前单纯依靠传递的计量方法已经被打破，少传递或无传递的计量方法正在不断地发生，成为计量技术发展的重大趋向。我们的计量管理工作必须面对这一现实，而不能回避这一现实。

4. 大系统工程协作配套的需要，社会上专业协作的需要，要求按科研生产的系统和专业设置标准器，以统一量值。

5. 量值的统一，应当从测量的发展提高得到推动力。只有各科研生产单位掌握的测量手段越高越多，量值的统一才能保证得更好。认为只要把高级计量仪器设得越少，就越利于统一的观点，是与客观规律背道而驰的。量值要统一，管理上要发挥优势，保护竞争，反对垄断，促进联合。

总之，现代的计量工作和过去的计量工作已经有了很显著的差别。当代科学技术、生产、国防建设的发展向计量和测量工作提出更高的要求，当代科学技术的发展也为计量和测量工作提供了更高的手段。计量工作和测量方法必须现代化，这是实现四个现代化的伟大任务的迫切要求，也是四个现代化的一个具体组成部分，不可不充分给以重视，不可不认真认识它的具体发展规律，以利于计量工作现代化的实现。

二、按计量工作的客观规律和按经济管理的方法管理计量，究竟应当如何管法？

1. 充分调动各部门的积极性，发展计量科研和量器生产。促进科研、生产迅速前进。

我国的计量技术水平，和国际先进水平相比，差距还很大。要从各自的发展历史的实际出发，发挥各自的优势。美国计量和标准工作走在基本科学发展的前面，因此美国先建立了标准局，而后把社会经济中的重大基本性科研任务都压在标准局身上。它现在已经成了美国商业部下属的一个不小的科学院。它共有十项任务，计量和测量技术占两项。它共有四个研究院，计量与测量技术占一个。标准、计量的发展和基本性科研相互促进，反过来又推动标准、计量工作的提高。英国的基本科学走在计量发展之前，因此依靠了"国家物理研究所"的已有条件建立了自己的计量工作。和他们的历史不同，在二十年间我国已经有了科学院，各个产业部门、国防科委、国防工办；都建起了科研机构，都在测量技术和计量技术上做了一定的工作。同时也建设了专职的计量研究院。各大学还有相当的科研力量。因此我们不能重复他们的历史。应当充分调动各部门的积极因素，使国家计量工作迅速地发展。由于计量是综合的、多专业性的，必须同时调动综合的和各专业的科研力量，这才是多快好省的途径。

十多年来,工厂、研究所的计量工作和商业及生活计量工作都受到国家动乱的严重破坏,已经对国计民生产生严重影响。国家各级计量部门要组织各专业部门和综合单位共同努力建立更高水平的计量系统,并应当首先致力于采取积极措施,扶植支持基层计量单位,促进其整顿、恢复和提高。

2.充分调动中央和地方两个积极性,促进计量业务的开展,保证现代化科研生产的需要。

计量工作是高度综合性的业务,它渗透到各个部门。中央各个产业部门内部存在大量的统一量值的需要,往往还具有高度的专业性,不可以没有自己的计量工作。一个巨大的系统工程,如卫星发射测控系统、电力系统、铁道系统、通讯系统都分布在全国各省市而又密切相互联系。它们内部都需要量值的高度统一。量值的统一又必须与业务上的高度协调密切结合在一起,因此这种量值统一工作必须按部门、系统的渠道直接协调解决。不能经过另外的渠道间接去解决。否则,势必破坏其高度的统一协调,增加矛盾,损害精度,拖延时间。同时,计量技术来源于测量技术,而属于各专业的测量技术不能脱离所属的专业而存在。例如通用仪器、电子仪器、石油仪器、地质仪器、化学试剂、金属标样等,国家已经建有专门的生产部门,要依靠它们,采取综合科研与专业科研生产互相结合互相渗透的方针。

当然,在一个地区之内,确实必须按地区统一的,并且便于按地区实现的计量项目,当然还应当由地区去办,也要调动他们的积极性。地区计量部门也应当组织本地区内的专业计量单位交流协作,沟通情况,总结经验。

计量是要求高度集中统一的工作,计量总局应当把地方计量机构和中央专业部门的计量机构统一抓起来,贯彻两条腿走路的方针。采用集中和分散相结合的方法,才可能达到高度集中统一管理的目的。

3.应当鼓励而不是限制设置和使用精密测量设备;应当按量器的精度而不是按行政层次进行检定和管理。

如前所述,计量和测量间存在着辩证的关系,各行各业都离不开精密测量,因此,计量总局不应限制各部门精密测量仪器设备的科研、生产、设置的质量和数量,而应当鼓励向高精尖进军。同等精度的仪器,可以用于计量,也可以用于工作中的测量,要根据于具体的要求;其差别仅在于经过检定后,加以特殊的确认与否。计量总局可以规定审核计量仪器的办法,但不能代替各部门的审批,也不应干预非计量用途的精密仪器的设置。只有大家的量器精度提高了,精密仪器的数量增多了,才能真正保证量值的统一。我国现在的精密量器,尽管存在着使用效率不高的现象,但总的说还是太少,不是太多,重复浪费是局部的、个别的现象。计量科学技术发展的趋势是减免传递。层层传递的方法,越传越粗,只能解决初级的要求,不利于计量水平的提高。由于传递中运送造成量值变化,仪器损坏,增加费用,影响生产,拖延时间往往远超过于增设精密量器的费用,造成更大浪费。因此必须打破以传递为惟一方法的陈旧体制。在必须进行的量值传递时,也应按量器的精度分级进行检定,不能简单地按行政区划层次进行检定,不能以行政手段代替客观规律。各专业单位计量标准器的等级、数量,应当根据业务的需要,由各专业部门审查批准,不应当按行政区划层次审查批准。

4.贯彻用经济方法管理计量的办法,减免计量工作的浪费和低效能。

要看到计量工作中确有重复浪费和效率不高的现象,这主要是由于没有用经济方法管理经济产生的后果,单纯依靠行政管理的办法是解决不了的。要解决这个问题,必须加强各企业以及科研、使用单位的经济核算。对于产业部门和地方的计量机构也都应实行经济核算制,并加强为人民服务,经过经济核算提高服务的质量,而不是把管理制约行使职权放在首位的思想。要保证各级量器的量值一致,各级计量机构不只是开展检定,还要广泛开展量器的修复工作,加强维护使用的宣传教育。

　　四个现代化对于计量工作提出严峻的要求,我们一定要以严肃认真的态度对待。严肃认真的态度,就是具体事物具体分析,一切从实际出发的态度,这是实事求是的态度。我相信,只要我们认真探讨事物客观规律,并认真按客观规律办事,充分调动各个部门、地区的积极性,我们的计量事业一定会办成热气腾腾,不拖四个现代化的后腿,而为四个现代化的宏伟任务作出重要的贡献。

（此文刊于《标准化通讯》1979 年第 3 期）

第七部分

论 文

应用直接与亚直接逻辑原理的高速并行乘法器的芯片设计

（1995 年 9 月）

罗沛霖

（电子工业部，北京 100036）

刘江　陈抗生

（浙江大学，杭州 310008）

凌荣堂　罗昕　肖加志

（中国科学院电子研究所，北京 100080）

摘要　为了获得高速运算的最佳性能，提出了一类新的原理——直接判定逻辑原理。基于这一原理构成的基本运算单元使用无进位链逻辑电路，减少其传送延迟，可以实现高速计算的最佳性能。本文详细地介绍用这一原理，利用 FPGA(Field Programing Gate Array)进行高速并行乘法器芯片(8×8bit)的设计，对芯片的设计进行计算机模拟。为了验证设计和计算机模拟的正确性，同时进行乘法器的硬件全码测试。测试结果表明了同理论设计和计算机模拟完全一致。对"直接判定逻辑"与典型的常规方法进行了比较。比较和分析表明它比常规方法在计算速度上有很大的提高，用这一原理设计的电路，其结构可作为通用运算单元(以模块的形式)可以结合到 ASIC 系统中。分析显示了它在实际应用中的潜力。

关键词　直接判定逻辑，乘法器，FPGA，ASIC

一、引言

高速运算是电子计算机、数字信号处理和实时图像处理硬件发展的主要研究目标之一。到目前为止，主要通过以下三方面的途径来实现这一目标：第一，能将特征尺寸变小，更新的 CMOS 工艺技术，从而实现更快的运算和更高的集成度；第二，研究面向应用和适合硬件实现的快速的新算法；第三，探索新器件。但是，我们同时注意到，除了在器件、结构和算法方面之外，对于本身最基本的基本运算单元的研究却很少，或者说尚未被充分挖掘出来，而实际上这是一个十分重要的研究领域，十分明显，在基本运算单元方面的性能的改进能在运算速度的提高加上(实际上是乘上)一个增加因子。文献[1]～[3]提出了一类新的原理——直接判定逻辑，以获得高速运算的最佳性能。

本文根据这一新原理，设计了 8×8bit 乘法器，对芯片的设计进行计算机模拟和对芯片硬件的全码测试。对"直接判定逻辑"与典型的常规方法进行了比较。比较和分析表明它比常规方法在计算速度上有很大的提高。用这一原理设计的电路，其结构或作为通用运算单元可以结合到 ASIC 系统中。分析显示了它在实际应用中的潜力。

二、直接判定逻辑原理

对于一般的数字运算,大都可归结为加法的运算。引起运算速度的减低主要是由于进位过程中的逻辑级数太多造成较大的延迟。直接判定逻辑原理对于加法器而言,是想要消除常规加法器中进位过程的逻辑延迟,使得这种加法器的和项直接由输入位的逻辑组合决定。由于没有分离的进位过程,其最小逻辑延迟应固定为两个逻辑。

图 1 示出一个 2 位直接判定加法器。为了在框图中简化直接判定逻辑的组成,我们引入两个新的符号,它们实际上是目前通常使用的"与"门和"或"门的变种(图 1(a)),这种加法器突出的特点是没有进位传送,取而代之的是,输出结果的任何一位可以由操作数的一些低位值的逻辑组合直接判定而确定。新方案类似于 SOP(Sum of Products)方案,如图 1(b)所示,2 位加法器的和项 S_{n+1}(n 是加数的位数)可以直接由某些 A"与"B 的逻辑组合("或非")得到。在这个例子中,门的总数应为 $2^{n+3}-3n-6$,它随 n 指数增加。显然,门的数量是这种直接判定逻辑机制用于获取最小传送延迟的一个主要的折中代价。与 SOP 方法相比较,图 1 所介绍的机制仍要省 2^n-2 个门。

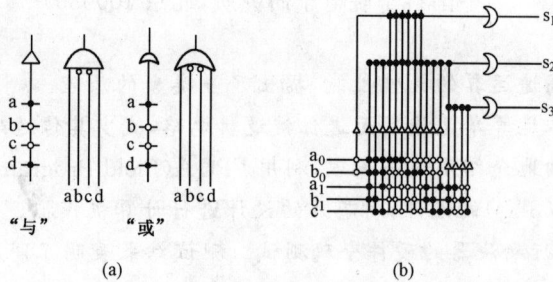

图 1 (a)两种"与"和"或"的新符号
(b)一个 2 位直接判定加法器

为了放宽在逻辑延迟方面的限制,我们又引入直接判定逻辑的一种变种,称之为"亚直接判定法"[4]。它在实现时所要求的门数更实际可行。值得注意的是,在这里我们仍保持传送逻辑级数为最小。通过合适的预处理或分组中间结果,将延迟放宽到 3 个逻辑级,亚直接判定机制所需的门数将减少到 n^2+7n+1。进一步,如果延迟放宽到 4 个逻辑级,门数可减少到 3/2 次方的数量级。最后,仔细分组的机制能使亚直接判定加法器的门数降到 $n\log_2 n$ 的数量级上,而其延迟仍限于 4 个逻辑级的低等级水平。在合适的场合中,把 CLA(Carry Look A-head)与直接判定逻辑结合,使得在很有限的传送延迟情况下对很长的操作数进行运算成为可能。

三、8×8bit 乘法器的设计和各种方案的比较

1. 常规 8×8bit 乘法器设计

目前 8×8bit 快速乘法器的设计,在算法上大多是根据传统的移位相加的算术观念,所设计的阵列乘法器基本上是采取 CSA 阵列的结构来组成非相加乘法模块,再通过华莱士树等加速方式来构成快速乘法器。由于累加的 CSA 运算时间,使得这种乘法器的最少延迟时间为 O(N)。

2.8×8bit 亚直接判定法乘法器设计

直接逻辑原理的设计方法则是采用了无进位链的直接逻辑判定电路,由输入数直接对各位求出结果,对于解决进位延迟时间太长的问题,有比较好的效果。但是直接逻辑设计的问题是需要较大的组合逻辑,面积代价较大,在目前的工艺水平下,只适合于设计较短字长的操作数。图 2 给出了一个 4×2bit 的直接判定乘法器。

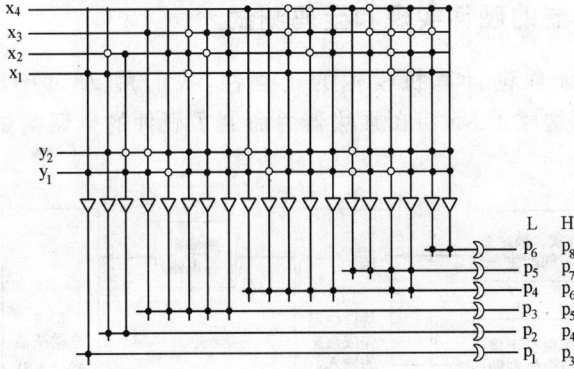

图 2　4×2bit 的直接判定乘法器

对于 8×8bit 乘法器,如果采用直接判定逻辑来实现的话,由于位数较多,实现起来较为复杂,而且多扇入、多扇出的问题也会更严重些,并且会直接影响到整个乘法器的运算速度。因此,一个折中的方案是采用亚直接逻辑的设计方法,仍然保持逻辑级数较短的特性,适当增加一些逻辑级,但可在面积需求上大为减少。

对于深度预处理,如采用适当,也能改进带有直接判定逻辑特征的乘法器。采用适当的分组形式,通过较小的乘法器单元模块来实现 8×8bit 乘法器。在预处理中,有几种预处理方案可以采用:

a)典型的位—乘积预处理

b)构造类似于常规非相加乘法模块(Non-Multiplying Module-NMM),作为预处理子阶段。

c)以不完全 NMM 为预处理模块

d)4 位乘 2 位直接逻辑乘法器作为基本模块

e)8 位乘 2 位直接逻辑乘法器作为基本模块

f)4 位乘 4 位直接逻辑乘法器作为基本模块

详细的介绍见参考文献 5,经过比较,我们采用 4 位乘 2 位直接逻辑乘法器作为基本模块并采用大输入的 MCC(Multipication Condensing Coder)的方案。这一方案具有比较少的逻辑门、速度亦比较快。和其他方案比较此方案可以较好地适应模块化,可以用基本模块分层构成更大的模块。

四、8×8bit 乘法器的逻辑实现

正如上面所述的,对于 8×8bit 乘法器,如果采用直接判定逻辑来实现的话,由于位数较多,实现起来较为复杂,而且多扇入、多扇出的问题也会更严重些,因此采有预处理的改进乘法器,通过适当的分组形式,用较小的乘法器单元等基本模块来实现 8×8bit 乘法器。

在这个 8×8bit 乘法器中,我们采用以下几种结构的组合:

①采用 2×4 位直接逻辑判定模块,一共装入八个基本模块。

②采用 2/2,3/2,4/3,5/3 等直接判定 MCC 以达到两个单位阵列。

③对于所得到的两个单位阵列,用一个 3 个逻辑级的亚直接逻辑判定 10 位加法器,以求出最后结果,计算机的模拟结果证明了这一设计的正确性。

五、8×8bit 乘法器的硬件实现和全码测试

为了进一步地验证理论计算机模拟的正确性,我们用 ACTAL 公司的 FPGA 芯片(TPC1020 系统 1040),构成了 8×8bit 乘法器并研制了硬件的全码测试电路,其测试电路示意图如图 3 所示。

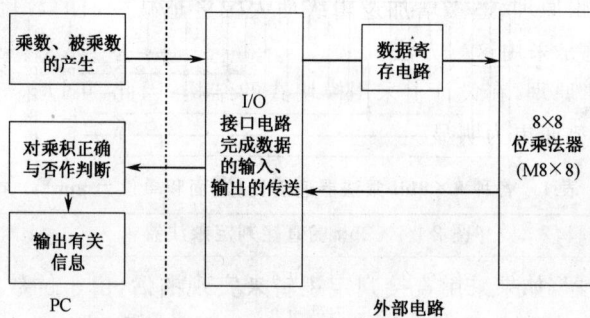

图 3 全码测试电路示意图

测试结果表明,用 256 种不同系数数据输入,得到的乘的结果完全正确。

从理论设计→计算机模拟→硬件实现→全码测试,表明了此设计的正确性和完整性。

六、分析

由于实验条件和研究费用的限制,我们尚不能用全定制的芯片直接设计乘法器,因此在运算速度上不能直接和目前的产品相比较。但是根据一般经验的估计(折算成全定制),本课题的实现的 8×8bit 乘法器和国外的 8×8bit 乘法器相比,有较快的运算速度。

ES2(European Silicon Structure)是欧洲最大的一家从事 ASIC 设计的公司。ES2 在 1991 年提供的 ASIC 设计应用单元库(Cell Library)中,给出了该公司的 CMOS 工艺下的 8×8bit 乘法器单元模块的参数。该模块反映了目前的快速乘法器设计水平,目前也有人设计出了几个纳秒的乘法器,但都是采用了较高的工艺,如 0.5μm 的 CMOS 工艺,或是用 GaAs 工艺等方式实现,由于工艺相差太大,因此采用 ES2 的数据进行比较。比较结果如表 1 所示。M8×8' 为将 M8×8 的工艺提高到达 1.2μm 时的估计值。

半定制的设计结果会比全定制的设计面积大 30%～40%,在时间响应上亦大致相同,因此利用全定制方式在电路结构上进一步优化,效果会更好。若采用全定制方式实现,本设计方式下实现的乘法器单元的延迟特性可提高至 16.3ns(1.6μm 工艺),或是 10.4ns(1.2μm 工艺),而面积将减少到 1.22mm²(1.2μm 工艺)。

由以上的比较结果可得,在同等工艺条件下,采用直接逻辑原理所设计的 8×8bit 高速并行乘法器具有最快的运算速度,其代价是需要比其他方式较大的面积。这种设计方法着眼于算法的改进,不依赖于工艺结构,而是在现有的工艺基础上附加一个加速因子,其面积上的代

价在目前的工艺水平下也是可以接受的,而且这一代价还将随超大规模集成电路工艺技术的提高而进一步减少。可见,运用直接逻辑原理所设计高速运算电路,可以获得快速运算的最佳性能。

七、结论

常规的乘法器的设计,主要沿用相加移位的算术方法、阵列乘法器的改进减少了移位运算,但和数的产生与进位的传送仍有很大的时间延迟,使得运算速度很难提高。利用直接逻辑原理进行乘法器的设计是一种新的设计算法,它不同于常规乘法器的设计思想,设计和测试表明了利用这一原理可以减少进位传送的延迟时间,大大提高了乘法器的运算速度。

但是在实际设计中,随着 bit 数的增加,要求逻辑门的数目也大大增加,因此在 bit 的乘法器中,采用了亚直接逻辑原理,适当增加逻辑级而大幅度地减少门的数目,在我们设计的 8×8bit 高速并行乘法器就是采用这一方法。

由于利用直接逻辑原理,在设计上采用模块式的结构,因此,可以很容易设计更长的乘法器,而且在速度上的优势亦更为明显。

表 1　各种 8×8bit 乘法器速度比较(面积单位为 mm²)

提供机构	工艺水平	测试对象	芯片面积	延时特性
ES2	$1.2\mu m$	内部单元	0.56	12.9ns
M8×8	$2.0\mu m$	内部单元	3.0×3.2	40.8ns
M8×8′	$1.2\mu m$	内部单元	1.22	10.4ns
A.D.	$1.5\mu m$	ASIC 芯片	......	33~45ns
MU8×8	$1.2\mu m$	ASIC 芯片	224 mod	101.5ns
(TPC 1040)	FPGA			
M8×8 pad	$2.0\mu m$	ASIC 芯片	3.467×3.821	67.4ns

参考文献

1　沈绪榜. 超大规模集成系统设计. 科学出版社,1991

2　T. K. Liu,et al,"Optimal one-bit Full Adder with Different Types of Gates" Transaction on Computers,IEEE Vol. C-23,No. 1,PP 63-70

3　Dhurkadas,"Faster Parallel Multiplier"Proceeding IEEE. Vol. 72,pp 134-136,Jan. ,1984

4　罗沛霖,凌荣堂,罗昕. 直接与亚直接逻辑原理在极高速运算中的应用. 中国 1993 年电路与系统学术会议论文

5　刘江,陈抗生,罗沛霖. 应用直接逻辑原理的高速并行乘法器的设计. 1993 年,硕士论文

(此文是第十二届电路与系统学术会议的论文,是《直接与亚直接逻辑原理在极高速运算中的应用》的验证)

直接与亚直接逻辑原理在极高速运算中的应用

（1993 年 9 月）

罗沛霖

（电子工业部，北京　100036）

凌荣堂　罗　昕

（中国科学院电子学研究所，北京　100080）

摘要　首次提出了一类新的运算原理，"直接判定逻辑（电路）"，用以获得高速计算的最佳性能。以这种新原理构造的基本运算单元使用无进位链逻辑电路，以减少其传送延迟。用二进位加法器和乘法器的例子来说明这个原理。这些例子显示了"直接判定逻辑"与典型的常规方法之间的比较。用这些新结构设计的电路可以结合到 ASIC 系统中，也可以作为通用运算单元，分析呈现出其实际应用的潜力。我们下一步目标是用 ASIC 硬件实现一些典型的电路单元。我们期望能表征器件的性能，并论证用 CMOS 实现的可行性。

引言

高速运算是电子计算机、数字信号处理和实时图像处理硬件发展的主要目标之一。到目前为止，主要通过以下三方面的办法来实现这个目标：能将特征尺寸变小的更新的 CMOS 工艺技术，从而实现更快的运算和更高的集成度；不同于传统的各种新结构，其大多数涉及到各种形式的并行处理；更面向应用和适应硬件实现且更可行的新算法。然而，我们同时注意到，除了在器件、结构和算法等方面做努力外，改进基本运算单元这一资源尚未被充分挖掘出来。很明显，在基本运算单元方面所做的工作能在上述三方面对于速度的提高附加上（实际上是乘上）一个增加因子。

直接和亚直接判定加法器

设计直接判定加法器是想要消除常规加法器中进位过程的逻辑延迟。这种新加法器的和项直接由输入位的逻辑组合决定。由于没有分离的进位过程，其最小逻辑延迟应固定为两个逻辑级。

图 1 示出一个 2 位直接判定加法器，为了在框图中简化直接判定逻辑的组成，这里我们引入两种新的符号，它们实际上是目前通常使用的"与"门和"或"门的变形。这种加法器突出的特点是没有进位传送，取而代之的是，输出结果的任何一位可以由操作数的一些低位值的逻辑组合直接判定而确定，新方案类似于 SOP[1]（Sum Of Products——积之和）方案。如图 1（b）所示，2 位加法器的和项 S_{n+1}（n 是加数的位数）可以直接由某些 A"与"B 的逻辑组合（"或非"）得到。在这个例子中，门的总数应为 $2^{n+3} - 3n - 6$，它随 n 指数增加。显然，门的数量是这种直接判定逻辑机制用于获取最小传送延迟的一个主要的折中代价。与 SOP 方法相比较，图 1 所

介绍的机制仍要省 $2^n - 2$ 个门。

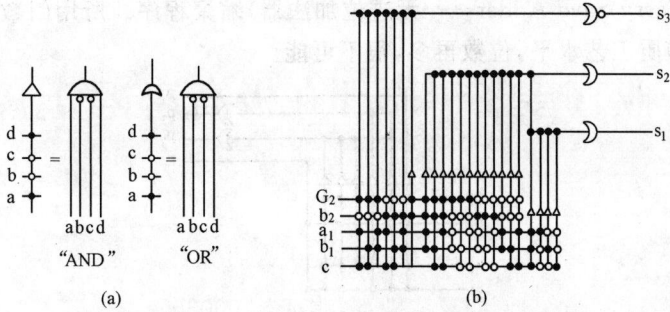

图 1 （a）两种"与"和"或"的新符号
（b）一个 2 位直接判定加法器

为了放宽在逻辑延迟方面的限制,我们又引入直接判定逻辑的一种变形,称之为"亚直接判定法",它在实现时所要求的门数更实际可行。注意,在这里我们仍保持传送逻辑级数为最小,通过合适的预处理或分组中间结果,如图 2 所示,将延迟放宽到 3 个逻辑级,亚直接判定机制所需门的数目将减少到 $n^2 + 7n + 1$。进一步,如果延迟放宽到 4 个逻辑级,门数可减少到 3/2 次方的数量级。最后,仔细分组的机制能使亚直接判定加法器的门数降到 $n\log_2 n$（Carry Look Ahead－先行进位）与直接判定逻辑结合,使得在很有限的传送延迟情况下对很长的操作数进行运算成为可行。关于亚直接判定机制,请参见以前发表的一些文章[3,4]。

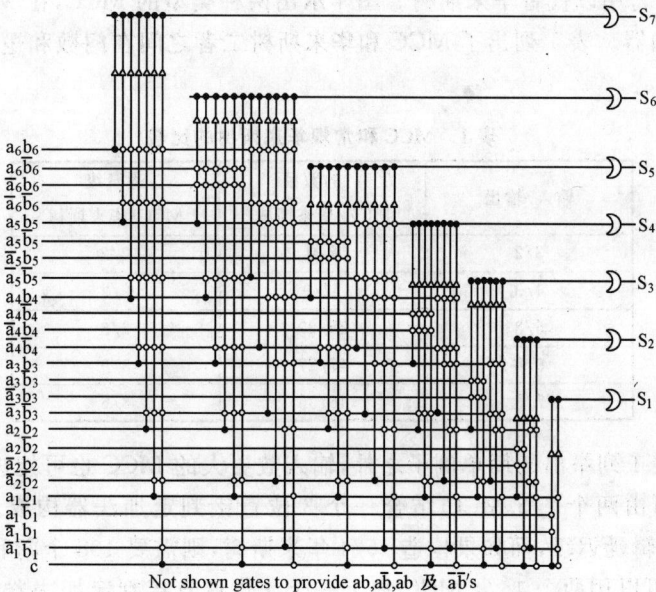

Not shown gates to provide ab,a̅b,ab̅ 及 a̅b̅'s

图 2 亚直接逻辑判定 6 位加法器

直接判定乘法器

相乘的乘积可以由原始的操作数通过直接判定而确定,图 3 示出这种 2 位乘法器。为获得两个 2 位操作数的相乘乘积,需要 10 个门。据报导曾用该方法做 4 位数字相乘时,所需的最小"与"门数可达到 125 个。在这种情况下,取消了习用的求"位一乘积"的过程,没有位一乘积矩阵和 CSA(Carry Save Adder——无进位加法器)缩聚程序。所用门数相当于 2^{2n} 数量级。因此,以现在的物质工艺水平,位数再多,很不可能。

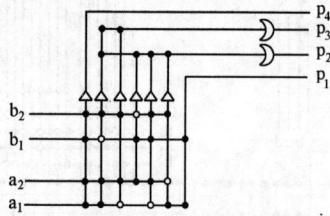

图 3 一个 2 位直接逻辑判定乘法器

用直接判定编码器代替华来斯树

正如最常用的当代教科书中所说的那样,华来斯树(Wallace Tree)一直是由全加器构成的,2/2 和 3/2 树是由单个半加器与全加器形成的。一般而言,在半加器与全加器中可使用类似于直接判定逻辑结构的机制,它们将取代以前的加法器。早先的半加器有 4 个门,2 个逻辑级;全加器有 6 个门,4 级逻辑延迟。已有用直接逻辑判定的全加器和半加器二级逻辑,依次用 9 和 7 个门。本文提出的,只要 7 个和 5 个门。已知有 7/3 输入的华来斯树,由含 6 级逻辑延迟的 4 个 CSA 构成。有 15 个输入的华来斯树由 3 个这样的 7—输入树组成。

直接/亚直接判定逻辑可以构成一类运算单元,称做乘法缩聚编码器 MCC(Multipication Condensing Coder),用以代替华来斯树。图 4 示出两种类型的 MCC,在 MCC 中,3/2 编码器实际上是一个全加器。表 1 列出了 MCC 和华来斯树二者之间在门数和逻辑延迟方面的比较情况。

表 1 MCC 和常规华来斯树的比较

输入/输出	门的数目 MCC/华来斯树	逻辑级 MCC/华来斯树
3/2	7/9	2/2
4/3	12/9	2/2
5/3	25/27	2/6
6/3	47/27	3/6
7/3	46/36	3/6

除了图 4 和表 1 列举的简单例子之外,输入数更大的 MCC 也可能进一步构成。例如,一个 15/4 MCC 可由两个 7/3 MCC 结合一个 3 位直接判定加法器构成。这样一个结构有 121 个门和 5 个逻辑延迟级,而如果构造 15/4 华来斯树,则需要 108 个门和 12 个延迟级。进一步,31/5 MCC 可以用两个 15/4 MCC 加上一个 4 位亚直接判定加法器构成,后者有 45 个门和 3 个延迟级——总的门数和延迟级分别是 287 个和 8 个。

MCC 用于乘法的对数缩聚机制

在乘法器中应用 CSA 几乎一直是一种标准的做法。整个乘法过程一向分成三个阶段:(1)生成一个位一乘积矩阵;(2)接连不断地将位一乘积矩阵转换成两个单行阵列;(3)把两个阵列相加,从而得到最后的乘积,CSA 用于第二阶段,即缩聚阶段,被认为是乘法最基本的部

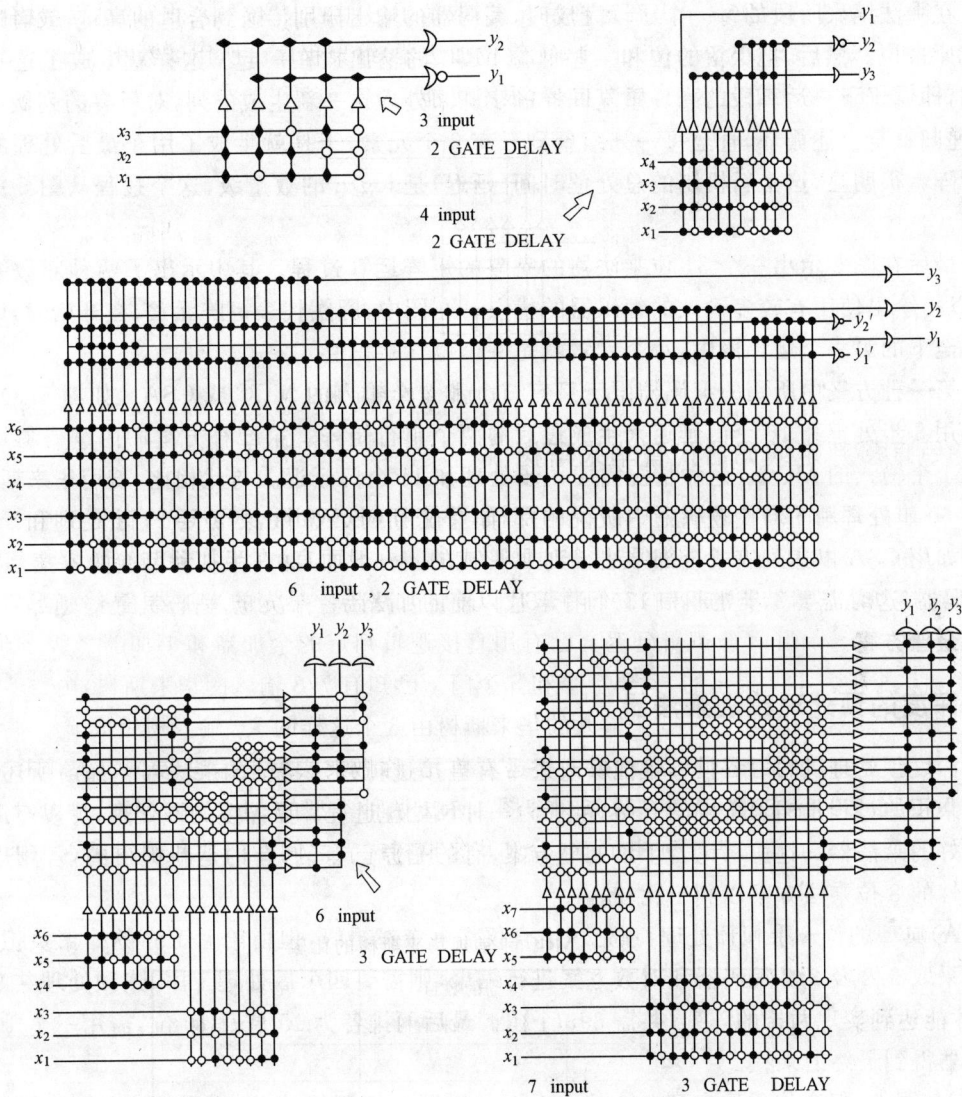

3 input, 2 GATE DELAY

4 input, 2 GATE DELAY

6 input, 2 GATE DELAY

6 input, 3 GATE DELAY

7 input, 3 GATE DELAY

图 4 (a)—个 3/2 直接判定编码器

(b)—个 4/3 直接判定编码器

(c)—个 6/3 直接判定编码器

分,可以考虑求得位-乘积的过程是一个属于缩聚阶段的预处理子段。

在利用 CSA 的位-乘积处理过程中,对一列的元素沿垂直方向一个接一个地逐个处理,所以延迟是线性累积的。最长的列有 n 个元素,位于阵的中心,有最长的延迟,其中 n 是每个操作数的长度(位)(在这个例子中两个操作数有同样的长度)。这样,在达到生成两个单行阵之前,总的处理时间经计算为 $2n-2$ 个延迟级。这样一种结构可称之为"线性缩减过程"。然而,通常 CSA 乘法器往往是直接做到求得乘积。这样,还需加上相当 $n-1$ 位的传送进位的加法器的延迟,共是 $4(n-1)$ 个延迟级。另一方面,与 CSA 位-乘积矩阵相对照,在对数缩聚步骤中,所有的列同时接受沿列的第一步处理。对每一列做分段,使每段都可以用一个方便的 MCC 来适当处理,而不像线性缩减方案那样,局限于用一个 3/2 编码器(1 位全加器)。Wallace 乘法方案以及 Dadda 的改异方案均属这一类型。

在乘法缩聚阶段的每一个子段完成时，编码器的输出分别传送到合适的高位，或者适当地留在原来位。然后，把保留的位和某些低位 MCC 的输出放在一起。这样就生成了这一位的新列，即属于下一运算段的列。重复同样的步骤来处理这一新生成的列，对所有的列做并行处理，递归重复上述循环，直至每一列缩聚到只有 2 个元素，于是就生成了用于最后处理的两个单行阵。很明显，这个新机制的总处理时间（延迟）是 $\log_2 n$ 的数量级，这个过程从图 5 更看得清楚。

最后在图 5 示出一个 31 位乘法器的完整的矩阵运算过程。其中示出了两种对数缩聚方案，以描绘出使用有较多输入的编码器的优点。在图中，圆圈代表矩阵元素，在开始时，即图中由上至下的第一个运算段中，每个元素就是一个位－乘积值。

第一种方案中所用的编码器限于只有 3 个和 2 个输入的 MCC 或 CSA。如图 5(a)所示，需要用 8 步处理和 16 个门延迟来生成最后的两个单行矩阵。第二种方案中的编码器可以用直到 7 个输入的 MCC。这种情况需要 4 步处理和 11 个门延迟。与此相比，若用华来斯树，则需要 60 步处理和 120 个逻辑延迟级。相反，如果仅用 CSA 来做，则需要 27 步处理和 54 个门延迟如用 CSA 以达到完成全部乘法得到乘积值，则为 60 与 120。另一种可能的方案是用 31/5 编码器，这时需要 3 步处理和 13 个门延迟。最后由设计者来决定，适合其最终延尽/门数要求的最佳方案。

深度的预处理改进乘法器

深度预处理，如采用适当，也能够改进带有直接逻辑判定特征的乘法器。如前所述，计算位－乘积的过程是缩聚阶段的开始，可视为一种预处理过程。更深度的预处理，可以有助于构造更好的乘法器。这里讨论若干预处理方案，有的是原已有的，有的是新提出的，各用以构成代表性的 8 位乘法方案以利于比较。

A)典型的位－乘积预处理：预处理组合仅需一个逻辑级，但留给后工序的缩聚负担很重。如果采取 3/2 及 2/2 编码器和对数方案进行缩聚，则需要四个后处理工序，连预处理共 9 级逻辑，才能达到实现两排的阵列，共需 393 个门。最后两排各为 15 位及 10 位，需用一个 10 位的加法器得到最终的乘积。

A′)同上，但允许采取直到 5/3 的 MCC，共需要 7 级逻辑，447 门，需用 11 位加法器求最终乘积。A 及 A′方案见图 6。

B)以构造类似于常规非相加乘法模块 NMM(Non-Multiplying Module)，作为预处理子阶段，全用 CSA 各达到一个单行阵列。用这样的四个模块构造 8 位加法器，共需 11 逻辑级，432 个门，用 11 位不完全加法器。见图 7。

C)以不完全 NMM 为预处理模块，模块输出为一个 7 位数一个高位 3 位数字。仅用 3/2MCC 缩聚，需 13 个逻辑级，428 门，11 位加法器。

C′)同上，容许采用 5 或更少输入的 MCC。共四个模块，需用 11 个逻辑级，387 个门，10 位加法器，C 及 C′见图 8。

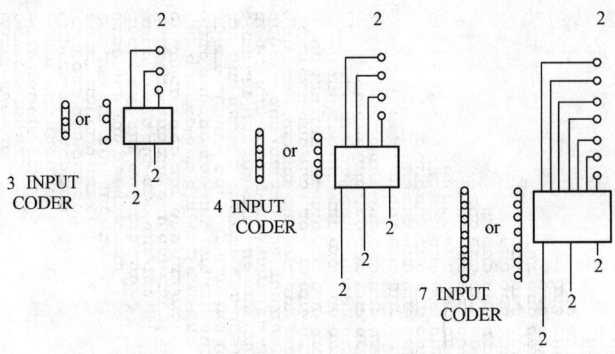

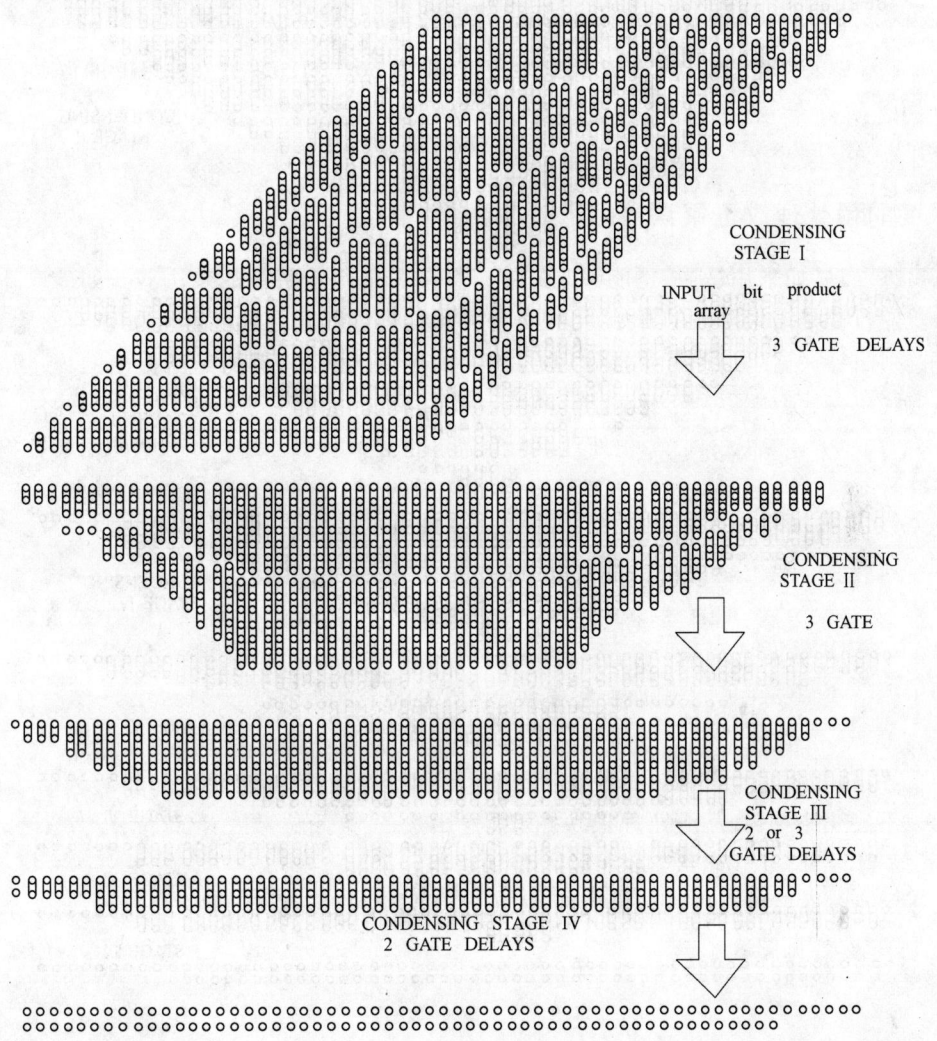

图 5(a)

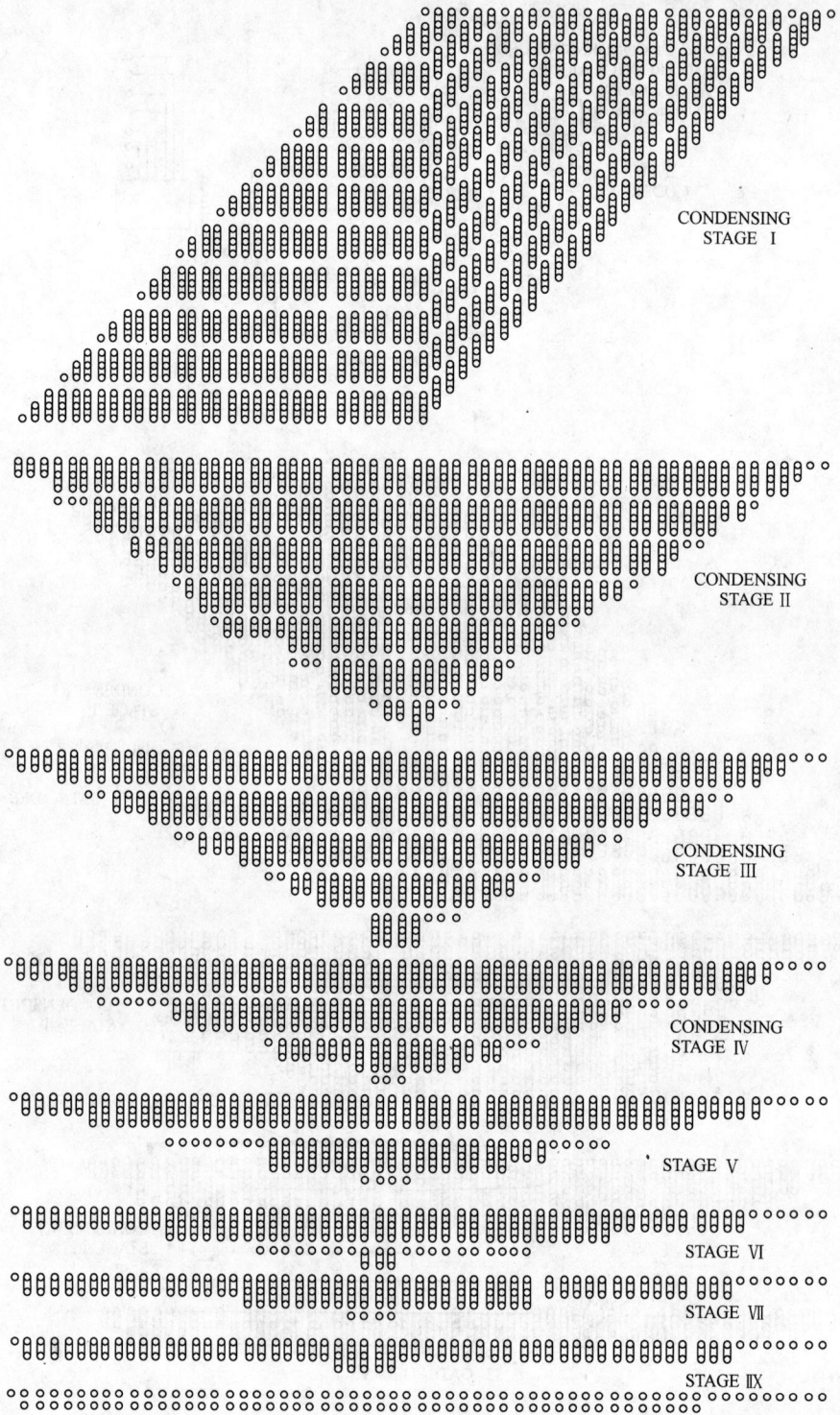

图 5(b)

Ⓐ DIRECT CONDENSING UPON
BIT- PRODUCT ARRAY
WITH 3 6 2 INPUT
CODERS

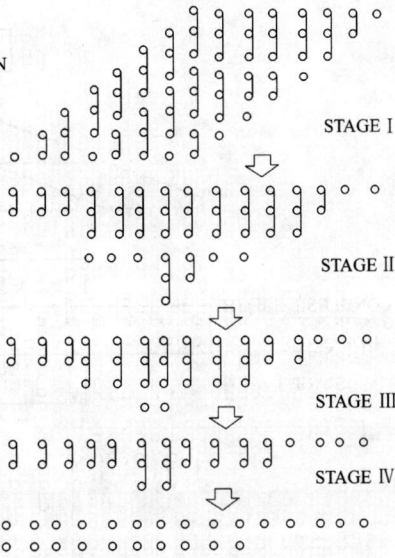

STAGE I

STAGE II

STAGE III

STAGE IV

Ⓐ SAME CONDENSING WITH
UP TO 7 INPUT CODERS

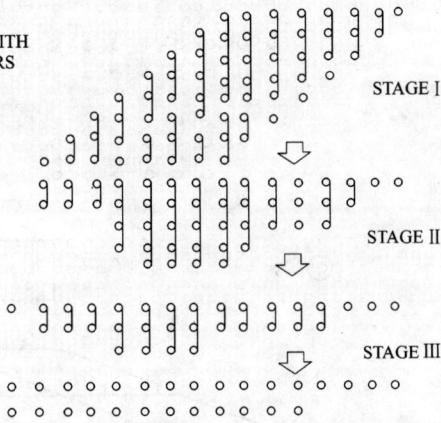

STAGE I

STAGE II

STAGE III

图 6

QUASI NMM
MODULAR SCHEME

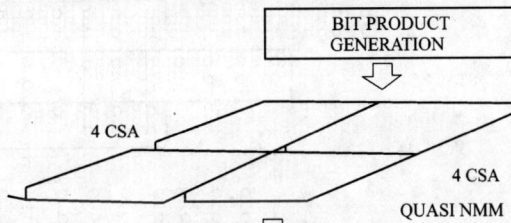

BIT PRODUCT
GENERATION

4 CSA

4 CSA

QUASI NMM

Ⓑ

CONDENSING
WITH 3 INPUT
CODERS

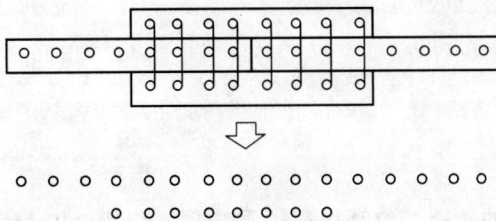

图 7

· 371 ·

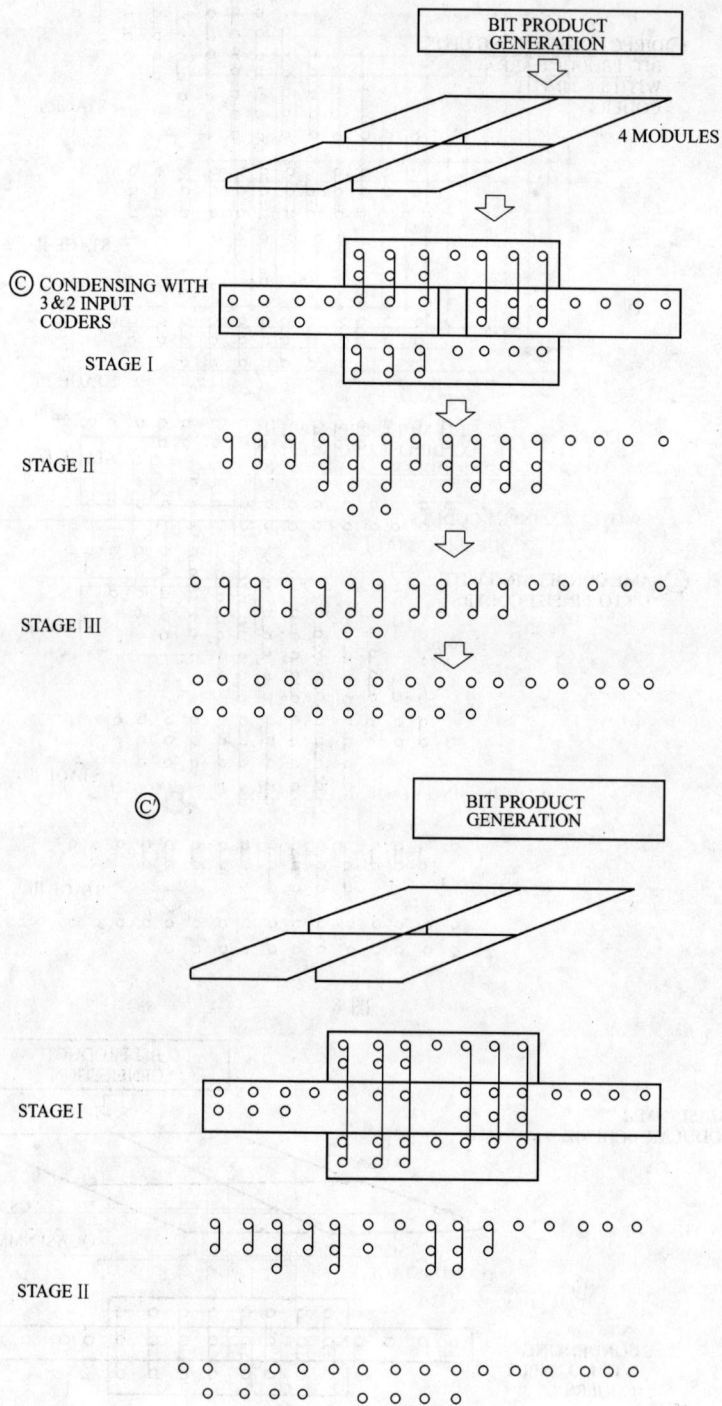

图 8

D) 新建议的 4 乘 2 位直接逻辑乘法器。仅用 3/2 MCC,共需 10 逻辑级,476 门,11 位加法器。

D') 同上,准许用到 5/3 MCC。共需 6 级逻辑,410 个门,12 位加法器,D 及 D' 见图 9。

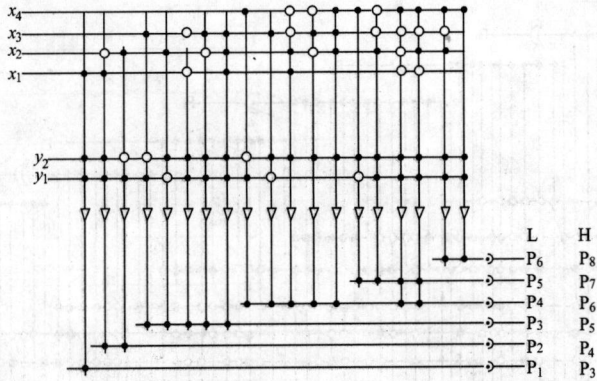

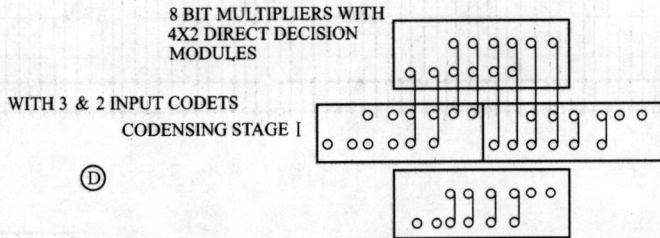

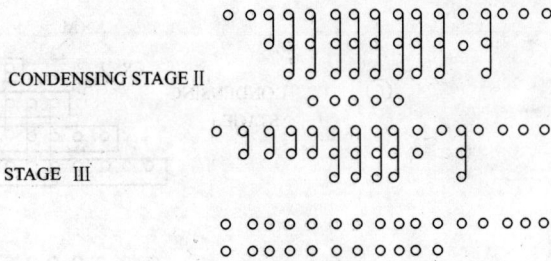

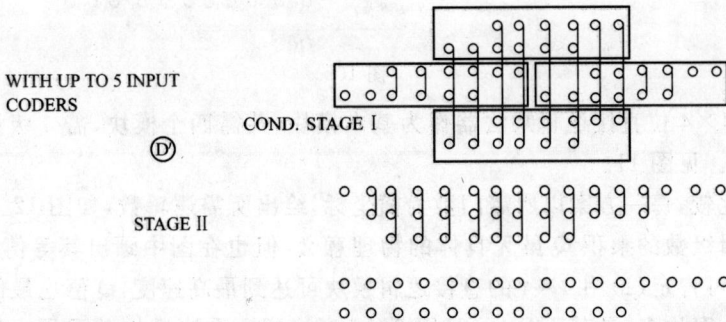

8 BIT MULTIPLIERS WITH
4X2 DIRECT DECISION
MODULES

WITH 3 & 2 INPUT CODETS
CODENSING STAGE I
Ⓓ

CONDENSING STAGE II

STAGE III

WITH UP TO 5 INPUT
CODERS
Ⓓ'
COND. STAGE I

STAGE II

图 9

E)新建议的 8×2 位直接逻辑乘法器作为基本模块,用 3/2 MCC,共需四个模块,需 6 级逻辑,464 个门,10 位加法器。见图 10。

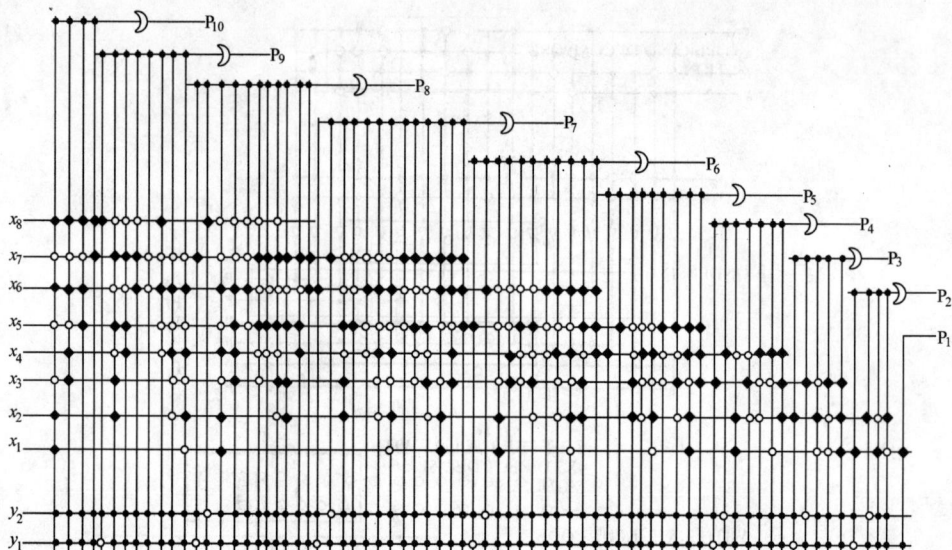

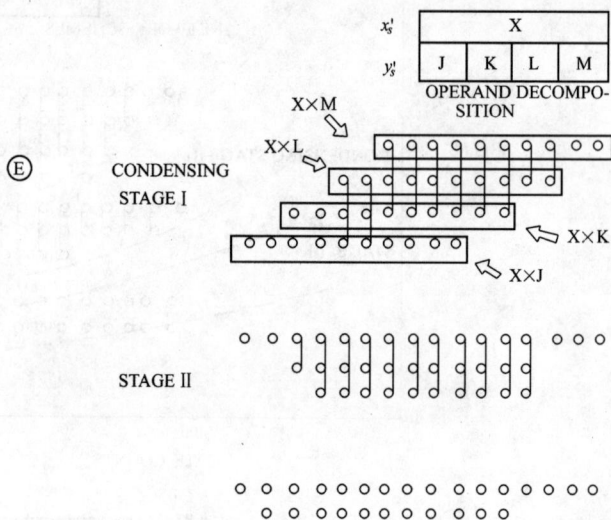

图 10

F)建议用 4×4 位直接逻辑乘法器作为基本模块,共需四个模块,需 4 级逻辑,556 门,11 (+8)位加法器。见图 11。

为了便于比较,每一方案以所需门数为横坐标,绘出所需逻辑数,如图 12。每一方案所需门数与所需逻辑级数的乘积 Q 虽无具体的物理意义,但也在图中画出其等值线,可供评价参考。从图上看,可肯定(1)用 4×4 的直接逻辑模块可达到最高速度,Q 值也最低。然而由于所需门数比其他方案均多,是其不足。(2)用 2×4 直接逻辑乘法模块并采用大输入 MCC 的方案可与上一方案比美,速度不如前一方案快,但所需门数亦较小。可能是一个良好的方案。(3)采有 2×8 模块的效果与第二方案几乎一样。然而由于 2×8 模块比 2×4 模块可能难度高些,应视情况采用。至于其他方案,性能都差一些,也许在生产上有有利之处,只能根据具体情况选用。

• 374 •

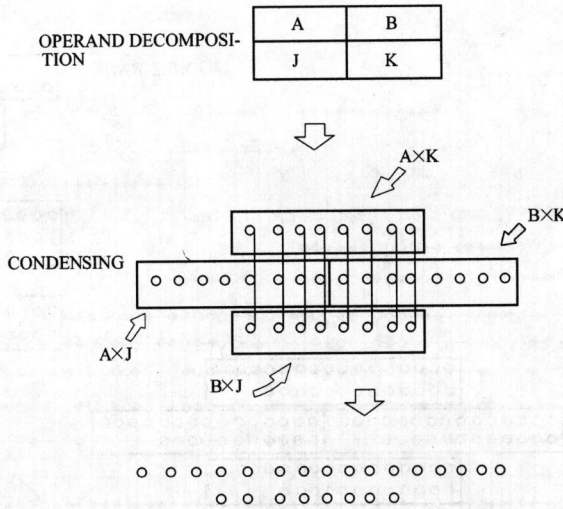

图 11

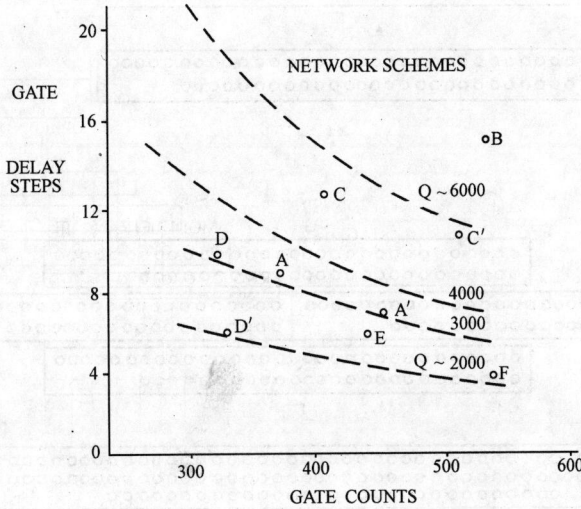

图 12

方案的模块化

以上预处理方案多数可以很好适应于模块化。其中若干基本模块的输出是两排数的阵列。如图 13 所示,每个二级模块可利用 6/3 MCC 及 3/2 MCC 做两次处理,又形成新的两排数输出。如果采取直接逻辑判定的 6/3 MCC,则增加四个门延迟,每四个二级模块,又可用类似的方法构成三级模块,以此类推。若采用 4 位(D,F 方案)或 8 位(F 方案)乘法模块为基本模块,用以处理 N 字长乘法,设定 N 为 2 的整数幂,则:

总延迟的逻辑级数 $= 4\log_2 N - 6$

这个建议方案的特点是,可以用基本模块分层构造更大的模块,因是分层构造的,所以可以分层联接使用,实现完全模块化的便利。如果构造一个 32 位的模块化乘法器,$\log_2 N = 5$,可用八个 4×2 基本模块构成一个 8 位二级模块,四个二级模块构成一个 16 位的三级模块,四

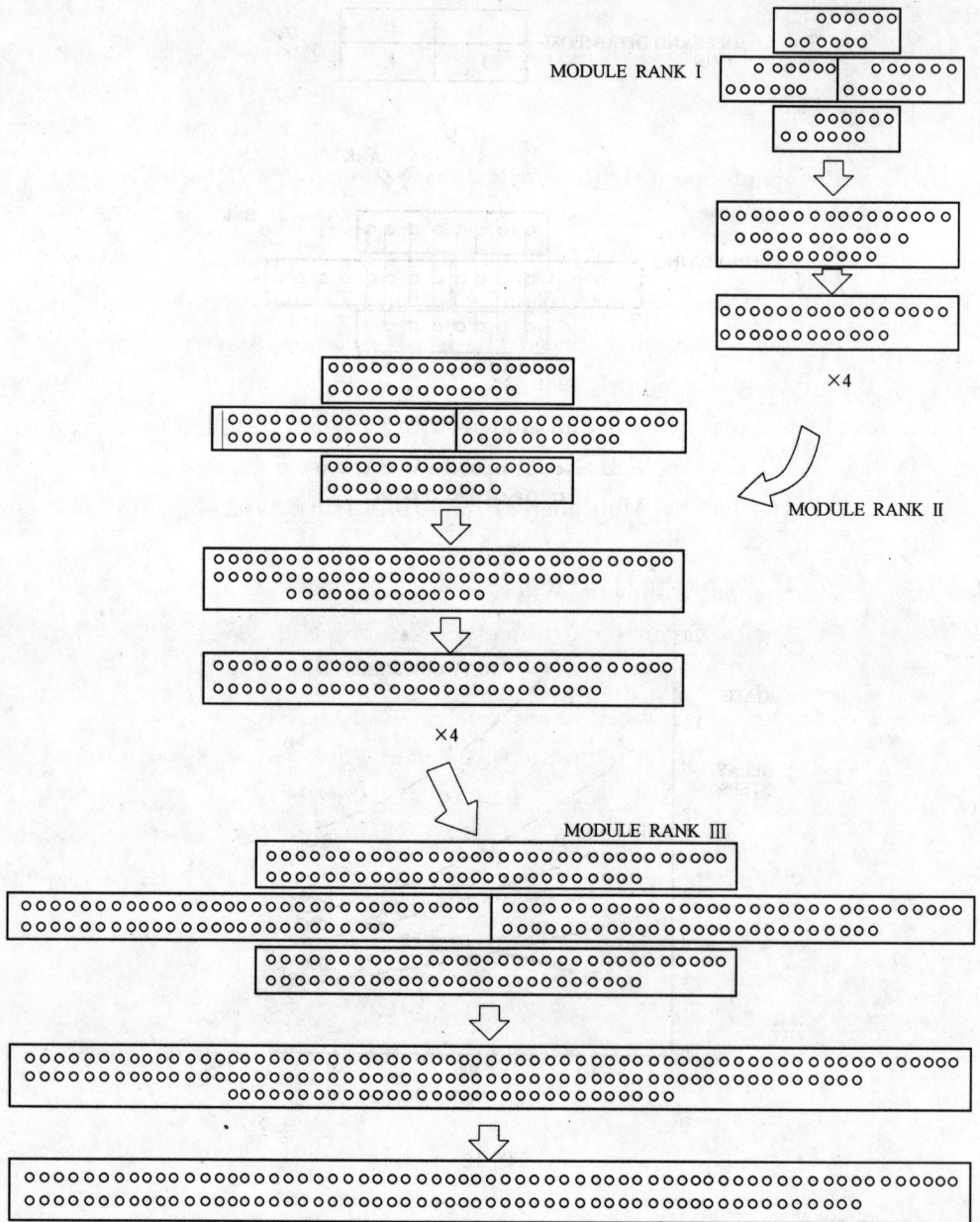

图 13

个三级模块组成输出为两排 32 位数的组合;从操作数到形成这个输出,共用 14 级,分层模块结构提供了高度的灵活性。图 13 表示了分层构造的模块化缩聚方案。

结束语

从以上所述,可以得出若干结论,直接逻辑判决与亚直接逻辑判决原理应用于加法器或乘法器,均可提供有利的结果。

采用直接逻辑判决与亚直接逻辑判决原理指向使逻辑延迟达到或迫近理论权限,但要付出硬件复杂性的代价,确定优化的、折中的方案时必须考虑多种因素。如上所述,有多种的途径或方案,可供在优化中选择。

　　对于加法器而言,预处理以及预组合可通过略增逻辑延迟时间,以降低硬件的复杂性。

参考文献

1　O. L. McSorley"High-Speed Arithmetic in Binary Computer". *IRE Proceedings*. Vol. 49. No. 1. p67. January. 1986

2　XYian et al. "A Report on PLAUD-PLA Design Automation Algorithm". May. 1986

3　PLuo"Addition by Direct Logic Decision". *Computer Technology*. pp 3-11. January. 1979

4　PLuo and GWang. "Ultra-high Speed Hardware Addition Algorithm" *Scientia Sinica*. Vol. [X]. pp 1348-1356. October. 1980

5　TK. Lluet. al. "Optimal One-Bit Full Adders with Different Types of Gates". *Transaction on Computers*. IEEE. Vol. V-23. No. 1. pp 63-70

6　Dhurkadas. "Faster Parallei Multiplier". *Proceedings IEEE*. Vol. 72. pp 134-136. January. 1984

7　K. Hwang. "Computer Arithmetic"Wiley. 1979

8　J. F. Cavengh. "Digital Computer Arithmetic". McGraw-Hill. 1984

（此文是在第十一届电路与系统学术会议上发表的论文）

STRATIFICATION IN THE DEVELOPMENT OF SOLARCELL POWER UNITS AND THEIR APPLICATIONS

(1986 年 8 月)

ABSTRACT

The course of development of solar cell power applications is studied with some reference to the history and prospect in China. It is depicted that the development goes in parallel with continuously growing production scale and improving technology. Time by time, the development progresses in stratified manner. It expands into one another stratum always with broader field and more significance in economy.

Seven strata are identified beginning with the most demanding scarce usage and ending with becoming the chief source of energy of the globe.

The solar cell power units have many advantages of great significance being regenerative without any kind of fuel comsumption, static without major moving part, nonpolluting, no problem with disposal of any waste material, easily and rapidly installed, potentially adaptive to mass production, flexible in physical size, and numerous other well known ones. Because of these advantages, the development of solar cells attracted great interest every where including China. The only bothering, being very significant, is the problem of cost. However, the cost has been continuously decreasing. New technology and new materials are being development towards still lower cost. Furthermore, at each cost level the solar cell application had and has its own field.

The solar energy resource of China is abundant. Around 40% of the 9.6 million square kilometers of her land are very rich in solar energy. Even if only 0.1% of the solar energy is converted into electricity, the generating power derived from this part of land may attain a billion kilowatts. Although it would be very ambitious if we take this as a short term goal, this goal can be reached through a long term step by step approach. This task, being greatly emphasized in the state's plan of development must be carried out with persistant enthusiasm and deliberation.

In examining the history of solar cell power development in China and attempting to probe into the future possible development, it is revealled that the development progresses in a stratified manner. The strata of development are seemingly well definable. The development expands from one stratum to another at certain stage. Each stratum is marked by much better cost-effectiveness together with much broader field of application of economic significance. This stratification might be characteristic for simmilar developing country which is the course going to be developed or even well-developed one.

STRATUM I

Very scarce usages where cost is not a major factor to be considered. Notable of this is the use as power source in space technology. The regenerative feature of the solar cells, the nature of high reliability and that there is no moving part and no personal attendance is needed makes solar cells most suitable for this field of application. The first satellite of China was powered by domestic made solar cells, while launched in April, 1970. In on case, the satellite orbited around the earth for almost 9 years without any power failure. This latter one was powered with solar cell and storage battery combination both manufactuted in China.

STRATUM II

Power supply for stand alone appliances where unattended operation is imperially important and replenishment of energy by transportation is very expensive. The navigation mark lighting and far offshore beacon lights are typical examples. To furnish power for the cathodizing protection of petroleum pipeline in dessert land is another example with great cost-effectiveness. It is also advantageous when used to supply power for t. v. retransmission equipment and radio relay stations locate atop hills or mountains where are difficult for transportation.

STRATUM III

For users of high mobility and poor or difficult mintenance. In this case, other portable power suplies such as primary batteries or engine generators are either inconvenient or expensive in operation. Nomadic families now still many in China using different kinds of portable or mobile communication equipment are typical users.

STRATUM IV

Home appliances when the cost of solar cell power supply forms only a small fraction of the total cost, or the total cost is small. In this case convenience and portability may also be the chief cosideration. In certain instances, solar cell is solely employed for fancy. Again the economy is not quite the consideration. Typical articles are solar powered t. v. ' s, radios, calculators etc . and even wrist watch.

STRATUM V

Habitation districts and industrial plants remote from power line. This stratum and following one concern with power plants of large up to huge size. Hence, beginning from this stratum, economy shall be the dominating factor. Even in this stratum, the generation cost of electricity must compete with the high speed diesel plant in case of smaller ones and to compete with heat power plant, in case of larger ones. Under certain conditions, e. g. small demand and long distance, solar plant may be more economic than laying transmission line when the solar cell power's cost-effectiveness will have advanced noticeably.

STRATUM VI

As supplementary source connected to the power networks. When gone into this stratum, the technology must be advanced so that the generating cost could compete to certain degree, with almost any major energy source currently in use. In addition to this, one must consider the ability to supply the required quantity of solar cells. This abillity could be built up through long period of time. In this stratum, the renewability and the advantages of easy operation should definit out balance remaining part of disadvantage in economy.

STRATUM VII

To be one of the principal energy source on the earth. A most ambitious plan, i. e. , the solar power satellite project is already in its early developmental stage. Disregarding the possible cost of maintenance and the complete saving of fuel, the cost of construction, including development, has been estimated to be about the same of any other kind of power plants, with contemplated capacity of several gigawatts. Of course, it doesnot rule out the building of land solar power plants of very large size. For a country to enter this stratum, very strong economic background and very advanced state of technology are predominant necessities.

There are still other applications not included above. For example, the roof top power units and isolated rural pumping stations have been installed. Many other applications are experimented with. While it is not quite sure that all matters in the main stream are included herewith, but it might be sure that certain experiments are purposed to exhaust ultimate possibilities or to creat curiosity, but later may be found not economical or feasible

Solar cells and solar cell power units are currently manufactured by scattered plants and shops in China in scales from small to small-medium. Solar cells are also under research and development at Tianjin Institute of Power Sources, various other institute and several universities and colleges. The technological and economic state has allowed China to enter into the third stratum of development. The installed capacity amounts to hundreds of kilowatts, with thousands of units. The application spans over satellite power supply, navigation marks, beacons, petroleum pipeline and watersluice cathodization, TV translators, microwave relay stations, mobile radio stations etc. , and including thousands nomadic users. Units of kilowatt size have been in use.

The price of solar cells in China has experienced reduction by one half every 4 to 5 years. This reduction is cotinuously going on, so the application as well as the production, will continue to expand. There could be stagnation at some future time. However, by that time, new materials and technology could also evolve to overcome such stagnation. The transition to the stratum 5 passing through stratum 4 will take a long time. Right at the present status, the cost effectiveness has reached the point warranting some exportation of small portable solar powered appliances.

Expanding into the higher strata will require rather long time. However it will come true at length by persistent endeavor of our fellow colleagues.

REFERENCES

Zhao and Wei, Solar Cells and Applications(in Chinese), Defence Industries Publishing House, Feb. 1985.

Wang, Zhang & Li, Solar Resource of China Journal of Solar Energy(in Chinese).

Rowe, IEEE Spectrum, pp 58-63, Feb. , 1982.

Claser, Hanley, Nansen & Kline, IEEE Spectrum, pp 52-58, May, 1979.

（此文刊于第二届国际光电科学与工程会议论文集 1986.8）

关于宏观经济战术平衡

（1982 年 7 月）

本部分以马克思在《哥达纲领批判》中关于两类六种扣除的论述为出发点，试求社会主义国家财政平衡和市场平衡中的定量性的基本规律。因为财政平衡和市场平衡是年度的以及即时的现象，所以冠以"战术"限制语。

在社会主义社会，如果经济建设是仅在内部平衡的，即对外没有经济交往或说可以忽略，并且忽略一些第二数量级因素条件下，社会公共财政的盈亏恒等于消费市场的剩余或不足的差额。这里要求作为前提的条件似乎是不切合于实际的，但是从这个基本定律出发，附加一些变动，就能解释、阐明许多财政平衡中出现的现象。并指引出解决一些平衡中的重要问题的确当途径。

1. 马克思在《哥达纲领批判》中指出"集体劳动所得就是社会总产品"，并且指出社会主义社会总产品在做出两类六种扣除以后，全部分配给社会中的各个个人。但在现阶段的社会主义社会中，这个分配不是直接的分配，而是通过把总产品等值的货币当量分配给社会中的各个实体，包括个人在内，然后各自去换回应当分配给各自的产品。

这样，总产品就由两部分组成：一、属于六个扣除的范围，准备由社会公共机构支付力去交换；二、属个人消费品（均含各种无形的劳动服务）的范围，要由社会个人支付力去交换。首先研究分配的开端，这就是总产品的货币当量是如何转化为支付能力的。考虑供六个扣除的产品的等值货币当量有一部分缴纳上交的利润和税收，或以其他形式（例如折旧）转化为社会公共支付力中的一部分。第二部分用以发放各种形式的工资工分收入等，转化为社会个人支付力中的一部分。第三部分则用以购买中间产品（半成品、零件、材料、动力、劳动服务等有形的或无形的中间劳动成果）。应分配给社会个人的消费部分，也同六个扣除一样，它的等值货币当量同样分解成三个部分。

每项中间产品的等值货币当量也分解成同样的三个部分。原来的中间产品当量不见了，代之以第二层的，缩小了数量的中间产品。对于一层层的中间产品，进行层层分解。最后剩下初级产品如原材料、燃料、自然物等，就只能分解成为属于公共支付力量和个人支付力量的部分，中间产品完全消失。这对整个社会总产品当量都分解了，只包含属于公共支付力量和属于个人支付力量的各部分。属于公共支付力量的各部分相加得到公共支付力量的全部，或公共财政总支付力量。属于个人支付力量的各部分相加得到个人支付力量的全部，或社会个人总支付力量。由于在分解中没有增加或减少任何当量，所以公共总支付力量和社会个人总支付力量的总和等于社会总产品，即六个扣除和个人消费品的和。用数学式表达：

供六个扣除产品总值＋个人消费品总值≡公共总支付力量＋社会个人总支付力量　　　(1)

定律：在一个闭合的社会主义社会中，社会公共支付力量和个人支付力量的总和恒等于社会总产品（价值），并且转而恒等于用于举办公共事务的产品（价值）和提供社会个人消费的产品价值的总和。

从这个特殊意义上说，社会经济从总体说不可能存在不平衡，因为上述的总消费（公共和个人的)和总产品总是相等的。实际社会实践中难于避免地产生的不平衡是公共财政收支中的和消费市场上供求中的不平衡。

图1表达了这个货币当量的分配与再分配过程的大意。

2. 现在以定律(1)为基础,进而考察公共财政平衡和不平衡的情况,连带到消费市场的平衡。

公共财政平衡要求:

$$供六个扣除的产品总值 = 公共支付总能力。 \tag{2}$$

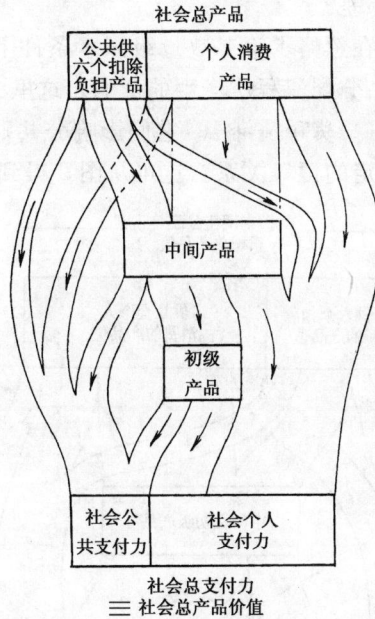

图1

但既然有式(1),这就等于要求社会个人总支付力量=个人消费品总值。因此,当公共财政收支平衡时,也必然就在消费市场上供需平衡。绝不可能当一方平衡时另一方不平衡。如果消费市场上供需是平衡的,则公共财政收支上也必然出现平衡。二者是共生的现象,不是相互独立的现象。因此,只要掌握着一方的平衡,就一定能得到另一方的平衡,这是掌握财政平衡的一个关键点。

现在考察公共财政上收支的差额:

$$差额 = 供六个扣除产品总值 - 总公共支出力量 \tag{3}$$

如差额=0,就是公共财政收支正好平衡。

如果差额是正值,则公共财政出现顺差,即盈余。由于式(1)的要求,必然出现消费市场供应上的同等的顺差。这就是说供应超过需求,多余值等于财政顺差值。

如差额是负值,则公共财政收支上出现逆差,即赤字、亏损,但既然有(1)式,必然出现消费市场逆差,需过于供,市场缺额等于公共财政差额。

如用数学的简化方法分析,就是把式(1)倒项,直接得出

供六个扣除产品总值－总公共支出力量＝社会个人总支付力量－供个人消费产品总值

$$(4)$$

这个差数的值就是式(3)的差额。

定律:在一个闭合的社会主义社会中,公共财政收支的差额恒等于消费市场上供需之间的差额。

这也就是说,公共财政收支之间为不平衡时,必然也就出现消费市场供需之间不平衡,并且性质相同,差额相等。二者是一体物,共生现象。这是在财政收支不平衡情况下,掌握纠正的重要关键点。这个论断也就说明了为什么在实践中,财政逆差总是伴随以消费市场逆差,财政顺差也必然伴随着消费市场顺差。

如前面指出,以上的分析是在忽略了第二数量级因素条件下进行的。图2示意地表示了几个第二数量级因素对于总产品分配流程所产生的影响。这里考虑了:(1)由上期结转的物资和支付力量;(2)补贴;(3)储蓄;(4)货币流滞*。它们影响公共财政收支和消费市场供需的平衡,但是并不影响两个定律所论定的恒等关系。这可从图2得到说明,不另讨论。

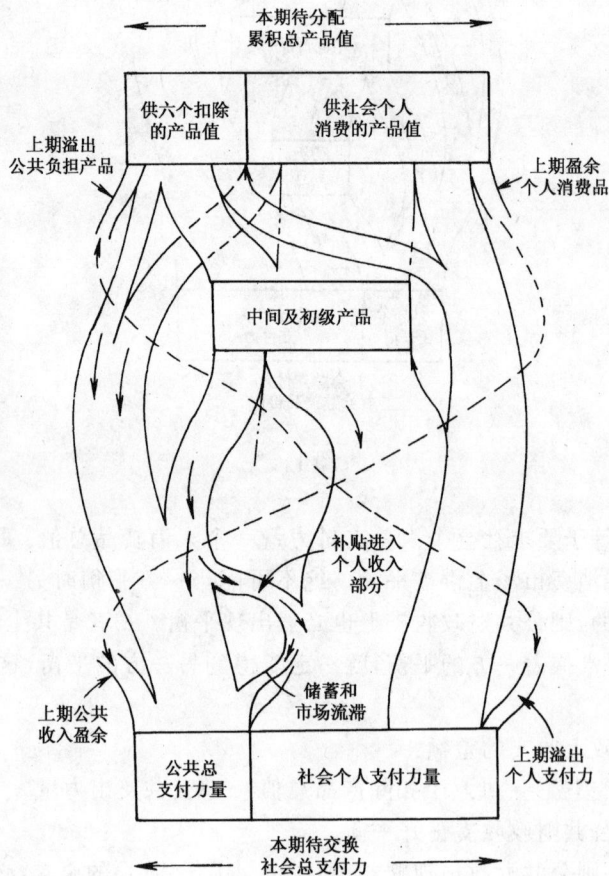

图 2

外贸出口时换回外汇,物资占供六个扣除的产品的部分,外汇对公共支付力量提供等量。外贸进口时物资补充供六个扣除的产品和供个人消费的产品各一部分,付出外汇占用公共支付力量的一部分。侨汇和借入外资,补充两大类的物资,同时增加两大支付力量。按这样附加于原来的平衡关系,可改变公共财政收支和消费市场供需的平衡状态,但仍不改变两个定律中所论定的恒等关系。

3. 我们重视解决公共财政平衡问题。社会个人手中总有一部分流通过程中的货币,它没有真正用来支付于购买消费产品。平衡处于顺差时也有市场积压的问题,但不难于解决。我们要重点探讨的是财政平衡中的逆差问题。问题的实质是解决公共财政平衡和消费市场平衡这个孪生问题。我们可以着手于二者之间相联系的措施,也可以着手于任何一方从而使另一方连带地解决问题。我们应当充分注意到在两定律的恒等关系决定下,式(1)所述的四个主要量是相互制约、环环相扣的。账面平衡不能显示这种相互制约的关系,而且也不能显示平衡的动态过程。这样,怎样去解决公共财政平衡中的逆差,或亏损、赤字的问题?

a. 增加公共财政收入,又有多种途径。(1)把社会个人收入中一部分挪用,划一部分到公共支付力量。例如利用储蓄,已表现在图 2 中。如里面有一部分是储款待购的,对它要注意只能利用其滞留的部分,仍要及时提供消费产品,否则以后就仍会出现市场紧张。(2)征收个人所得税,这在目前是只能在很小范围内实行的。(3)发行公债。国库券是一种公债。但我们定义的公共财政,所谓盈余或亏损是包括了国家、地方、企业、部队等综合计算的。对于这个范围,国库券是没有具体意义的。只有向社会个人征募公债才起作用。(4)利用外资。不管以何种方式,总是要用来购入外国产品,这部分中动用了的附加于总产品上。其中属消费品的部分回收增加于公共支付力量,同时补充了供个人消费产品,能改善赤字问题。另一部分只是用来扩大公共事务,不起这种作用。当然动用了就有一个以后归还的问题。(5)减少消费品积压和库存。因此消费产品生产必须适销对路。

b. 减少公共事务的安排,即供六个扣除的产品,包括基本建设。(1)假定减少的部分转移到生产个人消费品去,如转移生产力、外汇、原材料、燃料、动力、劳动力。库存和积压都是供六个扣除产品的一部分,应当降低并转移入供个人消费品中去。则显然是有效的。(2)减少劳动力。理论上说是有效的,但现在更大的问题是要安排待业人员,实践中恰存在相反的情况。减少兵员、民工是有益的,可使劳动力增长量少一些。(3)其他的,超过这个范围的缩减量中,理论上说有一部分是有效的。令这个缩减的有机构成中可变部分为 K%,K 这部分是有效的,它使供六个扣除的产品减少同一数量,并减少社会个人支付力量,另外的部分(100−K)% 则是利润和税收,对公共事务来说,减多少支出就减多少收入,是无效的。至于在实践中,这个减少量也是难于实现的。这是因为就业率并不因而减少,工资总还要照发一些。这就使这个有效减少量绝大部分无效。这就说明了为什么缩减基本建设基金对于改进平衡作用不大,而更多地是致使重工业产生减退现象。当然这不等于不应当缩减基本建设规模。则是缺少必要性,或销场、原材料、燃料、动力、水源,必要的环境保护等不落实的,技术力量短期不能落实的,都应当停止或暂停。基建规模多减少些,基建基金少减少些,这样才能缩短基建周期。

c. 增加个人消费品生产。从表象看,只要增加消费品生产就能改进平衡。实际,仍令个人消费品价值中的有机构成中直接间接的可变部分为 K%。则在增加产量时进入税利部分的只有(1−K)%。如假定 K 为 0.7~0.8,则要达到 3 至 5 倍于它,才能解决赤字。如果为了增产个人消费品,要过多增加物质鼓励,则 K 值还可能增加。如果增加太多,则对于解决赤字的作用会大大削弱。因此,尽管增加消费品生产是解决赤字的很积极的途径,如果对工资、奖金等政策不加注意,就可能效果很差。当然,因为我们在消费品生产方面欠账太大,在任何情况下都要增产必要的个人消费品。

d. 削减社会个人收入。由于待业人员多,生活欠账大,这是当前不可能实现的途径。

e. 提高生产效能、减少浪费、改进各部类生产之间的平衡以解放生产力是以较少的费用求得增产的最重要途径。它以较少的费用取得较大的增产,也是改进公共财政平衡的优良途径。

4. 在赤字已经发生后,通货膨胀是不可避免的,通货膨胀也是自动地纠正赤字的因素。通货膨胀必然带来物价增长或者市场紧张。

一个重要的事实是只可能在预算中存在赤字。到年终前总要增发货币来支付,是不会保留赤字的。透支也得有货币支付必须现付的部分。这都是不同形式的通货膨胀。如果放宽物价浮动,则涨价可成为自动调节、补偿赤字的因素。

在流转中增加的社会购买力是货币增长量除以货币周转期。设在社会购买力中的增长部分中有 $1-\eta$ 成分是转化为税、利从而补还差额,因此要求 $(1-\eta) \times$ 流转中增加的社会购买力正好补足差额。亦即货币增长量＝周转期×差额除以 $(1-\eta)$。才能使财政恢复平衡。这就给出了通货膨胀量和财政赤字之间的一个简单明了的定量关系。

这个平衡的状态不是一下子就达到的。这是因为首先赤字的发生发展有一个过程,其次是通货膨胀→物价增长→增收税、利这样周而复始多次才能达到再平衡的基本状态。这个过程需要一定的时间,所以在任何一个具体时间,情况是比理论预期好一些的。

如果我们对增长的物价课以较高的税率,亦即取较小 η 值,则情况就好得多。

以本文所阐述的原理为指针,可以预见国家财政上可能出现的重大情况并制定许多重大政策。应当补充一个论点;从本文并不能引出赤字财政绝对不可取,也不能引出社会个人收入必须紧缩。在财政发生赤字时,物价可能增长,为保证个人生活不断提高,社会个人收入要相应增加,反过来又会增加赤字,使物价再涨。但从个人收入增长到刺激物价增长,当中有一个时间差,因此有可能造成一个稳定的膨胀率,形成一个"类恶性循环"假象,而非实质的恶性循环。这从历史可以找出证明。

(此文刊于《世界经济研究》1982.7)

超高速二进位多位加法硬件算法的逻辑论推及可能的应用

(1980 年 7 月)

罗沛霖　　王攻本

(第四机械工业部)(北京大学)

摘要　二进制多位加法运算,以经典的半和与进位公式为起点,已经构造成有多种用途的加法器,达到颇高的速度,本文不采用这一经典的途径,利用作者之一提出的一种直接逻辑判断论设,经过逻辑的形式变换,不仅从理论上展示出多位加法逻辑速度的上限,显示出加法计算复杂性的一个标志,从 $5 \times 2^{n+1}$ (n 为位数)下降至 n^2 以至 $2n \log_2(2n)$ 的急剧变化,并且在工程上推导出了具有可实现性和经济性的四级逻辑和三级逻辑,适用于 64 位和 16 位的超高逻辑速度加法器方案。

特殊高速的计算机主要用于高度复杂的科学技术计算和实时数据的处理。因此在设计时,如何提高运算速度或运算吞吐能力,是一个中心课题。在影响运算速度的诸因素中,逻辑器件的固有速度是高速度的物质基础,它能反映一个时期内的技术水平。而在设计中,能否用逻辑手段充分发挥器件的固有速度是一个同等重要的问题,这就是逻辑速度的问题,它有别于器件速度。

构造二进制多位加法器通常的经典的起点为半和与进位的公式,并由此而导出简单形式的行波进位加法器和各种形式的快速加法器。当前最为流行的快速加法器是跳跃进位加法器。

O. Rabin 指出,字长为 n 的二进制加法器究竟能达到怎样快的速度,是计算复杂性理论在硬件方面的一个重要问题。Brent 等人给出 n 位字长所需加法时间的上、下界。但他们所指的级延迟时间是指一定输入端的元件构块的级延迟时间,而没有规定构块内含的逻辑内容和级数。我们则是按"与"或"和"非的逻辑结构考虑的。此外,在一定逻辑级数下我们研究所需门的个数,并把它作为计算复杂性的一个重要标志。在这两点上我们与 Rabin 等人的考虑不同。

实际设计的快速加法器的逻辑级数一般说还是很多的。一方面,这是因为元件品种主要是门电路;另一方面,也有很多工程上的限制,特别是门的总数和扇入、扇出端的限制。本文作者之一于 1970 年设计的 DJSII 机加法器,用 TTL 电路 3 级与非门和 3 级与或非门完成了 44 位加法器,扇出端数不超过 8,与门扇入端不超过 5。

本文选择了另一个出发点,即导入一个从相加数的本位值和所有较低位值直接求本位和数值的逻辑论设。由此出发,可以极简便地导出具有可实现性和经济性的只需四个逻辑级的加法器方案,并导出了具有一定实用可能性的三级方案和具有理论意义的二级方案。这里一个逻辑级是指一个"乘"(与)或一个"加"(或),但不包括反相。例如有正、反向输出的 ECL 门电路,就是与此相适应的。

当然,所处理的既然是同一个逻辑命题,那么从一个出发点所推导出的任何结果,也可以从另一个出发点导出。但从下文可以看出,从直接逻辑论设出发,可以直截了当地描述多位加法运算的极限速度,并能直观地导引出高速度的新方案。

本文用门电路所给出的方案,在实践上是有普遍意义的。可以把这种加法器模块化或用可编逻辑阵列(PLA)等大规模集成电路来实现,在这里就不详加讨论了。

一、二进多位加法运算直接逻辑判断的论推形式

命题。求 $S=X+Y$。X 及 Y 已知。S,X,Y 均以二进位制表达,并按数位展开如下式:

$$s_{n+1} + s_n s_{n-1} \cdots s_2 s_1 = x_n x_{n-1} \cdots x_2 x_1 + y_n y_{n-1} \cdots y_2 y_1 + c_0 \tag{1}$$

其中 c_0 为在必要时所需引入的进位值。

引设 I. 如 $x_k = y_k$,$n \geq k \geq 0$,则凡

$$z_{k-1} z_{k-2} \cdots z_{i+1} x_i y_i = 1 \quad (k > i \geq 0) \tag{2}$$

时,均判 $s_k = 1$,否则 $s_k = 0$;上式中 z_i 可以为 x_i 或 y_i 之一。当 $i = 0$ 时,以 c_0 代 $x_0 y_0$。

引设 II. 如 $x_k \neq y_k$,$n \geq k \geq 0$,则凡

$$z'_{k-1} z'_{k-2} \cdots z'_{i+1} \bar{x}_i \bar{y}_i = 1 \quad (k > i \geq 0) \tag{3}$$

时,均判 $s_k = 1$,否则 $s_k = 0$;上式中 z'_i 可以为 $\bar{x}_i$ 或 $\bar{y}_i$ 之一。当 $i = 0$ 时,以 $\bar{c}_0$ 代 $\bar{x}_0 \bar{y}_0$。

以上论推过程从略。

论设。 因 (x_k, y_k) 的值仅有 $(1,1)$,$(0,0)$(即 $x_k = y_k$)和 $(1,0)$,$(0,1)$(即 $x_k \neq y_k$)四种状态,故引设 I、II 已列举了判 $s_k = 1$ 的所有状态。合并两个引设:

$$\begin{aligned}
s_k = &\sum x_k y_k z_{k-1} z_{k-2} \cdots z_{i+1} x_i y_i \\
&+ \sum \bar{x}_k \bar{y}_k z_{k-1} z_{k-2} \cdots z_{i+1} x_i y_i \\
&+ \sum x_k \bar{y}_k z'_{k-1} z'_{k-2} \cdots z'_{i+1} \bar{x}_i \bar{y}_i \\
&+ \sum \bar{x}_k y_k z'_{k-1} z'_{k-2} \cdots z'_{i+1} \bar{x}_i \bar{y}_i
\end{aligned} \tag{4}$$

上式中 $\sum$ 的范围包括 $k > i \geq 0$ 和 z_i 为 x_i 或 y_i,z'_i 为 $\bar{x}_i$ 或 $\bar{y}_i$ 的一切组合,并在 $i = 0$ 时以 c_0 代 $x_0 y_0$,以 $\bar{c}_0$ 代 $\bar{x}_0 \bar{y}_0$;在四个 $\sum$ 中,前两个的 $z_i = 1$ 包含 $x_i = y_i = 1$ 的情况;后两个的 $z'_i = $ 包含 $\bar{x}_i = \bar{y}_i = 1$ 的情况。

求和数之首位 s_{n+1} 时,置 $x_{n+1} = y_{n+1} = 0$。依这个二进多位加法运算的直接逻辑判断论设,可以直接写出求每位 s 值的两级逻辑式,即最少级数的逻辑式:

$$s_1 = x_1 y_1 c_0 + \bar{x}_1 \bar{y}_1 c_0 + \bar{x}_1 y_1 \bar{c}_0 + \bar{x}_1 y_1 \bar{c}_0,$$

$$\begin{aligned}
s_2 = &x_2 y_2 x_1 y_1 + x_2 y_2 x_1 c_0 + x_2 y_2 y_1 c_0 + \bar{x}_2 \bar{y}_2 x_1 y_1 + \bar{x}_2 \bar{y}_2 x_1 c_0 + \bar{x}_2 \bar{y}_2 y_1 c_0 \\
&+ x_2 \bar{y}_2 \bar{x}_1 \bar{y}_1 + x_2 \bar{y}_2 \bar{x}_1 \bar{c}_0 + x_2 \bar{y}_2 \bar{y}_1 \bar{c}_0 + \bar{x}_2 y_2 \bar{x}_1 \bar{y}_1 + \bar{x}_2 y_2 \bar{x}_1 \bar{c}_0 + \bar{x}_2 y_2 \bar{y}_1 \bar{c}_0,
\end{aligned}$$

$$\begin{aligned}
s_3 = &x_3 y_3 x_2 y_2 + x_3 y_3 x_2 x_1 y_0 + x_3 y_3 y_2 x_1 y_1 + x_3 y_3 x_2 x_1 c_0 + x_3 y_3 x_2 y_1 c_0 + x_3 y_3 y_2 x_1 c_0 \\
&+ x_3 y_3 y_2 y_1 c_0 + \bar{x}_3 \bar{y}_3 x_2 y_2 + \bar{x}_3 \bar{y}_3 x_2 x_1 y_1 + \bar{x}_3 \bar{y}_3 y_2 x_1 y_1 + \bar{x}_3 \bar{y}_3 x_2 y_1 c_0 \\
&+ \bar{x}_3 \bar{y}_3 x_2 y_1 c_0 + \bar{x}_3 \bar{y}_3 y_2 x_1 c_0 + \bar{x}_3 \bar{y}_3 y_2 y_1 c_0 + x_3 \bar{y}_3 \bar{x}_2 \bar{y}_2 + x_3 \bar{y}_3 \bar{x}_2 \bar{x}_1 \bar{y}_1 + x_3 \bar{y}_3 \bar{y}_2 \bar{x}_1 \bar{y}_1
\end{aligned}$$

$$+ x_3 y_3 \bar{x}_2 x_1 c_0 + x_3 y_3 \bar{x}_2 y_1 c_0 + x_3 y_3 y_2 x_1 c_0 + x_3 y_3 y_2 y_1 c_0 + \bar{x}_3 y_3 \bar{x}_2 y_2 + \bar{x}_3 y_3 \bar{x}_2 x_1 y_1$$

$$+ \bar{x}_3 y_3 \bar{y}_2 \bar{x}_1 y_1 + \bar{x}_3 y_3 y_2 \bar{x}_1 c_0 + x_3 y_3 \bar{x}_2 y_1 c_0 + \bar{x}_3 y_3 y_2 \bar{x}_1 c_0 + x_3 y_3 \bar{y}_2 \bar{c}_0 \cdots\cdots \quad (5)$$

二、四级逻辑亚全直接逻辑型多位加法器及工程上实现的可能方案

为求 $s_1, s_2, \cdots, s_{n+1}$，(5)式的项数总和为 $5 \times 2^{n+1} - 4n - 9$ 个。我们令 $\alpha_i = x_i y_i$，$\beta_i = \bar{x}_i \bar{y}_i$，$r_i = x_i \bar{y}_i$，$\delta_i = \bar{x}_i y_i (i = 1, 2, \cdots, n)$，且 $\alpha_0 = c_0$，$\beta_0 = \bar{c}_0$，注意到 $\alpha_i + \beta_i = \overline{\gamma_i \delta_i}$ 及 $\gamma_i + \delta_i = \overline{\alpha_i \cdot \beta_i}$，则(5)式立即可写为：

$$s_k = \sum_{i=0}^{k-1} \bar{\gamma}_k \bar{\delta}_k \bar{\beta}_{k-1} \bar{\beta}_{k-2} \cdots \bar{\beta}_{i+1} \alpha_i + \sum_{i=0}^{k-1} \bar{\alpha}_k \bar{\beta}_k \bar{\alpha}_{k-1} \bar{\alpha}_{k-2} \cdots \bar{\alpha}_{i+1} \beta_i = s_k \left[{}_0^{k-1} \right. + s_k \left] {}_0^{k-1} \right. \quad (6)$$

$s_k \left[{}_0^{k-1} \right.$ 和 $s_k \left] {}_0^{k-1} \right.$ 分别代表前一 Σ 值和后一 Σ 值，称为 s_k 的前部和后部。如以 x_i, y_i 表达，这是一个三级逻辑式。它的特别是为求 $s_1, s_2, \cdots, s_{n+1}$ 的各式总项数仅为用 $\alpha_i, \beta_i, \gamma_i$ 及 δ_i 表达的 $n^2 + 3n + 1$ 个。由(5)式的 $5 \times 2^{n+1}$ 降为 n^2，是在计算复杂性上的一个激剧改善。这个三级逻辑式的实用意义在本文的第三部分中再讨论，这里只重点讨论适应位数范围广的四级逻辑多位加法器方案。

1. 结组的原理

将(6)式展开，取其前部的一部分而有(7)式

(7)式梯形阵中的若干邻近行可以实行结组，今以(7)式中用粗实线区分的三角子阵为例：

$$\triangle_4^7 = \alpha_7 + \bar{\beta}_7 \alpha_6 + \overline{\bar{\beta}_7 \bar{\beta}_6} \alpha_5 + \overline{\bar{\beta}_7 \bar{\beta}_6 \bar{\beta}_5} \alpha_4$$

$$= \bar{\beta}_7 \cdot \overline{\bar{\alpha}_7 \bar{\beta}_6} \cdot \overline{\bar{\alpha}_7 \bar{\alpha}_6 \bar{\beta}_5} \cdot \overline{\bar{\alpha}_7 \bar{\alpha}_6 \bar{\alpha}_5 \bar{\alpha}_4} \quad (8)$$

而

$$s_k \left[{}_4^7 \right. = \bar{\alpha}_k \bar{\beta}_k \bar{\beta}_{k-1} \cdots \bar{\beta}_8 \bar{\beta}_7 \overline{\bar{\alpha}_7 \bar{\beta}_6} \quad \overline{\bar{\alpha}_7 \bar{\alpha}_6 \bar{\beta}_5} \quad \overline{\bar{\alpha}_7 \bar{\alpha}_6 \bar{\alpha}_5 \bar{\alpha}_4} \quad (9)$$

这里结组上下限举例为 7—4，实际可取任何值。也不限于等分结组。

按此可以把 $s_k\begin{bmatrix}k-1\\0\end{bmatrix}$ 结成许多组。s_k 的后部也可以做类似处理，并以 $\triangle'$ 代 $\triangle$。仍以前部为例：

$$s_k\begin{bmatrix}k-1\\0\end{bmatrix}=s_k\begin{bmatrix}k-1\\m_{\mu-1}\end{bmatrix}+s_k\begin{bmatrix}m_{\mu-2}+\nu_{\mu-2}-1\\m_{\mu-2}\end{bmatrix}+s_k\begin{bmatrix}m_{\mu-3}+\nu_{\mu-3}-1\\m_{\mu-3}\end{bmatrix}+\cdots$$

$$s_k\begin{bmatrix}m_i+\nu_i-1\\m_i\end{bmatrix}+\cdots+s_k\begin{bmatrix}\nu_0-1\\0\end{bmatrix}\tag{10}$$

我们称求 s_k 的或门为求和门，求 $s_k[$及 $\underline{s}_k]$ 的各门为汇合门。ν_i 为第 i 组的结组位数，$m_{i+1}=m_i+\nu_i=\sum_{j=0}^{i}\nu_j$，$\mu$ 为 s_k 前部所用的结组总数。结组后，相对于(6)式而言，增级一级逻辑，但由于使用 $\triangle_{m_i}^{m_i+\nu_i-1}$ 而减少 s_k 中的 ν_i-1 项。并且 $\triangle_{m_i}^{m_i+\nu_i-1}$ 可在从求 $s_{m_i+\nu_i}$ 到求 s_{n+1}（后部无 s_{n+1}，而是 $s_{m_i+\nu_i}$ 到 s_n）中重复使用 $n-m_i-\nu_i+2$ 次（后部为 $n-m_i-\nu_i+1$）次，从而使总门数大为减少，使各求和门的扇入要求大为降低。注意到由于容许四级逻辑，因此 $\overline{\overline{\alpha_i\beta_i}}$ 可用以代 $\overline{\gamma_i}\overline{\delta_i}$，求 α_i，β_i，$\overline{\alpha_i}$，$\overline{\beta_i}$，$\overline{\alpha_i\beta_i}$ 及 $\overline{\gamma_i}\overline{\delta_i}$ 的预处理门为 $3n$ 个。总门数的要求为：

$$\mathscr{H}(n,\mu,\nu_0,\nu_1,\cdots\nu_{\mu-1})$$

$$=2\sum_{j=1}^{\mu-1}j\cdot\nu_j+\sum_{j=0}^{\mu-1}\nu_j(\nu_j-1)\varepsilon^2+2\mu\varepsilon+\mu+6n+1\tag{11}$$

式中 μ 为前部或后部所结成组数，ε 为结组后在高位端剩余的位数，假定前后两部结组形态相同。如令 $\mu=n$，$\nu_j=1$，$\varepsilon=0$，而 $\mathscr{H}(n)=n^2+6n+1$，即不结组的四级逻辑多位加法器所需总门数。

2. 重叠复置结组方案——使各门扇出、扇入负担降为可以实现的水平

四级逻辑直接逻辑型多位加法方案，在实施中遇到的主要问题是各门的最大扇入扇出要求有一部分过大，限制了它可以适用的位数。我们研讨了以等分结组重叠复置结组为主要措施的方案，得到了令人满意的解决；可用于直至 64 位的加法器，能够适应当前逻辑器件的水平。

扇出最重的部分存在于求 $\triangle$，$\triangle'$ 的预组合门和求 $\overline{\alpha_i}$，$\overline{\beta_i}$，$\overline{\alpha_i\beta_i}$，$\overline{\alpha_i\overline{\beta_i}}$ 的预处理门中低位一端。采取通常的方法可对这些门复置若干套。但预组合门的复置又带来加重 $\overline{\alpha_i}$，$\overline{\beta_i}$ 预处理门的负载。这样，就要求再加上重叠的措施，即把复置的 $\triangle$ 和 $\triangle'$ 的上、下界和原有 $\triangle$ 和 $\triangle'$ 的上、下界错开若干位，可使 $\overline{\alpha_i}$、$\overline{\beta_i}$，预处理门的负载趋于平衡，使对它们的最大扇出要求得以降低。例如，对应于：

$$\triangle_0^3,\triangle_4^7,\triangle_8^{11}\cdots[(7)\text{ 式中实线所表各组}]$$

可复置一套：

$$\triangle_0^1,\triangle_2^5,\triangle_6^9,\triangle_{10}^{13}\cdots[(7)\text{ 式中虚线所表各组}]$$

按重叠结组，(7)式中 s_k 的部分表达式可表示为：

$$s_{10}\begin{bmatrix}9\\0\end{bmatrix}=\overline{\gamma}_{10}\overline{\delta}_{10}(\triangle_0^9+\overline{\beta}_9\overline{\beta}_8\overline{\beta}_7\overline{\beta}_6\triangle_2^5+\overline{\beta}_9\overline{\beta}_8\cdots\overline{\beta}_2\triangle_0^1),$$

$$s_{11}\begin{bmatrix}10\\0\end{bmatrix}=\overline{\gamma}_{11}\overline{\delta}_{11}(\alpha_{10}+\overline{\beta}_{10}\triangle_6^9+\overline{\beta}_{10}\overline{\beta}_9\cdots\overline{\beta}_6\triangle_2^5+\overline{\beta}_{10}\overline{\beta}_9\cdots\overline{\beta}_2\triangle_0^1),$$

$$s_{12}\begin{bmatrix}11\\0\end{bmatrix}=\overline{\gamma}_{12}\overline{\delta}_{12}(\triangle_8^{11}+\overline{\beta}_{11}\overline{\beta}_{10}\overline{\beta}_9\overline{\beta}_8\triangle_4^7+\overline{\beta}_{11}\overline{\beta}_{10}\cdots\overline{\beta}_4\triangle_0^3),$$

$$s_{13} \begin{bmatrix} 12 \\ 0 \end{bmatrix} = \overline{\gamma}_{13}\overline{\delta}_{13}(\alpha_{12} + \overline{\beta}_{12}\triangle^{11} + \overline{\beta}_{12}\overline{\beta}_{11}\cdots\overline{\beta}_8\triangle_4^7 + \overline{\beta}_{12}\overline{\beta}_{11}\cdots\overline{\beta}_4\triangle_0^3) \qquad (12)$$

关于 $\overline{\alpha}_i$、$\overline{\beta}_i$、$\overline{\overline{\alpha}_i\overline{\beta}_i}$ 的复置比较简单,这里从略。

扇入要求最多的是求 s_n 的求和门(其扇入端数设为 φ_1)和求 s_n 的最低位数结组的汇合门(其扇入端数设为 φ_2)。设字长为 n,按每组为 ν 位分为 μ 组,ε 为结组后在高位端剩余的位数,则 $n = \mu\nu + \varepsilon$。对于汇合门各项的左部即 $\overline{\alpha}$、$\overline{\beta}$ 等逻辑乘积也进行结组,并设每组也为 ν 位。当 $\varepsilon = 0$ 时,而有

$$\varphi_1 = 2(\mu - 1 + \nu - 1) = 2(\mu + \nu - 2) \qquad (13)$$
$$\varphi_2 = 1 + \nu + \mu + \nu - 1 = \mu + 2\nu \qquad (14)$$

容易算出当 $\nu = \sqrt{n}$ 和 $\nu = \sqrt{\dfrac{n}{2}}$ 时,φ_1、φ_2 分别达到极小值。此时 $\varphi_1 = 2(2\sqrt{n} - 2)$,$\varphi_2 = 2\sqrt{2n}$。因此,在 $n \geqslant 12$ 时,应取 $\nu = \sqrt{n}$。在 $n \leqslant 11$ 时,应取 $\nu = \sqrt{\dfrac{n}{2}}$。

若按本节所给出的重叠优化结组方法结组,$\triangle$ 共重叠 η 次,并令 $\dfrac{\nu}{\eta} = \xi$ 为整数,所构成的 n 位加法器用门总数为:

$$\mathscr{H}(n) = n(\mu + \xi + 2\eta + 4) - \mu(2\xi - \varepsilon - 3)$$
$$- (\nu - 2)(\eta + 1) + (\xi - \varepsilon - 2)(2\eta - \varepsilon) \qquad (15)$$

其推导过程从略。表 1 给出 $n = 8$、16、32、64 时的分组情况,对扇入、扇出的要求及用门总数。

表 1

n	ν	μ	η	ξ	ε	最大扇入	最大扇出		$\mathscr{H}(n) = n(\mu + \xi + 2\eta + 4)$ $-\mu(2\xi - \varepsilon - 3) - (\nu - 2)(\eta + 1)$ $+ (\xi - \varepsilon - 2)(2\eta - \varepsilon)$
							$\triangle$ 结组门	α、β 预处理门	
8	3	2	1	3	2	8	7	9	84
16	4	4	2	2	0	10	8	10	214
32	6	5	2	3	2	14	16	17	493
64	9	7	3	3	1	18	21	24	1238

表 1 中 $\overline{\alpha}_i$ 和 $\overline{\beta}_i$ 的最大扇出虽较 $\triangle$ 结组与门为高,但 $\overline{\alpha}_i$ 和 $\overline{\beta}_i$ 是不难复置的,必要时可用 $\leqslant 2n$ 个门复置部分。此外,有的 $\triangle$ 负载不重,可以不重叠或少重叠,所以在 $\eta \geqslant 2$ 时,总门数还可略少些。

(15)式中起决定作用的是 $n(\mu + \xi + 2\eta + 4)$ 这一项。若取 $\mu = \nu = \sqrt{n}$,$\xi = \eta = \sqrt{\nu} = n^{\frac{1}{4}}$,则当 $n = 2^\rho$,且 $\rho \geqslant 8$ 时,$n(\mu + \xi + 2\eta + 4) \leqslant 2n^{\frac{3}{2}}$。由此可注意到,多位加法器的计算复杂性的标志,又从 n^2 的数量级降为 $2n^{\frac{3}{2}}$。

3. 四级逻辑的按几何级数多层分组方案

以上探讨的四级优化结组方案,是在把最大扇入、扇出压缩到目前技术水平有可能达到的前提下尽量节省门的。若不考虑扇入、扇出的限制,门数可压缩到怎样的程度呢?我们提出一种按几何级数多层分组方案。

以 n 位的最低一半 $\frac{n}{2}$ 位结成一组。依次再以 $\frac{n}{4}$ 位结成一组,以 $\frac{n}{8}$ 结成一组等,这是第一层分组。每一组再依此规律分为若干子组,以此类推,每组或子组均分到 2 为止。依此方案可算出总门数为:

$$\mathcal{H}(n) = 2n \log_2(2n) + 3\log_2 n + 6 \tag{16}$$

表 2 列出 $n = 8$、16、32、64 时所需的总门数。

表 2

n	$\mathcal{H}(n) = 2n\log_2(2n) + 3\log_2 n + 6$
8	79
16	178
32	405
64	920

从(16)式可看到多位加法计算复杂性进一步降低。这是我们所得到的最少门数。其扇入以汇合与门最大。达到 n 个;扇出以 $\bar{\alpha_i}$、$\bar{\beta_i}$ 最重,均超过 n。但若对 $\bar{\alpha_i}$、$\bar{\beta_i}$ 逻辑乘积适当结组,则两者均能下降。从节省门数考虑,在位数较少时,仍不失为可以考虑的方案。

三、极高速度多位加法器的可实用性和局限性

如前所述,(6)式具有三级逻辑,按它可构造一级预处理的极高速度加法器。它所需的总门数为 $n^2 + 7n + 1$。求和门最大扇入 $2n$,汇合门最大扇入 $n+2$,预处理门最大扇出 $\frac{n}{2}\left(\frac{n}{2}\right)$(设 n 为偶整数)。如果直接按此构造加法器,扇入扇出均限于 20,则只可用于 8 位加法器,总门数为 121 个,扇入个别到 16。扇出个别达到 20。

为了突破这个局限,对于四级逻辑加法器所用的结组措施,做一定变动以后,同样可用于三级逻辑多位加法器。为了保持三级逻辑,需要以 x、$\bar{x}$、y、$\bar{y}$ 表达 $\triangle$ 及 $\triangle'$,而不能用 α、$\bar{\alpha}$、β、$\bar{\beta}$,以 $\triangle_4^6$ 为例:

$$
\begin{aligned}
\triangle_4^6 &= \bar{\beta_6} \cdot \overline{\bar{\alpha_6}\beta_5} \cdot \overline{\overline{\alpha_6\alpha_5\alpha_4}} \\
&= \bar{\beta_6} \cdot \overline{\overline{(\bar{x_6}+\bar{y_6})}\bar{x_5}\bar{y_5}} \cdot \overline{\overline{(\bar{x_6}+\bar{y_6})(\bar{x_5}+\bar{y_5})(\bar{x_4}+\bar{y_4})}} \\
&= \bar{\beta_6} \cdot \overline{\overline{\bar{x_6}\bar{x_5}\bar{y_5}} \cdot \overline{\bar{y_6}\bar{x_5}\bar{y_5}} \cdot \overline{\bar{x_6}\bar{x_5}\bar{x_4}} \cdot \overline{\bar{x_6}\bar{x_5}\bar{y_4}} \cdot \overline{\bar{x_6}\bar{y_5}\bar{x_4}}} \\
&\quad \overline{\cdot \overline{\bar{x_6}\bar{y_5}\bar{y_4}} \cdot \overline{\bar{y_6}\bar{x_5}\bar{x_4}} \cdot \overline{\bar{y_6}\bar{x_5}\bar{y_4}} \cdot \overline{\bar{y_6}\bar{y_5}\bar{x_4}} \cdot \overline{\bar{y_6}\bar{y_5}\bar{y_4}}}
\end{aligned}
\tag{17}
$$

这里节约门数和降低求和门的扇入要求的原理同前。但是预组合所需的门数,按 v 位结组每组需 $\frac{3}{2}2^v - 2$(含 $\bar{c_0}$ 或 c_0 的组需 $2^v - 2$)* 个门。这个数字依 ν 值的增大而剧增,并且对于 x、y、$\bar{x}$、$\bar{y}$ 的扇出负载也随之增大。因此,只能限 ν 于较低值。在不限定扇入扇出要求,并因而不采取复置措施情况下,三级逻辑的结组的多位加法器所需总门数,按等分 μ 组,每组 ν 位,为

$$\mathcal{H}(n,\nu) = \frac{n^2}{\nu} + \left[\nu + 3 + (3 \cdot 2^\nu - 1)\frac{1}{\nu}\right]n - 2^\nu + 1 \tag{18}$$

从表 3 可见这个方案可以顺利地实用于 8 位和 16 位的加法器。

---

* 不适于 $\nu = 1$。

表 3

n,ν 值	$n=16$,	$\nu=2$	$n=8$,	$\nu=2$
α,β 复置	无	全部	无	全部
总门数	293	325	117	113
求和门最大扇入	16	16	8	8
汇合门最大扇入	19	19	10	10
$x,y,\overline{x},\overline{y}$ 扇出	4	5	4	5
预处理门最大扇出	38	19	22	11
预组合门最大扇出	15	15	3~4	3~4

按(5)式可构造二级逻辑的多位加法器。这是我们所能设想的最高逻辑速度。这种全直接逻辑判断加法器,如用于二位加法,需 26 门,扇入、扇出均在 8 以内。单位加法器比通常全加器只由 6 个门增至 7 个门,即可加快一倍。但是,如位数稍多,就都增长得很快,在当前器件的技术水平条件下无法实施。

四、结束语

从二进多位加法运算的直接逻辑判断的论设的陈述开始,我们以较为简单的过程导引出几种超高逻辑速度的多位加法器方案。展示出二进多位加法逻辑速度的上限。在这些方案中有几种是有实现条件的。有一些当前还不能实现,或暂时仅具有理论意义。本项研究工作展示出超高速二进多位加法器的计算复杂性的标志由 2^n 经过 n^2,$n^{\frac{3}{2}}$ 以至于 $n\log_2 n$ 的变化。

我们相信,半导体集成电路的技术水平不断提高,将来还会有其他的逻辑器件出现。一些暂时还没有可能实施的方案,到那时有一部分可能会变成现实。当然,就是在本文中已论证说明的,具有可实现性和经济性的方案,往往也需要逻辑器件的相应的研制工作的支持,才能实现。

参考文献

1 罗沛霖,关于多位加法器的逻辑结构,电子计算机技术,1979,1,3
2 Rabin,Michael,O.,*C of ACM*.9(1977)625-633
3 Brent,R.P.,*IEEE Trans. Computers*,C19(1970),758-759

(此文刊于《中国科学》第 7 期 1980.7)

积累与消费之间的战略决策的数理优化分析

（1980 年 1 月）

消费与积累当中存在着权衡损益的关系，也就有做出战略优化的必要。如何以付出最小的代价，换取最高的效果，是本文数理分析所拟尝试的目的。

一、社会总生产能力基本方程

首先，我们用数学表述生产资料积累的过程。而在开始之前，又要先定义一些量度和参数的涵义：

$P(t)$——在时间为 t 时的社会年生产总能力净值，对应于《哥达纲领批判》中所称的社会总产品。实际上潜在的生产能力并不完全能转化为产品，但是两者之间存在对应的关系。$P(t)$ 相当于通常所称的"国民总收入"。进入成品的半成品及原材料产值不重复计算。

$Q(t)$——年度社会总产品中分配给积累的部分。可以定义 $Q(t)=J(t)P(t)$。$J(t)$ 是积累比。

$R(t)$——年度社会总产品分配给消费的部分。显然 $Q(t)+R(t)=P(t)$，并 $R(t)=[1-J(t)]P(t)$。

S——社会资金产值率。整个社会的资金中每单位有效生产资料在一年内所能提供的平均产品值。潜在生产能力有多少能够转为产品，对于它的值有直接的影响。它是一个极重要的"条件系数"，是判定一个生产机体的效能和水平的重要因子。

$\sigma(\tau)$——生产资料时效函数。一个指定年度内所投放的生产资料，在 τ 年后的生产中实际所能发挥的效能。生产设施所发挥的作用，在起始时是逐步增长的，甚至在一个时期内不发挥作用。然后在使用过程中效能要衰退，要以后来投放修复与维护的资金加以补偿。到了一定的时间，就要更新。这都反映于 $\sigma(\tau)$ 随 τ 而变化。每一具体设施 $\sigma(\tau)$ 是不同的，但一个社会的生产资料作为整体，可以有一个综合 $\sigma(\tau)$。

$W(t)$——社会拥有的有效生产资料总额。由上述，有 $P(t)=SW(t)$。

$U(t)$——在 $t=0$ 时，从前一时期的发展过程继承的生产资料，于时间为 t 时的有效额。由以上，有 $W(0)=U(0)$。

现在我们可以表述社会总生产能力基本方程的年度迭变形式。在 i 年：因

$$W_i = U_i + \sum_{j=1}^{i} \sigma_{i-j} Q_j, \quad 故有$$

$$P_i = SW_i = SU_i + S\sum_{j=1}^{i} \sigma_{i-j} Q_j \tag{1}$$

其中

$$Q_j = P_{j-1} - R_j = SU_{j-1} + S\sum_{k-1}^{j-1} \sigma(j-k-1)Q_k - R_j$$

按总时间 n 年考虑，可写出以下阵列式：

$$
\begin{vmatrix}
0 & 0 & 0 & 0 & \cdots\cdots & 0 & -1 \\
0 & 0 & 0 & \cdots\cdots & -0 & -1 & S\sigma_0 \\
0 & 0 & \cdots\cdots & 0 & -1 & S\sigma_0 & S\sigma_1 \\
0 & \cdots\cdots & 0 & -1 & S\sigma_0 & S\sigma_1 & S\sigma_2 \\
& & \cdots\cdots & & & & \\
& & \cdots\cdots & & & & \\
& & \cdots & & & & \\
& & \cdots & & & & \\
00 & -1 & S\sigma_0 & S\sigma_1 & \cdots\cdots & S\sigma_{n-4} & S\sigma_{n-3} \\
0 & -1 & S\sigma_0 & S\sigma_1 & \cdots\cdots & S\sigma_{n-3} & S\sigma_{n-2} \\
-1 & S\sigma_0 & S\sigma_1 & \cdots\cdots & S\sigma_{n-3} & S\sigma_{n-2} & S\sigma_{n-1}
\end{vmatrix}
\begin{vmatrix}
P_n \\ P_{n-1} \\ P_{n-2} \\ P_{n-3} \\ \cdots \\ \cdots \\ \cdots \\ \cdots \\ P_2 \\ P_1 \\ P_0
\end{vmatrix}
=
\begin{vmatrix}
-SU_0 \\
-SU_1 + S\sigma_0 R_1 \\
-SU_2 + S\sigma_0 R_2 + S\sigma_1 R_1 \\
\cdots \\ \cdots \\ \cdots \\ \cdots \\ \cdots \\
-SU_{n-1} + S\sum_{j=1}^{n-1}\sigma_{i-1}R_{n-i} \\
-SU_n + S\sum_{i=1}^{n}\sigma_{i-1}R_{n-i+1}
\end{vmatrix}
\tag{2}
$$

从以上可见,只要我们预先知道 S、U_i 和 σ_i 并给定 R_i,就可求得各年的生产总能力。

下面再推导表述社会总生产能力基本方程的连续变化形式。

$$Q(t) = P(t) - R(t)$$

$$W(t) = U(t) + \int_0^t \sigma(\tau)Q(t-\tau)d\tau$$

$$P(t) = SU(t) + S\int_0^t \sigma(\tau)[P(t-\tau) - R(t-\tau)]d\tau \tag{3}$$

如果在 $t < 0$ 时的生产按 $t \geqslant 0$ 时同一规律发展,则有:

$$P(t) = S\int_0^\infty \sigma(\tau)[P(t-\tau) - R(t-\tau)]d\tau \tag{4}$$

二、"定比决策"的优化分析

我们首先分析一个通常的生产发展格局。这里积累比值 J 是一个给定数。这是我们常见的一些论述中采取的方式。根据这类讨论,是设定某给定值是优化的。我们将在这种条件下讨论并求得优化的规律。

由于已经给定 J,故,由式(1):

$$Q_i = JP_{i-1} \qquad R_i = (1-J)P_{i-1}$$

$$W_i = U_i + J\sum_{j=0}^{i}\sigma_{i-j}P_{j-1}$$

$$P_i = SW_i = SU_i + SJ\sum_{j=0}^{i}\sigma_{i-j}P_{j-1} \tag{5}$$

给 i 以不同值:

$$
\left.
\begin{aligned}
&R_1 = (1-J)P_0 = (1-J)SU_0, \quad Q_1 = JSU_0 \\
&W_1 = U_1 + \sigma_0 Q_1 = U_1 + \sigma_0 JSU_0 \\
&P_1 = SW_1 = SU_1 + \sigma_0 JS^2 U_0 \\
&R_2 = (1-J)P_1 = (1-J)SU_1 + \sigma_0(1-J)JS^2 U_0 \\
&W_2 = U_2 + \sigma_0 Q_2 + \sigma_1 Q_1 = U_2 + \sigma_0 JP_1 + \sigma_1 JP_0 = U_2 + \sigma_0 JSU_1 + \sigma_0^2 J^2 S^2 U_0 + \sigma JSU_0 \\
&P_2 = SU_2 + \sigma_0 JS^2 U_1 + (\sigma_0^2 J^2 S + \sigma_1 J)S^2 U_0 \\
&R_3 = (1-J)P_2 = (1-J)SU_2 + \sigma_0(1-J)JS^2 U_1 + (1-J)(\sigma_0^2 J^2 S + \sigma_1 J)S^2 U_0
\end{aligned}
\right\}
\tag{6}
$$

我们进行优化，即求在 J 为何值时可得最大的消费额。从以上式可见对 R_1，J 愈小则 R 愈大，没有极值，这是符合于常识的。当 t＝2，取对于 J 的偏微分：

$$\frac{\partial R_2}{\partial J} = \sigma_0 S^2 U_0 - SU_1 - 2\sigma_0 JS^2 U_0 = 0 \quad 得$$

$$J_{m2} = \frac{1}{2} - \frac{1}{2\sigma_0 S} \frac{U_1}{U_0} \tag{7}$$

（可注意到如设 $U_1 = U_0$ 并 $\sigma_0 = 1$，则 $J_{m2} = \frac{S-1}{2S}$）

当 i＝3

$$\frac{\partial R_3}{\partial J} = \sigma_0 S^2 U_1 - SU_2 + \sigma_1 S^2 U_0 - (2\sigma_0 S^2 U_1 - 2\sigma_0^2 S^3 U_0 + 2\sigma_1 S^2 U_0)J - 3\sigma_0^2 S^3 U_0 J^2 = 0$$

这里我们不去求出对 R_3 优化的 J 值。

我们从此已可看出，考虑消费优化的年度不同，则最佳积累比值也随之而不同，这也在后面的分析中可以看得更清楚。

现用连续方程表达方式做一例解。由（4）得：

$$P(t) = JS \int_0^\infty \sigma(\tau) P(t-\tau) d\tau \tag{8}$$

今取 $e^{-\alpha\tau}$ 为固定生产资料的衰退函数，$(1-e^{-\beta\tau})$ 为固定生产资料的起动函数，λ 为流动生产资料占总生产资料的比例*。每年增长的流动生产资料不出现衰退现象。则有：

$$\sigma(\tau) = (1-\lambda)e^{-\alpha\tau}(1-e^{-\beta\tau}) + \lambda \tag{9}$$

$$P(t) = JS \int_0^\infty [(1-\lambda)e^{-\alpha\tau}(1-e^{-\beta\tau} + \lambda] P(t-\tau) d\tau \tag{10}$$

式（9）举例如图 1。

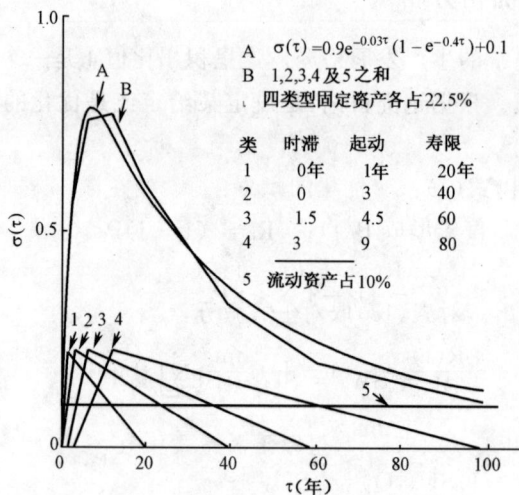

图 1　时效函数

---

* 选择这个模型以及选择后面的一些参数值是带有任意性的。一个社会的平均的生产资料时效曲线总是有一个起动区、一个相对稳定区和一个衰退区的。就这一情况来说，这个模型是有一定的近似性的。用这个模型来进行分析，可以描述出本文所求的优化状态的显明特征。从另一角度来说，若我们掌握有具体的时效曲线，则可有两解析的方法。一个方法是采用式（2）。另一个是采取一个较复杂的函数来近似具体的时效曲线，例如用离散傅里叶分析或其他正交函数系。

式(10)的解是

$$P(t) = P(0)e^{m_a t} \tag{11}$$

其中 P(0) 是 t＝0 年时的总生产能力。其中生产增长指数 m_a 由下列式给出

$$\frac{1-\lambda}{m_a+\alpha} - \frac{1-\lambda}{m_a+\alpha+\beta} + \frac{\lambda}{m_a} = \frac{1}{JS} \tag{12}$$

其中 m_a 有三个值,仅取正值。

年增长百分率为 $(e^{m_a}-1)\times 100\%$。现假定 $\alpha=0.03$,$\beta=0.4$,$\lambda=0.1$,得出下表(详见图2)。

表 1

m_a	0.02	0.05	0.1	0.15	0.2	0.25	0.3	0.35
$(e^{m_a}-1)\times 100$	2.02	5.12	10.52	16.18	22.14	28.4	35.0	41.9
JS	0.0476	0.0879	0.1606	0.2430	0.3351	0.4365	0.5471	0.6665

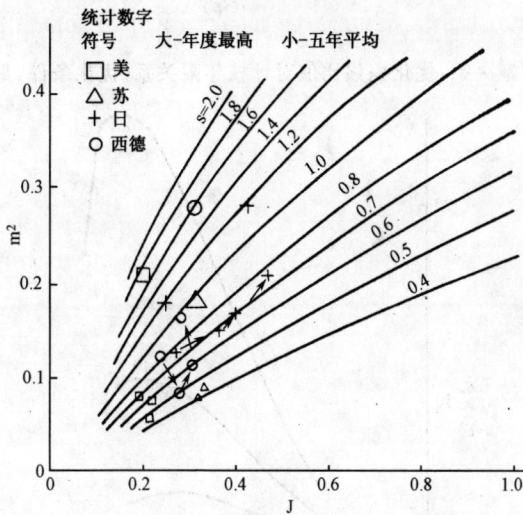

图 2 "甲"型决策:总生产能力增长指数与积累比关系
$\alpha=0.03$ $\beta=0.4$ $\lambda=0.1$

按照一定的计核年限 t,存在一个优化的积累比 J_m,使在该年限时的消费生产能力或消费产品总量为最高。为求 J_m,首先形成 R(t):

$$R(t) = (1-J)P(0)e^{m_a t} \tag{13}$$

其中 m_a 由式(12)给出。对式(13)取对 J 的微分,

$$\frac{\partial R(t)}{\partial J} = \left[(1-J)t\frac{dm_a}{dJ} - 1\right]P(0)e^{m_a t} \tag{14}$$

令式(14)等于 0,并由式(12)求 $\frac{dm_a}{dJ}$,得以下关系式:

$$\frac{S}{t}\left[\frac{1-\lambda}{(m_a+\alpha)^2} - \frac{1-\lambda}{(m_a+\alpha+\beta)^2} + \frac{\lambda}{m_a^2}\right] = \frac{1-J_m}{J_m^2} \tag{15}$$

式(12)和(15)为以 m_a 为参量以表达 J_m 与 t 之间的关系的一组参量方程式,由此绘出图 3。

为了表明消费额 R(t) 如何随 J 而变化,J_m 的存在和 J_m 如何因 t 而不同,绘出各曲线如图4。图5取 t 为横座标,可以看出何以在不同计核时间 t,存在优化的 J_m 值。为简便起见,均采取 S＝1。

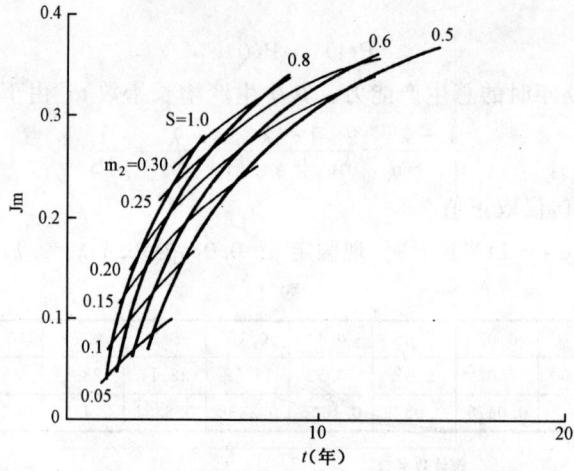

图 3 "甲"型决策:优化积累比值对计核年限关系(优化条件:最高消费额)

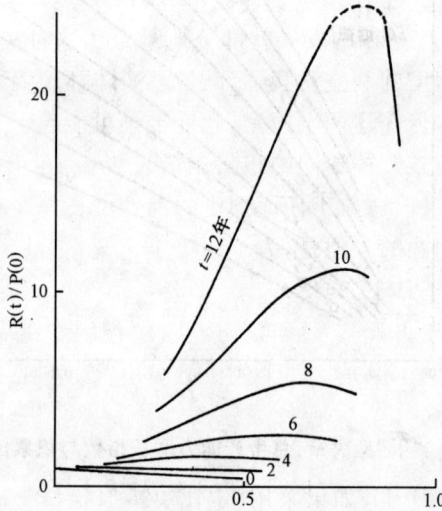

图 4 消费额对积累比关系(不同计核年限)

这种"定比决策"的含义,就是按一定的计核年限,决定一个优化的积累比 J_m。由图 5 可见,如取计核年限愈长,则远景消费额愈大,增长率也愈高,但必须付出的代价是在开始时,亦即生产发展处于较低水平时,要降低消费额。付出这一代价是这种决策的不利之处。则令 $\beta = \infty$,$\lambda = 0$,则 $J_m = 1 - \dfrac{1}{St}$;J_m 与 t 的关系更为显著。

为便于叙述,现称这种决策为"甲"型决策。从多年的统计数字看,美、苏等国的生产发展格局,基本属于这一类型。

三、"变比决策"的举例和分析

由以上"甲"型决策分析,很自然地提出一个问题,即可否在生产发展水平尚低时,采取较低的积累比,以保证一定必要的消费水平,然后在生产提到较高水平时,再提高积累比,加速生产总水平的提高,因之使消费水平也具有可能在此时以较高速度提高? 实际上日本和西德在

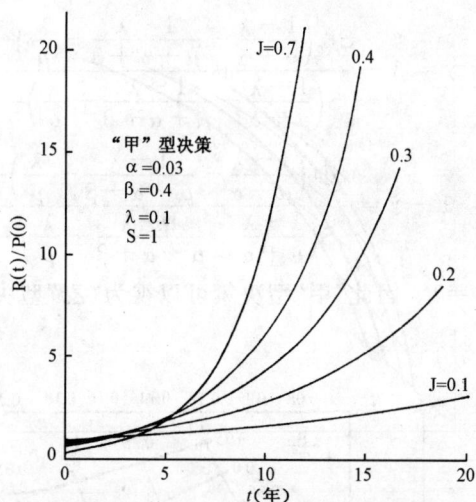

图 5　消费增长"甲"型决策 $\alpha=0.03$　$\beta=0.4$　$\lambda=0.1$　$S=1$

20 世纪 50、60 年代和 70 年代初期的发展就部分地符合于这种决策格局(70 年代后期手头没有得到资料),并取得不同程度的利益。我估计,虽然资本主义社会经济发展受到许多变动因素的影响,没有多少主动性,但在这两个国家,政府干预可能起了一定作用。

积累比应当按何规律增长? 按不同的积累比增长规律,在生产和消费的增长上可取得何种效果? 由于矩阵方程(2)可以适应于任何预定的消费增长规律和生产发展的起始边界条件,所以也是可用于分析这一问题的。但是,为了便于求出显解,找出便于掌握的规律,在以下仍采用方程式(4)为主要分析工具。

现在分析一种"本征变比决策",然后再分析一种"控制变比决策"。变比决策是可以有许多不同形式的,这两个是举例。但是这两个例子已显出"变比"的强有力作用,并是易于实行的例子。

(1)"本征变比决策"一例

对应于某一起始的积累比 J_0,如果采用"定比决策",保持 $J(t)=J_0$,增长指数为 m_a;若要求提高 m_a,则必须提高 J_0,即降低 $1-J_0$,即初始消费比。如果采用本例的决策方案,则采取一个消费增长指数 μ,其值微低于 m_a,但不降低初始消费比 $(1-J_0)$。这样付出的代价是:在生产发展到较高水平后,消费增长额略低于定比决策,换取到的是总生产能力增长指数逐步增高,从 μ 占优势起始,逐年增长,最后迫近于 $J=1$ 时的 m 值 m_1,$m_1 > m_a$。

这样,我们有

$R(t)=R(0)e^{\mu t}=(1-J_0)P(0)e^{\mu t}$,于是

$$P(t) = S\int_0^\infty \sigma(\tau)[P(t-\tau)-(1-J_0)P(0)e^{\mu(t-\tau)}]d\tau \tag{16}$$

现称这一决策方案为"乙"型决策。方程式(16)是它的基本方程。方程式(16)的解是

$$P(t) = P(0)[(1-\lambda)e^{m_1 t} + \gamma e^{\mu t}] \tag{17}$$

指数 m_1 可由式(12)使 $J=1$ 给出。而

$$\left. \begin{array}{l} \gamma = 1 - \dfrac{SJ_0\left(\dfrac{1-\lambda}{\mu+\alpha} - \dfrac{1-\lambda}{\mu+\alpha+\beta} + \dfrac{\lambda}{\mu}\right) - 1}{S\left(\dfrac{1-\lambda}{\mu+\alpha} - \dfrac{1-\lambda}{\mu+\alpha+\beta} + \dfrac{\lambda}{\mu}\right) - 1} \\[6mm] \text{或}\quad 1 - \gamma = \dfrac{SJ_0\left(\dfrac{1-\lambda}{\mu+\alpha} - \dfrac{1-\lambda}{\mu+\alpha+\beta} + \dfrac{\lambda}{\mu}\right) - 1}{S\left(\dfrac{1-\lambda}{\mu+\alpha} - \dfrac{1-\lambda}{\mu+\alpha+\beta} + \dfrac{\lambda}{\mu}\right) - 1} \end{array} \right\} \tag{18}$$

并注意当 $\mu = m_a$ 时，$\gamma = 1$。因此"甲"型决策可以视为"乙"型决策的一个特例。图 6 表示了代表性的 γ 与 μ 的关系。

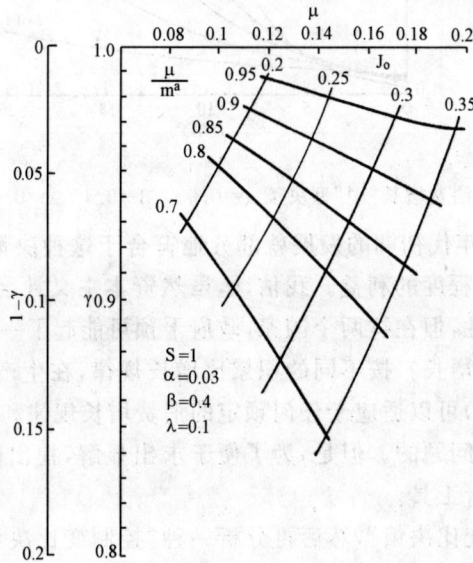

图 6 γ 值

这种决策的强有力的作用可从图 7 看出。这次举例是按 $J_0 = 0.25$ 和 $S = 0.7$ 计算的，α，β，λ 值同前。如按 $\mu = m_a = 0.1092$，它实际就是"定比决策"，生产总额和消费额以同一年率增长，年增长率均为 11.54%，20 年后为开始时的 8.88 倍。现取 $\mu = 0.10374$，即 m_a 的 95%，则消费年增长率为 10.95%，20 年后为开始时的 7.99 倍，仅比前例低 10%，在前 5 年几乎没有差别。以此代价换取到的是 10 年后总生产额达到前例的 1.15 倍，14 年达到前例同期的 1.47 倍，以后增长更为迅速，至 16 年后达到 1.83 倍，20 年达到或接近 3.5 倍（3.469）。若进一步降低 μ 值，例如降至 0.09828（即 m_a 的 90%），竟可换取到依次 1.27、1.96、2.96 和 5.83 倍（即 20 年增加倍数 51.82）。20 年后的消费额仍达开始时的 5.4 倍，仅比第一例减少 19.6%。

"乙"型决策称为一种"本征变化"决策。这是因为采取了这种决策并选定 μ 值以后，积累比值随时间而自动地增长。积累比值的迅速增长带来一个问题，这就是有许多实际的因素例如资源的勘测开发和人才培养等可能跟不上积累增长要求。因此，理论上的高速度可能不能完全实现。这就导致另一考虑，即"丙"型战略决策。"丙"型决策不但可解答这个问题，而且还可提供消费额的高速度增长。

(2)"控制变比决策"一例

"丙"型决策称为一种"控制变比决策"。这就是在发展过程中，分不同阶段，各自按"乙"型进行，但在阶段之间，对积累比的改变做人为的控制。在起始时，按"乙"型规律，选定一个 μ

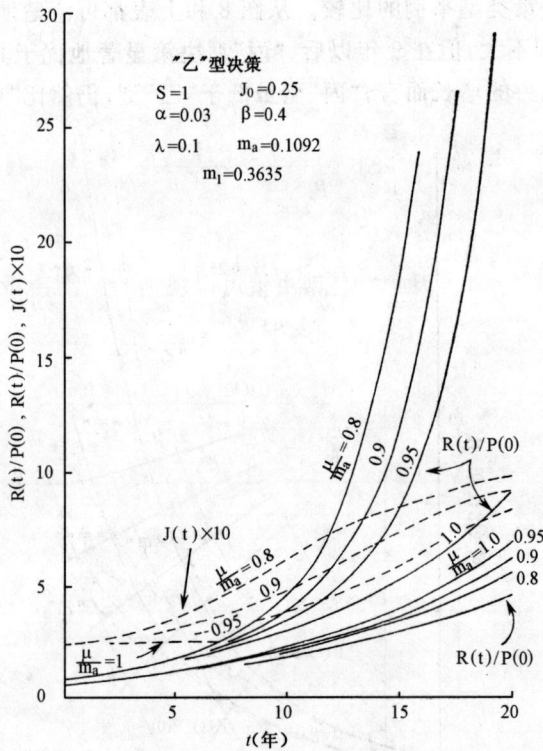

图 7　生产和消费增长

值,当积累比增长到一定程度,就容许采用一个较高 μ 值。这以后积累比的增长对应于新的 μ 值。例如:

取 $S=0.7$, $J_0=0.25$, $\alpha=0.03$, $\beta=0.4$, $\lambda=0.1$, 则 $m_a=0.1092$。先取 $\mu=0.10374$(即 $0.95m_a$)8 年以后:

$P(8)/P(0)=2.549$, $R(8)/P(0)=1.720$, 相应 $J(8)=0.325$, $m_a(8)=0.14$, 改取 $\mu(8)=0.126$。6 年以后:

$P(14)/P(8)=2.474$, $R(14)/R(8)=2.120$。相应 $J(14)=0.422$, $m_a(14)=0.181$, 改取 $\mu(14)=0.16$。再 6 年以后:

$P(20)/P(14)=3.099$, $R(20)/R(14)=2.612$。故有

$P(20)/P(0)=19.540$, $R(20)/P(0)=9.960$。

将以上三种类型的战略决策列表如下:

	"甲"型战略决策	"乙"型战略决策	"丙"型战略决策
0 年	总生产 1.0 消费 0.75	1.0 0.75	1.0 0.75
8 年	2.49 1.79	2.55 1.72	2.55 1.72
14 年	4.61 3.46	6.80 3.20	6.3 3.65
20 年	8.88 6.66	30.81 5.97	19.54 9.96

图 8 表示了三个决策类型举例的比较。从图 8 和上表都可清楚地看出,就消费而言,在前 9 年内,三个举例的差别不大,但在 9 年以后,"丙"型决策显著地优于其他两型,而"乙"型稍低于"甲"型。就总生产能力的增长而言,"丙"型虽低于"乙"型,仍然比"甲"型高出许多。

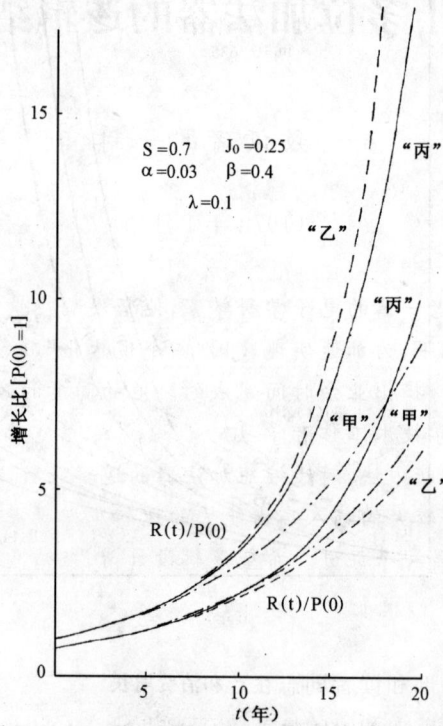

图 8　三种类型决策比较

这里"乙"型和"丙"型仅举了一些特例,实际上改变各项参数,可以得到许多组合。从以上分析看,就不同类型相比较,"丙"型是一个已经优化选择的类型。但是就"丙"型本身而论,则阶段取几个为好,各阶段的衔接点取何时为好,每一阶段的 μ 值如何选择,均还有进一步优选的余地。

关于上面"丙"型的分析,仅保持了总生产额和消费额在时间域的连续性。因此积累比值也是连续的。但是在开始一个新阶段时,前一阶段所留下的有效生产能力,没有与新阶段的发展在数理上连续起来。因此它是一个近似解。如果采有迭代法[方程式(1)],可以改进这一情况,但是仍然留下消费品与生产资料各自的增长率是不连续的这个问题。估计这差别不致造成过大误差。

（此文是作者在中国系统工程学会成立大会上发表的论文。刊载于《系统工程理论与实践》创刊号,1980.1）

关于多位加法器的逻辑结构

——致读者的一封信

(1979 年 1 月)

编者按: 罗沛霖同志是老一辈的电子学科学家,他坚决响应党中央的号召,在领导岗位,行政事务工作极端繁忙的情况下,为加速实现我国"四个现代化",积极从事科学研究工作。本文是作者在粉碎"四人帮"以后,挤出业余时间完成的。他的高度的政治热情,刻苦钻研科学技术的宝贵精神,很值得我们科学技术工作者学习。

本文提出的直接逻辑判断方法,对于缩短加法器的逻辑级数,提高运算速度是一种可供探讨的方案。其实现是以具有较大的扇入扇出能力的逻辑电路为基础,它对集成电路提出了新的要求,同时对它的发展也是一个促进。希望逻辑设计者、集成电路研制工作者,都来积极参加本文的讨论。

《电子计算机技术》编辑部和读者同志:

提高电子计算机的运算能力和它的性能-经济效果的途径很多,可能主要有逻辑器件和存储器件,逻辑结构和电路结构,系统结构和网系结构,系统软件和应用软件,还有繁多的外部设备如何提高性能水平,从而与主机的提高相协调等各方面。我这封信仅准备就一个窄小的范围——关于多位加法器的逻辑结构提出一个问题,即有没有可能进一步提高性能,改进设计技术? 同编者和读者商讨。

我对于计算机技术是知之不多的。据我浏览所及,多位加法器的发展以行波进位方案为始点已取得了很好的发展,特别是尽量在实践允许范围以内,缩短了进位时间,或改进了性能-经济效果。我设想如果从一个通常不大注意的起点开始,也许还可能进一步提高多位加法器的性能,以及提高它的性能-经济效果,并可能形成系统地分析和设计多位加法器的另一种方法。

我设想这样一个可能的出发点:把被加数和加数的各位当做一组有序的数对,而把求任何一位和数的过程当做:根据预给的本位及以前各低位(也包括对最低位可能存在的进位数)数对,按照确定的逻辑条件要求,做出逻辑判断的过程。这样,在求和数的任何一位前,不必要求出任何其他低位的和数或进位数。我暂称这个设想为"直接逻辑判断的多位加法运算原理"。

按照这个设想,我们可以直接列举出为求出任何一位和数所要求的逻辑条件,并从而直接写出用各有关位的被加数和加数的值来表达的较少项两级逻辑展开式。我称之为一级逻辑的只包括逻辑加法或逻辑乘法,而不包括倒相。所以这样,一方面是为了简化叙述的要求,另一方面,从逻辑器件的构造说,有的就同时具备正、反两个输出,例如 ECL 器件,并且对某些器件来说倒相比不倒相还来得便利些,因之倒相是否需要一级的延迟时间,很难于做出划一的规定。理论上说,按照这些展开式,可以构筑出只需两级逻辑延迟时间的多位加法器,达到极高的速度。

其实，任何一种多级逻辑过程，都可以经过逻辑变换，展开为两级逻辑式。但是，实际很少人考虑过这个做法。我想可能因为这样的以及类似的高速加法器，它所需要的逻辑器件的数量随位数增长而剧增，当前几乎没有实际的应用意义。对于逻辑门要求的负载极重，输入端极多，也是问题。我所进行的推导，也说明两级逻辑的加法器——我暂称之为全直接逻辑型加法器，仅有在三、四位字长时才有实现的可能。

虽然如此，从这个出发点开始，按一定的规律合并逻辑项，增加级数，可以衍生出一系列的多位加法器，速度仍然较高，经济效果也大为改善。例如，一种三级的亚全直接逻辑加法器有可能用于四、五位，一种四级的直接逻辑加法器有可能用于较多的位数等。

更进一步考虑，由于这类多位加法器在短字长时的性能-经济效果可能较好，所以可以考虑把多位加法分成若干组，组内用直接逻辑原理相加，然后再采取一定的直接判断原理，在组间进行组合。这样有可能仍然保持相当高的速度，而达到更多实际可行性，甚至相当高的性能-经济效果。例如，六级逻辑的 64 位加法器，采用直接逻辑的一种分组方案可能是可以争取实现的，所用的门数量仅九百多个，而另一某种方案要达到六级速度理论上需要 2500 个门以上，并且可能无法实现。如果再用另一方案减少逻辑门到七百多个，就要增加到十级逻辑。

为了使编者和读者对我这个设想能够有所具体了解，以便于进一步的探讨，我在一些同志的具体帮助下，准备了一个说明材料附在后面。这个设想逐步发展到现在说明的情况的过程中，他们和我做了很多十分有益的讨论。并此致谢。

这个设想可能有一些优点，也可能没有什么优点，还可能有的同志或别人做过类似的或更好的工作。但我想如果这封信能够对于活跃学术讨论的气氛有所帮助，它就起到应起的作用了。

还应注意到当代半导体技术的发展，超大规模集成电路正在出现，随着具有较大的扇入扇出能力的逻辑器件的研制和发展以及器件成本的降低，这类特高速的逻辑方案，就可能用于更广的范围。也希望能够对半导体器件的发展有所促进。

敬致
革命的敬礼

罗沛霖

1978 年 4 月

（此文刊于《电子计算机技术》1979.1）

附文见本书 438 页。

雷达概率关系的若干涵义
(初稿，仅供讨论)

罗霈霖

I. 雷达信号和噪波电压的统计分布

设回波信号是起伏的，等效反射面积的统计分布依两个自由度的 χ^2 (Chi 平方) 分布 (通常称它两累分布) 的规律，起伏的等效带宽是 B_s (高频信号的带宽是 $2B_s$)。设对进入接受机的高频 (以及中频) 电压依次采取如下的加工过程：参符性积累，平方律检波，非参符性积累，国限器件判断。现在试求在各个加工阶段的概率分布状态。

A) 参符性积累：

A1) 噪声单独存在的情况：进入的高频电压选样 (色络值) 有两个垂直分量 u_{wxo}, u_{wyo}。每一个分量是正态分布的随机变量，每个的均值是 0，标准差是 $\sqrt{W}$，带宽是 B。经过积累 n 个选样以后，仍然正态分布，均值仍然是 0，每个分量的标准差增加为 $(nW)^{\frac{1}{2}}$。

A2) 信号和噪声同时存在的情况。首先

分析信號本身。高頻信號電壓(包絡值)有兩个垂直分量 u_{sx}，u_{sy}。每一个分量是正態分布的隨機变量。每个的均值是0，標準差是 $\sqrt{S}$，帶寬是 $2B_s$，$2B_s \ll B$。這樣，每 $1/2B_s$ 秒时间内只能提供一對選樣。

在信號和噪聲同时存在的情況，進入接收機的高頻電壓是 $u_{sx} + u_{wx}$，$u_{sy} + u_{wy}$。設在 $1/2B_s$ 秒内選樣 m 个 $(2mB_s = f_r)$，並且暫設參等積累一个周期内的選樣数 $n \geqslant m$。通過積累 m 个相接連的選樣得到一个和選樣電壓：

$$U_{xi} = \sum_j^m u_{sxij} + \sum_j^m u_{wxij}, \quad U_{yi} = \sum_j^m u_{syij} + \sum_j^m u_{wyij}$$

$$\cdots (1.1)$$

$u_{sxij}(j = 1 \cdots m)$ 是互相依附的，只代表一个獨立選樣。u_{syij} 也一樣。U_{xi} 和 U_{yi} 各是一个正態分布的隨機变量，均值是0，標準差各是 $m\sqrt{S}$。$\sum_j^m u_{wxij}$，$\sum_j^m u_{wyij}$ 各是一个正態分布的隨機变量。由於它們各是 m 个獨立選樣的和，所以它們各自的均值是0，而各自的標準差是 $(mW)^{\frac{1}{2}}$。

把 n 个選樣分成 n/m 組，每組按上述的過程產生一个和選樣，並把 n/m 个和選樣再一次積累，得到：

$$U_x = \sum_i^{n/m} U_{xi}, \quad U_y = \sum_i^{n/m} U_{yi} \qquad \cdots(1.2)$$

每一个分量都是 n/m 个獨立選樣的和。每一分量是一个正態分布的隨機变量，均值各是0

，標準差各是

$$\sqrt{n/m} \, \sqrt{(m^2 S + mW)} = \sqrt{n}\,(mS+W)^{\frac{1}{2}} 。 \quad \cdots (1.3)$$

再設 $n \leq m$，一切同上，但以 n 代 m，得到標準差：

$$\sqrt{n}\,(nS+W)^{\frac{1}{2}} \qquad\qquad \cdots (1.4)$$

B) 平方律檢波：

B1) 噪聲單獨存在的情況：檢波後的電壓（包絡值）是：

$$U_{wo} = u_{wx}^2 + u_{wy}^2 \qquad\qquad \cdots (1.5)$$

因為 u_{wx}, u_{wy} 是正態分布的，U_{wo} 是一个有兩个自由度的按 χ^2 規律分布的（通常稱為芮累分布）隨機变量。它的均值和標準差都是 $2nW$。

B2) 信號和噪波同时存在的情況：暫設 $n \geq m$，檢波後的電壓是：

$$U_s = u_x^2 + u_y^2 \qquad\qquad \cdots (1.6)$$

因為 u_x 和 u_y 是正態分布的，U_s 是按 χ^2 分布的，有兩个自由度，均值和標準差都是

$$2n(mS+W)。 \qquad\qquad \cdots (1.7)$$

再設 $n \leq m$，作為一个單狐選樣考憲，U_s 仍然是按 χ^2 規律分布的，有兩个自由度，均值和標準差都是

$$2n(nS+W)。 \qquad\qquad \cdots (1.8)$$

C) 非參符積累：

C1) 噪聲單獨存在的情況：命 N 為積累的選樣總數，並把它分為 ν 組，每組包含 n 个相

接连的选样。每组经过参符积累和平方律检波，共得到 ν 个选样 U_{woi}。在非参符积累过程中把 ν 个选样相加：

$$U_{wo} = \sum_i^{\nu} U_{woi}. \qquad \cdots(1.9)$$

它是一个有 2ν 个自由度的按 χ^2 规律分布的随机变量，均值是 $2\nu \cdot nW = 2NW$，标准差是

$$\sqrt{\nu} \cdot 2nW = 2\sqrt{N}nW. \qquad \cdots(1.10)$$

C2) 信号和噪波同时存在的情况：同 C1) 分组的方法。暂设 $n \geqslant m$。这样 ν 个选样（检波以后的）都是独立选样。积累的总和是：

$$U_s = \sum_i^{\nu} U_{si} \qquad \cdots(1.11)$$

U_{si} 按 (1.6)。

U_s 是一个有 2ν 个自由度的按 χ^2 规律分布的随机变量，均值是 $2\nu \cdot n(mS+W)$，标准差是

$$2\sqrt{\nu}\, n(mS+W) = 2\sqrt{N}n(mS+W) \qquad \cdots(1.12) \quad \cdots(1.13)$$

再设 $n \leqslant m$。这样在 ν 个选样之间就存在着部分的依附性。把 ν 个选样分成 ν/μ 组。每组的时间长度佔 $1/2B_s$ 秒，包含 μ 个检波后的选样（$\mu n = m$）。积累的总和是：

$$U_s = \sum_i^{\nu/\mu} \sum_j^{\mu} \left\{ \sum_k^n u_{sxijk} + \sum_k^n u_{wxijk} \right\}^2$$

$$+ \sum_i^{\nu/\mu} \sum_j^{\mu} \left\{ \sum_k^n u_{syijk} + \sum_k^n u_{wyijk} \right\}^2. \qquad (1.14)$$

$$U_s = \sum_i^{\nu/\mu} \sum_j^{\mu} \left\{ \left(\sum_k^n u_{sxijk} \right)^2 + \left(\sum_k^n u_{syijk} \right)^2 \right\}$$

$$+ 2 \sum_i^{\nu/\mu} \sum_j^{\mu} \left\{ \left(\sum_k^n u_{sxijk} \right) \cdot \left(\sum_k^n u_{wxijk} \right) + \left(\sum_k^n u_{syijk} \right) \cdot \left(\sum_k^n u_{wyijk} \right) \right\}$$

$$+ \sum_i^{\nu/\mu} \sum_j^{\mu} \left\{ \left(\sum_k^n U_{wxijk} \right)^2 + \left(\sum_k^n U_{wyijk} \right)^2 \right\}. \quad \cdots (1.15)$$

因为 $U_{sxijk}(k=1\cdots n, j=1\cdots\mu)$，属于同一 i 值的 μn 个选样之间是互相依附的，只能视为一个独立选样，而 U_{syijk} 也一样，所以 $\sum_j^{\mu}(\sum_k^n U_{sxijk})^2 + \sum_j^{\mu}(\sum_k^n U_{syijk})^2$ 是一个有两个自由度的按 χ^2 分布规律（即爱累）分布的随机变量。因此 (1.15) 的第一项是一个有 $2\nu/\mu$ 个自由度的按 χ^2 规律分布的随机变量，它的均值是 $2\nu n^2 S = 2N n S$，标准差是 $2n \cdot \sqrt{N\mu n} \, S$。 $\cdots (1.16) \cdots (1.17)$

第二项是一个均值是 0，标准差是 $2n\sqrt{2NSW}$ 的随机变量。

第三项是一个有 2ν 个自由度的按 χ^2 规律分布的随机变量，它的均值是 $2NW$，标准差是 $2\sqrt{Nn}\,W$，同于 U_{wo} 。 $\cdots (1.18)$

因此，

U_s 的均值是 $2N(nS+W)$ $\cdots (1.19)$

它的标准差是

$$2\sqrt{Nn}\,(\mu n^2 S^2 + 2nSW + W^2)^{\frac{1}{2}}$$
$$= 2\sqrt{Nn}\,[(nS+W)^2 + (\mu-1)n^2 S^2]^{\frac{1}{2}}$$
$$= 2\sqrt{N\mu n}\,[(nS+W)^2 - (1-\frac{1}{\mu})(2nSW+W^2)]^{\frac{1}{2}}$$
$$\cdots (1.20)$$

如果 $\mu=1$，(1.20) 转化为 (1.13)。

如果 $\mu>1$，在不同的情况下，可以采取不同的近似方案。

(1) 假设噪声在 $1/2B_s$ 秒内的变化是可以忽略的，可以得到一个较为稳妥的近似方案 U_{1s}'。U_{1s}' 是一个拥有 $2\nu/\mu$ 个自由度的 χ^2 规律分布的随机变量。它的均值是 $2N(nS+W)$

它的标准差是 $2\sqrt{N\mu\nu}(nS+W)$。 $\left.\right\}$ (1.23)

如果 $nS \gg W$，显然这个方案的近似性是好的。

(2) 假设噪声在平方律检波以後是恒定的，或说它在检波後的均方差是 0，可以得到一个较为乐观的近似方案，U_{2s}'。U_{2s}' 是一个移位的拥有 $2\nu/\mu$ 个自由度的 χ^2 平方规律分布的随机变量。

U_{2s}' 的均值是 $2N(nS+W)$，

U_{2s}' 的均方差即 $U_{2s}' - 2NW$ 的均方差，是

$$2\sqrt{N\mu\nu} \cdot nS. \qquad \cdots (1.24)$$

在 $\sqrt{\nu} \cdot nS > W$ 时，U_{2s}' 的近似性显然是好的。例如有的外国作者分析了 $N < m$，$n = 1$ 的情况，採取了和 U_{2s}' 等同的方案。根据他们的计算，即使 $N = \mu = 1$，如果漏报概率不大於 0.5，所发生的误差仍然是可以忽略的。

U_{1s}' 和 U_{2s}' 形成 U_s 的一对上下限。U_s 的分布情况是介乎二者之间的。因此两个近似方案的差距也就是误差的上限。

II. 积累的优适方案，发射功率的计算

变换雷达测程方程的形式，使其适于计算平均发射功率：

$$P_t = \frac{(4\pi)^2 \, LFk\theta R^4 e^{-2\delta}}{G \cdot A \cdot \bar{a}} \, f_r \gamma \qquad \cdots (2.1)$$

其中 P_t = 平均发射功率，

γ = 最低必要的信号－噪波功率比，

R = 要求的目标探测距离，

$\bar{a}$ = 目标反射面积的平均值，

$k\theta$ = 接收机的等效噪波能量，

δ = 大气中电波能量的单程衰减，

L = 发射功率损失比，

G = 天线(发射)增益，

A = 天线(接收)等效面积，

f_r = 脉冲重复频率，

F = 综合因数，用以计入其他损失。

在一般条件都已肯定的情况下，γ 越小，所需的发射功率越小。(也可以说，如果肯定了功率，γ 越小，雷达越灵敏，作用距离越远。) 因此，我们的课题就是去确定：用怎样的积累方案，可以使 γ 最小，给定误报概率 P_W，漏报概率 P_ℓ。

A) 设完全(单纯)采用符积累，即 $\nu = 1$，$N = n$。采取阈限电压 b，根据 IB2) 的分析，利

用统计方法中现成的公式：如果 $N \geqslant m$，

$$P_W = \int_{\frac{b}{NW}}^{\infty} \frac{1}{2} e^{\frac{x}{2}} dx = e^{-\frac{b}{2NW}} \qquad \cdots (2.2)$$

$$P_L = \int_0^{\frac{b}{N(mS+W)}} \frac{1}{2} e^{\frac{x}{2}} dx = 1 - e^{-\frac{b}{2N(mS+W)}} \qquad \cdots (2.3)$$

$$\gamma = \frac{S}{W} = \frac{1}{m} \left\{ \frac{\ln[P_W/(1-P_L)]}{\ln(1-P_L)} \right\}. \qquad \cdots (2.4)$$

如果 $N < m$，以 n 代 m 即可。

由以上可见，如果 $N < m$，积累的脉冲越多越好。但是如果 $N \geqslant m$，增加脉冲数不再发生作用，而仅增加设备的复杂性。因此，如果没有其他因素的限制，$N = m$ 最好。在此情况下，积累时间 $T = m/f_r = 1/2B_S$。

B) 设既采用参符积累又采用非参符积累：

B1) 设 $n \geqslant m$，利用 IC1)和 IC2)分析的结果和对 χ^2 分布的现成公式：

$$P_W = \int_{\frac{b}{nW}}^{\infty} \frac{1}{2(\nu-1)!} \left(\frac{x}{2}\right)^{\nu-1} e^{-\frac{x}{2}} dx, \qquad \cdots (2.5)$$

$$P_L = \int_0^{\frac{b}{n(mS+W)}} \frac{1}{2(\nu-1)!} \left(\frac{x}{2}\right)^{\nu-1} e^{-\frac{x}{2}} dx, \qquad \cdots (2.6)$$

命 $\quad k_1 = \frac{b}{2\nu \cdot 2nW} = \frac{b}{2NW}, \quad k_2 = \frac{1}{2\nu} \frac{b}{2n(mS+W)} = \frac{b}{2N(mS+W)},$

则 $\quad \gamma = \varphi \frac{S}{W} = \frac{1}{m} \left(\frac{k_1}{k_2} - 1\right).$ $\qquad \cdots (2.7)(2.8)$

k_1 和 k_2 的值可以依次从 χ^2/自由度数(自由度 $D = 2\nu$)的图或表中查得。k_1 和 k_2 的值如图一所示。

从图一可以看出，给定 N 和 m，ν 越大则

K_1 越小 而 K_2 越大 而 接近 1 . 因此 ν 越大 或 n 越 小越好 。但是 $n \geqslant m$,所以 $n=m$ 最好,也即 $T=\frac{1}{2B_0}$ 。

B2) 设 $n \leqslant m$:利用 IC1) 和 IC2) 分析的结果,采取第一近似方案:

$$P_2 \approx \int_0^{\frac{b}{n\mu(nS+W)}} \frac{1}{2} \frac{1}{(\frac{\nu}{\mu}-1)!} (\frac{x}{2})^{\frac{\nu}{\mu}-1} e^{-\frac{x}{2}} dx 。 \cdots (2.9)$$

如果采取第二近似方案:

$$P_2 \approx \int_0^{\frac{b_2-2NW}{n^2\mu S}} \frac{1}{2} \frac{1}{(\frac{\nu}{\mu}-1)!} (\frac{x}{2})^{\frac{\nu}{\mu}-1} e^{-\frac{x}{2}} dx , \cdots (2.10)$$

P_N 的值同 (2.5) ,

令 $K_1 = (\chi^2 / $自由度数$) [$按$P_N$和$\nu] = \frac{b}{2NW} \cdots$

        b 分别 $= b_1$ 或 b_2 ,

        $K_2 = (\chi^2 / $自由度数$) [$按$P_2$和$\frac{\nu}{\mu}] =$

$$= \frac{b_1}{2N(nS+W)} \quad 或 = \frac{b_2-2NW}{2NnS} . \quad \cdots (2.11)$$

令 $b=b_1$,得 $\gamma_1 = (S/W)_1$,是 γ 的上限。再令 $b=b_2$,得 $\gamma_2 = (S/W)_2$,是 γ 的下限。

$$\gamma_1 = \frac{1}{n}(\frac{K_1}{K_2}-1) , \quad \gamma_2 = \frac{1}{n}\frac{K_1-1}{K_2}$$

$$\frac{1}{n}(\frac{K_1}{K_2}-1) \geqslant \gamma \geqslant \frac{1}{n}(\frac{K_1-1}{K_2}) 。 \quad \cdots (2.12)$$

γ_1 和 γ_2 的值按 $P_2 = 0.001$ 举例如图二所示。n 越大 ,ν 越小 ,K_1 增大 ,但 K_1/n 减小;而在 N 和 m 固定了的情况下 ,K_2 是固定的;总的说 n 越大 ,γ_1 和 γ_2 都越小 ,γ 也越小。但是 $n \leqslant m$,因此 $n=m$ 时 γ 最小。

B3) 综合 B1) 和 B2) 分析的结果，显然，如果给定 N 和 m，采取 n=m 是最优适的积累方案。

C) 综合 A) 和 B) 的分析，可以得到这样的结论：参符性积累只是在积累时间小于回波起伏的自相关函数衰退时间 Ⓗ 时（约为 $\frac{1}{2f_c}$ 秒）是有效的；T 超 Ⓗ 以后，再增加积累，就应另增加采取非参符性积累。这时参符性积累的部分以采取 m 个脉冲，即相当于 Ⓗ 的时间最为优适。

对于这个结论，我们也可以如此解释：对于起伏的回波和噪波高频电压说，参符积累的效果是增加它们的均方差，而不是均值。在平方律检波以后，所得到的平均电压也是原来的均方差，而不是原来的均值。如果积累时间不超过 Ⓗ，经过参符积累，两个均方差的增率不一样，信强的均方差增加快 n 倍，因此使检波后的信强—噪声电压比增加 n 倍。如果积累时间超过 Ⓗ，二者的发率趋于一致，信噪比就不再增长。另一方面，检波后的积累是另一种情况。在非参符积累过程中，是利用标准差和均值的增率差 √n 倍而改善信强—噪波电压比。但是在积累时间小于 Ⓗ 的一段，参符性积累所得到的差爱相当 n 倍，比√n 倍为高，而且信强的标准差—均值比值趋于恒定，因此，积累的效果就远比参符性积累为差。

对于这个优适积累方案，可以用方程 (2,5)

…(2.8) 来计算 γ 和發射功率。K_1 和 K_2 可以從圖一查得。$\gamma = \gamma_1$ 也可以從類似圖二的曲線查得。其 ν 值固定为 N/m。

Ⅲ。天線的優適口径尺寸

天線口径增大，則增量加大，但同时波束角减小，從而使可供積累的脈冲减少。二者的作用相抵，一般说增大天線是可以節约發射功率(或提高雷達的靈敏度及作用距離的)，但是在一定条件下，也存在着一个優適的天線口径，超過這个口径，相反的現象又会發生。

A) 苦先分析一个普通的掃瞄觀察方式。掃瞄是水平向的，立向的波束角(等效值)是固定的。要换雷達測程方程的形式，得到

$$P_{01} = \frac{P_t}{\omega_s \psi} = \frac{4\pi h L F k \theta \omega_s R^4 e^{-2\delta}}{\lambda H_2 \bar{a} fr} N^2 \gamma \qquad \cdots (3.1)$$

其中 ψ = 立向的波束角等效值，

α = 水平波束角，假定波束是等强的，

H_1 = 天線的水平口径，

H_2 = 天線的立向口径，

ω_s = 掃瞄的角速度，

h = 一个安全系数，$h \geqslant 1$。

在要换中利用了這些圍係：

$$\frac{\alpha}{\omega_s} = hN/f_r \ , \quad H_1 \approx \lambda/\alpha \ , \quad H_2 \approx \lambda/\psi. \quad \cdots (3.2)$$

在一定的條件下，在一定的 N 值，$N^2\gamma$ 最小，$N = N_{01}$，P_{01} 也最小。這是指的 H_2 保持在一定的数值情况下变化 H_1 口径所發生现象。

天线的成本大概决定於它的面積。如果我们把固定天线面積作为约束條件，而同时变化 H_1 和 H_2，那麼：

$$P_{02} = \frac{P_{*2}}{\omega_s \psi_s} = \frac{4\pi h L F k \theta R^4 e^{-2\delta}}{A \bar{a}} N\gamma . \quad \cdots (3.3)$$

在一定的條件下存在着一个 N 值，N_{02}，$N\gamma$ 最小，因之 P_{02} 也最小。

関於 N_{01} 和 N_{02}，将在 D)部中進行分析。

對於某一類型的目標，面積起伏的频率(以及帶寬)和载波频率有関——在一定的範圍内是正比的。由這个関係可以求得一个不同频率而変的天线優適口径。

$$H_{10} = \frac{2 B_s c}{f_c} \frac{1}{h \omega_s v_0} , \quad \cdots (3.4)$$

其中 c = 光速

f_c = 载波频率。

举例如某類目標 $2 B_c c / f_c = 0.6 \cdots 1 \, m/$秒。则

$$H_{10} = \frac{0.6 \cdots 1}{h \omega_s v_0} . \quad \cdots (3.5)$$

取 v_0 的代表值为 3，ω_s 的一个代表值为每分鐘 $1/\pi$ 转，即 $\omega_s = 1/30$，取 $h = 1$，则 $H_{10} = 6 \cdots 10$ 米。

B)　再分析一種具體的掃瞄觀察方式，其立向的波束角取最小必需的值，即在兩次掃瞄之間不致漏掉目標為度。為便於推導，假定全圓周掃瞄。這樣就增加了一个約束條件：

$$R\beta = 2\pi h v_{tv}/\omega_s \qquad \cdots(3.6)$$

其中 β = 立向波束角，假定是等強波束，v_{tv} = 目標的立向切線速度。

$$P_{01} = \frac{P_{t1}}{2\pi} = \frac{4\pi h L F k\theta \omega_s R^3 v_{tv} e^{-2\delta}}{\lambda H_2 \bar{a} f_r} N^2\gamma \cdots(3.7)$$

仍然取 $N^2\gamma$ 最小，得到 N_{01}。

在固定天線面積的條件下：

$$P_{02} = \frac{P_{t2}}{2\pi} = \frac{4\pi h L F k\theta R^3 v_{tv} e^{-2\delta}}{A\bar{a}} N\gamma \cdots(3.8)$$

仍然取 $N\gamma$ 最小，得到 N_{02}。

H_{10} 和 ω_s 之間的關係同(3.4)。

C)　再分析一種守候的觀察方式，目標假定大體沿立向通過波束，約束條件是

$$R\beta = h v_{tv} N/f_r \qquad \cdots(3.9)$$

$$P_{01} = \frac{P_{t1}}{\alpha} = \frac{4\pi h^2 L F k\theta R^2 v_{tv} e^{-2\delta}}{\lambda H_1 \bar{a} f_r} N^2\gamma \qquad \cdots(3.10)$$

$$P_{02} = \frac{P_{t2}}{\alpha} = \frac{4\pi h L F k\theta R^3 v_{tv} e^{-2\delta}}{A\bar{a}} N\gamma \qquad \cdots(3.11)$$

從求得的 N_{01} 或 N_{02}，可以確定 H_2 的優適值

$$H_{20} = \frac{2B_s c}{f_c}\frac{R}{h v_{tv} v_0} \text{米} \qquad \cdots(3.12)$$

如果以一般對待飛機目標的遠程監視雷達

的数据代入，得到 H_2O 那常大，説明这种工作方式不宜於简单地用於这种目标。

D) 從而看到取 P_0 最小就是取 $N^2\gamma$ 或 $N\gamma$ 最小以求 N 的优适值 N_{01} 或 N_{02}。

D1) 假定固定天线的一个尺寸，或者面积不受限制：

D1a) 如果只採取参考积累，先设 $1 \leqslant N = n \leqslant m$，由 (2.4) 可以看出 N 越小越小，$N_0 = 1$。但是这要求的天线尺寸过大，往往不能实现。

再设 $N = n > m$，N 越大，情况越差。

D1b) 如果只採用非参考积累，採取 $\gamma = \gamma_2$ (见 (2.12))，$n = 1$，$1 \leqslant N = \nu \leqslant m$，$K_2$ 固定按自由度数 = 2，即 $\nu/\mu = 1$，则 N 越小越好。取 $N_0 = 1$，天线口径仍往往过大。

再设 $N = \nu \geqslant m$，K_2 的值按自由度数 $= 2\nu/m$，

$$N^2\gamma = \nu^2 \left(\frac{K_1 - 1}{K_2} \right)/ \qquad \cdots (3.13)$$

由於 K_1 的近似值要可以用 $1 + c_1\nu^{-0.6\cdots 0.7}$ 代表，其指数因 P_N 而小有差别，(3.13) 可以变换为：

$$N^2\gamma = \nu^2 \left(\frac{c_1\nu^{-0.6\cdots 0.7}}{K_2} \right) = c_1 m^{1.4\cdots 1.3} [(\nu/m)^{1.4\cdots 1.3}/K_2].$$

在 $(\nu/m)^{1.4\cdots 1.3}/K_2$ 最小时得到 N_{01}。这就是说在某一 ν/m 值，$(\nu/m)_{01}$，得到 N_{01}。当 P_2 较小时，例如 $P_2 < 0.1$，这个优适值是存在的。

從以上看在 $N = 1$ 和 N 相当於 $(\nu/m)_{01}$ 时得到 $N^2\gamma$ 最小。在许多情况下，如图二举例所示，取 $(\nu/m)_{01}$ 比取 $N = 1$ 为好。即使在 $N = 1$ 时能得到

节约更多的功率，也往往因为 $(\nu/m)_{01}$ 导致远为经济合理的天线而使其更为优越。

D1c) 如果采取最优适的积累方式，$n=m$，$\nu=N/m$，则

$$N^2\gamma = m\nu^2(\frac{k_1}{k_2}-1)。 \qquad \cdots(3.14)$$

在 $\nu^2(\frac{k_1}{k_2}-1)$ 最小时得到 ν_{01}。当 β 值较小时，就存在着 ν_{01}。和 D1a) 的分析结合起来看，实际存在着 $N=1$ 和 $N=m\nu_{01}$ 两个优适值。在二者之间的选择同于 D1b) 的分析往往以后者为优越。

D2a) 设天线面积是予给的，同时变化 H_1 和 H_2；以下只提出各项优适数值，优适数值之间的抉择同于 D1) 中的分析。

D2a) 如果只采取参筝积累，先设 $1\leqslant N=n\leqslant m$，由 (2.4) 中得出 $N\gamma$ 不依附于 N 值，因此 N 可以是任何值 $\leqslant m$，但采 $n=m$ 得到天线最小，最为优越。

再设 $N=n\geqslant m$，由 (2.4) 看出 N 越大越差。

综合起来看，$N=n=m$ 最为优适。

D2b) 如果只采取非参筝积累，依 (2.12) 取 $\gamma=\gamma_2$，$n=1$，

$$N\gamma = \nu(\frac{k_1-1}{k_2}) \approx c_1 N^{0.4\cdots0.3}/k_2 \qquad \cdots(3.15)$$

先设 $1\leqslant N=\nu\leqslant m$，$k_2$ 描 2 个自由度，是固定的。N 越小 $N\gamma$ 越小，取 $N_{02}=1$。

再设 $N=\nu>m$，k_2 描 $2\nu/m$ 个自由度，则

$$N\gamma \approx c_1 m^{0.4\cdots0.3}[(\nu/m)^{0.4\cdots0.3}/k_2]。 \qquad \cdots(3.16)$$

在 P_L 值较小时，存在着优适值 $(\nu/m)_{02}$。

同 D1b) 的分析一样在 $N=1$ 和 $N=m(\nu/m)_{02}$ 之间，往往以后者为优越。

D2c) 如果采取优适的积累方式，$n=m$，$\nu=N/m$，则

$$N_\gamma = \nu\left(\frac{k_1}{k_2}-1\right) \qquad\qquad \cdots(3.17)$$

在 P_L 较小时，ν 存在着一个优适值，$\nu_{02}>1$。

和 D2a) 的分析结合起来看，这个 ν_{01} 就是最优适的。

D3) 在图二中作为实例绘出了在 $P_L=0.001$ 时的 γ，$\nu^2\gamma$，$\nu\gamma$，(以及 $\nu\gamma/m^2\mu^2$，$\nu\gamma/\mu$) 和 ν (或 ν/m) 的关系。从这些曲线可以看出在一定的条件下，采取 ν 或 ν/m 的优适值是十分优越的。在固定天线的一个尺寸时，$(\nu^2\gamma)_{min}$ 可以是比用极大天线时($\nu=1$)小数百倍；而在固定天线面积时，$(\nu\gamma)_{min}$ 往往也比用极大天线时小数十倍。

在各种不同的 P_L 和 P_W 值的优适 ν 或 $\nu/m\mu$ 值示于图三。优适的 ν 或 ν/μ 值愈大，优适值的优越性就为显著。因此，可以看出，当 P_L 较大时，不一定要采用优适之作条件。

另一方面，优适的 ν 或 ν/μ 值越大，积累时间越长，往往引致设备设计中的困难。

Ⅳ　若干討論

以上的分析説明

1.　当積累时间长於目標反射面積起伏的自相関函数的衰减周期时，以採用参符積累和非参符積累相结合的方案为好。如参符積累的周期等於目標反射面積起伏的自相関函数衰减的时间时，效果最好。

2.　当積累时间长於目標反射面積起伏的自相関函数的衰减时间时，如果所要求的漏报概率较小，就存在着一个優適的天線口径尺寸。当天線尺寸再擴大，雷達探測的效果反而因可供積累的脈沖過少而降低。

除去以上的主要结論以外，還可以看出：在固定天線面積的情况下，雷達的效果和頻率的関係僅限於大氣衰减和設備内部缺能以及外界噪波的影響。對於某些有代表性的目標，天線的優適口径和頻率的関係不大。如果採用了優適的工作條件並且固定了天線的某些参数，發射功率和探測距之间存在着四次方，三次方，以及二次方的関係，视所採取的具體工作方式而定。

在许多实際事例中，上述的優適條件是可以实現。但是在另外的许多事例中，也可能由於角位鑒別能力的要求，或者長时间積累引起的困难，或者天线口径不合理…以及其他具体原因，优适的工作条件不能实现。仍然可以期望，在后一种情况下，本文的分析仍然可以提供有益的作用。

以上难点分析了脉冲雷达的工作条件，但是如果以选样的概念代替脉冲的概念，则可以期望经过次要的改变就可以用于连续波雷达。

这些分析是有其局限性的。

首先，对于回波起伏的根本特征是以已发表的若干对于飞机目标所作的试验研究结果为基础的。对于其他性质的目标是否适用，对于若干具体类型的飞机是否适用，应该经过试验分析才能判断。这说明这方面的研究工作的极端重要性。

目标和噪波的起伏都被假定为有明确的带宽的均匀频谱分布的，而实际情况和这个假定颇有距离。许多地方用物理概念代替了严格的推导。还有许多其他地方利用了简化的和近似的处理。因此，这些分析带有若干定性的特征。也许，对于设计工作说，如图者注意了这些情况，总是可以解决一定的数量问题的。

本文引用的基本上是通常发表的材料，大都为内行所熟知，因此不再一一说明。对于雷达技术工作者，x^2分布规律可能较为生疏。这是在一般的统计或概率的数学书籍都有的。

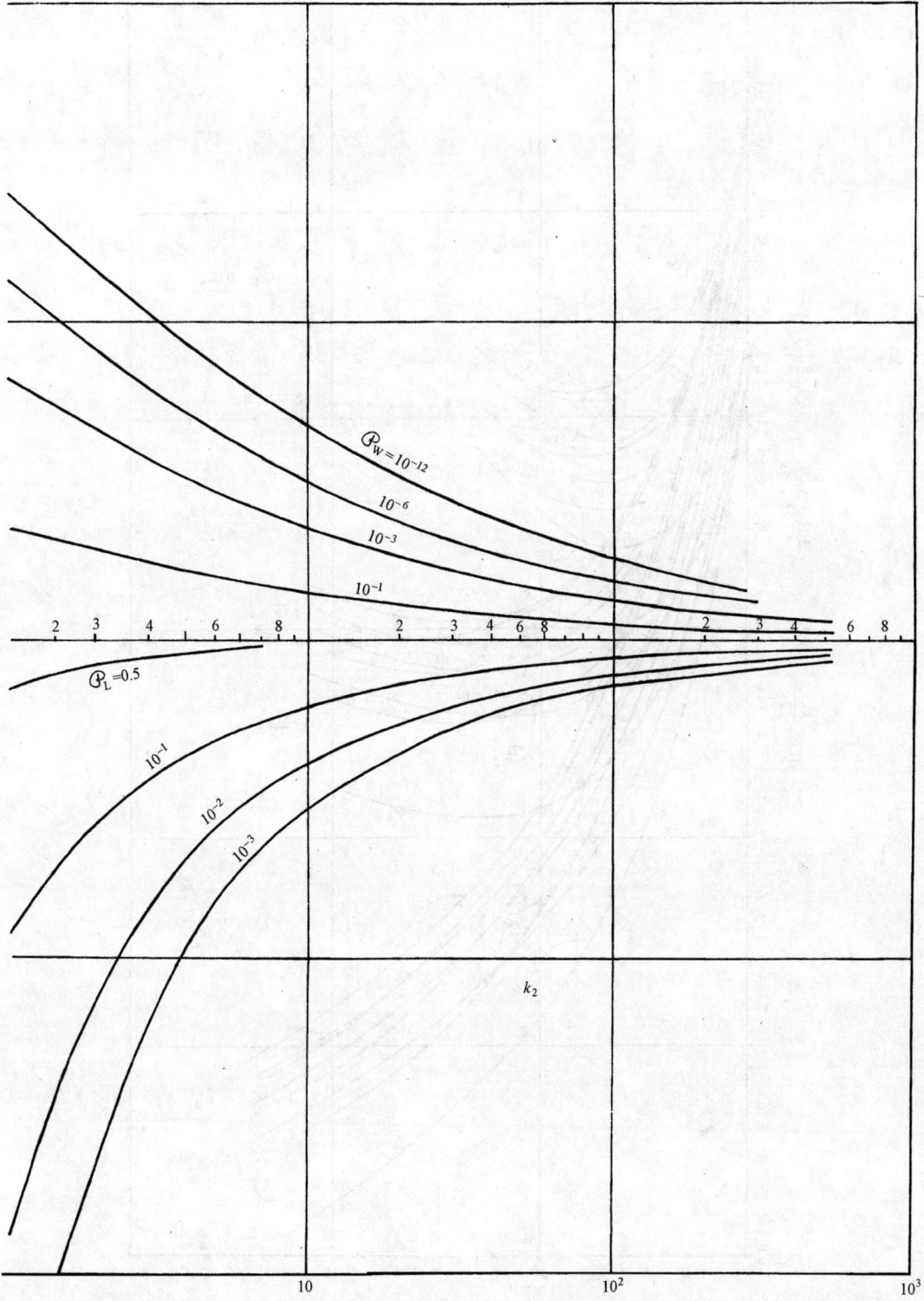

图 1

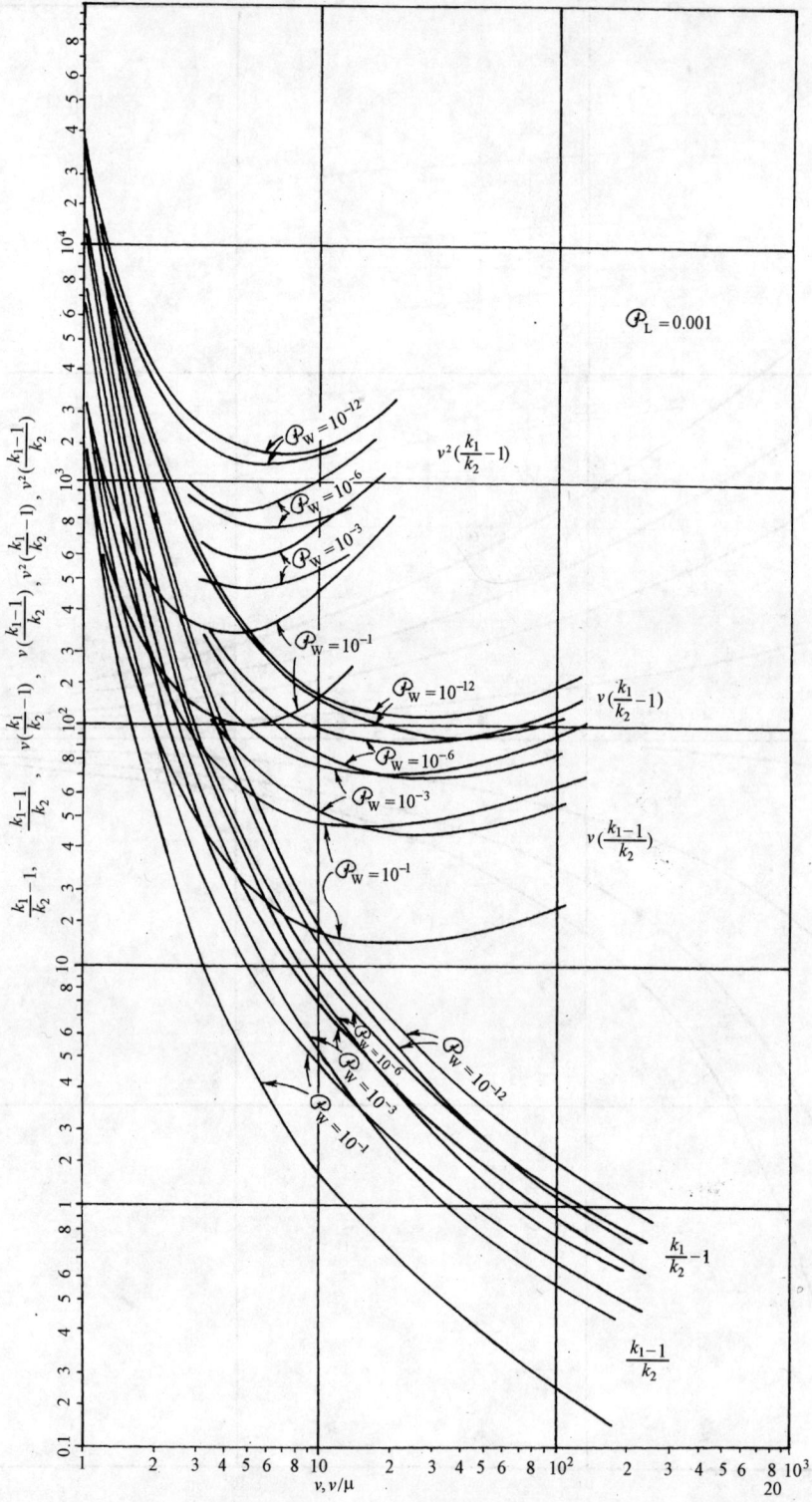

图 2

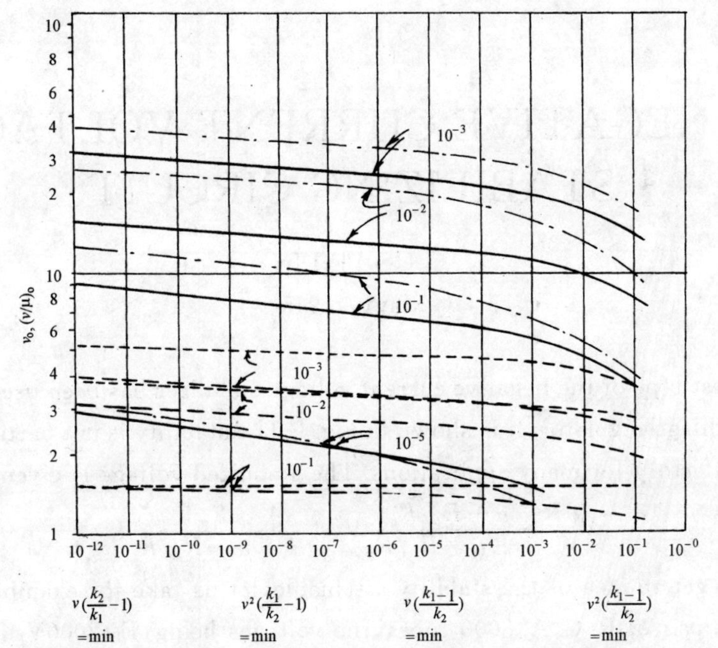

10
8
6
4
3
2
10
8
6
4
3
2
1
$\nu_0, (\nu/\mu)_0$
10^{-3}
10^{-2}
10^{-1}
10^{-3}
10^{-2}
10^{-5}
10^{-1}
10^{-12} 10^{-11} 10^{-10} 10^{-9} 10^{-8} 10^{-7} 10^{-6} 10^{-5} 10^{-4} 10^{-3} 10^{-2} 10^{-1} 10^{-0}
$\nu(\frac{k_2}{k_1}-1)$ =min
$\nu^2(\frac{k_1}{k_2}-1)$ =min
$\nu(\frac{k_1-1}{k_2})$ =min
$\nu^2(\frac{k_1-1}{k_2})$ =min

A NEGATIVE CURRENT VOLTAGE STABILIZING CIRCUIT

LUO PEILIN

May10,1946

The simplest type of the negative current voltage stabilizer has been used for a long time as a grid bias voltage regulator. It is shown in Fig. I. The stability is not particularly good and is found unsatisfactory for many applications. The stabilized voltage is given by:

$$V = \frac{\mu + R_p/R_q}{1 + \mu + R_p/R_g} V'' + \frac{R_p}{1 + \mu + R_p/R_g} I \tag{1}$$

In order to get an idea of the stability attainable, let us take for examble a class-B a. f. amplifier with a pair of R. C. A. 8000 tubes, the voltages being: E_B-2000V. , E_C- I 20V. , and I_G(peak)-100mA. With two 6L6 tubes as triodes in parallel connection serving as the bias voltage regulator, the voltage may fluctuate as much as 15V. This flucyuation, amounting to 12% of the bias voltage and/or 6% of the peak grid voltage, is rather serious; for it takes place through an audio cycle and results in the distortion of the grid voltage waveform. If a by-pass condenser of sufficient size is used, the regulator has to take care of the averege current only. In this latter case, the result is a shift of the working point of the tube. With the same example, the change in the grid bias voltage will be 4 to 5%. This adding to a plate voltage regulation of 5 to 10%, will upset the voltage relation by 9 to 15%. Consequently an amplifier adjusted for optimum operation at low signal cannot work satisfactorily at maximum signal, and vice versa.

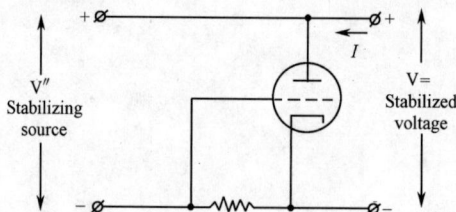

Fig. 1

However, both kinds of distortion can be cured if, by some means, the ratio between the two voltages is maintained nearly constant.

The arrangement shown in the Fig. 2 serves this purpose well. The tube T_b works exactly like the tube in Fig. 1. The tube T_a serves to change the input voltage to the tube T_b whenever the voltage ratio deviates from the assigned value.

The regulated voltage is given by:

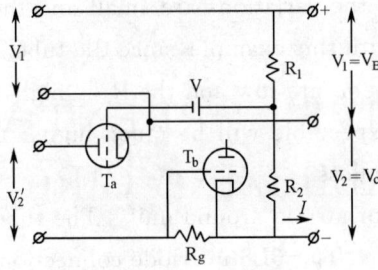

Fig. 2

$$V_2 = \cfrac{\dfrac{R_2}{R}\left[1-\dfrac{1}{\beta}\dfrac{1}{G_{mb}R_2}\dfrac{1}{A_a}\right]V_1 + \left(\dfrac{V_2'}{\mu_a}-V\right)+\dfrac{1}{\beta}\dfrac{1}{G_{mb}}\dfrac{1}{A_a}I}{\alpha\dfrac{R_1}{R_2}+\dfrac{1}{\beta A_a A_b}} \qquad (2)$$

Where $\quad A_a = \mu_a \dfrac{R_g}{R_{pa}+R_g}, \qquad A_b = \mu_b \dfrac{R}{R_{pb}+R}, \qquad R = R_1 + R_2$

$$\alpha = 1+\frac{1}{\mu_a}\frac{R}{R_1} \text{ and } \beta = 1+\frac{1}{\mu_b}\frac{R_{pb}}{R_g}.$$

If V_2' is kept fairly constant (This is possible since the current taken from this source is quite small.)and V is chosen to be $\dfrac{1}{\mu_a}V_2'$, the second term in the numerator vanishes, so

$$\frac{V_2}{V_1} = \frac{R_2}{R_1}\frac{1-1/\beta G_{mb}R_2 A_a}{\alpha+\dfrac{R}{R_1}\dfrac{1}{\beta A_a A_b}} - \cfrac{1}{\dfrac{R_1}{R}\alpha\beta+\dfrac{1}{A_a A_b}}\frac{1}{G_{mb}A_a}\frac{I}{V_1} \qquad (3)$$

The voltage ratio is nearly constant at $\dfrac{R_2}{R_1}\dfrac{1-1/\beta G_{mb}R_2 A_a}{\alpha+\dfrac{R}{R_1}\dfrac{1}{\beta A_a A_b}}\approx\dfrac{R_2}{R_1}$ and the deviation caused

by the presence of I is rather small. A glimpse upon the equations(2)and(3)discovers that the voltage will be least dependent upon the variation of $V_2'$and I if the tube T_b has a high Gm, the tube T_a has a high u,and the resistances are the highest in consistent with stability.

For example, this circuit is to be used in the former example:

$V_1 = V_B - 2000V. , V_2 = V_C - 120V. ;$

$T_a - 6F^5 \qquad I_p = 0.25mA, G_m = 1000, \mu = 95, R_p = 95K-Ohms;$

$T_b - 2 - 6L6's \qquad I_p = 100mA. G_m = 10000, \mu = 8, R_p = 8000hms;$

T_b to be at cutoff:Voltage accross $P_g = 15V. , R_g = 60k-Ohms,$

$R_2 = 480k-Ohms, R_1 = 8Mgohms;$

T_a to be at zero bias:Voltage on plate$=60V. ,$

$V_2' = 15+120+60 = 195V. , \qquad v = 195/95\approx2V. ;$

$A_a = 36.8, \qquad A_b = 8.0, \alpha = 1.011, \beta = 1.002;$

$V_2 = 0.059V_1 + 2.5I.$

When the grid current shoots to the peak of 100mA,the calculated deviation is only 0. 25V,a very small value. The by-pass condenser is rendered unnecessary in this case.

All the abovle formulae are based upon hypothetical linear tube characteristics. They are valid only when the ranges of the variations are small and the values of $G_m{}'s, \mu's$, and $R_p{}'s$ are properly assumed Thus, with this example, since the tube T_b begins to work from the cut-off point where the G_m^M and the μ_p are low and the R_p is high, the estimation irather too optimistic. The actual deviation expectable will be much higher than the calculated value of 0. 25V. yet it still should be harmless.

Actual tests were made for a ratio around unity. The tubes and the resistors used were:

T_a —6Q7 triode unit,　　　T_b —6L6 in triode connection,

$R_1 \approx 44k$—Ohms,　　　$R_2 \approx 47k$—Ohms,　　　$v=0$,

R_g —Adjusted to cutoff 6L6 plate current when $I=0$.

The variation of the voltage ratio with each of the three variables V_1, $V_2{}'$, and I, were observed. The results were plotted into curves as shown in Figs 3, 4 and 5. From these curves the following facts were noticed:

1) Within a rather wide range of variation, the ratio was nearly constant.

2) Even with a positive current, prouide not too large, the ratio was still well stabilized.

3) The regulation was better if $V_2{}'$ was greater. The voltage $V_2{}'$ should be much greater than the value near which the voltage V_2 is to be stabilized, otherwise the system would be paralyzed by the grid current in the tube T_a.

4) A As V_1 was reduces below certain limit, the voltage ratio rises rapidly. This should be attributed to several possible causes, viz. ,

(a) the uncompensated effect of $V_2{}'$, (b) the grid current flow in T_b, the effect being greater with higher current, and (c) the normal effect of I. An adequate value of v should improvedit many folds.

5) The meters used were not accurate. The sourse voltages were not steady enough to furnish consistent readings. Therefore a check with the theory could not be made guanwtalaeg.

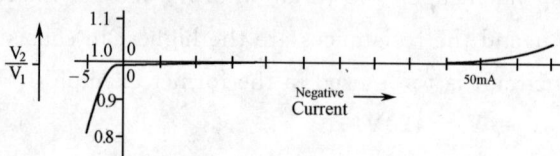

Fig. 3

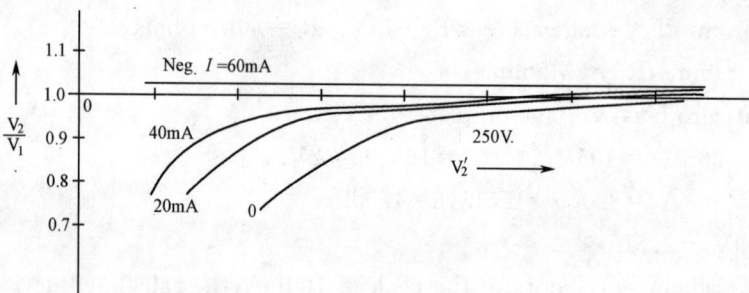

Fig. 4

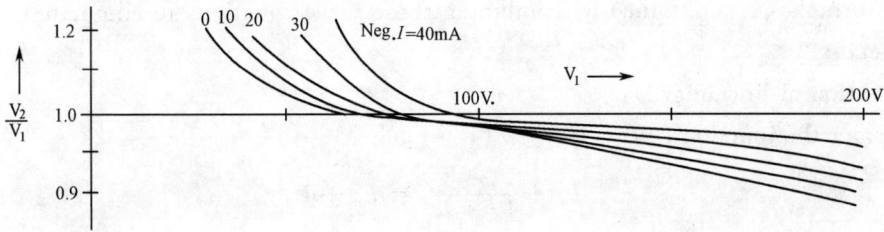

Fig. 5

If the arrangement is modified to what is shown in Fig. 6, it can be used as an independent bias voltage regulator of excellent stability. The stabilized voltage is given by:

$$V = \frac{V_s + \dfrac{1}{\mu_a}V' + \dfrac{I}{\beta A_a G_{mb}}}{1 + \dfrac{1}{\mu_a} + \dfrac{1}{\beta A_a \mu_b}} \qquad (4)$$

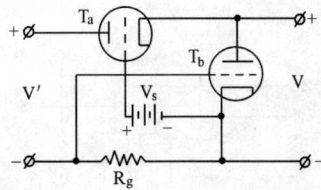

Fig. 6

The voltage is stabilized very near to Vs. This standard voltage Vs may be furnished by a battery or from the voltage V' through a glow tube or a thermistor resistor, or by any similar means.

Acknowledgements should be made to Mr. T. F. Lau for his valuable assistance in preparing the experimental data.

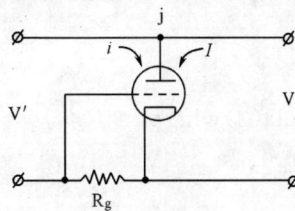

Fig. 7

Appendix 1

Derivatior of Formula(1)

Consider the junction j:

$I + i = I_p$

Consider the tube:

$I_p = -G_m i R_g + V/R_p.$

consider the loop voltage relation:

$V' = V + i R_g.$

The formula (1) is obtained by combining these three equations to eliminate i and I_p.

Appendix 2

Derivation of Formula(2):

Consider the junction j:

$$I_{pb} + \frac{V_1 + V_2}{R_1 + R_2} = I_{pa} + I \tag{1}$$

where $\qquad I_{pa} = -V_{gb}/R_g$ $\hspace{5cm}$ (2)

Consider the tube a:

$$I_{pa} = G_{ma}V_{ga} + (V_2' - V_2 + V_{gb})/R_{pa} \tag{3}$$

where $\qquad V_{ga} = \dfrac{R_2}{R}(V_1 + V_2) - V_2 - V$

$$= \frac{R_2}{R}V_1 - \frac{R_1}{R}V_2 - V \tag{4}$$

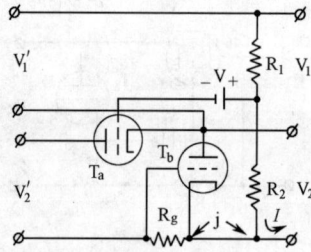

Fig. 8

Consider the tube b:

$$I_{pb} = G_{mb}V_{gb} + \frac{1}{R_{pb}}V_2 \tag{5}$$

By eliminating I_{pb}, I_{pa}, V_{ga} and V_{gb} from these equations, a single equation is obtained. Rearrangement of this latter equation results in formula(2).

Appendix 3

Derivation of Formula(4)

This is a special case of formula(2) where:

$V_2' = V'$, $\qquad V_2 = V$, $\qquad V_1 = 0$,

$R_1 = \infty$, $\qquad R_2 = 0$, $\qquad v = V_s$,

$R_1/R = 1$, and $\qquad A_b = \mu_b$,

Formula(4) is obtained by subst, tuting these values into formula(2).

A DESIGN FORMULA FOR THE TRANSFORMER AND THE CHOKE COIL LUO,PEI-LIN

Presented at The 10th Convention of

The Electrical Engineering Society of China,1941,Goiyang.

Revised May 15,1946.

Since the paper was prepared some 60 years ago, most part is not quite useful today. Thus only a meaningful point, which might be considered a discovery, is quoted here.

The physical size of a transformer depends largely upon the EI product and the frequency. On the other hand, the determlning factors for the choke coil are the inductance and the d. c. to be carried. In both cases, these factors can be reduced to a single energy function defined by:

$\varepsilon = EI/f$ for the transformer and

$\varepsilon = LI_{dc}^2$ for the choke coil. (1)

It is a well known fact that in a choke coil carrying d. c., the maximum inductance can be realized with an air gap of optimum length[2]. When this optimum length is used, there then exists a definite relation between the energy function per unit volume of the core and the virtual magnetizing force expressed as $H' = NI_{dc}/l_f$. After a study of the published data for a number of commercial materials, it is discovered that this relation can be expressed over a wide range by a power function, viz.,

$\varepsilon/V_f = AH'^d$ (2)

the constants A and D are given in Table 1 for several common materials. it is the simplicity of this relation which makes the forthcoming analysis possible.

Where V_f is the volume of the core required and H' is the dc ampere tums divided by the mean length of the magnetic ciruit.

TABLE 1

	A	D
Hipernik	0.6×10^{-6}	1.15
4% Si-steel,$H'>2$,	0.63×10^{-6}	1.15
4% Si-steel,$H'<2$,	0.7×10^{-6}	1.0
Armco iron,		
radio 4,	0.32×10^{-6}	1.5

A VECTOR CONCEPT METHODOLOGY FOR THE APPRAISAL OF MANUFACTURE TECHNOLOGY

Abstract

The most deterministic factor in selecting the technological processes and the organization scheme for a specific manufacture task, is the particularity of the technological structure of the production object. Nevertheless there are still broad variety of options. The resolution of this latter issue depends upon diverse abstract factors common to different products, e. g. the scale of production. the size or weight of the finished product, the multiplicity of the composing elements, the stringency of processes called for, the precision requirement etc. . The present paper attempts to investigate the quantitative measure of these factors, the quantitative measure of the overall complexity of the task as computed from those factors and the quantitative dissimilitude of one genus of manufacture against another. A vector concept methodology is proposed to integrate those abstract aspects into an entirety framework. By this means different genera of manufacture tasks could be, to some extent, compared and discriminated with good confidence.

Introduction

To carry out a projected manufacture facility, either a new construction or any amendment to an existing one, an issue of great importance is the selection and the determination of a most appropmate technolgical approach and the relevant orqanization scheme. Imperially important is that the choice must conform to the technolgical requinite of the particular production object. Taking as example SCIC, photolithography is inevitable choice. Another example may be taken is the manufacture of ceramic articles, where sintering at high temperature is the only suitable technology. Radar manufacture is characterized by complicated assembly work, wiring, tune-up and enormous tests particular to such product, beside the highly involved fabrication of the antenna aggregate.

Nevertheless, there are still varieties and options to be chosen among for each genus of products. For example, in the case of ceramic articles, the high temperature may be obtained by burning gas, or oil, or coal or even by burning firewood, or as alternative, with electriciity or microwave power as well as solar. The firing equipment may be tunnel kiln or single chamber or multi-chamber oven or any way. In the case of SCIC, although the basic technology remains the same, the production of microprocossor is very different from that of DRAM, and both are again different from that of ASIC. However, one can choose abstract parameters common to many genera of products, yet rather descriptive in the respects of such differ-ences, by making use of these paramaters. In what follows, a methodology is proposed to identjy, as examples, several such parameters and to make quantitative measures plausible. Il-lustration of applying the methodology and sample usage are provided.

Vector Representation
Of the characteristics of Manufacture Tasks

Taking as examplary ones, five conspicuously influencing factors or parameters are con-sidered. Scales of quantitative measures are to be assigned them. Each parameter measure is considered as a component of a vector. Thus this vector is one in a five dimension space. The scalar length or modulus of the vector represents the overall complexity of the task. Hence the vector is assigned the name a complexity vector. The five dimensions, or parameters, or factors are:

SCALE of PRODUCTION: It is supposed there to be an optimum scale of production giving rise to a minimum cost of production. However, in the reality, the calculated costs al-most always diminish with increasing scale of production. The restraint may be actually the a-mount the market capable to absorb. If the actual production is less, the production cost will naturally increase. On the other hand, if produced more than the market capacity, excessive inventory will increase. Both cases lead to increasing loss. Thus, one should choose a most fa-vorable production scale no matter to be theoretically optimum or not. The natural value of the production scale may be taken as the annual capacity or the size of a batch. In this presen-tation a logarithmic integer scale is adopted to cover the very broad range of the natural val-ue. The integer scale conforms with the "fuzzy" sense of reasoning. The logarithmic treatment conforms the $\overline{W}$eber's law in psychology as well as practical experience accumulated in long history of economic development. An integer value is attached to each order of magnitude of the natural value. The equivalence is shown in Table I, with the log values designated X.

SIZE of FINISHED PRODUCT: The natural value may be the geometric size or the weight while in this presentation, the weight is chosen. The weight of an electronic compo-nent may be less than a gram up to kilograms. The weight of an integrated circuits weighs only grams. A radar may weigh hundreds of kilograms up to tons and even hundreds of tons in case of the huge ones. Automobile of the car category weighs a ton to a few tons. An article of great size may be either complex of simple, thus the complexity will be treated as a differ-ent entity. Designation is Y.

MULTIPLICITY of the COMPOSITION: This factor identifies the number of overall partitions composing the product. A product is usually structured in hierachy. If the manufac-ture task includes only the upper strata, the partitions contained will be small in number and to be considered of low multiplicity. If more strata are included, the multiplicity should be considered greater. Each assembly or subassembly step is also taken into the count. A logarithm scale is also employed similar to that applied to the scale of production and the size of the product. This is designated Z.

PRECISION called for in ASSEMBLY WORK: The difficulty in the assemblage works lies chiefly with the required fitness between relvant parts and the exactness in interfaces. Wherever higher precision is called for, the demand to measurement must be more intensive. There is no direct natural measure of this parameter. In this presentation, the degree of precision requirement is divided into 6 grades: very easy, easy, moderately easy, moderately severe, severe and very severe. Each is assigned an even number to represent it quantitatively. The grading is accomplished by empirical judgement and consequently the numerical quantity associated bears a "fuzzy" significance. This parameter is designated U.

STRINGENCY and SENSITIVITY of manufacture process: Among the commodity production, perhaps the manufacture of integrated circuits possesses the greatest stringency and sensitivity in the processes. It is most sensitive to the environment, the skill of the people working on it, the exactness of the reagents and materials, the precision of the manufacture equipment and testing instruments etc. . Precision antenna for huge radar is rather difficult to manufacture because of the precision requirement combined with the great size. Nevertheless, the stringency and the sensitivity requirement seems to be conspicuously lower than in the case of integrated circuit. There is as well no natural quantitative measure applicable to this combined parameter. In this presentation, another 6 grade scale is proposed, namely; very loose, loose, comparatively loose, comparatively severe, severe and very severe, each denoted by a fuzzy quantity represented by even numerals from 0 to 10. The designation of this parameter is V.

Conceptually, the five parameters form the components of the overall complexity vector, $\overline{R}$, whose magnitude or modulus represents the overall comlexity, R. By means of this modulus, man may compare a task of one genus with one of another genus. Obviously:

$$R = (X^2 + Y^2 + Y^2 + Z^2 + U^2 + V^2)^{\frac{1}{2}} \qquad (1)$$

Within the vector concept, the amplitude(s) represented by X/R, Y/R etc. as the fictitious direction cosines, is to certain degree useful for investigating the abstract differences between dissimmilar manufacture tasks. To facilitate the comparison further, one may resort to computing of the vector differences. Despite that the application of the difference as a vector quantity is yet to be studied, the scalar value is definitely useful in measuring the overall difference. This is given by:

$$D = [(x_2 - x_1)^2 + (y_2 - y_1)^2 + (z_2 - z_1)^2 + (u_2 - u_1)^2 + (v_2 - v_1)^2]^{\frac{1}{2}} \qquad (2)$$

Illustration of the Application of the Methodology

For illustration purpose, 8 categories of manufacture tasks will be taken as examples. These are:

Large scale integrated circuits,

Elementary electronic components,

Microwave electronic tubes, except those for household microwave ovens,

Radars besides the huge ones,

Color TV receivers,

Machine tools,

Electronic measurement instruments and

Automobile for consumers.

In Table II, arbitrarily assigned values of the various components or parameters are listed for the manufacture tasks. values of R are also computed for comparison.

TABLE I

ATTRIBUTED VALUES	SCALE of PRODUCTION	SIZE of FINAL PRODUCT	MULTIPLICITY of COMPOSITION	PRECISION REQUISITE	STRINGENCY & SENSITIVITY
0	less than 1	around 1 gm	around 1	very easy	very loose
1	1 to 9	around 10gm	around 10		
2	10 to 99	around 100gm	around 100	easy	loose
3	100 to 999	around 1kg	around 1k		
4	1k to 9k	around 10kg	around 10k	mod. easy	mod. loose
5	10k to 99k	around 100kg	around 100k		
6	100k to 999k	around 1ton	around 1m	mod. severe	mod. severe
7	1m to 9m	around 10ton	around 10m		
8	10m to 99m	around 100ton	around 100m	severe	severe
9	100m to 999m	around 1000ton	around 1bil.		
10	1 bil. and up	bigger	more	very severe	very severe
DESIGNATION	X	Y	Z	U	V

TABLE II

PRODUCT	X	Y	Z	U	V	R	S
LSI	7-8	0-1	1-2	6	8-10	12-14	22-28
COMPONENTS	7-9	1-2	1	2	4-6	8-10	15-20
ELECTRON TUBES	3	3	2	6	8	11	22
ELECTRONIC INSTRUMENTS	1-3	4-5	3-5	6-8	4-6	9-13	18-27
COLOR TV RECEIVER	6-7	5	4	2-4	2-4	9-10	19-24
RADARS	2	5-7	5-6	8	6	12-14	25-29
MACHINE TOOLS	2-3	5-7	3-4	4	4-6	8-10	18-24
AUTOMOBILES	6	7-8	4-5	4-6	4-6	12-14	25-31

If we take the average values of R for each category, they will be ranked with decreasing complexity as follows:

LSI   R ave. =15

Radar and automobile   13

Tubes and instruments   11

TV receiver   10

Components and machine tools   9.

The order manifested in this list seems rather close to conform with common sense.

An alternative scheme for comparing the complexity makes use of the logarithmic nature of the measures. The complexity may be directly represented by the product of the natural values of the components of the vectors. The sum of the assigned measures corresponding to the components is exactly the logarithm of this product, thus another measure, an index of complexity is defined as

$$S = X + Y + Z + U + V = \log(x'y'z'u'v')$$

where x', y', z', u' and v' are the relevant natural values.   (3)

Now, one may compute the index of complexity and the modulus (pertaining to the vector) and compare if there is any difference between them. The 8 genera are listed below according to decreasing index of complexity.

Radar and automobile $S = 28$

LSI   24

Instruments   23

Color TV and microwave tubes   22

Machine tools   21

Components   19.

Obviously, as compared to ranking according to R values, the order of few genera is altered and the scale seems to be stretched somewhat. However, the deviation is about the same as the possible ambiguity as consequence of personal judgement.

Dissimilitude to be depicted through Vector Methodology

The difference in complexity described above depicts the dissimilitude in a broadest sense. The various components tell about rather detailed dissimilitude. For convenience in application, an abstract measure intermediate is desirable. The scalar value of the vector difference is capable of serving this purpose. Taking LSI, radar and automobile as examples, the three scalar-vector differences are listed below:

D   between   LSI and radar   9. 6

               LSI and automobile   9. 0

               Radar and automobile 5. 4.

This computation shows that although the three have about the same magnitudes of R's or S's, they are very different in nature by the abstract parameters for technology selection appraisal. The much closer distance between radar and automobile, as compared to the other two matching pairs conforms well with the common experience. Speaking descritively: LSI features the combination of very large production saale, highly precision requirement and very stringent complexity in processing and on the environment, together with small size and few composing parts. Radar is characterized by conspicuously large size, and very complex composition as well as demanding requirements on precision and process stringency, together with a rather small quantity of production. The automobile manufacture is a very particular one with such large size of product yet also of mass production while with no looser requirement on the composing complexity, precision and process stringency. This vector concept of methodology is capable of describing such diversities quantitatively, though in somewhat "fuzzy" sense.

Resume

With the proposed methodology, the proper selection of manufacture technology and process organization is being carried out in a process of three strata in an hierarchy. The base stratum pertains to the particularity of the product and the relevant processes, e. g. , machine working, assembly and wiring, photolithography etc. . The medium stratum is the abstract technological parameter stratum including the scale of production, the size of product, the composing complexity, the precision of assembly demanded, the stringency and sensitivity of the process and the like. The top of the hierarchy is the overall complexity. The major attempt of this dissertation is to furnish a quantitative methodology featured by the vector concept, while the basic factors considered are those came out from long time of practical experience. This methodology is seemingly helpful to the policy decision in the selection or projection of the technological processes and the relevant organization. It is also useful in resolving certain personnel affairs such as the managerial organization, the election of the personnel, the appraisal of performance quality, the ranking and promotion of the staff and similar matters.

This dissertation is no more than a methodology. It is conceptual, helps to provide visualizable concept, thus should be very useful for education and training purposes.

For the mentioned kind of policy making, judgement by personal experience and aptitude is always indispensible. The methodology aims to assist but not to replace such endeavor. It might find more advantageous in developing zones and countries, since are there comparatively less highly experienced personnels.

The parameters and the scaling of the pertinent quantities proposed are tentative and arbitrary as well as "fuzzy" in nature. One who uses this methodology should resort to his own experience in addition to substance provided in this dissertation.

In this presentation, the author endeavors no more than a rather intuitive integration of quite well known principles. There is not yet known to the author any predecessor worked on this subject. Thus the author would apologize to list no references, and suggests the readers to go through standard textbooks on industrial management, engineering and physics for further study.

（此文刊于 IEEE 国际电子制造技术论文集 1991.9）

关于直接逻辑判断原理应用于改进多位加法运算的设想说明

一、多位求和的逻辑条件要求和全直接逻辑型多位加法器的设想

今设以下的加法运算：

$$S_{n+1}S_nS_{n-1}\cdots S_2S_1 = x_nx_{n-1}\cdots x_2x_1 + y_ny_{n-1}\cdots y_2y_1 + C_0 \tag{1}$$

其中 C_0 为对最低位（第一位）的进位数。在此式中，和数的任何一位 S_k 可由 $i \leqslant k$ 的所有加数对 x_i, y_i 直接判定。

每对 x_i, y_i 必然处于以下四种逻辑状态之一：

$$\left. \begin{array}{l} T_i = P, 即\ x_i = 1, y_i = 1 \\ T_i = Q, 即\ x_i = 0, y_i = 0 \\ T_i = R, 即\ x_i = 1, y_i = 0 \\ T_i = S, 即\ x_i = 0, y_i = 1 \end{array} \right\} \tag{2}$$

可以用 T_0 表示 C_0 的逻辑状态，令 $T_0 = P'$ 表示 $C_0 = 1$，用 $T_0 = Q'$ 表示 $C_0 = 0$。

S_k 是 $T_k, T_{k-1}\cdots T_2, T_1, T_0$ 的逻辑组合函数。$[T]$ 的组合共有 2×4^k 个，每个组合或判 $S_k = 1$，或判 $S_k = 0$。我们只取判 $S_k = 1$ 的组合，并还可进行大量的合并工作，减少组合的数量。

首先从 $T_k = P$ 开始。如 T_{k-1} 为 P，则 $T_{k-2}\cdots T_0$。可以为任何状态，均判 $S_k = 1$。如遇 $T_{k-1} = R$ 或 S，则必须考虑 T_{k-2}。如 $T_{k-2} = P$，则 $T_{k-3}\cdots T_0$ 可以为任何状态，均判 $S_k = 1$。对于 $T_{k-2} = R$ 或 S，也是这样判断，以此类推，直至终止于 $T_0 = p'$ 的组合，每一组合均以 $T_i = P$ （$1 \leqslant i < k$）或 $T_0 = P'$ 终止。这样的组合共有 2^{k-1} 个，均判 $S_k = 1$。

现在再从 $T_k = Q$ 开始，判断 $S_k = 1$ 所需要条件完全同 $T_k = P$。

以上两类判 $S_k = 1$ 的组合共为 $2^{k+1} - 2$ 个。从 $k = 1$ 至 $k = n$ 共有判 $S_k = 1$ 的组合 $2^{n+2} - 2n - 4$ 个。在构造逻辑式时，凡遇 $T_i = R$，均可以 $x_i = 1$ 代；凡遇 $T_i = S$，均可以 $y_i = 1$ 代；这样有关项均可省略一个逻辑条件，又均不至于引入错误判断。

再从 $T_k = R$ 开始，与以上的差别仅在于每个组合均终止于 $T_i = Q$ 或 Q'，而不是 P 或 P'。还有，类似于上述原因，凡遇 $T_i = R$，可以 $y_i = 0$ 代；凡遇 $T_i = S$，可以 $x_i = 0$ 代；这两种代替均不致引入错误判断。再从 $T_R = S$ 开始，完全与 $T_k = R$ 相同。这两类组合又有 $2^{k+1} - 2$ 个。从 $k = 1$ 到 $k = n$ 共有 $2^{n+2} - 2n - 4$ 个组合判 $S_k = 1$。

为了判断 $S_{n+1} = 1$，可以当 $T_{n+1} = Q$ 对待，又有 $2^{n+1} - 1$ 个组合。

以上三类情况，共有 $5 \times 2^{n+1} - 4n - 9$ 个不同逻辑组合，这些就是判断 $S = S_{n+1}S_n\cdots S_1$ 的充分的逻辑条件要求。按这些条件，可以直接写出和数每位的二级逻辑展开式如下：

$$S_1 = x_1y_1C_0 + \bar{x}_1\bar{y}_1C_0 + x_1\bar{y}_1\bar{C}_0 + \bar{x}_1y_1\bar{C}_0$$

$$\begin{aligned} S_2 = &\ x_2y_2x_1y_1 + x_2y_2x_1C_0 + x_2y_2y_1C_0 \\ &+ \bar{x}_2\bar{y}_2x_1y_1 + \bar{x}_2\bar{y}_2x_1C_0 + \bar{x}_2\bar{y}_2y_1C_0 \\ &+ x_2\bar{y}_2\bar{x}_1\bar{y}_1 + x_2\bar{y}_2\bar{x}_1\bar{C}_0 + x_2\bar{y}_2\bar{y}_1\bar{C}_0 \end{aligned}$$

$$+ \bar{x}_2 y_2 \bar{x}_1 \bar{y}_1 + \bar{x}_2 y_2 \bar{x}_1 \overline{C}_0 + \bar{x}_2 y_2 \bar{y}_2 \overline{C}_0$$

$$S_3 = x_3 y_3 x_2 y_2 + x_3 y_3 x_3 x_1 y_1 + x_3 y_3 x_2 x_1 y_1 + x_3 y_3 x_2 x_1 C_0$$
$$+ x_3 y_3 x_2 y_1 C_0 + x_3 y_3 x_2 x_1 C_0 + x_3 y_3 x_2 y_1 C_0$$
$$+ \bar{x}_3 \bar{y}_3 x_2 y_2 + \bar{x}_3 \bar{y}_3 x_2 x_1 y_1 + \bar{x}_3 \bar{y}_3 x_2 x_1 y_1 + \bar{x}_3 \bar{y}_3 x_2 x_1 C_0$$
$$+ \bar{x}_3 \bar{y}_3 x_2 y_1 C_0 + \bar{x}_3 \bar{y}_3 x_2 x_1 C_0 + \bar{x}_3 \bar{y}_3 x_2 y_1 C_0$$
$$+ \bar{x}_3 y_3 \bar{x}_2 \bar{y}_2 + x_3 \bar{y}_3 \bar{x}_2 \bar{y}_1 \bar{y}_1 + \bar{x}_3 y_3 \bar{x}_2 \bar{x}_1 \bar{y}_1 + x_3 \bar{y}_3 \bar{x}_2 \bar{y}_1 \overline{C}_0$$
$$+ x_3 \bar{y}_3 \bar{x}_2 \bar{y}_1 \overline{C}_0 + x_3 \bar{y}_3 \bar{x}_2 \bar{x}_1 \overline{C}_0 + x_3 \bar{y}_3 \bar{x}_2 \bar{x}_1 \overline{C}_0$$
$$+ \bar{x}_3 y_3 \bar{x}_2 \bar{y}_2 + \bar{x}_3 y_3 \bar{x}_2 \bar{x}_1 \bar{y}_1 + \bar{x}_3 y_3 \bar{x}_2 \bar{x}_1 \bar{y}_1 + \bar{x}_3 y_3 \bar{y}_2 \bar{x}_1 \overline{C}_0$$
$$+ \bar{x}_3 y_3 \bar{y}_2 \bar{x}_1 \overline{C}_0 + \bar{x}_3 y_3 \bar{x}_2 \bar{y}_1 \overline{C}_0 + \bar{x}_3 y_3 \bar{x}_2 \bar{x}_1 \overline{C}_0$$

$$\cdots\cdots \tag{3}$$

从这些逻辑式构筑两级逻辑的多位加法器,每一个逻辑项需要一个与门,每一式需要一个或门,共需要 $5 \times 2^{n+1} - 3n - 8$ 个门。

图 1 表示了一个这种的两位加法器。在这个加法器最大的或门要接受十二个输入,负载最重的输入端达到十个,这对于现在通常的器件说,应当是有可能实现的。如果位数增加,就较难实现了。

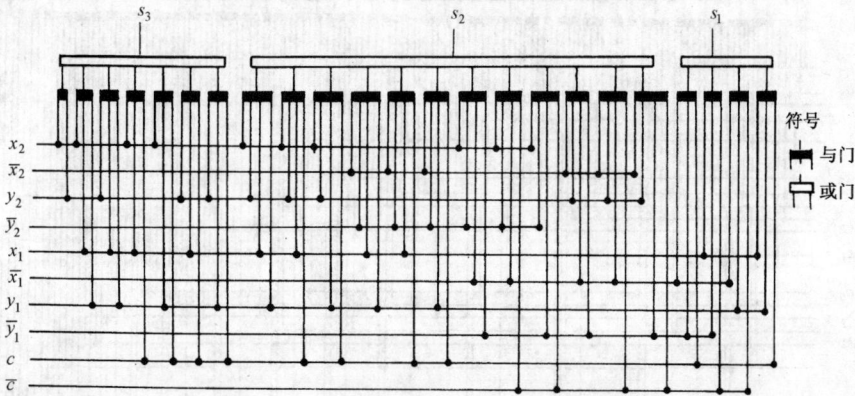

图 1   全直接逻辑型二位加法器举例

我们称这种多位加法器为全直接逻辑型多位加法器。如果不算倒相,它只有两个逻辑级 *,所以速度是很高的,但只能用于极短字长,它的实用价值暂时可能不大。

二、亚全直接逻辑型多位加法器的设想

全直接逻辑多位加法器所需的器件数目按位数的几何级数而随位数的增加而剧增,器件的输入端、输出端的数字也随之剧增,这是因每逢 $T_i = R$ 或 S 时,所需门数就要加倍一次;除此以外,$T_i = P$ 或 Q 两种状态,所要求的逻辑条件,也是相同的。因此采取逻辑预处理以合并一些逻辑项数的措施,以付出增加逻辑级的不同代价,可以换得不同程度的降低对硬件的要求,而更好地解决可行性的问题。

---

* 有的半导体逻辑器件本身就具有正负两个输出端,例如 ECL 电路。有的半导体逻辑器件,从它取得负输出比取得正输出反而方便。因此,从硬件角度来说,倒相不算一个逻辑级,很难划一规定。

1. 单级预处理亚全直接逻辑型多位加法器的设想

按 $x_iy_i=a_i$，$\overline{x_iy_i}=b_i$，$x_i\overline{y_i}=d_i$，$\overline{x_i}y_i=e_i$ 进行逻辑预处理，则式（3）可改写为：

$$S_1=a_1C_0+b_1C_0+d_1\overline{C_0}+e_1\overline{C_0}，$$

$$S_2=a_2a_1+a_2\overline{b_1}C_0+b_2\overline{b_1}+b_2\overline{b_1}C_0+d_2b_1+d_2\overline{a_1}\overline{C_0}+e_2b_1+e_2\overline{a_1}\overline{C_0}，$$

$$S_3=a_3a_2+a_3\overline{b_2}a_1+a_3\overline{b_2}\overline{b_1}C_0+b_3a_2+b_3\overline{b_2}a_1+b_3\overline{b_2}\overline{b_1}C_0+d_3b_2$$
$$+d_3\overline{a_2}b_1+d_3\overline{a_2}\overline{a_1}\overline{C_0}+e_3b_2+e_3\overline{a_2}b_1+e_3\overline{a_2}\overline{a_1}\overline{C_0}$$

$$\cdots\cdots \tag{4}$$

为判 $S_k=1$，k 位共有四个可能值，即 $a_k=1$，或 $b_k=1$，或 $d_k=1$，或 $e_k=1$；每一可能值有 k 个组合，但当 $k=n+1$ 时，仅有 $b_{n+1}=1$ 一种情况。在构筑加法器时，每式需一个或门和相应的与门，对应于每项，但 S_{n+1} 的第一项为 a_n，不需与门。总计门数为 $2(n+1)^2+4n-1$。其中 $4n$ 门为预处理所需门数。因为增加了一级预处理，所以成为三级逻辑。这样就用付出增加一级逻辑的代价，换得门数从按几何级数随位数递增减少为按算数级数递增。图 2 表示一级预处理的亚全逻辑型四位加法器的举例。这个加法器共用 65 门，输入端中最大负载为九个，需要一个 16 个输入端的或门，这是逻辑器件有可能实现的。位数再多时，实现的困难较大。

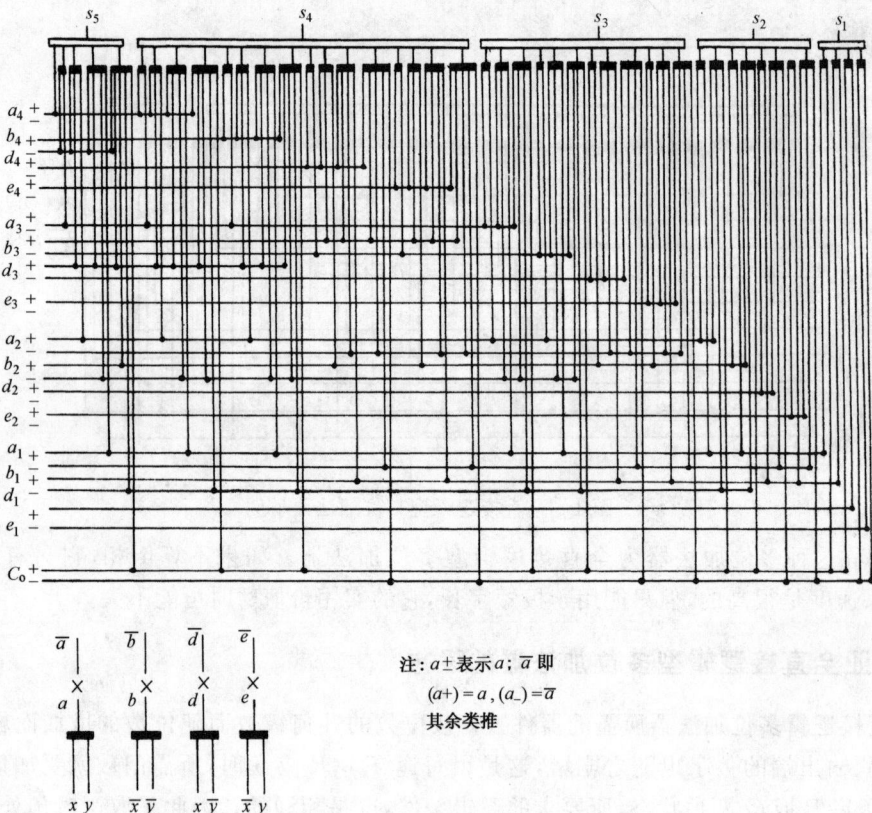

图 2　亚全直接逻辑型一级预处理四位加法器举例

2. 两级逻辑预处理的亚全直接逻辑型多位加法器的设想

对 a_i 和 b_i 进一步处理，令 $a_i+b_i=\gamma_i$，则 $\overline{a_i+b_i}=d_i+e_i=\overline{\gamma}$。式（4）可以进一步简化为：

$$S_1 = \gamma_i C_0 + \overline{\gamma_1}\,\overline{C_0},$$
$$S_2 = \gamma_2 a_1 + \gamma_2 \overline{b_1} C_0 + \overline{\gamma_2} b_1 + \overline{\gamma_2}\,\overline{a_1}\,\overline{C_0},$$
$$S_3 = \gamma_3 a_2 + \gamma_3 \overline{b_2} a_1 + \gamma_3 \overline{b_2}\,\overline{b_1} C_0 + \overline{\gamma_3} b_2 + \overline{\gamma_3}\,\overline{a_2} b_1 + \overline{\gamma_3}\,\overline{a_2}\,\overline{a_1}\,\overline{C_0}$$
$$\cdots\cdots \tag{5}$$

产生 a_i、b_i、d_i、e_i 和 γ_i 的预处理器,每位只要三个门加上必要的倒相过程。图 3 是两级预处理亚全直接逻辑型四位加法器方案的举例。每个多位加法器需要 $n+1$ 个或门和 $n(n+1)+n$ 个与门另加预处理的 $3n$ 个门。共需 n^2+6n+1 个门。预处理器中最多负载为 5 个,有一个或门需要接受 8 个输入端。这都是很容易达到的。四位加法器所用总门数为 41 个。要构筑一个六位加法器,还是有可能的。位数再多,暂时就较困难了。

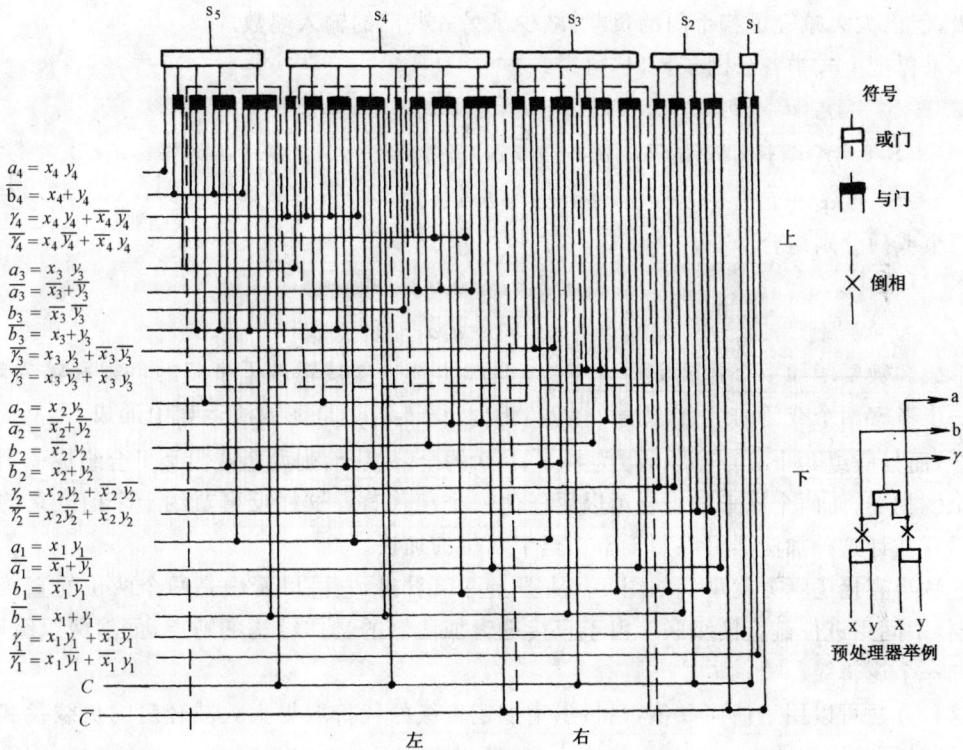

图 3　两级预处理亚全直接逻辑型四位加法器举例

三、直接逻辑型加法器原理变动运用的设想

各种直接逻辑型加法器虽然只适于很短字长,但是它可以达到高速度。可以设想,变动地运用直接逻辑型多位运算原则,可以发挥它的优点,克服它的缺点,以付出增加少数延迟级数的代价,取得用于各种通常需要的字长,并可能达到较高的性能-经济效果。以下举两个例子说明这个问题。当然,变动运用还可以采取许多其他的方式。

1. 一种半直接逻辑型运用方式

现在我们考察一下式(5)。假定是一个四位加法器,将全式列出(参考图 3)。将 S_3、S_4、S_5 的各项中含有 a_2、b_2、a_1、b_1、c_0 及其各反值的各项分成两个因子,见下式

$$S_3 = \gamma_3 (a_2) + \gamma_3 (\overline{b_2} a_1) + \gamma_3 (\overline{b_2}\,\overline{b_1} c_0) + \overline{\gamma_3}(b_2) + \overline{\gamma_3}(\overline{a_2} b_1) + \overline{\gamma_3}(\overline{a_2}\,\overline{a_1} c_0)$$

$$S_4 = \gamma_4 a_3 + \gamma_4 \overline{b}_3 (a_2) + \gamma_4 \overline{b}_3 (\overline{b}_2 a_1) + \gamma_4 \overline{b}_3 (\overline{b}_2 \overline{b}_1 c_0) + \overline{\gamma}_4 b_3 + \overline{\gamma}_4 \overline{a}_3 (b_2) + \overline{\gamma}_4 \overline{a}_3 (\overline{a}_2 b_1)$$
$$+ \overline{\gamma}_4 \overline{a}_3 (\overline{a}_2 \overline{a}_1 \overline{c}_0)$$

$$S_5 = a_4 + \overline{b}_4 a_3 + \overline{b}_4 \overline{b}_3 (a_2) + \overline{b}_4 \overline{b}_3 (\overline{b}_2 a_1) + \overline{b}_4 \overline{b}_3 (\overline{b}_2 \overline{b}_1 c_0)$$

例如 S_3 中均 $\gamma_3 a_2$ 分解成 γ_3 和 (a_2) 两个因子。S_4 中 $\gamma_4 \overline{b}_3 \overline{b}_2 a_1$ 分解成 $\gamma_4 \overline{b}_3$ 和 $(\overline{b}_2 a_1)$ 两个因子。

其余类同,在上式中各项均用圆括号表示分解的因子,这样的项共有十五项,其中圆括号之前的因子仅有 $\overline{\gamma}_3$,γ_3,$\gamma_4 \overline{b}_3$,$\overline{\gamma}_4 \overline{a}_3$,$\overline{b}_4 \overline{b}_3$ 五种形式,圆括号中仅有 a_2,b_2,$\overline{b}_2 a_1$,$\overline{a}_2 b_1$,$\overline{b}_2 \overline{b}_1 c_0$,$\overline{a}_2 \overline{a}_1 \overline{c}_0$ 六种形式。这样如先将圆括号中的六种形式用与门做预处理,然后再分别与圆括号前的相应的因子合并组合,则只要增加四个与门,不增加逻辑级就能形成相应的和数,逻辑级仍为四级,但已大大减轻了若干门的负载,减少了另一些门的输入端数。

如果再把上式中各公因子提出,可得:

$$S_3 = \gamma_3 (a_2 + \overline{b}_2 a_1 + \overline{b}_2 \overline{b}_1 C_0) + \overline{\gamma}_3 (b_2 + \overline{a}_2 b_1 + \overline{a}_2 \overline{a}_1 \overline{c}_0)$$
$$S_4 = \gamma_4 a_3 + \gamma_4 \overline{b}_3 (a_2 + \overline{b}_2 a_1 + \overline{b}_2 \overline{b}_1 c_0) + \overline{\gamma}_4 b_3 + \overline{\gamma}_4 \overline{a}_3 (b_2 + \overline{a}_2 b_1 + \overline{a}_2 \overline{a}_1 \overline{c}_0)$$
$$S_5 = a_4 + \overline{b}_4 a_3 + \overline{b}_4 \overline{b}_3 (a_2 + \overline{b}_2 a_1 + \overline{b}_2 \overline{b}_1 c_0)$$

再用两个或门分别组合

$$a_2 + \overline{b}_2 a_1 + b_2 b_1 c_0 \text{ 和}$$
$$b_2 + \overline{a}_2 b_1 + \overline{a}_2 \overline{a}_1 c_0$$

这样形成和数要增加一个逻辑级——五级,但却能进一步减轻若干个门的负载和输入端数。再进一步考察两个或门的组合,则第一组 $a_2 + \overline{b}_2 a_1 + \overline{b}_2 \overline{b}_1 c_0$ 是在加法运算中形成 $S'_3 = 1$ 的全部组合,而另一组 $b_2 + \overline{a}_2 b_1 + \overline{a}_2 \overline{a}_1 c_0$ 为判 $S'_3 = 0$ 的全部组合,则两个或门又可合组成一个或门和一个倒相器,而两个原来的组合可以用任何一个组代替。这样反可节约十个门。总的节约七个门。估计这种加法器可以用于十二至十六位的加法。

这种半直接逻辑方案举例如图 4。从图上可以看出,它可以看做是两个两位的直接逻辑加法器,中间用进位链直接级联。由于直接逻辑加法器的具体结构的特点,虽然两组级联,却只增加一个逻辑级。

这种办法可以用于任何 n 值,以付出增加逻辑级的代价取得大大减轻门的负载量和输入端数,同时可节约门数。

参阅图 3,虚线分成上下两大区。上区又分 5 个小区,每区内的逻辑因子都是各自相同的。

下区又分为左右两区,左区均类同于右区内的六种组合。这样对以上的各种合并过程更易于理解。

这种分区合并的办法当然也可以用于其他直接逻辑型加法器,并且不限于两个等分区。

2. 对于更长的位数,可以考虑以各种直接逻辑型加法器为基础组的分组组合方案。这样就恰是利用了它的优点,避免它的缺点。这不但可能改善多位加法器的性能-经济效果,而且有可能部分地制成标准模块,这样更适于当前发展集成电路的方向。

MacSorley 叙述的先行进位原理(Carry Look chead)(见 PIRE, Jan. 1961, p47)用于基础组间的联接是颇为理想的。按他原著的方案,以"单原方案"为例,最长逻辑键是从一组的 x,y 到另一组的和位的某位,逻辑链长达十级(不计算倒相),主要存在于组内逻辑过程,采用直接逻辑基础组正好可以改进这一情况。

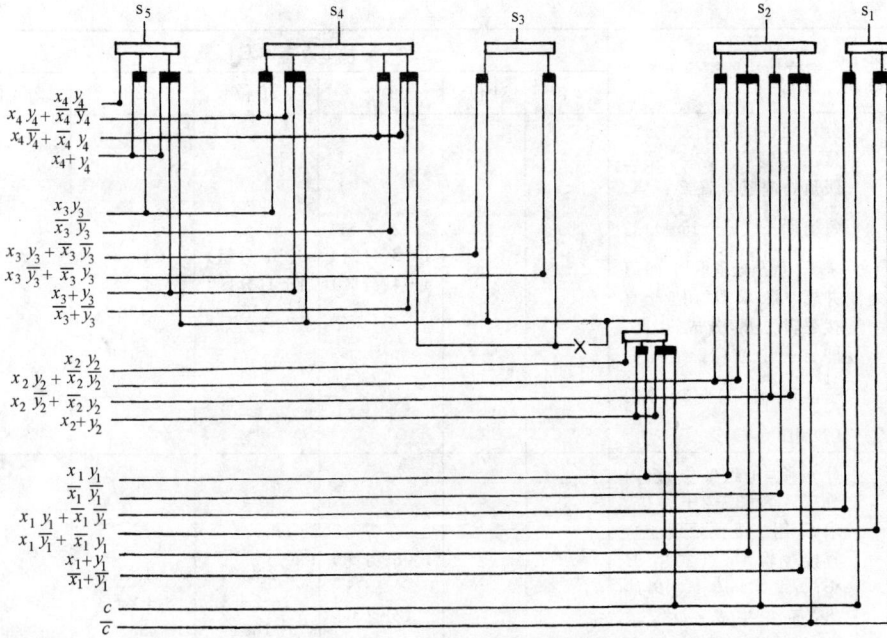

图 4　半直接逻辑型多位加法器举例

表 1 概括了各种从直接逻辑判断原则衍生的几种多位加法的情况。其中第 5、6 两种就是这种分组的混合逻辑方案。因为采用直接逻辑各方案后，本组内从 x, y 到 S_k 的链相对较短，因之可以把它的逻辑级数拉长，和最长链看齐，从而节约一部分器件，但从前一组得来的进位到 S_k 还要保持两级。拉长的方法即以前一段所叙的分区方法为基础，但上半求 $S_{\frac{n_0}{2}+1}$ 至 S_{n_0} 时每位要加两个与门，使 c_0 能够经过两级逻辑到 S_0 同时，联系两个区之间的逻辑链，可以省去含有 c_1 的组合。这两种多位加法器的具体构成请参阅图 6 至图 8。

表 1

	逻辑级数	多位加法器逻辑方案	分组方案及总门数					
			2 位	4 位	8 位	16 位	32 位	64 位
1	2	全直接逻辑。共用 $5 \times 2^{n+1} - 3n - 8$ 门	26	140	2528	$\sim 4.6 \times 10^5$	$\sim 4.5 \times 10^{10}$	$\sim 3.5 \times 10^{20}$
2	3	亚全直接逻辑，一级预处理。共用 $2n^2 + 8n + 1$ 门	25	65	193	641	2305	8705
3	4	亚全直接逻辑，二级预处理。共用 $n^2 + 6n + 1$ 门	17	41	113	353	1217	4481
4	5	亚全直接逻辑，二级预处理，等分二区。共用 $\frac{n^2}{2} + 6n + 2$ 门		34	82	226	706	2434

	逻辑级数	多位加法器逻辑方案	分组方案及总门数					
			2 位	4 位	8 位	16 位	32 位	64 位
5	6	分 m 组,每组 n_0 位等分二区,混合逻辑。求 S_k 用二级预处理亚全直接逻辑。每组用 $\frac{1}{2}(n_0^2+15n_0)$ 门;求 T^* 从预处理取出,每组并成一路;求 D^* 亚全直接逻辑方案,分成 n_0 路,即省一个或门。组间用 $\frac{1}{2}n_0 m(m-1)+3m$ 个门(参阅图 6,7)			1×8(分组) 4+4(分区) 95	2×8(分组) 4+4(分区) 198	4×8 4+4 428	8×8 4+4 984
6	7	分 m 组,每组 8 位,组内分三区为 (3+2+3) 位。求 S_k 用二级预处理亚全直接逻辑,每组共用 91 个门;求 T^* 从预处理取出,每组并成一路,求 D^* 用亚全直接逻辑方案,并成一路,组门共用 $\frac{1}{2}m(m+5)$ 个门			1×8(分组) 3+2+3 (分区) 94	2×8 3+2+3 189	4×8 3+2+3 382	8×8 3+2+3 780

$\quad *\quad T=\bar{b}_1\cdot\bar{b}_2\cdots\bar{b}n_0; D=a_{n_0}+\bar{b}_{n_0}a_{n_0-1}+\cdots+\bar{b}_{n_0}\cdot\bar{b}_{n_0-1}\cdots\bar{b}_2 a_1$

图 5 表示出在各种字长位数下,是怎样以付出少量的延迟级数的增加,换得大量节约门数。设计者可以根据具体情况选择不同的逻辑级数,不同的方案。按 MacSorley 原文方案,如采用单层方案,64 位加法器要用 2500 多门。也能达到 6 级逻辑,但是门负载和输入端都多得不得了。

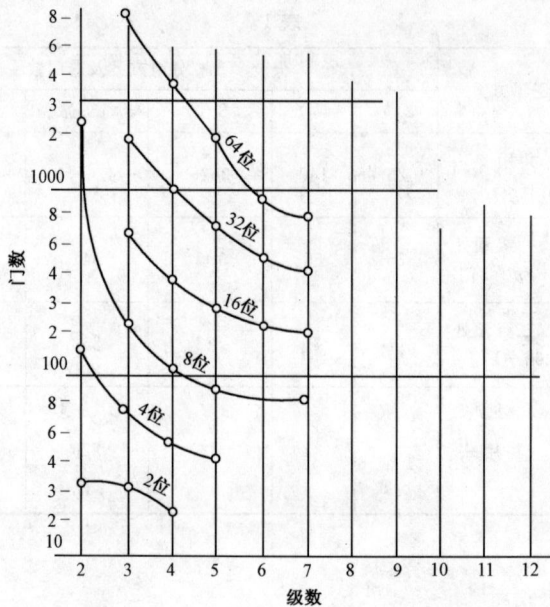

图 5

相比之下用表列第 5 方案只需 841 门。若按 MacSorley 的二层方案,则可减到略少于 800 门,但要付出再增加四个逻辑级的代价。从此可见直接逻辑判断原理用于改进每位加法器,只要使用得当,不仅可以提高速度,而且可改进经济效果。图 4 中也标出了几个对比方案的点,相比之下,可以明显看出直接逻辑判断原则应用于多位加法器的优点。

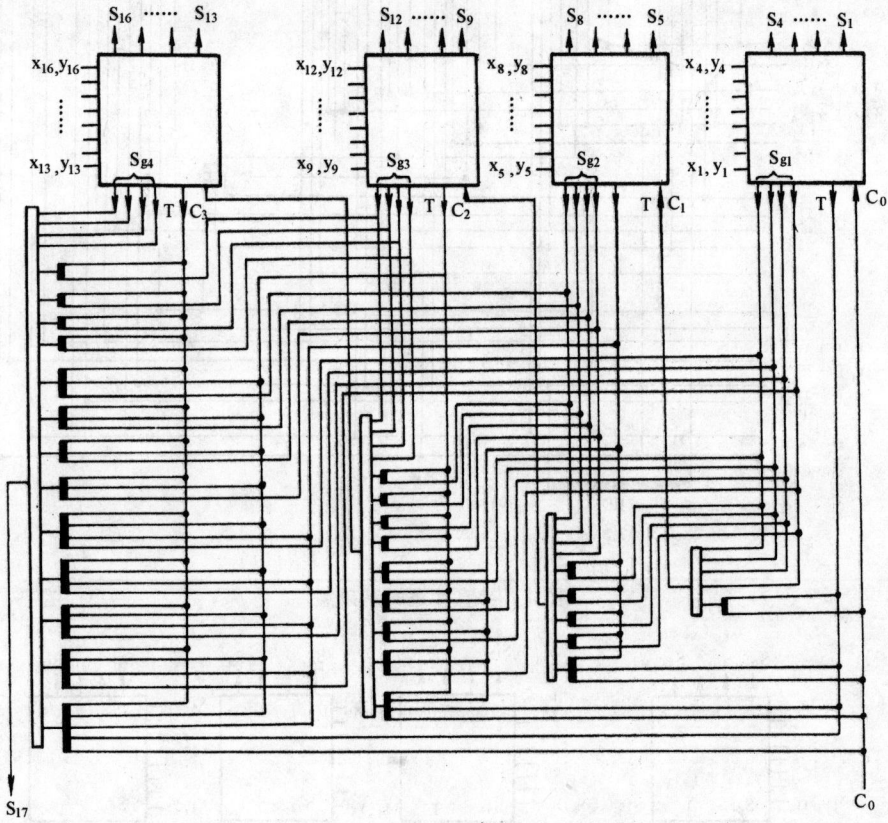

图 6　六级逻辑加法器(16 位)举例

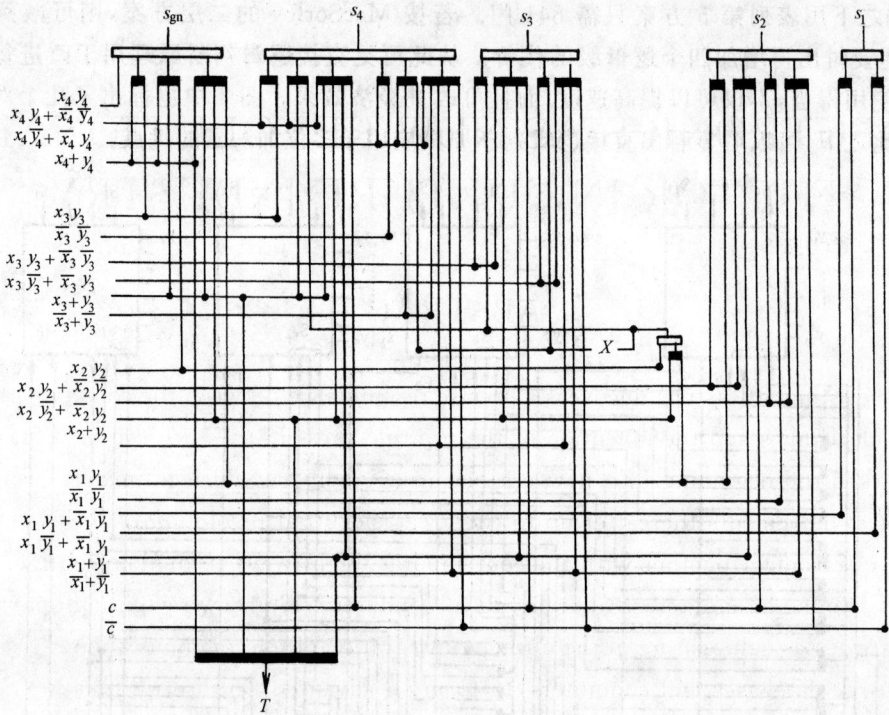

图 7　半直接逻辑基础组

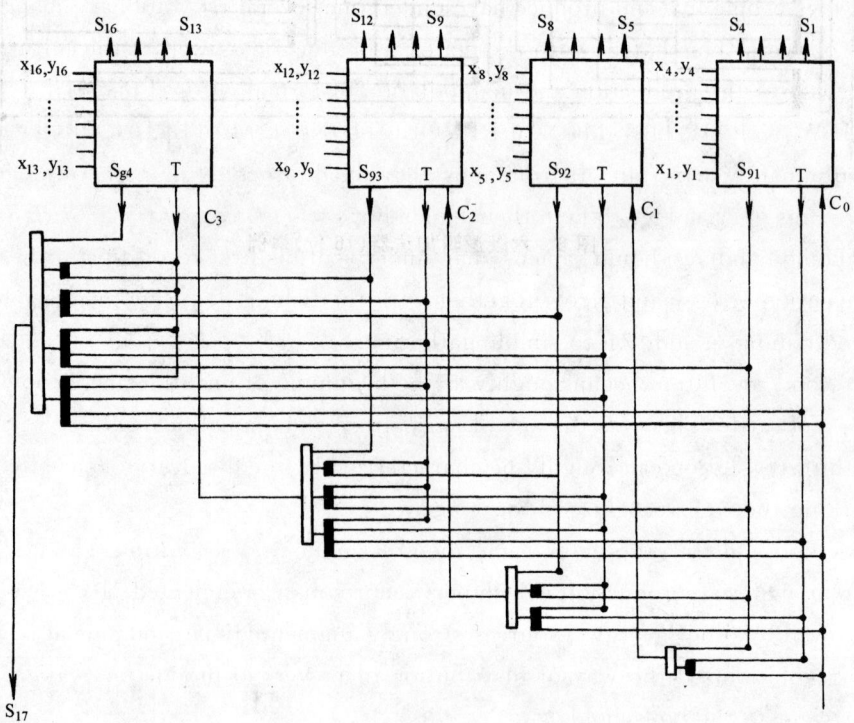

图 8　七级逻辑 16 位加法器举例

ELECTRONICS AS NEW REVOLUTIONARY FACTOR IN CULTURE INDUSTRY

ABSTRACT

A brief study of history uncovers a precise resemblance between the contemporary emergence of electronics and the invention of the printing press in the 15th century. The printing press marked the beginning of a new era of culture industry which ultimately promoted all major social movements thereafter up to the great indrutrial revolution of the 18th century. Now the electronics, together with the contemporary light wave technology, is flourishing to mark the opening of another great era of culture industry. This new revolution, spanning over three centuries, is culminating in the ultimate integration of telecommunication, television, extremely large databases and computers, to form an advanced Culture Information System of both global and personal nature. The appearance of human culture life will be totally transformed and will become far more magnificent than it is now.

The ways people live and produce have undergone several revolutionary changes through thousands of years. This is true with the material production as well as the culture industry, i. e. the activity of the production and manipulation of formal cultural material.

REVIEW of the EVOLUTION of REVOLUTIONS in MATERIAL PRODUCTION

When human beings split off from apes, they lived principlly by gathering natural products using clubs and pebbles to help their hands but little man made tools. During the transition from homo habilis to homo sapiens, man underwent his first revolution of the way of living: the invention of bow-and arrow together with the fishing net. Now man began to live by hunting and fishing in addition to simple gathering.

The second revolution began roughly at the beginning of neolithic age. People learned to raise grain and cattle. This was the age of agriculture and animal husbandry.

The third revolution can roughly be characterized by the discovery of the effective use of metal, marking the well recognized bronze age.

A few thousands of years later, came the great industrial revolution. Ths was the fourth revolution in material production. Machinery enormously augmented the power of tools. Steam followed by other energy resources strongly augmented man and animal power. Later, electricity revolutionized the way of distribution of power, so production was made flexible and power went to the household.

The fifth revolution in material production is no less great than the fourth. It is marked by the greatest augmentation yet: control technology, especially automatic control of feedback and intelligent categories. People can now avoid direct operation of machines. Instead, people control through controllers and the latter operate the machines which in turn manipulate the tools. Consequently, the productivity of man will be further multiplied by many folds.

HISTORY of the DEVLOPMENT of PRODUCTION in CULTURE SPHERE

Material production, the substantial aspect of human life, determines the culture, the cerebral aspect of human life. However, one should note that: Culture consists of in one part, the science, technology, literature, fine arts etc. and in another part the superstructure, the social structure, the ideology, the mental state etc. . These counteract upon the material aspect with great potential. Culture is indeed essence of human life.

Then we should observe that, along with the evolution of the way of production of physical subtances for living, culture production has also undergone tremendous transformations. The development in these two spheres strongly interactsupon each other to push foreward the progress of both. Although culture can only originate through cerebral activity, its production has to rely upon physical implements to be carried out. Definite evidence of the revolution of production in culture can be observed in correspondance to the revolutionary changes in production of physical substances.

During the first revolution in material production, besides the use of natural organ and to gestures to collect, to express, to memorize and to exchange concepts and ideas, people developed a very primative spoken language.

Parallel to the second revolution, Somewhat devloped spoken language appeared and likewise symbols, patterns and rock paintings, the use of string knots for memorization such as the quipu of Incas.

When entering the bronza age, a great advance was evidenced by the appearance of rather complete set of ideogramsas well as the alarm beacon and horse post in China. The trade and urban culture became conspicuous, although they did appear long before this age.

Preceeding the great industrial revolution, was the invention of the printing press. This was indeed very great revolution in the field of culture prduction technique. Ths was followed by a series of great events in the history of the west: the Renaissance, the reformation, the scientific revolution, the English revolution, the Enlightenment and eventually the Great Industrial Revolution and the French Revolution. One can imagine, how silent and gloomy the present world would be if the press should not have been invented. The art of printing existed in China for a thousand years, but for a long time it only remained as a workshop scale production. It did promote the development of the grand culture of China but did not give rise to anything revolutionary.

The AGE of ELECTRICITY and ELECTRONICS——REVOLUTION in INFORMATION MANIPULATION and CULTURE PRODUCTION

In the transition period between the 19th and the 20th century, decades before the automation age began, was the birth of electronics as a great revolutionary factor in the new epoch of culture industry. This age is frequently referred to, rather descriptively but not precisely as the information age.

This age is indeed a revolutionary age of the culture industry, the cause dealing with the materials of culture. It is also precise to designate it as an age of revolution in the manipulation of information. However, one should not in any degree restrict information to serve only trade and industry. By far, information is composed of, very substantially and much more significantly, culture materials. Information manipulation by electronics means is exhibiting enormous power to promote automation and to enhance the effectiveness of trade and industry. However, it exhibit no less enormous power in accelerating culture development. This latter in turn, through magnifying the mental power, multiply the productivity in the mateial industry, showing a distinct"second power"effect upon the automation.

The invention and commercialization of the telegraghy around 1840 marked the pregnancy of electronics. One may observe that motors and dymamos appeared decades later and power plant even still later, so that telegragh was the authentic forerunner of the great event of electrification.

Telecommunication led the way in the development of electronics. Electronics took its proper shape through the invention and implementation of, respectively, telephoy, radio, electronic tubes, broadcasting, television etc. Then radar, the microwave, pulse and digital technology and the computer came to the stage. The invention of the transistor brought electronics to its adolescence.

Now electronics together with contemporary light wave technology, through the implementation of solid state integrateg circuits, satellite communication, microprocessors, fiber optics, as well as the advance in surface mounting techniques, psycho-ergonormics, image processing etc. , has acquired all the essential elements for its maturity.

One may note in the passing that, although electronics is omnipotent in the field of information technology, it has also great potential in manipulating directly material and energy, only somewhat to a lesser extent.

The RISE of ADVANCED CULTURE INFORMATION SYSTEM, ACIS——ACIS's REVOLUTIONARY SERVICES

Electronics is still developing with great speed and energy, perhaps reaching full swing by the first quarter of 21st century. Representing this outstanding era in the cultural sphere will be an Advanced Cultural Information System, tentatively designated as ACIS.

With ACIS, before the user, there will be a highly integrated terminal with high definition video display and high fidelity audio, together with video pik up, microphone, graghics capability, halftone and color scanner, keyboard, mouse input, recording aggregate, local printing press etc. . Such a terminal will be backed by a local intelligent system which will allow the used to interact with the ACIS most flexiblly, may be by voice directly. The user may thus perform local computation, wordprocessing and editing, charecter and pattern recognition, retrieval of local files, voice recognition, real time or off-line machine translation etc. The display will come in varous sizes from giant to micro or even with eyeglass screen, with high definition and color quality, and will be thin and stereoscopic and possibly space-3D. Smaller terminals, from laptop to palmtop, with limited capability will also be available for portable use in different environments, permiting access in car or on road.

Through this integrated terminal the user will be enabled to obtain access to any of the following services:

Fine arts creation facilities: For the composition, design and creation of music, perfoming arts, costumes, stage settings, paintings, sculpture, motion pictures, cartoons etc. One may put in a draft, then have it displayed or rehearsed and revise at will, just as the word processor is used now in writing.

Aids to authorship: Writing of academic papers, novels, plays, prose, poetry etc. One may call remote archives or retrieve from local files for references. An advanced multi-language machine translation system will be at the author's command.

Assistance to scientific and technological work and engineering projects: The computing power of remote giant computers may be made used on demand. Experiments may be carried out by means of vitual reality. Engineering projects may be optimized by computer simulation. Scarce data and materials may be sought out from local or remote databases.

Electronics library and archives: major collections of all ancient, classical, modern and contemporary writings and publications. Indexing will be provided to any part, any sentence or any key-word with ease of access.

Electronic stage: this include plays, operas, ballets, movies, TV shows etc., may be also sport events, celebrations and anything alike. One may enjoy either current performance or any renowned historical ones stored in the system.

Printing and publishing: Type-setting, editing, printing and distribution will all be possibly carried out in the author's own house. Publishing may be directly to the readers through the ACIS or indirectly by means of any compact recording media.

Electronic museums, electron galleries, electronic exhibitions and electronic tourism: precious exhibits, scenic spots, historical places, ancient relics etc., coupled with authoritative and vivid explanations and commentaries oral or written, may be enjoyed at one's home through the terminal, as if attended personally.

Electronic and tele-education: People will listen and learn at his home as if attending the classes. This will be interactive, i. e., conversing with the lecturer is possible. Enormous number of courses will be offered in all specializations and for all grades. Class times will be most flexible and one may choose among different lecturers.

There will be enormous number of possible services. What enumerated above are the least but not the last. The system will be global. The service will be most personal.

PHYSICAL CONSTITUTION of the ACIS——SUB—SYSTEMS

The terminals may be considered a sub-system as a whole and represent the users' end. However, in addition, the System consists three other sub systems of tremendous size. These are:

Extremely large number of video and audio pickup aggregates as well as studios for the preparation of the "progamme materials" for the System.

Extreme large scale of networking and switching systems with very large bandwidths and most flexible connections to huge number of users as well as very numerous and complex database systems.

Besides the four sub — systems, there will be another system, somewhat detached from physical connection but indispensible to the System. This is the system used for dealing with the recorded programme materials, e. g. the CD production and distribution as well as the laser disc, CD-ROM and likwise forthcomming ones. The software part of the work, considering the hugeness of the System and the sub — systems, will be tremendous in amount and extremely involved.

ACIS, together with the mental work involved in producing the formal cultural materials, will constitute nearly the whole of the culture Industry. As appeared some elsewhere, it has been estimated that the so denoted 4th industry, the informational industry, emloys aroud half of the total labor force in certain most developed county. In parallelism to this, we may anticipate that the labor force involved in culture industry, including those relevant to the hardware, the soft ware, the manufacturing and implementation, the maintenance, operation and service as well as the cerebral part, will share the total labor force evenly with the rest part in significant part of the world.

PERSPECTING the IMPLEMENTATION of ACIS——PREPAREDNESS, STEP by STEP, SELF—SUPPORTED DEVELOPMENT POSSIBLE

Worldwide many prominant subjects in electronics are going on flourishing. Multi-media is currently a hot spot in computer sphere and likely the same in telecommunication, television and broadcasting fields. Information superhighways have been initiated with great animation. Advanced digital HDTV soon will reach its maturity. CD-ROM publication have shown fast development. Global personal communication systems are planned. B-ISDN and broadband switching have notable advance. Satellite communication and optical fiber transimssion are continuously enhancing their capability and coverage. CATV, especially the interective system is developed remarkably and tends to merge with telecommunication.

All of these developments are paving the way towards reaization of ACIS. Hence the new age of Production in Culture is here. One may expect that all of the pertinent individual technology issues will be resolved before long. However, new issues will arise and be uncovered in the process of integrating into the ACIS system. The resolution to such problems will need time . But the most concerned issue will be the reliance upon economic growth. A huge investment is necessary for the entire implementation.

Nevertheless one may expect to implement the ACIS step by step till its full accomplishment. To realize its advantages stepwise will also be possible and desirable. The whole system will be divided into functional portions or sub — systems and put together piece by piece. It will also be possible to start with singular small areas and let their number and areas to grow time by time until the globalization. the variety of services may grow from simplex to multiplex and then to complex. The actual realization will follow a combined strategy. In each stage of development. a part of the advantage will be realized and enough profit should be derived to speed up the next step. Culture activity will be enhanced there from continuously and the first return from the system integration will be realized at the transcentury period. Significant entirety of ACIS will occur by thd first third of next century.

　　This whole course of development，form the commercialization of telegraghy to the ACIS completing its first integration represents a great revolution in culture industry. It will span over three centurise for it to be accomplished. It is the accompanying great event to the automation revolution in the material industry.

（此文刊于 1994 IEEE National Telesystems Conference）

ON THE THEORY OF SALIENT POLE ALTERNATORS WITH ELECTROMAGNET AND WITH PERMANENT MAGNET EXCITATIONS

Thesis by

Peilin Luo

The thesis was prepared 50 years ago. The research was carried out with tools available by that time. Since then computer technology has been tremendously developed. The same subject may now be easily resolved by computer simulation. Thus, It seems appropriate to present herewith only the section abstracts.   November, 2002

In Partial Fulfillment of the Requircments

For the Degree of

Doctor of Philosophy

Califomia Inotitute of Techuolcgy

Pasndene, Californie

1951

ABSTRACTS

I   The SYNCHROHOUS REACTANCES OF ALTERNATORS WITH PERMANENT MAGNET EXCITATION AND ALTERNATORS WITH SKEWED ARMATURE SLOTS: The method for calculating the two reactances of salient pole alternetors with permanent magnet excitation has been developed. Owing to the presenoe of the megnets, the direct axis armature reactanc bas been found to be much smaller than in eleotrmagnet excited mechines of similar sizes. The quadreture axis reectancs is thus fcund to be likely the greater of the two.

The influence of skewing the armoture slots has been studied both for electromagnet exoited and permanent magnet excited machines. It has been found that the genoral influence is to decrease the armsture reaction reactabccs and to increase the leakage reactances. The influence upon the total reactences is to a certain extent to reduce the difference between the reectances along the two axes. Formulae are given for both types of excitoticn.

The practical correctness of the formulse when saturation is not appreciable has been confirmed indirectly by comparing calculated and tested regulation curves of two existing machines.

II   THE CARDIOID DIAGRAM METROD OF DETERMJNING THE VOLTAGE REGULATTON OF SALIENT POLE ALTERNATORS AND THE LOAD VOLTAGE INCREASE PHENOMENON IN ALTERNATORS WITE PERMANENT MAGNET EXCITATION: A graphical mothod has been developed for rapidly determining from two reacdtances the regulatlon of alternators for a wide range of power factor. The same nethod is ueed to study the performance of alternators with permanent magnet excitation. The study shows that it is possible to develop a system applicable to uniform rising regulation curves over a wide runge of power factors fron unity to that due to purely inductive load.

III   THE OPTIMM PROPORTIONS OF THE FIELD STRUCTURE OF PERMANENT NAGNET EXCITED ALTERNATORS: The optimum design of the field structure of permanent magoet excited alternators with specified lengthe of air gap and atability has been obtained for two types of probleme; viz. ,1) when given space, to find the required maximum flux density in the air gap, and 2) when both spece and the air gap flux density are known and the requirement is minimum weight of the megnets. A mothod of specifying the stability of the excitation magnete has been suggested.

It has been shown that appreciable improvements are possible for many existing designs.

第 八 部 分

回忆、自述、心迹、纪念文章

早期在王诤同志领导下的二三事

（2003 年 4 月）

我是在 1938 年才参加革命工作的，所谓早期不过是那个时期。

八一三时我在上海，从大学毕业已有了两年多，有一些实践的经验了。抗战时迁厂到武汉，我随厂去了。在武汉亲眼看到南京陷落后国民党政府官员在撤退到武汉时的狼狈形象，使我对他们非常失望，感到再不能随他们迁四川了。我就向厂方辞去工作，想方设法去延安参加抗日。

使我产生这个念头，当然是在那个民族危亡的险峻时刻，对国民党绝望产生的一个决定，具体说还有些因素。如同学杨锦山常来我处，说到几位交大同学都准备到延安，其中有周建南，孙以德（孙友余）等等（锦山生病和他的对象沈栋臣，沈的姐姐沈碧澄三人滞留未去）。这起了很大促进作用。还有在校时进步同学对我的影响和阅读一些进步书籍，使自己具有一些朦胧的革命倾向。

到了西安以后写封信给十八集团军办事处伍云甫同志，出乎意料的是林老（林伯渠）接见了我。后来李强同志告诉我，那时他从苏联回来暂往在西安办事处。林老给他看了我的信，他说这人有实际经验，于我们工作有用。所以林老和我谈后就决定我去延安，说是"去参观"。这时间是春节过去不久。

我确是老老实实只是作为参观去，仅带了随身一点东西，因为不知是否会留下工作。

在延安住在副官处招待所。先有一位同志来谈谈技术问题，后来知道他是陆亘一同志。以后王诤同志来看我，告诉我军委三局是管通信的，他是局长。他又了解了我的经历和来延安的动机，然后就决定我留下工作。现在回想我那时思想太幼稚了，我说我要回西安和朋友们告别，还要取衣物，特别是一箱书籍，几天后就回来。王诤同志同意了我的要求。

由于来回就要六天，一时还没有车，实际十多天才回到延安，到清凉山脚一个大窑洞里的军委三局报到。王诤同志一见面就说，"别人说你不会来了，我说你一定会来，你这不是回来了！"这几句亲切的话使我十分感动。虽然只是短短一次会面，他已经了解我的思想情况了，并且给予这样高度的信任。

这就是我的革命航程的开始。

三四月里，我就在清凉山脚下小院中朝南的一间小房里住下，每天到三局总部去吃饭。同桌的有王诤局长、李强同志和王子纲同志。吃小米干饭，素菜，有时有一点肉。他们三位有时喝一点小米酒。我那时因为抗战，和几个朋友及我的爱人（按现在的语言是"对象"）相约不喝酒，就没有参加，只是看他们喝。在不到两个月中，我在李强指导下做一点实验工作，在鲁艺听了成仿吾的俄文课。

四月下旬，在盐店子村成立了通信材料厂。由段子俊同志任厂长，我任工程师。段抓全面，我负技术和生产的责任。后来孙以德和钱文极来了，一起参加技术和生产。1939 年初，段调去中央，王诤同志自兼厂长每一周或两周来厂一次。在他不在厂时，由钱、指导员童铣和我三个人商量着办事。孙去了通信学校。

1939年六月，日军陈兵河东，胡宗南在陕中蠢蠢欲动，马鸿逵要假道延安东上抗日，边区处在四面包围之中。中央决定疏散一下，一部分去大后方，一部分到前方，一部分留在延安。总政组织部决定我去大后方。在临行以前一个晚上，我到清凉山半山老陈明窑洞里向王诤同志告别。我向他表达我此刻的心情。我说当然是组织上决定我去大后方，但我心里是愿意的，因为我的"情侣"正从沦陷区到重庆，我到大后方就可以相会了，这是我的私心。他表示理解，并要我到后方去后，到了什么地方，要设法联系。我再一次感到十分亲切。一路延滞，我到十月，才到重庆，很快和南方局取得联系。我向董老（董必武）汇报了途中情况，并请他在适宜的时候告知王诤同志，我已到重庆并和组织联系上了。

1971年初，我和王诤同志曾同在干校一个组里。有一次，只有我们两人时，他告诉我当年何以叫我去大后方：你当初曾在桂系的无线电厂工作，当时情况你自己都说了，是直率的。我们从你平日表现，是了解你、信任你的。然而经过在广西的地方工作部门去了解你，回电说在广西出现了一个反动派叫王公度，请你们了解一下，罗和他有没有联系。这样，组织上就决定你去大后方检查和锻炼了。这个谈话也说明他对我是始终坦诚相待的。那个王公度，我连名字也没有听说过。

我在1950年从美国回来。从报上已知道他任邮电部副部长，在重庆领导我的徐冰同志任北京市市长。还有一个同志丁缵在科学院。我当时不知道和别人如何联系，就到科学院去看丁。在那里遇上了钱三强同志；他希望我去科学院，我想还是见了老领导们以后再说，但徐冰去大连养病去了。丁就给我联系上了王部长。我到邮电部去见他。他说：听说你准备到科学院了。我心里已有的想法是：产业部门和学术界经常缺乏联系。我做了十几年的工程师，又进修了一些高深的物理、数学等课，应该在这个问题上做些工作。是党培养我去美进修的，回来应为国家为党的事业做出贡献，也许这样更有意义。我还是愿意到工业部门。这样他就说现在正在筹建电信工业局，欲委以重任。我说我只能在技术方面工作。于是我就进入了电信工业局。这决定了我长期在技术行政方面工作。

过了几天，他在全聚德为我接风时说：你在重庆等地工作的情况，刘少文（张明，也曾在地下领导我的工作）经常说到，我们都了解。席间谈起在延安共过事的同志们，得知贾涵牺牲了，黄风午、黄明清都过世了，还说到其他的一些同志的情况，使我不禁思绪万千。这又使我回想到在延安清凉山脚大石窑中最早时期那种了无隔阂的日子，那已是六十五年前的事了。

（此文作者根据1991年稿，于2003年重写）

孙俊人同志和我

（2001 年 7 月 3 日）

刚好两周前的清晨,孙俊人同志安详地离开我们去了,这是出乎我意料的。因为,尽管他隔不久便有小病,但看起来总是精神饱满的,行也孜孜,学也孜孜。但也是有预感的,因为他那个胆管癌症离肝脏太近了,没有多少生理缓冲的余地。然而,总是走得太快了。

俊人同志和我相识有六十几年了。他来到电子工业部做副部长,是我的上级,也三十多年了。他不仅是上级,也是我的朋友、老师,我从他那学了许多东西。

俊人同志知识丰富,头脑敏捷、周密、全面,对新事物敏感,而且平易近人,谦虚。这是人们有目共睹的。我最称赞他的优点:一切为公,特别是他多年领导学会工作,立会为公、民主办会,是很突出的。电子科学与技术是时代的表征,渗透、依托于无数的部门,不能仅靠电子工业。在这方面,他是处理得很好的。他在第十研究院早期,曾和若干学校合办研究室,调动了广大师生的积极性,只是因为社会条件变化,未能坚持,但是在培养科研力量方面起了很大作用。

俊人同志多年来在领导电子/信息的教育、科研方面,起了巨大的作用,贡献累累,胜不胜书。

我和俊人同志是在上海交大同过学的。抗战前夕,我在上海中国无线电业公司做技术工作。他那时还在校学习,彼此曾见到过。抗战初起,八一三日寇进攻上海,我随厂迁去了汉口。他们先后班次的几个同学也来到汉口,一起接头去延安。其中一位和我常见面,告诉我董必武同志已同意几个人同去,其中就有孙俊人同志和周建南、孙以德(孙友余)在内,三人是同班的同学。感谢他们给我的启发——那时我正看到国民党官员、部队从南京败退到武汉,满街扰扰攘攘,狼狈不堪,使我对国民党抗战完全失去信心,只能寄希望于中国共产党。从《西行漫记》和《今日之庶(苏)联》(戈公振著)也懂得了一点道理。但是"去延安,那是很艰苦"的。是这几个同学要去延安的信息,帮助我下了决心。

我辞去工作来到西安,得到林老(林伯渠)的接见和李强同志的促成,我到了延安,当即由王诤同志接受我在军委三局工作,已是 1938 年初了。

周、孙、孙三位已经到了延安,在中央直接管的陕北公学高级班进修。有一天在延河边碰在一起,他们认出了我,以后就常常会面,有时我就到他们居住和学习的窑洞听讲、座谈。他们学习结业后分配到军委三局。我那时在三局通信材料厂(延安)负责技术和生产。孙以德就来到通信材料厂,孙俊人和周建南去了富县督河村通信学校。后来孙以德也调去了通信学校。

1939 年夏天,组织上决定了建南、以德和我去重庆大后方,就和俊人同志分别了。我在通信材料厂还不到一年半,技术人员还有钱文极同志。那是草创的时期,材料、设备都很困难,不过我们还是造了近百部无线电台送到了前方。后来我知道通信材料厂又发展了,俊人同志还做过厂长,还制造了手摇发电机那样复杂的产品。

1948 年,地下党组织送我到美国去学习,在朝鲜战争爆发后赶回来。这时俊人同志已在张家口负责军事通信学院了。1956 年我具体筹办中国电子学会的工作,1962 年学会正式成立,我就常常在他领导之下工作了。

使我十分感到还可相安慰的是,在 1997 年 4 月,由西安电子科技大学安排俊人同志和我两对老夫妇一起访问了延安通信材料厂原址所在的盐店子村,一同回忆当年情况。虽然遗迹已无可寻,却回忆到他住过的一组小石窑洞我也住过。我们还一起瞻谒了黄帝陵和黄河壶口瀑布的壮丽景观。

然而,这一切都过去了,俊人同志走了,使我十分沉痛和惋惜。更使我回想和惋痛的是,当年和他一同去延安参加革命的三个同学,都曾是我亲密的战友和领导,两位已经在年前先后过世了,俊人是最后一位,于今也不在了。

俊人同志,带着你的光荣和未尽的期望,安息罢!

(此文刊于《中国电子报》2001.7.3)

党指引我努力奋斗

（2001 年 5 月 21 日）

1921 年我党建立时，我不过是初小二年级的学童，然而，也不能不感受到国家的灾难和汹涌澎湃的群众运动。小学和中学的时代我都是在爱国主义和新文化运动的影响下度过的。入大学、学电工是继承了父亲的专业——他是中国北方最早的电报生，后来做过北京的电话局局长。因此我很小就接触了电信技术，初中时就参加业余无线电的活动。受学以致用、"实业救国"思想影响，1931 年中学毕业后，我放弃考入清华大学的相当高的名次，而选择了远离家乡的上海交通大学。因为当时清华还没有开办电工系。

刚刚进入大学不久，"九一八"事件发生。才过了年，又是"一·二八"事件，日军侵入上海。那时我在上海一个无线电制造厂工作，亲历了八月十三日日军进攻上海。然后是随厂迁到汉口。紧接着上海、南京相继陷落，汉口也处境危急。残酷的现实使我对依靠国民党抗日几乎绝望，而完全寄希望于共产党。当年也在上海交大读书的好友钱学森曾对我说，中国的政治问题不经过革命是不能解决的，光靠读书救不了国。这几句话在很大程度上影响了自己一生的道路。在民族危亡的关头，我认识到，只有中国共产党才能救中国。于是在 1938 年 3 月来到革命圣地延安，参加了中央军委三局通信材料厂建厂和初期设计生产无线电台收发报机的工作。

延安当时的物质生活是困难的，住窑洞，吃小米，拿很少的生活津贴。朱总司令每月也只有五元。我是工程师，特别优待，每月有二十元。然而许多青年在一起生活、工作，却是亲密、活泼、快乐的，大家团结一致，坚持抗战。当时生产的物质条件也很差，材料缺乏，设备很少，但是我们克服困难，仅在 1938 年底之前，也就是七个月多一点时间，就生产了六十多部电台送到前方。

1939 年，党组织"撒"我到大后方重庆去经受锻炼和考验。在当时的白色恐怖笼罩下，我坚持参加地下党组织的各项活动，努力完成组织委派的任务。当时中共中央南方局领导董必武决定我留在党外做统战工作。1945 年，毛泽东同志到重庆谈判，在红岩村接见了我等 3 位同志，并勉励我们多做知识分子的工作。1947 年，全国解放在即，新中国建设急需技术人才，我党高瞻远瞩，决定派遣一批青年到海外留学。1948 年 9 月，我只身赴美，随身携带的仅有党的地下组织资助的 500 美元。鉴于我的科研业绩，加州理工学院建议我直攻博士学位。我用了 23 个月便完成了课程和论文，直接获得电工、物理和数学专业的特别荣誉衔哲学博士学位（1952 年授予）。1950 年 6 月，朝鲜战争爆发。钱学森与我商量，决定同时回国。我婉谢导师的挽留，坚持回国。钱学森则遭美国政府迫害并被扣押，5 年后才得回国。"万里赴戎机，关山度若飞"，1950 年 9 月我回到北京，投身如火如荼的祖国建设。几十年来，我以沟通产业界与学术界为己任，尽管作用不尽理想，总是尽我所能。对我国电子科学的开拓筚路蓝缕，殚精竭虑，是我毕生引以为自豪的。

从一个懵懵懂懂的小孩子开始，到后来成为两院院士，我几十年的经历也有大大小小的曲折，对于年轻人也许有值得借鉴的地方。我体会到，要把个人追求真理、渴求知识的热忱，同国家和民族的命运紧密联系在一起。作为一个经历了旧社会灾难岁月的知识分子，我的爱国救国理想经过曲折的道路才得以实现。现在的青年是多么幸福，有党指引道路，有良好的条件，应该更加珍视，努力奋斗。

（此文刊于《光明日报》2001.5.21）

抱终生理想　尽心为人民
——中国科学院院士、中国工程院院士罗沛霖

(2000 年 9 月)

在手、耳、眼、脑之所及,当出现问题、疑点、苗头时,就产生科学研究的兴趣。

出生年月:1913 年 12 月。　　　血　　型:B 型。

籍　　贯:天津市。　　最喜欢的颜色:无特别爱好。

学　　历:1935 年上海交通大学毕业。1952 年获美国加州理工学院授予博士学位。

您的人生格言?

锲而不舍,金石可镂。苟日新,日日新,又日新。

您最大的优点和缺点?

优点:既愿动脑,也愿动手;缺点:不善察言观色。

您最大的心愿?

抱终生理想,尽心为人民。

您最钦佩的人?

鲁迅。

您的性格是属于内向还是外向?

混合型。

您最喜欢的着装?

休闲装,简单、朴素的。

童年与回忆

您童年时代最喜欢做的事是什么?

看"杂书"(非"常规"书)。

您童年最美好、最难忘的事是什么?

1923 年或稍前,母亲、几个姐姐和我在夏日黄昏,或坐或躺在地面席子上,由一个姐姐朗读《晨报》上的新文学和翻译作品。

您青年时代最敬佩的人是谁?

在青年时代,最佩服英国实验科学家法拉第。

您小时候对什么好奇? 喜欢拆东西(玩具)吗?

不爱拆玩具,爱做、爱改、爱修玩具。

您是否接受过学前教育? 您什么时候开始读书,第一本书是什么? 哪本书对您影响最大?

4 岁读字块,识了一些字,未受学前教育。7 岁入小学,10 岁看到《天工开物》很感兴趣。

您在什么地方上的小学、中学、大学,您认为一定要上名牌学校吗?

北京师大附小、天津南开中学、上海交通大学、美国加州理工学院。但我认为不一定要上名牌学校，自学和实验、实践的积极性很重要。

您童年时代的理想和志向是什么？

懵懵懂懂。

是什么原因使您对科学产生了兴趣？

受父亲的影响，以及自己在文学方面的失败，少年时参与无线电爱好者活动。

您父母的文化程度，父母对您有哪些影响？

父是技术官员和画家、鉴赏家，出身报务生，母是画家、诗人。父母影响我爱文学艺术、学科技。

学生时代哪位老师对您的影响最大？

师大附小的于士俭老师，他既热情又严格。

上中学时，您最喜欢哪科？是否偏科？

最喜欢物理、数学。自学很多，偏得很。

您上学时怎样处理基础课与专业课的关系？

有的放矢，都要读好，我自己自学有余，听讲不足。

理想与事业

您所从事的专业是自己选择的，还是受长辈、朋友的影响？

是自己选的，当然受父亲的专业影响。

您大学所学的专业是什么？后来又从事了哪些学科的研究？

早先一直向往学电讯，到大学三年级要定专业时，自以为对电讯已懂得不少，为扩大知识面，选了电力专业。才毕业，从事电讯技术工作，又因上级要求，搞了一年电器专业，就在这方面做了科研工作。以后从事电讯工作，进行电子电路的科研。离开大学13年了，去到美国进修，又为糊口和改善生活，承担了电机的科研，不想竟成了我的博士论文。为抗美援朝，设计发射机碰到点儿问题，用上了以前在电子电路方面的成果。五六十年代之间，负责组织指导超远程雷达工作，研究了雷达信号检测的信息论问题，得到领先成果。70年代又承担了组织指导系列化电子计算机的研制，我又想布尔代数已经很发展了，为什么运算单元还用"笔算"的算法？经过思考创造了直接逻辑判断的运算单元，早于国外好几年。80年代，经济领域中积累、消费、赤字、物价等困扰着人们，我想用工程数学方法可以找出一定规律来，也有了成果。八九十年代，我在思索科学、技术各环节之间的以及和经济发展间的关系，也发表了一些文章。啰啰嗦嗦说了这样多，只为说明以我的具体条件，就不可能钉死在一个专业上。我的主要职务是科技行政，只要在当时任务重点周围去发现课题，也还是可以做科研、出成果的。因为要把时间集中用于主要职务，从60年代起的科研工作就都是在业余时间内做的了。

在人生的几个阶段中，哪个阶段所受的教育对您走上科学研究的道路有重大影响？

在学校时原是想做工程技术，等到做起工作了，遇到了问题就开始研究和创新。

什么时候、什么原因使您产生对科学研究的兴趣？

在手、耳、眼、脑之所及，当出现问题、疑点、苗头时就产生兴趣。

您在什么年龄段思维最活跃？

年轻时思维快些，年龄大了，思路多些、宽些、准些，都差不多。老了，记忆力差了，受一点影响，不是很重要。

您在科研和教学工作中最出成绩的年龄？

从少到老，条件变了，课题的性质要跟着变，都能有成果。

您是怎样培养科研能力的？

不断实践、提问、思考、学习、创新、找错、试验，在不断修正之中就锻炼出来了。

您怎样确立科研目标？

根据具体案例，具体情况，进行具体分析，还要根据需要与可能。

在科研工作上，您认为自己的长处和短处各是什么？您是如何做到扬长避短的？

长处：有条件就干，不强求，但坚持不懈；短处：杂。长不能扬，短不能避，限于条件，也是自己不够积极。

您认为哪些问题是您取得科研成功的障碍？

首先是选题不得当。

当您提出的科学理论或建议不被别人理解时，您是怎么做的？

无可奈何，听其自然。

您已经是院士了，并已取得了很大成绩，那么您今后还有什么追求吗？

继续尽心竭力。

您最感自豪的事情是什么？

职务是技术行政，也还算是促进派，居然还有几个突破性科研成果。对推动成立中国工程院，做了一点具体的工作。

您目前最想做的事？

读书，与人讨论。

您最思念的人和最思念您的人？

老伴。

您的心里话最先向谁倾诉？

老伴。

您怎样看待美满的婚姻？您认为家庭对您的事业发展有何影响？

首先是感情好，其次是相互支持，彼此关心，思想大体一致，求同存异，准许分歧与争论，专业有别，有共同爱好，这就是我认为美满的婚姻；这也就是我的家庭，它足够支持我取得这点儿成就。

您对子女的基本要求是什么？您对子孙教育有什么成功经验？

基本要求是诚实、谦虚，尽可能发挥自己能力，做有用的人。成功经验是把孩子放到开放的环境中，尽少干预。

您在子女心目中是什么样的？

也许像是比朋友亲近许多的人。

您将给子女留下什么？

留给子女一个印象，像是挺好的印象：有点成就。这成就会比我自己估计的高一点。

一天中，您最喜欢何时工作？其他时间如何支配？

喜欢晚间工作，白天看报读书，讨论问题，会朋友，采购……

我的最大困难是恨不得"天天有48小时"。

您最喜欢的娱乐和休闲方式？

观赏奇伟景色。

您最喜欢的书籍？

《人的正确思想是从哪里来的》,《实践论》,《中国革命战争的战略问题》;金庸的小说。

您经常看的报纸是哪几种?

《科学时报》周一至周四,《参考消息》,《光明日报》。

您最喜欢的电视节目?

关于科技与建设的报道。

您对什么音乐感兴趣?

西欧艺术歌曲、歌剧和器乐。

您对什么样的体育活动感兴趣?

年青时在篮球等三大球类和游泳中泡过几年。现在只能每天跑 400 米,是小跑、轻跑、慢跑、假装跑。

在紧张和高强度的科研工作中,您认为保持身体健康的秘诀是什么?

听其自然,因症用药。

您做人的准则是什么?

要对得起好人。

您最不愿做的事?

敷衍、应酬。

您认为作为一名科学家应具备的最基本的素质是什么?

敬业精神,创新意识,坚韧而又要灵活。

当您工作或生活遇到挫折时,您凭着怎样的信念坚持过来的?

耐心观变,反思求解。

现代社会纷繁复杂,您是如何保持内心宁静与平和而专心致力于您的科研目标的?

并没有在一个专业专题上长期坚持不移,而是适应于社会与环境要求,就无所谓波动了。

您是如何与其他人员保持良好的协作关系的?

诚以待人,尽心相助。

您最喜欢的人和最反感的人?

最喜欢脚踏实地的和一心为公的;最反感装模作样的和自私自利的。

您对青年一代有什么寄语?

自强不息。

您是如何看待个人创造力在科研工作中的作用的?

创新意识和创造力对科研不可少,墨守成规是不行的。

可否谈谈您是怎样培养和挑选学科接班人的?

没有选,只是在工作中培养锻炼,人才自然脱颖而出。

您觉得天资与勤奋,对学习各有多大影响?

我始终认为所谓天资不是天生的,是幼年获得的,勤奋也可使人"开窍"。

世界诺贝尔奖获得者中不乏美籍华人,您认为我国何时才会产生"土生土长"的诺贝尔奖获得者?

提这问题可以鞭策国人努力,但不可定为追求目标。踏踏实实扩大和巩固社会基础结构,积极妥善开展科研,自然会水到渠成。获奖这种事无法"突击",不能勉强。

对如何发展我国"大科学"(指投资较大的大科学工程)和"小科学",并处理好两者的关系,您有什么建议?

大、中、小各按需要,互成比例,相互结合。我国经济已有一定规模,可以干一点大的,但考虑到人口众多,百事待兴,必须有的放矢。

中国目前一个很严峻的也很现实的问题是年轻人才的外流,您认为国家对此现象应持怎样的态度?

1. 流失的不过是同等人才中的百分之几;2. 流失的不都是尖子;3. 不是学习尖子的也会有好成就。因此,首要的是发挥留下的人才的作用。要大力改善他们的生活条件和工作条件。留下的人发挥了作用,流失的人还会回来。

解放前我国大学教授与普通工人的工资比例大约为 40∶1,您认为现在应多大比例为好?

不算过高,特殊者应更高。

您认为政府职能的转变是否到位,还有哪些方面值得改进?

政企分离还差得远,地方也要做到;权力下放是换"婆婆",多半得不偿失。

对您的一生产生重大影响的事件是什么?

抗日战争。

有人认为"遗传决定个性,家长不要刻意地去改变孩子",您怎么看?

"个性"极大程度上是后天获得的,一旦形成,就只能因势利导。能看得出个性时,个性已经形成了。虽然性格、行为倾向不是不可改的,其可称为"个性"或固有性的部分,却是难于改变的。当然,这还是有待深入探讨的问题,也许心理学家能回答得好些。

您能否就年轻的家长在子女教育方面的困惑,给他们一些启示?

尊重孩子,坦诚相待,身教胜于言教。

您对减轻学生的学业负担有何建议?

1. 提高教师素质;2. 定死学生自由支配的时间比例;3. 禁止罚抄作业;4. 制定妥善考核教师和教师集体的制度,要采取责任制、定性法,按实际表现打分定性,甩开升学率、升级率和高分生百分比等。大大地扩大高等教育的规模,以缓解过度竞争。

您认为怎样才能培养能参与 21 世纪竞争的创新人才?

1. 普遍唤起创新意识,不论是学、是干,工作不分高低、大小、轻重,都要有"苟日新,日日新"的自我要求;2. 培养要兼顾实践、实验与理论的素养;3. 要强调社会需求,市场条件,实现与推广的条件。

未来与思考

您认为解决我国人口问题的关键是什么?

1. 提高教育水平;2. 生产持续增长;3. 规划消费供需。

您认为解决我国农业问题的关键是什么?

提高农村科技素养,推广育种科技。

您认为解决我国环境问题的关键是什么?

提高各层干部和群众的素养,实施中要区分轻重缓急,对急者要钉死。

您认为解决我国资源问题的关键是什么?

首先是扩大能源,扩大对水能、风能和直间接太阳能的利用。其次要:妥善做长期的消费规划,不能像美国那样浪费资源。

您认为我国教育界亟待解决的问题是什么?

师资:中小学师资要提高。大学老师都把重点放在科研和写书了,是否忽视了培养学生?也应有以本科教学为主的大学。生活待遇问题与科技界类似。

教学内容和方法：要彻底打破学前苏联留下的从主观理念出发的极端理论化、系统化、完整化，以至给学生以"什么都已解决，没有实践和发展余地了"的错误影响。轻实践的偏差严重，必须多多强调实践与实验，要结合学科内容讲历史、讲知识发展的规律性。

您认为我国科技界亟待解决的问题是什么？

可能是：1. 要提高全民的科学水平，提高文化素质；2. 提高科技人员生活待遇，拉开差距（和1957年比按当年各自币值计算的劳动生产率提高了近20倍，而最高教授收入只提高了几倍，按物价折算还降低了不少）；3. 高新、研究开发科技过分集中强调，"底层"、生产技术提不上重要议程；4. 文理科大学生到中小学去教书的积极性小。

您认为解决我国老龄化社会到来的关键是什么？

1. 社会保障制度；2. 延长退休年龄（美国1978年65岁延至70岁，1980年又全部放任）。

您认为我国知识经济的战略突破口选在哪些领域？

普遍提高人民文化素质，扩大建设高、中级知识分子队伍，是长期必须坚持的任务。结合发展经济进程，持续实现，是最重要的方向。从来没有过"无知识"经济，但知识的分量普遍在增长，尤其是在特别发达的国家中，知识经济进入了高峰期。我国如何进入高峰期，一是要循序前进，想以点带面，不如"退而结网"，该补的"基础课"不能跳过去，捷径是没有的；二是要用强化知识，采用高新知识使基础性经济建设得更好更快；三是配合面上建设和发展，重点发展一些知识密集的行业，例如计算机与微电子等。

国土大，人口多，底子薄，怎样对待"自力更生"？

几十年后，一定要达到基本上自给自足，不可能依赖别人。但与外国也仍要互通有无，外贸才会更发达。按全面要求说，假定有上百万条大大小小要求要满足，也只能每年做万把条，逐步扩大和加速度地提高自力更生能力。在这几十年里，有相当一部分是不自给或者暂时缺少或安于较低水平以及从外国取得商品或技术与装备的。因此全部自给或过多地自给不是最有利、最必需的，这就是"有所为而有所不为"。由较少所为发展到多所为和多多所为，要有一个"优化"的战略安排。而优化是必要的，各种病态的和消极的因素以及急躁情绪则应当防止和消除。

罗沛霖　电子学家，中国科学院院士，中国工程院院士。1938年国民党对解放区进行经济封锁，在条件十分简陋的情况下，他设计了无线电台和多种无线电零件，为抗日前方保证了必要的通信联络。自1956年以来，他是我国主持制定多次电子科学技术发展规划并指引推动新技术发展的主力，主持建成我国首座大型电子元件工厂，指导过我国第一部超远程雷达和第一代系列计算机启动研制工作，对雷达检测理论、计算机运算单元以及电机电器等有创造性发现。晚年致力于软科学研究，屡有新见。

（此文刊于《心迹——中国院士实话实说》科学普及出版社出版）

中国工程院院士自述

（1998 年 12 月）

罗沛霖　电子学与信息学专家。1913 年 12 月 30 日生于天津。1935 年毕业于上海交通大学。1952 年美国加州理工学院授予特别荣誉衔——哲学博士学位。现任电子工业部高级工程师。曾任中国计量与测试学会及中国标准化协会副理事长。1980 年当选为中国科学院院士。1994 年当选为中国工程院院士，并选入主席团。对我国电子科学技术发展以及工业建设做出了重要贡献。在技术与学术上对雷达、电子电路、电子计算机逻辑设计、电机、电器、工艺评估方法学、经济财政数理分析以及当代信息技术发展动向等有创造性成果。负责我国第一个大型综合电子元件制造企业并参与工厂设计，后为建厂技术总负责人。曾主持我国第一部超远程雷达和国产最早系列化的电子计算机研制的技术工作以及组织工作。参加并主持多次国家科技规划的电子学部分的撰写。

1913 年一个严冬的凌晨，我生于天津，当时我父亲在北京主持电话局的工作，大约是在 1914 年，我们全家迁到北京，住过六个地方。父亲出身似乎是早期电报员，曾在一个绅士家家塾附读，以后自学成才。他在北京以画墨兰竹石和文物收集鉴赏小有名气。母亲出身北仓一个大地主家，也出版过一本诗画集。舅父是老同盟会政要，对孙中山与中共合作，有一定的贡献。父亲和舅父合作，创立了北方最早培养电信人员的天津电报学堂。

我四岁学识字，小学生活基本是在北京师范大学附小度过的。1924 年冬，举家返津。1925 补满半年未了的小学课程。

父母对我学习没有具体要求，养成我散漫、任性的性格。小时虽懵懵懂懂，自己读书还是很认真的。1925 年考入南开中学。一年级自己莫名其妙地没有考好，因而除名。经过暑期补习，又以较好名次重考续读。初中学习平平，但参加了无线电爱好者活动，自己也做些电学试验，开始课外自读理工科书籍。高中数理化学习较好，也得力于课外阅读。特别是物理，我上课心不在焉，不做笔记，不读课本，却自习了剑桥的大学物理系列（Edwin Edser 等著）。毕业成绩跻于前列。1931 年考大学。在清华居然名列 5％ 以内，考上海交大略差，也在 15％ 以内。

1931 至 1935 年在上海交大学习。第一年数理化成绩很突出。然而，依然不循规蹈矩，听讲心不在焉，不做笔记，考试不当回事。课外学了很多东西，四年级平均分数竟降到后半。自学是我的一个特点，还总想在学习和实践中有所创新。

离开大学以后仍贪婪地一边实践，一边扩大知识面。有一个时期，负责各种铁心电感器件的设计研制，对于现有的设计程序都感到不满意，从而创造了一个将工频变压器、声频功率变压器和带直流偏流的铁心扼流圈统一在一起的设计方法和设计公式用于工作中。1941 年写成了论文，在中国工程师学会第十届年会（贵阳）上宣读，得到好评。在那段时期，对变压器等的结构与制造工艺也解决了一些问题，积累了经验。如果说在向书本、向别人、向实践积极自学是我用以自励的原则，那么还有一条，总是从我当时的主要任务为出发点，寻找创新的起点。关于电感设计方法与设计公式，就是最早的例子。

1937 年日军向平津、上海进攻，全面抗日的局面形成。南京陷落时我在武汉。我把抗日反攻胜利的希望完全寄托于中国共产党,就辞去即将晋升副工程师的职位,奔赴延安,终于在1938年3月为中共中央军委三局所接纳,于四月中参加了延安通信材料厂创建工作,任工程师,负责全部技术和生产工作。主要是设计了一种7.5W-3管的收发报机,用外购的手摇发电机做电源。到1939年晚夏,一共生产了几十台,供给抗日前方使用。条件很困难。电子管、管座、电容器(固定型)、毫安表是外购的。有一些冲好的矽钢片和细漆包线,可以自制变压器。自己设计制造可变电容器,重底电键,可变电阻,波段开关,线圈,度盘。

可变电容器的工程较大。我们那时已经有了发射机电容器动片和静片的模具。没有薄铝片,只好用0.5毫米黄铜片做动片和静片。黄铜动片用碾压法装在黄铜轴上,固定不住,就再加上锡焊。骨架又只有1.6毫米铝片做端板,刚度不够,就用翻边的办法提高刚度,并装上黄铜轴承。动片组合用黄铜做,很重,又很不平衡,在使用时不可能稳在调谐点上。为此,又加了一个钢丝弹簧和一个摩擦片。接收机用的电容器要从头设计,做模具;在结构上和发射用的相似。度盘用木制的,就是一块圆板,外圈轧上花纹以便用手转动。我和一位技术员钱文极同志在油灯光下一起用小刀为度盘刻度。

收信机的波段开关是一个小创造。那时在国外已很普遍,但当时无论是大后方供给的极少电台,苏援的几台电台都还是用插入线圈。插入头比开关设计制造还困难,我用了一个三臂扫接片和九个接点做成一个很简洁的波段开关,反而比他们走先了一步。那个扫接片是用黄铜片做的,经过拍薄增加了刚度,另加上钢丝弹簧(螺纹形状的)保证接触压力。

当时通信材料厂处草创时期,只有一台车床(要人摇提供动力),一台手扳牛头刨,一台用10磅榔头打的冲床,一台手摇钻和几个虎钳。

1939年晚夏离开延安,秋末来到重庆。一方面做科技人员的群众工作,起一点统战工作作用,也参加地下秘密活动,另一方面在技术岗位上积蓄知识,提高水平。1947年地下党组织指示设法到美国学习技术。我向加州理工学院申请。由于钱学森的有力推荐和申送的科研成果,校方指定我直修博士学位。1948年成行。回顾我在以前的学习中,主动积极自学是一个优点,对课内学习不能按部就班,学术方面不系统则肯定是个严重的缺点。这次一方面面对许多名师,而且是为革命而学习,负有政治责任,就一改前非,保存优点,改正缺点,取得很好成绩。在这个出名严格的学府,我只用了23个月的时间,修毕了博士课程,完成了论文,获得了带有特别荣誉衔的哲学博士学位,跨电工、物理和数学三个专业。我在1949年当选Sigma Xi荣誉会(金钥匙)会员。

我赶在志愿军正式宣布入朝前不久,回到了祖国。

我原是一个多年工程师,又在美国学到一些新知识和高深些的数理课程。回国时想应当在工业部门为与学术界沟通做工作,以符合党对我的期待。因此,我选择了到电信-电子工业部门担任技术管理的工作,但仍是一切服从组织调遣。以此,在1952—1956年将近四年内我为引进、建设一个包罗许多品种的电子元件联合厂做了大量工作。我在当时的德意志民主共和国走遍了几十个专业不同的工厂以及研究室,学习每一种产品的制造工艺,了解了材料、设备各自的要点,并参加工厂总体设计,并在回国后承担建厂启动期的技术总责。这个厂的建设对我国电子工业独立自主起了部分的奠基作用。

1956年中央号召向科学大进军,我参加了十二年科学技术发展的规划工作,参加负责电子学组,并负责写了《发展电子学的紧急措施》,与高教部门黄辛白同志共同编成高等教育培养电子专业人员的规划。科技规划标志了发展电子技术已被提上了我国国家议事的日程。能在这种转变过程中,做一点关键性具体工作很令我感到自豪。

这以后,作为主要技术人员之一,我在电子工业管理部门,亲身经历了电子工业由弱小逐步发展壮大起来的过程。我除 1956 年参加全国科学发展规划电子专业的工作,还参加了 1962—1963 年的和 1977—1978 年的规划工作,都是作为主要技术人员。工业部门的基本建设、科学技术发展,从方针政策到具体规划计划,我都作为主要技术人员之一参加,有时还是主持者。日常的管理工作如标准、计量、质量等的建立和管理,科技发展、新品试制的管理,包括规划、计划、检查、督促,相当繁重,有时还很繁琐。对一些新技术我做了启动性的管理工作,如微电子、微波新技术、计算机以及卫星、光纤通信、雷达新技术等。

30 年代我在铁心感应器件设计方面做了一些创新工作,又在延安为了克服困难条件,也有一点小创造。40 年代,在工艺方面还得了两个不重要的专利,而且创造了逆电流稳压电路,并作了理论分析,在美国的权威杂志上发表。后者对于一个在国内工厂的成果,当时可以说是罕见的。我还试成了一种对束射高频功放进行栅极调制的方案,电路简单,调整方便,在 50 年代用于抗美援朝时的报话机,解决了当时的一个技术难题。

40 年代末在加州理工学院接受了一个外委的研究题,委托方发现了一个特殊的现象:他们制造的永磁激励发电机在加上负载时,电压不是下降而是上升。他们要我们研究理论,但又对我们保密。当我从理论上发现一现象并从电话上告诉他们时,引起他们出乎意料的惊讶。这个理论发现后来就成为我博士论文的一部分。

50 年代后期,我参加启动我国第一部超远程雷达研制的领导工作。这个任务有工业、科研、教学几个单位的专家参加,我负责技术和协调方面。我用统计数学帮助澄清了信号积累和判决的问题的物理意义。这导致我在 1962 年用 χ(Chi)平方理论处理雷达探测问题,得出了当取样间隔时间大时,信号积累以用相关法为宜,并且积累数有一个优化点。因此,相干积累与相关积累要适配结合使用。这个数理分析经过雷达界讨论得到认同。后来超远程雷达任务领导关系转出,到 1977 年鉴定验收。经过 20 年的变化,跟着时代的前进,比原设想的又先进了很多。在探测外空目标工作中出色完成了任务。

70 年代我又在我国第一批系列化计算机的设计研制工作的领导小组中负责技术方面。当时是"文化大革命"中期,10 多个单位联合干,如何集中群众智慧和综合优化不容易,但我还算完成得不错。这时我又考虑到一个课题,逻辑运算方法已有很大进展,何以我们还要按笔算方法用进位步骤实现加法?以此创造了直接逻辑判决的多位二进制加法器,达到理论最高速度,并给出较易实现而速度稍慢的方案。到 80 年代后期才看见国外涉及这种方案的文献。

七八十年代之交,国民经济在转变中,我关心积累率的讨论和通货与物价问题,就用信息论和热机学中的数学处理这两个问题。从这工作中还是得到了一些有意思的成果。

八九十年代中先是"第三次浪潮",后来又是"信息高速公路"的提出对我们社会冲击,引起热烈的讨论。我又参加进去,从人类古今历史考察产业革命和新产业革命,考察信息运作和文化作业领域的发展变革,得出新产业革命在引导未来世界走向文化发展牵引经济的社会这一推断。

综括我的一生,至少前期是懵懵懂懂的,到 80 几岁了,没什么系统性的成就。不过理想已经是坚定的了,愿继续为之添砖加瓦。在职业方面,先是工程师,后是技术管理者,然而什么时候也没有忘记有所创造、有所前进。始终坚持积极自学,是得力之处,然而回想青少年时代,任性之所至,轻视课堂学习,太遗憾了。

(此文刊于《中国工程院士自述》)

悼念和回忆——纪念周建南同志

（1996 年 1 月 5 日）

> 书生意气发衝冠，
> 国难时危敢自安。
> 遥望曙光拱北斗，
> 痛临大夜失乡关。
> 巴山蜀水云和月，
> 烈火金钢臂与肩。
> 五十年间肝胆照，
> 深情似海志如磐。

以上诗一首，是今年十月里，为纪念抗日战争胜利五十周年，曾在重庆一起奋斗的战友们在柳芳南里聚会所作。在那个聚会中，我们几个早期的战友深切怀念刚刚逝世不久的建南同志。

建南离开重庆回延安是在风雨如晦的年月。那是 1941 年皖南事变后，我们共同创立的青年科学技术人员协进会已无法公开活动了。建南去广安开辟地方工作，又遇到危难，只得回到重庆。在一个酷热的晴空下，我乘江轮在重庆下游长江边的竹笆房内和他相会，临别依依，从此他回延安，我们都留在重庆了。

在重庆，为开辟工作局面，创立青年科学技术人员协进会，是他和孙友余以德、张兴富以及我等办起来的。兴富是当地的共产党员。建南、友余和我则是在 1939 年秋天从延安来到重庆的。当时在南方局徐冰同志领导下开展活动，首先酝酿成立一个进步的群众组织：青年科学技术人员协进会（"青科技"）。大家通过个人的联系和党组织提供线索，我们以"抗战、团结、进步"的口号，先后团结了二百多位青年科学技术人员。1940 年夏初在重庆成立总会，又在成都、贵阳、遵义、桂林、浙东成立了分会。我们开展科技活动，做思想工作，还在兴办企业，或与社会名流和上层科技知识分子的交往中，都做出不少成绩。当时建南是总干事。正是他的才华，他的工作热忱，他的活跃能力，他的诚恳、坦率的性格，都对"青科技"的迅速发展起了极重要的作用。由于他的工作出色而有成效，在皖南事变后，重庆的白色恐怖中，他被列为黑名单中逮捕对象。另外的人如高昌瑞、张兴富、张哲民和我等则属于钉梢或注意行动的范围。因此他不得不离开重庆了。

虽然"青科技"只公开活动了一年的时间，但在它的基础上还发展了许多工作，在停止公开活动以后，其核心人员仍旧联系一起，并与原会员互通声气，重要的是我们参加了南方局紧急应变的准备工作。承担部分隐蔽精干的工作（如疏散进步科技人员），承担秘密交通工作（在部分"青科技"办的企业掩护下），继续以个别联系形式做思想政治工作等。在重庆谈判时，毛主席还单独接见包括我在内的三个骨干成员，勉励我们多做知识分子工作。随后还运用保持下来的基础，成立了"中国建社"，号召进步科技人员为争取和平、民主、建设新中国而斗争。"中国建社"在美国团结了若干积极分子，促成了留美科学技术人员协会的成立。后者对团结科技人员,动员他们回国参加新中国建设起了很重要的积极性。"青科技"的积极分子中,有几位现在已是中科院院士,其余除很少数牺牲,和若干原就是中共党员,在建国以后,大都被吸收入党并担负各种的负责工作。"青科技"的成立、及其开展的一系列工作,建南做出了卓越的贡献。就正式成立"青科技"说已是整整五十五年。我们这些早期参加者,从没有忘记建南,而建南也是十分珍视那一段经历。80年代初,重庆战友们举行一次文革后的重聚;还有1986年为战友中最年长的李文采同志祝八十寿辰,他都百忙中参加了欢聚。

我和建南的相识与共事,还不仅于此。1937年,日寇侵袭上海,我那时在中国无线电业公司,参加发射机设计制造的技术工作。公司内迁汉口,我住在江汉路汉润里顶楼的宿舍里。上海交大同学,刚毕业的杨锦山常来看我,带给我一些消息,其中一个消息就是有几位上海交大同学包括建南、友余还有孙俊人、杨锦山、任朗等都准备去延安。(其中锦山夫妇及任朗,因病和其他原因未去)。十二月十三日,南京陷落,汉口能保住多长时间已说不准了。中国无线电业公司,准备再迁入四川。正是建南他们的计议给了我很大的激励。众所周知,延安是圣地,也是艰苦的地方。我想"别人能吃苦,我就不能?"我就下决心,辞去工作到西安,也去寻觅前去延安的道路。我在西安耽搁了几个星期,到1938年春节后才得实现,那时建南等已在延安。我并不知道他们的行踪,到延安后没有多久,就在大路上遇到建南、以德、俊人三个。

"你不是上海交大的罗沛霖吗?"一声招呼就开始了以后的来往,我在军委三局工作,在清凉山脚。他们则在山高处窑洞里生活、学习。我一到延安就参加工作,没有来得及学习,这时,就常常到他们窑洞里去旁听。

四月里,为了创建延安通信材料厂,我去了延安西北的盐店子。大约夏末,他们也分配到三局。建南和俊人去鄜县督河村通信学校,友余来通信材料厂,几个月后也去了通信学校。

1939年夏天,胡宗南在南面蠢蠢欲动。日军陈兵黄河东岸,西边马鸿逵声称东下抗日,要假道延安。中共中央不得不做紧急措施。相当一部分同志要疏散到大后方,建南、友余和我都接受组织的指示,前去重庆,临行前我们三人在延安东关外小饭铺里吃了一顿饭。我为建南写了一封信去找二十四兵工厂的陈湖。他们两人先走了,我则稍晚动身,又在平凉耽误了一下,十月才到重庆,重新会合一起,以后受南方局徐冰同志领导,开展工作。

1950年秋,我从美国回来。虽然再没有和建南在一个系统工作。但还是不断受他的教益,经常地得到他的帮助,特别是在他从重庆再回到延安时,曾把我们许多朋友们的情况如实地写下来,反映给组织。在我的档案中就有他记录的我于1940年申请入党,董老决定要我留在党外工作,说:"党外也可以有布尔什维克嘛!"记录中还说,当时徐冰也在场,这是证明我历史的重要材料,我深深感激建南同志。

往事悠悠,友情缕缕。建南,你身负国家重任,我不能相比,你富于领导才能,且又比我年轻,为什么竟先我而去?遗下这些老朋友们的无限怀想,我将永远学习你的忠于革命,乐于助人;永远怀念你对我的友情。

浦汇·矶市·燕城

——忆钱学森兄的二三事

（1990年9月）

浣溪沙

燕城赠故人

浦汇逢君恶雨天，
矶城评曲饮难酣。
隔洋怅惘数温寒，
风骨肝肠犹昨夕。
春风朝日更今年，
"白穷"扫了却开颜。

    诗、词、曲，我只是一个欣赏者，连"读"家也说不上。童年习作也早已忘光。1958年起，却又学写一些诗词，但经年才偶然得句，还颇生劣。这首1960年作的《浣溪沙》，是我最早的作品之一，抄录在此，权当引子。

    我和钱学森同志是到上海徐家汇念上海交大以后才相识的。叙起来，我们还是北京师大附小的同学，都是于士俭老师的门生，不过钱学森稍早，那时我们并不认识。"一·二八"以后，钱学森在交大念三年级，我念二年级，我经常到我的南开中学同学、此时与钱学森同住的郑世芬君的宿舍去闲谈，钱学森也去，于是我就认识了这位宁静的、常常在沉思中的年轻朋友。我很钦佩他认真学习的态度，他考试总拿第一名。他还说过我：你是能考得很好的，但你却不屑去追求。我回答他说：我至多是个偏才，所以也就不必去追求了。他那时即已显露出了一个天才科学家的才华。图书馆里关于航空工程的书刊，他都读遍了，还自修了更高深的高等数学。我则不大听讲课，对考试应付而已，然而也基本读遍了图书馆里关于电讯的书刊，自修了一些现代物理。说"读遍"，现在的中青年人会不相信，但三十年代的世界科海，确也只有那么一点儿大。那时，不但是军国主义日本的猖獗侵略陷中华民族于危难之中，而且上海暴动和"四·一二"大屠杀的遗迹未泯，进步同学遭受迫害，反"赤"恐怖横行，我们同是不满国民党的统治，但他比我认识更清楚。他曾辍学一年在北平养病，读了不少进步书籍，是在东安市场上买的。他向我说过：这个政治问题，不经过革命是不能解决的，我们虽然读书，但光靠读书救不了国。这话对我是很大的启发，在很大程度上影响了我以后的生活。

    那时，我们已经都是音乐爱好者了。他参加了交大的铜乐队，每天下午在房里抱一个 Euphonium（一种军号型的中低音乐器）吹大半个小时，毕业时拿了奖金就去买了一套 Glazunov 的 Concert Waltz 唱片。我是跑上海北京路旧货店买旧的唱片，Caruso、Tetrazzini、Schumann－Heink、Amato、Chaliapin、Kreisler、Paderewski、Stokowski 的……学森也来我房间同听。

1934年，他毕业了，这以后我们就分手了，但还是断断续续地交换信件。记得他从麻省理工学院来信，说到要去加州理工学院作 Von Karman 的学生。他还在信中说，我们找机会都去莫斯科——当年进步青年心目中的圣城。

一晃十年过去了，1947年他经过艰苦的努力后回国来，我们又在北平见面了。叶企孙先生约钱学森和钱伟长同游颐和园，我当时从天津到北平来办事，就一起去了。我是找学森帮忙到美国留学去的，当时我考虑全国解放在即，要掌握一些新的知识，准备为建设新中国尽力。以后他和蒋葆增同志对我的推荐书都做了异乎寻常的称许。我当时虽未出国，但已在美国的权威杂志上发表了论文。这在当时的理工科领域是罕见的。加州理工学院考虑了这些因素，允许我入学，并建议越过硕士层次，直修博士。在1947年那次会面时，正好看到报载胡适建议学森来做北大校长。我曾问他：“为什么不接受，接受了不是可能做一些有益的工作吗？”他和我说：“不必为‘他们’装点门面。”

1948年我赴美做了一个30多岁的老学生。那时，学森还在麻省理工学院。1949年9月他来到帕萨迪那，担任加州理工学院的戈达德讲座教授，兼任古根海姆喷气推进研究中心主任。我问他为什么又回到加州理工学院来了？他说：“我喜欢这里的学风”。的确，加州理工学院是个很有特色的学校，今天仍然如此，学生不到两千人，研究生竟占了半数多，列入教师名录的上千人，光在本校教学、研究的诺贝尔奖获得者就已有20多位。学森还说他已经辞去了美国空军航空顾问委员会的委员职务，脱离与美国政府的联系，好早回国。

在这个学年（1949—1950年）中，我们往来就很密切了，几乎我每个周末都是在 Altadena 他家里过的。蒋英（他的夫人，声乐家）总是热情款待，用一套紫色石英玻璃杯请我喝点 Congac，还给我讲德国莱茵河畔的居民怎样过饮酒节。前年我到他们家，她还是用了那套石英玻璃杯共饮，这勾起了我对往事亲切的回忆。当年我在搜集西方的严肃音乐（通称 classics）的唱片时，从他们那里学到了很多音乐知识。巴罗克的、古典主义的、浪漫主义的、印象主义的，学森都欣赏。他喜欢 Bartok 和 Beethoven 最后的五个弦乐四重奏，特别是 Bartok 音乐中潜伏着的那种执著的刚强。这也许是他作为当时中华民族的海外孤臣，与 Bartok 的情感相通吧！那时，洛杉矶的音乐气氛还较稀薄，有一个“室内乐季”，每周一次，我们都买了季票，我记得听过 Budapest Qrt，什么节目不记得了。还听过 Lotte Lehmann 的独唱音乐会，似乎是唱 Winterreise（冬之旅），我很喜欢她那抑扬顿挫和发音吐字的严谨，与中国的昆曲高手有异曲同工之妙。蒋英去了，然而学森没有去。他说她本钱不足，是靠取巧。他的爱好是相当苛求的。他们在1955年回来时特别买了整套 Landowska 用 Pleyel 演奏 Bach 的第一卷平均律钢琴曲集的密纹唱片送给我，可惜在“文化大革命”中化作烟尘了。还好，后来我借来他们的一套唱片录成了磁带。蒋英是很深沉谦虚的，从不表现自己，我也尊重她的作风，不去勉强请求。在那一年里，我竟没有听过她唱一句歌。

那时，在加州理工学院已有“留美科协”（中国留美科学工作者协会）的组织，由我负责，学森当时准备回国，所以参加活动不列名，以免引起不必要的麻烦。“留美科协”组织订阅了纽约的《华侨日报》和香港《大公报》。我们看到些国内的消息也去告诉他。建国大典之后，由加州理工学院中国同学会组织中秋晚宴，就在加州理工学院北面的竞技公园（Tournament Park，后来划归加州理工学院，现已建起很多实验室和礼堂等），摆了很长的长方桌，从傍晚会餐到月亮升高，觥筹交错，尽欢而散，也算是庆祝建国大典。当时在校同学和学森、蒋英一起将近20人基本都参加了。

然而麻烦要来也没有什么办法。1950年夏，他们的女儿钱永真刚出世。我有一次去看他们,学森告诉我,美国政府在调查他们,被调查的有奥本海默兄弟、瓦伊恩鲍姆和他自己。小奥本海默已受到迫害,瓦伊恩鲍姆也大难临头,眼下正开始调查他,看来能早回国才最好,但要美国政府肯放。学森对我说,以他在学术界的地位,要回国他就要光明正大地回,不能悄悄地离开。后来学森就去华盛顿了,说是去疏通一下。待他回来后,说可以了,美国政府负责人员同意放他回国(事实证明是假话)。这时,美国已发动侵朝战争,我也急于回国,学森、蒋英约我一起去洛杉矶的总统轮船公司办事处买赴香港的船票。公司办事处答复说我是学生,可以买票;学森不是学生,不能卖给他。于是我决定乘船到香港,他们决定买加拿大太平洋运输公司的飞机票,我就先离开了美国。

八、九月间,船开到马尼拉,船上有位同学上岸探望亲戚,回船上告诉我说,见报载钱先生被拘捕了。他是在把行李交总统轮船公司"威尔逊总统号"运出时被扣的。然后当下班船经过日本时,赵忠尧、沈善炯、罗时钧三位,都是原在加州理工学院的,又被美军扣押。我是九月到北京的。那时中国学人及部分美国学人掀起一个抗议对这些中国学者的迫害和呼吁社会支援的高潮。赵先生等蹲了54天监狱后被释放出来。学森被押了半个月,由一些美国朋友保释,但是却被羁留在美,一直到1955年才得以回国。

我们五年没有见面,不通消息,我时常在想着他们,而且焦急地等待,不知他们生活如何。当再次重逢时,我们心中都有无限感慨。

1956年,全国各行各业百业待举,前途无限光明。这就是文章开始那首小词所表达的内容,不过迟至1960年才写了出来。

(此文刊于《神州学人》1990)

历史性的验证——纪念赫兹电磁波实验一百周年

(1988 年 9 月 26 日)

　　一百年前,赫兹的实验,包括赫兹自己在实验前的准备和实验后的扩展,验证了麦克斯韦在理论上的预见——电磁波的存在,也确认了麦克斯韦关于电磁波类似于光波的猜想。他发明了产生、检测电磁波的方法和物质手段,不但使麦克斯韦的推论和猜想能够得到验证和证实,而且为以后电磁波——即无线电波广泛应用于社会生活开辟了现实的道路。围绕着在赫兹实验的前后时期发生的事件,探讨科学技术发展的规律性,将不仅是饶有兴味的,而且具有指导科学技术发展工作的实际意义。

　　一、追本寻源,像人们的一切知识一样,科学技术来自实践——改造客观世界的实践和观察客观世界的实践。人更多地是从改造客观世界的过程中认识客观世界,并且科学实验也是一种改造客观世界的活动。然而不可否认,存在着旨在认识客观世界的科学实验和探讨,而这种探讨往往导致改造客观世界方面开拓新视野。19 世纪中从伏尔塔开始一直到赫兹的试验,西欧在电学方面所进行的科学实验和探讨,几乎只具有旨在认识客观世界的性质,显著地表现了基本科学的特征,即使曾想到电可能造福人类,也只是十分朦胧的愿望。这个努力却导致了以后在电的应用方面的宏伟事业的建立和发展。人们决不可以用短浅的眼光对待基本科学的掌握和发展,给以丝毫的轻视。

　　二、按我们比较一致的理解,基本科学研究的目的是认识客观世界,技术工作的目的是改造客观世界,而应用科学研究则是联结二者的桥梁,属于对客观世界认识的扩展。赫兹实验前后的历史过程说明,有了科学的发展就会产生新技术,会提高已有的技术。同样,有了技术的发展,科学实验才能进行,赫兹实验之所以能够实现,一方面依赖于赫兹自己的发明,另外也有赖于伏尔塔电池和莱顿瓶等的发明。当代的许多实例更进一步说明了这一点。只有积累了充足的技术,才能在科学实验方面大幅度地前进。不仅如此,事实上许多基本科学原理本来就来源于改造客观世界的实践。

　　三、在科学技术的发展过程中,理论既来源于实践,又以指导的方式为实践服务,并接受实践的检验。麦克斯韦的理论来源于库仑、安培尔、奥斯特、法拉第等人的实验。他关于位移电流的伟大的物理概念也是从中启发得来的。麦克斯韦方程组所预见的电磁波又指引了赫兹的实验,而只有经过赫兹实验的验证,才能够得到确认。不仅如此,在科学技术中至今也还有无数的经验存在。

　　四、科学技术的发展是历史上时间和事件的积累。库仑的静电学基本定律出现于 1785 年。安培尔 1825 年提出有关电流磁效应的定律。法拉第 1831 年发现了磁可生电的现象,1846 年表达了磁力线的伟大物理概念。到 1865 年麦克斯韦发表"电磁场动力学",历时八十年,积累了许多人的劳动和心血,才能够使麦克斯韦提出他的方程组。整个这个过程又都是给赫兹的实验作了准备。赫兹的实验还利用了莱顿瓶(出现于 1745 年)和开尔文关于瞬变电流的概念(发表于 1853 年)等。赫兹实验到现在的一百年中又积累了极其丰富的科学技术成果,使电和电子进入信息领域形成非常绚丽多彩的局面。当前,知识是在以空前的速度积累,而且不断迸发出新事物的闪电，不时出现划时代的成果。

五、科学是生产力，然而如果不形成为应用、不与社会经济生产力相结合，就不能成为现实的生产力。一百几十年科学技术的积累，包括麦克斯韦的预见和赫兹的验证，由于马可尼和波波夫的实验而把它们引向实用。如果没有他们的工作，那些就只能是科学档案柜中的珍品。事实上，沿着马可尼所开辟的道路，在西欧、北美形成了规模宏伟的电子事业主流。然而波波夫的成果则没有那么显赫的影响。这是因为，前者与西欧、北美当时的社会与经济发展是相匹配的，而后者则受到当时俄罗斯落后状况所限制。科学技术的发展推动经济与社会的发展，而经济和社会的发展又为科学技术的发展创造了条件，提供了动力，这也是一个规律。

从这一段历史中，我们能够学到很多东西，并从而思考我国当前发展科学技术应当注意的一些原则。

我们可以把大部分的科学技术工作分为六个部分——属于科学研究的：基本科学研究和应用科学研究；属于技术发展的：产品的发展和基本工艺方法的发展；属于现场作业技术范围的：投用或投产的技术工作和日常运行、维护的技术工作。从科学技术的发展必须和社会、经济的发展相协调的要求来说，这六个方面都要给以重视，而且越到后边，工作量越大。我们拥有一支不大的但有水平的科学研究队伍，要调动他们的积极性。产品发展还应当精益求精；现场作业技术工作和工艺方面的发展是我们的薄弱环节，应当大力加强。在用经济效益和社会效益推动工作时，要充分重视技术对于顺利运行、保证质量的不可丝毫忽略的作用。

应当充分重视科学技术的积累过程。当然，我们不需要重复发达国家的一切积累过程。赫兹和马可尼都是欧洲人，而电磁波的利用却在美国最为发达，但是美国发明家和发现者做出的早期贡献也是伟大的。我国也会有发现和发明，并不等于达到他们那样发达的水平，然而除了为建设科技队伍和深入掌握规律必需的实验工作以外，应尽少重复他们已做过的工作。

要充分采纳国外的科学技术成果，凡是需要而且可能的，不管是哪个国家和地区。应当注意到涉及外国国家机密和厂商机密而又为我们所必需的科学技术工作往往还要用自己的力量来完成。现场的作业技术工作更是不可能要别人代替我们掌握。

当群众的积极性调动起来了，很多薄弱环节得到加强了，并能努力按客观规律办事，我们就能够以更高的速度走向四个现代化。

（此文刊于《国际电子报》1988.9.26）

延安通信材料厂初建情况

（1987年）

　　1938年,大概是在四月份,三局决定建立通信材料厂,要我和段子俊同志一起到材料厂工作,我们到材料厂后,段任厂长,我任工程师(负责日常的技术和生产工作)。工厂的人员是逐步增加逐步开展工作的,到五一节厂里已达到二十多人了。

　　工厂是从制造可变电容器开始的。我到厂时,专做动片、定片用的模子已经做好了。我是根据这个模子设计的电容器。当时,周总理从外面弄来了一大卡车通信材料,其中有电子管、铜元、黄铜皮、铝皮等。铝皮比较厚,作电容器片不合适;铜皮比较多,就利用铜皮做电容器。电台设计的是7瓦半的,使用210管子。有一天,王铮局长向我交代说,需要一部电台出去工作,要我做一部。根据他的要求,马上动手做,但第一部电台开始做的不够成功。这部电台天线匹配是按经验设计的,耦合不够密,功率出不去。王铮局长知道后,便打电话告诉我,要使用大线圈,天线线圈用细线,耦合密一点。按照他的办法一试,果然达到了设计要求。这就是生产第一部电台的情况。此后,我转入设计接收机。当时有一种苏式机器,是用插入式线圈,我则自制波段开关。当时我们生产的发射机是一频段;接收机是三频段三管再生式,用的30管子,波段开关。那时,材料比较困难,外面购来的有手摇发电机,胶木板等。胶木板不多,尽量节省着用。我们发现杜梨木木纹细腻、木质坚硬,可代替胶木板用,于是我们弄来杜梨木,用石腊煮一煮,凡可用杜梨木的地方都用杜梨木。接收线圈是两块杜梨木板,中间夹有六根胶木条绕成。我们做的第一部电台,机壳、度盘都是杜梨木做的。杜梨木配件做好后,外表抹上一层凡立水,然后再油上一层洋干漆(就是紫胶)。上油漆的方法是王铮局长教给我的。

　　为了获得技术资料和某些零部件,我曾写信同外界朋友联系,争取他们的帮助。有个叫姜长蕃的(已去世),那时在桂林安装广播电台,给我买了很多无线电技术书籍寄来。再一个,是现任交大教授王端骧,他是交大比我早五班的同学,现已近八十岁了,因受进步同学影响,同情革命。他对当时国家的状况不满意,这说明他是关心国家前途的。在国共第二次合作期间,我写信要求他给弄些无线电器材,他就给弄来很多螺钉、螺母还有些电阻丝(那时我们没有)。我们用那些电阻丝,做过可变电阻(用可变电阻变化灯丝电流)。这样,我们自己就做成了可变电阻器和波段开关。后来,又设计好几种可变电容器。当时做电容器有很大困难,铜片(应用铝片)靠碾压合拢在一起,但硬料对硬料,怎么碾也碾不紧,模子做的缝隙很大。后来,徐金林提出用锡焊,才解决。碾结问题解决了,又出现固定不牢的问题。因为电容器铜动片太重,而且一边轻一边重,怎么摆都呆不住。我就设计用白钢丝做弹簧压紧它,虽然转动起来重些,也还是解决了问题。那时做的电台,大部分都是按着一个程式做出来的。

　　我和段子俊同志到厂以后,人员就陆续增加起来。这些人中:机务方面的有鞠文奎、董长山、黄凤梧、郭延亭、陈祖任、张萍、王铁民、贾涵、宁中惠等。贾涵,在解放战争中牺牲了。

　　金工方面的有徐金林、荀玉秀、张振奎、侯玉阁、许庚元(林中)、钱松甫、吴全根、周士彬、高兆庆、赵财德。

　　技术人员有钱文极(原名景伊)、孙友余(原名孙以德)、许永和(丁古)等人。孙俊人、周建南、孙以德他们几个人,到延安后在清凉山搞了一个学习班,叫陕公高级班,其实跟陕公没有关系。在这里学习的都是大学生、留学生。那时,三局也驻清凉山。他们认出我是上海交大同学(在交大时,我们的班次是差三年),这样我们就很熟悉了。我经常到他们那里去学些马列主义。1938年6月,他们结业后,都转到三局来。开始,孙以德留在材料厂,周建南、孙俊人去通校。不久,钱文极、许永和(丁古)也从陕公结业来三局,许永和分配给我当技术秘书。还有童铣、朱连。徐明碧和尹××是通信班班长。

上述这些人中,王铁民、陈廷栋、高兆庆三人,大概是1938年底来的。张萍和陈祖任来的比较晚,其余来的比较早。鞠文奎,后来被派到新四军去了。

工厂里的政治工作,开始是由段子俊同志兼管(是支部书记)。我记得后来还有两个支部书记(耿锡祥同志说那是指导员不是支部书记)。那两个人,一人叫刘玉书,另一人我忘了他的名字。我们去了不久,他就去了;他开始管器材,我走了后做支部书记。

工厂一开始就建在盐店子。1938年的"五一"节是在盐店子过的,我的印象特别深。因为"九一八"事变后国难当头,我们有些熟人约定,不是上好的电影不看,也不喝酒。到了边区,大家乐呵呵,第一个"五一"节我就开戒喝了酒。

建厂的准日子说不上来。是不是"五一"节可以作为厂开始的日子?因为"五一"节后,人就逐渐地多起来,开始生产工作。

1938年底1939年初,段子俊同志调到中央去,王净局长兼任材料厂厂长。由于他的工作忙,每礼拜只能到厂里一两趟。技术人员,孙以德到通校后,就剩下我和钱文极,还有童铣管政工。凡属生产和技术有关的事,由我负责,有些事我们三人一起商量解决,相互配合很默契。那时已经生产出好几十部电台来了。除了7.5瓦的,还做了一两台50瓦的。李鳌鱼的那个台是我做的,做得不够好。

工厂创业时很艰难,在想尽办法解决了一些材料后,设备的困难又摆在面前。开始,只有一台小车床,装上小天轴,两人轮流用手摇。摇手是解大槐(四川人,力气大)、黄明清。他们两个摇,林中上车床。有时为了赶活,晚上也干。林中累了一天晚上上不了车床,孙以德就上车床,有时我也上。但我们的活做得不好,只能做些简单零件。我和钱文极在晚上把度盘上的101条线一条一条地刻出来,然后,用字模子给度盘打上字。

建厂初期的情况,就是这样。1939年六七月,马鸿逵说要"假道延安东渡抗日",日寇在河东集结,胡宗南蠢蠢欲动。在这种情况下,在延安的干部一部分去前方,一部分去大后方,一部分留下。通信材料厂也宣布缩编,组织上决定我去大后方,我就离开通信材料厂去了重庆。

(此文刊于《通信兵史料回忆选编》1987)

从炼金术到完整的科学技术体系

——纪念爱迪生效应发现 100 周年和晶体管发明 35 周年

（1983 年 10 月 10 日）

人的认识从实践中来并回到实践中去，往复无穷。科学技术的发展也不可能不服从这个规律。爱迪生效应的发现孕育了当代电子技术的诞生，晶体管的发明使电子技术跃进到新的广度和高度。

让我们回顾一下近代科学技术发展的一些史实。近代科学技术是首先从欧洲发展起来的。炼金术是蒙昧可笑的，然而却是化学的远祖，导致了许多重要发现。由于生产的需要，发展了天文学、牛顿力学、电磁学、量子物理和核物理等许多基本科学。与此平行，蒸汽机的发明，推动了产业革命的迅猛前进。在欧洲科学技术发展史上，基本科学研究和技术进步平行发展的。

美国科学技术发展的初期，主要是利用欧洲的基本科学。贝尔在 1876 年发明电话之后，发明家风起云涌，爱迪生就是当时的一个佼佼者。爱迪生效应的发现给后来真空电子管的发明打下了基础。1925 年以贝尔研究所命名为标志，开辟了逐步兴盛起来的应用基本科学，并成为美国科学技术发展的显著特征。

应用基本科学兴起不久，就出现了明确的系统工程实践，近年来发展了系统工程理论以至具有基本科学性质的系统学。晶体管是 20 世纪 40 年代发明的，是在产业发展中遇到收信放大电子管不能再进一步缩小体积、降低功耗、延长寿命的难题，从而提出这一要求而实现，从基本科学和应用基本科学得到营养而发展起来的。然而半导体技术的发展中还得继续大量地充塞着"炼金术"，即从大量的实验中筛选合用的技术，提炼经验和规律。

在科学技术的发展史上，似乎存在这样的规律：从大量的实验实践中归纳出带有一定普遍性的经济规律；以基本科学为指导，从经验上升为应用基本科学以至基本科学理论；然而再从基本科学和应用基本科学演绎出分析的和综合的设计规则或工艺规则，或导致新的发明，从而应用于生产实践、科学实验，并经受检验。然而这远非惟一的途径。

至今科学技术已经发展成一个相对丰满完整的体系，其中包括基本科学、应用基本科学以及技术发展和工程技术实践（含系统工程技术与科学）。

这些史实说明，新技术源于实践。从基本科学和应用基本科学来演绎并分析、综合，是当代后起的先进方法。然而对于大量的实践、实验进行直接的归纳、分析、综合，以及善于从一个偶然的发现中得到启示，仍然远非落后。

发明家仍然是当代经济发展的重要支柱。我们需要培养多种多样的科学技术人才，特别是那些积极地向实践学习、向文献学习、向群众学习、安于自己的岗位工作；敢于创新，富有对新异现象的敏感，善于从直觉形成概念，从经验忖度规律；能发现科技发展新方向、不断提出真知灼见的人才。

十一届三中全会以来，我们的工作稳步前进，蒸蒸日上。我们电子科学技术工作者不甘居于人后，一定会在实现伟大目标的事业中做出卓越的贡献。

（此文刊于《中国电子报》1983.10.10）

为实现崇高理想而奋斗

（1983 年 1 月）

当我还是个不懂事的孩子时就听人说，人应当有一个理想。可是，我不知道理想是什么。"五四"运动后的小学课本里有这样四个字："真知灼见"，至今难忘。也许那就是我倾向于追求知识和真理的开端吧。在封建礼教统治下，我的大姐姐抗婚不嫁，郁郁而死；和我早夭的妹妹差不多年岁的小丫环被鞭笞流血；三一八事件时，客人到我家带来大学生被残酷枪杀的消息；大街上青年人举着小旗骑在石狮子上宣传抵制日货；军阀混战使我家多次搬来搬去；由于灾荒，街头上出现许多流离失所的难民……这一切都给我强烈的刺激，留下深刻的印象。小学老师过度的鼓励，预兆我在风雨飘摇的旧社会可以有立足之地。尽管我生长在一个富裕的并对我多少有些放任的家庭里，社会上的一切还是轻缓地触动我的幼小的心灵，使它充满矛盾，然而，由于柔弱，当时还不想有所作为。

对文学我始终有所爱好。我爱读"五四"以后的新诗、新文学。我也写过几首旧体诗，然而一点也记不得了。我母亲的老师蒋兰畬很喜欢我写的一首描写暴风雨的七绝，并给我添了第五句"旱魃夜半逐雷公"，变成了乐府体。我反倒记着这一句，牢牢不忘。只是在他死后几十年后，我才从一本现代书中得知老人是曾参加中法战争的志士，无怪乎有那样坚强的斗志！初中时，一位老师夸我的短篇散文，说可和一些已知名的作家相比。这都促使我幻想成为作家。但是以后事实证明我并没有什么文学才能。

然而我贪婪地阅读各种书籍：文、理、历史、自然知识……从《呐喊》到《饮冰室文集》，从茅盾的三部曲、曹禺的戏剧到《红楼梦》、《西游记》，从易卜生到林译的《小说丛书》（有一些欧洲名著），从剑桥大学的物理学教科书到中文的微积分、电机设计、内燃机原理。我每天下课后还和一个比我年龄大不多的细木工一起玩，跟他学锯、刨、雕、凿……虽然没有学成任何手艺，却增加了许多知识。然后是自己动手重复许多前人做过的电磁学试验，到十五岁开始成为无线电爱好者。一位当时在美国留学的学者，像老大哥一样关心我，寄给我无线电杂志和物理化学手册。我艰难地读了那些高深的英文书和一本英文无线电工程课本。我对课堂教学总有一些心不在焉。然而由于课外学习使我在许多高中同学中处于领先地位。这是从文到理工的转变。这也许因为我父亲曾是我国最早的电报生。于是我进了上海交通大学学习电机工程。这决定了我一生的专业。

震惊中国的"九一八"事变发生了，我感到了民族的危急。进步的同学们想帮助我，我念念不忘的是钱学森同志告诉我读书救不了中国，只有政治活动即革命才能解决政治问题。当然，那时专心读书的一些同学现在都在祖国建设中发挥着重大作用。当前我们科学技术人员、知识分子依然还是太少，并不是多。可是针对那时的具体情况，他的话是多么地切合实际呵！那时，我虽然觉得豁然开朗，却依然没有离开平静的书桌，到斗争的行列中去。

"七七"事变发生了，救国的浪潮席卷中国。我这时受到社会上救亡运动的启发，又读过了

· 481 ·

《西行漫记》、《今日之庶联》*、《母亲》等书。尽管言行还一致不起来，认识上已经倾向于中国共产党了。南京陷落于日本侵略者，给我的震动极大。我想必须有所抉择了，只有共产党能够救中国。我决心辞去即将晋升为副工程师的职务，于1938年三月来到延安。在那里吃小米、住窑洞，和工农兵生活在一起，参与了建立延安通信材料厂的工作。我们仅在当年七个多月里就给前方输送了六十几部电台。那时物质条件是很艰苦的，完成这样的任务是很不容易的事。我还学习了辩证唯物论和马列主义的基础知识，受到革命实践的锻炼。我认识了人生的意义，一定要跟共产党走，和工农兵在一起，继续学习，把自己的知识全部贡献给革命和人民，尽自己的微小力量为最终实现共产主义而奋斗。这才是我的理想。

一年以后，党组织"撒"我到大后方（国民党统治区）去经受锻炼和考验。在以后的九年中，我始终坚持参与地下党所组织的各项活动。同时我继续提高自己的电子技术知识水平，还学习了机械、冶金等方面的知识，以便以后更好地完成党组织交给的任务。后来党组织指示：不久全国就要解放了，你要想法子去美国留学，开阔眼界，好更好地为社会主义建设服务。这样，我在1948年去到美国加利福尼亚州理工学院学习。因为明确了学习目的，就有了理想。我每周学习、科学研究、读书、工作七十几小时，有时天蒙蒙亮了才睡，还克服了十二指肠溃疡的病痛。我的主科是电工，副科选取了物理和数学，有相当的难度。那时我已三十五岁，离开学校生活也十三年了。但我不因此而气馁，还尽量利用我的理解能力，搞好各科学习，因此，我在二十二个月里，越过了硕士学位，直接获得了带特别荣誉衔的博士学位。在学习的同时，也没有忘记和同学共同探讨祖国解放和社会主义事业的课题。

全国解放，我欢喜地回到祖国。我可以实现自己的理想了。我做的是技术工作，但又需要我做相当多的行政工作，我不得不用许多时间去学习。党给我的工作任务不断在变动，科学技术不断在发展，因此，我要不断地学习新知识、新事物。

我始终抱着求知和创新的愿望。我总是结合着我当时的工作勇敢去探索。如果说我还做了一些较有意义的工作，那就是参加了多次科学技术规划工作，探索电子科学技术发展的方向、方针和发展，把自己的见解贡献给国家，并且担负组织开拓一些新技术领域（如超远程雷达、电子计算机、半导体集成电路和光导纤维信息传输等）。当然我只不过是做了一些开头的工作，仅仅如此而已。我往往白天忙于开会和行政工作，就得拿出许多休息时间用于学习、探索、写作。年纪越大，就越觉得时间的可贵。

作为一个经历了旧社会灾难岁月的知识分子，我的理想只有经过这样曲折的道路才能实现。现在的青年是多么幸福，有党指引道路，有良好的条件，应该更加珍视自己的一切！

回顾自己走过的道路，我体会到：把追求真理、渴求知识的热忱，纳入从实践出发、实行科学分析的轨道上去，认真地去实践、去学习、去观察、去思考、去认识客观世界，这是形成个人理想的必由之路。

专业和岗位的选择，当然要在一定程度上符合自己的才能和素养，但一定要受到社会发展和国家需要的制约，往往还会起变化。才能和素养也会随着自己的阅历而变化。对于已进入的专业，越深入会越感兴趣。对于新鲜的专业，兴趣又会由求知的愿望和对新事物的敏感而增强。

学习知识要专而不窄，博而得当。对邻近的学科要掌握要旨，就更能得心应手。从一个专业转入另一个专业，往往相互启发，相互沟通，相辅相成。不要为自己筑起狭隘的堡垒。科学

---

* 此书是戈公振先生著，有意用"庶"联代"苏联"。

技术人员也一定要懂得历史,懂得社会,懂得世界。

　　也要注意锻炼身体,好为革命事业承担繁重的工作。我在年青时曾是一个体育爱好者。现在只要气候允许,我还是骑自行车上下班,每天骑车十或二十公里。

　　一切要服从我们的远大目标。对具体的专业、岗位应当有自己的设想,但是要通过实践才能确定。它可以是专一的,也可以是分散的,变动的,不应当是一成不变的。不管选择什么专业,只要能为人民做出贡献,理想的花朵就会向你开放!

(此文刊于《科学家谈理想》安徽人民出版社 1983)

第 九 部 分

序，跋文

《科学博览——信息卷》前言

（2002 年 2 月 10 日）

这儿是十多位信息方面的科学技术工作者，以衷心的热情和期待欢迎青少年读者们。我们尽在一定时期内能做到的努力，希望既能把关于信息的知识写得清楚明白，又比较准确，还能和你们的知识背景相衔接，而且不让你们读起来感觉枯燥乏味。不敢说是已经能够确实地做到这个程度，但是这总还是我们主观的愿望和努力。我们这个工作，还有对那些并不是专攻信息和电子专业，而希望获取一些这方面的初步知识的朋友们，也许会有一定的用处。

关于选题，《科学博览》把"信息"科学技术作为首选各学科之一，当然这是因为它是当代最为引人注目的新学科之一。它为什么会这样引人注目？因为它一方面，特别是在 20 世纪的后半直到现在，发展得极为迅速。另一方面它的应用已经渗透到了社会生活的各个方面，起了划时代的巨大变革作用。我想你们一定也会因此而对这个学科感到十分有兴趣吧！

"信息"何以成为这样宽广与重要，称为当代特征的事物？首先，简单地提"信息"这个词是一个缺省的提法。从本书绪论可以看到"客观信息"，乃至人类掌握与交流信息，是久远之前就已经存在的事物。这样，它又何以成为当代的特征？这是因为当代社会持有的信息量，仅就人类所知识化的范围，已经是无比的巨大，而且还在以高速度增长。因此说"信息"本身就是时代特征，当然是十分恰当的。然而追究一下，当代信息量又何以这样广泛增长？这是由于人类社会与经济的发展，尽管处于极不平均的状态，在较为发达的区域里，已经达到这样一个很高的水平，提出了对信息迅速增长的迫切需求。然而更重要的是，又何以有此可能，有此能力支撑这个迫切的需求呢？如果没有这种可能性，光有需求，也是不可能得到满足的。这是由于长期科学技术发展积累到当代这时，出现了前所未有的新技术——电、电子和光电子相结合的整体化技术，信息作业的能力比历史上任何时代都突出地大大地增强了。然而，这一新技术又何以在这个时代出现？这却又是社会发展，经济发展的历史的必然。在人类存在的漫长的历史中，社会和经济的总体发展作为一方，从中取得到的文化、科学、技术发展作为另一方，总是互相推动又互相牵引，互相促进，互相作用，互为因果的，而信息正是后一方的确当载体。

因此"信息"科学技术的完整范围要包括信息应用方面的科学与技术，即以需求为中心的方面，和基础性的科学与技术，作为提供可能的方面。这就划定了本书内容的大体边界。然而也还有一点局限，那就是，应用的的范围十分广泛，几乎涉及社会上所有行业，在这本书内，哪怕是说明其若干分之一也不可能。属于应用系统范围的知识，还只好概括地、笼统地或结合应用装备及其直接用途给以一定说明；在为发展电子事业必需的基础技术科学方面，也有类似的困难情况。我们也只能是结合信息电子的应用基础科学和信息电子的物质基础（组成件、器件、微电子、仪器、专用的生产设备、有关的材料等等），叙述一些切近的物理、化学、数学、生物、机械、冶金、化工等等的知识。

编者感觉到，不但应当向读者们介绍知识的静态现状，还要介绍它的动态侧面。因此除在各专题章节内照应到这要求以外，在绪论中把信息电子科学技术的发展史，做了简单的叙述，以说明一切新事物的出现，往往有其渊源，尽管不排除偶然性的作用。

古代哲学家庄周说过："生也有涯，知也无涯"，知识是不断迅速地发展和扩展的，是广阔无边的。希望这本书，除去能完成简单地介绍信息有关的知识的任务以外，还能起引发读者的兴趣，向更广阔的科学技术与社会知识迸发作用。

作为编写本书的主要组织者，借前言的篇幅，谨此感谢总主编和出版社给予的信任，感谢各位参加编写的专家们的热情支持，感谢四川教育出版社各位参与工作者和其他有关单位和人员的支持。

《系统研究》序

（1997 年 3 月 29 日）

今年十二月十一日是钱学森同志八十五岁的寿辰。学术界的一部分同时代人，多数是年轻一些的，为了祝贺和致敬，编写了这本《系统研究》，并由浙江教育出版社出版。采用这个内容编写和出版这本书，是十分得当的。正是因为学森同志四十余年来带领一班学者，带头倡导，使得《系统》的概念在中国社会上广泛地深入人心，对于推动社会前进，起了不容忽视的作用。

怎样划定一个《系统》？按我个人很粗浅的理解：它应当包含多个个体。系统内个体之间存在着紧密的联系，而这些个体与本系统之外的系统和个体之间所存在的联系，则是显著地松散。系统有大的、小的、极大的、极小的。系统之内可以分成子系统，再分小也是可能的。任何一个个体之内，也可能又是一个系统。因此在观察、对待任何事物时，必须都从系统的角度予以考察。既要考察其内部构成，也要考察个体与整体之间，个体与个体之间的联系，更要考察其外部的联系。不仅从空域中考察，还要在时域中考察。因为所有的因子、个体和群体，及其相互的联系，都不会是一成不变的，必须作动态的考察。记得四十六年前，那时还在美国，学森同志就和我谈过这样一句精辟的话："辩证法的一个要点就是要人全面地看问题。"我想这也就是说从系统的角度看问题，以避免主观性、表面性和片面性。从我们几十年的实践经验看，对系统的概念，特别是在实践中运用系统工程的方法，确是再怎样强调也不为过的。

在系统学学术方面，他起了很重要的作用。十年来，他组织、主持，并亲自坚持参加的一个系统学讨论班，包括了工程界耆宿、理论物理学家、数学家、系统工程学家等等。通过认真和热烈的讨论，在系统学和系统工程方面取得了系统的、成功的成果。他自己还在系统科学理论方面作出了指导性的贡献，并把系统工程与运筹学方法付诸解决若干国家重大问题的实践。

当然，学森同志的贡献远不只此。他对中国发展航天事业和导弹的历史性巨大贡献是众所周知的。他思路宽广，勤于思考，对事物持有锐利的洞察力和敏感，以此他在跨多种学科的方面提出许多独到的见解。如思维科学、科学与美学、人体现象学、科学与技术结构论等。他是边际学科发展的带头的倡导者。

我特别要提到的是他很早接受了进步思想。1934 年他和我谈中国的现状，不靠政治（革命）而只靠读书是不能改变的。这话对我以后的生活是一个最早的重要启发。一直到现在，我们对马克思主义辩证法唯物论的信仰是始终不渝的。

本书编入三十一篇论文，其内容可分为四个部分。第一部分是控制论与运筹学，第二部分是系统科学与系统工程，第三部分是社会工程与管理工程，第四部分是各学科边际问题。文章作者各在自己研究成果的基础上撰写了论文。这些都是作者们对学术的执著追求和对学森同志的诚挚感情的体现。

（此文刊于《光明日报》1997.3.29）

《新产业革命与信息高速公路》编者的话——释题

（1996 年 12 月 18 日）

　　"信息高速公路"是近两三年社会上火热的讨论题。它实际是美国政府 1993 年提出的"国家信息基础结构"的别名。它是当代新产业革命即信息化产业革命进入全盛期的标志，也就是向信息化社会进发中的一个重大步伐。正是因此，本书立意把信息高速公路放在新产业革命这个命题以内讨论。

　　当代新产业革命是否就是信息化产业革命？这也是可以讨论的。例如托夫勒在倡导第三次浪潮时就列陈了信息、空间、海洋和生物（基因工程）等具有革命性的新技术，近来还有人提到新材料，历史上还有电气化、核能等多种提法。当然，这些历史上的或发展中的新技术都已经或正在产生重大的影响。然而，按马克思论 18 世纪的产业（工业）革命，指机械化（由机器以及机械动力操作工具以代替人直接操作工具）的技术革命，导致了出现工业社会。不能说技术革命一定就是产业革命，而必须是产生了广泛深刻的社会变化。因此，在现代的革命性技术因素中，在当前和可预见的未来时期中，还只有信息化革命能产生这样的作用。就是那些主张"后工业时代"的人们，也是把自动化与信息化作为在进入中的社会的表征，而自动化又是依靠了或包含于信息化的。

　　信息化产业革命导致什么样的社会变化？本书中不作全面讨论。虽然，在有的地方提到文化发展牵引经济的远景时代以及文化活动在人类生活空间中将终于占有大部分，但这并不是所产生的社会现象的全部。发达国家的未来学者如 Bell、Toefler、Nasbitt、Negroponte 等作过许多预言。然而，我们虽然不去评论，但并不是默认了他们的所有论点，甚至某些主要观点。

　　我国应当如何对待新产业革命和信息高速公路的建设？必须从我国的实际出发考虑问题。我们虽然在工业化的道路上还有一大段道路要走下去，然而必须同时看到，我们又已处在信息技术已出现并在迅速发展的当代。对于新事物应当敏速迎接。充分地有的放矢地运用信息技术是加速工业化进程所不可少的，并是十分有效的。而且，在信息技术把全球联成一片的当代，我们也必须创造与全球联通的信息化物质环境。因此，我们还必须是工业化与信息化并举。应当看到，工业的进步也是无止境的，那些发达国家在信息化的同时，都丝毫没有放松工业能力的增强，其实他们对农业、牧业等等也无不如此，何况我们农业和工业还远非强大。

　　本书中同时使用了信息高速公路和信息基础结构两个词，是当做同义语对待的。这个词的含义决不仅像有时被误解的那样，即仅是通信传输网络，甚至于只是很宽频带的光纤线路。现有的（国际）交互网络是信息高速公路的一个雏形，也还是个过渡。这在本书文字中有具体的说明。

　　电子以及光电子技术和有关的技术，还有它们的应用是当代信息化产业革命的主力。本书中对此占用了很大的篇幅，希望能达到更充分地介绍当代新产业革命的面貌的目的。欠缺的是，对于发展电子以及光电子技术所需的社会物质基础结构，由于篇幅的限制，就只好割爱了。

　　限于编者的水平，一定有遗漏、偏颇、疏忽的地方，诚恳地希望读者指正。

《中国科学技术专家传略——电子、通信、计算机卷 1》前言

(1996 年 6 月 3 日)

　　电子学是一门有鲜明应用目的和物质特征而内容又极为丰富的新兴科学技术。它广泛用于信息作业,兼及于能的作业,而为各行各业所不可或缺,是跨世纪的现代化先进要素。19 世纪以来,工业革命深入发展并走向成熟,电磁场基本理论已阐释清楚,电磁波、热电子发射现象、量子理论的发现等,在科学上做出充分准备,这给电子学的出现和成长壮大,并广泛应用创造了根本条件。电报(1844 年)和电话(1876 年)是电技术用于信息作业的开端,标志着电子学走过了胚胎期,而无线电通信和电子管的发明及应用,则标志了电子学的诞生。进入 20 世纪以后,广播、电声、电子控制、导航、电视、雷达、遥感、空间电子应用、电子计算机信息处理、电子测量、虚拟现实等,以及复杂的综合应用系统陆续实现。在电子科学和基本技术方面,先后在电磁波传播、电路与系统、微波、逻辑电路、信号处理、认知科学、知识工程、人工神经网络等方面,不断出现新突破。继电子管之后,多种元件、器件发明创作出来,特别是半导体器件一直到集成电路的发明和发展,开创了电子学发展的一个新时代。尤其应该提到的是,软件走上舞台是这个时代的突出特征。

　　20 世纪 70 年代以来,光导纤维、微处理器和光盘存储更以强大的冲击力,把电子信息作业推向一日千里全速发展的局面。在能的作业方面,如太阳电池、各种电子能态加工与能态变换、微波与直流输电、节能、控能等方面,也提供了优越的新手段。

　　在历史上,对于信息及为信息表达的文化进行运作的手段经历过几个伟大的里程碑。先是语言形成体系,然后文字的初步完备,再则是从印刷术转化出印刷机。印刷机的推广,促进了文艺复兴、宗教改革、科学革命、启蒙运动、工业革命等一系列在西欧出现的重大事件。电子是当代出现的第四个伟大里程碑。它是运作文化与信息的全能而又极其优越的先进手段。它能用来对文字、语言、声音、图画、运动图像、数字、逻辑元素、编码等诸多的信息媒体进行复杂的作业。它可用来对各种信息执行摄取、传输、录存、再现、分配、变换、压缩、扩展、仿真等功能,并可仿效人的一定智能。电子技术仍在以高速度前进,正开始其全盛的发展。历史上的各个里程碑对人类社会发展的作用巨大而显赫,而新的、电子的手段比历史上各里程碑显然更为强大,它推动社会进步的效应必然更为出色。

　　电子技术,更确切地说是电、电子与光电子技术将使社会从工业时代进入信息时代。由于电子信息技术的强大倍增作用,经济——物质生产与运作因之而急剧发展。文化更将得到最优先发展。数万年的人类历史说明,相对于物质而言,在人类生活中,文化所占的份额是与日俱增的。电子的出现更大大增强了这一趋向。可以设想,若干年后,必将导引到文化发展牵引经济发展的又一个历史时期,仅用信息时代描述将是远远不够的。当前发达国家首倡的"信息基础结构",亦即通称的"信息高速公路",实际上包含了整个电子信息作业所需客观实体条件的全部内容,其实现正是为未来的时代做早期的准备。在军事方面,当代若干局部战例中,电

子演示了非常密集而有效的利用,对战争形势显露重大影响。这又向电子学发展提出了严峻的期待。

在我国 1870 年已有外商建立经营有线电报。1875 年清政府开办电报学堂。1877 年建设了本国自有的电路。终清帝国之世,拥有电报电路数万公里,电话接近万门。以后一直到人民共和国成立,中国的电子事业始终限于通信和广播。1913 年开始有了无线电通信,1922 年最早的无线电广播台是外商经营的。第一次国内革命战争后,国民政府推广短波通信,以后陆续有所建设。到 40 年代,已有了国际无线电台、较简单的载波机和数十千瓦级的中波广播电台。移频电传、机电自动交换、单边带与扰频电话等也被引入。在生产制造方面,主要有国民政府资源委员会等所辖的电话机、无线电、电工等工厂。在上海等地,也有一些民营小厂。他们曾装配最大为千瓦级的无线广播发射机和不太复杂的超外差中波收音机,大部分元器件是进口的,仅小批量生产过接收用电子管和小功率束射管。有的工厂还生产电话机和灯泡。在科学研究与技术创造方面,华人在海外对电子学曾做出过若干出色的贡献。国内则有 30 年代后期成立的清华无线电研究所,做了一定的工作,培养了人才。此外,还有 40 年代中期成立于资源委员会中央无线电公司的研究室。同时还有零散的人员做出零星的成果。在 1914 年已有高等学校开始设置电信课程,经过 30 余年发展,校系增加,培养了许多技术人员,也有一些人员到海外学习较先进的专门知识。

在第二次国内革命战争开始时,中共中央在上海秘密建立了我党第一座无线电台,并举办了无线电训练班。1930 年至 1931 年间,在中国工农红军中相继组建了第一支电话队和无线电大队。抗日战争期间,又在延安地区建立了通信学校和通信材料厂。在极端困难的条件下,培养了急需的报务和机务人员,制造出瓦级到百瓦级的电台和千瓦级的广播电台。在前沿的根据地中,也做出了同类的建树。这种艰苦卓绝的工作保证了红军长征、八年抗战和解放战争取得全胜对通信提出的要求。在 20 多年的战争中,成长了以王诤、李强、王子纲、刘寅等为代表的一支坚强的通信队伍。在人民共和国成立以后,他们和旧中国留下的一批优秀技术人员一起,会同此时回国的人才,共同担起了开创我国电信、广播及电子事业、工业制造、科学研究及人才培养的任务。这是一个在全新的政治与社会条件下高速建设和发展的时代。特别是 1956 年党中央号召全国向科学大进军,并组织编制我国第一个发展科学技术的长远规划——《1956—1967 科学技术发展远景规划纲要(草案)》,电子学连同计算机、半导体和两弹一星陆续列为紧急发展的项目。事实上,从人民共和国建立时起,电子限于通信广播的界线就已打破,现在是走向更大的深度和广度。到如今,在 20 世纪中叶直到当前的 90 年代,世界上出现的电子信息产品或装备各门类,我国几乎都已有应用、运行、生产、制造技术发展,或在研究突破之中,还有独具我国特色的重要创造。相应的高等教育得到充分发展,培养了大量电子专业人才,直至博士后水平。

生产、建设、科学研究,技术发展、应用运行、培养人才,首先要依靠优秀卓越的专家。电子——信息学科在全球范围的发展正方兴未艾,更多更深的理论和工程技术问题急待后继者去开掘与探究。国内准备展开的以建设信息基础结构为代表的科技大业正在召唤新一代电子学家去参与,他们任重而道远。

为了回顾我国电子信息技术的发展历程,记述电子信息专家作出的贡献和取得的成就,弘扬他们“献身、创新、求实、协作”的高尚情操和科学精神,在中国科学技术协会的领导下,我们编纂了《中国科学技术专家传略——电子、通信、计算机卷 1》。本书收录了电子、通信、计算机领域的老一辈科技专家传略稿 51 篇。其中电子专业的专家 36 位,通信专业的专家 9 位,计算机专业的专家 6 位。他们都是较早地对发展我国乃至国际电子信息学科及其事业有贡献的专家学者。这些人传人的经历和学术、技术成就虽然各有特点，但是他们对祖国和人民的赤胆忠心，对社会进步的不懈追求，对事业锲而不舍和务求有成，对后来者的精心培育，以及在治学上的严谨与攻关上的百折不回，在道德操守上的刻意修炼，都是堪资今人与后人吸取的精神财富。此外，还有一些专家的传略本应收入这一卷册，或是由于传主本人的坚辞，或是已被他卷所收录，或是由于必备资料难以周集，乃至由于受托作者无暇提供终稿，以致未能全备，只好留待后续的卷册中再予发表。

愿此卷的出版对进一步繁荣我国电子信息科技事业有所补益。

《神经网络原理及其应用》序

（1995 年）

人类是否在使用最原始的工具时，就已经设想过这个问题：有没有可能由人加工出来一种物质品，能像人一样，具有思考和学习能力？仿效生物的幻想和企图，至少可上溯到还没有文字的时代。仅仅是幻想和企图是不够的，人类对自己的理解从浅显进入较深的层次花了很多年代。更为重要的是必须有一种可资利用的物质手段。在 20 世纪中期出现的人工智能就是在这种条件下诞生的。心理学与思维方法规律发展起来了，数字电子计算机也发明了。经过若干年的奋斗，知识工程和专家系统已趋向成熟。

当今人工神经网络的研究与发展，是以神经生理学为基础指向仿生目标的更为雄心勃勃的事业。从 19 世纪中叶细胞学说确立以后仅 30 年，人们已开始能分析、图绘动物神经元了。迄今近一百年中，人们对人脑神经元和神经网络的组成和机理有了相当多的认识。尽管在这方面的知识还远远不足以使人能够完全地模仿哪怕是很局部的脑神经的功能和机理，然而已经可以构造一些简化而潜在功能很强的模型。它们是现在人工神经网络研究与发展的基础，因为目前大量的实验和实用系统正在利用这些模型构造起来；它们是现在人工神经网络理论进一步发展的起跑线，因为我们还必须对脑神经网络更深入地认识，并构造出更为接近原型的新模型；它们是现在人工神经网络研究与发展的生长点，因为我们不必要限制自己，拘泥于仿效天然神经网络活动的模式，也完全可以发挥主观能动作用，从现有的研究出发，创造出更为先进的工作模式。

事实上，从事人工神经网络研究的科学工作者已经在所有上述三个可能的范围进行了极大量的或深入的工作。然而这三个可能范围并不能概括所有的有关工作。比如说相当大量的神经活动中思维与学习并不重要，如视网膜、耳蜗管、触觉系统、嗅觉系统、味觉系统等，在进入大脑皮层之前以至在进入大脑皮层后的前期活动中，可能主要是属于信号处理与模式识别的一般范围，它们是人与外界交互作用的关键环节，它们也是复杂的神经网络。像视网膜的锥体和柱体共有近两亿个，而进入大脑的神经纤维却只有其百分之一，可见视感觉系统的预处理能力是何等强大。这是大有可为的科技领域，并且有些初步成果已得到极显著的成效。再有，天然神经网络进行的是极大规模的并行、并发的模拟运算。神经元响应和神经纤维传输的速度远比电子电路为低，凭借集体和集成的运动，大脑能以亿万倍于数字计算机的速度处理信息。由此可见，模拟电路具有极大的潜力。然而，可以做出的器件、元件却还没有神经元所具备的某些特殊功能。这样，大量的人工神经网络工作只能依靠数字计算机高度灵活的编程，用数字计算仿真模拟计算，并只能是串行的或很低度并行的。如何发挥模拟电子电路的强大潜力仍然是我们面对的具有广阔远景的研究课题。Carver Mead 的硅视网膜是采用模拟电子技术的极优秀的典范。John Hopfield 采用模拟电子技术的人工神经网络解决 TSP 问题所取得的优秀成就，掀起了近十年来人工神经网络科学技术发展的热潮。我们应当在这个方向上积极开拓前进。可调整权值的模拟器件网络和用数字处理实现离线训练相结合标志着这个方向上的一个重大进展。

人工神经网络的理论研究和实际应用方面的发展已引起我国广大科技工作者的极大热情和关注。参与这方面研究工作的专家数以千计，需要接触了解这方面工作的人则更多。因此，迫切需要能深入浅出地引导人们进入这个领域的出版物。该书正是为满足这个要求而编写的。

本书是作者们从事神经网络教学、科研成果的总结。内容丰富，取材新颖，结构严谨，章节安排合理。体系完整，繁简适宜，在理论和实践上做到了原理和方法的结合，反映了近期国内外研究的动向。本书在叙述上概念清楚、文句流畅，数理推导详尽，力求由浅入深，循序渐进，通俗易懂，立足于讲清物理概念，注意了理论上严密、系统，而且力求有所创新，是一本不可多得的好教材。适合于研究生、本科生和有关科学技术人员的需要。

《全国多媒体与高速信息网络大会论文集》前言

(1995 年 3 月)

人类和人类社会赖有广泛信息作业而存在和发展。在人类历史展开的过程中，人创造各种信息作业的手段，伴随着人类文化的不断提高。电子技术的出现，更确切地说是电、电子与光电子技术的出现，使信息作业强度和信息作业量空前增长，以至人们称当代为"信息化产业革命"的时代。文化、生产和社会运作都在进入一个崭新的、史所未有的高潮期。人类的生活面貌将出现剧烈的变化。最优越的电子手段，从只能处理码和声音的电报、电话走向处理活动图像的电视，处理思维因素的计算机。信息量如长江大河流泛要求以高速率畅通而无所不达。通信、广播、电视、计算机、信息库等先进的信息作业技术正在走向无间隙的融合。光纤、卫星等更为这个融合提供高超的物质手段。人们在进入太比特新的信息时代，"信息高速公路"成为当前热门话题，这就是"多媒体"和"高速信息网络"命题的来由。

我国电子科技界和有关领导部门对这一重要的发展动向，给予极大的关注。纷纷在探讨我国发展多媒体与信息高速公路的战略和措施。中国电子学会作为一个全国性的主要专业覆盖为信息技术的学会，更应该参与和配合这一战略性的讨论。根据计划，中国电子学会将组织关于多媒体与信息高速公路的国内学术讨论会、高级研讨会、国际学术会议。吸收国内外的专家参加，广泛交流学术观点和具体技术。特别是要从全局的利益出发，突破部门的局限，为国家制定这方面的发展战略出谋划策。

这次出版的文集，包含两次会议的内容：一是，1994 年 7 月召开的多媒体和高速信息网络高级研讨会的发言稿 23 篇；另一个是，1995 年 3 月 6～9 日召开的第一届全国多媒体与高速信息网络大会(CMIN'95)，共录取论文 46 篇。(其中个别几篇，由于两次会议的内容相近，论文内容有所重复，请读者予以注意)。参加这两次会议的有来自全国各地的高级专家近百人，最北的来自哈尔滨，最南的来自深圳，东面的来自上海、南京，西南来自古都西安和成都。都是从事这方面研究、生产的知名专家，可以说是"群贤毕至，少长咸集"。为了扩大舆论的成果，让更多的同行们分享这两次会议的效益，特编辑出版这本文集，内容涉及对国际上信息高速公路的发展情况和技术内涵的分析、我国开展这一工作的建议、多媒体技术的发展概况等。我们希望这本文集的出版将对我国信息事业的发展，起到推波助澜、添砖加瓦的作用。

《计算机科学技术百科辞典》序

（1992 年 7 月 5 日）

感谢本书的编者们给我们提供了这样一本十分精采、十分适于读用的《辞典》。它既是一本工具书，也是一本知识性书。当然也要向山东教育出版社、《中国计算机报》社和《中国计算机用户》杂志社致谢，是他们给了编者们所不可缺少的支持。

几年前我就读了本书的前身——《最新计算机科学技术辞典》，那是 1988 年出版的。当时就给我以清新的感觉。首先是就内容而言，选词是精炼的，释文准确而有特色。对每个词目，不是简单地给以一个定义，而是包含简明切要的叙述，给出内涵、处延和来龙去脉，清楚、明白。这样，读者在阅过一个词条以后，对它就可获得一个完整并且相对透彻的理解，而不仅是一个抽象的概念。

在体例上，那本书也具有鲜明的特色。书的正文是按"分类"排列的，而又附有中文的和英文索引。这样，不但从文字可以查到条目，而且能够从一个条目的附近就可浏览到有关的条目。这不仅使读者在查找一个条目的同时就便利地扩大了知识面，而且可以增强对所查条目的理解。我们还往往需要同时查找几个相关条目或需要比较几个类似的条目以了解它们的异同，那就更会感到便利。回顾 70 年代，刘寅同志曾委托我主持编辑《电子工业技术辞典》，那部辞典也是追求这样的一种体例。在知道又有一本书采取了类似的体例时我是很感到高兴的。

我们手头的这一本新书，不仅继续保持了以上这些特点，而且又有了新的发展。就内容说，对应于计算机科学技术近年的发展，本书包括了许多前书所未有的内容。这首先反映在条目的数量大约是前书的 2.5 倍。更有意义的是突出了新进展、新事物，特别明显的如"计算机安全与法律"、"多媒体技术"、"人工神经网络"和"计算机标准"等，都是近年突出的新问题，都给予充分的重视。还有一个同样重要的特点，就是在每一章节之首，都有一个篇幅较长的"带头条目"。通过这个条目的释文，读者不但对这一章节所涉及的领域得到一个较完整概括的理解，而且也就了解了本章节各条目之间的内在联系。这后者既是内容上的，也是体例上的一个重要发展。附录也增加了很多，特别是"中国大陆与中国台湾计算机词汇对照表"，不仅是一个便利的工具，而且对于促进两岸计算机科学技术界的相互理解和增强交流是具有重要意义的。

在广大的社会实践中，作为信息产业中的一个强大工具，电子计算机的出现和发展为我们开辟了广阔的新视野。在社会应用的强力牵引之下，电子计算机科学技术又被促进而使自身以高速度前进，从而不断扩大了应用范围。计算机技术正无往不入地在社会实践的所有方面弥漫与扩散。社会实践的发展是无止境的，计算机科学技术也将持续地层出不穷地发展。

微加工技术与微电子技术的不断前进使电子计算机性能及体积密度惊人地提高。其中特别是微处理器、高密度磁存储与光存储技术起着显著的作用。巨型计算机的计算能力以数量级的步伐提高。低档的计算机不但性能提高而且快速地向轻小和廉价方向发展。计算机跨距的加大和性能的提高为电子计算机更广泛的应用不断地创造新条件。微加工技术和微电子技术还在大踏步地前进，计算机科学技术也必然以高速度不间断地发展。

尽管当代的"人工智能"有其特定的涵义并确是发展中的新秀，但我们却可说计算机本身就是智能机械,从算盘和帕斯卡的加法计算机到当代吞噬数字的巨型计算机都是。难道进行加减乘除计算不是智能活动?然而当代的人工智能却在使计算机运作进入思维的领域。当前运用符号逻辑、知识工程和推理计算,电子计算机的运作已进入逻辑思维的浅层次,人们已在议论进入形象思维。与人的智能相比,计算机科学技术迄今所拥有的能力还是极渺小的。沿着人工思维的方向走下去,将经历一条极为漫长却是高效益的道路。在这条道路上,无论是计算机硬件和软件或计算机科学都将要陆陆续续出现大量的新事物。

一个向高度的集中集成和广泛地分布分散两个方向不停步地扩展的趋向正在席卷计算机技术的各个领域,并且这个趋向同时在席卷整个信息技术的各个领域。就计算而言,近一二十年来的网络化,特别是近年来的多媒体技术、公用巨型数据库、远程计算、袖珍笔记本型以至掌上型计算机、家用的个人计算机进网等都说明了这个趋向。扩大到整个电子信息产业范围来说,传统的通信、广播、电视、音像文字发行都在与计算机相互渗透和相互结合中。通信正向包括电视在内的多媒体体系进发。不可能想像会有两个分离的多媒体网络并存。在整个网络从最高层直至用户终端各层次的结点上也都需要有计算机或微处理器,或作为结点的核心或参与结点自身的信息作业。伴随这一趋向显然人们将在最广阔的范围内展开一场长时间的奋斗。即使这一目标得到基本实现,也还会通过技术进步而不断地提高性能和效率并降低生产建设费用。在这个进程中,计算机科学技术的面貌必然会日新月异、层出不穷地涌现出新事物,一浪高过一浪地达到新水平。

计算机人工智能的探讨不能不用计算机的作业方式去模仿人的脑力活动。尽管其作业方式也一定是处于动态,不断地适应模仿的要求,然而,它总还是受到物质的限制。脑是如何运作的?哪些类似计算机?哪些是不同的?几十年来脑科学家做了大量繁难的工作,相应地出现了人工神经网络这一新事物群。然而在这方面,人们了解的还是太少。随着脑—神经学的进展,人工神经网络科学技术也必然会不断地取得进步。

仅仅从以上所列各点,已可见计算机科学技术是处于一日千里的动态中的科学技术。为了满足计算机与相关学科工作者的要求,必须提供适应于这个动态的辞书。手头这本书就正好符合于前面的要求,既反映了现处的状态,又预见了未来的时期。在大约十五年来,我知道这类的书籍已有四种了,这本是最新的一本,也是十分优秀的一本,谨此祝贺编者们取得的成就。

《计算机系统结构》序

（1992 年 1 月 14 日）

电子计算机诞生以来，至今已经 40 多年了。从 60 年代起，集成电路技术的迅速发展和外存储器性能的持续改善，推进了计算机的高速度发展。同时，巨型机的性能大幅度地提高，计算机的尺寸跨度急剧向下扩展。目前，电子计算机已经有了巨、大、中、小、微（PC）、亚微（膝上和笔记本型）等型，甚至还有微微型（掌上计算机），形成了完整的系列。这也推动了电子计算机的广泛应用，它不但被用于解决繁难的复杂计算和人工智能问题，而且进入了个人工作和生活中。

从应用的角度看，对计算机性能的要求几乎是无止境的。巨型、大型计算机仍在不断地提高性能，微型、小型机的性能也在大踏步地提高。在 70 和 80 年代，巨型机中采用了许多新的系统结构要素，如虚存、缓存、流水线、向量运算等，而且已有少量高性能的并行处理计算机投入使用。现在上述原属于巨型、大型机独具的要素已经纳入了微型机中，立足于微型机－微处理机基础之上的巨型、大型机的高度并行化已经开始，并行原理也已在一定程度上延伸到小型、微型计算机中。从另一个方面看，在小型机上首先出现的缩小指令集（RISC）系统结构也正在向巨型、大型机和微型机方向扩展。因此，就系统结构而言，可以说尺寸大小的界线已经泯灭。这种新局面是在最近三五年内才形成的，非常引人注目。

面对这个新局面，不管是作为有关技术工作者所需的工具书或参考书，还是作为教师与学生所需的教材，都迫切要求有一本新书，能够系统地、相对完整地阐明计算机系统结构的新面貌。就本人所知，当前这样的书还是很缺少的。孙强南和孙昱东同志编写的《计算机系统结构》一书恰是一本能满足这一要求的书籍。这是该书的特色之一。

这本书集中讨论最新的系统结构技术，既着重物理概念的叙述，又注意理论联系实践。作者在绪论中概括地叙述了计算机系统结构的总体概念以后，转入具体讲述组成计算机总体的各子系统，然后再回到系统综合，最后讲述正处于研究发展中的系统结构新方案。采取了"合→分→合→远景"的结构安排，便于读者掌握全面知识。这是该书的另一个特点。

该书的内容安排繁约适当，文字简练而流畅。它尽量地与现有的关于计算机组成的书籍的内容相衔接而避免不必要的重复。因此能够以不多的篇幅覆盖这样大的跨度，相当完整地包括了系统结构的所有要素，并把巨、大、中、小、微型机融会在一起。这是该书的又一个特点。这正反映了强南同志在多年的工程实践和长期教学中的执着追求，以及他所积累的大量经验和自己的独到见解。

在计算机硬设备发展的同时，软件技术被确认，并成长壮大起来。目前软件技术仍在不断扩充发展之中。大家知道，在电子计算机还未出现之前就有了编程的概念并进行过尝试，然而只有在电子计算机出现后，才真正出现了编程工作，其目的就是要解决计算机应用与计算机的"硬设备"间的衔接问题。随着高级语言的出现，从五六十年代起有了编译器，开始了应用软件与系统软件的分工。以后又从简单的管理程序发展为操作系统，逐渐地形成了更完整的编程环境，成为应用软件和计算机"硬设备"之间的衔接部分。当前计算机得到巨大的发展，正是为其广泛的应用所驱动的，如果没有极大量的应用软件，计算机是无法发挥作用的。

正是在这种情况下，社会也需要培养大量的系统软件编制工作者和应用软件工作者。应用软件工作者一定要理解编程环境，也需要理解系统结构。不理解系统结构，则对于编程环境——系统软件也不可能深入理解。系统软件编制者更必须深入理解系统结构。该书作者写这本书，也正是想满足这个要求。因此在这本书里，在一定意义上作者是把系统结构当作软硬件统一的整体对待的。这个观点，对于所有在计算机方面工作的科技人员都是需要很好理解的。该书的编写确实为实现这一个任务做了很有成效的工作。

读了本书的稿本以后，有耳目一新之感，特为作序。

《中国电子科学技术评论》前言

（1991 年）

　　这本书出版的时候,是 90 年代开端的一年。90 年代是我国走向全面现代化的三个阶段中关键的十年,即向现代化建设的第二个战略目标进军的十年,是向 21 世纪进发的十年。在这个时刻,中共中央作出《关于制定国民经济和社会发展十年规划和"八五"计划的建议》,为这十年的发展绘制了一幅雄伟的蓝图。在这个建议里,把电子工业提高到促进我国产业现代化的带头产业的位置,电子信息技术与生物工程并列于高技术的榜首。回顾 35 年前编制十二年科学研究技术发展规划时,电子学、半导体和计算机第一次进入发展高新技术的六项紧急措施之中。本人作为电子技术紧急措施的编写者,深深感到电子学是作为支撑各项新技术的基础而被列入优先发展的日程的。那是对电子认识的一次飞跃。再对比一下现在,更加认识到:一是电子与信息合成一个整体了,二是电子工业与技术是产业现代化的支撑,三是电子科学技术是在各项科学技术中占居领先地位的科学技术。这是电子在我国被深刻认识的第二个飞跃。实际上电子信息产业与电子科学技术在当代已是与经济建设、社会建设、国防建设息息相关的极其重要的因素。我们广大电子科学技术工作者也应当深刻领会这个第二次飞跃的重大意义,要意识到我们肩负国家兴旺发达举足轻重的重任,必须兢兢业业、奋力以赴地承担下来,力争以优异的成绩完成任务。

　　中国电子学会是广大中国电子与信息科学技术工作者的学术团体,在这个转化的时刻,应当尽一切努力做能够推进发展、推动完成任务的工作。本书作为中国五年电子科学技术发展的一个概括性的评述,于这个时刻编写,正是反映我们在这个方面的一个努力。编辑的主旨是对我国电子科技事业在 1986—1990 年的五年中所取得的成就进行回顾、评论和展望,促进电子科学技术的发展和学科间的交叉渗透,使电子及其相关行业的管理干部和科技工作者以至社会上都能够比较全面地了解我国电子科学技术的现状和发展前景,推广电子技术和产品的应用,为领导机关制定规划、计划提供参考资料。长远的设想是每隔一定时间,例如说五年,进行一次这样的工作,从而不断地检阅成果、发现新方向和薄弱环节、交流经验、鼓励士气,以利于克服困难和开拓前进,我们期望做出一个良好开端。

　　本书共分四个部分:第一部分是按技术专业以及个别学科,分别综述五年来的进展和作出评论。第二部分是电子科学的专述,采用了中国电子学会国际无线电科学联盟委员会于 1990年报给国际无线电科学联盟第 23 届大会的报告共 7 篇,关于近年来我国电子信息科学发展情况的综合论述。这是在国内第一次发表。这 7 篇报告原是直接用英文写的,现翻译成中文。按本书的主旨,以上两个部分是主体,为了增强本书所能起的作用,又增强了第三部分,这就是13 篇关于国际发展前沿的情况介绍。这里面大部分是在国内开展工作不多而又是重要的发展方向的电子信息科学技术。这部分,按本书主旨所要达到的目的,是很有必要包括的。以上这些篇目都尽量约请了有高度发言权的著名专家撰写,内容都详实可靠并且具有精深的见解。第四部分有选择介绍了一些科研单位。这些单位在"七五"期间对促进我国电子科学技术的发展做出了较大的贡献。

为本书所覆盖的五年是十分重要的五年,这是我国第七个五年计划的五年,这是改革走向深入的五年。这是科技体制改革实施的五年。在这五年里,世界科学技术在前进,中国的科学技术在前进,我国尽管和发达国家相比还有很大的差距,在电子科学技术方面,这五年中也取得了绚丽多彩的进展。这些进展在本书本文中都有叙述,这里只选取一部分事例。选取的标准只在于能说明我们进展的光辉面貌而并不是说只有这些是最优秀和最重要的。

　　对国家重大任务起了重大的有决定性意义的成果可举:船载微波统一测控系统是在发射同步人造卫星过程中的一个核心设施。应用这个系统,我们已发射成功亚洲一号通信卫星和几颗国内通信用的实际工作卫星。我国自制自建的高能正负电子对撞器进入了国际同类装置的前列,使用了我国自己设计制造的精密特大功率高频发射机作回旋加速供能器,保证了正负电子对撞器达到高性能。这些不但综合了雷达、通信和计算机等各方面的高水平技术,而且也是综合电子元件、器件和电子科学与基本技术各方面的成就才实现的。因此,它们也在很大程度上代表了我国电子元器件和电子科学与基本技术的水平。

　　在电子设备方面,举例如:Kj8920 大型电子计算机硬件达到了很高的性能,连同系统软件、支撑环境和应用软件可齐套提供,形成了一个完整的高水平的系统。太极 2000 系列计算机占领了国内超级小型机市场的一半。微计算机方面:0540 32 位微型计算机性能达到发达国家 80 年代后期水平,联想 286 以其优越的性能进入国外市场,年销主机板以十万计。华胜4000 工程工作站研制完成,达到相应的高水平。导航设施建成了长河二号系统南海站组,解决了 2000 公里海域的导航要求。自己设计制造的空中交通管制系统已在机场上安装运转。我们还首创了精密的双星定位技术。通信方面:光纤通信和程控交换都有许多好成果。卫星通信和卫星转播电视、广播都用上了自己发射的卫星。对流层散射波通信实现了数字化技术。分组交换技术也突破了。雷达方面我们掌握了脉冲多普勒等复杂技术。

　　在电子的物质基础方面:例如彩色显像管的制造,在红光厂扩建任务中,制造玻壳用的极大部分专用设备使用了国内产品。这是实行开放以来的一个重大突破。号称东亚第一的700keV 离子注入机也做成了。砷化镓的门阵列和微波单片集成电路都取得了突破性的进展,还有汉字字形的只读存储器,达到一兆比特集成度。然而总的说,基础是薄弱环节。元件、微电子、专用设备、测量仪器、计算机外部设备和生产第一线技术工作有待于加强。首先,在前所列举的一些系统和成果中,有相当一部分还是大部依靠了进口的元件、集成电路和计算机外部设备。自己在试验室里有一些很好的突破,但要投产时往往困难重重。通过引进,有了一部分基础和配套件能在国内生产,但往往还依靠进口材料甚至散件。还有,大都很少做到改造创新。引进使我们掌握了一些具有重要性的技术,是为了更快地走向高水平的自力更生,确也起了这样的作用。问题也是存在的,有待于不断改进。

　　还应当看到,电子信息科学和基本技术也是薄弱环节,需要加强。尽管薄弱,在这期间还是取得了丰富成果。这里举例如:在一定程度上掌握了彩色电视接收机的计算机辅助设计。对汉语、汉字的识别取得了可喜的进展。基于时序逻辑的计算机语言 XYZ 是首创性的突破。

　　总之,过去的五年中,我国在改革中前进,电子科学技术取得了丰硕的成果,实现了为进入社会主义现代化过程的第二个战略阶段做准备的工作。这是十分鼓舞人心的,在此之际,谨祝愿我国电子科学技术工作者在第二个战略阶段的实施中做出更卓越的贡献。

　　借这个机会谨向诸位撰稿者、编辑工作者和出版工作人员,以及各支持单位致以衷心的谢意和敬意。

《2000 年的中国电子》前言

(1984 年 6 月)

自党的十一届三中全会以来,我国的四化建设已迈出了巨大的步伐。党的对内搞活经济、对外坚持开放,以及依靠科学技术进步、重视知识和调动知识分子积极性的一系列政策措施,对于推进我国经济与社会的协调发展,已显示出了极其强大的威力,并进一步开创了发挥我国科技人员的聪明才智和范围更广地采用国外科技新成果的大好局面。

目前正在国际上兴起的新的技术革命,标志着社会进步对知识、信息与科学技术的需求与依赖,进入了一个崭新的境界。这个趋势在我国已受到各界普遍的关注,各行各业都在研究自己的对策。我国自然科学界各学术团体,都正在中国科协的统一部署下开展这方面的工作。

作为这一新的技术革命的一个前沿的电子科学技术,以及在其中孕育成长的微电子技术、计算机技术、信息技术、光电子技术等,对于进一步推进诸产业部门的技术改造、触发新学科的诞生,以及加速信息的传播和知识的积累,都有着其他科学技术所不能取代的作用。展望未来,它的使命更为艰巨。

建国三十五年来,我国的电子科学技术,在党中央和国务院的关怀下,在兄弟学科的支持下及在电子学界的共同努力下,已有了很大的发展,起到了应有的作用。但是,比起四化建设向它提出的要求,还很不适应,而且若不加倍努力,还有加大与国际先进水平的差距的危险。因此,振兴我国电子工业,使之在业已来临的新的技术革命中发挥重大作用,乃是时代赋予我国电子学界的光荣使命。

面对这样的形势的挑战,中国电子学会以中国科协部署各学术团体开展"2000 年的中国"的研究为契机,于 1983 年 9 月成立了"2000 年的中国电子"研究委员会,并委托中国电子学会学术委员会负责指导和组织第一阶段工作即分析和对比各分支学科和专项技术的国内外水平差距的编纂工作。

对于一本国内外水平的比较材料,我们认为应从多方面比较,而不是停止在表面的、明显的侧面。这些方面是:应用技术的高度、深度和广度及其所产生的现实的和潜在的经济效益和社会效益;产品在所需批量生产中所能实现的性能、质量、经济性;产品原型的发展水平包括性能、可实现性,将来在生产中可能达到的经济性;产品的新原理的发现和发明水平;科学研究水平,即为提高设计、工艺、材料各方面的科学性,在广泛促进实验性的发明创造的同时,力求在科学规律上有所突破的水平。

我们借用前言的篇幅来讨论比较水平的方法,是有我们想法的。由于我们所比较的是科学技术水平,很容易局限于科学研究和产品发展两个方面。然而这两个方面并不直接产生经济效益和社会效益,它们是潜在的生产力。只有通过解决工艺技术,实现投产工程并把产品灵巧地应用起来,才能体现出现实生产力的作用。

本书就是由电子学会的 29 个专业学会参照这一指导思想集体努力取得的成果,我们希望读者在使用本书材料时,对上述的思想给予相应的注意。

电子技术发展迅速而多变，为了不贻误时机，供大家参考，本书是在很短时间完成的。各篇文章的体例不甚一致、其深度与广度也各不相同、且或多或少地受到作者视野的局限，加之涉及的科学技术相当宽广，难免会出现这样那样的欠缺，这是需要读者予以理解的。

　　在此书即将出版之际，我们向为撰写和审阅这些资料的专家们，向具体承担此项工作的卢良春、刘力、郑文灏、许金寿等同志、各专业学会秘书以及《电子学报》编辑部，表示深切的谢意。

孙俊人

罗沛霖　　合著

为敏如劫后余词作跋

1937 年 7 月，沛别敏由津返沪。抵沪为 7 月 8 日晨，在车站台上购阅报纸，惊悉卢沟桥事变发生。八一三日军侵沪，沛随所在厂辗转到汉口。既心悬敏如而又对蒋军绝望，独念随八路军以报国，可以打回平津，能再相会。于是沛经西安辗转到延安参军。敏则滞于燕京大学又近两年。两地悬隔千里以外，邮路转折，幸经挚友张大奇兄艰难转递，才得鱼雁常通。至 1940 年，始再聚于重庆，结婚于 1941 年之 2 月 16 日，自相识相恋已十载矣。所录余作，正作于 38、39 年，伤国难、思远人，盎然纸上。六十余年后，重温旧句，宁无感欤！

沛于 2002 年 8 月上浣

跋复制先母孙云《梦仙诗稿》

（1995 年）

梦儡诗稿余母孙云重梦儡署著附真如沛如西姊所作此是
初版本一九二四刊於北京再版改名诗画稿有悼真姊诗
等尚未能克汩二十年代初余束吴沍时风暑晚母子女
席地卧读晨报以为乐母师兰甫及中法战争中志士时
宅余志厰向六姊合课而姊诗文余东安鋈诗卵二首合
己悲点暨一九二四冬真姊继媲妹七逻奉家返津母偶猫
作画而为诗甚罕宪此稿承任继愈先生为偁目北京图
书馆藏诗於部君又有助余影印百幅谨以供親友温阅
时逢母诞一百廿年此世五十五年或用也纪念

一九九六年五为

罗沛霖志於京师圆舍

时方己庚八十二岁

钞撰歆習室涯無知

癸未年十月　　罗沛霖

習韻贅言

　　我的母親孫雲，擅長詩畫，有一本《夢仙詩畫稿》行世。然而她並沒有鼓勵過我吟詩作畫。在我十歲左右時，她把她少年時的老師，中法戰爭中的志士，蔣冶亭（蘭畬）老人接到我家頤養，並給四姐真如、五姐沛如講授古詩、文。我那時在師大附小學習但也有時聽講，跟著學一點古詩。做過幾首詩，到現在也都記不得了。高中時，受同學密友孟昭彝影響，讀納蘭《飲水詞》兼及其它。老伴楊敏如是學中文的，年青時寫過一些詞，頗受顧羨季、張孟劬老師及柳亞子前輩的鼓勵。然而我則是看到毛澤東主席陸續發表詩詞，引發了寫詩詞的興趣。個人的傾向是先有所感，偶得一二句，似乎還過得去，就寫成一首，但也常常只是應景。從上世紀六十年代開始，四十年來，居然有百十首了。現將其中敷衍、應景之作刪除，僅选其能表達當時感受者，共得五十幾首。談不上水平，選其確能表達個人思緒而已。偶有一首仅有一兩句，还看得过去，如干校即景："稻密菽稠千畝熟，薯肥瓜碩滿堤青"及慶氫彈試成："氫弹一聲驚世界，新机百萬算天河（指我国第一臺每秒百萬次计算机）"；从全首说却不足取，也就不收了。又頗疏於韻律，每多舛誤，雖經老伴和內兄楊憲益看過一遍，然而原底多錯，仍留下不少不當之處。因此命為"習韻擇鈔"。

羅沛霖謹誌

2003/1/12

目　錄

1）浣溪沙 灌口 王曙君同遊

一九五八年

石破離堆峭壁懸
飛虹一索系重巒
波濤浩蕩下南天

薄海成田堪問昔
劈峰築路詎知難
燕山延水耐流連

2）浣溪沙　燕城 贈錢學森兄

一九六零年

徐匯相逢劣雨天
磯城聽曲飲難酣
隔洋惆悵幾溫寒 [1]

風骨肝腸猶昨夕
攀星攬日又今年
白窮掃卻更開顏

1 一九五〇年在洛杉磯　共约同時返国　予幸能成行

而学森蒙難五載　至一九五五年始得再聚

3）蝶戀花　渝州　回首

一九六一年

雲幕遮天星月掩
一唱雄雞　靄靄晨光淺
　滅去層崖燈萬盞
　江頭驀現輪煙遠

　北地焰高魑魅散
　南宇遲明　豺虎猶狂濫
　回首自慚顧未斷
　斑爛血灑人間換

4）七律 羊城盛會

一九六二年

羅浮山綠彩雲飛
風滿桁橋日滿湄
　珠浦翠生新藻浪
　木棉紅上早霞枝
　　薪傳炬火中原熾
　　海嘯龍蛇六陸移
　　入座春風皆儁秀
　　攀星摘斗共相期

5）五律 太湖

一九六二年舊作 八七年改寫

拂曉臨黿渚
悠然遠市塵
　爽風蕩襟袂
　清浪滌精神
　　宿雨潤蒼翠
　　朝暉染岫岑
波搖千鏡碎
天水一痕分

6）五律　江夏　長橋

一九七二年

一線彩虹穿

千帆襟袂間

龜蛇南北峙

荊楚地天寬

浩渺長江水

溟濛三鎮煙

風雲千代過

乐見古今翻

7)七律 陽羨

一九七三年旅次宜興

深秋獨愛此山青
晚稻黃熟萬畝平
舟泛逶迤穿水洞[1]
宇開廓落隧岩陵[2]
甌壺疊纍陶工巧[3]
魚米豐盈農事興
主客擎杯傾鳳釀
同歌奮進祝歡情

1 善卷洞

2 張公洞

3 宜興陶藝，非僅紫砂

8)菩薩蠻 除日

七三年 甲寅

彩旗飛舞春光早
千枝競放梅花俏
億眾送東風
風催萬里紅

十年規劃展
青老同心幹
豪氣掃千軍
相迎世紀新

9)七律 昔陽

1975 年 10 月

喚雨呼風跨九天
青嵐紅浪盡居先 [1]
　峰平百仞開新陌 [2]
　河削千彎得沃川
片片新村傍碧麓
番番風雨越狂瀾
　　耳聆心會胸襟遠
　　撥正歸平志更堅

　　1　土壤經處理呈紅色顆粒狀
　　2　人工爆炸石峯　開出平陌百畝

10)七律　周總理遺體告別志哀

1976 年 1 月 11 日口占，廿五日改定

萬里寒空白露晞

梅花黯淡隕芳蕤

　　長松凋謝千秋恨

　　樑柱折摧舉世悲

力掃陳汙驚鸒雀

運籌南北履安危[1]

　　江河泛起人間淚

　　銘記英姿[2]無盡期

　　　1　"南北"　兩半球。

　　　2　在渝与京数次謁会　歷歷在目

11) 七律 挽毛澤東主席

一九七六年

大星長隕九天垂
滄海崑崙齊慟悲
　　亘古幾人擔鉅業
　　寰球千世照光輝
　　九州遍點連天火
　　四海爭傳動地詩
一夕紅岩長在耳[1]
銘心哲論永相隨[2]

1　一九四五年在重慶　毛澤東同志接見予等三
　　人　備予勗勉

2　實踐矛盾兩論　深鑴予心

12）七古 灘江

一九七七年六月

拗斷銀河瀉杯水　空江對影蓬萊起
濃毫重染峻嶒綠　窈邈幽邃天之猗

薄霧溟濛湮遠峰　熱風裹雨乍陰晴
采華紛放葩春英　我欲因斯夢太平[1]

隘谷夭旋睨鷙鷹　雪鋒霜刃寒冰凝
射光穿礴凝雲碎　漫步青霄星子墜

1 太平軍起義於金田　近灘江中游

13）沁園春　霑益

史紀千秋　幾度滄桑　橫斷山頭
儘北陲雪布　烏蒙綠永

　　滇池碧駐　盤水長流

　指顧全程　神州縱目　漫越長空
何自由

　驅百里　蕪叢林石聳　潭影蓮浮 [1]

長征過處今遊　憶赤水婁山鏖戰稠

　想南麾千里　敵頑失色

　　用兵神妙　士勁風遒

　鉅業宏圖　艱難締造　群小何能
竊國侯

　開新路　任大千震盪　穩駛航舟

　　　1　石林有蓮池　潭上峯項巨石　酷似蓮花

14）七絕　南普陀　贈覺星
上人(李紹淵)

一九七九年二月九日

山寺蓮餐嘗五素
經樓聽法識覺星¹
禪云四大皆空相
我謂有生即有情

1 覺字只可讀今音

15）七古 嶗山

一九八一年四月

靈泉懸練從天注 [1]
隘谷尋潮迷曲路 [2]
裂壁崔嵬作鬼斧
嵯峨絕頂鷹巢樹

浮海徐生死未歸 [3]
誰見神仙丁令威
頑石千年堅亦摧
海濤日夜吼如雷

1 靈泉瀑 2 潮音瀑 在曲折幽谷深處
3 徐福島

16)菩薩蠻 七十歲

一九八三年

老來莫道風華了
把帚還將秋徑掃
落葉漸成堆
明年春草肥

於今解反饋
遇事求真諦
路險總歸夷
貞心常自持

17)七律　　致友人

一九八三年

輕忘艱日扇輕捐

恰是浮根萍易遷

宛轉移情鍾彩筆

依違著意銜新篇

使君腸斷憐才婦

司馬身榮厭故弦

功過是非誰與論

清標何惜逐流言

18)七律　淮南

一九八四年六月淮南之行　為光纖光纜事

也　市之夏君宴同人於舜耕山麓　即席為

五言诗　次日去合肥　足成七言句　八公

山即草木皆兵古戰場　豆腐出於八公山

鑒真攜去東瀛

明珠淮上煤都市
寶藏潛伸百里延
　異味初嘗豆腐宴
　繁花早放舜耕山
　　陳肴百種八公品
　　奪目光華萬丈纖
　　　腸熱主賓傾善釀
　　　酒酣共勉競爭先

19) 七律 七一

一九八四年七一前夕為妻作

粉筆生涯四十年

達姬漱玉幾滄田 [1]

析文解義輸心血

破卷摳書恥蠹談

少有清詞歸遠夢

老經浩劫化飛煙 [2]

愧平儕輩甘濩落

一片貞心常自閑

1 達姬亞娜　普希金詩中人　漱玉　李易安也

2 妻少時作"遠夢詞"百首　劫中付丙

20) 七律　　承德　山莊

一九八四年八月十四日

珠潭碧水漾銀鉤

塞外江南风景幽

萌渚[1]移来松柏麓

抚仙[2]裁取芡菱洲

亭高目曠瞭八廟

艇小心閒蕩五甌

漫把香妃比西子

湖光山色本無疇

1　萌渚　五嶺之一

2　撫仙湖　在雲南

21) 蝶戀花　初三月　阿波羅登

月球工程

一九八四年九月

最愛初三銀線月

纖細如鉤　秀勁誰能撷

億萬彎環持夜夜

時缺時滿終不恤

誰見吳剛摘桂葉

飛上頑球　未獲長生藥

騰沸人間如火蕘

嫦娥寂寞寒宮闕

22) 七絕　　蒼岩

一九八四年十月十九日

蒼岩在井陘　謂是隋南陽公主皈依牟尼處　峽

上有橋　橋上有樓

曲峽千梯上碧天

　橋樓飛跨綠雲邊

　末朝帝子逢淩替

　邃谷棲身可惘然

23) 七絕　　春節

一九八五年

春來何事不關情

送去寒冬白雪瑩

　未到辛夷花滿樹

　上元先盼月圓明

24)五古　初春 書奉南洋諸友

一九八五　本命牛年

六輪流歲月
半紀經千事
　碌碌少豐成
　狷嗇猶昔日
　剩薪甘作簣
　餘熱寧消逝
　　休悗多瑕疵
　　生平執一志

25)五絕　山莊　故人錢景伊（文極）共泛

一九八五年六月十五日

共飲延河水
相交卅七年
我君心相印
何必更多言

26)七絕　靜翠

一九八六年四月

兩旬小住不遊山
那得閒情靜翠邊
未曉蘭成甘老未
相看高柏入雲間

27)七律　葛洲

一九八六年五月十四日

巴東三峽巫峽長

問跡奧陶亦渺茫

　龍斷西陵淘鉅業

　虎伏巴岳久芬芳

猿啼白帝千秋句

砧鼓夔城萬代章

　流水行雲瀟灑過

　可知世事有經常

28) 七古　　神女峰

一九八六年五月十四日

山窮水複常疑斷

峰轉江回又一彎

霧掩宓妃漂渺處

娉婷徙倚鏡臺邊

宋玉曹郎幾度看

29) 七絕　夔門　輪上遠望岸邊斂衣人

一九八六年五月十五日

白帝城高寂暮砧

江邊夕照斂衣人

三分故事緣誰問

萬嶺千山著白雲

30) 七絕　　白帝城

一九八六年五月十五日

三峽急流真險處
夔門偪窄過長龍
　　岸峰壁削聳千丈
　　白帝登臨雨霧中

31) 七绝　三游洞

一九八六年五月

　　至喜亭[1]前望下牢
　　水澄峽窄小飛橋
　　緬懷長慶[2]翻新意
　　顧與鄰山比更高

1 至喜亭乃歐陽修命名　居下牢溪峽口壁

頂　並有文公親書碑記　　2 三遊洞在其下

三游者　白樂天　白行簡　元微之也

32) 七古　旱魃

一九八六年

怒龍御宇驅橫風

　電灼黝雲山石崩

　　擂破天河注若繩

　　　芭蕉撕裂花零紅

又是朝霞重映日

旱魃徹夜逐雷公

一九八六年六月廿一日夜有大暴雨。因憶幼時習作七絕"暴雨"，先母所師蘭畬老人賞之，為綴一句，遂成七古。所綴即今詩末句也；久記不能忘，而自作句悉忘矣。因於廿三日作此詩。

33) 七古　重慶戰友壽李文采兄八十歲

沛霖敏如合筆代賦

一九八六年重陽日

庚信文章老更成　李君八十更驤騰　立功所向淩空闊　報國真堪托死生

文采風流雛鳳才　清華交大雙奪魁　別有丹心皈馬列　投筆從戎何壯哉

長鯨簸動洪湖水　曲折征途行未已　心懷壯志赴西歐　學成博士待時起

救亡抗日到渝州　重見紅旗熱淚流　愛國百餘青科技　齒長學優居上頭

風風雨雨陝川康　蔭蔽開發兩戰場　陋巷薄飧甘似密　通明肺腑熱肝腸

倭寇方降豺虎囂　如磐大夜戰雲燒　津包受命燃篝火　催來拂曉責不撓

前驅接管駐西南　工業初興戰更酣　垂業只求鑄金鐵　京華卅載不為官

十年浩劫險成夷　勤作冥思鬢有絲　鐵骨錚錚折不斷　頻下基層樂不疲

三中全會轉道航　陰霾逐散現天光　老夫敢不奮所長

胸懷智慧五兵藏　中華四化我敢當

實驗鑽研意氣昂　育才授業滋蘭芳　流床煉鐵創新方　直軋鋼板譜瑰章

九月九日桂花香　知交歡慶共
稱觴　兒女瓊瑤妻孟光　君如松柏
壽而康
　　　多士如君乃興邦

34)七古　　　黔東遊

一九八八年

昔來凱里與都勻　　風雨如磐未
　　識憂　十二年來重到此　　驚
　　看巨變舉龍頭
　　　　彩虹瑰寶邊疆起
　　　　有識持恒　更上幾層樓

都勻與凱里有電子工業所、廠多處　七十
年代每因公訪駐

35)七古　黔西遊

一九八八年

驱車百里萬山中　滿眼杜鵑晚更紅　幾點白花偏勝眾　花期將了且繁榮

瀑疏黃果惋春暮　一片平潭萬綠叢　為訪源頭尋澄碧　小舟輕泛入龍宮[1]

洞中百畝訝空曠　湖畔叢山上下相重迭　洞尾岩開僅可一舟通　流回峽轉天疑竭　卻經狹隙展平寬　百舸周旋水碧徹

鍾乳嶙峋千百情　低垂高聳各稱絕　纖細如指壯如柱　或似水中古木色如鐵

神奇造化如仙境　　自是天然神鬼工

陽羡有善卷　人間水洞稱第一[2]
　　見此龍宮景色更無窮

1　龍宮　洞名也

2　據云西哈努克游善卷洞　謂是寰球水洞之冠

36)題詞　　本溪水洞

一九九〇年七月十九日口占

邃窈邈兮蜿延長
寥空廓兮流遠方
　造物之旖妮兮
涵穹宇而納汪洋

37) 七律 香山

一九九一年四月

少時初聚此青山
宛轉播遷六十年
　拍曲劇談縈夢寐
　瀹茶夜語沁心田
別離幾度經風雨
哀樂偏多共轂船
　且慶金婚堂上健
　兒孫相勸兩投閒

　　敏、沛訪香山梯雲山館　乃六十年前兩人初聚處也　時沛年十八　敏十五　十年後結褵　1991　乃金婚之歲

附敏如作：

　　辛未四月四日偕遊香山　訪梯雲山館　六十年前沛敏初逢處也　往事如夢　舊跡如塵煙　流連不已亦喜亦悲　祇在後栽桃樹花下駐影留念　沛霖有詩余亦隨誌

白頭尋夢又尋春
舊舘蒼涼也動人
書生意氣凌絕頂
兒女童心笑綻唇
紅玫瑰曲[1]牽情久
勿忘儂花[2]入夢親
桃花樹下立翁媼
六十光陰寫一真

1　當年每同歌紅玫瑰曲　乃 Vagabond King 主題歌

2　山野有小藍花　沛謂是勿忘儂花

38)七律 月城 即西昌 市花為月季

一九九一年

月城秋老吳剛冷
月季花繁月桂殘
朝起晴辰雲靉靆
晚來初四月彎纖
　　瀘山古柏堅如鐵
　　邛海清波碧比天
　　欲寄鄉情托素月
　　故園窗下夜闌珊

39)五絕　為正清之雪泥集題詞

一九九二年

陳正清君，瑞金人，電子計算機專家。輔予理電子計算机事，多有貢獻，予受益至多。

詩仰庭堅句
詞崇歐晏風
　瑞金承壯志
　籌算建新功

40)五律　八十歲

一九九四年一月初作　廿一日改定

歲首戌遲來　九三年已過　春節遲到

八旬老未衰

　世生十萬態

　胸裏一千懷

典籍學嫌淺

新潮解費猜

　紫青憑選剪

　枝上待花開

41) 七絕　　初秋

忽得首句，遂足成之　　一九九四年九月六日

西風獵獵掠驕陽
雲過晴空飛雁行
萬樹無情飄落葉
黃花怒放傲青霜

42)七律 柳芳

一九九五年十月十八日 抗戰時期重慶老戰友聚

于北京柳芳南里　　因制此詩 沛霖敏如合作

書生意氣髮沖冠

國難時危敢自安

　　遙望曙光拱北斗

　　痛臨大夜失鄉關

　　巴山蜀水雲和月

　　烈火金剛臂與肩

　　　五十年間肝膽照

　　　深情如海志如磐

與聚者文采、黃裳、友余、楚雲、哲民、湯葓、為端、
拱辰、秀清、昌瑞、若冰、蓮渠、中妙、中衍、錦雯、
世瓊、沈毅、仲明、維新、沛霖、敏如

43)七律　鄴下

一九九六年十月重游江寧　敏沛共吟抒懷

重來鄴下說重圓
共眺江流感萬千
幾度滄桑迴廣宇
並頭鬒盡送華年
深情一往濃於酒
密意相知鑒在天
六五[1]春秋渾似夢
悲歡得失托雲煙

1 相識相戀六十五年矣

44) 七律 鹽店子

一九九七年九月十九日

延安西川河畔山村 抗戰初期 予嘗居斯年餘

一違聖地五八年
夢憶頻頻今始圓
　喜見高樓新路畔
　悵尋土徑舊窰邊
裴莊林樹渾如昔
鹽店山丘看似前
　希望工程初建校
　願襄盛舉結心緣

九七年四月廿四日重訪延安鹽店子村 得句而未成章 今

晨徐君示知 山東有柳巷區助建柳鹽學校 已以予所捐希

望工程二千圓贈之矣 因遂成此什

45) 七古　壺口 黃河瀑布

一九九七年六月上浣

黃河水　破天來
　捶碎懸崖壺口開
百丈直傾潭水沸
浪花飛濺雪皚皚
　雲噴霧映生虹彩
龍吼雷鳴干九垓

萬里狂奔東入海
肥田沃土幾千載
　爾何為福又為災
　叱咤河山天地改
　　敢縛蒼龍安鼎鼐

黃河咆哮激雄懷
中華兒女驅塵埃

多士莘莘休恨少

滔滔浪湧喚英才

　我為中華呼快哉

46) 漁家傲　飛升

一九九八年

建國四十九周年時 訪空軍第一試驗訓練基地 感賦

漁家傲 返京一月後補書

千里平沙窮目際

東皇鋪展黃金帔

　人定勝天憑眾志

　　連營地　綠洲突兀環湖翠

雲外風雷霹靂起

長空[1]獨創捐心智

　大漠喜來觀瑰績

　　增豪氣　深情濃酒常銘憶

1　長空　所製品名

47) 七言 嫁妹 春節元日晚德美邀敏沛觀劇

有周龍演"鍾馗嫁妹" 因口占此什

一九九九年一月三十一日成句

怒死鍾生劇可憐，
才高貌陋恨時慳。
　鏗鏘虎步黃泉下，
　涉水跋山一念懸：
妹未于歸心不安！

48) 七絕 未名湖

二〇〇〇年之五月

湖曰未名竟以名
字鐫黑石妄題稱
　風流莫惱興愚作
　代代江湖有濁清

49)七律 蒙灣

二〇〇〇年之九月十日晚　時乃中秋再前夜

與老妻偕晉、荔在美蒙特利爾餐聚　十月十一

日成篇　回憶五十年前此時　正在由加州歸國

途中　載欣載奔　亦憂亦喜　寧有詩乎

歸國漂洋半紀前

加州再訪又今年

　飛天怯譜吳剛曲

　逐日慚吟夸父篇

　休戚曾經耄耋老

　滄桑那計歲時艱

　　良宵共守團欒月

　　水榭風輕心自閑

50)五絕　並跋

沛霖诗作於一九九〇年

一九三七年七月　沛別敏由津返滬　抵滬為七月八日晨　在車站臺上購閱報紙　驚悉盧溝橋事變發生　八一三日軍侵滬沛隨所在廠輾轉到漢口既心懸敏如而又對蔣軍絕望獨念隨八路軍以報國可以打回平津能再相會於是沛經西安輾轉到延安參軍　敏則滯于燕京大學又近兩年　兩地懸隔千里以外　郵路轉折　幸經至友張大奇兄艱難轉遞　繞得魚雁常通　至一九四〇年始再聚于重慶　結縭於一九四一年之二月十六日　自相識相戀已十載矣　所錄文革焚餘　正作於三八、三九年　傷國難　思遠人　盎然紙上　六十餘年後　重溫舊句　寧無感歟

沛於二〇〇二年八月上浣

端楷靈飛格
清詞容若風
一朝遭劫火
追憶又何從

51)七律　幹校

　　沛與敏均於六九年被隔離審查。沛於七〇年四月解除，敏已先去臨汾。十月沛赴葉縣幹校，七二年始返京相聚。沛在幹校，校友平等相待。而敏在臨汾備受左災。魚雁鮮通，不能備訴也。歸來三十年，世情已變，沛始陸續知曉，為之懊惋。　二〇〇二年八月，翌年四月改定

三載分離千里行
信疏箋短少傳情
暉河[1]夙起忙工讀
昆地[2]值勤歷冷清
　　不審汾城君感惋
　　慚安葉市自舒平
　　飄忽卅載如煙夢
　　回首當年心未寧

　　　　1、2　幹校在葉縣　为古昆陽所在

校傍暉河　古称昆水

52) 七绝 祝陳湖學長九十壽誕

二〇〇二年十一月

七十餘年情誼長
南開共硯繼南洋
羨君坦摯得長壽
子女瓊瑤妻孟光

末句假自《壽文采八十歲》詩

53) 七绝 金婚日 并附敏如作

一九九一年/二〇〇三年修改

滄桑同歷九迴旋
紡就金黃五十弦
耳目聰明誇體健
蕭閒歲月共盤桓

附敏如作

　　锦瑟無端五十弦
　　一弦一柱亿从前
　　曾经风雨驚猶在
　　赢得萧閑度餘年

54)七律　　飞天　赠学森

昔於一九五六年夏，聂帅、陈赓大将、黄敬、赵尔陆部长、劲夫同志在三座门聆听汇报，学森、三强、罗庚、守武及余与焉，为火箭与科技规划诸紧急措施事也。以后余参与星、弹事不多，惟夙事电子、信息科技，亦于斯多有缘。今神舟五号圆满实现，国之大喜，因书俚诗，以奉学森作贺。

千年古國夢飛天，
十載攻关今喜圆。
篳路蓝缕君矻矻，
功成業就自謙謙。
　神龙腾起长空去，
　廣漠迎来壮士还。
　感忆從前聂帥囑，
　白头相庆共欣然。

附)歌謠 翠微

一九九五年一月十一日參觀人民解放軍通信兵陳
列館 口占學歌謠體

通信事 千里眼 順風耳
　　千秋業 有線先興無線繼
於今衛星光電纜 微波 散射 電離
　　層 流星餘跡
報話外 電視 自動化 計算机
　　語文 圖像 數位 多媒體

上海始 瑞金起 延安軍委建三局
　　北京通信部 獵獵舉軍旗
北漠河 西喀什 東方海域寬 南去
　　南沙兩萬里
軍隊 人民 戰士 武器 遍佈海陸空
　　天聯成一體交織密
衛國家 保和平 安人民 鼓幹勁 爭

無敵

五七年前鹽店子　我來初效力　抗日
　　救國求進步　工農兵同聲同氣
起子　螺釘　烙鐵　焊錫
　　車　銼　刨　磨　苦戰爭朝夕
於今時　當日同儔餘無幾
　　乏建樹　增慚愧
　　八十晚景餘光熱　往日思無已

看今日英雄　人輩出　果累累
　　三十萬個好兒女　輝煌事業誰
能比　千日養兵用千日　千里決戰
通千里

　　吾雖已老心餘雄　共勉勵
　百尺竿頭　日日新功起
　　齊戮力　長銘記

附录1 《罗沛霖文集》列目部分文章

第一部分 科学技术发展的历史轨迹

1. 我看科学技术与经济 1988 年 8 月 30 日 中国工程师 1988 年第 1 期
2. 应当改变我国工程技术薄弱的现状 1986 年 7 月 科技论坛 1996 年第 4 期
3. 重理轻工的现象不利于科学发展 应改变我国工程技术薄弱的现状 1986 年 8 月 29 日 光明日报
4. 关于我国当前科学技术工作改革的若干论点 1985 年 3 月 25 日 在全国政协会上书面发言
5. 薄弱环节/科技重点/信息技术 1984 年 3 月 发展研究 1984 年第 3 期
6. 技术科学—基础科学和技术发展之间的桥梁 1981 年 7 月 31 日 光明日报

第二部分 产业革命终将走向文化产业牵引社会经济,古、今、未来发展轨迹

7. 信息时代的来龙去脉和后网络时期 2003 年 9 月 15 日 全国科协第五届学术年会主场报告(大会报告汇编 147 页)
8. 走向文化信息统领社会发展的未来 2000 年 1 月 未发表
9. 跨 21 世纪的信息、电子与知识经济 1998 年 第九届全国数据通信学术大会(重庆)论文集
10. 信息社会走向终级 1997 年 10 月 14 日 中国电子报
11. 关于信息化的一些讨论—3C 及其他 1997 年 11 月 19 日 中国工程院 3C 讨论会发言
12. 迎接文化运作数字化革命 1997 年 6 月 13 日 光明日报"名家新见"
13. 用互联网宣传中国文化 1997 年 6 月 7 日 供北京电视台采访备稿
14. 伟大的当代文化领域产业革命 1997 年 6 月 13 日 中国电子报
15. 当代新产业革命与文化发展牵引经济的未来社会 1997 年 3 月 收入《共同走向科学—百名院士科技系列报告集》
16. 简说新产业革命、信息高速公路和文化领域产业革命 1997 年 8 月 未发表
17. 当代新产业革命的再探讨 1995 年 中国工程院第二次院士大会书面报告
18. 文化领域的电子信息化问题 1995 年 11 月 20 日 人民日报"与科学家对话"
19. 有关文化领域的电子信息化问题 1995 年 4 月 收入《世纪之交—与高科技专家对话》(朱丽兰主编)
20. 关于新产业革命—文化领域信息化 1995 年 3 月 29 日 在清华大学信息工程学院报告提纲
21. 多媒体与信息高速公路技术是新的文化领域产业革命必经之路 1995 年 3 月 中国电子学会全国多媒体与高速信息网络学术大会综论发言
22. 多媒体 信息高速公路与文化领域新产业革命 1995 年 1 月 23 日 《今日电子》杂志
23. 文化消费产业革命与信息高速公路 《新闻与传播》 19924 年 4 期

24. 产业革命、文化产业革命和电子信息技术革命　1993 年 10 月 26 日　云南大学的报告提纲

25. 电子技术革命跨世纪的发展形势—兼论文化产业革命　1993 年 3 月　在东南大学，1993 年 4 月　在杭州电子工业学院的报告提纲。

26. 跨进 21 世纪的文化信息技术系统　1992 年　收入《跨世纪的中国科技》(周光召主编)

27. 精神文明作业领域的伟大技术革命——18 世纪技术革命的续篇　1991 年　《中国电子科学技术评论 1986－1990》(罗沛霖等主编)

28. 跨进 21 世纪的先进文化信息技术系统—文化电子技术发展的高潮　1990 年 12 月《中国电子学会第四届学术委员会第二次全会论文集》

29. 重视发展先进的文化信息系统　1990 年 6 月 15 日　光明日报访问备稿

30. 前景广阔的电子文化信息系统　1990 年 3 月 23 日　中国电子报

31. 关于提请国家计委、科委提高电子产业、电子科技及先进文化系统的战略地位　1992 全国政协提案

32. 论信息作业的大变革　1994 年 7 月　《新的技术革命与中国通信》

33. 信息、物质、能　1984 年 3 月　世界新技术革命与我国对策讨论会第二次会议发言

第三部分　电子与信息技术的来龙云脉

无列目。

第四部分　电子与信息事业发展评议

34. 2001 年北京科技周上的发言　简单介绍电子技术(提纲)　2001 年 5 月 20 日

35. 脑神经生理学对电子学的启发　科技日报　1987 年 12 月 19。

36. 谈电子工业的生产经济规模　中国电子报　1986 年 4 月 18 日。

37. 电子工业发展战略初探　未发表　1985 年 11 月 29。

38. 电子与信息作业　百科知识　1995 年 6 期。

39. 对双重挑战的应战　机械电子工业发展中面临的主要矛盾及其对策座谈会发言 1984 年 3 月 18 日。

40. 关于电子和信息科学发展的过去和未来　自动化技术，1983 年增刊。

41. 信息与信息作业　光明日报　1983 年 7 月 8 日。

42. 电子技术与四个现代化　电子科学技术　1979 年 5 期。

43. 努力发电子技术，赶超世界先进水平　无线电。

44. 改变电子工业技术面貌的一个意见—关于"70 年代电子技术换装"的看法　未发表 1972 年。

45. 无线电电子学元件和材料的新成就　电信科学　1957 年第 3 期。

第五部分　关于电子计算机和微电子事业

46. 针对我国计算机事业发展中关键问题的建议—对咨询报告说明　1989 年 11 月 4 日 给中国科学院技术科学学部的报告。

47. 当前微电子开发建设应将微电子专用设备放在首位　1999 年 7 月 29 日　中国科学院院士建议

48. 关于 CPU，软件和网络的建议　1999 年 15 日 13 日　中国科学院院士建议。

49. 在江汉油田计算机站的发言　1999 年 7 月　纪念 150—4 型万次 100 电子计算机运转 10 周年

50. 新时代的计算机和信息事业—我国对策的探讨　《大自然探索》1996 年第 1 期

51. 新时代计算机　1986 年 1 月 3 日　中国电子报

52. 我看"第五代"　1985 年　未对外发表

第六部分　关于管理学，技术管理，知识工程，教育，人才

53. 破除迷信才能脱离愚昧状态　1999 年 7 月 22 日　科技日报

54. 关于知识经济　1999 年 6 月　中华英才

55. 关于工艺优化的讨论　1987 年 11 月 23 日　电子学会工艺学会术讨论会

56. 电子工业管理工作走向 2000 年　1985 年 4 月 12 日　在中国电子学会管理工程分会筹备会议上的发言

57. 知识分子要力求准确全面地起着智囊作用　1985 年 3 月 31 日　全国政协大会发言

58. 量测在恩维中　1984 年 8 月　中国计量测试学会理会上的发言

59. 国外电子设备装配焊接工艺的一些动向　1979 年 5 月　电子科学技术（署名罗雨）

第七部分　专题学术论文

60. On FAST ARTHMATIC INIT 1986 年补充宣读于国际计算机及其应用学术大会

61. The TMPACT of FIBEROTLCS on SOCIAL LIFE 1983 年国际光导纤维学术大会临时宣读

62. ULTRAHIGH SPEED HARDWARE ALGORITHM for RADTX TWO MU-LITL—DIGIT ADDITON 1980 年 10 月 SCIENTA SINICA

63. 关于太阳电池从作为零散能源逐步走向国家主能源的可能性的探讨　1984 年 9 月 21 日

第八部分　回忆，自述，心态，纪念文章

64. 科学技术的发展与我的人生道路　2001 年 1 月　《十院士与中学生的谈话》是 1999 年南开中学成立 95 周年邀请校友中部分院士报告会上的报告

65. 我的人生道路（提纲）　1993 年 11 月 13 日　在桂林电子工业学院的报告

66. 爱国主义、社会主义在本质上是统一的——光明日报邀请部分知识分子学习座谈江泽民同志讲话发言摘登　1999 年 5 月 10 日　光明日报

第九部分　序，跋文

无列目。

第十部分　韵文—无涯室习韵择钞

不列目。

附录 2　友好、家人印象汇录

初识在延安材料厂

钱文极
原电子工业部第十九研究院院长

1938 年初，我寻找共产党参加革命到达陕北延安，在安吴青训班、陕北公学十一队和研究班学习后，九月份就分配到中央军委三局材料厂工作。工厂厂址在陕北延安枣园上面的盐店子村。这个工厂的任务是装配制造军用无线电台，厂长是段子俊同志。

我到材料厂后，就碰到了罗沛霖同志，同他一起工作。他是上海交通大学电机系毕业，并曾在一家工厂做过工程师工作。1938 年初他到延安后不久，也分配到材料厂。

当时工厂里约有四、五十人，有钳工、车工、装配工，工种比较齐全，但是设备较差，只有车床、手搬刨床和手摇台钻各一台。还有一批上海来的青年工人，他们的手艺都不错。

当时工厂生产的无线电台，因为所用的元器件都是缴获来的，相同的元器件极少，尤其是可变电容器，体积大、并且尺寸大小不一，因此，很难装配出两台外形一样的电台，是一台一个样。在这种情况下，罗沛霖同志开始了自行设计制造可变电容器的工作。

我进厂工作时，老罗正在搞可变电容器的试制。可变电容器是一件机械结构比较复杂的元器件，需要机械制造方面知识和技术。老罗原来在学校学习的不是机械制造专业，所以这件工作对他来说也是比较困难的。可是因为工作需要，他还是迎着困难上。

在试制工作中，老罗克服了很多困难。例如，电容器的定片和动片都要用冲床加工，这需要有冲压的模具，制作出合格的模具本身就是一项技术难关。又如，把电容器活动片固定在旋转轴上，在当时条件下，也是一项很难的工作。还有一些其他技术难关。但是在罗沛霖同志的不懈努力下，经过了反复试验，又吸收了工人师傅的意见，终于获得成功。

我清楚的记得，当时在工厂里制作了两套模具，大、小各一套，大的用来制作发报机用的可变电容器，小的制作收报机可变电容器。从此，我们生产的收发报机都用自己制造的可变电容器，同一批电台机器的外形都是一个样，很像正规工厂生产的产品！这些电台送到抗日前线，发挥了非常重要的作用。

1939 年秋，老罗调重庆工作，离开了延安。我们在延安材料厂相处了约一年时间，回想起这些往事，历历在目，好像就发生在昨天，但是这已是 65 年前的事了！时间过得真快，一转眼，我们都已成了老年人！老罗今年已是 90 高龄，要我写些东西，我就写了这篇"初识在延安材料厂"，祝他健康长寿。

2003 年 3 月 3 日

爱国爱民,报效祖国的赤子之心

张哲民

原中国建筑科学研究院　院长

沛霖同志是我的老战友、异姓兄长,从认识他起至今已有 63 年之久的交情,他的为人和才华早就使我钦佩又倍感亲切,在他 90 华诞即将到来之际,引起我许多美好的回忆和一些联想。想到当年国难当头成长起来的知识分子大多有着爱国爱民、报效祖国的赤子之心,他尤是这一代人的杰出代表,已为国家做出重大贡献。我忝为他的同代人和战友,因为有他而感到骄傲。

1940 年我从浙大毕业后一心想去重庆找共产党(许久以来浙大没有中共组织,直至 1943年),经同学介绍与周建南取得通信联系,11 月应周之约到达重庆,参加中共南方局领导下的青年科学技术人员协会(简称"青科技")的工作。我最先见到的是周建南和孙友余,据告知:他俩是交大将毕业的学生,38 年初到达延安参加革命,后因我党要加强国民党统治区的统战工作,受派于 39 年初秋到达重庆,同来的还有罗沛霖(那时叫罗容思、老罗),比周、孙高三级的交大毕业生,出身于富家,在校时聪敏过人,凭自己兴趣学习,有的课成绩极好,有的极差,绰号monster,毕业后已取得较高技术职位,又已与燕大高材生杨敏如订下终生,但当抗战爆发就毅然抛弃个人的一切,奔赴延安。3 人到重庆后就在南方局徐冰同志领导下开始活动。不久又来了一位在德国留学多年取得博士学位、因抗战爆发赶回祖国的交大老校友李文采,他于1931 年毕业后曾去洪湖苏区帮助架设电台,与徐冰早就相识,经徐安排即与周、孙、罗一起活动。他们先从结交各高校在重庆工作的原学运积极分子做起,逐渐扩大范围,于 1940 年 5 月正式成立"青科技",已有会员 200 多人,在重庆郊区有沙坪坝、磁器口、大渡口、李家沱等"点",在成都贵阳、桂林建有分会。"青科技"的宗旨是会员们共同学习讨论时事政治,开展科普等活动,联系工人群众,也结交上层知识分子,宣传党的政治主张、扩大党的影响。为了解决团体经费和有意安置某些党员的生活为党的秘密工作准备条件,"青科技"创办了企业,有巴山石墨公司去川北南江开采石墨矿,川东公司去重庆江北乡间办造纸厂,借用牌子在大渡口钢厂承包宿舍工程。李文采正在南江矿上,老罗上层社会关系较多,即将结婚,按徐冰指示另谋较好的社会职业,其时是中央无线电厂高级工程师,常来"青科技"办事处。几天以后我见到了老罗,看出他确有与众不同的气质,但待人谦和,顿使我产生了钦佩之情。以后又得知"青科技"办企业的资金,大部分是老罗向他岳母动员来的,是岳母从天津逃难来重庆时带的多年积蓄的一大半。由于缺乏经验,尤因集来的投资和承包工程预付款都存入银行,适逢法币暴跌,损值惨重,"青科技"初期办的企业以后都严重亏蚀,老罗岳母的投资几乎全部损失,幸他岳母秉性慈善,宽谅了这批年轻的好人(她并不知道共产党,只是相信老罗和他的朋友都是好人)。

1941 年 1 月皖南事变后重庆白色恐怖严重,"青科技"已被国民党特务注意,周建南被列入黑名单,遵南方局领导的指示,周建南立即隐蔽后撤回延安,"青科技"停止活动,对会员中的积极分子采取朋友往来方式保持联系,老孙和我等几人立即转移住处。为了掩护活动和生活开支,我们向蒋介石政府主管部门申请开办了一个建筑公司,起名"开源",实际业务由我负责,老罗挂名当经理,公司执照上有老罗的名字和照片,他毫不顾虑如果公司出事是要吃官司的。

1942年以后，以老孙为首，包括原"青科技"的主要骨干及所办企业留下的自己人，作为党的一支可以随时使用的力量，由徐冰领导改由刘少文（那时叫张明）领导了。刘是南方局交通情报部门领导人，他交给我们的任务主要是秘密交通。经过多月的努力，我们办起了一个以运销陕郿西县石墨和湘西铅锌矿产为主要业务的中国工业原料公司，作为掩护和赚取经费。李文采任董事长兼总工程师，老罗是董事之一，老孙任经理实际主要搞秘密工作，我任副经理主管公司实际业务，以后公司收益还不错，完成了多次交通任务。刘少文曾要老孙查找国民党特务电台的方位讯号和多次采购禁销的军用电讯器材，老罗都给予重要帮助。老孙要几个党员工人办起了一个小机器厂，他自己曾用新机电工程公司经理名义去某处承揽电器制造任务，要老罗作为公司总工程师陪同。总之，那时老孙提出任何要求，不论巨细，老罗都全力以赴，完全以党员标准要求自己，毫无学生时期那种 monster 脾气了。

1945年8月日寇投降，抗战胜利，国统区广大群众要求民主、和平建国的气氛高涨起来，根据南方局的指示精神，我们"青科技"这种活动也应恢复起来，鉴于"青科技"之名过去已被国民党特务注意，原来的会员多已进入中年或接近中年，乃改名"中国建社"。经过多方联络，原"青科技"的积极分子重聚一堂，公推老罗为首，积极开展"建社"的组建工作。9月下旬经刘少文安排，李文采、老罗和我三人得到毛主席的接见（那时老孙已去上海调查），在红岩村小会客室内谈了一小时许，主要谈团结科技专家和知识分子的问题，还问到老罗在延安搞电讯工作的情况。我们三人受到极大鼓舞。老罗尤其兴奋，更加致力于"建社"的工作。1946年老孙、老李和我等几人早离重庆，根据刘少文传达中央的两手准备精神，我们继续为秘密交通和其他秘密工作准备条件，把中国工业原料公司转移到上海和天津。老罗仍留在重庆搞"建社"工作。后蒋介石挑起的内战日益扩大，白色恐怖日益严重，交通邮电日益受阻，"建社"工作也就很难继续下去。老罗于47年回到天津，他按照老孙转达的党的指示和少量资助，办理了自费留学手续，1948年秋到达美国，进著名的加州理工学院攻读电子学博士学位，一般需要四年时间，他计划两年，希能早日参加新中国的建设。同时参加留美科学技术协会，实际上也就是"建社"工作的继续，做动员留美学子返国的工作。1950年8月他不顾取学位就急于返国了。在返国的轮船中才写完博士论文寄给学校，由于论文质量好，学校破例不经答辩仍授予博士学位。这是他的天资加革命精神做出的突出成绩。

建国以后，原"青科技"的老战友们忙于各自工作，来往疏少，80年代以来经周建南倡议，有了不时的聚会，我与老罗来往较多。他作为电子工程专家被选为两院院士，自然很使我高兴。但我知道他，他不仅是专家，也钻研了许多专业以外的重大问题，有宏观的社会经济问题，科技文化全面发展问题，以至具体的生产管理问题写出了许多具有真知灼见的论文。他之所以研究这许多问题，我认为主要是由于他具有高度的社会责任感，十分关注国家的发展前途。他进入耄耋之年后仍一如既往，把每天要做的事，看书、写作、准备报告、参加会议、接待求教人员等等，排得满满的，从早忙到晚，节假日也很少休息，我多次劝他要自觉服老多休息，多多保重身体他都听不入耳。这是他始终怀着爱国爱民、报效祖国的赤子之心、鞠躬尽瘁的表现，与当年奔赴延安的心情相同。

现在编纂出版这个文集是一件很有意义的大好事，除电子学术论文外，其他方面的论文也希望有关部门给予重视和研究，以至向高层推荐采纳。他的许多同行同事、专家教授、青年后辈和老战友们在他90寿辰之际都衷心祝贺他的成就、祝贺他的健康高寿，我觉得我们在祝贺外还要学习他的为人，愿老罗这种知识分子的爱国爱民赤子之心能代代传下去。

庆贺罗沛霖院士90华诞

邱绪环

信息产业部电子科学技术委员会委员　电视电声研究所原总工程师

建国以来,罗沛霖同志一直是我国电子工业部门的主要技术领导之一。他作为电子学家,曾多次参与主持制订我国电子科学技术发展规划,指引推动许多新技术的发展,对我国电子科学的技术进步和工业发展,都作出了重要贡献。

我从1943年起,曾断续在罗沛霖同志的直接及间接领导下工作。由于我一直在基层工作,所知所见自有局限。作为一个基层技术人员,接触罗老60多年指导与教诲,愿抒一孔之见,谈谈自己工作中的了解和感受。

首先,罗沛霖同志对电子科学的新技术发展动态十分敏感,对工业应用十分关心,兴趣广泛,知识面宽。他对通信、雷达、计算机、电视电声以及半导体、元器件新材料、工艺等各方面,均能融会贯通、统观全局,在与技术人员接触、交流与指导中没有门阀资历观念,且不耻下问,与新进技术人员打成一片,毫无隔阂,热烈讨论和争论技术问题,亲自参加实验,所以能不断学习吸收各方意见,为己所用,在技术指导工作中,具有发言权。这表现在多次指导制订我国电子工业科学技术发展规划中;在对雷达、计算机、微电子等前沿课题的发展建议中;也具体表现在负责组建的大型综合元件厂(718联合厂)和推动消费电子工业发展的工作中。

其次,他十分关注科学技术进步和社会主义工业化及经济发展的关系,科技成果转化为产品的过程。1993年罗沛霖同志和其他科学院院士创议并亲自起草了成立中国工程院的建议书。工程院的成立对我国科学技术转化为生产力的过程起到很大的号召力和促进作用。

罗沛霖同志在科研生产中重视技术人员的实践能力并身体力行。抗日战争时期他在担任无线电厂设计科长时,一向亲自动手,例如和我们一起进行15W报话机的设计、制作和调试;解放后进入领导机关,也常到基层加入试验。在指导检查工作中,对整机电路以外的结构、工艺、关键材料以及模具制造、机床等都十分熟悉,使许多机械和工艺技术人员折服。这种指导关心和模范作用,体现了他对工业部门技术人员应掌握从产品研制到生产技术的要求,也体现了他对科研迅速转化为工业产品的指导思想。

罗沛霖同志正确地贯彻执行国家关于"军民结合"的指导方针,在关心军工的同时,也十分关心消费电子产品的市场需求和产品质量,特别是大量生产的作为大众传媒重要环节的民用接收机。例如:20世纪60、70年代,罗沛霖任技术局副局长期间,在60年代初大力推行电子管的普及型收音机、电视机的研制生产,推进了电子管生产工业的军民结合。特别是60年代中期以后的普及型半导体收音机的全国性大量生产,极大地促进了我国硅晶体管的生产技术进步。推动了我国军用通信小电台的半导体化,与尔后的黑白电视机的半导体化。70年代,我国黑白电视接收机正由电子管式转向晶体管/集成电路。由于当时所用晶体管和关键元器件、整件和整机都同时在试制生产,因而技术规范不全,质量问题较多。他和生产局联合要求由研究所牵头,组织高校、工厂,以产学研三结合方式攻关。在他指导下,通过大量调研分析,在深化设计及试验验证基础上,达到共识。1976年完成23/40cm系列晶体管/集成电路式黑白电视机联合设计,包括整机典型电路及关键元器件及整件技术要求。这一工作,锻炼了技术队伍,加强了产、学、研的沟通结合,为我国半导体化电视接收机的设计开发、产品标准化和专业化生产打下了基础,保证了大量生产的产品质量。他还十分重视科普工作,如进入新千年之际,他积极参与策划科学院院士主编的中学生科普读物《科技概览》,并具体负责组织主编其中的《信息卷》。

罗沛霖同志积极筹建中国电子学会并长期负责学会的学术工作,组织并指导了电子学术方面的许多国际国内活动。这些工作对提高我国电子科学技术水平和国际影响,促进国内电子学术界和工程技术界的沟通及结合,起了积极作用。

罗沛霖同志1950年从美国学成回国后,放弃去科学院任职的机会而自愿担任产业界和学术界之间的沟通工作,到了电子工业部门任职。而当时不少人认为,工业部门的工作繁琐具体,是否会影响个人在学术上的深入和发展? 在这半个多世纪他为发展我国电子科学技术和电子工业锲而不舍的奋斗过程中,做出了正确的回答,也正深刻体现了他这种难能可贵的敬业乐群精神。

2003年适值罗沛霖同志90华诞,并将出版论文集。谨以此文恭祝罗老健康长寿。

记罗沛霖院士二三事业

郑哲敏

2003 年 6 月于北京

罗沛霖院士长我 11 岁,是我的老师钱学森先生隔一年的同学,应是我的老师辈了,不过年来习惯于称他为老罗,所以在这里也就这样称呼他吧。

和他首次见面是 1948 年在美国加州理工学院,我们同在那里当研究生,虽然不在一个系,但那时中国同学很少,我们又住在校园里同一个研究生宿舍,因此很快便熟悉了。老罗在我们中是老大哥,大家都很尊重他。国内正值解放前夕,老罗经历多,所以常常一起议论国家大事。从老罗那里得知他的夫人叫杨敏如,因为老罗时常收到家信。一天,老罗介绍了她在信中对天津解放么详细的描述了,给了我深刻的印象,所以当我回国后见到她的时候,就有像与多年未见的老熟人重逢那样的感觉。

加州理工学院不久成立了"中国留美科学工作者协会"小组,老罗很自然地被推为我们的头。他同设在芝加哥的总会保持联系,同时积极联系在校同学参加小组活动,了解和讨论解放后的形势,订阅包括香港大公报,纽约华侨日报等报纸供大家阅读,我记得还读到总会转来的各种介绍国内形势和回国须知等材料。小组会上同学们有的表示要为国内建设积极提建议。有的表示要翻译国内需要的专业书籍,有的表示完成学论文后要早日回国参加新中国的建设,总之热情都很高。这些活动对后来加州理工学院一批同学陆续回国起了很重要的作用。当时在加州理工学院访问的黄子卿教授、余瑞璜教授和赵忠尧教授带头回国的行动也直接影响了我们。1949 年秋,钱学森先生从麻省理工学院回到加州学院,老罗在学校对面的公园级织了一个中国同学欢迎他和蒋英先生的晚会,加州理工"科协"小组的成员都参加了。会后,老罗告诉我,钱先生一家回国意向十分坚决,也很支持留美科协的工作,不过由于他的特殊身份,就不作为我们小组的正式成员了。老罗和钱学森先生在交大当学生时便是很亲近的朋友,所以此后几乎每个周末,他都要去钱家做客。

加州理工学院研究生有几门重头课,其中就有老罗所必修的电磁学和高等数学。这些课程以难、严、作业特重著称。老罗 30 年代中期从大学毕业,后来一直在工厂等处工作,不像我们年轻人刚从学校出来,虽然都轻松过了关。再加上为了筹集足够的生活费,他还在一个公司兼职,我记得给他的工作是属于电机设计方面的,他完成得很出色,颇受老板的常识,而他却觉得很轻而易举。1950 年他决定提前回国,用很短时间完成了论文手稿,所以实际上上只用了两年时间,便满足了获取博士学位的全部要求。他离开后,论文经打印成文,便被正式授予了博士学位。所有这一切都非同一般,是我们很佩服的。

1949—1950 年度,老罗和我同住一个房间,他的政治倾向和坚定的回国决心一向是十分明朗的。他和不久成为我的博士论文导师钱学森先生对我的影响,在我选择人生道路方面起了决定性的作用"朝鲜战争开始,老罗预感到形势的骤变,在没有正式完成博士论文之前,决定提前回国。虽然最近的一艘从旧金山出发到香港的客轮已经启航,老罗还是在洛山矶买了登这条船的票,同时还买了一张直飞檀香山的飞机票,为的是在那里追上它。临行前老罗彻夜未眠,为了减轻行李,他把心爱的古典音乐密纹唱片一张张从硬纸袋里取出,用薄纸巾隔开摞在一起,然后再装进箱子。那情景令我至今难忘。在船上他完成了论文手稿,到达后寄来给我。

1955年初我回国到北京后随即去看他,但是因为部门、专业和岗位不同,以后就几乎没有见过面。文革后,才有机会在节目期间探望钱学森先生时见面。1980年以后,在科学院的学部活动中见面和交换意见的机会就多了,有几件事,我的印象最深,其一是他对他国电子工业创建所做出的杰出贡献,其二是他始终不渝地倡议成立我国的工程院,为我国工程科学界和工程界做了件大好事。第三件事是他对技术科学有全面而深刻的看法和论著,并特别指出基础技术的重要性,这些对我都很有帮助。

最后我还要说,每次同老罗和敏如大姐交谈都是一种享受,二老豁达,健谈,知识渊博,文化底子深,是我等所不及。

在老罗90华诞之际,特向二老表示衷心祝贺,敬祝健康长寿,阖家幸福。

我对罗沛霖的一些印象

吴佑寿

全国学位与研究生教育发展中心主任　前清华大学研究生院院长

中国工程院院士

今年 12 月 30 日是罗沛霖院士的 90 寿辰,大家都非常高兴。祝福他健康、长寿、永葆青春。借出版他的学术论文集的机会,我也写篇文章来表达我对罗老的敬意和感谢。

我有幸认识罗沛霖院士已快五十年了。半个世纪来,在科研和学会活动诸方面的工作中,我经常得到罗院士的教益或直接领导,受益匪浅。往事如海,丰富多彩,应该写的事情实在太多,真不知从何下笔。

记得我第一次在罗老领导下参加工作是 1958 年间在科学院电子所研制"超远程雷达"的时候。当时,顾德欢同志和罗老是研究项目的领导,罗博士(大家都亲切地称呼沛霖同志为罗博士)负责技术指导和组织协调,陈宗骘同志任学术秘书,我参加接收机的工作。这是 1956 年制订我国十二年科技规划后启动的电子领域头一个重大科研项目。可以说大家都不太有经验,主要是根据主观需要制定技术要求和指标。当时提出的指标相当"先进":探测距离为 6000 千米,天线直径 30 米。接收机灵敏度要求很高,用低噪声系数的参量放大器也很难满足要求,必须辅以相关接收或信号积累的方法才有希望。这是系统能否研制成功的关键。大家讨论十分热烈。我大学毕业后主要从事教学工作。在校学习只学了一点雷达原理和一般的接收技术,更没有做过科研工作。临急抱佛脚,找 MIT 的 28 本《雷达》丛书看看,也只能学到一些书本知识。幸好罗博士学术造诣深、见多识广,给大家介绍微弱信号检测的基本概念和原理,并结合实际提出采用"门波积累"来解决问题,对大家很有启发。罗博士当时是我国第一个综合电子元器件联合工厂的总工程师,熟悉国际上正在发展的各种新材料和新器件。他针对工作需要,还提出研制一些关键元器件的问题,使研究内容更为完善。可惜由于我国当时实际条件的限制,这一研究项目未能按期完成,但对其后很多研究工作却起了很好作用。例如,根据罗博士的建议和安排,在 13 所的密切配合下,我们坚持从事低噪声参量放大器的研究工作,取得很好的成果,60 年代初用于另一种雷达系统,大大提高了该雷达的作用距离,受到有关部门的嘉奖。在弱信号接收和信号检测方面所做的工作,也为后来各种系统的研究打下了良好基础。这些都不能不归功于罗博士的提倡和领导。

我最敬佩罗老孜孜不倦、勤于学习、勇于创新、从不服老的敬业精神。他在长期担任技术行政管理工作的生涯中,从未间断地阅读各种杂志、书籍,既深入了解高新技术的发展,也关心古往今来人类社会政治、经济和文化的沿革与变迁,特别是产业革命与文化发展的关系。在他负责的工作岗位上,他对科技发展新方向保持高度的敏感,并且身体力行,大力推动、组织落实。在我国发展电子科技事业的不同时期,提出并组织相应的规划。上世纪 50 年代,他主要从事电子材料、元器件、生产工艺、测试仪器和专用设备等产业基础的领导工作;60 年代他深入探讨雷达信号检测的问题;70 年代重点抓我国系列计算机的研制工作,这些计算机在我国发射人造地球卫星起了重要作用;80 年代推动人工神经网络的研究;90 年代他的视野从技术科学扩展到社会科学,敏锐地指出飞速发展的信息技术对人类社会的重大影响,大力推动信息高速公路与新产业革命及其相互联系的讨论。我这篇短文不可能遍述罗老的贡献,只能举一两个例子来谈谈我的体会。

"人工神经网络"是在现代神经生理学和心理学研究成果的基础上提出的。这是一个崭新的学科,试图通过模拟人脑神经系统的加工、记忆信息的方式,来研制一种具有人脑那样的信息处理能力的机器。这一新兴学科涉及生物学、心理学、计算机科学、人工智能、电子学和知识工程与系统工程诸多学科,在理论研究和应用方面都有重大意义。1987年罗老到美国访问时敏锐地注意到这一新兴学科的重要性。回国后立即组织召开一个座谈会,推动开展有关研究工作。在这个座谈会的基础上,1990年首届中国神经网络学术大会在北京召开,罗老任大会主席。会议决定成立由全国8个一级学会(电子、通信、计算机、自动化、物理、数学、生物物理和心理学会,不久又扩大到15个学会)联合组成的、跨学会的"中国神经网络委员会"(CNNC)。这个联合组织的成立,不但在国内起了很好作用,在国际上也受到高度重视。1992年由IEEE神经网络委员会NNC和国际神经网络学会INNS联合主办的《国际联合神经网络学术大会IJCNN》由中国神经网络委员会承办,在我国北京召开。1993年,我国和日本与韩国共同发起,成立了"亚太神经网络联合会APNNA",并创办《国际神经信息处理学术大会ICONIP,由参加国每年轮流举办,影响不断扩大。目前参加国家已扩展到新加坡、新西兰、澳大利亚、印度、土耳其等国家,俄罗斯也希望加入,美、欧各国有关组织也经常派代表列席理事会,参加ICONIP学术大会。罗沛霖院士的远见、卓识,及时倡导和推动开展这一重要领域的研究工作,对神经网络研究在我国的发展起了重要作用。

罗老十分重视基础研究,也强调要加强应用科学和技术的发展。1978年全国科学大会时,我和他在同一小组。他在小组会上深入分析美、欧各国发展的经验,指出原来比较落后的美、日两国之所以能够赶上西欧的原因,在于他们在重视基础科学的同时,也抓紧应用科学与技术的研究。罗老在各种会议和刊物上反复发表这一重要观点。1993年他和侯祥麟、王大珩等学部委员联名向国家提出"建立中国工程与技术科学院"的建议,得到党和国家领导的支持。经国务院批准,中国工程院于1994年6月正式成立。这是一个重要的里程碑,对于我国社会主义建设,特别是对于我国科技事业的发展,将起重要作用。鉴于罗沛霖同志的学术成就和在发展我国电子产业所做的突出贡献,他又被遴选为工程院第一批院士,成为兼有中国科学院院士(学部委员)称号的"双院士"。

在庆祝罗老90寿辰的欢庆时刻,谨祝他健康长寿,永葆青春,万事如意。

2003年2月15日(修改稿)

我拜罗老为师

柯有安

教授 前北京理工大学研究生院院长

拜罗沛霖先生为师

1960 年是"三年经济困难时期"的头一年,也是"高教六十条"颁布的一年。我所从教的学校北京工业学院(今北京理工大学)也制定了一个"重点教师培养计划"。该计划规定,从较年轻的教师中分批选拔,每批 20 余人,在二、三年内,减轻他们的教学负担,使他们能用更多的精力结合科学研究,从事进修和提高。我是有幸首批入选者之一。学校也鼓励我们向学校建议,由学校从校外聘请著名的专家学者作为自己的导师。我因为此前在罗老的直接领导下,参加了超远程雷达的预研工作,对先生的学识和人品有较多的了解,心中十分敬仰,便向学校建议,请先生作为我进修的导师。1961 年,承蒙先生应允,学校向先生颁发了聘书,先生于是正式作为我进修的导师。在此后的短短两年不到的时间里,我得以相当频繁地请教于先生,为此我得益良多。由于政治气候的变化,学校的这个"计划"并没有能很好地坚持下去,我的进修不久便结束了。虽然如此,由于这一段"师生缘",先生始终仍然是我心目中的导师。在进修结束后的日常教学和研究工作中,我也还是继续得到先生的关照和指点。1981 年,我从美国参加学术会议和短期进修回国,深感学校要办好,因素固然很多,但教师是第一位的。那时学校已有聘请名誉教授、顾问教授等的制度,但所聘都是外籍的,我于是报请学校同时考虑聘任国内知名学者担任本校名誉教授、顾问教授或兼职教授,在他们精力许可的条件下参与指导校系的工作。当时的校领导很支持我的建议,于是,先生又被聘为学校首位中国籍的顾问教授,和先生同时获聘的还有我国雷达科学技术的先驱之一、时任四机部十四所总工的张直中先生。校系为此为两位受聘教授举行了隆重的授聘仪式。

超远程雷达的预研

和先生的最先接触是从超远程雷达的预研开始的。1957 年,世界上第一颗人造地球卫星由苏联首发升空,它成了世界进入空间时代的一个标志,在全世界引起了极大的反响。美国的麻省理工学院在几天后迅即将其磨石山雷达加以改进,并成功地对苏联的这颗卫星进行了跟踪观测。几个月后,美国也把自己的人造地球卫星射入了太空的预定轨道,激烈的空间技术竞争由此开始。这些事件也极大地震撼了我国的科技工作者,工作在雷达科技领域的人们于是开始思索如何在我国实现雷达探测距离跨越,即从已有的数百公里增加至数千公里。1958年,在当时"大跃进"的背景下,中国的一批学者在罗老等的倡导下,提出了关于在我国发展超远程雷达的设想。在随后的一年多时间里,先生作为主管部——四机部的代表,组织领导了一个人数不很确定的小组,记得参加得比较多的有张直中、陈宗骘等前辈,还有电子所、清华、北工的少数中青年同志。讨论中涉及超远程雷达的方方面面,包括大功率发射、高增益天线、低噪声接收、微弱信号检测、目标特性分析等课题,其中微弱信号检测的理论和实现是重点讨论的问题之一。先生有一次在讨论会上提出和论证了用纯数字技术在时频多通道思想的基础上实现相干积累的可能性,令我们这些较年轻的参加者耳目一新。因为,那时在我国雷达中使用数字处理技术还是"亘古未有"的事,在信号检测的实践上大家的注意力主要放在模拟实现上。虽然大家觉得信号检测的全数字实现目前的技术条件还不成熟,但无疑它是今后的一个重要方向。我当时对先生的超前意识和技术胆识十分钦佩,敬重由是益深。

信号检测理论研究

1960 年 5 月 20 至 27 日,全国军事电子学学术交流会在成都召开。这是建国以来规模最大的一次。超远程雷达技术的方方面面在这次会议的后期有许多讨论,先生领导的小组此前讨论过的许多问题这次在更广阔更深入的层面上进行了讨论。总之,是在"超"字上作文章。我当时最有兴趣的是信号检测和目标特性两个问题,先生当时也正在继续思考着脉冲信号的积累问题。和先生的多次接触和讨论促成了先生与我以师生关系的合作研究。

1962 年 4 月 10 日~17 日,中国电子学会成立大会暨第一届学术年会在北京召开。在张直中先生主持的雷达分组会上,先生宣读了一篇论文,题为"论雷达信号的参符积累和非参符积累"*。先生在这里所说的"参符积累"和"非参符积累"就是通常所说的"相干积累"和"非相干积累"。文章是先生亲自用行楷在晒兰纸上书写的,只印了不多的几份。论文讨论的是噪声中脉冲信号的积累检测问题,如前所述,这问题当然不是"空穴来风",而是要求大幅度地增加雷达作用距离引发的,也是那个时代信号检测文献讨论的热门问题。先生凭借他厚实的数理功底,采用了 χ^2 分布对所设定的问题作了严格的科学分析,引申出了许多有趣的结论。如,对相关起伏信号,相干积累的得益是可观的,但对独立起伏信号,相干积累不会增加信噪比,反到是非相干积累有较多的得益;如果是独立起伏信号,信号能量似乎有一个最佳分配问题,即存在一个最佳的积累脉冲数问题,等等。这些论点引起了热烈的讨论,有的还有激烈的争论。这次会议结束时,与会者余兴未了,相约两周后在北工就信号的积累和检测问题再举行一次专题讨论会。我与先生相约,在先生的指导下为会议作了较充分的准备,我为先生的论文作了一个较详细的读注。这个专题讨论会如期在北工四号楼的四层会议室举行,参加的人除了北工的有关教师外还有电子所的科研人员,记得有陆志刚、魏钟诠、鞠德航等。大家就信号起伏的模型,相干积累与非相干积累的比较,起伏去相关的得益及其实现,信号积累检测的高斯近似等问题,都作了较充分的讨论,也一致认同先生的在他的论文中得出的结论。关于"块相关起伏下脉冲信号的检测"的检测公式我们当时只给出了近似解,而对闭合解只给出了一个用特征函数表述的积分公式。2001 年,我和刘志文教授在悼念斯威尔林逝世周年的一篇文章中**,介绍了我国在雷达目标起伏模型上的早期工作,其中主要部分就是介绍先生的上述工作,包括关于独立起伏情况下最佳积累脉冲数的讨论,即如下的最优化问题:

先生这一工作的意义在于,它不仅为凭直觉创造的频率分集技术以理论支持,而且也为尔后诞生的频率捷变技术提供了的理论依据。应当指出的是,整个 50 年代到 60 年代初,也是国

---

* 罗霈霖:论雷达信号的参符积累与非参符积累,中国电子学会第一届年会,北京,1960 年 4 月 10 日~17 日

** Ke, Youan and Liu, Zhiwen: Some Early Studies on Radar Target Models in China-In Memory of Peter Swerling, IEEE Trans. on AESS, Vol. 37, No. 3; Jul 2001

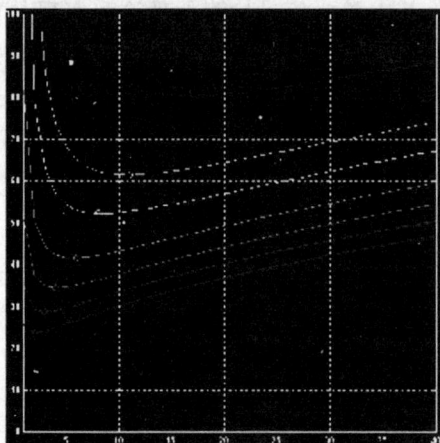

$$\min(N\gamma), \quad \gamma = \frac{X_{2N}^{-1}(P_f)}{X_{2N}^{-1}(P_d)} - 1$$

N 表示积累脉冲数，γ 表示信噪比，$X_{2N}^{-1}(..)$ 表示 $2N$ 个自由度 χ^2 分布的逆函数，P_f 和 P_d 分别表示虚警概率和检测概率。

左图，目标呈独立起伏和虚警概率为 10^{-8} 情况下，对应七种检测概率，总能量 $N\gamma$ 和积累脉冲数 N 的关系，显见存在一个最佳积累脉冲数 γ_{opt}（如圆点）

际上信号检测理论蓬勃发展的时期，不过那时国内可资利用的文献还主要是俄文的，包括俄文原创的和从英文翻译过来的。先生没有能读到这些工作，上述工作完全是先生独立进行的。

雷达目标特性的研究

在 1962 年 4 月的中国电子学会第一届年会上我也提交了一篇论文，题目是"雷达散射矩阵与极化匹配接收"*，也是在"超"字上作文章。我在传统的雷达截面积 σ_p（共天线雷达截面积）之外补充定义了两个新的雷达截面积，即匹配雷达截面积 σ_m 和正交雷达截面积 σ_v 并且证明三者之间有如下的关系

$$\sigma_m = \sigma_p + \sigma_v = \eta\sigma_p \quad \text{及} \quad \eta = 1 + \sigma_v/\sigma_p \geqslant 1$$

它表明仅用传统的 σ_p 实际上并没有充分利用目标散射能量；给传统的共天线雷达配置一个正交极化通道可回收这部分损失的能量，即 σ_v；而对实现了极化匹配的雷达来说，目标将呈现最大的雷达截面积 σ_m。会后，我的这篇论文被正在试刊中的《电子学报》送给了先生审阅。先生充分肯定了我的工作并给了很高的评价，在亲笔作了一些修改后批准发表，这是对我的极大的鼓励。此后的许多年，就是这份鼓励激励着我作持续不断的探索，终于得出了一个较有价值的结论**，即，对任何目标和任何极化基均成立如下的基本关系：

$$\sigma_{mav} : \sigma_{pav} : \sigma_{vav} = 3 : 2 : 1 \quad \text{及} \quad \eta_{av} \equiv 1 + \sigma_{vav}/\sigma_{pav} = 1.5$$

这里各 σ 下的"av"表示平均的意思，即当雷达发射极化以等可能遍历庞卡莱球时相应雷达截面积的平均值。这个结果从理论上证明了雷达目标散射信号的"平行极化成分"平均强于"正交极化成分"一倍，补加正交极化通道的平均得益只能是 1.76 分贝。为了表达对先生的敬意，我也简略地把我在先生鼓励下所得的这方面的主要结果写进了介绍我国早期雷达目标信号模型暨悼念斯威尔林的文章中。

* * * * *

2002 年暮春，我结束了在国立新加坡大学生物信息中心为期 4 年的研究工作，回到了北

---

* 柯有安：雷达散射矩阵与极化匹配接收，中国电子学会第一届年会，北京，1960 年 4 月 10 日～17 日；《电子学报》（试刊）1963 No.3，1～12 页

** Ke，Youan：Invariant Characters on Radar Cross Section of Polarized Radar Targets，Proc. of IEEE Int'l Radar Conf.，Alexandra，VA，USA，May 6～9，2000；also see tutorial CD for Radar2000

京,和爱人王中立即去看望了先生。先生和夫人杨敏如老师与我们促膝长谈。先生一如当年,十分勤勉,笔耕不辍,且涉猎更广。先生设家宴款待我们,并合影留念(右图)。年底,我和王中从国外访问归来,再次去看望先生和敏如老师,并为先生贺寿。先生其时已虚龄 90,然健朗如前,敏如老师更是谈笑风生,妙语联珠。近午餐时间,4 人一起还就近去品尝了开张不久的"郭林家常菜",且饮且食,谈兴亦增。为不影响先生休息,我们不得不依依作别,约时再叙。

图中右一为先生,右二为敏如老师

寒来暑往,冬去春来,40 多年过去了。40 多年里,先生待我,亦师亦友,终成忘年之交。月前,欣闻先生的论文、诗词、年谱等将于年内结集出版,今年岁末还将迎来先生的 90 华诞,我作为先生惟一的授业弟子,因此写下此文,记下一鳞半爪,以资纪念,且为先生寿。

我的父亲是工程师

罗　昕

中国科学院电子学研究所高级工程师　美国比茂光电子芯片公司设计师

罗沛霖长子

　　我从孩童时期就知道我的父亲罗沛霖是一名工程师,我一直引以为骄傲并把他作为我学习的榜样。在我的青少年时期,他工作之余在家里设计和制作高保真的音频功率放大器,冲洗相片和修理各种电器等等,我也曾当他的小助手并开始学习如何做这些工作。我们在家里经常谈论时事和各自在外面了解的事情,他喜欢从工程的角度思考和提出他的见解,有两件事给我留下深刻的印象。

　　记得在 50 年代末,北京建设了十大建筑,展宽了长安街,开通了几十条新的公共汽车和无轨电车路线。有一天我们在家里谈论起新的公交路线,他谈到北京城市街道的布局是呈棋盘格形状,马路不是东西走向就是南北走向。他认为如果开通十条互相平行,东西走向和在南北方向间隔一定距离的公交路线,再开通十条南北走向和在东西方向间隔一定距离的平行的公交路线,人们从北京城的任何一个地方到另外的一个地方,最多只须换乘一次公交车。当然人们不会按照他的这个设想去设计公交路线,因为大家都希望一次也不换乘就从自己想出发的地方乘车到想到达的地方,不大想到许多人要换两三次车上班。

　　70 年代中国开始实行一个家庭只生一个孩子的政策,那时我工作在四川的三线工厂,当厂房和宿舍还没有盖好的时候,我们在农民的家里住过一两年时间。有一次我回到北京,向父亲谈起农民希望家庭中有男孩,而且农民的家庭也确实需要有男孩。他说:如果允许一个家庭生两个孩子,事情就好办了。他认为如果生男孩和生女孩的概率都是百分之五十的话,有一半家庭可望第一个孩子就是男孩。他设想这一半家庭就不必再生第二个小孩了,而让第一个孩子是女孩的家庭再生第二个孩子,这样他们中间又有一半的家庭满足了生男孩的愿望,而不必再生第三个孩子。然后剩下四分之一的家庭再继续生第三个小孩,而八分之一的家庭可能需要生第四个孩子。他设想可能有些家庭会放弃为了生男孩而继续生下去的想法,所以从整个社会而言,每个家庭的平均小孩数不会真正达到两个。既满足了希望有男孩的传统思想,又使男孩和女孩的人数大体相当。

　　甚至早在四清和文革之前,我就听说父亲被批评为"单纯技术观点",我并不了解他的工作,但是我能理解这是为什么。多年以后当我也成为一名工程师的时候,我意识到从工程技术角度去思考和解决问题,正是一名工程师所需要具备的品格。我猜想这也许是许多他过去的领导和同事,至今还如此推崇和尊敬他的原因之一吧。

2003/3/14 于 北京

附录3 罗沛霖自写生平简述及编年纪事

综合简述

男,汉族,1913 年 12 月 30 日生于天津。中共党员。

原名罗霈霖,曾用名:罗容思(1939——1948),罗雨。

信息产业部电子科技委委员;原第四机械工业部科技委第一副主任。中国科学院、工程院资深院士,原电子工业部科技委副主任。1935 年上海交大毕业,在大学分科时,虽志在电信,为扩大知识面,选修电力专业而自修电信工程。后来还结合工作需要自习机械、冶金、化工等。1952 年美国加州理工学院授予电机工程(主修)、物理、数学三学科的带特荣誉称号的哲学博士学位。长期活动于我国科学技术界并在电子工业部门担任技术管理行政工作(曾任电子工业部科技司副司长,二机部十局副总工程师等职)。在第一个五年计划时期负责我国惟一巨型电子元件材料厂的引进、建设的技术工作。以后对电子工业的生产建设的计划与方针,特别在开辟微电子、电子计算机、卫星通信、光纤通信等新领域和建设计量工作,开展标准化方面,以及提出电子工业应采取专业化和加强基础建设的方针,发挥过一些作用。在多次国家电子科技规划中承担指导和实施工作。由于我所处的时代和岗位的要求和受到党的培养,对于我国电子科技发展和工业建设,有责任做一些开拓性和奠基性的工作,虽然事实上贡献不大。

在中学和大学时代,自己读书是认真的、大量面广的,但颇为自行其是,不注意听讲、做笔记、交习题、考好分数,有时有些突出表现,但总分很不高。自行其是的另一例子是大学毕业时拒绝戴上学士帽拍照片。赴美留学因为是党组织给的学习任务,又多名师,一改旧习。课内课外,努力认真和踏实,分数也上去了,得了特荣誉级学位称号。

在多年工作与学习中,接触了若干学科和专业,总还是勉励自己坚持专而不狭,博而不泛,锲而不舍,深入实践与思考;力求多少能举一反三,触类旁通。由于自己处于一个具有综合性的岗位,而且经常参加一些综合性活动,因之自勉运用自己的知识,为学科与专业的发展提出尽多前瞻性的、跨专业的和带基础性的见解,尽多起一些推进的作用。

尽管日常工作很繁重,还是做了若干自己认为有些意义的科学研究工作。其中在 1950 年以后,只能在公余时间完成。总的说,分量不多、比较分散。几十年来,在电子电路、无线电话发射电路、雷达系统信息论、电子计算机运算逻辑、永磁激励交流发电机理论(博士论文)、电感器件(功频、声频变压器,扼流圈)统一设计程序、逆电流稳压电路、国家消费积累之间的数理优化、财务与通货的定量关系估量分析,新产业革命理论,科学、技术与经济建设之间的协调互动理论等等方面都有一点突破性的成果或新颖的议论。

在我的期望之外,中国工程院授予我 2000 年度中国工程奖,可能是为了我半个世纪中,在引导中国的信息与电子学科和专业发展上还愿意作出一些努力罢!1985 年,中国科学院还授予我科学工作五十年奖状。

由于我的学术与工程技术的微末成果,我还当选为美国 Sigma Xi 荣誉会会员(1950)和电气电子工程师学会(IEEE,国际)终身特级会员(终身会士,1999);还由于在推动国际学术活动的努力,被授予 IEEE 建会百年纪念勋章(1984)。

我曾被选为第三、四届全国人大代表,第五、六、七届全国政协委员。

我还忝为北京大学、南京大学、北京理工大学、云南大学、东南大学、国防科技大学、电子科技大学、西安电子科技大学、桂林电子工业学院各校聘作过教授、名誉教授或兼职教授等;是第一届中美科学技术合作委员会委员和文革前后几届自然科学奖励委员会委员。在 60 年代初,我担任过无线电设计与制造项目的国家裁判。

我还曾担任或现任中国计量与测试学会及中国标准化协会前副理事长,中国计算机学会及中国系统工程学会荣誉理事,是中国电子学会荣誉会员、会士、曾任常务理事。

除发表过若干文章以外,我主编了《中国电子科学技术评论 1986－1990》,《新产业革命与信息高速公路》及《科学概览－信息卷》,前两种已出版。还曾担任《中国科学》的副主编。

以下为编年纪事

◆ 1913 年 12 月 30 日凌晨生于天津河北三条石庆云里。

◆ 1914 年随父母合家迁北京。

◆ 1916 年开始学识字。

◆ 1920 年春插班入北京师大附小一年级。

◆ 1924 年随父母返天津,补完小学学程。

◆ 1925 年考入南开中学。

◆ 1927 年父母包办与冯女士订婚。

◆ 1928 年在初中三年时加入南开无线电社,自制电学试验装置,自装无线电收音机和阅读中文内燃机、电机设计制造书籍,英文无线电工程书籍和杂志;高中时自学 CRC 化学物理手册,选修和自学较高数学和 Loney《Static Mechanics》,自学大学物理(Hadley《Electricity and magnetism》,Edwin Edser《Heat》、《General Physics》等,均英国大学课本)。

◆ 1931 年中学毕业,与杨敏如(我的妻子)认识,同时以较高名次考取上海交大、清华大学并保送南开大学。

进入上海交大。入学考试物理满分,至今为往日同学称道。

九一八事变发生。参加罢课、宣传、募捐、包围上海市政府营救北大赴南京请愿的许秀岑同学。

◆ 1932 年日军侵沪。在清华大学借读一个月以后返沪续读补课。

◆ 1933 年结识钱学森。暑假在青岛四方机厂实习,自修机械加工机器(工作母机)原理。

◆ 1934 年,钱学森毕业。暑期谈心,钱说"靠读书救国是不成的,中国的问题,只能靠政治(革命)解决。"

◆ 1935 年父去世。毕业于上海交通大学。在校四年,开始时曾有较出色表现,但以后尽管自学许多书籍,但不重视听讲、笔记、习题、考试,总平均分数不很高。

分配往北京南口机厂。因志趣不合,还有包办婚约未能解决,以不返北方为好,未接受。又闻广西在李宗仁、白崇禧统治下厉精图治而抱幻想,及给以较高待遇,遂去第四集团军南宁无线电厂。任少校技士。12 月升任少校技正。

◆ 1936 年,李、白准备攻蒋,且已知李、白也是反动派,随乘出差香港之机、不告而去上海。

进入中国无线电业公司。

创造了电感器件统一设计方法。

解除了和冯女士的包办婚约。

◆ 1937 年,完成了供广西 10 千瓦广播电台的 15 千伏直流电源(含多种变压器和扼流圈的设计、生产),并承担 500 瓦短波发射台激励器工作。

抗战开始。随厂迁汉口。年底,辞职去西安,觅机去延安。

◆ 1938 年初,林柏渠老咨询李强同志后接见,同意赴延参观。

3 月王诤同志会见后决定留延工作。

4 月进入军委三局通信材料厂,任工程师,负技术和生产总责。

◆ 1938 至 1939 年夏,在颇为困难条件下,负责从若干元件为起点,设计生产无线电台数十部支持前方。

◆ 1939 年 7 月组织决定我到大后方工作。

途中遭遇国民党"青年招待所"拟扣留,经过辩争,得到放行通过。

经停西安,平凉,汉中,于 10 月到重庆,受董必武同志接见。

◆ 1940 年,与周建南、孙友余等创建中共领导下的"中国青年科学技术人员协进会"(青科技),先后团结了一二百个进步青年。在成都、贵阳、昆明都有分支。我任青科技企业干事。

在青科技名义下,参与建立党领导下的巴克新建筑公司、川东实业公司和巴山石墨公司。

杨敏如随母徐燕若(我后来的妻子和岳母)由天津离开沦陷区长途旅行来重庆。

申请入党,董老、徐冰、孙友余、周建南讨论;董老说留在党外有利,"党外也可以有布尔什维克。"

按党组织指示参加民主人士章乃器负责的上川实业公司,在其电机厂任工务课主任。

◆ 1941 年,皖南事变。重庆出现白色恐怖。

据组织掌握情况,已被列入黑名单"注意思想动向"类,指示转移。

离开上川实业公司。

母去世。

与杨敏如结婚。

代表党组织掩护性的企业新机电公司赴内江承办糖厂大型容器工程三个月。

在重庆商场主持掩护性的企业渠丰字号重庆办事处三个月。

10 月,遵党组织指示,赴贵阳参加中国电机工程师学会年会,偕同孙友余、高昌瑞同去,宣读平生第一篇学术论文:"电感器件统一设计方法",获蔡金涛、马师亮等前辈专家好评。

11 月,日军袭击珍珠港,美国宣布参加二战。

遵照党组织指示,再入上川实业公司机器厂,以技术支持进步技术人员张大奇(该厂经理),并有利于隐蔽掩护作用。

◆ 1942 年,章乃器说罗"做企业工作就不要搞政治",示意离厂。

孙友余传达党组织意见,为解决个人家庭负担,指示自寻职业。

进入中国无线电业公司改组成的中国兴业公司电讯厂。

地下党组织建立了开源建筑公司,任总经理名义职。

◆ 1943 年,进入资源委员会无线电厂重庆分厂,任二级工程师,兼工务课设计股长。

长子罗昕诞生。

◆ 1944 年,兼任厂工务课副课长。

地下党组织建立中国工业原料公司,任董事,具名申请成立公司。

◆ 1945 年,抗日战争胜利。

毛泽东主席到重庆。

原青科技三个骨干人员,包括李文采、张哲民和我受到毛泽东同志接见。

年底组成党领导下的科学技术人员组织"中国建社",我任领衔的常务理事。其旅美分部后来成为留美科学工作者协会建会的重要基础。

代表中国建社参加中国科学工作者协会成立大会。

所在厂原班人员赴津建立中央无线电器材公司天津厂,未完成的 10 台 1000 瓦短波发射台生产任务,由我留重庆负责完成。

◆1946 年,重庆大部分技术人员离往沿海。中国建社社员少数留重庆,每两周在我家聚会,由张兴富同志通过新华日报社取得时局信息,通报情况。参加者有谢学锦、金奎等近 10人,持续了几个月。

女罗晏诞生。

◆ 1947 年初,中共驻重庆代表处被强迫送回延安。

完成所在厂未完生产任务,经停上海两个月,于五月抵天津参加津厂工作。

任天津厂设计课课长。

孙友余来传达党领导张明(刘少文)同志指示:"全国解放指日可待,社会主义建设需要技术人才。希望你设法留美,进工厂实习,如不能进厂,到学校学习,得个博士学位也是我党的光荣。"赴北京会见钱学森。钱建议申请加州理工学院研究生。学院答复申请,建议越过硕士直修博士。当时政府未开放自费留学,未能成行。

◆ 1948 年,条件成熟,在党资助下,遵照地下党领导指示,赴美进修。

在加州理工学院进将近两年,所携费用只够一个学季。校方先为安排圣马立诺扶轮会奖学金及本校免学费奖学金,后又授于本专业最高额奖学金(Cole Fellowship),解决了经济问题。

◆ 1949 年,组织并负责留美科学工作者协会的加州理工学院(支会)活动。该协会总负责人为中共地下党员侯祥麟,并联系于唐明照同志。

◆ 1950 年,当选为美国 Sigma Xi 荣誉会(正)会员(授予金钥匙)。

美帝入朝,同时美联邦调查局调查钱学森,相约同时回国。但轮船公司不售票给钱学森;我在 22 个月中完成了全部博士学程,赶办了答辩,偕同加州理工学院几位中国同学乘克里夫兰总统号客轮经香港返国。

在马尼拉闻悉钱学森被捕。

在船上完成论文,到广州后寄回郑哲敏。后经郑组织打字,钱学森补入方程式后交卷。

九月抵京。

谒见总参通信部王诤部长,欲委以重责,未肯承担。

进入电信工业局。任技术处处长。

抗美援朝初期,负责指导天津电工东厂(后改称 712 厂)研制生产骨干级 E27 型无线电台,提供前方。其发射部分采用了我创造的栅极调幅方案,消除了末放束射四极电子管采用抑制栅极调制的欠缺,取得好效果。此机及其改型前后生产了 2000 余部。

◆ 1951 年,参加中联部在柏林建台工作及赴民德第一届贸易代表团。

◆ 1951 年~1953 年,在民德先后两次共约 18 个月,独力负责引进我国惟一巨型电子元件制造联合厂,即建在北京的华北无线电器材联合厂并参与总体设计。负责调查研究和谈判,参与主持工厂设计。

该厂产品近 10 个大类,覆盖了国外 20 余厂的产品范围,设计职工 6400 人,建筑 13 万平米,占地49公顷,投资一亿四千余万元。

◆ 1952年,美国加州理工学院授予电机工程(主修)、物理、数学学科的带特荣誉称号的哲学博士学位。

◆ 1953年初,王诤部长到柏林,敲定元件厂的总体框架。

秋,完成扩大的初步设计,携返北京。

◆ 1954年夏,华北无线电器材联合厂设计获批准,开始建设。任总工程师兼第一副厂长,负责基建和初期生产的技术工作。

阖家迁北京。

◆ 1955年,兼任二机部十局第十一研究所主任(所长)。

钱学森返国。

幼子罗晋诞生。

◆ 1956年3月24日经所在支部通过,参加中国共产党。

参加编制12年科学技术发展规划,任无线电电子学组副组长,执笔第38项"发展无线电电子学"的任务书并编制"发展'电子学'的紧急措施"。

会同黄辛白同志编制电子科技方面建设科系培养人才的五年计划。

夏日在聂荣臻副总理主持的会议上汇报各"紧急措施",取得肯定,标志了电子学提上了国家重大议程。

◆ 1956年7月调任第二机械部第十局副总工程师兼科学研究处处长。

向国家计委及二机部和十局等建议电子工业建设中实行专业化方针和加强电子工业基础的建设,产生重要积极作用。

◆ 1957年,参加二机部刘寅副部长率领的电子工业参观团赴苏考察两个月。

10月至翌年1月,随聂荣臻元帅率领的国家科技代表团赴苏联,任顾问。

◆ 1958年,二机部十局改组,科研处、技术处合并,改兼科技处处长。

◆ 1958~1960年,负责组织指导我国第一台超远程雷达的联合研制的启动阶段工作。

◆ 1962年,任第十机械工业总局副总工程师。

参加全国科学技术规划工作(广州)会议,任第十五组(电子学组)组长。

代孙俊人主持全国电子科学技术规划会议。

自1956年及其后,长期在数次国家电子科技规划中承担指导规划和实施工作的主力并活跃于中国电子学会的学术活动。相应地做了若干我国电子科技发展和工业建设的开拓性和奠基性工作。

中国电子学会成立,任理事及副秘书长。在年会上宣读《雷达概率的若干涵义》论文。

受北京工业学院(现为北京理工大学)特聘为研究生导师,指导我一生惟一的研究生柯有安教授。柯当时任雷达教研组组长,后曾任学院的研究生院院长。实际上我也从他那里学到知识。

◆ 1963年,第四机械工业部成立,任第四机械工业部科技司副司长。

◆ 1963年12月至翌年3月,应切.格瓦拉邀请,奉派带队赴古巴为古巴规划电子工业。

◆ 1964年5月至7月,赴英国参加仪器与自动化展览会及访问电子企业,返京顺路访问瑞士电子企业,任组长。在和英国接待人员会谈中预言将来人人会买一台计算机。

组织并主持全国电子工业微型化会议。预言将来家庭主妇也会带计算机出门。

◆ 1965~1966年,在774厂参加四清,任党委委员及副队长。

◆ 1966～1967 年,脱产参加文化大革命运动。

◆ 1968～1969 年,隔离审查 11 个月。

◆ 1969～1972 年,在叶县五七干校劳动。

◆ 1972 年 4 月,回四机部机关,任科技局副局长。

◆ 1973 年,与姚太林同志共同主持电子工业全国电子计算机会议(7301 会议)。

◆ 1973～1976 年,负责组织指导我国第一组大中型系列化电子计算机的早期联合研制工作和第一组小型系列机联合研制全程工作。

◆ 1973 年,全军电子科技规划会议召开。具体负技术总责。

◆ 1974 年,主持全国大规模集成电路会议及离子注入技术会议。

◆ 1974 年,组织晶体管化电视机联合设计并指导技术。

◆ 1976 年,代表第四机械工业部主持 331 工程卫星通信工程协调会(都匀)。

◆ 1978 年,参加领导电子工业科技工作会议(长沙,为全国科学大会作准备),作中心发言。

◆ 1978 年 4 月参加孙俊人副理事长率领的中国电子学会第一次访问 IEEE 及参加年会代表团。

◆ 1978 年 7 月至 8 月,赴意大利参加 IEC 年会,并参观企业和研究所多处,任副团长。

◆ 1979 年 4 月率队中国电子学会赴美国访问 IEEE 及参加年会第二次代表团,任团长。

◆ 1979 年 11 月在《电子计算机技术》发表关于直接逻辑运算的第一篇论文。

◆ 1980 年,当选中国科学院学部委员(院士)。

第四机械工业部成立科学技术委员会,任第一副主任。

任中美科学技术合作委员会中方第一届委员,参加第一次会议。

◆ 1981 年 4 月赴荷兰,作为中方代表参加联合国的发展中国家技术政策讨论会。

◆ 1981 年 10 月,作为中方委员随方毅副总理赴美参加第二次中美科技合作委员会会议,访问美国工程院。

◆ 1982 年,第四机械工业部改为电子工业部。退下行政职务,仍任部科技委副主任。

电子工业部党组决议,肯定我从 1938 年计算参加革命工作工龄。

◆ 1984 年 10 月赴美国,作为全国科协代表参加中国古科技展览会亚特兰大会场开幕式。赴纽约代表中国与 IEEE 总部商谈成立北京分会。

◆ 1985 年中国科学院授予从事科学工作 50 年奖状。

IEEE 北京分部(会)成立,任 IEEE 北京分部(会)第一任主席。获 IEEE 授予建会百周年纪念勋章(Centennial Medal)。赴泰国曼谷,代表 IEEE 北京分部(分会)参加 IEEE 第十区(亚太各分部)全体会。

◆ 1986 年,负责中国科学院学部"中国电子计算机事业如何进入良性循环"的咨询工作,经组织多次讨论,次年提出报告。

◆ 1987 年 3 月至 4 月,应 IEEE,HP 公司,宾州州立大学,德州大学,计算机及微电子联合体(MCC),加州理工学院邀请访问美国,介绍中国电子和计算机的发展。

◆ 1988 年,组织和主持神经网络专家座谈会,为后来全国性神经网络学术活动作出启动工作。

◆ 1990 年,国际信号处理学术大会,任主席。

◆ 1990 年,全国神经网络学术大会,任主席。

◆ 1991 年 4 月,赴美国国际电子制造技术学术大会宣读论文。

◆ 1992 年,提出建立中国工程院的建议。我是建议设立中国工程院的六个倡议人之一,起了组织作用,并执笔后来经中央批示的倡议书,导向于 1994 年成立中国工程院,并当选首届院士,选入首届及二届主席团。

◆ 1983～2002 年,多次参加新产业革命、信息高速公路等等的讨论,强调指出新产业革命的发展,必然导向文化产业主导社会、经济发展的未来时代。

◆ 1992 年,岳母徐燕若去世,享年 96 岁。

徐燕若 1940 年到重庆时,携来六万元现款。由于她对我和所联系的朋友们高度信任,以 3 万元投入青科技所办川东企业公司及巴山石墨公司(均为党地下掩护性企业)。另 2 万元由青科技代理贷给进步人士刘正纲经商。由于当时通货激剧膨胀及经营不利,连同所余现金 1 万元,逐年贬值,至 1945 年已所余无几,仅由孙友余送徐黄金二两作为补偿。直至她于 1992 年故世,50 余年中,从无怨言,并以该款用于党的事业而自豪。

◆ 1993 年,离休。

参加中国电子学会线路与系统第十一届年会宣读论文,将直接逻辑判断原理引伸至乘法运算。

◆ 1994 年 4 月,赴美国全国远程系统学术大会宣读论文。

中国工程院成立。当选该院主席团成员,1996 年联任至 1998 年。

◆ 2000 年,中国工程院授予 2000 年度中国工程科技奖。

◆ 2000 年 7 月至 2001 年 1 月,赴美国探望两儿,顺访 Worcester Polytechnic Institute。

◆

◆

附录 4 家庭简况

◆ 祖籍:浙江山阴,属今绍兴市。迁来天津后到我可能是第七代。

◆ 祖父:罗恩印,只听说是天津绅士王某的帐房先生,其余不详。

◆ 父罗朝汉(1868—1935),字云章。曾任晚清及北洋政府时期前后两任北京电话局局长,出身附读王绅家塾及早期电报生,擅画墨竹兰石及评鉴书画,在北京有一定影响。1904年与兄宗汉(字东潮)及内兄孙洪伊共同组建天津电报学校,存在了约三十年,培养了一批早期电信技术人员。

◆ 母孙云(1876—1941)字梦仙,天津北仓镇人。擅赋诗及花鸟画,有梦仙诗画稿(另梦仙诗稿、梦仙诗稿续集等版本)行世。

◆ 有兄一人,弟三人,姊四人,妹四人。次姐15岁时抗婚未嫁,廿四岁亡。长妹十岁夭。

◆ 妻杨敏如,1916年生,祖籍安徽,生于天津。1939年春季燕京大学中文系毕业,助教半年,研究生半年,中学教员七年,大学教师39年。1986年从北京师范大学教授岗位退休,继续著书、讲课、写文章。

◆ 长子罗昕,1943年生,现旅美从事系统与芯片设计。女罗晏,1946年生,现从事半导体材料研究。小儿罗晋,1955年生,现在美国电子企业任技术负责人。

◆ 岳母徐燕若,即杨敏如母,(1896—1992)。自两人结婚以后,即同住在一起,家庭事务均由她主持,直至她罹病不能理事为止。她为我们主持家事、抚育子女,给我们很大帮助。关于她给青科技的帮助,见我自写编年纪事1992年条。

后　记

　　去年 10 月下旬,电子工业出版社王志刚社长给我来电话,告诉我要给罗沛霖院士出书,拟请我帮忙参加此项工作。如同意,由出版社高平副总编辑具体与我联系。我过去长期在电子工业部科技司工作,罗老一直是我的领导。我们还曾在河南电子部"五七"干校共同战斗、工作、生活过一段时间。由于自己的知识水平有限,要做好这项工作,难度很大,但自己还是欣然同意了出版社的邀请。

　　从去年 11 月 6 日开始,我们先后去罗老家很多次。主要是听取他对出书一事的想法、要求、意见,有时讨论一些文稿中的事儿。罗老向我们提供了他长期积累、搜集、整理的各种文稿有 200 余篇,约 100 多万字。我们在认真阅读的基础上,根据罗老提出的纲目,进行筛选和整理。除少数个别处稍有修饰外,保持了文章的原有风格。我们的想法是,通过该文集努力全面、准确地反映罗老在发展无线电电子学,领导电子工业科技工作等方面,所作出的贡献和取得的成绩,反映罗老对待革命、工作、生活、家庭、爱情、亲情、友情诸方面的高尚情操和品德。

　　通过参加此项工作,使我们对罗老有了更多的了解。有关罗老的生平情况介绍,在"文集"中都有了,我们不再重复。我们作为参与者,我们又是《罗沛霖文集》的首批读者,给我们感受最深的是什么? 我们扼要地谈一下如下的想法,其目的是和大家交流。

一、关于文化产业革命

　　产业革命通常是指 18 世纪发生在欧洲的,由于蒸汽机的发明,人类开始采用机械动力装置来替代人的劳动,从而促进生力的极大发展和提高。

　　作者既于对电子技术发展历史的研究,提出人类历史上信息运作发展历程中四个里程碑的论断,即:1. 语言的出现和形成初步体系,发生在蒙昧的石器时代;2. 文字以至笔、墨、纸的出现,发生在青铜器时代;3. 印刷术特别是印刷机的发明,在西欧文艺复兴早期;4. 近代电、电子、光电子技术的发展,使当今人类在生命生活的时空中,生活在文化环境中的成份有增无减,将来还要占有其大部分。由此作者第一次提出新产业革命的发展终将引向文化产业牵引经济发展时代的远景。

　　这是作者对未来发展的预言。由于电子信息技术的迅猛发展,我国电子信息产业连年持续高速发展,已成为我国国民经济发展的重要支柱产业。我们有理由相信,再经过 20～30 年的发展,必将对物质文明、政治文明、精神文明作出更大的贡献。

二、关于技术科学的问题

　　作者认为科学技术活动大体包括四大部分,即:基础科学(基本研究)、技术科学(应用研究)、技术发展(习称研制的部分)和具体工程技术(或称现场技术)。技术科学是衔接于基础科学与工程技术之间的桥梁。

　　西欧是现代科学的摇篮。从文艺复兴到工业革命时期,基础科学和生产产业技术是分离发展的。美国是后进赶先进成功的国家。19 世纪前半世纪以前,他们主要是引进西欧技术,发展经济。19 世纪后期才出现许多重要发明,技术上达到空前的繁荣。到二次大战时,因发展雷达、原子弹和超音速飞机的需要而达到空前发展,使美国发展成为经济和技术的超级大国。

可能受家庭和环境的影响,罗老长期在电子工业领导机关从事科学技术的领导工作,他特别关心和重视技术科学和工程技术的工作。1992 年 4 月 21 日,他和张光斗、王大珩等六位院士联名向江泽民主席提出早日建立中国工程与技术科学院的建议。1994 年 6 月,经中央批准,中国工程院正式成立。1996 年、1997 年又先后向国家有关主管部门提出"固本工程"的建议,作为加强产业技术工作的重大措施。

三、关于电子计算机事业的发展

罗老十分熟悉电子计算机的发展。在我国计算机发展的起始阶段,他亲自领导和组织了200 系列计算机的研制工作。1979 年,他提出用直接逻辑判断代替笔算程序,构造最高速加法运算器的原理。1987 年他接受中国科学院技术科学部的任务,主持关于我国电子计算机如何走向良性循环的咨询课题的总结报告。他亲自深入基层调查研究,听取有关专家和主管人员的意见,加上他自己的思改判断,在总结报告中提出了八个方面 22 条战略原则。

1985 年,在纪念中国电子计算机事业发展三十周年的大会上,他作了题为"电子计算机在电子发展中"的发言。科学地预言我国从 1985 年到 2000 年的这一段时间,"将是我们计算机技术走向和发达国家并驾齐驱的十五年","国际上有的,出现的,我们也一定要做到,一定能做到"。

在有关领导的鼎力支持下,在罗老及其夫人杨老、电子工业出版社和有关同志的努力下,《罗沛霖文集》出版了。在奉献给广大读者的同时,我们谨此作为罗沛霖同志 90 岁诞日及赴延安 65 年纪念的礼物,奉献给罗老、杨老,并祝他(她)们健康长寿!

王仲俊
2003 年 5 月